Paul Morphy

Sammlung
der von ihm gespielten Partien
mit ausführlichen Erläuterungen

von

Géza Maróczy

Vereinigung wissenschaftl. Verleger
Walter de Gruyter & Co.
vormals G. J. Göschen'sche Verlagshandlung — J. Guttentag, Verlagsbuchhandlung — Georg Reimer — Karl J. Trübner — Veit & Comp.

Paul Morphy

Viele sind berufen,
doch wenige auserwählt.

Als Gott sein großes Werk vollendet hatte, näherte sich ihm das Schach mit der Klage, daß es ohne Unterkunft sei, da es weder in den ernsten Palast der Wissenschaften, noch in das schimmernde Heim der Kunst eingelassen werde: es sei aber seiner unwürdig, das gedankenarme Alltagsspiel zum Genossen zu haben!

Der Herr antwortete ihm: „Ich habe dir kein besonderes Heim gegeben, weil dein Gebiet kein scharf eingegrenztes ist, aber ich habe dich in Verwandtschaft gesetzt sowohl mit der Wissenschaft, als auch mit der Kunst. — Der einen kannst du vorhalten, daß sie kaum logisch strenger denken kann, als du, der anderen, daß du genau solchen Genuß bieten kannst, wie sie! Ein schönes Musikstück, ein Gedicht, ein farbenprächtiges Bild werden Tausenden von Kennern einen Genuß bereiten, aber auch das Nachspielen einer genial gespielten Schachpartie wird tausend Kundigen einen künstlerischen Genuß gewähren. Und doch wirst du immer nur ein Stiefkind sein! Künstler werden bleibende Werte schaffen, während deine Jünger, selbst wenn sie mit der Logik eines Gelehrten, mit der Phantasie eines Künstlers kämpfen, nur einen Sieg oder eine Niederlage davontragen werden.

Im Lande der Wissenschaft wird die leuchtende Fackel des Genies der nachfolgenden Generation befähigter und minder befähigter Männer den Weg weisen. In deinem Lande wird das Genie ein prächtig unterhaltendes, rasch verschwindendes Irrlicht sein, das viele in dein Land locken wird, um später traurig der großen Leistung geringen Lohn zu empfangen. Deines Gebietes Fruchtlosigkeit wird gelästert, seine Schönheit jedoch wird stets bewundert werden. Eine verführerische Sirene wirst du sein. Viel Freude und Leid wirst du denen bereiten, die du in dein Herz schließt. Suche keine Unterkunft bei deinen stolzen Verwandten: es soll dir dafür eine Auszeichnung verliehen werden, mit welcher jene sich nicht brüsten können. In ihr Heim werden sich auch solche einschleichen, die nicht dahin hingehören. Kleine Leute werden als Größen gefeiert werden, bei dir jedoch soll das Licht des wirklichen Talents die nachstrebenden Schwachen stets in die richtige Beleuchtung setzen. Große Vertreter werde ich dir senden, die dich bald der Kunst, bald der Wissenschaft näher bringen, die bewunderungswürdige Dinge schaffen werden, ohne daß man sie für große Gelehrte oder große Künstler halten wird. Befriedigung mußt du in dir selbst suchen!"

Die Geschichte des Schachspieles lehrt, daß es wirklich so gekommen ist. Fast zu jeder Zeit gab es ausgezeichnete Vertreter, die das Schachspiel auf eine Höhe brachten, die es bald zur Wissenschaft, bald zur Kunst machte. Es gab Gelehrte und Künstler des Spieles. Zu den letzteren gehört Paul Morphy, der Auserwählte der Auserwählten!

Wie ein leuchtender Meteor erschien er am Himmel der Schachwelt, rasch verschwindend, aber ein ewiges Gedächtnis hinterlassend. Er war der Einzige, der Eigenartige, mit niemandem Vergleichbare. Eine Persönlichkeit auf dem Gebiete strenger Regeln!

Paul Charles Morphy wurde am 22. Juni 1837 in New Orleans geboren. Zehn Jahre alt, lernte er die Elemente des Spiels kennen; nach zwei Jahren beherrschte er bereits dessen Geheimnisse. Der zwölfjährige „Wunderknabe" besiegte seinen Lehrmeister und war ein Jahr später bereits Meisterspieler.

Bis zum Jahre 1850 besuchte er die Schule in seiner Geburtsstadt; 1850—55 bereitete er sich in dem St. Josephs College der Jesuiten in Spring Hill auf seine juristischen Studien vor. Von hier bezog er die Universität von Louisiana und hatte nach kaum zwei Jahren das Diplom zur Ausübung der Anwaltspraxis in seinem Heimatsstaate erworben, welches er jedoch nach dem Gesetz vor erlangter Großjährigkeit nicht benutzen durfte.

Günstige Vermögensverhältnisse erlaubten es ihm, die Wartezeit sorglos der Erholung und Zerstreuung widmen zu können. Der im Jahre 1857 in New York veranstaltete Schachkongreß und das damit verbundene Turnier bildeten den Wendepunkt seines Lebens.

Er hatte das Streben, emporzusteigen aus dem grauen Alltagsleben, zu herrschen mit dem Rechte des schaffenden, bildenden Genies. Der göttliche Funke in seiner Seele entbrannte mit elementarer Gewalt zur Flamme: er folgte den Lockungen der verführerischen Sirene, warf sich in ihre Arme, und mit unlösbaren Ketten blieb er auf ewig an sie gefesselt!

Es ist dies das Schicksal des geborenen Talents! — Auf ewig bleibt verborgen, was er wohl hätte leisten können, wenn ihn die Göttin Caïssa nicht mit ihrer Gnade überhäuft hätte!

Morphy nahm am ersten New Yorker Turnier teil. Ein großer

Ruf ging ihm voraus, und der elegante ruhige Spieler wurde sympathisch empfangen. Interesse für ihn erweckte schon seine äußere Erscheinung. Die glänzenden schwarzen Augen ließen es schier ahnen, daß hinter der ungewöhnlich hohen Stirn ein wunderbarer Verstand seinen Sitz haben müsse. Sein anscheinend schwacher Körperbau verbarg große Zähigkeit und Ausdauer. Die wohlbekannten und oft sich wiederholenden Verschrobenheiten des Genies fehlten bei ihm. Im schönsten Rahmen, im Rahmen der Liebenswürdigkeit, der Bescheidenheit, der Großmut, ließ er sein Talent glänzen. Jene werden nur bewundert, er wurde liebend verehrt. — Das Turnier zu New York bestätigte seine außergewöhnliche Begabung. In rascher Folge besiegte er seine Gegner und wurde mit spielender Leichtigkeit der Erste.

Großartig war sein Spiel! In der Eröffnung brachte er auf die geschickteste Weise erfinderisch seine Offiziere ins Gefecht. Zu diesem Zwecke schreckte er auch vor einem Baueropfer nicht zurück, selbst wenn damit unmittelbar kein Vorteil verbunden zu sein schien. Sein feines Positionsgefühl sicherte ihm ein gesundes Mittelspiel, wo er das meiste Terrain hatte zur Betätigung seines Genies.

Die moderne Schule bemüht sich mit beinahe wissenschaftlicher Peinlichkeit einen minimalen Vorteil zum Gewinn zu steigern. Auch Morphy mit seinem künstlerischem Sinn gewahrte die geringste Schwäche in der Stellung des Gegners, um dann in glänzendem Stile zu siegen. Er brachte den allgemeinen Satz auch im Schach zur Geltung, daß das Beste stets auch das Schönste sei. Er hatte keine ausgesprochene Vorliebe für einzelne Figuren, höchstens für die Dame, die bei seiner Führung eine gewaltige Kraft entfaltete. Seine Überlegenheit erlaubte ihm gewöhnlich, sie zu behalten.

In seinem Spiel jagte eine Kombination die andere. Oft konnten seine Gegner den dramatischen Gang seiner Partien beobachten, die Entfaltung, die Vorbereitung der entscheidenden Kombination, den raschen Angriff und die Katastrophe. Vielleicht im Endspiel war die geringste Differenz zwischen ihm und seinen Zeitgenossen; die kalte Berechnung war bei weitem nicht so sein Element, als die Kombination.

Oft war und ist es auch jetzt ein Gegenstand der Diskussion, ob Morphy in der Gegenwart Erfolge würde erzielen können. Diejenigen, die es leugnen, denken an seine inkorrekten Opfer; diejenigen, die es behaupten, an sein Genie. Es ist unleugbar, daß inkorrekte Opfer in Morphys Partien oft vorkommen. Aber wie das frühzeitige und meistens erfolglose Opfern ein gewisses Stadium in der Entwickelung des einzelnen Schachspielers bildet, so gab es auch in der Geschichte des Spieles selbst eine Epoche, da die verborgenen und viele Variationen bietenden Kombinationen einen sicheren Erfolg verschafften, weil die Gegner die langatmige und schwierige Verteidigung nicht finden konnten. Heutzutage gelingt es seltener, durch ein inkorrektes Opfer die Partie zu gewinnen, da die durch die Niederlagen ihrer Vorgänger gewitzigten Spieler in den meisten Fällen die richtige Verteidigung herausfinden, wenn sie auch noch so verborgen ist. Einen schwereren, viel schwereren Stand hätte Morphy gewiß gegen die modernen Spieler, aber sein mächtiges Talent würde unbedingt auch ihn in die Elite der Meister erheben.

Bald wurde Amerika zu eng für den jungen Meister. Sein Ruf drang herüber nach Europa und im Juni 1858 kam er selbst, um den ihm vorausgehenden Ruf zu übertreffen. Er wollte die Waffen mit jedem namhaften Spieler kreuzen, und jeder mußte seine überlegene Kraft fühlen und anerkennen.

Er wollte der einzige Fürst im Reiche des Schachs sein und erreichte es auch.

Der erste Schauplatz seines Auftretens in Europa war London, wo er sich mit Howard Staunton messen zu können hoffte. Die stärkeren Spieler Englands versuchten der Reihe nach alsbald ihre Kraft an ihm, aber das Ergebnis war immer dasselbe: die Niederlage. Auch der aus Ungarn stammende berühmte Meister Löwenthal nahm mit anerkennenswerter Entschlossenheit den Handschuh auf und stellte ehrlich seinen Mann. Von 19 Spielen gewann Morphy 10, Löwenthal 4 und fünf wurden remis. Niemand errang später ein so gutes Ergebnis gegen den Amerikaner. Nach dieser Niederlage Löwenthals war Staunton, der gehätschelte Götze der Engländer, um keinen Preis mehr zu einem Wettkampf zu bewegen.

In Ermangelung ernsten Spieles spielte Morphy in England Simultan- und Blindlingspartien. Hauptsächlich zeigte sich seine Größe in gleichzeitigen Blindlingsspielen. In Birmingham versuchte er sich am 27. August 1858 gegen 8 ausgewählt starke Spieler und gewann 7 Partien. Er unterhielt die Schachwelt, setzte sie in Erstaunen, bemerkte aber leider die Schädlichkeit der übermäßigen Geistesarbeit nicht.

Als ihm für den Fall seiner Beteiligung am Turnier der British

Chess Association in Birmingham ein Betrag als Ersatz seiner Unkosten angeboten wurde, lehnte er dies Anerbieten mit der Begründung ab, daß er kein Professionsspieler sei.

Im Monat September 1858 reiste Morphy nach Paris. Der Kampfplatz und die Gegner wechselten, aber der Sieg war gerade so vollständig wie früher. Er kämpfte hier nicht nur mit den französischen Spielern, sondern mit allen denen, die nach Paris kamen, um mit ihm zu spielen. Auch der ausgezeichnete deutsche Schachmeister Anderssen mußte seine Kraft fühlen. Als Anderssen in Paris ankam, war Morphy mehrere Wochen bettlägerig gewesen und durfte das Zimmer noch nicht verlassen. Der denkwürdige Wettkampf mußte daher in dem Hotel Breteuil, in dem Morphy wohnte, in Gegenwart von Pariser Schachgrößen als Zeugen vor sich gehen. Morphy siegte mit 7 : 2 bei 2 Remisen. Sein Match gegen D. Harrwitz wirft ein interessantes Licht auf seinen Charakter. Der Wettkampf neigte sich schon dem Ende zu, da Morphy einen Stand von 5 gegen 2 erreicht hatte, als Harrwitz, Krankheit vorschützend, sich ergab. Der ritterliche Gegner nahm deshalb den Einsatz nicht an. Einen ähnlichen Fall weiß die Schachgeschichte nicht zu berichten.

Im Frühjahr 1859 nahm Morphy nochmals einen kurzen Aufenthalt in London, von wo er am 29. April nach seiner Heimat zurückkehrte, die Bewunderung sowohl der Zuschauer als auch der Besiegten mit sich nehmend.

In seinem Heimatlande wurden ihm zu Ehren große Feierlichkeiten veranstaltet. Kehrte er doch als siegreicher Feldherr zurück, der die ganze Schachwelt erobert hatte!

Mit dieser ersten europäischen Reise beschloß Morphy seine schachliche Laufbahn, denn von nun an enthielt er sich ernster Kämpfe. Im Oktober 1862 kam er wieder nach Paris, da er aber keine Rolle mehr im Schachleben spielen wollte, lehnte er jede Herausforderung ab. Im Frühjahr 1865 kehrte er in seine Vaterstadt zurück. Zum dritten Male ging er im Jahre 1867 nach Paris und brachte dort 18 Monate zu, ohne das während seiner Anwesenheit stattfindende internationale Turnier auch nur zu besuchen. Nach New Orleans heimgekehrt, lebte er dort zurückgezogen und einsam bis zu seinem am 10. Juli 1884 erfolgten Tode.

Das Schach war die Ursache sowohl seines Weltrufs, seines Ruhms, als auch seines tragischen Geschickes.

Sein Leben war wahrlich tragisch! Den Jüngling schlägt die Schönheit des Spiels und die ihm bei seiner Ausübung zuteil werdende Bewunderung der Welt in seine Banden, doch als der Mann auf die Vergangenheit zurückschaut und sich prüft, bemerkt er mit Schrecken, daß die Würfel gefallen sind. Er ist tot für ernste Berufstätigkeit; es will ihm nicht gelingen, zu ihr zurückzukehren.

Immer mehr wird er der Sklave des quälenden Gedankens, daß sein Leben zwecklos und verfehlt sei. Und er, dessen hellen Verstand so viele bewundert hatten, verlebt die letzte Zeit seines Lebens in ewiger Nacht. — —

In der Wissenschaft hätte er vielleicht Schätze, Wahrheiten finden können: statt dessen grub er sich sein eigenes frühes Grab. Sein kurzes ruhmvolles Auftreten hat darauf ewig blühenden Schmuck gehäuft.

Morphys Großvater wanderte am Ende des XVIII. Jahrhunderts aus Madrid in die Neue Welt ein und ließ sich in der Stadt Charleston in Süd-Carolina nieder. Dem tatkräftigen, rührigen Manne gelang es sehr bald, seine Existenz zu sichern, und wegen seiner Gewandtheit, besonders in Staatsangelegenheiten, ward er wiederholt durch das Vertrauen seiner Landsleute ausgezeichnet; er vertrat und verteidigte noch im Anfang des XIX. Jahrhunderts viele Jahre hindurch im Staate Louisiana die Interessen seiner spanischen Heimat. — Sein älterer Sohn Alonzo war noch zu Charleston im Jahre 1798 geboren, aber wir finden ihn schon in seiner frühesten Jugend in New Orleans, wo er in dem französischen Lehrinstitute „Collége d'Orléans" seine Vorstudien für die Rechtswissenschaft absolvierte. Die Bemühungen des fleißigen, strebsamen Jünglings krönte ein glänzender Erfolg auf seiner späteren Laufbahn. Als stark gesuchter Anwalt an südamerikanischen Gerichtshöfen tätig, erwarb er nicht nur ein großes Vermögen, sondern auch Sitz und Stimme in der gesetzgebenden Körperschaft von Louisiana; von 1840—46 war er Mitglied des obersten Gerichtshofes in diesem Staate. — Dann zog er sich zurück und lebte bis zu seinem Tode 1856 der Erziehung seiner Kinder, die ihm aus der Ehe mit der feinsinnigen und geistig hoch veranlagten Kreolin Thelcide Carpentier, der Tochter des Franzosen Joseph le Carpentier, entsprossen waren. Die drei blühenden Abkömmlinge besaßen in glücklicher Mischung nicht nur den ernsten, praktischen und energischen Charakter des Vaters, sondern auch die reiche Phantasie und das feine Taktgefühl der Mutter, die vermöge ihres künstlerisch hervorragenden Pianospieles und ihrer bewunderten eigenen Kompositionen in hohem Ansehen stand. — Als Freund des Schachspieles war Alonzo Morphy bemüht, die edle Erholung auch bei seinen zwei Söhnen, Edward und Paul, beliebt zu machen, ja sogar seine Tochter Helena suchte hierin nach ermüdenden Musikstudien ihre Zerstreuung. — Der Unterricht des Vaters und des Onkels Ernest Morphy fiel bei unserem Helden auf einen fruchtbaren Boden. — Der Schüler übertraf bald seine Meister.

Vorwort

Paul Morphy! Ein Name von wunderbarem Zauberklang! Er ruft das Gedächtnis an den hervorragendsten Meister aller Zeiten wach und läßt die Herzen aller Schachfreunde höher schlagen, denn jeder Freund des königlichen Spieles bewundert und verehrt ihn.

Die Schönheit und Tiefe des Spieles des edeldenkenden großen Meisters, die Genialität seiner Einfälle und Wendungen stehen in den Schach-Annalen beispiellos da. Darin ist der Grund dafür zu finden, daß das Interesse für den Schachheros Paul Morphy in den weitesten Kreisen der Schachfreunde noch heute so lebhaft ist, wie vor fünfzig Jahren. Und das mit vollem Rechte!

Max Lange († 1899), der bedeutende Meister, war der erste in Deutschland, der Morphys Partien gesammelt mit Anmerkungen herausgab. Die 1894 erschienene dritte Auflage ist vergriffen und nur noch schwer erhältlich, was ja natürlich ist, denn wer das Buch einmal besitzt, trennt sich nicht mehr davon.

Dem Wunsche der Verlagsbuchhandlung Veit & Comp., die Morphyschen Partien mit neuen, dem heutigen Stande der Theorie und Praxis entsprechenden Erläuterungen zu bearbeiten, bin ich mit Vergnügen nachgekommen, und ich hatte diesen Entschluß wahrhaftig nicht zu bereuen. — Je mehr ich mich in die mir gestellte Aufgabe vertiefte, ein um so größerer Genuß erwuchs mir daraus. Ich habe bei der Bearbeitung des Stoffes alle mir zugängigen Quellen zu Rate gezogen und bin dabei zu dem erfreulichen Ergebnis gekommen, **401** Partien mitteilen zu können, während Lange 1894 deren nur **372** (bzw. 371) kennt. Von den über 50 Partien, die Morphy 1849 und 1850 mit dem aus Frankreich eingewanderten Eugen Rousseau gespielt hat, von denen neun Zehntel von Morphy gewonnen worden sind, ist leider nur eine (Partie Nr. 5) auf uns gekommen. Nach Aussage seines Jugendfreundes Charles A. Maurian hat Morphy niemals eine Vorgabe angenommen. Wenn fünf Jahre nach seinem Tode in Habana eine auch in Langes Buch aufgenommene, angeblich im Jahre 1850 unter Vorgabe seitens Löwenthals gespielte Partie veröffentlicht wurde, so kann hierin nur der Versuch einer Täuschung erblickt werden. Ich habe deshalb diese Partie nicht mitgeteilt.

Was die sachgemäße Analyse anbelangt, so habe ich eine gerechte und billige Kritik angestrebt, die mit der Anerkennung nicht geizt, aber auch nicht leichthin über Fehler hinweghuscht, was manchmal in Anbetracht der sympathischen Persönlichkeit Morphys und des bestrickenden Zaubers seines Spieles keine leichte Aufgabe war.

Die vor fünfzig Jahren gespielten Partien des größten Meisters halten der auf moderner theoretischer Basis stehenden kritischen Analyse unentwegt Stand — ein Lob, das nicht überholt werden kann und nicht übertrumpft zu werden braucht.

Budapest, im August 1908.

Géza Maróczy

Inhalt

Übersicht der Partieeröffnungen

Die Zahlen beziehen sich auf die fortlaufenden Partienummern. Die fettgedruckten Ziffern bezeichnen die von Morphy im Anzuge, die gewöhnlichen Ziffern die im Nachzuge von ihm gespielten Partien. Die fetten kleinen Zahlen sind Vorgabepartien.

Unregelmäßiges Springerspiel

2. Sf3, d5: 85. 86. 233. 380.

Russisches Springerspiel

2. Sf3, Sf6 3. Se5,: 6. 89. 145. 147. 155. 237. 256. 381.
3. Lc4: 30. 117. 128. 179. 263.
3. d4: 76.

Philidors Springerspiel

2. Sf3, d6 3. d4, ed4: 74. 115. 118. 124. 143. 149. 150. 174. 181. 184. 186. 188. 235. 242. 266. 299. 309. 324. 347.
3. d4, f5: 109. 111. 116. 123, 131. 313.
3. d4, Lg4: 190. 191. 284. 385.

Unregelmäßige italienische Eröffnung

3. Lc4, d6: 281. 314; 3. Lc4, f5,: 5. 253.

Italienische Eröffnung

3. Lc4, Lc5 4. c3: 3. 25. 41. 58. 62. 194. 204. 332. 333.
4. 0—0: 11. 334. 361.
4. d4: 360. 379. 394; — 4. Sc3: 23. 203.

Evansgambit

4. b4, Lb4: 5. c3, La5 (c5) 6. d4, ed4 7. 0—0, d6 8. cd4, Lb6 (Normalstellung) 9. d5,: 46. 55. 132. 196. 221. 223. 250. 257. 259. 348. 353. 358. 359. 368. 369. 374.
9. Sc3: 16. 42. 49. 103. 141. 197. 298. 301. 335. 336. 337. 346.
9. Lb2: 80. 193. 198. 229. 351. 357. 401.
5. . . . . La5 6. 0—0, Sf6,: 9. 17. 22. 64. 234. 282. 283. 286. 287. 295. 321. 355. 302. 365. 370. 376. 377. 383. 396.

Schottisches Gambit

Zweispringerspiel im Nachzug

Vierspringerspiel

Spanische Partie

Läuferspiel

Abgelehntes Königsgambit

Springergambit

3. Sf3, d5: 81. 87. 90. 296.
3. Sf3, Le7: 264; — 3. .... c6,: 107; — 3. .... Se7,: 389.

Läufergambit

2. f4, ef4 3. Lc4, d5,: 48. 110. 282. 286. 330.
3. .... Sf6: 51. 215. 342.
3. .... Dh4†: 43. 44. 67. 92. 98.

Französische Eröffnung

1. e4, e6 2. d4, d5,: 152. 154. 195. 243. 316. 329.
2. d4, ~,: 8. 27. 56. 175. 214. 352.
2. f4: 160. 226. 227. 319. 344.

Sizilianische Eröffnung

1. e4, c5 2. Sf3,: 24. 36. 37. 39. 61. 171. 212.
2. d4: 33. 148. 153. 166. 180. 199. 241.
3. f4: 7. 273. 275. 276.

Unregelmäßige Eröffnungen

1. e4, e5 2. c3,: 202.
1. e4, d5: 112. 177. 208. 210. 260. 388.
1. e4. b6: 135. 136. 178. 317.
1. e4 d6: 90.
1. e4, f6: 114; — 1. e4, h6,: 170.

Damegambit

1. d4, d5 2. c4,: 31. 184. 183.

Holländische Partie

1. d4, f5: 32. 185. 187. 189. 230.

Geschlossene unregelmäßige Spielanfänge

1. f4: 278. 279. 280. 363. 391. 393.
1. a3: 209. 211. 213.
1. g3: 327. 366. 373. 392.
1. b3: 350; — 1. h3,: 57.

Bauervorgabe

Mit Zug: 45. 68. 140. 157. 158. 159. 160. 161. 162. 163. 200. 201. 224.
Mit Doppelzug: 69. 70. 239.

Quellennachweis

C. A. Buck, Paul Morphy. His later life. 8. Newport 1902.

Jean Dufresne, Paul Morphys Schachwettkämpfe. Zweite Auflage. 8. Berlin 1868.

—— Paul Morphys Schachspielkunst. Neue Auflage. 8. Berlin 1879.

F. M. Edge], The exploits and triumphs, in Europe, by Paul Morphy, the Chess Champion. By Paul Morphy's late secretary. 8. New York 1859.

Max Lange, Paul Morphy. Sein Leben und Schaffen. Dritte, stark vermehrte Auflage, enthaltend nahezu vierhundert Spiele des Meisters. 8. Leipzig 1894.

J. Löwenthal, Morphy's games of chess. 8. London 1872.

Paul Morphy, the Chess Champion. By an Englishman. 12. London 1859. (Londoner Nachdruck des New Yorker Buches von Edge?)

Jean Preti, Choix des Parties les plus remarquables jouées par Paul Morphy en Amérique, en Angleterre et en France, annotées par lui-même et d'autres celébrités. 8. Paris 1859.

Gustavus C. Reichhelm, Chess in Philadelphia. 8. Philadelphia 1898.

Amerikanische, französische, englische und deutsche Schachzeitschriften.

I

Partien aus der ersten Jugendzeit

1

Evansgambit

New Orleans, im Frühjahr 1849

Paul Morphy	Alonzo Morphy
1. e2—e4	e7—e5
2. Sg1—f3	Sb8—c6
3. Lf1—c4	Lf8—c5
4. b2—b4	Lc5×b4
5. c2—c3	Lb4—c5
6. d2—d4	e5×d4
7. c3×d4	Lc5—b6

Das Läuferschach würde bei 8. Ld2 nur die Entwickelung des weißen Spieles fördern; auch 8. Kf1! ist vorteilhaft, z. B. 7. .... Lb4† 8. Kf1, d6 9. d5 nebst 10. Da4†; oder 8. .... De7 9. Lb2, De4: 10. Sbd2, Ld2: 11. Dd2: usw.

8. 0—0	Sc6—a5
9. Lc4—d3	....

Erfolglos wäre das Opfer 9. Lf7† wegen 9. .... Kf7: 10. Se5†, Kf8 11. Dh5, Df6! 12. Lg5, De6 usw. Dagegen käme 9. Se5! stark in Betracht, z. B.: 9. Se5, Sc4: 10. Sc4:, Se7 11. a4, d5 12. ed5, Dd5: 13. Sb6:, ab6 14. La3, Le6 (falls Sc6, so folgt 15. Sc3, Dd4: 16. Sb5! Dd8 17. Te1†, Le6 18. Dg4, g6 19. Te6†, fe6 20. De6†, Se7 21. Te1 usw.) 15. Le7:, Ke7: 16. Sc3, Dc4 17. d5, Thd8 (etwas besser Dc3:) 18. De1, Td5: 19. Sd5†, Dd5: 20. Dc3 usw.

9.	Sg8—e7
10. Sb1—c3	0—0
11. Lc1—a3	....

Durch 11. d5, d6 12. Se2, Sg6 13. Lb2 usw. könnte Weiß die Normalstellung herbeiführen.

11.	d7—d6
12. e4—e5	Lc8—f5
13. e5×d6	c7×d6
14. Sc3—e4	d6—d5

Etwas besser war Le4: nebst f5; Schwarz hätte aber auch dann Schwierigkeiten. Nach dem Textzug wird die schwarze Königsstellung aufgerissen und vehementen Angriffen ausgesetzt.

15. Se4—f6†	g7×f6
16. La3×e7	Dd8×e7
17. Ld3×f5	Sa5—c4

In Betracht käme 17. .... Tfe8 nebst Df8 usw.

18. Tf1—e1	De7—d6

(S. Diagramm)

19. Sf3—e5	....

Einfacher war 19. Sh4, Df4 20. Dh5, h6 21. Sg6 mit Gewinn der Qualität,

Stellung nach dem 18. Zuge von Schwarz

die Opferwendung bringt die kühne und glänzende Spielweise des genialen Jungmeisters zum Ausdruck.

19. .... f6×e5

20. Dd1—g4† ....

Besser als sofort Dh5, worauf Schwarz die Wahl zwischen mehreren Verteidigungen hätte (Te8 oder Kg7).

20. .... Kg8—h8

21. Dg4—h5 Kh8—g7

22. Dh5—g5† ....

Schlecht wäre Dh7‡.

22. .... Kg7—h8

23. Dg5—h5 h7-h6

Schwarz vermeidet hier mit Recht das sich ihm durch Wiederholung der Züge bietende Remis.

24. Tc1×e5 ....

Zwingender war de5. Weiß rechnet offenbar mit der Annahme seines Qualitätsopfers.

24. .... Sc4×e5

Morphy Vater unterschätzt die Stärke des Opfers; durch Df6! hätte er seinen materiellen Vorteil leichter festhalten können.

25. d4×e5 Dd6—c6

26. e5—e6 Kh8—g7

27. g2—g4 Dc6—c3

Schwarz beabsichtigt, seine Dame nach f6 zu spielen, läßt aber die nochmalige höchst elegante Opferwendung unbeachtet. Der einfache Vorbereitungszug Tae8! hätte die Partie zu seinen Gunsten gewendet, z. B. 27. .... Tae8 28. Te1 (falls g5, so nimmt der Turm auf e6), Dc3! 29. Tf1, Df6 usw.

28. g4—g5! Dc3×a1†

29 Kg1—g2 Da1—f6

Durch Kg8 wären alle Opfer-Kombinationen zunichte geworden.

30. g5×f6† Kg7×f6

31 e6×f7 Tf8×f7

32. Dh5—g6† Kf6—e7

33. Dg6—e6† Ke7—f8

34. De6×h6† Tf7—g7†

35. Lf5—g6 Kf8—g8!

Falls Ld4, so 36. Dg5 und 37. h4.

36. h2—h4 d5—d4

Aussicht auf Remis bot hier Tf8! z. B. Tf8 37. f4, Lc7! 38. Dg5, Lf4: 39. Dd5‡, Kh8 40. h5, b6 usw.

37. h4—h5 d4—d3

38. Dh6—g5 Ta8—d8

39. h5—h6 d3—d2

40. Dg5—f6 ....

Ebenso schnell gewann 40. Lh7†, Kf7 41. Dg7‡ usw.

40. .... Tg7—d7

Falls Tg6‡, so folgt Mat in fünf Zügen durch 41. Dg6‡, Kf8 42. Dg7†, Ke8 43. h7 usw.; falls aber Tdd7, ebenfalls Mat in spätestens fünf Zügen durch 41 hg7, Tg7: 42. De6†, Kh8 43. Dh3† nebst 44. Dc8† usw.

41. Lg6—f5 d2—d1D

Schwarz kann sich nicht retten; bei 41. .... Tf7 folgt der gleiche Schluß durch 42. h7†; und auf 41. .... Tf8, was das Mat länger hinhält, gewinnt 42. Le6†, Kh7! 43. Df8;

Kg6! 44. Lf5†, Kg5 45. f4†, Kh5 46. Dg8 usw.

42. h6—h7† ....

Entscheidendes Bauernopfer!

42. .... Td7×h7

43. Lf5—e6† Th7—f7

44. Le6×f7† Kg8—h7

Auf Kf8 folgt 45. Le6† nebst Df7‡.

45. Df6—g6† Kh7—h8

46. Dg6—h6‡.

2

Evansgambit

New Orleans 1849

Paul Morphy		Alonzo Morphy
1.	e2—e4	e7—e5
2.	Sg1—f3	Sb8—c6
3.	Lf1—c4	Lf8—c5
4.	b2—b4	Lc5×b4
5.	c2—c3	Lb4—c5
6.	d2—d4	e5×d4
7.	c3×d4	Lc5—b6
8.	0—0	Sc6—a5
9.	Lc4—d3	d7—d5

Besser wäre d6 oder Se7.

10.	e4×d5	Dd8×d5
11.	Lc1—a3	Lc8—e6
12.	Sb1—c3	Dd5—d7
13.	d4—d5!	....

Einleitungszug zu der entscheidenden Attacke.

13. .... Le6×d5

Dies hat den sofortigen Verlust zur Folge; etwas besser war Lg4.

14.	Sc3×d5	Dd7×d5
15.	Ld3—b5†!	Dd5×b5
16.	Tf1—e1†	Sg8—e7
17.	Ta1—b1	Db5—a6

Um Damenverlust zu vermeiden.

18.	Te1×e7†	Ke8—f8
19.	Dd1—d5	Da6—c4
20.	Te7×f7††	Kf8—g8
21.	Tf7—f8††	und Mat.

3

Italienische Partie

New Orleans, 22. Juni 1849

Paul Morphy		Ernest Morphy
1.	e2—e4	e7—e5
2.	Sg1—f3	Sb8—c6
3.	Lf1—c4	Lf8—c5
4.	c2—c3	d7—d6
5.	0—0	Sg8—f6

Ratsamer wäre Lb6 oder De7; nach dem Textzuge ist Schwarz völlig in die Defensive gedrängt. Weiß hat sehr starke Mittelbauern und nachhaltiges Angriffsspiel. Die Theorie empfiehlt 5. .... Lg4 6. Db3, Lf3: 7. Lf7‡, Kf8 8. Lg8:, Tg8: 9. gf3, g5 usw.; anstatt 8. Lg8: ist aber 8. gf3! der natürliche Zug, worauf Weiß in Vorteil kommt, z. B. 8. .... Se5 9. cd4! Sf7: 10. dc5 usw.

6.	d2—d4	e5×d4
7.	c3×d4	Lc5—b6
8.	h2—h3	....

Sehr gut ist hier Sc3.

8. .... h7—h6

9. Sb1—c3 0—0
10. Lc1—e3 ....

Weiß sollte seinen Läufer nach b3 zurückziehen.

10. .... Tf8—e8

Nicht gut; 10..... Se4: 11. Se4:, d5 usw. gibt gleiches Spiel.

11. d4—d5 Lb6×e3

Durch diesen fehlerhaften Abtausch kommt Schwarz in Nachteil. Besser wäre 11. Se7 gewesen.

12. d5×c6 Le3—b6
13. e4—e5 d6×e5
14. Dd1—b3 Te8—e7

Kurzsichtigkeit! Le6 mußte geschehen. — Die schwache Antwort wird durch den jungen Meister sofort erfolgreich ausgenützt. Letzteres ist um so bemerkenswerter, als diese Partie den ersten Versuch von Paul Morphy im Blindlingsspiele darstellt und sein Onkel Ernest der Gegner am Brette war.

15. Lc4×f7† Te7×f7
16. Sf3×e5 Dd8—e8
17. c6×b7 Lc8×b7
18. Ta1—e1 Lb7—a6

Mehr Aussicht auf Remis bot hier: 18..... Se4 19. Sf7:, Df7: 20. Df7†, Kf7: 21. Se4:, La6 usw.

19. Se5—g6 De8—d8
20. Te1—e7 und Weiß gewann.

Die Überraschung der Zuschauer, richtiger gesagt ihre Verblüffung, über die kraftvolle Spielweise und die sichere Siegesberechnung des Zwölfjährigen war nach dem Berichte des Augenzeugen Dr. Ford ungeheuer. Sie standen unter dem Eindrucke, daß der von seinen Angehörigen begleitete junge Blindlingsspieler den größten Phänomenen in der Schachwelt zuzurechnen sei. Die Begeisterung ging so weit, daß sie unter frenetischen Beifallsbezeugungen den Knaben auf ihren Armen in ein Nebenzimmer trugen, wo er mit einem für seinen Geburtstag bereitgehaltenen, kunstvoll geschnitzten Schachspiele beschenkt wurde.

4

Springergambit

New Orleans, 1849

Morphy — Mac Connel

1. e2—e4 e7—e5
2. f2—f4 e5×f4
3. Sg1—f3 g7—g5
4. h2—h4 g5—g4
5. Sf3—e5 h7—h5

Üblicher ist hier d5! oder S f6. Zur Zeit, als vorliegende Partie gespielt wurde, galt die von Mac Connel angewendete Verteidigung allgemein für die beste Behandlung dieser Gambitart.

6. Lf1—c4 Th8—h7
7. d2—d4 d7—d6
8. Se5—d3 f4—f3
9. g2—g3 Sb8—c6
10. Sd3—f4 Lc8—d7
11. Sb1—c3 Sg8—f6
12. Lc1—e3 Sc6—e7
13. Ke1—f2 ....

Die Eröffnung zeigt, daß Morphy schon im frühesten Alter die Theorie vollkommen inne hatte.

13. .... c7—c6
14. Th1—e1 Lf8—g7
15. e4—e5 d6×e5
16. d4×e5 Sf6—d5

17. Lc4×d5 ....

Die beste Art des Abtausches.

17. .... c6×d5
18. Le3—c5! Ld7—c6
19. b2—b4 ....

Ein wichtiger Vorbereitungszug, welcher nach Abtausch des Läufers das Schach auf c5 abwehrt.

19. .... b7—b6
20. Lc5×e7 Dd8×e7
21. Sf4×d5 De7—b7
22. Sd5—f6† Lg7×f6
23. e5×f6† Ke8—f8
24. Dd1—d6† Kf8—g8
25. Te1—e7 Db7—c8
26. Te7—c7 Dc8—f5
27. Dd6×c6 Df5×c2†
28. Kf2—e3 Ta8—d8
29. Ta1—d1 Aufgegeben.

Weiß wehrt den letzten Rettungsversuch auf die einfachste, sofort entscheidende Weise ab.

5

Unregelmäßige italienische Partie

New Orleans, 28. Oktober 1849

Morphy — E. Rousseau

1. e2—e4 e7—e5
2. Sg1—f3 Sb8—c6
3. Lf1—c4 f7—f5

Dieses Gegengambit gefährdet die schwarze Königsstellung. — Schwarz wird bei seiner Entwickelung mit Schwierigkeiten zu kämpfen haben und kommt überhaupt nicht zur Rochade.

4. d2—d3 ....

Richtig gespielt; Weiß hat also im Anzuge den Vorteil des abgelehnten Gambits und ein Tempo mehr.

4. .... Sg8—f6
5. 0—0 d7—d6
6. Sf3—g5 ....

In Betracht käme 6. a3.

6. .... d6—d5
7. e4×d5 Sf6×d5
8. Sb1—c3 Sc6—e7
9. Dd1—f3 c7—c6
10. Sc3—e4 ....

(S. Diagramm)

Ein elegantes Figurenopfer, das dem jugendlichen Meister zur Ehre gereicht. Ebenfalls ausreichend wäre Te1 gewesen.

10. .... f5×e4

Schwarz steht schlecht und ist

Stellung nach dem 10. Zuge von Weiß

nicht zu retten, auch wenn er das Opfer nicht annimmt, z. B. 10. .... Sg6 11. Dh5, fe4 12. Sh7:, Se7 13. Lg5 usw. Geschähe 10. .... h6, so könnte 11. Dh5†, g6 12. Ld5:, fe4! 13. Lf7‡, Kd7 14. Dg4†, Kc7 15. De4:, hg5 16. De5‡ usw. folgen.

11. Df3—f7† Ke8—d7
12. Df7—e6† Kd7—c7
13. De6×e5† Dd8—d6
14. Dc5×d6† Kc7×d6
15. Sg5—f7† Kd6—e6
16. Sf7×h8 e4×d3
17. c2×d3 Ke6—f6
18. b2—b4 ....

Weiß rettet hierdurch seinen Springer, und damit ist die Partie entschieden.

18. .... Lc8—e6
19. Tf1—e1 Le6—g8
20. Lc1—b2† Kf6—g5
21. Te1—e5† Kg5—h6

Auf 21. .... Sf5 verdoppelt Weiß die Türme, mit der Drohung Te8.

22. Lb2—c1† g7—g5
23. Te5×g5 und gewinnt.

6

Russisches Springerspiel

New Orleans, 22. Mai 1850

Morphy J. Löwenthal
1. e2—e4 e7—e5
2. Sg1—f3 Sg8—f6
3. Sf3×e5 ....

Gegen die russische Verteidigung kommt auch noch 3. d2—d4 in Betracht. Morphy liebte die Textfortsetzung; dieselbe bietet ein komplikationsreicheres Spiel, in dem Weiß immer den Vorteil des Anzuges behält.

3. .... d7—d6

Schlecht wäre 3. .... Se4: wegen 4. De2, De7 5. De4:, d6 6. d4, f6 7. f4, Sd7 8. Sc3, fe5, 9. de5, de5, 10. Sd5, Sf6! 11. Lb5†, c6 12. Sf6‡ gf6, 13. Lc6‡, Kd8 14. Ld2 usw.

4. Se5—f3 Sf6×e4
5. Dd1—e2 ....

Morphy spielte in anderen Partien 5. d4!, ein Zug, der auch heute noch als einer der stärksten gilt. — Stark in Betracht käme 5. Sc3!; Sf6 (d5 6. De2, Le7 7. Se4:, de4, 8. De4:, 0—0 9. d4 usw.) 6. d4, Le7 7. Ld3, 0—0 8. d5 usw. oder auch 5. c4, worauf d5 wegen 6. Sc3 bedenklich ist.

5. .... Dd8—e7
6. d2—d3 Se4—f6

7. Sb1—c3 Lc8—e6

Seiner Meisterschaft sicher, verschmäht hier Schwarz die Gelegenheit, die Partie durch De2† zu vereinfachen.

8. Lc1—g5 h7—h6

9. Lg5×f6 . . . .

Der Abtausch des Läufers wird von vielen Seiten getadelt, weil das Läuferpaar meistens für stärker erachtet wird, als die Springer, oder als Läufer und Springer. — Andere dagegen tauschen ohne Zögern, um sich rasch zu entwickeln und kein Tempo zu verlieren.

9. . . . . De7×f6

10. d3—d4 c7—c6

11. 0—0—0 . . . .

Nur scheinbar stärker ist d5 wegen cd5 12. 0—0—0, Le7 13. Db5†, Sd7! 14. Db7:, Tb8! etc. und Schwarz reißt den Angriff an sich. Es ist für Nachkömmlinge lehrreich, mit welchem Selbstbewußtsein und welcher Schlagfertigkeit Morphy spielt und kombiniert. Der Gang dieser Partie läßt in ihm schon den Helden der Zukunft erkennen.

11. . . . . d6—d5

12. Sf3—e5 Lf8—b4

13. Sc3×d5 . . . .

Die sog. „Alte Schule" wird gegenüber der „Neuen" durch blendendes Opferspiel gekennzeichnet, doch benötigte man hiezu meistens der Mithilfe des Gegners. Auch hier wäre das Opfer unmöglich, wenn Schwarz Le7 gespielt hätte.

13. . . . . Le6×d5

Der Bauer darf nicht schlagen wegen Db5†.

14. Se5—g6† Df6—e6

15. Sg6×h8 De6×e2†

16. Lf1×e2 Ke8—f8

17. a2—a3 Lb4—d6

18. Le2—d3 . . . .

Morphy, in jugendlichem Ungestüm, versäumt hier den richtigen Zug f3 und scheint darauf zu rechnen, daß der Bauernverlust durch das Öffnen der g-Linie aufgewogen wird.

18. . . . . Kf8—g8?

Daß sich der Knabe Morphy in der Beurteilung der Position irrt, nimmt nicht Wunder; um so merkwürdiger ist es aber, daß Löwenthal, der damals hochgeschätzte und siegreiche Meister, hier Lg2: nicht findet, wodurch die schwarze Partie zu gewinnen gewesen wäre, z. B. 18. . . . . Lg2: 19. Thg1 (etwas besser The1) Lf3 20. Tde1, Lh2: 21. Te3, Lf4! (Lg1:, 22. Tf3:, Kg8 23. Sf7: usw. führt nur zu Remis), und Schwarz muß gewinnen.

19. Sh8×f7 Kg8×f7

20. f2—f3 . . . .

Weiß hat jetzt Turm, zwei Bauern und die bessere Stellung gegen die leichten Offiziere.

20. . . . . b7—b5

21. Ld3—e4 Sb8—d7

22. Td1—e1 Sd7—f6
23. Te1—e2 Ta8—e8

Totale Verkennung der Position! Schwarz glaubt im Vorteile zu sein und sucht womöglich die Figuren abzutauschen. Besser wäre a5! z. B. 24. g3, a4 25. The1, b4 26. ab4, Lb4: 27. c3, a3 usw. Diese Variante kann Weiß durch 25. c3 vermeiden, wird jedoch nicht annähernd so vorteilhaft stehen.

24. Le4×d5† c6×d5
25. Te2×e8 Sf6×e8
26. g2—g3 g7—g5
27. Kc1—d2 Se8—g7
28. Th1—a1! ....

Weiß manövriert fein und rechnet weit.

28. .... a7—a5
29. Kd2—d3 Kf7—e6

Besser wäre Se6 nebst h6—h5—h4 usw.

30. a3—a4 b5—b4

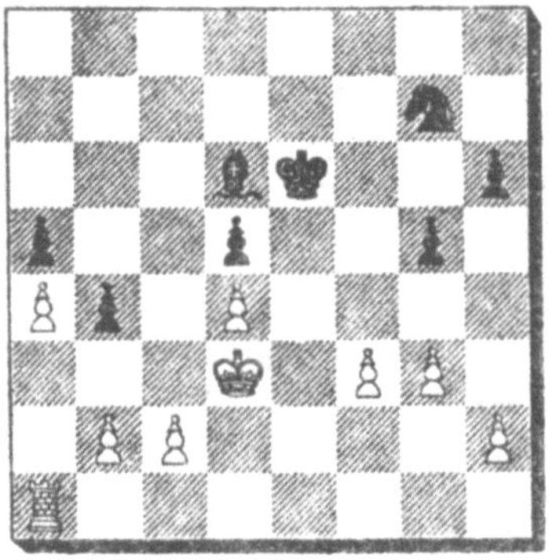

31. c2—c4! Ld6—c7
32. Ta1—e1† Ke6—d6
33. Te1—e5 d5×c4†
34. Kd3×c4 Sg7—e6
35. Te5—b5 Se6—f8
36. Tb5—d5† Kd6—e6

Falls Kc6, so folgt 37. Tf5, Sd7 38. Tf7 nebst 39. Th7.

37. Td5—c5 Ke6—d6
38. d4—d5 Kd6—d7
39. Tc5—c6 Le7—d6
40. Tc6—a6 Sf8—g6
41. Ta6×a5 Sg6—e5†
42. Kc4—b5 b4—b3

Ein letzter Versuch! Auf: Sf3: gewinnt Weiß durch 43. Ta7†, Lc7 (43. .... Kd8 44. Th7, Sh2: 45. Kc6) 44. Kb4:, Sh2: 45. Kc5, Kc8 46. Kc6,. Lg3: 47. Ta8†, Lb8 48. d6 usw.

43. Ta5—a7† Kd7—d8
44. f3—f4 g5×f4
45. g3×f4 Se5—d3
46. Kb5—c4 Sd3×f4
47. Ta7—h7 ....

Einfacher war 47. Kb3:

47. .... Ld6—e5
48. Th7×h6 Le5×b2
49. Kc4×b3 Lb2—g7
50. Th6—h7 Lg7—e5
51. a4—a5 Sf4×d5

Die Partie ist ohnehin verloren.

52. Th7—h5 Le5×h2
53. Th5×d5† Kd8—c8
54. Td5—b5 Kc8—c7
55. Kb3—c4 Kc7—c6
56. Tb5—h5 ....

Durch 56. a6, Lg1 57. Tb7, Le3 58. Te7 usw. war der Gewinn leicht zu erreichen.

56. .... Lh2—g1
57. Th5—h6†? ....

Ein Versehen! Auch an dieser Stelle konnte Weiß noch gewinnen durch 57. Th7 nebst 58. a6—a7 etc.

57. .... Kc6—c7
58. Kc4—b5 Kc7—b8

Remis.

Die Löwenthalsche Partiensammlung vom Jahre 1860 führt wohl

Remis als Ende der Partie an, doch haben spätere amerikanische Veröffentlichungen als wirklichen Ausgang den Gewinn für Weiß durch 56. a6 usw. angegeben. — Wie weit hierbei übertriebener Patriotismus ins Spiel kam, läßt sich nicht mehr feststellen. — Beinahe als sicher ist jedoch zu vermuten, daß Morphy, der, auf der Höhe seines Ruhmes, mit Löwenthal wegen Herausgabe seiner Partien verhandelte, diese jedenfalls für diesen Zweck genau durchgesehen hat, und daß daher der fragliche Fehler von ihm wirklich begangen wurde. — Außerdem kommt dazu, daß die Erläuterung dieser Partie in Löwenthals Sammlung von Ernest Morphy, dem Onkel des Schachmeisters, herrühren soll.

7

Sizilianische Eröffnung

New Orleans, 25. Mai 1850

Morphy	J. Löwenthal
1. e2—e4	c7—c5
2. f2—f4	....

Solider wäre Sf3, wie es Morphy später spielte.

2.	e7—e6
3. Sg1—f3	d7—d5
4. e4×d5	e6×d5
5. d2—d4	Lc8—g4

Die Theorie rät hier zu Sc6. Der gewählte Zug gibt durch den nachfolgenden Abtausch auf f3 dem Königsläufer eine bedrohliche Richtung gegen die schwachen Punkte d5 und b7.

6. Lf1—e2	Lg4×f3
7. Le2×f3	Sg8—f6
8. 0—0	Lf8—e7

Empfehlenswerter wäre 8. .... ed4 9. Dd4:, Sc6 usw. mit schneller Entwickelung der Streitkräfte. Löwenthal hat keine Ahnung davon, daß sein jugendlicher Gegner so viel Kraft entwickeln könnte.

9. Lc1—e3	c5×d4
10. Le3×d4	0—0
11. Sb1—c3	Sb8—c6
12. Ld4×f6	....

Die folgende, interessante Verwickelung endet mit materiellem Plus für Weiß.

12.	Le7×f6
13. Sc3×d5	Lf6×b2
14. Ta1—b1	Lb2—d4†
15. Kg1—h1	Ta8—b8
16. c2—c3	Ld4—c5
17. f4—f5	....

Das Vordringen dieses Bauers ist charakteristisch für Morphys Spielweise, deren Kunst ganz wesentlich in der rechtzeitigen Einleitung des Figurenangriffes durch Vorrücken der Bauern besteht.

17.	Dd8—h4
18. g2—g3	Dh4—g5
19. f5—f6	Sc6—e5
20. f6×g7	Tf8—d8
21. Lf3—e4	Dg5×g7
22. Dd1—h5	Td8—d6

(S. Diagramm)

Eine andere Deckung gegen das Springerschach auf f6 ist kaum möglich.

23. Le4×h7†	....

Stellung nach dem 22. Zuge von Schwarz

Morphy findet die Achillesferse seines Gegners.

23. .... Kg8—f8

Falls Dh7:, so 24. Se7†, Kh8 25. De5‡ nebst 26. Dc5: usw.

24. Lh7—e4 Td6—h6
25. Dh5—f5 Dg7×g3

Den weißen Türmen wird dadurch eine entscheidende Angriffslinie geöffnet. Schwarz will aber den verlorenen Bauer zurückgewinnen.

26. Tb1—b2 Tb8—e8
27. Sd5—f6 Te8—e6
28. Tb2—g2 ....

In jugendlich freudiger Aufregung über seine Gewinnststellung dem berühmten Meister gegenüber läßt hier Morphy den sofort entscheidenden Zug De6:! außer Acht.

28. .... Dg3×g2†

Löwenthal trifft die richtige Antwort, welche noch einige Zeit hindurch sein Verderben aufhält. Bei 28. .... Tef: gewinnt 29. Dc8† und bei 28. .... Thf6: 29. Tg3:, Tf5:! 30. Tf5:! usw.

29. Le4×g2 Th6×f6
30. Df5×f6 Te6×f6
31. Tf1×f6 ....

Die Übermacht der Qualität und der Freibauer genügen zum Gewinn.

31. .... Se5—g4
32. Tf6—f5 b7—b6
33. Lg2—d5 Sg4—h6
34. Tf5—f6 Kf8—g7
35. Tf6—c6 a7—a5
36. Tc6—c7 Kg7—g6
37. Kh1—g2 f7—f6
38. Kg2—f3 Sh6—f5
39. Ld5—e4 Kg6—g5
40. Le4×f5 Kg5×f5
41. h2—h4 Kf5—g6
42. Tc7—c6 Kg6—h5
43. Kf3—g3 f6—f5
44. Tc6—f6 f5—f4†
45. Kg3×f4 Lc5—f2
46. Kf4—e4 Lf2—c5
47. Tf6—f5† Kh5×h4
48. Tf5×c5 ....

Einfach und sofort entscheidend!

48. .... b6×c5
49. Ke4—d5 und Weiß gewinnt.

8

Französische Eröffnung

New Orleans, 1850

Mac Connel	Morphy
1. e2—e4	e7—e6
2. d2—d4	d7—d5
3. e4—e5	....

Richtiger wäre 3. ed5 oder 3. Sc3. Das frühzeitige Vorrücken des Königsbauers wird in diesem Spiele praktisch widerlegt.

3. .... c7—c5
4. c2—c3 Sb8—c6
5. f2—f4? ....

Durch 5. Sf3 könnte Weiß die Partie noch halten; der Textzug verliert.

5. .... Dd8—b6
6. Sg1—f3 Lc8—d7
7. a2—a3 Sg8—h6
8. b2—b4 c5×d4
9. c3×d4 Ta8—c8
10. Lc1—b2 Sh6—f5
11. Dd1—d3 Lf8×b4†
12. a3×b4 Sc6×b4
13. Dd3—d2 Tc8—c2
14. Dd2—d1 Sf5—e3

Weiß gibt die Partie auf.

9

Evansgambit

New Orleans, 20. Oktober 1850 bzw. 1852

Mac Connel — Morphy

1. e2—e4 e7—e5
2. Sg1—f3 Sb8—c6
3. Lf1—c4 Lf8—c5
4. b2—b4 Lc5×b4
5. c2—c3 Lb4—a5

Außer dem in dieser Stellung geschehenen Zuge kommt nur noch Lc5 in Betracht, da auch der mitunter angewandte Zug Ld6 (P. 11) die Entwicklung des schwarzen Damenflügels auf längere Zeit hemmt. Die Theorie war bis heute nicht im Klaren darüber, welcher Rückzug der bessere sei. Erst die allerjüngsten Forschungen beweisen überzeugend, daß der auch schon von Morphy bevorzugte Zug La5 der richtige ist. Der schwarze Läufer strebt nach b6; die Besetzung des Zentrums durch die weißen Bauern kann er aber nur verhindern, wenn er seinen Weg über „a5" nimmt, damit er nicht dem unmittelbaren Angriffe der Bauern ausgesetzt ist.

6. 0—0 ....

Einen scharfen Angriff gibt 6. d4.

6. .... Sg8—f6

Zur Zeit Morphys war nur diese Verteidigung bekannt; die moderne Theorie empfiehlt ausschließlich 6..... d7—d6!

7. d2—d4 0—0
8. d4×e5! ....

Sehr interessant ist: 8. Se5:, Se4: 9. Sf7:, Tf7: 10. Lf7†, Kf7: 11. d5, Se7 12. Da4!, Lc3: 13. Sc3:, Sc3: 14. Dc4, Sed5: 15. Ld2, b5 16. Db3, Dh4 17. Lc3:, Dc4 18. Dd1! (Damentausch ist schlechter), Lb7 19. Lb2, Kg8 20. Dh5, Df4 21. Tad1, Df7 22. Dg4, d6 usw. Schwarz wird dem weißen Angriffe entgehen und seine Bauernmacht zur Geltung bringen.

8. .... Sf6×e4
9. Lc1—a3 ....

Weiß müßte hier mit 9. Ld5! fortsetzen, z. B. 9. Ld5, A. Sc3: 10. Sc3:, Lc3: 11. Sg5, Se5: (La1: ist schlecht wegen Dh5 usw.) 12. Dc2, Sg6 13. Dc3:, Df6! 14. Df6: gf6 15. Se4 und gewinnt — oder B. 9..... Lc3: 10. Le4:, La1: 11. Lh7†, Kh7: 12. Sg5:, Kg6 13. Dg4? (mit Dd3† hat Weiß remis), f5 14. ef6, Kf6: 15. Se4†, Kf7 16. Dh5†, g6 17. Dh7†, Lg7 18. Sg5†, Dg5:! usw. — Am besten antwortet Schwarz mit 9. .... Sc5, wonach Weiß großen Schwierigkeiten begegnet; es wäre ihm nicht leicht, eine gute Fortsetzung des Angriffes zu finden. Der theoretische Zug 10. Sg5 (am solidesten scheint 10. Le3 zu sein, womit Weiß den Angriff noch lange behält), Se5: 11. f4, c6! 12. Dh5, h6 13. fe5, cd5 14. Sf7:, De8 15. Sh6‡, gh6 16. Tf8‡, Df8: 17. Lh6:, Df7 18. Dg5†, Kh7 19. Sd2, Dg6 usw. ist kaum empfehlenswert.

9. .... d7—d6
10. e5×d6 Se4×d6
11. Lc4—b3 Lc8—g4

Schwarz steht überlegen.

12. h2—h3 Lg4—h5
13. Dd1—d5 Lh5—g6
14. Sf3—e5 Sc6×e5
15. Dd5×a5 ....

(S. Diagramm)

Auch bei De5: verliert Weiß. Auf den Textzug beendet Morphy die Partie durch ein schönes und kräftiges Opferspiel.

15. .... Dd8—g5

Auch Sec4 wäre ausreichend.

16. Kg1—h1 ....

Es droht Damenverlust durch Sf3†. Ungenügend wäre 16. Dc7: wegen Le4 17. f3, Sf3‡ 18. Tf3:, Lf3: usw.

16. .... Lg6—e4

Stellung nach dem 15. Zuge von Weiß

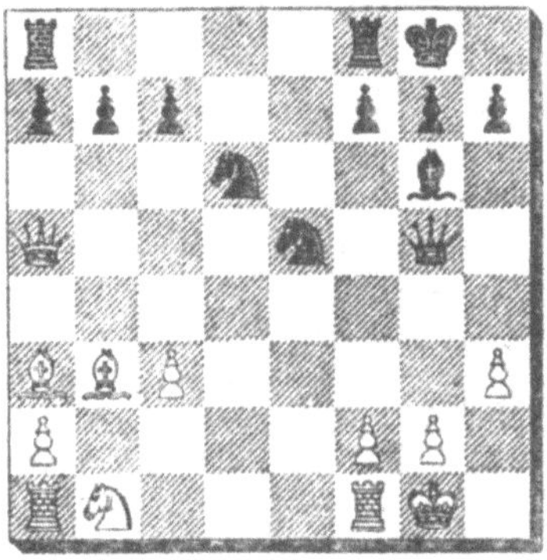

17. f2—f3 Le4×f3
18. g2×f3 Dg5—g3
19. Sb1—d2 Sd6—f5

Die weißen Figuren auf dem Damenflügel sind zur völligen Untätigkeit verurteilt, und Schwarz kann seine Truppen unbehindert zum Entscheidungskampfe gruppieren.

20. Ta1—e1 Dg3×h3†
21. Kh1—g1 Tf8—e8
22. Tf1—f2 Dh3—g3†

Ein eleganterer Schluß war hier durch 22. .... Sg3 zu erreichen, z. B.: 23. Th2, Sf3‡ 24. Sf3:, Te1‡ 25. Se1:, Df1‡.

23. Kg1—f1 Se5—d3
24. Te1×e8† Ta8×e8
25. Lb3×f7† Kg8—h8

Aufgegeben.

10

Evansgambit

New Orleans, 1850

Paul Morphy	Ernest Morphy
1. e2—e4	e7—e5
2. Sg1—f3	Sb8—c6
3. Lf1—c4	Lf8—c5
4. b2—b4	Lc5×b4
5. c2—c3	Lb4—a5
6. d2—d4	e5×d4
7. 0—0	La5×c3

Eine schwache und ungewöhnliche Fortsetzung. Wenn Schwarz schlagen will, so tut er es am besten mit dem Bauer (dc3).

8.	Sb1 × c3	d4 × c3
9.	Lc1—a3	d7—d6

Noch das Beste! Falls 9. . . . . Se7, so folgt 10. Sg5 usw. und auf 9. . . . . Sa5 könnte folgen 10. Lf7†, Kf7: 11. Dd5† nebst 12. Da5:.

10.	Dd1—b3	Sg8—h6
11.	Db3 × c3	Dd8—f6
12.	e4—e5	d6 × e5
13.	Tf1—e1	Lc8—d7
14.	Ta1—b1!	0—0—0

(8. Diagramm)

15.	Lc4—a6	. . . .

Schwarz war gezwungen, auf der Dameseite zu rochieren, was aber, der offenen Turmlinien wegen, ebenfalls gefährlich ist. — Der Läuferzug ist die Einleitung zu einer weitausschauenden Kombination, welche für die Spielweise des jungen amerikanischen Meisters charakteristisch ist.

15.	. . . .	Sc6—a5

Nach ba6 gewinnt Weiß durch Db3 usw.

Stellung nach dem 14. Zuge von Schwarz

16.	Te1—c1	Ld7—c6
17.	Dc3 × a5	b7 × a6
18.	Da5 × a6†	Kc8—d7
19.	Tc1 × c6	Df6—f5

Die Dame durfte nicht schlagen wegen Se5‡.

20.	Tc6 × c7†	Kd7—e8

Schwarz könnte ruhig aufgeben.

21.	Da6—c6†	Df5—d7
22.	Tb1—b8	Dd7 × c6
23.	Tc7—e7†	Ke8—f8
24.	Tb8 × d8†	Dc6—e8
25.	Te7 × e8‡	

11

Italienische Partie

New Orleans, 1854

	Ernest Morphy	Paul Morphy
1.	e2—e4	e7—e5
2.	Sg1—f3	Sb8—c6
3.	Lf1—c4	Lf8—c5
4.	0—0	Sg8—f6
5.	b2—b4	Lc5 × b4
6.	c2—c3	Lb4—d6

Durch diesen ungesunden Rückzug beabsichtigt Schwarz das Zentrum zu halten; dies könnte man aber viel natürlicher durch La5 nebst d6 erreichen, weil bei der gewählten Fortsetzung die schwarze Dameseite lange nicht zur Entwicklung gelangt.

7.	d2—d4	Dd8—e7
8.	Lc1—g5	. . . .

Besser ist Te1; Weiß sollte womöglich den Abtausch der Offiziere vermeiden.

8. . . . . 0—0
9. Tf1—c1 a7—a6
10. Dd1—c2 . . . .

Vorzuziehen wäre Sbd2 und den Springer über f1 oder c4—e3 usw. zu verwerten. Die Dame bliebe zur Verteidigung des Damebauers besser auf d1.

10. . . . . h7—h6
11. Lg5×f6 De7×f6
12. Sb1—d2 g7—g5

Entschieden besser war ed4!

13. d4×e5 Ld6×e5
14. Ta1—c1 g5—g4

Dieser Zug schwächt nur die Bauern der Königsseite; natürlicher war d6 und die Entwicklung der Dameseite. Schwarz glaubt vielleicht an die Möglichkeit, durch die Bauern das Mat zu erzwingen.

15. Sf3×e5 Sc6×e5
16. Lc4—b3 h6—h5
17. Te1—e3 h5—h4
18. Tc1—f1 Kg8—g7
19. f2—f4 Df6—b6
20. Tf1—e1 Se5—g6
21. g2—g3 h4×g3
22. h2×g3 Tf8—h8
23. Sd2—c4 Db6—c5
24. e4—e5 b7—b5
25. Sc4—d2 Th8—h3
26. Sd2—e4 Dc5—b6

27. Lb3×f7 Lc8—b7
28. Se4—f2 Sg6×f4
29. Dc2—f5 Ta8—f8

Vom 15. Zuge an spielt Weiß die Partie meisterhaft und widerlegt den ungesunden Angriff seines Gegners aufs kräftigste. Im nächsten Zuge übersieht er das Gewinn bringende 30. e6!, und infolgedessen endet die Partie mit Remis.

12

Evansgambit

Mobile (Alabama), 1. März 1855

Morphy	D. Ayers
1. e2—e4	e7—e5
2. Sg1—f3	Sb8—c6
3. Lf1—c4	Lf8—c5
4. b2—b4	Lc5×b4
5. c2—c3	Lb4—a5
6. d2—d4	d7—d6!

Die bequemste und sicherste Verteidigung!

7. Dd1—b3 . . . .

Weiß spielt auf Angriff! Durch 7. de5, de5 8. Dd8†, Sd8: 9. Se5:, Le6 usw. hätte er nichts erreicht. — Außerdem kommen noch folgende Angriffsmethoden in Betracht: I. 7. Sg5, Sh6 8. 0—0, Lb6 (Ld7 scheint noch empfehlenswerter zu sein) 9. Le3, ed4 10. cd4, Sd4: 11. Sf7:, Sf7 12. Lf7†, Kf7: 13. Ld4:, Te8 14. Sc3, Ld7 usw. Schwarz behält den Bauern. II. 7. Da4, ed4 8. Sd4:, Se7 9. Lg5, Dd7! 10. Le7: (falls 10. Lb5, a6! 11. Lc6:, Sc6: 12. Sc6:, Lb6! usw.), Sd4:, 11. Da5:, Sc6 12. Dg5, De7: 13. Dg7:, De4† 14. Le2, De5 usw. mit Bauernplus.

7.	....	Dd8—e7

Richtiger: 7. .... Dd7 8. de5, Lb6 (auch Se5: 9. Se5:, de5, 10. Lf7†, Df7: 11. Db5†, Ld7 12. Da5:, Se7 13. De5:, 0—0 ist stark) 9. e6! fe6, 10. Sg5, Sa5 11. Le6:, Sb3: 12. Ld7† usw. mit gleichem Spiele.

8.	d4—d5	Sc6—d4
9.	Lc4—b5†	....

Auf 9. Da4† könnte folgen Ld7 10. Da5:, b6 11. Da6, Sc2† 12. Kd1, Sa1: 13. Lb2, Sf6, oder f5 usw.

9.	....	c7—c6
10.	Sf3×d4	e5×d4
11.	d5×e6	De7×e4†
12.	Ke1—d1	Lc8—g4†
13.	f2—f3	Lg4×f3†
14.	g2×f3	De4×f3†
15.	Kd1—c2	Df3—e4†
16.	Kc2—b2	La5×c3†

Besser ist hier bc6, wodurch Schwarz noch lange den Angriff behält, z. B: 17. Te1! De1: 18. Lc6†, Ke7 19. La8:, Sf6 usw. oder bei 17. Td1, Se7 18. Ld3, Dh4 usw.

17.	Sb1×c3	d4×c3
18.	Db3×c3	0—0—0
19.	Th1—e1	De4—d5
20.	c6×b7†	Kc8×b7
21.	Ta1—b1	Sg8—f6

Natürlich ist das Spiel auch auf andere Züge verloren.

Stellung nach dem 21. Zuge von Schwarz

22.	Lb5—c6†	Dd5×c6
23.	Kb2—a1†	Kb7—c7
24.	Dc3—a5†	Kc7—c8
25.	Da5×a7	Sf6—d7
26.	Lc1—d2	Aufgegeben.

13

Schottisches Gambit

Mobile (Alabama), 1. März 1855

	A. B. Meek	Morphy
1.	e2—e4	e7—e5
2.	Sg1—f3	Sb8—c6
3.	d2—d4	e5×d4
4.	Lf1—c4	....

Weiß opfert im Interesse des Angriffs einen Bauer. Morphy selbst wandte diese gambitartige Behandlung der schottischen Partie mit Vorliebe an. Dieselbe gibt einen scharfen, bei korrektem Spiel aber leicht zu parierenden Angriff.

4.	....	Lf8—c5
5.	Sf3—g5	....

Ein verfrühter Angriffszug! Die Theorie empfiehlt hier 5. c3!, Sf6 (dc3? 6. Lf7†, Kf7 7. Dd5†, Ke8 8. Dh5†, Kf8 9. Dc5†, d6 10. Dc3: usw.) 6. cd4, Lb4† usw.

5.	...	Sg8—h6
6.	Sg5×f7	Sh6×f7
7.	Lc4×f7†	Ke8×f7
8.	Dd1—h5†	g7—g6
9.	Dh5×c5	d7—d6

Die neuere Theorie führt aus, daß der Doppelschritt des Damebauers mit entscheidendem Angriff erfolgen kann, z. B.: 9. .... d5 10. e5 (falls 10. Dd5:, so Dd5: 11. ed5, Te8† 12. Kd2, Sb4 usw.) Te8 11. Lf4 (falls 11. f4?, so folgt Se5: 12. fe5, Te5: 13. Kd2, Dg5† 14. Kd3, Df5† 15. Kd4:, De4† 16. Kc3, d4† 17. Kb4, a5† usw.) Se5:, 12. 0—0, Sc6 13. Sd2, Dd7 14. Sf3, b6 15. Da3, Kg8 16. Sg5, Df5 usw. Der damals bekannte Zug d7—d6 reicht aber auch aus.

10.	Dc5—b5	Th3—e8
11.	Db5—b3†	....

Die Schwäche dieses und des nächstfolgenden Zuges wird von Morphy energisch klargestellt. Besser war 11. 0—0

11.	....	d6—d5
12.	f2—f3	Sc6—a5
13.	Db3—d3	d5×c4
14.	f3×e4	Dd8—h4†
15.	g2—g3	Te8×e4†
16.	Ke1—f2	Dh4—e7
17.	Sb1—d2	Te4—e3

Die nun folgende unentwegte Verfolgung der Dame, um ihre Wirksamkeit von „e2" abzulenken, ist ein Beispiel für die konsequente Spielweise des jungen Meisters.

18.	Dd3—b5	c7—c6
19.	Db5—f1	Lc8—h3
20.	Df1—d1	Ta8—f8
21.	Sd2—f3	Kf7—e8

Weiß gibt auf.

14

Springergambit

Mobile (Alabama), 1. März 1855

	Morphy	A. B. Meek
1.	e2—e4	e7—e5
2.	f2—f4	e5×f4
3.	Sg1—f3	g7—g5
4.	Lf1—c4	Lf8—g7
5.	h2—h4	g5—g4

Dieses frühzeitige Vorgehen des Bauers, statt dessen h6 geschehen mußte, gibt dem Meister zur schnellen Durchführung eines kräftigen und glänzenden Gambitangriffes Gelegenheit.

6.	Sf3—g5	Sg8—h6
7.	d2—d4	f7—f6
8.	Lc1×f4	f6×g5
9.	Lf4×g5	Lg7—f6
10.	Dd1—d2	....

Bei Lh6: (ein Zug, der ebenfalls

zum Gewinn führt) verliert Weiß (nach Lh4† 11. Kd2 usw.) den Angriff. Morphy findet hier eine kräftigere Wendung.

10.	....	Lf6×g5
11.	h4×g5	Sh6—f7
12.	Lc4×f7†	Ke8×f7
13.	Dd2—f4†	Kf7—g8
14.	0—0	Dd8—e7
15.	Sb1—c3	c7—c6
16.	Ta1—e1	d7—d6

(S. Diagramm)

17.	Sc3—d5	c6×d5
18.	e4×d5 und Weiß gewinnt.	

Stellung nach dem 16. Zuge von Schwarz

15

Schottisches Gambit

New Orleans, 1855

	A. B. Meek	Morphy
1.	e2—e4	e7—e5
2.	Sg1—f3	Sb8—c6
3.	d2—d4	e5×d4
4.	Lf1—c4	Lf8—c5
5.	Sf3—g5	Sg8—h6
6.	0—0	....

Auf 6. Dh5 antwortet Schwarz mit De7 nebst 7. .... d6 und 8. .... 0—0.

6.	....	d7—d6
7.	c2—c3	0—0
8.	c3×d4	Lc5×d4
9.	Sb1—c3	Sh6—g4
10.	h2—h3	Sg7—e5
11.	Dd1—h5	h7—h6
12.	Sg5×f7	....

Ein sinnloses Opfer! Allerdings hat Weiß auch bei 12. Sf3, Sf3† 13. Df3:, Le6 usw. die viel schlechtere Partie.

12.	....	Se5×f7
13.	Dh5—g6	Sc6—e5
14.	Lc4×f7†	Tf8×f7
15.	Dg6—g3	Tf7—f6

Schwarz pariert die Drohung (Lh6:) und nimmt den Gegenangriff auf.

16.	Sc3—d5	Tf6—g6
17.	Dg3—b3	Lc8—e6
18.	Db3×b7	Le6×h3!

Morphy läßt sich — durch das schwache Spiel seines Gegners — nicht verleiten; er spielt die Partie ernst und macht immer die stärksten Züge. — Er betrachtet die Position als ein schwer lösbares Problem und findet seinen größten Genuß darin, dasselbe auf kürzestem Wege zu lösen.

19.	Sd5—e7†	Dd8×e7
20.	Db7×a8†	Kg8—h7
21.	Kg1—h2	....

Auf 21. g3 folgt Mat in vier Zügen

durch Tg3‡ 22. Kh2 (22. Kh1, Lg2† 23. Kg1, Lf3† 24. Kh2 Dh4‡), Sf3† 23. Kg3:, Dh4† 24. Kf3:, Dg4‡.

21.	....	Tg6×g2†
22.	Kh2×h3	De7—e6†
23.	Kh3×g2	De6—g4†
24.	Kg2—h1	Dg4—h3†
25.	Kh1—g1	Se5—f3‡.

16

Evansgambit

New Orleans, 1855

Vorgabe des Dameturmes

	Morphy	Amateur
1.	e2—e4	e7—e5
2.	Sg1—f3	Sb8—c6
3.	Lf1—c4	Lf8—c5
4.	b2—b4	Lc5×b4
5.	c2—c3	Lb4—c5
6.	d2—d4	e5×d4
7.	c3×d4	Lc5—b6
8.	0—0	d7—d6
9.	Sb1—c3	....

Dieser Fortsetzung des Angriffes im Evansgambit hat der junge Meister schon damals mit Recht den Vorzug vor anderen sonst hier üblichen Angriffsweisen gegeben.

9.	....	Sc6—a5
10.	Lc4—d3	Lc8—g4
11.	Lc1—e3	Dd8—f6
12.	Sc3—d5	Df6—d8
13.	h2—h3	Lg4×f3
14.	Dd1×f3	Sg8—f6

Diese unzeitige Entwickelung des Königsspringers, statt deren c6 geschehen sollte, gibt zu einem vehementen Angriffe Gelegenheit.

15.	Le3—g5	Lb6×d4
16.	e4—e5!	....

Ein wichtiges Baueropfer zur Öffnung sämtlicher Angriffslinien.

16.	....	Ld4×e5
17.	Tf1—e1	0—0

18.	Te1×e5	d6×e5
19.	Sd5×f6†	g7×f6

Auf Kh8 würde 20. Dh5 entscheiden.

20. Lg5×f6 und Weiß gewinnt.

Nach dem Textzuge könnte Schwarz die Partie durch Df6: noch sehr lange weiterschleppen; näher lag deshalb der sofort entscheidende Zug Lh6! z. B. 20. Lh6, Dd3:! 21. Dd3:, Kh8 22. Df5 nebst Mat in zwei Zügen.

17

Evansgambit

New Orleans, 1855

Vorgabe des Damespringers

	Morphy	Le Carp und C. A. Maurian
1.	e2—e4	e7—e5
2.	Sg1—f3	Sb8—c6
3.	Lf1—c4	Lf8—c5
4.	b2—b4	Lc5×b4
5.	c2—c3	Lb4—a5
6.	0—0	Sg8—f6
7.	Sf3—g5	0—0
8.	f2—f4	d7—d5
9.	e4×d5	Sf6×d5
10.	Lc1—a3	Sd5×f4
11.	Sg5×f7	Tf8×f7
12.	Dd1—b3	Dd8×d2
13.	Lc4×f7†	Kg8—h8
14.	Tf1—f2	La5—b6
15.	Db3×b6	Sf4—h3†
16.	g2×h3	Dd2—g5†
17.	Tf2—g2	Dg5×g2†
18.	Kg1×g2	a7×b6
19.	La3—b2	Lc8—f5
20.	Ta1—f1	Lf5—e4†
21.	Kg2—g3	Ta8—d8
22.	Lf7—e6	h7—h6
23.	Tf1—f7	Td8—d3†

Hier versäumt die schwarze Partei den stärkeren Zug Td2.

24.	Kg3—g4	Td3—d8
25.	Tf7×c7	Td8—e8
26.	Le6—d7	Te8—f8
27.	Ld7×c6	Tf8—f4†
28.	Kg4—g3	b7×c6
29.	c3—c4	Tf4—f3†
30.	Kg3—g4	Tf3—f4†

Remis.

18

Springergambit

Springhill, 1855

Vorgabe des Dameturmes

	Morphy	C. A. Maurian
1.	e2—e4	e7—e5
2.	f2—f4	e5×f4
3.	Sg1—f3	g7—g5
4.	Lf1—c4	Lf8—g7
5.	0—0	h7—h6
6.	c2—c3	d7—d6
7.	Dd1—b3	Dd8—e7
8.	d2—d4	c7—c6
9.	a2—a4	Lc8—e6
10.	Lc4×e6	f7×e6

Falls De6:, so 11. Db7: usw.

11.	e4—e5	d6—d5
12.	g2—g3	Sb8—a6
13.	g3×f4	g5×f4
14.	Lc1×f4	0—0—0
15.	Db3—c2	De7—e8
16.	b2—b4	Sg8—e7
17.	Dc2—e2	Sa6—b8
18.	b4—b5	Th8—g8
19.	Kg1—h1	De8—g6
20.	Sb1—d2	Td8—f8
21.	Lf4—g3	Se7—f5
22.	b5×c6	Sf5×g3†
23.	h2×g3	Sb8×c6
24.	Tf1—g1	b7—b6
25.	De2—b5	Kc8—b7
26.	c3—c4	Tf8×f3

27. Sd2×f3 Dg6—e4
28. Tg1—f1 Sc6×d4
29. Db5—d7† Kb7—b8
30. c4×d5 Lg7×e5
31. Dd7—f7 Tg8—g7
32. Df7—e8† Kb8—b7
33. a4—a5 ....

Der letzte Versuch, der aber an dem umsichtigen und kräftigen Spiele des Gegners scheitert.

33. .... De4×d5
34. a5—a6† Kb7×a6
35. De8—c8† Ka6—a5
36. Dc8—c3† Ka5—a6
37. Dc3—c8† Tg7—b7
38. Dc8—c3 Tb7—c7
39. Dc3—a3† Ka6—b7
40. Kh1—h2 Sd4×f3†
41. Tf1×f3 Tc7—c2†
42. Kh2—h3 Le5—d6

Weiß gibt auf.

19
Springergambit
1855?

Vorgabe des Dameturmes

Morphy C. A. Maurian

1. e2—e4 e7—e5
2. f2—f4 e5×f4
3. Lf1—c4 ....

Morphy versucht es diesmal mit dem Läufergambit.

3. .... Dd8—h4†
4. Ke1—f1 b7—b5

Dieses Gegengambit trifft den Vorgeber recht unangenehm.

5. Lc4—d5 Sb8—c6
6. Sg1—f3 Dh4—h5
7. d2—d4 Sg8—f6
8. Ld5—b3 Lc8—a6
9. Dd1—e2 ....

Nach diesem Zuge wird Morphy durch seine eigene Petarde in die Luft geschleudert.

9. .... Sc6×d4!

Ein höchst elegantes und schönes Opfer, welches man bei Turmvorgabe kaum erwarten kann.

10. Sf3×d4 b5—b4
11. De2×a6 ....

Auch andere Züge retten die Partie nicht.

11. .... Dh5—d1†
12. Kf1—f2 Sf6—g4‡

20
Spanische Partie
New Orleans, November 1856

Paul Morphy Ernest Morphy

1. e2—e4 e7—e5
2. Sg1—f3 Sb8—c6
3. Lf1—b5 Lf8—c5
4. c2—c3 Dd8—e7

Am besten spielte Schwarz hier 4. .... f5; oder Df6.

5. 0—0 Sg8—f6

Diese Springerentwicklung ist schlecht. Der einzige Zug, welcher die Stellung haltbar machen kann, wäre 5. .... f6; aber auch dann steht Schwarz sehr beengt. Die korrekte Behandlung des schwachen Gegenzuges zeugt für das tiefe Positionsverständnis des Meisters.

6. d2—d4 Lc5—b6
7. Lc1—g5 h7—h6
8. Lg5×f6 g7×f6

Schwarz verteidigt den Bauer e5, welcher auf Df6: nach 9. Lc6:, dc6 10. Se5: usw. verloren ginge; trotzdem wäre das dem gewählten Zuge vorzuziehen, da der nun folgende Springerangriff eine entscheidende Wirkung hat.

9. d4—d5 Sc6—d8
10. Sf3—h4 c7—c6
11. Sh4—f5 De7—c5
12. b2—b4 ....

Morphy läßt dem bedrängten Gegner keinen Augenblick Ruhe und setzt mit Energie den Angriff fort.

12. .... Dc5—f8

Das einzige Rückzugsfeld der Dame; bei Db5: erobert sie Weiß durch 13. Sd6†.

13. d5×c6 d7×c6
14. Sf5—d6† Ke8—e7
15. Dd1—d3 ....

15. .... c6×b5
16. Sd6×c8† Ta8×c8
17. Tf1—d1 Df8—g7
18. Dd3—d7† Ke7—f8
19. Dd7×c8 und Weiß gewinnt.

21

Springergambit

New Orleans, 1856

Vorgabe von Turm (a1) und Springer (b1)

Morphy	Th. Knight
1. e2—e4	e7—e5
2. f2—f4	e5×f4
3. Sg1—f3	g7—g5
4. Lf1—c4	Dd8—e7
5. d2—d4	d7—d5
6. Lc4×d5	c7—c6
7. Ld5×f7†	De7×f7
8. Sf3—e5	Df7—f6
9. Dd1—h5†	Ke8—e7
10. h2—h4	g5×h4
11. 0—0	Lf8—h6
12. b2—b3	Sb8—d7
13. Lc1—a3†	c6—c5

14. Tf1—d1! Sd7×e5

15.	La3×c5†	Ke7—e6
16.	Dh5—e8†	Sg8—e7
17.	d4—d5‡	

Die Pointe und Feinheit des weißen Spieles liegt in dem tiefdurchdachten 14. Zuge.

22

Evansgambit

New Orleans, 30. Januar 1857

	Morphy	A. B. Meek
1.	e3—e4	e7—e5
2.	Sg1—f3	Sb8—c6
3.	Lf1—c4	Lf8—c5
4.	b2—b4	Lc5×b4
5.	c2—c3	Lb4—a5
6.	0—0	Sg8—f6

Dieser früher beliebte Zug bezweckt ebenfalls wie der moderne 6. .... d6 und auch der Steinitzsche 6. .... Df6 die Erhaltung des Zentrums. Am besten ist dies zu erreichen durch 6. .... d6. Auf den geschehenen Zug und ebenso auf 6. .... Df6 bekommt Schwarz eine gedrückte Stellung, und Weiß kann auf verschiedene Weise angreifen. — Gegen die von Steinitz empfohlene Verteidigung 6. .... Df6 spielt Weiß am stärksten wie folgt: 7. d4, h6! [Schwarz hat nichts Besseres, denn 7. .... d6 geht nicht wegen 8. d5, Sd8 9. Da4† usw. und auf 7. .... Se7 oder Sh6 folgt 8. d5, Sd8 9. Lg5, Dd6 10. Da4, Lb6 11. Sa3, c6 12. Tad1 (im Falle 7. .... Sh6 entscheidet: 12. Le2, Lc7 13. Sc4, Df8 14. d6, Ld6: 15. Sb6! usw.), Db8 13. Le7:, Ke7: 14. d6†, Kf8 15. Db4! usw.] 8. Le3!, Lb6 9. de5, Se5: 10. Se5:, De5: 11. Ld4, Ld4: 12. cd4, De7 13. Sc3 usw. — Es gibt hier noch zahlreiche Varianten; diese weichen aber wenig voneinander ab, und Weiß bleibt in allen im Vorteil. — Das genügt, um das Steinitzsche 7. .... Df6 als ungenügend zu bezeichnen.

7.	d2—d4	Sf6×e4

Richtiger wäre 0—0.

8.	Lc1—a3	....

In Betracht kam 8. Se5:, Se5: 9. de5, d5 10. Ld5:, Lc3: 11. Sc3:, Sc3: 12. Lf7‡, Kf7: 13. Df3† usw.

8.	....	d7—d6
9.	d4—d5	....

Mit d5 erreicht Weiß wenig; besser ist Dc2.

9.	....	Se4×c3

Falsch gerechnet! — Schwarz verliert jetzt eine Figur. — Se7! gab gleiches Spiel, z. B.: 10. Da4†, c6 11. dc6, 0—0 12. Lf7‡, Tf7: 13. De4:, Sc6: 14. Td1, Lc7 15. Dd5, Df6! usw. (16. Ld6:?, Ld6: 17. Dd6:, Td7!).

10.	Sb1×c3	La5×c3
11.	Ta1—c1	Lc3—b4
12.	La3×b4	Sc6×b4
13.	Dd1—a4†	Sb4—c6
14.	d5×c6	b7—b6

Auf bc6 wäre gefolgt 15. Ld5! — Nach dem Textzug wird aber der Bauer c6 stark. Der weitere Verlauf des Spieles zeigt die große Überlegenheit und schnelle Auffassung Morphys, der in äußerst geschickter Weise mittels eines Figurenopfers seinen vorgerückten Bauer c6 frei macht und siegreich zur Dame führt.

15. Tc1—d1 Df8—f6
16. Tf1—e1 a7—a6
17. Da4—a3 ....

Energischer war Ld5.

17. .... 0—0
18. Da3—b3 b6—b5
19. Lc4—d5 Lc8—g4

Zwecklos! — Schwarz darf nicht abtauschen, weil der weiße Königsläufer die Diagonale beherrscht und die Bauern aufhält.

20. h2—h3 Lg4—e6
21. Te1—e3 Ta8—e8
22. Sf3—d2 Df6—h6
23. Sd2—e4 Kg8—h8
24. Db3—a3 f7—f5

(8. Diagramm)

Stellung nach dem 24. Zuge von Schwarz

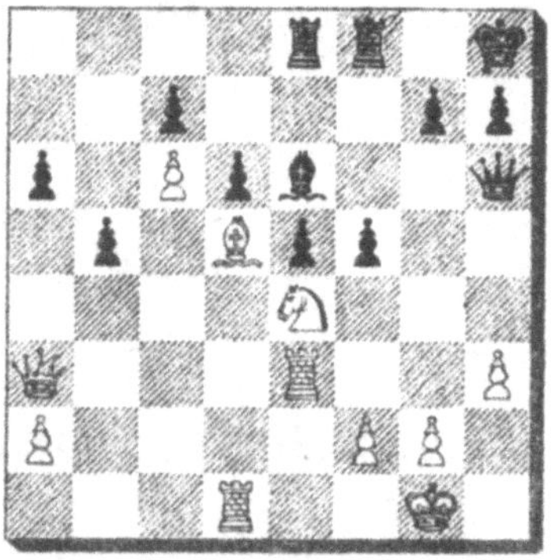

25. Ld5×e6 Te8×e6

Etwas besser war 25. .... De6: 26. Sd6:, cd6 27. Td6:, De7 28. Ted3, e4 29. Td1 usw. Schwarz muß aber auch dann verlieren.

26. Se4×d6 Te6×d6
27. Te3—d3! Tf8—d8
28. Td3×d6 Td8×d6
29. Td1×d6 c7×d6
30. c6—c7 Dh6—e6
31. Da3×d6 De6—e8
32. Dd6—d8† De8×d8
33. c7×d8D†

Hiermit ist die Zahl der uns überlieferten Morphyschen Jugendpartien erschöpft. Aus dem Umstande, daß sich diese 22 Spiele auf die lange Zeit von neun Jahren verteilen, kann der sichere Schluß gezogen werden, daß eine weit größere Anzahl von Partien gespielt ist, die aber — aus irgend einem Grunde — nicht aufgezeichnet oder nicht aufbewahrt worden sind.

Es ist dies um so bedauerlicher, als es höchst interessant wäre, den Entwicklungsgang dieser eigenartigen Begabung eingehender verfolgen zu können, ganz besonders auch deshalb, weil es aus den mit Löwenthal gespielten Partien klar ersichtlich ist, daß Morphy schon im dreizehnten Lebensjahre alle Attribute eines Meisterspielers besaß.

2

Kongreß und Turnier zu New York 1857

Der Werdegang der vom englischen Joche befreiten ehemaligen Kolonie begann seit Anfang des verflossenen Jahrhunderts ein rasches, stürmisches Tempo einzuschlagen. Der Zufluß arbeitsfroher, dem europäischen Reservoir entnommener Elemente, die der angelsächsischen Rasse innewohnende Schaffenslust, die Leichtigkeit, dem mit verschwenderischer Fruchtbarkeit ausgestatteten Erdboden ungeahnte Schätze abzugewinnen, insbesondere aber die rasche und ausgiebige Wertsteigerung geistiger und materieller Arbeit bewirkten das in der Entwickelungsgeschichte der Völker einzig dastehende sprunghafte Aufblühen des nordamerikanischen Staatenbundes. Die noch heute bestehende Großzügigkeit der Unternehmungen, der riesenhafte Aufschwung von Handel und Gewerbe und die ins Ungemessene wachsende Erwerbstätigkeit verliehen dem Leben einen Anstrich des Fieberhaften, Wildbewegten, dem sich jedoch eigentümlicherweise eine scharf ausgeprägte, energisch betätigte Vorliebe für jedwede Art von Sport beigesellte.

Unter solchen Verhältnissen darf es nicht wundernehmen, daß das nordamerikanische Schachleben sich in kürzester Zeit kräftig entwickelte. Schon vor dem epochalen Auftreten Morphys bestanden überall Vereine, die in reger Verbindung untereinander, wenn auch nicht dem Namen nach, tatsächlich aber einen mächtigen Schachbund darstellten. Staunend, halb ungläubig vernahm man in Europa die Kunde von sozusagen über Nacht entstandenen Schachverbänden, von Lokalgrößen, Korrespondenzturnieren, Schachzeitungen usw., bis schließlich die an alle europäischen Meister gerichtete Einladung, an einem in New York im Jahre 1857 abzuhaltenden Schachkongresse und Turniere teilzunehmen, die Alte Welt darüber belehrte, daß Amerika entschlossen sei, ihr auch auf diesem Gebiete die Hegemonie streitig zu machen.

Nach rascher Aufbringung der erforderlichen Geldmittel wurde der erste internationale amerikanische Schachkongreß und das damit verbundene Turnier am 5. Oktober 1857 in den prachtvollen Delmonico-Sälen feierlich eröffnet. Nach der üblichen Begrüßung der Erschienenen durch den Wahl-Präsidenten A. B. Meek begann das Wettspiel, an welchem die nachfolgenden 16 Kämpfer teilnahmen:

W. S. Allison, Minnesota.
S. R. Calthrop, Connecticut.
D. W. Fiske, New York.
W. J. A. Fuller, New York.
H. Kennicott, Illinois.
H. Knott, Brooklyn.
Th. Lichtenhein, New York.
N. Marache, New York.
A. B. Meek, Alabama.
H. P. Montgomery, Pennsylvania.
P. Morphy, Lousiania.
L. Paulsen, Jowa.
Fr. Perrin, New York.
Dr. B. J. Raphael, Kentucky.
Ch. H. Stanley, New York.
J. Thompson, New York.

Der Nationalität nach waren es 14 Amerikaner und 2 Europäer, Louis Paulsen aus Nassengrund in Lippe-Detmold und Theodor Lichtenhein aus Königsberg i. Pr., die damals in Amerika weilten.

Nach den Turnierbedingungen zählte Remis nicht. Weiß hatte bei der ersten Partie den Anzug, beim folgenden Spiele wurde mit der Farbe nicht gewechselt.

Die Bedenkzeit war unbeschränkt. Nach der üblichen Auslosung kämpften je zwei Teilnehmer so lange miteinander, bis einer von ihnen drei Gewinnpartien zu verzeichnen hatte; der Unterlegene schied aus dem Turniere aus.

Zwischen den Siegern wurde auf dieselbe Weise das Spiel fortgesetzt. Zwischen den beiden letzten fand ein Match auf 5 Gewinnpoints um den ersten Preis statt.

Aus der nachfolgenden Übersicht ist das von den einzelnen Teilnehmern erzielte Resultat zu ersehen.

Ergebnis des Schachturniers zu New York 1857

Erster Gang

Morphy . . . . . . +3 −0 = 0
Thompson . . . . +0 −3 = 0

Paulsen . . . . . . +3 −0 = 0
Calthrop . . . . . +0 −3 = 0

Lichtenhein . . . +3 −2 = 0
Stanley . . . . . . +2 −3 = 0

Raphael . . . . . . +3 −2 = 1
Kennicott . . . . +2 −3 = 1

Meek	+3 −2 = 0
Fuller	+2 −3 = 0

Montgomery	+3 −1 = 0
Allison	+1 −3 = 0

Perrin	+3 −2 = 2
Knott	+2 −3 = 2

Marache	+3 −2 = 0
Fiske	+2 −3 = 0

Zweiter Gang

Morphy	+3 −0 = 0
Meek	+0 −3 = 0

Paulsen	+3 −0 = 0
Montgomery	+0 −3 = 0

Lichtenhein	+3 −0 = 0
Perrin	+0 −3 = 0

Raphael	+3 −2 = 2
Marache	+2 −3 = 2

Dritter Gang

Morphy	+3 −0 = 1
Lichtenhein	+0 −3 = 1

Paulsen	+3 −0 = 1
Raphael	+0 −3 = 1

Entscheidungskämpfe

Morphy	+5 −1 = 2
Paulsen	+1 −5 = 2

Lichtenhein	+3 −0 = 0
Raphael	+0 −3 = 0

23

Italienische Partie

New York, 6. Oktober 1857

	J. Thompson	Morphy
1.	e2—e4	e7—e5
2.	Sg1—f3	Sb8—c6
3.	Lf1—c4	Lf8—c5
4.	d2—d3	Sg8—f6
5.	Sb1—c3	h7—h6

Ist zwar Tempoverlust, gegen schwächere Spieler jedoch gut anwendbar, da hierdurch dem Abtausch vorgebeugt wird.

6. Sc3—e2 . . . .

In neuerer Zeit spielt man lieber 6. Le3.

6. . . . . d7—d6

Die Eröffnung wird von beiden Seiten vorsichtig behandelt. Der Doppelschritt des Bauers käme in Betracht.

7.	c2—c3	0—0
8.	h2—h3	Kg8—h8
9.	Se2—g3	. . . .

Übereilung! ein schwächerer Spieler trifft naturgemäß minderwertige Züge; durch Lb3! und vor Sg3 erst noch g4, hätte Weiß ausgezeichnetes Spiel gehabt.

9.	. . . .	Sf6—h7
10.	Dd1—c2	. . . .

Hierbei übersieht Thompson den 11. Zug von Morphy; Le3 sollte geschehen.

10. . . . . f7—f5
11. e4×f5 d6—d5
12. Lc4—b3 . . . .

Besser war Lb5.

12. . . . . e5—e4
13. d3×e4 d5×e4
14. Sf3—g1 . . . .

Weiß hat die Partie vom 9. Zuge an schwach gespielt, und die letzten 6 Züge bilden in ihrer Gesamtheit einen einzigen Fehler, dem der 14. Zug die Krone aufsetzt.

14. . . . . Sc6—e5
15. Lc1—e3 Se5—d3†

(8. Diagramm)

16. Ke1—e2 Lc5×e3
17. f2×e3 Dd8—h4

Schwarz hat die schwachen Züge des Gegners energisch ausgenützt.

Stellung nach dem 15. Zuge von Schwarz

18. Sg3×e4 . . . .

Weiß ist rettungslos verloren.

18. . . . . Dh4×e4
19. Dc2×d3 De4×g2†
20. Ke2—d1 Lc8×f5!
21. Lb3—d5 Lf5—g4†

Aufgegeben.

Dauer der Partie: 1 Stunde.

24

Sizilianische Eröffnung

New York, 7. Oktober 1857

Morphy J. Thompson

1. e2—e4 c7—c5
2. Sg1—f3 Sb8—c6
3. d2—d4 c5×d4
4. Sf3×d4 e7—e6
5. Lc1—e3 Lf8—e7
6. Sb1—c3 h7—h6

Eine hier unbegründete Vorsicht, durch welche Schwarz unnötig ein Tempo einbüßt. 6. . . . . Sf6 war der richtige Zug.

7. Lf1—d3 d7—d5

Verfrüht! 7. . . . . Sf6 sollte geschehen.

8. Ld3—b5 Lc8—d7

Kostet einen Bauer; das einzige Mittel, denselben zu halten, wäre 8. . . . . Dd6, oder 8. . . . . Dd7; in beiden Fällen stünde Weiß weit überlegen.

9. e4×d5 e6×d5
10. Sc3×d5 Sg8—f6
11. Sd5×f6† Le7×f6
12. c2—c3 0—0
13. 0—0 Dd8—c7
14. Dd1—a4 Tf8—e8
15. Ta1—d1 . . . .

Durch 15. Sc6: hätte Weiß die

ungleichfarbigen Läufer vermeiden und sein Bauernplus leichter zur Geltung bringen können.

15.	....	Te8—e4
16.	Lb5 x c6	Ld7 x c6
17.	Da4—c2	Lf6—e5!
18.	g2—g3	Le5 x d4
19.	c3 x d4	Dc7—e7
20.	d4—d5	Lc6—d7
21.	Le3—c5	Ta8—c8
22.	Lc5 x e7	Tc8 x c2

Dies alles ist von Thompson fein und kräftig gespielt, und es gelang ihm wirklich, eine Remisstellung zu erreichen. In dem wichtigsten Momente (23. Zug) findet er aber den Ausgleich erzwingenden Zug nicht, und nachher ist die Partie nicht mehr zu retten.

23. Le7—a3 ....

23 .... b7—b5?

Durch Lg4! konnte Schwarz Remis erreichen, z. B. 23. .... Lg4 24. Tfe1, Ld1: 25. Te4:, Lf3 usw. Auch bei 24. Tde1 oder 24. Tc1 gleicht Schwarz das Spiel aus durch Td4, bzw. Td2.

Sofort verderblich wäre 19. f3? wegen Tee2 usw.

24.	Tf1—e1	f7—f5
25.	f2—f3	Te4 x e1†
26.	Td1 x e1	Tc2—d2
27.	d5—d6	a7—a5
28.	La3—c5	b5—b4
29.	Te1—e7	Td2—d5
30.	Lc5 x b4	a5 x b4
31.	Te7 x d7	Kg8—f8
32.	Td7—b7	Td5—d4
33.	Kg1—f2	Td4 x d6

Auf Td2† würde Weiß durch 34. Ke3, Tb2: 35. Tb8†, Kf7 36. d7 gewinnen.

34.	Tb7 x b4	Td6—d2†
35.	Kf2—e3	Td2 x h2
36.	a2—a4	Th2—c2
37.	a4—a5	Tc2—c5
38.	Tb4—a4	Kf8—e7
39.	b2—b4	Tc5—c8
40.	b4—b5	Tc8—b8
41.	a5—a6	Ke7—d7
42.	b5—b6	Kd7—c6
43.	b6—b7	Kc6—b6
44.	a6—a7	Tb8—e8†
45.	Ke3—f4	Kb6 x b7
46.	a7—a8D†	Te8 x a8
47.	Ta4 x a8	Kb7 x a8
48.	Kf4 x f5	Aufgegeben.

In diesem Spiele tritt von seiten des sonst so energischen Thompson eine gewisse Befangenheit zutage; durch übergroße Vorsicht verliert er im 6. Zuge ein Tempo, bald darauf einen Bauer, und auch im 23. Zuge findet er den so nahe liegenden ausgleichenden Läuferzug nicht.

Dauer der Partie: $2^3/_4$ Stunden.

25

Italienische Partie

New York, 8. Oktober 1857

J. Thompson		Morphy
1.	e2—e4	e7—e5
2.	Sg1—f3	Sb8—c6
3.	Lf1—c4	Lf8—c5
4.	c2—c3	Sg8—f6
5.	d2—d3	....

Eine langweilige, aber sichere Eröffnung.

5.	....	d7—d6
6.	h2—h3	....

Die Fesselung des Springers ist ungefährlich; natürlicher wäre: 6. Sbd2 oder auch 6. Le3.

6.	....	Lc8—e6
7.	Lc4—b3	....

Weiß bleibt in der Entwickelung stark zurück und verliert zuviel Zeit. Konsequenter war 7. De2.

7.	....	d6—d5
8.	e4×d5	....

Durch diesen Bauerntausch wird der Damenbauer schwach. 8. De2 wäre noch immer richtiger. Weiß sollte seinen Zentrumbauer halten.

8.	....	Le6×d5
9.	0—0	0—0
10.	Lc1—g5	Ld5×b3
11.	a2×b3	h7—h6
12.	Lg5—h4	g7—g5

Schwarz geht energisch vor und spielt überhaupt wie die Katze mit der Maus.

13.	Lh4—g3	e5—e4
14.	Sf3—e5	....

Nach 14. de4, Se4: stünde Weiß jämmerlich.

14.	....	Sc6×e5
15.	Lg3×e5	e4×d3
16.	Le5×f6	Dd8×f6
17.	Dd1×d3	Ta8—d8
18.	Dd3—c2	Tf8—e8
19.	b3—b4	Lc5—b6
20.	Sb1—a3	....

Der unglückliche Springer kann sich nicht anders entwickeln. Schwarz steht prachtvoll.

20.	....	Df6—f4
21.	Ta1—d1	c7—c6
22.	Td1—d3?	....

Weiß übersieht die Finesse und verliert einen Bauer. Am besten war noch b3, um den Springer nach c4 spielen zu können.

22.	....	Lb6×f2†

Morphy hat dem Fehlzuge seines Gegners Rechnung getragen.

23.	Kg1—h1	....

Auf 23. Tf2: folgt Te1†.

23. .... Td8×d3
24. Dc2×d3 Te8—e3
25. Dd3—d8† Kg8—g7
26. Dd8—d4† ....

Die einzige Rettung, die den sofortigen Verlust verzögert. Es drohte Th3† nebst Mat in einigen Zügen, und wenn Weiß sich dagegen mit 26. Dd7 deckt, könnte Lg3! 27. Tg1, Df2 28. Dd1 (gegen Dg1†), Le5 29. Dg4, Te1 folgen.

26. .... Df4×d4
27. c3×d4 Te3—e2
28. Sa3—c4 Te2—e1
29. Tf1×e1 Lf2×e1
30. Sc4—a5 Le1×b4

Weiß ist verloren. Morphy spielt zielbewußt und fein.

31. Sa5×b7 Kg7—f6
32. Sb7—d8 c6—c5
33. Sd8—c6 Kf6—e6
34. d4×c5 ....

Nach 34. Sa7:, cd4 rückt der Bauer unaufhaltsam vor.

34. .... Lb4×c5
35. g2—g4 Ke6—d5
36. Sc6—d8 f7—f6
37. Kh1—g2 a7—a5
38. Kg2—f3 a5—a4
39. Kf3—e2 Lc5—d4
40. Ke2—d3 Ld4×b2
41. Sd8—f7 Lb2—e5
42. Kd3—c2 Kd5—c4
43. Sf7—d8 a4—a3
44. Sd8—b7 a3—a2
45. Sb7—a5† Kc4—b4
46. Sa5—b8 Kb4—a3

und Schwarz gewinnt.

Dauer der Partie: 2½ Stunden.

26

Spanische Partie

New York, 15. Oktober 1857

A. B. Meek	Morphy
1. e2—e4	e7—e5
2. Sg1—f3	Sb8—c6
3. Lf1—b5	Sg8—f6
4. d2—d3	Lf8—c5
5. c2—c3	....

Sehr gut ist hier Le3!

5. .... d7—d6

Dieser Eröffnungsfehler bestätigt, daß zur Zeit Morphys vor allem die Gambitspiele beliebt und bekannt waren. Die ruhigen, soliden, schwer zu behandelnden Partien hatten wenig Anhänger. Daher kommt es, daß Morphy, während er im Gambitspiele unübertreffliche Fertigkeit und Tiefblick entfaltet, in anderen Eröffnungen anfänglich eine gewisse Unentschlossenheit an den Tag legt. Er lernte aber nach einigen Verlustpartien die richtige Behandlung, durchschaute seine Gegner bald, und war dann auch in diesen Spielen Meister. — Der korrekte Zug ist 0—0!

6. b2—b4 ....

Weiß hätte durch 6. d4, ed4 7. cd4, Lb4† 8. Kf1! usw. in Vorteil kommen können, da nun 9. Da4 bzw. d5 droht.

6.	....	Lc5—b6
7.	a2—a4	a7—a6
8.	Lb5—c4	....

Es ist dem Weißen glücklich gelungen, das Spiel in eine der italienischen Partie (P. 126) ähnliche Variante umzugestalten; selbstredend bemerkt er den wichtigen Tempoverlust nicht.

8.	....	Lc8—e6
9.	Lc4×e6	f7×e6
10.	0—0	0—0
11.	Sf3—g5	Dd8—e7

In Betracht kommt De8!

12.	Kg1—h1	h7—h6
13.	Sg5—h3	d6—d5
14.	Lc1—a3	Sc6—d8
15.	b4—b5	....

Dieses Vorrücken des Springerbauers ist vorzeitig; 15. f4 oder auch 15. Sd2 sollte geschehen.

15.	....	Lb6—c5
16.	La3—b2	d5×e4
17.	d3—d4	e5×d4
18.	c3×d4	Lc5—d6
19.	Sb1—c3	a6×b5
20.	a4×b5	Sd8—f7
21.	Dd1—e2	De7—d7
22.	Sc3×e4	Sf6×e4
23.	De2×e4	Dd7×b5
24.	Ta1—b1	Db5—d5
25.	De4—g4	Ta8—a4
26.	Sh3—f4	....

Der entscheidende Fehler, den der schlagfertige Gegner sofort ausnutzt: besser wäre 26. f4 gewesen.

26.	....	Dd5—e4
27.	Lb2—c1	Ld6×f4
28.	Lc1×f4	Ta4×d4
29.	Dg4—h3	De4×f4

und Schwarz gewinnt.

Dauer der Partie: 1 Stunde.

27

Französische Eröffnung

New York, 16. Oktober 1857

	Morphy	A. B. Meek
1.	e2—e4	e7—e6
2.	d2—d4	g7—g6

Bei der französischen Verteidigung ist die Fianchettierung des Läufers ungünstig. Natürlicher ist der Doppelschritt des Damebauers (d5).

3.	Lf1—d3	Lf8—g7
4.	Lc1—e3	Sg8—e7
5.	Sg1—e2	b7—b6
6.	Sb1—d2	....

Morphy entwickelt sich ganz nach Philidors Prinzipien.

6.	....	Lc8—b7
7.	0—0	d7—d5
8.	e4—e5	0—0
9.	f2—f4	f7—f5
10.	h2—h3	Sb8—d7
11.	Kg1—h2	c7—c5
12.	c2—c3	c5—c4

Richtiger war Sc6, um womöglich auf der Dameseite zu operieren.

13.	Ld3—c2	a7—a6
14.	Sd2—f3	h7—h6
15.	g2—g4	Kg8—h7
16.	Tf1—g1	Tf8—g8

17. Dd1—e1 Se7—c6

Der Springer stand besser auf e7. Die Punkte f5 und g6 sollte Schwarz gedeckt halten.

18. Sf3—h4 Dd8—f8

Hier müßte unbedingt 18. . . . . Sf8 geschehen; nach dem Textzuge entscheidet das Springeropfer auf g6.

19. Sh4×g6 Kh7×g6

Falls Df7, so folgt 20. gf5, ef5 21. Sh4, Se7 22. Sf5:, Sf5: 23. Sg3 usw.

20. g4×f5† Kg6—f7
21. f5×e6† Kf7×e6
22. f4—f5† Ke6—e7
23. De1—h4† Ke7—e8
24. f5—f6 Lg7×f6
25. e5×f6 Tg8×g1
26. Ta1×g1 Sd7×f6
27. Lc2—g6† Ke8—d7
28. Lg6—f5† Kd7—e8
29. Le3×h6 Df8—h8
30. Tg1—g7 Sf6—g8

Weiß setzt in drei Zügen mat.

Dauer der Partie: 1 3/4 Stunde.

28

Schottisches Gambit

New York, 17. Oktober 1857

A. B. Meek Morphy

1. e2—e4 e7—e5
2. Sg1—f3 Sb8—c6
3. d2—d4 e5×d4
4. c2—c3 d4×c3

In Betracht kommt d5.

5. Sb1×c3 . . . .

Auch durch 5. Lc4 konnte das Spiel in kräftiger Weise fortgesetzt werden.

5. . . . . Lf8—c5

Solider wäre 5. . . . . d6! oder Lb4.

6. Lf1—c4 d7—d6
7. h2—h3 . . . .

Weiß opfert einen Bauer im Interesse des Angriffes, fällt aber durch diesen Zug, welcher dem Geiste der Eröffnung widerspricht, in die Defensive zurück. Richtiger wäre 7. Db3.

7. . . . . Lc8—e6
8. Lc4—b5 Sg8—e7
9. Sf3—g5 0—0
10. Dd1—h5 h7—h6
11. Sg5—f3 Se7—g6
12. g2—g4 . . . .

Weiß glaubte gewiß, daß er jetzt einen sehr starken Angriff habe, Morphy belehrt ihn aber, daß bei einem Bauernangriffe auch die Figuren in geeigneter Weise mitwirken müssen.

12.	....	Sc6—e5
13.	Sf3 × e5	d6 × e5
14.	g4—g5	Dd8—d4
15.	Lc1—e3	....

Besser wäre De2.

15.	....	Dd4—b4

16.	Le3 × c5	Db4 × b2

Alles dies ist fein und kräftig gespielt; im Handumdrehen ist Weiß völlig in die Defensive gedrängt.

17.	0—0	Db2 × c3
18.	Lc5 × f8	Ta8 × f8
19.	Ta1—c1	Dc3—b2

Auch Db4! war stark.

20.	Lb5—c4	Sg6—f4
21.	Dh5—d1	....

Falls 21. Dh4, so folgt hg5 22. Dg3!, Lc4: mit der Drohung Se2† usw.

21.	...	Sf4 × h3†
22.	Kg1—g2	Sh3—f4†
23.	Kg2—h1	Db2—b6
24.	g5 × h6	....

Eine bessere Verteidigung war 24. Le6:, De6: 25. Df3 usw.

24.	....	Le6 × c4
25.	h6—h7†	Kg8 × h7
26.	Dd1—g4	....

Den Läufer durfte Weiß nicht wiedernehmen wegen Dh6† 27. Kg1, Dg5† nebst Mat in zwei Zügen.

26.	....	Db6—h6†
27.	Kh1—g1	Lc4 × f1
28.	Tc1 × f1	Tf8 × d8
29.	a2—a4	Td8—d6
30.	f2—f3	Td6—g6
31.	Kg1—f2	

Schwarz setzt in drei Zügen mat. Dauer der Partie: 1½ Stunden.

29

Schottisches Gambit

New York, 22. Oktober 1857

	Th. Lichtenhein	Morphy
1.	e2—e4	e7—e5
2.	Sg1—f6	Sb8—c6
3.	d2—d4	e5 × d4
4.	Lf1—c4	Sg8—f6
5.	e4—e5	...

Empfehlenswerter ist hier 5. 0—0, Se4: (Lc5 siehe Anm. zu Partie 125) 6. Te1, d5 7. Ld5:, Dd5: 8. Sc3, Dh5 (oder Df5) 9. Se4: usw.

5. . . . . d7—d5
6. Lc4—b5 Sf6—e4
7. Sf3 × d4 Lc8—d7

Mindestens gleichwertig ist 7. Lc5! ein Zug, der sehr große Verwicklungen mit überraschenden Wendungen herbeiführt, z. B.: 7. Lc5 8. Sc6:, Lf2‡ 9. Kf1, Dh4! 10. Dd5:! (10. Sd4† ist nicht besser wegen c6 11. Sc6:, Sg3† 12. Kf2:, Se4†† 13. Ke3, Df2† 14. Kd3, bc6 15. Lc6‡, Ke7 16. Ld5:!, Lf5 17. Le3, Sg3† usw.), Lc5 (oder auch Lb6, da auf 11. Dd8†! Schwarz nach Dd8: 12. Sd8‡, durch Ke7! in Vorteil bleibt) 11. g3 (auch nach 11. Dd8†, Dd8: 12. Sd8‡, Kd8: 13. Sd2, Sd2: 14. Ld2:, c6 15. Le2, Le6 usw. steht Schwarz besser), Dh3† (noch stärker ist hier Lh3†) 12. Ke1. Lf2† 13. Ke2, Dg4† 14 Kd3, Sc5† 15. Kc3, 0—0 (Le6 entscheidet ebenfalls, z. B. 15. . . . . Le6 16. Sd4†, c6 17. Lc6‡, bc6 18. Dc6‡, Ld7 19. Da8‡, Ke7 usw.) 16. Se7†, Kh8 17. Dd1, Se4† 18. Kb3, De6† 19. Dd5, Sc5† usw. — Selbstverständlich brauchte man Jahre zu den genauen Analysen und sind dieselben erst jüngstens abgeschlossen worden.

8. Sd4 × c6 b7 × c6
9. Lb5—d3 Lf8—c5
10. Ld3 × e4 Dd8—h4

In dieser Partie erzielt Morphy den Gewinn hauptsächlich durch die feine und geschickte Führung der Dame.

11. Dd1—e2 d5 × e4
12. Lc1—e3 . . .

Weiß sollte rochieren, unterläßt es aber und gerät hiedurch in eine sehr kritische Lage.

12. . . . . Ld7—g4
13. De2—c4 Lc5 × e3
14. g2—g3 . . . .

Auf 14. Dc6‡ folgt Ld7 15. Da8‡, Ke7 16. g3!, Lf2‡ 17. Kf2, e3† 18. Kg1 (falls Ke1, so Db4† 19. c3, Db2: 20. Dh8:, Lg4 usw), e2 usw.

14. . . . . Dh4—d8
15. f2 × e3 Dd8—d1†
16. Ke1—f2 Dd1—f3†
17. Kf2—g1 . . . .

Bei 17. Ke1 spielt Schwarz De3‡ 18. Kf1, Lh3‡.

17. . . . . Lg4—h3
18. Dc4 × c6† Ke8—f8
19. Dc6 × a8† Kf8—e7

Aufgegeben.

Dauer der Partie: 45 Minuten.

30

Russisches Springerspiel

New York, 23. Oktober 1857

Morphy Th. Lichtenhein
1. e2—e4 e7—e5
2. Lf1—c4 Sg8—f6
3. Sg1—f3 Sf6 × e4
4. Sb1—c3 . . . .

Diese von Kieseritzky vorgeschlagene Fortsetzung des Spieles ist zwar nicht vollkommen korrekt, bietet aber Gelegenheit zu feinen und starken Angriffen.

4. .... d7—d5

Schwarz gibt den gewonnenen Bauer auf und vermeidet die gedrückte Lage seines Spieles. Zu diesem Zwecke scheint 4. .... Sc6! geeigneter zu sein, da auf 5. Se4:, durch d5, und auf 5. Lf7†, Kf7:, 6. Se4:, d5 usw. Schwarz sein Spiel günstig stellt. Weiß hätte also nichts Besseres, als sich durch Rochade zu einem Bauernopfer zu entschließen; z. B. 5. 0—0, Sc3:, 6. dc3, De7 7. Te1, d6 8. Sd4! usw.

5. Lc4×d5 ....

In Betracht käme 5. Sd5:, c6 6. Se3 usw.

5. .... Se4—f6
6. Ld5—b3 Lf8—d6
7. d2—d3 0—0
8. h2—h3 h7—h6
9. Lc1—e3 Sb8—c6
10. Dd1—d2 Sc6—a5
11. g2—g4 Sa5×b3
12. a2×b3 Lc8—d7
13. Th1—g1 Sf6—h7
14. Sc3—e4 Kg8—h8
15. g4—g5 h6—h5
16. Sf3—h4 g7—g6
17. Dd2—e2 Ld7—c6

Der Läufer bliebe besser auf der Diagonale c8—h3.

18. f2—f4 ....

Führt zu einer großen Komplikation, welche Schwarz nicht mehr beherrschen kann.

18. .... e5×f4
19. Le3—d4† Kh8—g8
20. Sh4—f5! ....
20. .... Tf8—e8

Den Springer f5 konnte Schwarz nicht schlagen wegen 21. Sf6†; da ihm ein unmittelbares Mat drohte, mußte er den Springer unangetastet lassen und auf seine Rettung bedacht sein. — Die Wahl war nicht gerade schwer, indem hierfür nur der Turmzug in Betracht kommen konnte; von da ab gestaltet sich das Spiel äußerst interessant, und die sich darbietenden zahlreichen Kombinationen sind kaum durchzurechnen.

21. Sf5—h6† Kg8—f8
22. 0—0—0 Lc6×e4

Falls Sg5:, so folgt 23. Sf7:!, Sf7: 24. Tg6: usw.

23. d3×e4 Dd8—e7
24. e4—e5 ....

Ein Baueropfer von durchschlagender Kraft. Morphy beendet das Spiel durch eine überraschende, wunderschöne Opferwendung.

24. .... Ld6×e5

Auch bei 24. .... De6 25. Tde1, Le7 26. h4 usw. gewinnt Weiß durch Besetzung der f-Linie.

25. Ld4×e5 De7×e5

26. Td1—d7 De5—g7

Eine außerordentlich verwickelte

Stellung! Schwarz scheint sich noch immer retten zu können; z. B.: Sg5:! 27. Tg5:, Df6 28. Dc4 (falls Dh5? so folgt Tad8!), Te1†! 29. Kd2 (besser wäre vielleicht Td1), Te7 30. Te7:, De7: 31. Te5, Df6 nebst Kg7 oder Dd8† usw.

27.	De2—c4	Tc8—e7
28.	Td7×e7	Kf8×e7
29.	Tg1—e1†	Aufgegeben.

31

Damegambit

New York, 24. Oktober 1857

	Th. Lichtenhein	Morphy
1.	d2—d4	d7—d5
2.	c2—c4	e7—e6
3.	Sb1—c3	Sg8—f6
4.	Sg1—f3	....

Eben um den folgenden Zug von Schwarz — welcher leicht Ausgleich herbeiführt — zu verhindern, geschieht hier meistens 4. Lg5.

4. .... c7—c5!

Hätte Weiß 4. Lg5 gezogen, so könnte dieser Zug hier nicht geschehen, da nach 5. cd5, ed5 6. Lf6: die schwarzen Bauern zersplittert werden.

5.	e2—e3	Sb8—c6
6.	a2—a3	Lf8—d6

Ein Zug, der heute getadelt wird. Weiß entwickelt den Damenflügel mit Tempo-Gewinn. Vorzuziehen wäre 6. .... cd4 7. ed4, a6 usw. mit chancenreichem Spiele für beide Teile.

7.	d4×c5	Ld6×c5
8.	b2—b4	Lc5—d6
9.	Lc1—b2	0—0
10.	Sc3—b5	Ld6—e7

Lb8 konnte hier sehr gut geschehen.

11.	Sb5—d4	Sf6—e4
12.	Sd4×c6	....

Stärkt nur das schwarze Zentrum; besser war Ld3.

12.	....	b7×c6
13.	Lf1—d3	c6—c5!
14.	Sf3—d2	Se4×d2
15.	Dd1×d2	d5×c4

Dies führt für Schwarz zu schwierigen Komplikationen. 15. .... Lb7 war der natürliche Zug.

16.	Ld3—e4	Dd8×d2†
17.	Ke1×d2	Ta8—b8
18.	Lb2—e5	Tb8—b5
19.	Le4—c6	Tb5—b6
20.	b4—b5!	Lc8—b7

Falls 20. Ld6, so 21. Ld6:, Td8 12. Thd1 Td6: 23. Kc3 und gewinnt.

21. Le5—c7 c4—c3†
22. Kd2×c3?

Mit 22. Ke1 konnte Weiß hier die Qualität und damit die Partie gewinnen. Lc6: 23. Lb6:, Lb5: 24. La5 nebst Tac1.

22. .... Lb7×c6
23. Lc7×b6 Le7—f6†
24. Kc3—d2 a7×b6
25. b5×c6 Lf6×a1
26. Th1×a1 Tf8—c8
27. a3—a4 Tc8×c6
28. a4—a5 b6×a5
29. Ta1×a5 g7—g6
30. f2—f3 Tc6—b6

Mit Kg7, f6 usw. hätte Schwarz einige Gewinnchancen.

31. Ta5×c5 Tb6—b2†
32. Tc5—c2

Diesen Zug hat Morphy wahrscheinlich übersehen.

Remis.

32

Holländische Partie

New York, 26. Oktober 1857

Th. Lichtenhein	Morphy
1. d2—d4	f7—f5
2. Sb1—c3	Sg8—f6
3. Lc1—g5	e7—e6
4. e2—e4	f5×e4
5. Sc3×e4	Lf8—e7
6. Lg5×f6	Le7×f6
7. Dd1—h5†	g7—g6
8. Se4×f6†	Dd8×f6
9. Dh5—e5	Df6×e5
10. d4×e5	b7—b6
11. 0—0—0	Lc8—b7
12. Sg1—h3	Th8—f8
13. Th1—g1	Sb8—c6
14. f2—f4	Ke8—e7
15. g2—g3	d7—d6
16. Lf1—g2	....

In dieser Stellung ist es gewiß nicht vorteilhaft, den e-Bauer isolieren zu lassen. Weiß sollte auf d6 tauschen.

16. .... d6×e5
17. f4×e5 Tf8—f5
18. Tg1—e1 Ta8—d8

Bei 18 .... Th5 würde Weiß nach 19. Sf4, Th2: 20. Th1,. Th1: 21. Th1: durch Eroberung des Bauers h7 oder g6, günstig stehen.

19. g3—g4 Td8×d1†
20. Kc1×d1 Tf5—f8
21. Lg2×c6 Lb7×c6
22. Kd1—d2 h7—h6
23. Te1—e3 g6—g5
24. b2—b3 Tf8—f1
25. Te3—e1 Tf1×e1
26. Kd2×e1 Lc6—e4
27. Ke1—d2 Ke7—d7!
28. c2—c4 ....

Weiß kann das Manöver Kc6, d5 usw. auf andere Weise nicht hindern. Die Schwäche des e-Bauers wird nun für Weiß unangenehm.

28. .... Kd7—c6
29. Sh3—f2 Le4—b1

(S. Diagramm)

30. Sf2—d1 Lb1×a2

Stellung nach dem 29. Zuge von Schwarz

Die Partie wurde nach ihrer Vollendung von diesem Punkte ab mehrmals durchgespielt und endete stets entweder mit Remis oder zugunsten der schwarzen Partei. Das Opfer scheint also korrekt zu sein.

31. Kd2—c2 Kc6—c5
32. Sd1—c3 La2×b3†
33. Kc2×b3 c7—c6

und Schwarz gewann schließlich das Spiel.

Der drohende Zug Kd4 ist nur durch 34. Se2 zu verhindern, worauf aber die Bauern der Dameseite mit entscheidender Kraft vorrücken können.

Dauer der Partie: 5 Stunden.

33

Sizilianische Eröffnung

New York, 29. Oktober 1857

Morphy — Louis Paulsen

1. e2—e4 c7—c5
2. d2—d4 ....

Dieser Zug ist zwingender als 2. Sf3.

2. .... c5×d4
3. Sg1—f3 e7—e6
4. Sf3×d4 Lf8—c5

In geschlossenen Verteidigungen sind e7 und b7 ev. d7 und g7 die richtigen Entwickelungsfelder für die Läufer.

5. Sd4—b3 Lc5—b6
6. Sb1—c3 Sg8—e7
7. Lc1—f4 0—0

Ratsamer wäre d5, um den Läufer von d6 abzuhalten.

8. Lf4—d6 f7—f5

Dies erleichtert die sichere Postierung des weißen Königsbauers auf e5.

9. e4—e5 a7—a6

Den Vorzug verdient 9. .... Lc7 10. Sb5, Sa6 usw.

10. Lf1—e2 Sb8—c6
11. 0—0 Tf8—f7
12. Kg1—h1 f5—f4

Schwarz spekuliert auf den vereinzelten e-Bauer; richtiger wäre aber, durch 12. .... Lc7 13. f4, b6 nebst 14. Lb7 usw. die eigene Entwickelung zu vollenden.

13. Sc3—e4 Se7—f5
14. Le2—h5 g7—g6
15. Lh5—g4 Sf5—g7
16. Dd1—f3 h7—h5
17. Lg4—h3 Dd8—h4
18. Se4—f6† Kg8—h8
19. Df3—e4 Dh4—g5
20. g2—g3 f4—f3

(S. Diagramm)

21. Sb3—d2! Lb6—d8

Stellung nach dem 20. Zuge von Schwarz

Man sieht, der Springer darf nicht genommen werden, da auf Dd2: 22. Dg6: dem Spiele ein Ende macht.

22.	Sd2 × f3	Dg5—h6
23.	Tf1—g1	Ld8 × f6
24.	e5 × f6	Sg7—e8
25.	Ld6—f4	Se8 × f6

Ein besserer Zug ist nicht zu finden. Auf 25. .... Dh7 würde 26. Sg5 und auf 25. .... Df8 würde 26. Dg6: folgen.

26.	De4 × c6	Dh6 × f4

Falls 26. .... bc6, so 27. Lh6:, Sg8 28. Lf4 oder 27. Lh6:, Se4 28. Sg5! Sf2‡ 29. Kg2, Tf6 30. Tgf1 usw.

27.	Dc6 × c8†	Ta8 × c8
28.	g3 × f4	Tc8 × c2
29.	Ta1—c1	Tc2 × f2
30.	Tc1—c8†	Sf6—g8
31.	Sf3—e5	Tf7—g7
32.	Se5 × g6†	Kh8—h7
33.	Sg6—f8†	Kh7—h6
34.	Sf8 × d7	Tg7 × d7
35.	Tc8 × g8	Tf2 × f4
36.	Lh3 × e6	Td7—e7

Weiß setzt in vier Zügen mat: 37. Tg6†, Kh7 38. Lg8†, Kh8 39. Th6†, Th7 40. Th7‡.

Dauer der Partie: 5½ Stunden.

34

Spanische Partie

New York, 30. Oktober 1857

	Louis Paulsen	Morphy
1.	e2—e4	e7—e5
2.	Sg1—f3	Sb8—c6
3.	Lf1—b5	Sg8—f6
4.	0—0	Sf6 × e4
5.	d2—d4	a7—a6
6.	Lb5—d3	....

In Betracht käme: 6. La4, b5 7. Lb3, d5 8. de5 usw. oder auch: 6. Lc6:, dc6 7. Te1! Sf6 8. Se5: usw. mit gutem Spiele.

6.	....	d7—d5
7.	Sf3 × e5	Sc6 × d4

Auf 7. .... Se5: 8. de5, Le6 stünde Weiß nach 9. Sc3! vorteilhaft.

8.	Tf1—e1	Lc8—e6
9.	c2—c3	. . .

Ungünstig wäre 9. Le4:, de4 10. Te4: wegen Sb3 11. Df3, Sa1: 12. Sf7:, Dd7 13. Sh8:, 0—0—0 usw.

9.	....	Sd4—c6
10.	Se5 × c6	b7 × c6
11.	Dd1—a4	Dd8—d7
12.	Ld3 × e4	d5 × e4
13.	Da4 × e4	Lf8—d6
14.	Sb1—d2	....

Hier mußte 14. Lf4! geschehen; nach dem Textzuge wird die Kraft der vereinigten Läufer fühlbar.

14.	....	0—0
15.	Sd2—f3	Le6—d5
16.	Dc4—d3	Ta8—e8
17.	Lc1—g5	....

Auf 17. Ld2 könnte Schwarz durch Lf3: 18. Df3:, Lh2† 19. Kh2:, Dd2: 20. Te8:, Dd6† usw. einen Bauer gewinnen oder den Angriff durch e5 nebst Lb7 usw. fortsetzen.

17.	....	Dd7—g4
18.	h2—h3	Dg4—h5
19.	Lg5—d2	Te8—e6
20.	Sf3—g5	....

Weiß ist dem Verluste nahe; man fühlt jetzt schon den unangenehmen Druck, den die scheinbar harmlos dastehenden Läufer ausüben.

20.	....	Te6—g6
21.	Sg5—e4	Tg6×g2†

Dieses wohlbegründete Opfer würde bei korrekter Fortsetzung zum Siege führen.

22.	Kg1×g2	f7—f5
23.	f2—f3	Dh5—g6†

Übereilung! 23. .... fe4! 24. fe4, Dg6† 25. Kh1, Tf3 oder 24. Te4:, Dg6† 25. Kh1, Tf3: usw. erzwang den Sieg. — Morphy selbst wies dies nach beendeter Partie nach.

24.	Se4—g5	....

Diese Verwendung des Springers rettet das weiße Spiel.

24.	....	h7—h6
25.	c3—c4	Ld5—f7
26.	h3—h4	Tf8—d8
27.	Dd3—c2	h6×g5
28.	h4×g5	Lf7—e6
29.	Te1—h1	Ld6—e7
30.	f3—f4	c6—c5
31.	Ta1—e1	Kg8—f7
32.	Th1—h3	Le6—c8
33.	Kg2—g1	Lc8—b7
34.	Ld2—c1	Td8—d4
35.	b2—b3	Le7—d6
36.	Dc2—e2	Td4—e4
37.	De2—f2	Dg6—e6
38.	Th3—e3	De6—d7
39.	Df2—h4	....

Sehr gut gespielt; Schwarz darf den f-Bauer weder mit dem Turm noch mit dem Läufer schlagen, falls nämlich Tf4: so folgt 40. g6† nebst 41. Te6†, falls aber Lf4:, so 40. Te4:, Le4: 41. Lf4: usw.

39.	....	Kf7—g6
40.	Dh4—h3	....

Den Vorzug verdient hier 40. Th3! mit fast sicheren Gewinnchancen, z. B.: 40. Th3, Kf7 41. Dh5†, Ke7 42. Te4†, fe4 (falls Le4: so 43. Dg6) 43. Dh7 nebst Damentausch oder: Te1‡ 41. De1:, Le7 (falls Kf7 so 42. De2 mit der Drohung g6†) 42. Lb2!, Dc6 43. De2, Kf7 44. Lg7: usw. —

40.	....	Ld6—e7

Vermeidet den drohenden Offizierverlust.

41. Te3×e4 Lb7×e4
42. Dh3—e3 ....

Weiß hätte hier durch den konsequenteren Zug 42. Te4:! die Partie gewonnen, z. B. 42. Te4:, Dd1† 43. Kf2, fe4 44. De6† (bei 44. Le3 folgt Df3†) Kh5! 45. De7:, Dc1: (Df3† führt zu nichts) 46. De4:, Kg4! 47. Df3†, Kf5 48. De3, Db2† 49. Kg3, Dd4 50. Dd4:, cd4 51. Kf3, a5! (falls c5 so 52. b4, cb4 53. c5, d3 54. c6, Ke6 55. f5† usw.) 52. a3, d3! (bei c5 folgt 53. g6!, d3 54. Ke3, d2 55. Kd2:, Kf4: 56. b4, ab4 57. ab4, cb4 58. Kc2, Kf5 59. c5 usw.) 53. Ke3, d2 54. Kd2:, Kf4: 55. b4, ab4 56. a4!, Ke5 57. a5, Kd6 58. a6, Kc6 59. c5! usw. — Das Bauernendspiel ist höchst interessant und lehrreich.

42. .... Dd7—d8
43. De3—h3 ....

In Betracht käme 43. Lb2, Dh8 44. Dg3 nebst 45. Le5 oder ev. 45 Kf2 usw.

43. .... Dd8—d4†
44. Lc1—e3 Dd4—c3
45. Dh3—f1 Dc3—a5
46. Df1—f2 Da5—b6
47. Tc1—e2 Db6—c6
48. Le3—c1 Dc6—d7
49. Te2—d2 Dd7—e6
50. Df2—e3 De6—c6
51. Lc1—b2 Kg8—f7
52. De3—h3 Dc6—g6
53. Te2—h2 Dg6—d6

Die Partie wurde noch bis zum 56. Zuge fortgeführt und dann remis gegeben. Sie nahm drei Sitzungen in Anspruch und dauerte im ganzen 15 Stunden.

35

Vierspringerspiel

New York, 2. November 1857

Louis Paulsen	Morphy
1. e2—e4	e7—e5
2. Sg1—f3	Sb8-c6
3. Sb1—c3	Lf8—c5

Vorzuziehen wäre Sf6. Auf den Läuferzug könnte Se5:! folgen.

4. Lf1—b5 d7—d6
5. d2—d4 e5×d4
6. Sf3×d4 Lc8—d7
7. Sd4×c6 b7×c6
8. Lb5—a4 Dd8—h4

Ein schwacher Ausfall!

9. 0—0 Sg8—f6
10. Dd1—f3 Sf6—g4
11. Lc1—f4 Sg4—e5
12. Df3—g3 Dh4—f6

Der Damentausch war unbedingt richtiger, als mit Tempoverlust zurückzuweichen.

13. Ta1—d1 ....

Verhindert die Rochade. —

13. .... h7—h6
14. Kg1—h1 g7—g5

Dieses Vorgehen ist gewagt und wird von Paulsen meisterhaft widerlegt.

15. Lf4×e5 d6×e5

16. b2—b4! Lc5—d6

Der Bauer war nicht zu schlagen wegen 17. Td7:, Kd7: (falls Lc8: so 18. Tc7: usw.) 18. Sd5, Dd6 19. Dh8†, Kd8 20. Sb4:, Db4:, 21. Lc6: usw. —

17. Td1—d8 h6—h5
18. Tf1—d1 a7—a6
19. Sc3—e2 Ta8—d8
20. a2—a3 g5—g4
21. c2—c4 Df6—h6
22. c4—c5 h5—h4
23. Dg3—e3 Ld6—c7

Der Dametausch geht jetzt nicht mehr, da Weiß nach fe3 eine Figur gewinnt (durch eventuelles Td7: nebst Lc6: usw.)

24. f2—f4 e5×f4
25. De3×f4 Dh6×f4

Nun muß sich Schwarz zum Dametausch bequemen, da Dc7: droht.

26. Se2×f4 Th8—h6
27. Sf4—e2 f7—f5

Schwarz steht sehr bedrängt, er hätte daher Lc8! spielen müssen.

28. e4—e5 Th6—e6
29. Se2—f4 Te6×e5
30. Td3×d7 Td8×d7

Weiß hat das lang ersehnte Ziel erreicht.

31. La4×c6 Le7—d6
32. c5×d6 c7×d6
33. Kh1—g1 Ke8—d8
34. Lc6×d7 und gewinnt.

Dauer der Partie: 11 Stunden.

36

Sizilianische Eröffnung

New York, 4. November 1857

Morphy — Louis Paulsen

1. e2—e4 c7—c5
2. Sg1—f3 e7—e6
3. d2—d4 c5×d4
4. Sf3×d4 Lf8—c5
5. Sd4—b3 ....

In Betracht käme 5. Le3.

5. .... Lc5—b6
6. Sb1—c3 Sb8—c6
7. Lc1—f4 e6—e5

Macht den Damebauer rückständig und ist außerdem Tempoverlust.

8. Lf4—g3 Sg8—e7
9. Lf1—c4 0—0
10. Sc3—b5 a7—a6
11. Sb5—d6 Lb6—c7
12. a2—a4 Se7—g6

13.	Dd1—d2	Dd8—f6
14.	Ta1—d1	Sg6—f4
15.	0—0	h7—h5
16.	Sd6 × c8	Ta8 × c8
17.	Dd2 × d7	Sc6—d4
18.	Sb3 × d4	e5 × d4
19.	Dd7—f5	. . .

Falls 19. D oder Td4:, so folgt 19. . . . . Le5.

19.	. . . .	Df6 × f5
20.	e4 × f5	Lc7—e5
21.	Lg3 × f4	Le5 × f4
22.	Td1 × d4	Lf4—e5
23.	Td4—e4	Le5 × b2
24.	Tf1—b1	Tf8—d8
25.	g2—g3	Td8—d4
26.	Lc4—d3	Td4 × e4
27.	Ld3 × e4	Tc8—c4
28.	Le4 × b7	. . . .

Auch nach 28. Tb2:, Te4: 29. Tb7: usw. hat Weiß wenig Aussicht auf Gewinn.

28.	. . . .	Tc4 × c2
29.	Lb7 × a6	Lb2—d4
30.	Tb1—f1	Tc2—a2
31.	La6—b5	Kg8—h7
32.	Lb5—c4	Ta2 × a4
33.	Lc4 × f7	h5—h4
34.	Kg1—g2	Ta4—a1
35.	Lf7—g6†	Kh7—g8

Fehlerhaft wäre 35. . . . . Kh6 z. B.: 35. . . . . Kh6 36. Ta1:, La1: 37. f4! hg3 38. hg3, Lf6 39. Kf3—e4—d5—e6—f7 nebst g5† usw.

36.	Tf1 × a1	Ld4 × a1

Obschon um zwei Bauern stärker, kann Weiß bei Läufern von ungleicher Farbe nur Remis erreichen.

Dauer der Partie: 6 Stunden.

37

Sizilianische Eröffnung

New York, 6. November 1857

	Morphy	Louis Paulsen
1.	e2—e4	c7—c5
2.	Sg1—f3	e7—e6
3.	d2—d4	c5 × d4

Am einfachsten antwortet Schwarz durch 3. . . . . d5!

4.	Sf3 × d4	Lf8—c5
5.	Lc1—e3!	Dd8—b6
6.	Sd4—b5	. . . .

Der energischeste Zug ist 6. Sc3 wie ihn Morphy in P. 39 auch spielte.

6.	. . . .	Sg8—f6
7.	Le3 × c5	Db6 × c5
8.	Sb5—d6†	Ke8—e7
9.	Sd6 × c8†	Th8 × c8
10.	Lf1—d3	Sb8—c6
11.	0—0	h7—h5

Durch 11. . . . . Kf8 nebst d5 hätte Schwarz die Partie ausgleichen können.

12.	Sb1—d2	h5—h4
13.	h2—h3	g7—g5
14.	a2—a3	Tc8—g8
15.	b2—b4	Dc5—b6
16.	Sd2—c4	Db6—c7
17.	f2—f3	. . . .

Um den feindlichen g-Bauer zurückzuhalten.

17.	. . . .	Sc6—e5
18.	Sc4 × e5	Dc7 × e5

19. Dd1—d2 Tg8—g7

Schwarz hat eine chancenreiche Angriffsstellung erlangt; nun war aber 19. . . . Sh5 nebst 20. Sf4 und Besetzung der e-Linie durch die Türme wesentlich stärker

20. Ta1—d1 Ta8—d8
21. Dd2—f2 b7—b6
22. f3—f4 g5×f4
23. Df2×f4 De5—g5
24. Tf1—f2 Dg5×f4

Schlecht wäre allerdings 24. . . . Tdg8 (wegen 20. Dg5:, Tg5: 26. Tdf1, Tg6 27. e5, Sh5 28. Tf7† usw.), allein statt des Dametausches möchte wohl 24. e5 den Vorzug verdienen.

25. Tf2×f4 Td8—g8
26. Td1—d2 Tg8—h8
27. e4—e5 Sf6—d5
28. Tf4—d4 f7—f6
29. e5×f6† Sd5×f6
30. Td4—c4 . . .

Falls 30. Lb5 so 31. . . . . d5 usw.

30. . . . . Ke7—d8
31. a3—a4 Sf6—d5
32. Ld3—e4 Sd5—c7
33. Le4—f3 d7—d5

Es ist nicht recht ersichtlich, auf welche Weise **Morphy** durchdringen kann. **Paulsen** geht ihm hierbei hilfreich an die Hand und schwächt unnötigerweise die eigene Stellung.

34. Tc4—c6 Tg7—d7
35. Lf3—g4 Th8—h6
36. Td2—e2 Kd8—e7
37. Kg1—h2 Ke7—f7
38. g2—g3 h4×g3†
39. Kh2×g3 Td7—e7
40. h3—h4 Sc7—e8
41. h4—h5 Se8—f6
42. Tc6×e6 Te7×e6
43. Lg4×e6† Kf7—g7

Besser 43. . . . . Kf8 wodurch der Verlust eines Bauers vermieden wird.

44. Le6—g4 Sf6×h5†
45. Lg4×h5 Th6×h5
46. Te2—e7† Kg7—f6

Das nun folgende Endspiel mit Turm und Bauer spielt **Morphy** mit besonderer Feinheit.

47. Te7×a7 Kf6—e5
48. Ta7—a6 Th5—g5†

Auf 48. b5 folgt 49. ab5, Th1 50. b6, Tb1 51. c3, Tb3 52. b7 usw.

49. Kg3—f3 Tg5—f5†
50. Kf3—e2 b6—b5

Der Bauer war nicht zu retten, z. B. 50. . . . . Tf6 51. a5, ba5 52. Tf6: Kf6: 53. ba5 usw.

51. a4×b5 Tf5—f4
52. c2—c3 d5—d4

Die einzige Gegenchance, bei anderen Zügen verliert Schwarz noch schneller.

53. c3—c4! Tf4—h4
54. c4—c5 Th4—h2†
55. Ke2—d3 Th2—h3†
56. Kd3—c2 . . . .

Natürlich nicht 56. Kc4 wegen 56. . . . . Tc3‡.

56. . . . . Th3—h2†
57. Kc2—b3 Th2—h3†
58. Kb3—a4 Ke5—d5
59. Ta6—d6† Kd5—c4
60. c5—c6 Th3—h1
61. Td6×d4† . . . .

Eine energische Entscheidung des Spieles. Die Bauern werden unaufhaltbar.

61. . . . . Ke4×d4
62. c6—c7 Th1—h8
63. b5—b6 Kd4—d5
64. b6—b7 Aufgegeben.

Dauer der Partie: 10 Stunden.

38

Vierspringerspiel

New York, 8. November 1857

Louis Paulsen	Morphy
1. e2—e4	e7—e5
2. Sg1—f3	Sb8—c6
3. Sb1—c3	Sg8—f6
4. Lf1—b5	Lf8—c5

Es wäre besser für Schwarz, die Züge des Weißen möglichst zu kopieren.

5. 0—0 ....

In Betracht käme Se5:

5. .... 0—0
6. Sf3×e5 Tf8—e8
7. Se5×c6 ....

Durch 7. Sf3! Se4: 8. d4, Sc3: 9. bc3, Lf8! 10. d5, Se5 11. Se5: Te5: 12. Lf4 usw. könnte Weiß das bessere Spiel erlangen.

7. .... d7×c6
8. Lb5—c4 b7—b5

Sofort verderblich wäre Se4: wegen 9. Se4:, Te4: 10. Lf7†, Kf7 11. Df3† usw.

9. Lc4—e2 Sf6×e4
10. Sc3×e4 ....

Auf 10. Lf3? forciert Schwarz das Spiel durch Sf2: 11. Tf2: Dd4 12. Se4 (falls Df1 so Df2† nebst Te1†) Te4: 13. Le4:, Df2† 14. Kh1, Lg4 15. Lf3, Te8 usw.

10. .... Te8×e4
11. Le2—f3 ....

Besser wäre c3.

11. .... Te4—e6
12. c2—c3? ....

Weiß zieht ohne Überlegung und sieht die naheliegende, vernichtende Antwort nicht. Der Zug widerspricht allen Schachprinzipien, und wenn auch der Mensch keine Maschine ist und nicht immer das Höchste leisten kann, so hätte man doch von einem Meister wie Paulsen ein so schwaches Spiel nicht erwarten sollen. Nach 12. d3 hätte Weiß eine mindestens gleiche Partie gehabt.

12. .... Dd8—d3

Ebenso einfach wie kräftig. — Der weiße Dameflügel ist lahmgelegt.

13. b2—b4 Lc5—b6
14. a2—a4 b5×a4
15. Dd1×a4 Lc8—d7

Richtiger wäre es, den Läufer nach b7 zu entwickeln, um der Dame das Feld „a6" zu nehmen. — Z. B. 15. .... Lb7 16. Ta2, Tae8 17. Dd1! La6! usw. Die geschehene Fortsetzung ermöglicht noch eine Rettung.

16. Ta1—a2? ....

Der entscheidende Fehler! 16. Da6! war der befreiende Zug.

16. .... Ta8—e8
17. Da4—a6 ....

Schwarz drohte durch 17. .... Df1‡ Mat in zwei Zügen, was der Damezug (17. Da6) allerdings verhindert, ohne jedoch die außerdem mögliche, noch elegantere und tiefer liegende Wendung des Dameopfers auf f3 aufzuhalten.

17. .... Dd3×f3!
18. g2×f3 Te6—g6†
19. Kg1—h1 Ld7—h3
20. Tf1—d1 ....

Bei 20. Dd3 bleibt Schwarz nach 20. f5 21. Dc4†, Kf8! ebenfalls im Vorteil. Auf 20. Tg1 folgt Mat in drei Zügen.

20. ... Lh3—g2†
21. Kh1—g1 Lg2×f3†
22. Kg1—f1 Lf3—g2†

Hier versäumt Schwarz, Mat in vier Zügen anzukündigen z. B. 22. .... Tg2! 23. Dd3! (falls 23. Db6:, Th2: nebst Th1‡) Tf2‡ 24. Kg1, Tg2† 25. Kh1 oder f1 Tg1‡ oder 23. De2, Te2: 24. d4 Th2: 25. Te2:, Th1‡.

23. Kf1—g1 Lg2—h3†

Statt durch den Textzug einfach und sicher zu gewinnen, hätte Morphy durch Matankündigung in vier Zügen die Partie glänzend beenden können. Z. B. 23. .... Le4† 24. Kf1, Lf5! 25. De2, Lh3† 26. Ke1, Tg1‡.

24. Kg1—h1 Lb6×f2
25. Da6—f1 Lh3×f1
26. Td1×f1 Te8—e2
27. Ta2—a1 Tg6—h6
28. d2—d4 Lf2—e3

Aufgegeben.

Dauer der Partie: 4 Stunden. Morphy spielte die ganze Partie tadellos, durchwegs kräftig und mit jugendlicher Verve.

39

Sizilianische Eröffnung

New York, 8. November 1857

Morphy — Louis Paulsen

1. e2—e4 c7—c5
2. Sg1—f3 e7—e6
3. d2—d4 c5×d4
4. Sf3×d4 Lf8—c5

Paulsen hält den Läuferzug hartnäckig aufrecht. In dieser Partie trifft Morphy die richtige Widerlegung.

5. Lc1—e3 Dd8—b6
6. Sb1—c3 Db6×b2

Die schwarze Partie ist infolge des 4. und 5. Zuges schlecht geworden. Falls 6. Sc6 so 7. Sdb5, Le3: 8. fe3, De3‡ 9. Le2, Db6 10. Dd6 usw. Nach dem Textzug verliert Schwarz die Partie.

7. Sd4—b5! Lc5×e3

Bei 7. .... Db4 8. Tb1, Da5 9. Lc5: ginge ein Offizier, und bei 7. .... Lb4 8. Ld2 die Dame verloren.

8. Ta1—b1 Db2×b1
9. Sc3×b1 Le3—f4

10.	g2—g3	a7—a6
11.	g3×f4	a6×b5
12.	Sb1—c3	Sg8—e7
13.	Sc3×b5	0—0
14.	Sb5—d6	Sb8—c6
15.	Th1—g1	....

Es war überflüssig, den Turmbauer aufzugeben; 15. Lc4 lag näher.

15.	....	Ta8×a2
16.	f4—f5	f7—f6
17.	Lf1—c4	Ta2—a4
18.	f2—f4	b7—b6
19.	f5×e6	d7×e6
20.	Sd6×c8	....

Energischer scheint Dg4 zu sein, z. B.: 20. Dg4, g6! 21. Sc8: usw.

20.	....	Se7×c8

Längere Verteidigung wäre möglich nach 20. .... Tc4: z. B. 20. .... Tc4: 21. Dd3! (falls 20. Dg4 so Te4† nebst Sg6) b5 usw.

21.	Lc4×e6†	Kg8—h8
22.	Le6×c8	Tf8×c8
23.	Dd1—d7	Sc6—e7

Falls Te4† so 24. Kf2, Tf4† 25. Ke3 usw. bezw. 24. Kf2, Se7 25. Kf3 usw.

24.	Dd7×e7	Ta4—a1†
25.	Ke1—f2	Tc8×c2†
26.	Kf2—e3	Aufgegeben

Dauer der Partie: 4¼ Stunden.

40

Vierspringerspiel

New York, 10. November 1857

	Louis Paulsen	Morphy
1.	e2—e4	e7—e5
2.	Sg1—f3	Sb8—c6
3.	Sb1—c3	Sg8—f6
4.	d2—d4	Lf8—b4

Die Theorie empfiehlt diesen Zug; uns scheint aber, daß Weiß durch 5. Se5:!, Se4:! 6. Df3, Sf6 7. Le3 usw. sich der besseren Stellung bemächtigen kann. Wir raten deshalb zu 4. .... ed4! 5. Sd4:, Lb4 6. Sc6:, bc6 7. Dd4, De7 usw.

5.	Lf1—b5	Sf6×e4

Schwarz vermeidet ed4 6. Sd4:, Se4: wobei Weiß nach 7. 0—0, Sc3: 8. bc3, Lc3:? 9. La3!, Sd4: 10. Dd4:!, Df6! 11. Te1†, Kd8 12. De3, Le1: 13. Te1:, De6 14. Dc3 usw. einen entscheidenden Angriff hat. Auch nach 8. .... Le7! 9. Sf5, 0—0 10. Lc6:, bc6 11. Se7†, De7: usw. ist die Hoffnung, die Partie zu gewinnen, eine minimale, da ungleichfarbige Läufer vorhanden sind.

6.	Dd1—d3	d7—d5!
7.	Sf3×e5	0—0
8.	0—0	....

Kostet einen Bauer und die Partie, zunächst mußte 8. Lc6: geschehen.

8.	....	Sc6×e5
9.	d4×e5	Lb4×c3
10.	b2×c3	c7—c6
11.	Lb5—a4	Dd8—a5
12.	La4—b3	Da5×c3
13.	Lc1—f4	Lc8—f5
14.	Ta1—c1?	....

Paulsen ist in Verlegenheit und sucht die Partie durch eine übertiefe(?) Kombination zu retten. Der Dametausch nebst 15. Te1 war besser. Die aufgestellte Falle ist leicht zu durchblicken.

14.	....	g7—g5!

Weiß hätte gejubelt, wenn Morphy unachtsam die Dame getauscht und dadurch den Turmzug gerechtfertigt hätte; so aber mußte er jetzt den Zug bereuen.

15.	Dd3×c3	Se4×c3
16.	Lf4×g5	Sc3—e2†
17.	Kg1—h1	Se2×c1
18.	Tf1×c1	Tf8—e8
19.	Lg5—f6	b7—b5
20.	f2—f3	a7—a5
21.	a2—a3	Lf5—e6
22.	Tc1—d1	b5—b4
23.	a3×b4	a5×b4
24.	h2—h3	c6—c5!
25.	c2—c3	...

Auf 25. Ld5: ergibt sich folgende interessante Fortsetzung: 25. .... Tad8 26. Ld8:, Td8: 27. c4, bc3, 28. Lb3, Td1† 29. Ld1:, Lf5 und Schwarz gewinnt.

25.	....	b4×c3
26.	Lb3—c2	Ta8—a2
27.	Td1—c1	Te8—a8
28.	Lf6—g5	Ta2—a1
29.	Lc2—b1	..

Sofern 29. Kh2, so folgt Tc1: nebst d4 und c4 usw.

29.	...	c3—c2
30.	Lb1×c2	Ta1×c1†
31.	Lg5×c1	Ta8—a1

und Schwarz gewinnt.

Dauer der Partie: 6 Stunden.

Mit dem Ausgange dieser Partie war die Entscheidung in dem Turnier gefallen: Paul Morphy hatte die Palme erstritten.

Nicht nur der Umstand, daß der erste Preis durch einen Amerikaner errungen wurde, sondern auch die wahrhaft überlegene Weise, in der dies erfolgte, riefen in den Vereinigten Staaten die höchste Begeisterung wach.

Der Ehrenpreis, ein prachtvoll ausgestattetes, massiv-silbernes Trinkservice, auf dessen Platte Paul Morphy und Louis Paulsen am Schachbrett einander gegenüber sitzend nebst der Widmung

This Service of Plate
is presented to
Paul Morphy
The Victor in the Grand Tournament at the first Congress
of the
American National Chess Association
New-York 1857

graviert waren, wurde dem jungen Meister in feierlichster Weise überreicht. Darauf händigte Morphy die Ehrengabe des Klubs, eine große goldene Medaille in Form eines Schildes — mit dem Gruppenbilde: Paulsen gegen 5 Gegner blind spielend — dem zweiten Preisträger ein, indem er in wohlgesetzter Rede das hervorragende Talent Paulsens im Blindlingsspiele feierte und ihn seiner Achtung und aufrichtigen Freundschaft versicherte. Gleichzeitig gab er seine eigene Denkweise dahin kund, daß auf dem Gebiete der 64 Felder zwischen Siegern und Besiegten nur das Gefühl achtungsvoller Freundschaft bestehen dürfe.

Louis Paulsen

Alsdann wurde am 11. November 1857 unter Beobachtung des bei ähnlichen Anlässen gebräuchlichen Zeremoniells der erste amerikanische Schachkongreß für geschlossen erklärt.

3

New York, Herbst 1857

Nach Beendigung des Kongresses weilte der Jungmeister noch einige Zeit in New York. Er erklärte, seiner Kraft bewußt, jedem amerikanischen Spieler **Bauer und Zug** vorgeben zu wollen. — Dieser Herausforderung zu einem Wettkampf auf sieben Gewinnpartien entsprach auch der Vorkämpfer des New Yorker Schachklubs, Ch. H. **Stanley**; er gab jedoch schon nach dem fünften Spiele das Ringen als hoffnungslos auf.

Außerdem spielte **Morphy** mit den meisten stärkeren Klubmitgliedern, und in allen diesen ziemlich ernsten Kämpfen bewährte sich seine hervorragende Begabung, so daß es als ein Ereignis galt, wenn er zur Aufgabe eines Spieles gezwungen werden konnte.

Übersicht der Partien Morphys

gespielt zu New York 1857

S. R. Calthrop	+0 −1 = 0
Lewis Elkin	+0 −1 = 0
D. W. Fiske	+0 −3 = 0
W. J. A. Fuller	+0 −2 = 0
George Hammond	+1 −7 = 0
H. Kennicott	+0 −1 = 0
Th. Lichtenhein	+0 −4 = 3
N. Marache	+0 −3 = 0
Ch. D. Mead	+0 −1 = 0
A. B. Meek	+0 −5 = 0
H. P. Montgomery	+0 −1 = 0
Louis Paulsen	+1 −10 = 0
D. Parry	+0 −1 = 0
Fr. Perrin	+0 −1 = 2
Dr. B. J. Raphael	+0 −1 = 0
J. W. Schulten	+1 −23 = 0
M. Salomons	+0 −2 = 0
Ch. H. Stanley	+1 −12 = 0
James Thompson	+0 −8 = 0
Konsultationspartie	
Fiske, Fuller und Fr. Perrin	+1 −0 = 0

Summe der gleichauf gespielten Partien +5 −87 = 8

Vorgabepartien

1. Bauer und Zug

N. Marache	+0 −3 = 2
Ch. Stanley. . . .	+0 −4 = 1

2. Bauer und Doppelzug

Fr. Perrin	+2 −8 = 0
H. Richardson . .	+1 −3 = 0

3. Bauer und drei Züge

J. Bryan	+2 −8 = 0

4. Damespringer

J. Bryan	+18 −30 = 7
D. Julien . . .	+ 3 −10 = 3
A. King	+ 0 − 2 = 0
M. Martins . .	+0 −1 = 0
Fr. Perrin. . . .	+9 −17 = 3
A. Reif	+1 −7 = 1
M. Salomons .	+0 −0 = 1

5. Dameturm

M. Brown.	+0 −1 = 0
M. Martins . . .	+0 −1 = 0
A. Perrin	+0 −9 = 0

Summe der Vorgabepartien +36 −107 = 18

Partien gegen Charles Henry Stanley

41

Italienische Partie

New York, 1857

Ch. H. Stanley	Morphy
1. e2—e4	e7—e5
2. Sg1—f3	Sb8—c6
3. Lf1—c4	Lf8—c5
4. c2—c3	Sg8—f6
5. d2—d3	d7—d6
6. h2—h3	0—0
7. Lc1—g5	Lc5—b6
8. Sb1—d2	Lc8—e6
9. 0—0	. . . .

Hier war 9 De2 am Platze, um eventuell lang rochieren zu können.

9.	h7—h6
10. Lg5—h4	. . . .

Stanley spielt die Eröffnung besser, als Thompson (Partie 25); hier unterläßt er aber den wichtigen Zug 10. Le3, und dadurch gibt er seinem Gegner Gelegenheit zum Bauernangriffe.

10.	Kg8—h8
11. Sf3—h2	g7—g5

Morphy läßt seinen Gegner nicht zu Atem kommen und beunruhigt ihn fortwährend. Die Entblößung der Königsstellung wird durch die Schwäche seines Gegners gerechtfertigt.

12. Lh4—g3	h6—h5
13. Sh2—f3	. . . .

Schwarz hat sein Ziel erreicht; Stanley ist so erschreckt, daß er sich schon zu einem Figurenopfer entschließt; mit h4 hatte Weiß eine ausreichende Verteidigung und gute Angriffschancen.

13.	h5—h4
14. Sf3×h4	g5×h4
15. Lg3×h4	Kh8—g7
16. Dd1—f3	Tf8—h8
17. Df3—g3†	Kg8—f8
18. Dg3—g5	Sf6—d7
19. Lc4×e6	f7×e6

20. Dg5×d8† Sc6×d8
21. Sd2—f3 Kf8—g7
22. g2—g4 Sd7—f8
23. Kg1—g2 Sf8—g6
24. Lh4—g5 ....

Mit 24. Lg3 hätte sich Weiß länger gehalten.

24. .... Sd8—f7
25. h3—h4 Sf7×g5
26. h4×g5 Sg6—f4†
27. Kg2—g3 Th8—h3‡

Auch Kg1 würde wegen Th3 nebst Tah8 die Partie nicht mehr gerettet haben.

42

Evansgambit

New York, 22. Oktober 1857

Morphy	Ch. H. Stanley
1. e2—e4	e7—e5
2. Sg1—f3	Sb8—c6
3. Lf1—c4	Lf8—c5
4. b2—b4	Lc5×b4
5. c2—c3	Lb4—a5
6. d2—d4	e5×d4
7. 0—0	d7—d6
8. c3×d4	La5—b6

In neuerer Zeit wird diese Variante wegen des auch von Morphy mit Vorliebe gespielten Sc3 usw. selten angewendet. Die weißen Mittelbauern sind sehr stark, und Schwarz wird gewöhnlich mat, bevor er sein Bauernplus verwerten kam. Deshalb ist es vorteilhafter, die Bauern in der Mitte nicht zu tauschen.

9. Sb1—c3! ....

Außer diesem Zuge geschieht 9.d4—d5 am häufigsten, wodurch aber Weiß keinesfalls zu einem so starken Angriffe gelangt wie durch Sc3. Ebenso ist auch 9. Lb2 nicht stärker und führt durch Zugumstellung meistens zu ähnlichen Positionen. Es ist der beste Beweis für Morphys angeborenes gottbegnadetes Schachtalent, daß er dort, wo seine Zeitgenossen nur durch mühsame Arbeit einen Erfolg erringen konnten und im Labyrinthe des Schachspieles nicht selten auf Irrwege gerieten, mit einem nur dem Genie eigenen Adlerblicke Ariadnes Faden erfaßt und ohne Zaudern den richtigen Weg betritt, so daß seine Spiele den späteren Schachdenkern als Grundlage und Richtschnur ihrer theoretischen Forschungen dienten.

9. .... Sg8—f6?

Besser wäre: Sa5 (Partie 103) oder 9..... Lg4 resp. 9..... a6! (Partie 337).

10. e4—e5! d6×e5
11. Lc1—a3! Lb6×d4

Gegen Lg4 siehe Partie 141.

12. Dd1—b3 Lc8—e6
13. Lc4×e6 f7×e6
14. Db3×e6† Sc6—e7
15. Sf3×d4 e5×d4
16. Tf1—e1 Sf6—g8

Auf 16..... dc3, folgt 17. Tad1, Sd7 18. Le7:, Sf8 19. Lf8†, Kf8: 20. Td8‡, Td8: 21. De7† usw.

17. Sc3—d5 ....

Stärker wäre: 17. Le7:, Dd7 (falls Se7:, so 18. Sd5) 18. Db3, Se7: 19. Sd5 mit Figurgewinn.

17. .... Dd8—d7
18. La3×e7 ....

Übereilung! 18. Dd7†, Kd7: 19. Se7: usw. gewann leicht.

18. .... Dd7×e6
19. Te1×e6 Ke8—d7
20. Ta1—e1 Ta8—e8
21. Te6—e4 ....

Die Figur ist nicht zu halten; Weiß muß jetzt trachten, ein Minus an Bauern zu vermeiden.

21. .... c7—c6
22. Te4×d4 c6×d5
23. Td4×d5† Kd7—c6
24. Td5—d6† Kc6—c7
25. Te1—c1† Kc7—b8
26. Le7—h4 Sg8—h6

Glücklicherweise steht die weiße Stellung, trotz des ausgeglichenen Materiales, auf Gewinn.

27. Lh4—g3 Kb8—a8
28. h2—h3 Sh6—f5
29. Td6—d7 g7—g6

Falls 29. .... Te7, so folgt 30. Te7:, Se7: 31 Tc7, Sf5 32. Le5, Tg8 33. Tf7, g6 34. Th7: usw.

30. Tc1—c7 Sf5×g3
31. f2×g3 Te8—b8
32. Td7×h7 Th8×h7
33. Tc7×h7 a7—a5
34. h3—h4 Tb8—g8
35. g3—g4 b7—b5
36. h4—h5 a5—a4
37. h5—h6 b5—b4
38. Th7—g7 Tg8—h8
39. h6—h7 b4—b3
40. Tg7—g8† Ka8—b7
41. Tg8×h8 b3—b2
42. Th8—b8† Kb7×b8
43. h7—h8D† Aufgegeben.

43

Läufergambit

New York, 1857

Ch. H. Stanley — Morphy

1. e2—e4 e7—e5
2. f2—f4 e5×f4
3. Lf1—c4 Dd8—h4†
4. Ke1—f1 b7—b5

Diese Verteidigung rührt von dem Amerikaner Bryan her; sie gibt einen interessanten Angriff, ist aber im Grunde genommen unzureichend.

5. Lc4—b3 ....

Der richtigere Zug ist 5. Lb5:

5. .... Sg8—f6

Durch a5 6. a4, b4 7. d3, La6 8. Sf3, Df6 usw. könnte Schwarz die weit überlegene Stellung haben.

6. Sg1—f3 Dh4—h6
7. Sb1—c3 b5—b4
8. Sc3—b5 Lc8—a6
9. Lb3—c4 La6×b5
10. Lc4×b5 Sf6—h5
11. Kf1—e2 ....

Entschieden stärker wäre d4 (siehe Partie 44).

11. .... g7—g5
12. Sf3—e5 Lf8—g7
13. Se5—g4 f4—f3†
14. Ke2×f3 Dh6—b6
15. Dd1—e2 0—0
16. Lb5—c4 Sb8—c6
17. c2—c3 Kg8—h8
18. De2—e3 f7—f5
19. De3×b6 f5×g4†
20. Kf3×g4 Sh5—f6†

Aufgegeben.

44

Läufergambit

New York, Oktober 1857

Ch. H. Stanley	Morphy
1. e2—e4	e7—e5
2. f2—f4	e5×f4
3. Lf1—c4	Dd8—h4†
4. Ke1—f1	b7—b5
5. Lc4—b3	Sg8—f6

Bezüglich dieser Eröffnung siehe die Anm. zu Partie 43.

6. Sg1—f3	Dh4—h6
7. Sb1—c3	b5—b4
8. Sc3—b5	Lc8—a6
9. Lb3—c4	La6×b5
10. Lc4×b5	Sf6—h5
11. d2—d4!	Sh5—g3†
12. Kf1—g1	Sg3×h1
13. Kg1×h1	c7—c6
14. Lb5—c4	d7—d6

In Betracht käme 14. .... a5 nebst 15. .... Sa6. Schwarz wollte aber wohl 15. Se5 verhindern.

15. a2—a3!	g7—g5
16. a3×b4	g5—g4
17. Sf3—g1	g4—g3
18. h2—h3	Lf8—e7
19. Ta1—a5!	Le7—g5
20. Dd1—g4	Aufgegeben.

Schwarz gab in dieser Stellung wohlüberlegt die Partie auf, da auch der scheinbare Rettungsversuch 20. .... Ld8 wegen 21. Tf5, Tf8 22. Sf3, Sd7 23. Lf4:, Dg6 24. Sg5 nichts nützen würde.

45

Bauervorgabe

Fünfte Partie des Wettkampfes mit Vorgabe von Bauer und Zug

Ch. H. Stanley	Morphy
1. e2—e4	e7—e6
2. d2—d4	d7—d5
3. e4—e5	....

Bei 3. Dh5+, g6 4. De5, Sf6 5. Lg5, Le7 (Lg7 6. ed5, 0—0 7. Lc4!) 6. Lb5†, c6 7. ed5, 0—0! 8. dc6, Sc6: 9. Lc6:, bc6 usw. erlangt der Vorgeber einen guten Angriff.

3.	c7—c5
4. Lc1—e3	....

Besser wäre 4. c3.

4.	Dd8—b6
5. b2—b3	Sb8—c6
6. Sg1—f3	....

Jetzt würde auf 6. c3 Abtausch auf d4 und dann Lb4† zugunsten des Schwarzen erfolgen.

6.	c5×d4
7. Le3×d4	Sc6×d4
8. Sf3×d4	Lf8—c5

9. c2—c3 ....

Auf 9. Lb5† folgt Kd8!

9. .... Sg8—e7

10. Lf1—b5† Se7—c6

11. Lb5×c6† b7×c6

12. Dd1—h5† g7—g6

13. Dh5—g4 0—0

14. 0—0 ....

14. .... Lc8—a6!

Ausgezeichnet gespielt; mit richtigem Positionsgefühle wählt Morphy diesen Entscheidungszug. Die Macht der Läufer tritt nun klar hervor, und das Opfer des Königsbauers ist nur vorübergehend.

15. Dg4×e6† Kg8—h8

16. Tf1—d1 Ta8—e8

17. De6—g4 ....

Dc6: verliert einen Offizier.

17. .... Te8×e5

18. Sb1—d2 La6—c8

19. Dg4—g3 Lc5—d6

20. Dg3—d3 Lc8—a6

21. Dd3—c2 ....

Jetzt ist die Dame vom Königsflügel entfernt, und Schwarz kann ungehindert zum Angriffe gegen denselben vorgehen.

21. .... Te5—h5

22. Sd2—f3 ....

Das Beste wäre 22. h3, da auch bei 22. Sd4f3 Schwarz durch Lh2† 23. Sh2:, Df2†, Kh1 24. Tf4 usw. in Vorteil kommt.

22. .... c6—c5

23. Sd4—e2 Tf8×f3

Elegant und sofort entscheidend! In dieser Partie ist die Überlegenheit des Meisters so offenkundig und wirkt auf Stanley so vernichtend, daß er sich nach fünf Partien, von denen vier von ihm verloren worden waren, während eine Partie remis wurde, zu dem ferneren Kampfe nicht mehr stellt.

24. g2×f3 Db6—d8

25. c3—c4 ....

Auf 25. Sg3 würde Dh4 in wenigen Zügen gewinnen.

25. .... Th5×h2

26. Td1×d5 Dd8—h4

27. Dc2—c3† Kh8—g8

28. Se2—g3 Dh4—h3

und Schwarz gewinnt.

Partien gegen J. W. Schulten

46

Evansgambit

New York, 1857

Morphy	J. W. Schulten
1. e2—e4	e7—e5
2. Sg1—f3	Sb8—c6
3. Lf1—c4	Lf8—c5
4. b2—b4	Lc5×b4
5. c2—c3	Lb4—c5

6. 0—0 d7—d6
7. d2—d4 e5×d4
8. c3×d4 Lc5—b6
9. d4—d5 ....

Der Angriffszug 9. d5 war lange Zeit der gebräuchlichste und galt für den stärksten. Der Zug leitet den sogenannten Normalangriff ein und wurde auch von Morphy oft angewendet. Schwarz hat bei der Verteidigung die vorgeschriebene Marschroute einzuhalten, welche aber allzugroße theoretische Kenntnisse voraussetzt. Die beste Angriffs- und Verteidigungsmethode geben wir bei Partie 196.

9. .... Sc6—e7

Am besten spielt Schwarz Sa5; verderblich wäre dagegen Se5, siehe Partie 259.

10. e4—e5 Lc8—g4

Etwas besser ist hier Sg6 oder auch Sh6! z. B. 10. .... Sh6 11. Sc3, 0—0 12. Lh6:, gh6 13. Se4, de5 usw.

11. h2—h3 ....

Natürlicher wäre Lb2; Morphy rechnete auf den Abtausch de5 und übersah dabei den möglichen stärkeren Zug: Ld4.

11. .... Lg4×f3
12. Dd1×f3 Lb6—d4
13. Sb1—c3 Ld4×e5
14. Lc4—b5† Ke8—f8
15. Lc1—b2 c7—c6

Energischer war Sg6 nebst Df6.

16. Lb5—d3 Sg8—f6
17. Ta1—e1 Le5×c3

Verfehlter Abtausch, durch den Weiß starke Angriffchancen bekommt. Gut und sicher war Sed5: 18. Sd5:, Lb2: usw. mit Gewinn.

18. Lb2×c3 Sf6×d5
19. Lc3—a1 f7—f6?

Auch hier verpaßt Schulten den richtigen Zug Sg6, um womöglich die drohenden Läufer zu beseitigen. — Morphy verwertet seine fernwirkenden Offiziere vortrefflich.

20. Te1—e6 Dd8—d7
21. Tf1—e1 b7—b5

Das Bild hat sich geändert: Schwarz ist verloren.

22. Te6×e7 ....

Stärker und schöner als 22. Lb5:, cb5 23. Te7:, Se7: 24. Da8‡ usw.

22. .... Sd5×e7
23. La1×f6 Se7—d5
24. Lf6—e7† Kf8—g8
25. Ld3—f5 Aufgegeben.

47

Abgelehntes Königsgambit

New York, 1857

J. W. Schulten — Morphy

1. e2—e4 e7—e5
2. f2—f4 d7—d5
3. e4×d5 e5—e4
4. Sb1—c3 ....

Sehr gut ist hier 4. d3 z. B. Sf6 (falls Dd5:, so 5. De2, Sf6 6. Sd2, Lf5 7. de4, Le4: 8. g4 usw.) 5. de4 Se4: 6. Sf3, Lc5 7. De2, Lf2†? 8. Kd1, Dd5‡ 9. Sfd2! nebst 10. Sc3 usw.

4. .... Sg8—f6
5. d2—d3 Lf8—b4
6. Lc1—d2 e4—e3

Der theoretisch beste Zug.

7. Ld2×e3 ....

Auf 7. De2 würde ebenfalls 0—0 folgen.

7. .... 0—0
8. Le3—d2 Lb4×c3
9. b2×c3 Tf8—e8†
10. Lf1—e2 Lc8—g4
11. c3—c4 ....

Es drohte Dd5:.

11. .... c7—c6
12. d5×c6 ....

Dies zieht nur neue Truppen heran, andere Züge sind aber kaum besser.

12. .... Sb8×c6
13. Ke1—f1 Te8×e2
14. Sg1×e2 Sc6—d4
15. Dd1—b1 Lg4×e2†
16. Kf1—f2 Sf6—g4†
17. Kf2—g1 ....

Auf 17. Kg3 folgt Sf5† nebst Dh4‡, auf Ke1 aber Dh4† nebst De7 usw. — Nach 7. Kg1 ergibt sich folgende Position.

Stellung nach dem 17. Zuge von Weiß

Schwarz am Zuge erzwingt das Mat in ungefähr sieben Zügen (17.) .... Sf3† 18. gf3, Dd4† 19. Kg2, Df2† 20. Kh3. Df3‡ 21. Kh4, Sh6 (auch Se3 oder Sf2 genügt) nebst Sf5† usw.

48

Läufergambit

New York, 1857

J. W. Schulten — Morphy

1. e2—e4 e7—e5
2. f2—f4 e5×f4
3. Lf1—c4 d7—d5
4. e4×d5 ....

Beliebter ist 4. Ld5:

4. .... Lf8—d6

Gegen Dh4† spielt Weiß am besten 5. Kf1, Ld6 6. De1† usw.

5. Sb1—c3 Sg8—f6
6. d2—d4 ....

Beachtung verdient hier 6. De2†

6. .... 0—0
7. Sg1—e2 ....

Besser wäre 7. Sf3.

7. .... f4—f3!
8. g2×f3 Sf6—h5
9. h2—h4 ....

In Betracht käme 9. Le3 nebst ev. 10. Kd2.

9. .... Tf8—e8
10. Sc3—e4 Ld6—g3†
11. Ke1—d2 ....

Auf 11. Kf1 könnte Te4: 12. fe4, Df6† mit Vorteil geschehen.

11. .... Lg3—d6

12. Kd2—c3 b7—b5
13. Lc4×b5 c7—c6
14. Se4×d6 . . . .

Es drohte Da5†.

14. . . . . Dd8×d6
15. Lb5—a4 . . . .

Vorzuziehen wäre Ld3 nebst b3, um mit dem Könige möglichst rasch in Sicherheit zu kommen.

15. . . . . Lc8—a6
16. Th1—e1 Sb8—d7
17. b2—b3 Sd7—b6
18. La4×c6 Ta8—c8

(S. Diagramm)

19. Kc3—d2 . . . .

Bei 19. Kb2 würde Tc6: 20. dc6, Le2: 21. Te2:, Te2: 22. De2:, Sa4†! zum Siege führen.

19. . . . . Tc8×c6
20. d5×c6 La6×e2

Stellung nach dem 18. Zuge von Schwarz

21. Te1×e2 Dd6×d4†
22. Kd2—e1 Dd4—g1†
23. Ke1—d2 Te8—d8†
24. Kd2—c3 Dg1—c5†
25. Kc3—b2 Sb6—a4†

Aufgegeben.

49

Evansgambit

New York, 1857

Morphy	J. W. Schulten
1. e2—e4	e7—e5
2. Sg1—f3	Sb8—c6
3. Lf1—c4	Lf8—c5
4. b2—b4	Lc5×b4
5. c2—c3	Lb4—c5
6. 0—0	d7—d6
7. d2—d4	e5×d4
8. c3×d4	Lc5—b6
9. Sb1—c3	Lc8—g4

Diese Verteidigung war in den sechziger Jahren die bekannteste und wurde am häufigsten angewendet. Weiß hat gegen diese einen andauernden, aber nicht allzu heftigen Angriff; der schwarze König verliert die Rochade, und sein Mehrbauer wird verdoppelt.

10. Lc4—b5 . . . .

Am besten; weniger gut ist 10. Da4, das allerdings ein höchst wildes Opferspiel ermöglicht; z. B. 10. Da4, Ld7 10. Db3, Sa5 11. Lf7†, Kf8 12. Dc2 (auf Dd5 folgt Sf6 13. Dg5, Kf7: 14. e5, h6! 15. Df4, g5 16. Df6†, Df6: 17. g4 usw.) Kf7: 13. e5! Kf8! 14. Te1 (bei 14. d5 gewinnt De8 15. e6, Dg6 16. Dg6:, hg6 17. ed7, Ke7) Se6 15. Lg5, De8 16. ed6, Dg6 17. Dg6:, hg6 18. d5, Sd4 19. Se5, Lf5 20. g4, cd6 usw. und Schwarz behält die Figur.

10. . . . . Lg4×f3

Dieser Abtausch ist nachteilig; besser wäre sofort der Königszug nach f8 (Partie 337). Weniger gut ist dagegen 10. . . . . Ld7 (siehe Partie 336). Die Theorie hält a7—a6! für entschieden schlecht, es scheint aber, daß Schwarz dadurch mit Tempogewinn in die beste Verteidigungsvariante einlenken kann, z. B. 10. . . . . a6 11. La4, Kf8! usw. (Anm. P. 337). Anstatt 11. . . . . Kf8! wäre natürlich nicht gut 11. . . . . La5 wegen 12. Lc6‡, bc6 13. Da4, Lc3: 14. Dc6‡, Ld7 15. Dc3: usw.

11. g2×f3 Ke8—f8

Der Königszug ist jetzt der beste Weg, um dem Verluste einer Figur, bezw. eines Bauers zu entgehen.

12. Lc1—e3 Sc6—e7

13. Kg1—h1 c7—c6

14. Lb5—a4 d6—d5

Besser wäre 14. . . . . Sf6 15. e5?, de5 16. de5, Sd5 usw.

15. Ta1—b1 Ta8—b8

Warum sich Schwarz nicht durch Sf6 entwickelt, ist unerklärlich.

16. Dd1—d3 Lb6—c7

17. Tf1—g1 Se7—g6

18. e4—e5 . . . .

Der Anziehende verbessert seine Stellung Zug um Zug; der Nachziehende steht bereits auf Verlust.

18. . . . . Dd8—h4

Bevor man angreift, soll man sich entwickeln. Schulten kennt diese Regel nicht, Morphy versteht es aber, ihm dies beizubringen.

19. Le3—g5 Dh4—h3

20. Sc3—e2 f7—f6

Ratsamer wäre Sg8e7.

21. Se2—f4 Sg6×f4

22. Lg5×f4 g7—g5

Gegen die Drohung 23. ef6:, Lf4: 24. fg7†, Kf7 25. Tg2, Sf6 26. gh8D, nebst Tb7‡ ist es schwer, etwas zu erfinden.

23. Dd3—a3† Kf8—e8

Der einzige Zug, um dem sofortigen Verluste des Läufers vorzubeugen. Jetzt kracht es aber anderswo.

24. Tb1×b7 Tb8×b7

Nach 24. . . . . gf4 würde 25. Lc6‡ usw. gewinnen.

25. La4×c6† Ke8—f7

26. Lc6×d5† Kf7—g6

27. Da3—f8! . . . .

27. Lb7: genügte ebenfalls. Morphy versucht, ob nicht noch mehr zu holen ist und stellt eine feine Falle.

27. . . . . Dh3—d7

Es drohte 28. Lf7† nebst Dc8† usw.; deckt Schwarz die Drohung durch Tb8, was natürlich erscheint, so wäre das — zum Mat führende — verblüffende Damenopfer: 28. Df6‡, Sf6: 29. Tg5‡, Kh6 30. Tg4†, Kh5 31. Lf7‡ gefolgt.

28. Ld5×b7 Lc7—d8

29.	e5 × f6	Ld8 × f6
30.	Lb7—e4†	Kg6—h5
31.	Lf4—e3	h7—h6
32.	Tg1—g3	Lf6—g7
33.	Df8—f7†	Dd7 × f7
34.	Tg3—h3 ‡.	

50

Spanische Partie

New York, 1857

	Morphy	J. W. Schulten
1.	e2—e4	e7—e5
2.	Sg1—f3	Sb8—c6
3.	Lf1—b5	Lf8—c5

Beliebter ist Sf6 oder d6. Der Läuferzug gibt dem Weißen die verschiedensten Möglichkeiten zur Fortführung des Angriffes.

4. c2—c3 . . . .

Weiß will sich starke Bauern im Zentrum verschaffen, und es gelingt ihm auch, durch energisches Vorrücken der Mittelbauern die gegnerische Position zu zertrümmern.

4.	. . . .	Sg8—e7
5.	0—0	. . . .

In Betracht käme, den Damebauer (5. d4) vorzustoßen und erst dann zu rochieren.

5.	. . . .	0—0
6.	d2—d4	e5 × d4
7.	c3 × d4	Lc5—b6
8.	d4—d5	Sc6—b8
9.	d5—d6!	c7 × d6
10.	Lc1—f4	Lb6—c7
11.	Sb1—c3	a7—a6
12.	Lb5—c4	b7—b5
13.	Lc4—b3	Lc8—b7
14.	Lf4 × d6	Lc7 × d6
15.	Dd1 × d6	h7—h6
16.	Ta1—d1	Se7—c8
17.	Dd6—f4	Sc8—b6
18.	Sf3—e5	Dd8—f6

Der Bauer f7 ist anders nicht zu decken.

19. Df4 × f6 . . . .

Bei dem Dametausch hatte Morphy die Gewinnfortsetzung klar vor Augen gehabt. Diese Partie wurde bisher nicht nach ihrem Werte gewürdigt; sie ist eine der besten Leistungen Morphys. Die Zügefolgen einander mit eiserner Konsequenz, und es findet sich kein Zug, der durch einen besseren ersetzt werden könnte.

19.	. . . .	g7 × f6
20.	Se5—g4	Kg8—g7
21.	Sg4 × f6!	Lb7—c6
22.	e4—e5	a6—a5

23. Td1—d3 Tf8—h8

Falls a4, so folgt 24. Tg3†, Kh8 25. Lf7: usw.

24. Sc3—d5 Sb6—c4

25. Lb3×c4 b5×c4

26. Td3—g3† Kg7—f8

27. Sd5—b6 Ta8—a7

28. Tf1—d1 Lc6—b5

29. Td1—d4 Ta7—c7

30. Td4—g4! Aufgegeben.

51

Läufergambit

New York, 1857

J. W. Schulten	Morphy
1. e2—e4	e7—e5
2. f2—f4	e5×f4
3. Lf1—c4	Sg8—f6
4. Sb1—c3	Lf8—b4

Ratsamer wäre 4. .... Sc6.

5. e4—e5	d7—d5
6. e5×f6	....

Hier könnte Weiß nach 6. Lb5†, c6 7. ef6, cb5 8. De2†, Le6 9. Db5‡ usw. sich günstig stellen.

6.	d5×c4
7. f6×g7	Th8—g8
8. Dd1—e2†	Lc8—e6
9. a2—a3	....

Überflüssig; der Läufer wird nur auf ein besseres Feld getrieben.

9.	Lb4—c5
10. Sg1—f3	Sb8—c6
11. Sc3—e4	Sc6—d4
12. Sf3×d4	Lc5×d4
13. c2—c3	Dd8—h4†
14. Ke1—f1	....

Auf Kd1 spielt Schwarz zunächst 14. .... 0—0—0,

14.	Ld4—b6
15. d2—d4	c4×d3
16. De2×d3	Ta8—d8
17. Dd3—e2	Td8—d1†

Aufgegeben.

Schwarz gewinnt nun die Dame und das Spiel: 18. Dd1:, Lc4† 19. De2, Le2‡ 20. Ke2:, f5 usw.

52

Abgelehntes Königsgambit

New York, 1857

J. W. Schulten	Morphy
1. e2—e4	e7—e5
2. f2—f4	d7—d5
3. e4×d5	e5—e4
4. Sb1—c3	Sg8—f6
5. Lf1—c4	c7—c6
6. d2—d3	Lf8—b4
7. d3×e4	Sf6×e4
8. Lc1—d2	Lb4×c3

Auf 8. .... Dh4†, erlangt Weiß durch Aufopferung der Qualität einen siegreichen Angriff, z. B.:

8. .... Dh4† 9. g3, Sg3: 10. hg3!, Dh1: 11. De2† nebst 12. 0—0—0 usw.

9.	Ld2 × c3	0—0
10.	Dd1—h5	Tf8—e8
11.	0—0—0	Se4 × c3

Natürlich nicht 11. .... Sf2, wegen 12. Sh3!, Lg4? 13. Df7†, Kf7: 14. de6†, Kg6 15. Td8:, Td8: 16. cb7, Sc6 (falls Sh1:, so Ld3†) 17. ba8D, Ta8: 18. Sf2: usw.

12.	b2 × c3	Dd8—a5
13.	Kc1—b2	g7—g6
14.	Dh5—h6	Lc8—g4
15.	Sg1—f3	Lg4 × f3
16.	g2 × f3	b7—b5
17.	f4—f5	b5 × c4

Schwarz zieht einen schnellen Tod langen Qualen vor.

18.	f5—f6	Aufgegeben.

Partien gegen James Thompson

53

Evansgambit

New York, 1857

	J. Thompson	Morphy
1.	e2—e4	e7—e5
2.	Sg1—f3	Sb8—c6
3.	Lf1—c4	Lf8—c5
4.	b2—b4	Lc5 × b4
5.	c2—c3	Lb4—a5
6.	d2—d4	e5 × d4
7.	Dd1—b3	Dd8—f6
8.	0—0	d7—d6
9.	c3 × d4	....

(Wegen e5 siehe Partie 102.)

9.	....	La5—b6
10.	e4—e5	d6 × e5
11.	d4 × e5	Df6—g6
12.	Lc1—a3	Lc8—e6

Auch Sge7 ist vorteilhaft.

13.	Sb1—d2	Sg8—e7
14.	Lc4 × e6	f7 × e6
15.	Ta1—e1	0—0
16.	Sd2—e4	....

Etwas besser wäre 16. Sc4.

16.	....	Ta8—d8
17.	Se4—g5	....

Weiß hat gar kein Äquivalent für den geopferten Bauer und kann nicht mehr verhindern, daß Schwarz in Vorteil kommt. — Der Textzug ist fehlerhaft, Morphy benützt die Gelegenheit, um durch das folgende geistreiche Opfer die materielle Übermacht — zwei Offiziere gegen einen Turm — zu erlangen.

17. .... Tf8×f3
18. Sg5×f3 Td8—d3
19. Db3—b2 ....

Auf Dc2 folgt Ta3:; auf 19. Sh4 aber Tb3: 20. Sg6:, Ta3: usw.

19. .... Td3×f3
20. Kg1—h1 Lb6—d4!
21. Db2—c1 Tf3—c3
22. Dc1—b2 Tc3—g3

Schwarz ist Herr der Partie! — Die folgende elegante Führung des Angriffes und meisterhafte Verwertung der beiden Springer zeigen Morphys hervorragende Fähigkeit.

23. Db2—c1 Tg3×g2
24. Dc1—f4 Se7—f5

Das mit diesem Zuge geplante Turmopfer ist eine überflüssige Eleganz; Tg4! war gut genug, um die Partie in kürzester Zeit zu gewinnen.

25. Df4—f3 Tg2×h2†

Höchst elegant, aber etwas gekünstelt! — 25. .... Tg4 26. Tg1, Tg1: 27. Tg1:; De8 gewann einfach.

26. Kh1×h2 Ld4×e5†
27. Te1×e5 ....

Die Qualität muß Weiß opfern, um dem Matnetze zu entschlüpfen.

27. .... Sc6×e5
28. Df3—h3 Sf5—h4
29. f2—f3 Dg6—c2†
30. Kh2—h1 Sh4—f5
31. La3—c1 ....

Der Läufer mußte schleunigst zurückgezogen werden.

31. .... Dc2—e2
32. Lc1—f4 Se5—d3
33. Lf4×c7 e6—e5!

(S. Diagramm)

Energischer als der Qualitätsgewinn mit Sf2†.

Stellung nach dem 33. Zuge von Schwarz

34. Kh1—g1 ....

Falls 34. Df5:, so folgt Df1‡ 35. Kh2, Df2† 36. Kh3 (36. Kh1, Dh4† 37. Kg2, Sf4† usw.) Sf4† 37. Kg4, h5† usw.

34. .... Sd3—f4
35. Dh3—h2 De2—c4
36. Lc7—b8 ....

Auf andere Züge geht der Läufer verloren.

36. .... Sf4—e2†
37. Kg1—f2 Dc4—d4†
38. Kf2—e1 ....

Der Springer war wegen Db2† usw. nicht zu schlagen.

38. .... Sf5—g3
39. Dh2—h3 Dd4—c3†
40. Ke1—f2 Sg3—e4†
41. f3×e4 ....

Erzwungen! Falls Ke2:, so Dd2‡

41. .... Dc3×h3
42. Kf2×e2 Dh3—g2†

und gewinnt.

Die ganze Partie zeigt in klassischer Weise, auf welche Art die leichten Offiziere verwendet werden sollen.

54

Evansgambit

New York, 1857

J. Thompson		Morphy
1.	e2—e4	e7—e5
2.	Sg1—f3	Sb8—c6
3.	Lf1—c4	Lf8—c5
4.	b2—b4	Lc5×b4
5.	c2—c3	Lb4—a5
6.	d2—d4	e5×d4

Das Kontragambit mit 6. .... b7—b5 gibt dem Schwarzen in vielen Varianten die bessere Stellung. Folgende Ausführung zeigt, wie Weiß das Spiel richtig behandeln sollte, um in Vorteil zu kommen: 6. .... b5 7. Ld5! (Lb5: ist schwach, es folgt dann Sd4: 8. Se5:, Sb5: 9. Dd5, Df6 10. Db5:, Lb6 usw.), ed4 8. Db3, Df6 9. e5, Dg6 10. Sg5, Sh6 11. e6!, fe6 12. Se6: usw.

7.	Dd1—b3	Dd8—f6
8.	0—0	d7—d6
9.	e4—e5	d6×e5
10.	c3×d4	....

Stärker wäre 10. Te1. Schwarz gelangt jetzt schnell in Vorteil.

10.	....	e5×d4
11.	Sb1—d2	Sg8—e7
12.	Lc1—b2	0—0
13.	Sd2—e4	Df6—g6
14.	Lc4—d3	Lc8—f5
15.	Sf3—h4	Dg6—h5
16.	Sh4×f5	Se7×f5
17.	f2—f4	....

Durch diesen Zug gibt Weiß den Punkt e3 frei. Aber Schwarz besitzt eine ausgezeichnete Stellung, gegen welche Weiß nichts ausrichten kann, und das materielle Übergewicht entscheidet.

17.	....	Tf8—e8
18.	Tf1—f3	....

Falls 18. Sg5, so Te3 nebst Sb4.

18.	....	Sc6—b4
19.	Se4—g5	Sb4×d3
20.	Db3×d3	Dh5—g6
21.	Tf3—h3	Te8—e3
22.	Dd3—b5	Te3×h3
23.	Db5×b7	Ta8—e8
24.	Sg5×h3	La5—b6
25.	Ta1—f1	Sf5—e3
26.	f4—f5	Dg6—g4
27.	Sh3—f2	Dg4—e2
28.	Tf1—b1	Se3—d1

und gewinnt, wie folgt: 29. Td1:, De1† 30. Te1:, Te1‡.

55

Evansgambit

New York, 1857

J. Thompson		Morphy
1.	e2—e4	e7—e5
2.	Sg1—f3	Sb8—c6
3.	Lf1—c4	Lf8—c5
4.	b2—b4	Lc5×b4
5.	c2—c3	Lb4—a5
6.	0—0	d7—d6
7.	d2—d4	e5×d4
8.	c3×d4	La5—b6
9.	d4—d5	Sc6—e7

10. e4—e5 Se7—g6
11. Sf3—g5 ....

Ein sinnloser Angriffzug. Richtiger wäre 11. e6 oder 11. Lb2.

11. ... Sg8—e7

Schwarz könnte den Bauer ruhig schlagen; z. B. 11. ... Se5: 12. Lf4!, Sg6 13. Te1†, Kf8! 14. Lb5, Ld7 usw. Weiß hat für die geopferten Bauern keinen genügenden Ersatz.

12. Tf1—e1 0—0

Besser als 12. Se5:, worauf Weiß durch Lb2! einen Erfolg versprechenden Angriff bekommen könnte.

13. Dd1—h5? ....

Andere Züge helfen auch nicht. Weiß ist unentwickelt und hat einen Bauer weniger.

13. .... h7—h6
14. Sg5—e4 ....

Etwas länger wäre die Partie durch 14. Sf3 zu halten. Weiß entschließt sich im Verlaufe der Partie zu einem wilden Opferspiele.

14. ... Sg6×e5
15. Lc1×h6 g7×h6
16. Se4—f6† Kg8—g7
17. Te1×e5 d6×e5
18. Dh5×e5 Kg7—h8

Sf5! war ebenfalls ausreichend, und hätte rascher entschieden.

19. Lc4—d3 ....

Schlecht ist hier Sh5†, f6 20. Sf6: wegen Sg6!

19. .... Dd8—d6
20. De5—b2 Dd6—f4

Einfacher wäre Dc5.

21. Sf6—e4† f7—f6
22. g2—g3 Df4—e5
23. Db2—d2 Se7—g8
24. Sb1—c3 f6—f5
25. Ta1—e1 f5×e4
26. Ta1×e4 Tf8×f2

Schwarz gewinnt.

Partien gegen verschiedene Spieler

56

Französische Eröffnung

New York, 1857

Morphy	A. B. Meek

1. e2—e4 e7—e6
2. d2—d4 c7—c5
3. d4—d5! e6—e5

Dieser frühzeitige Tempoverlust bietet Weiß Gelegenheit, die Entscheidung kurzer Hand herbeizuführen.

4. f2—f4 d7—d6
5. Sg1—f3 Lc8—g4
6. f4×e5 Lg4×f3
7. Dd1×f3 d6×e5
8. Lf1—b5† Sb8—d7
9. Sb1—c3 Sg8—f6
10. Lc1—g5 Lf8—e7
11. d5—d6 Le7×d6

Ein entscheidendes Baueropfer.

12. 0—0—0 Aufgegeben.

Eine kurze schneidige Husarenpartie.

57

Unregelmäßige Eröffnung

New York, 1857

Ch. D. Mead Morphy

1. h2—h3 ....

Eine Lieblingseröffnung des die weiße Partie leitenden Spielers, welcher hierdurch von vornherein die Rolle des Verteidigers übernimmt.

1. .... e7—e5
2. e2—e4 Sg8—f6
3. Sb1—c3 Lf8—c5
4. Lf1—c4 b7—b5

Damit spielt Schwarz ein Evansgambit im Nachzuge; der 1. Zug von Weiß kommt gar nicht zur Bedeutung.

5. Lc4×b5 c7—c6
6. Lb5—a4 0—0
7. Sg1—e2 ....

Nach dem besseren 7. Sf3 könnte der originelle 1. Zug in einigen Varianten nützlich sein.

7. .... d7—d5
8. e4×d5 c6×d5
9. d2—d4 ....

Etwas besser war 9. d3 und auf Da5 10. a3. Schwarz bekommt jetzt einen übermächtigen Angriff.

9. .... e5×d4
10. Se2×d4 Dd8—b6
11. Sc3—e2 Lc8—a6
12. c2—c3 La6×e2
13. Ke1×e2 ....

Auf 12. De2:, Ld4: 13. cd4, Db4† usw. und auf 12. Se2:, Lf2† 13. Kf1, Sa6 usw.

13. .... Lc5×d4
14. Dd1×d4 Db6—a6†
15. Ke2—f3 Tf8—c8
16. b2—b3 Sf6—e4
17. Lc1—b2 ....

Weiß sollte mit 17. Dd5: sein Glück versuchen.

17. .... Sb8—c6
18. La4×c6 Tc8×c6
19. Kf3—e3 ....

Hier wäre 19. Dd5: ebenfalls unzureichend, da Schwarz sich unterdessen mit Hilfe seines Gegners vollständig entwickelt hat und zugleich die beste Verteidigungsfigur (La4) abgetauscht wurde. Weiß wird in einigen Zügen zerschmettert.

19. .... Ta8—e8
20. Th1—e1 Se4×c3†
21. Ke3—f3 Tc6—f6†
22. Kf3—g3 Da6—d6†
23. f2—f4 Sc3—e2†
24. Te1×e2 Te8×e2
25. Ta1—f1 Tf6—g6†
26. Kg3—f3 Tg6×g2

Aufgegeben.

58

Italienische Partie

New York, 1857

Fr. Perrin Morphy

1. e2—e4 e7—e5
2. Sg1—f3 Sb8—c6
3. Lf1—c4 Lf8—c5
4. c2—c3 Sg8—f6

Durch De7 5. 0—0, d6 6. d4, Lb6

kann Schwarz die nach dem 6. Zug angegebene gefährliche Variante vermeiden. (Partie 333.)

5.	d2—d4	e5 × d4
6.	e4—e5	. . . .

Vorteilhafter wäre: 6. cd4, Lb4† 7. Sc3! (zu Ld2 siehe Partie 194), Se4: (schwächer wäre d5) 8. 0—0, Lc3: (Sc3: 9. bc3, Lc3: 10. Db3, La1: 11. Lf7†, Kf8 12. Lg5, Se7 13. Se5, Ld4: 14. Lg6, d5 15. Df3†, Lf5 16. Lf5:, Le5: 17. Le6†, Lf6 18. Lf6:) 9. d5! Se5 (Lf6 10. Te1, Se7 11. Te4:, d6, 12. Lg5, Lg5: 13. Sg5:, 0—0 14. Sh7:, Kh7: 15. Dh5†, Kg8 16. Th4, f5 bietet die beste Verteidigung, da hierbei auch 17. Le2 wegen Sg6! 18. Dh7†, Kf7 19. Lh5, Dg5! 20. Te1, Dh6 21. Lg6†, Dg6: 22. Te7† Kf6 usw. nicht zu fürchten wäre) 10. bc3 (noch besser scheint 10. De2! zu sein), Sc4: 11. Dd4, f5! (Sed6 12. Dg7:, Df6 13. Df6:, Sf6: 14. Te1†, Kf8 15. Lh6†, Kg8 16. Te5, Sfe4 17. Sg5) 12. Dc4: usw.

6.	. . . .	d7—d5
7.	Lc4—b3	. . . .

Der Läuferzug nach b5, der oft angewendet wird, ist nicht besser. In Betracht käme Le2.

7.	. . . .	Sf6—e4
8.	c3 × d4	Lc5—b6
9.	0—0	Lc8—g4
10.	Lc1—e3	0—0
11.	Sb1—c3	Sc6—e7
12.	h2—h3	Lg4 × f3

Der kaum zu vermeidende Abtausch vereinfacht nur die Stellung.

13.	Dd1 × f3	Se4 × c3
14.	b2 × c3	f7—f6
15.	e5—e6	. . . .

Beide Teile spielen einfach und korrekt. Weiß muß die Öffnung der f-Linie vermeiden und spielt die Partie so gut auf Remis, daß selbst Morphys Genie dagegen nichts erfinden kann.

15.	. . . .	c7—c6
16.	Le3—c1	Lb6—c7
17.	Lc1—a3	. . . .

Weiß sucht konsequent den Abtausch der leichten Offiziere.

17.	. . . .	Lc7—d6
18.	La3 × d6	Dd8 × d6
19.	Tf1—e1	Tf8—e8
20.	Lb3—c2	Se7—g6
21.	Lc2 × g6	h7 × g6
22.	Df3—g4	g6—g5
23.	Dg4—f5	Te8—e7
24.	Te1—e3	Ta8—e8
25.	Ta1—e1	Dd6—f4
26.	Df5—g6	. . . .

Der Dametausch auf f4 würde die Verteidigung erschweren, da Schwarz nach gf4 27. Te2 mit Tc7 nebst Kf8—e7—d6 usw. den Bauer erfolgreich anzugreifen droht.

26.	. . . .	Df4—h4
27.	Dg6—f5!	Dh4—h7
28.	Df5—g4	g7—g6
29.	f2—f4	Dh7—h4
30.	f4—f5	. . . .

Perrin hat sehr geschickt manövriert und seinen Königsbauer genügend gedeckt.

30.	. . . .	Kg8—g7
31.	Dg4 × h4	g5 × h4
32.	g2—g4!	Kg7—h6
33.	Te3—f3	Kh6—g5
34.	Kg1—f2	Te7—c7
35.	Te1—e2	

Wegen vorgerückter Zeit bot hier Morphy Remis an, was Perrin annahm. — Weiß ist etwas im Vorteile.

59

Evansgambit

New York, 1857

Morphy	Th. Lichtenhein
1. e2—e4	e7—e5
2. Sg1—f3	Sb8—c6
3. Lf1—c4	Lf8—c5
4. b2—b4	Lc5 × b4
5. c2—c3	Lb4—c5
6. 0—0	Sg8—f6

Diese Springerentwickelung ist hier viel schlechter, als wenn der Läufer sich auf a5 zurückzieht. — Am besten wäre: Lb6.

7. d2—d4	e5 × d4
8. c3 × d4	Lc5—b6
9. e4—e5	. . . .

In Vorgabepartien spielte Morphy öfters La3.

9.	d7—d5

Schlecht wäre Se4, wegen Te1.

10. e5 × f6	d5 × c4
11. f6 × g7	. . . .

11. Te1† führt schneller zum Ziele, z. B. Kf8 12. La3†, Kg8 13. d5 usw. Oder 11. . . . . Le6 12. fg7 (d5 genügt auch, z. B. 12. d5, Df6: 13. de6, Da1:? 14. ef7†, Kf7: 15. Sg5† usw.), Tg8 13. d5 und gewinnt.

11.	Th8—g8
12. Tf1—e1†	Sc6—e7
13. Lc1—g5	Lc8—e6
14. Sb1—c3	Lb6—a5
15. Sc3—e4	Tg8 × g7
16. Se4—f6†	Ke8—f8
17. Te1—e5	c7—c6
18. Lg5—h6	Se7—f5

19. Te5 × e6	. . . .

Der kürzeste Weg!

19.	f7 × e6
20. Sf3—g5	Kf8—e7
21. Lh6 × g7	Sf5 × g7
22. Dd1—f3	Dd8 × d4

Sf5 rettet auch nicht.

23. Ta1—d1	La5—d2

Die Dame darf nicht ausweichen wegen 24. Td7 nebst Sh7‡ usw.

24. Sf6—g8†	Ta8 × g8
25. Df3—f7†	Ke7—d8
26. Sg5—f3	und gewinnt.

60

Evansgambit

New York, 1857

N. Marache	Morphy
1. e2—e4	e7—e5
2. Sg1—f3	Sb8—c6
3. Lf1—c4	Lf8—c5
4. b2—b4	Lc5 × b4
5. c2—c3	Lb4—a5

6. d2—d4 e5×d4
7. e4—e5 ....

Besser wäre die Rochade.

7. .... d7—d5
8. e5×d6 Dd8×d6
9. 0—0 Sg8—e7
10. Sf3—g5 ....

Dieser Springerangriff ist verfrüht; nachhaltiger wäre: 10. La3, Df6 11. Te1 usw. Schwarz würde sich auch dann durch 0—0 sichern.

10. .... 0—0
11. Lc4—d3 Lc8—f5

Ein vollkommen korrektes Qualitätsopfer; Schwarz erlangt den Angriff und besitzt eine schwerwiegende Bauernübermacht auf dem Damenflügel.

12. Ld3×f5 Se7×f5
13. Lc1—a3 Dd6—g6
14. La3×f8 Dg6×g5
15. Lf8—a3 ? d4×c3
16. La3—c1 Dg5—g6
17. Lc1—f4 Ta8—d8

(S. Diagramm)

18. Dd1—c2 Sc6—d4

Stellung nach dem 17. Zuge von Schwarz

19. Dc2—e4 ....

Die schwarze Stellung ist übermächtig. Für Weiß gibt es keine Rettung. Auf 19. Td1 folgt: Se3 20. Dg6:, Se2† nebst Td1‡. Gegen 19. Da4 gewinnt b5 20. Da5:, Se2† 21. Kh1, Sf4: 22. Tg1 (falls g3, so Dc6† 23. f3, Df3†) Td1 23. g3, Dc6† usw. — Nach dem Textzug folgt eine Überraschung!

19. .... Sf5—g3!
20. De4×g6 Sd4—e2‡

61

Sizilianische Eröffnung

New York, 1857

Morphy	Fr. Perrin
1. e2—e4	c7—c5
2. Sg1—f3	e7—e6
3. d2—d4	c5×d4
4. Sf3×d4	Sb8—c6
5. Lc1—e3	Sg8—f6
6. Lf1—d3	Lf8—b4†

Besser wäre 6. .... d5; dieses Läuferschach ist nachteilig.

7. c2—c3	Lb4—a5
8. 0—0	La5—b6
9. Sb1—d2	Sc6—e5
10. Ld3—e2	d7—d5
11. f2—f4	Se5—c6
12. e4—e5	Lb6×d4
13. c3×d4	Sf6—d7

Perrin behandelt die Eröffnung sehr schlecht; die vielen Tempoverluste haben verursacht, daß Weiß eine so mächtige Stellung erreichen konnte.

14. Le2—d3 f7—f5
15. g2—g4 g7—g6
16. g4×f5 e6×f5
17. Kg1—h1 Sd7—f8
18. Ta1—c1 Sf8—e6
19. Ld3×f5 ....

Der solidere Zug wäre Sf3.

19. .... Se6×d4

Auf gf5 folgt 20. Dh5† und Schwarz würde nach Kd7 21. Df5:, De8 22. Dh3 nebst 23. f5 in eine bedrängte Lage kommen.

20. Lf5×c8 Ta8×c8
21. f4—f5 Sd4×f5

Durch Annahme des Bauernopfers ermöglicht Schwarz dem Gegner die elegante Schlußwendung; besser wäre 21. Dh4!

22. Tf1×f5 g6×f5
23. Dd1—h5† Ke8—d7
24. Dh5—f7† Dd8—e7

Bei Se7 gibt Weiß in zwei Zügen Mat.

25. e5—e6† Kd7—d8
26. Le3—g5 und gewinnt.

62

Italienische Partie

New York, 1857

G. Hammond — Morphy

1. e2—e4 e7—e5
2. Sg1—f3 Sb8—c6
3. Lf1—c4 Lf8—c5
4. c2—c3 Sg8—f6
5. d2—d4 e5×d4
6. e4—e5 d7—d5
7. Lc4—b3 Sf6—e4
8. c3×d4 Lc5—b6
9. 0—0 Lc8—g4
10. Lc1—e3 0—0
11. Dd1—d3 ....

Vorzuziehen ist Sc3.

11. .... Lg4×f3
12. g2×f3 Se4—g5
13. Dd3—f5 ....

Schwarz stünde auch nach Sd2 besser, 13. Sd2, Se6 14. Lc2, g6 15. Sb3, f5 usw.

13. .... Sc6×d4
14. Le3×d4 ....

Auf 14. Lg5: würde Schwarz bei Sf5: 15. Ld8:, Tad8: mit einem Bauer im Vorteile bleiben.

14. .... Lb6×d4
15. Sb1—c3 g7—g6

Durch die Aufreißung des Königsflügels bekommt Weiß später Chancen. Einfacher war c6 nebst Se6.

16. Df5—g4 h7—h5
17. Dg4—g2 ....

Auf 17. Dd4:? entscheidet Sf3†, und auf 17. Dg3 folgt mit Tempogewinn Le5:.

17. .... Ld4×e5
18. Sc3×d5 c7—c6

(S. Diagramm)

19. Tf1—e1 ....

Richtiger wäre Tae1, um dann im 21. Zuge mit Te5: fortsetzen zu können.

19. Tf8—e8

Stellung nach dem 18. Zuge von Schwarz

20. f3—f4 c6×d5
21. f4×e5 Sg5—e6
22. Dg2×d5 Dd8×d5
23. Lb3×d5 Se6—f4
24. Ld5×b7 Ta8—b8
25. Lb7—c6 ....

Durch 26. La6, Tb2: 27. Lf1 usw. war die Partie zu halten.

25. ... Te8—e6
26. Lc6—d7 Te6—e7
27. Ta1—d1 Tb8×b2
28. Te1—e4? ....

Selbstmord! — a4 war am Platze.

28. .... Te7×d7

Aufgegeben.

63

Evansgambit

New York, 1857

Morphy G. Hammond

1. e2—e4 e7—e5
2. Sg1—f3 Sb8—c6
3. Lf1—c4 Lf8—c5
4. b2—b4 Lc5×b4
5. c2—c3 Lb4—a5
6. d2—d4 e5×d4
7. 0—0 La5—b6
8. c3×d4 Sg8—e7?

Eine minder gute Art der Verteidigung, welche von Morphy energisch widerlegt wird.

9. Sf3—g5 d7—d5
10. e4×d5 Sc6—a5

Fehlerhaft wäre 10. .... Sd5: wegen 11. Sf7:, Kf7: 12. Df3† usw.

11. d5—d6 Sa5×c4
12. Dd1—a4† c7—c6
13. Da4×c4 Dd8×d6

Auf 13. .... Sd5 folgt 14. Te1†.

14. Dc4×f7† Ke8—d8
15. Lc1—a3 Dd6—f6
16. Df7×f6 g7×f6
17. Sg5—f7† Kd8—c7
18. Sf7×h8 Lb6×d4
19. La3×e7 Ld4×a1
20. Sb1—d2 La1—c5
21. Sh8—f7 Lc8—e6
22. Sf7×e5 f6×e5
23. a2—a3 ....

Weiß hat eine Figur gegen einen Bauer; der Gewinn ist nur Frage der Zeit.

23. .... h7—h5
24. Tf1—e1 Ta8—g8

Der Bauer ist nicht zu decken. Falls Te8, so 25. Lf6 usw.

25. Te1×e5 Le6—d5
26. Sd2—e4 Tg8—e8

27. Se4—f6 Te8—h8
28. Le7—c5 ....

Einfacher war 28. Sf6 × h5.

28. .... Th8—d8
29. h2—h3 b7—b6
30. Te5—e7† Kc7—b8
31. Lc5—e3 c6—c5
32. Le3—f4† Kb8—a8
33. Sf6—e8 Ld5—c6
34. Se8—c7† Ka8—b7
35. Sc7—e6 Td8—d7
36. Se6—d8† Kb7—a6
37. Sd8 × c6 Td7—d1†
38. Kg1—h2 b6—b5
39. Sc6—b4†! ....

Der kürzeste Weg!

39. .... c5 × b4
40. Lf4—e3 und gewinnt.

64

Springergambit

New York, 1857

H. P. Montgomery — Morphy

1. e2—e4 e7—e5
2. Sg1—f3 Sb8—c6
3. Lf1—c4 Lf8—c5
4. b2—b4 Lc5 × b4
5. c2—c3 Lb4—a5
6. 0—0 Sg8—f6
7. d2—d4 0—0
8. d4—d5 ....

Nach diesem Bauerzug hat Weiß gar keinen Angriff mehr, also kein Äquivalent für den geopferten Bauer.

8. .... Sc6—e7
9. Dd1—c2 ....

In Betracht käme 9. Ld3 nebst Lg5.

9. .... d7—d6
10. h2—h3 Se7—g6
11. Lc4—d3 Sf6—h5
12. Kg1—h2 Sh5—f4
13. Tf1—g1 ....

Weiß ist völlig auf die Defensive angewiesen.

13. .... La5—b6

Entscheidender war sofort Sh4.

14. Lc1—e3 Sg6—h4
15. Sb1—d2 ...

Nicht gut wäre 15. Lf4:, Sf3: 16. gf3, Dh4 17. Lf1, ef4 usw.

15. .... Dd8—f6
16. Sf3 × h4 ....

Es drohte 17..... Sh3: mit Bauergewinn.

16. .... Df6 × h4
17. Sd2—f3 Dh4—h6
18. Ld3—f1 ....

Die einzige Verteidigung! Es drohte nach Le3: 19. fe3 Springer- oder Läuferopfer auf h3, wogegen 18. Lf4: wegen Df4† 19. Kh1, Lh3:! nicht ausreichend wäre.

18. ... f7—f5
19. g2—g3 f5 × e4
20. Le3 × f4 ...

Falls 20. gf4, so ef3.

20. .... e5 × f4
21. Sf3—d4 e4—e3
22. f2—f3 ....

Der Bauer ist nicht zu schlagen, weil es nach 22. .... fe3 keine Parade gegen Tf2† gibt.

22. .... Lb6×d4
23. c3×d4 Lc8—f5
24. Dc2—g2 ....

Auf 24. Dc7: entscheidet Tac8 in Verbindung mit Tc2†.

24. .... f4×g3
25. Dg2×g3 Tf8—f6
26. f3—f4 Ta8—e8
27. Ta1—e1 Te8—e4
28. Te1×e3 Dh6×f4
29. Lf1—d3 Te4×d4
30. Ld3×f5 Tf6×f5
31. Te3—e7 Td4—d2†

Schwarz erzwingt den Abtausch der Figuren und hat mit 3 Bauern mehr ein gewonnenes Spiel.

32. Kh2—h1 Df4×g3
33. Tg1×g3 Tf5—f1†
34. Tg3—g1 Tf1×g1†
35. Kh1×g1 Td2×d5
36. Te7×c7 Td5—d1†
37. Kg1—g2 Td1—d2†
38. Kg2—f3 Td2×a2
39. Tc7×b7 Ta2—a3†
40. Kf3—g4 a7—a5
41. Tb7—d7 a5—a4
42. Td7×d6 Ta3—a1

Weiß gibt auf.

65

Springergambit

New York, 1857

L. Elkin — Morphy

1. e2—e4 e7—e5
2. f2—f4 e5×f4
3. Sg1—f3 g7—g5
4. h2—h4 g5—g4
5. Sf3—e5 Sg8—f6
6. Lf1—c4 d7—d5
7. e4×d5 Lf8—d6

Eine Zeit lang galt dies für die beste Verteidigung; sie gleicht aber das Spiel nur aus und deshalb spielt man heutzutage 7. .... Lg7!, wodurch Schwarz im Vorteil zu bleiben scheint.

8. d2—d4 ....

Sehr interessante und verwickelte Varianten ergeben sich nach der Rochade, z. B. 8. 0—0, Lc5: 9. Te1, De7! 10. c3, Sh5! (falls I. 10.. .. g3, so 11. d4, Sg4 12. Sd2, Dh4: 13. Sf3, Dh6 14. Te5†, Se5: 15. De2, Sbd7 16. de5, Sb6 17. De4 usw. II. 10. .... f3 11. d4, Se4 12. Te4: Lh2† 13. Kh2:, De4: 14. g3 usw. III. 10. .... Dc5† 11. d4, Dc4: 12. Te5†, Kf8 13. Lf4:, h6 14. Dd2, Sg8 15. Sa3 usw.) 11. d4, Sd7 12. Lb5, Kd8 13. Ld7:, Ld7: 14. Te5:, Dh4: 15. Th5:, Dh5: 16. Lf4: usw. Schwarz wird noch viele Schwierigkeiten haben, um seine materielle Übermacht zur Geltung bringen zu können. — Diese Art des Kieseritzky-Gambits wird in allerneuester Zeit viel analysiert und „Rice-Gambit“ genannt.

8. .... Sf6—h5
9. Dd1—d2 ....

Ein originelles aber kaum empfehlenswertes Manöver; durch 9. 0—0, Dh4: 10. De1 usw. war das Spiel auszugleichen.

9.	....	Dd8—e7
10.	Ke1—d1	0—0
11.	Dd2—e1	Tf8—e8
12.	Sc5—d3	De7—d8
13.	De1—c3	g4—g3
14.	Sb1—d2	Lc8—g4†
15.	Sd2—f3	Sb8—d7
16.	Lc4—b5	....

Dieser Zug in Verbindung mit dem folgenden Abtausche erleichtert nur die Entwickelung des Nachziehenden.

16.	....	Te8—e7
17.	Lb5×d7	Dd8×d7
18.	Lc1—d2	Ta8—e8
19.	Th1—e1	Lg4×f3†
20.	g2×f3	Dd7—h3
21.	Sd3—e5	g3—g2
22.	Ld2×f4	Sh5×f4
23.	Dc3—e3	Ld6×e5
24.	d4×e5	Te8×e5
25.	De3×f4	Te5×d5†

Aufgegeben.

66

Schottisches Gambit

New York, 1857

	H. Kennicott	Morphy
1.	e2—e4	e7—e5
2.	Sg1—f3	Sb8—c6
3.	d2—d4	e5×d4
4.	Lf1—c4	Lf8—c5
5.	Sf3—g5	Sg8—h6
6.	Sg5×f7	Sh6×f7
7.	Lc4×f7†	Ke8×f7
8.	Dd1—h5†	g7—g6
9.	Dh5×c5	d7—d6
10.	Dc5—b5	Th8—e8
11.	0—0	....

Man vergleiche die Bemerkungen bis zu diesem Zuge in Partie 13.

11.	....	Te8×e4
12.	Db5—d5†	....

Weiß kann auch gegen den minderstarken 9. Zug kein besseres Resultat erzielen; für den verlorenen Bauer hätte er aber jetzt durch 12. Lg5, De8 13. Sd2, Te5 14. Db3†, Le6 15. Dg3, Ld5! 16. c4 usw. etwas mehr Angriff erlangen können. Der Textzug in Verbindung mit dem folgenden Vorrücken des Königsläuferbauers ist vorzeitig und leitet infolge ungenügender Streitkräfte einen hoffnungslosen Angriff ein.

12.	...	Te4—e6
13.	Lc1—g5	Dd8—e8
14.	f2—f4	Kf7—g7
15.	f4—f5	g6×f5

Natürlich nicht 15. .... Te5?, wegen 16. f6†, Kh8 17. f7! usw.

16.	Dd5×f5	Te6—g6
17.	Lg5—f6†	Kg7—g8
18.	Df5—f4	...

Der Angriff ist für Weiß vorbei; nun übernimmt ihn Schwarz und beendet das Spiel in wenigen Zügen.

18.	....	Lc8—h3
19.	Lf6—g5	De8—e3†
20.	Df4×e3	d4×e3
21.	g2×h3	Tg6×g5†
22.	Kg1—h1	e3—e2
23.	Tf1—e1	Sc6—d4
24.	Sb1—a3	Ta8—e8

Aufgegeben.

67

Läufergambit

New York, 1857

J. B. Raphael	Morphy
1. e2—e4	e7—e5
2. f2—f4	e5×f4
3. Lf1—c4	Dd8—h4†
4. Ke1—f1	b7—b5
5. Lc4×b5	Sg8—f6
6. Sg1—f3	....

In neuerer Zeit wird die Entwicklung des Königsspringers nicht forciert. Man läßt die feindliche Dame ruhig auf h4 stehen. Hier wäre aber 6. Sf3 am Platze, da Sg4 anders nicht zu parieren ist.

6.	Dh4—h6
7. Sb1—c3	g7—g5
8. d2—d4	Lf8—g7
9. e4—e5	....

Der Bauer bliebe besser in der vierten Reihe.

9.	Sf6—h5
10. Kf1—g1	Lc8—b7
11. Lb5—e2	Th8—g8

Richtiger war: g4, z. B. 11. g4 12. Se1, f5 13. h3, Sg3 14. Th2, Le5: 15. hg4, Db6! usw.

12. Sf3—e1	f4—f3

Auf andere Weise ist der Springer nicht zu retten.

13. Le2×f3	Lb7×f3
14. Dd1×f3	Sb8—c6
15. Sc3—d5	0—0—0

Nach dem fehlerhaften 11. Zuge kam Schwarz in starke Bedrängnis und mußte die Qualität opfern, um sich dem Verderben entziehen zu können.

Stellung nach dem 15. Zuge von Schwarz

16. Sd5—e7†	

Falls c3, so Kb8.

16.	Kc8—b8
17. Se7×g8	Td8×g8
18. Df3×f7	....

Weiß sollte sich mit Qualität und Bauer begnügen und keinesfalls neue Angriffslinien öffnen; durch 18. c3 hätte Weiß seinen Vorteil festhalten können.

18.	Tg8—f8
19. Df7—b3†	Kb8—c8
20. Se1—f3	Dh6—g6
21. c2—c3	g5—g4
22. Sf3—h4	Dg6—d3
23. Lc1—g5	Sh5—f4
24. Lg5×f4	Tf8×f4
25. Ta1—e1	Dd3—d2
26. Sh4—f3	g4×f3

und Schwarz gewinnt.

Vorgabepartien

68

Bauervorgabe

New York, 1857

Vorgabe von Bauer und Zug

	N. Marache	Morphy
1.	e2—e4	e7—e6
2.	d2—d4	d7—d5
3.	e4×d5	e6×d5
4.	Lf1—d3	Sg8—f6
5.	Sg1—f3	Lf8—d6
6.	0—0	0—0
7.	c2—c4	c7—c6
8.	c4—c5	Ld6—c7
9.	Sf3—e5	Lc7×e5
10.	d4×e5	Sf6—g4
11.	h2—h3	....

Einfacher und besser wäre wohl zunächst 11. f4.

11.	...	Sg4×e5
12.	Ld3×h7†	Kg8×h7
13.	Dd1—h5†	Kh7—g8
14.	Dh5×e5	Sb8—d7
15.	De5—g3	....

Weiß hat keinen ausreichenden Grund, den c-Bauer aufzugeben, welchen er mit 15. Dd4 usw. wohl halten könnte.

15.	....	Sd7×c5
16.	Lc1—g5	Dd8—e8
17.	Sb1—d2	Lc8—d7
18.	Ta1—e1	De8—g6
19.	Lg5—e7	Dg6×g3
20.	f2×g3	Tf8×f1†
21.	Kg1×f1	Sc5—d3
22.	Te1—e3	c6—c5
23.	b2—b3	Ta8—e8
24.	a2—a4	d5—d4
25.	Te3×d3	....

Weiß durfte den Läufer nicht tauschen lassen; mit ungleichfarbigem Läufer hätte er vielleicht mit Remis davonkommen können.

25.	....	Te8×e7
26.	Sd2—f3	a7—a5
27.	Kf1—f2	b7—b5
28.	a4×b5	Ld7×b5
29.	Td3—d2	Te7—e3
30.	Td2—b2	Te3—c3
31.	g3—g4	a5—a4
32.	b3×a4	Lb5×a4
33.	g4—g5	....

Es gibt kaum noch eine Rettung. Die schwarzen Freibauern, unterstützt von Turm und Läufer, sind übermächtig. Etwas besser wäre doch 33. Tb8† nebst Sg5† usw.

33.	....	Tc3—c2†
34.	Tb2×c2	La4×c2
35.	Kf2—e1	Lc2—e4
36.	Ke1—d2	....

Weiß ist verloren.

36.	....	Le4×f3
37.	g2×f3	Kg8—f7
38.	Kd2—d3	Kf7—g6
39.	h3—h4	Kg6—h5
40.	Kd3—e4	Kh5×h4
41.	f3—f4	g7—g6
42.	Ke4—d3	Kh4—g4
43.	Kd3—e4	d4—d3
44.	Ke4×d3	Kg4×f4
45.	Kd3—c4	Kf4×g5
46.	Kc4×c5	Kg5—f4
47.	Kc5—d4	g6—g5

Aufgegeben.

69

Bauervorgabe

New York, 1857

Vorgabe von Bauer und Doppelzug

H. Richardson	Morphy
1. e2—e4	—
2. d2—d4	e7—e6
3. Lf1—d3	c7—c5
4. e4—e5	g7—g6
5. c2—c3	Sb8—c6
6. Sg1—f3	d7—d5
7. Lc1—e3	Dd8—b6
8. Dd1—c2	Lc8—d7
9. Le3—g5	....

Die weitere Entwickelung des Damenflügels war natürlicher. Der Läuferzug bedeutet nur Tempoverlust.

9.	Sg8—e7
10. Lg5—e3	c5—c4
11. Ld3—e2	....

Der Königsläufer ist gezwungen, die Diagonale c2—h7 zu verlassen.

11.	Se7—f5
12. Sb1—d2	Sf5 × e3
13. f2 × e3	Lf8—h6
14. Sd2—f1	....

Besser war 14. e4

14.	0—0

Schwarz hat das besser entwickelte Spiel.

15. Dc2—d2	Tf8—f7
16. Sf1—g3	Ta8—f8
17. 0—0	Db6—d8
18. Ta1—e1	b7—b5
19. Le2—d1	a7—a5
20. a2—a3	Dd8—b6
21. b2—b4	a5 × b4
22. c3 × b4?	....

Schlecht, aber auch 22. ab4 dürfte nicht genügen.

22.	Tf8—a8
23. Dd2—b2	Db6—a7
24. a3—a4	b5 × a4

25. Ld1 × a4	Sc6 × b4!
26. Db2 × b4	Da7 × a4
27. Db4 × a4	Ta8 × a4
28. Tf1—f2	Ta4—a3
29. Sg3—f1	Ld7—a4
30. g2—g4	Tf7—b7
31. g4—g5	Lh6—f8
32. Te1—c1	c4—c3
33. Sf3—e1	c3—c2
34. Sf1—d2	....

Auf 34. Sc2: gewinnt Tc3 den Springer.

34.	Ta3—c3
35. Se1—f3	Tb7—c7

Aufgegeben.

70

Bauervorgabe

New York, 1857

Vorgabe von Bauer und Doppelzug

	Fr. Perrin	Morphy
1.	e2—e4	—
2.	d2—d4	d7—d6
3.	Lf1—d3	Lc8—e6

Die angewendete Eröffnungsart war zur Zeit, als die gegenwärtige Partie gespielt wurde, von Löwenthal mit besonderem Nachdrucke empfohlen und in einer dem Schachkongreß zu New York gewidmeten Analyse ausgeführt worden.

4.	Dd1—h5†	Le6—f7
5.	Dh5—b5†	Sb8—d7
6.	Db5×b7	e7—e5
7.	d4—d5	Sg8—f6
8.	Sb1—c3	Lf8—e7
9.	Sc3—b5	0—0

Schwarz ist gezwungen, die Bauern aufzugeben, da Da8: nebst Sc7† drohte.

10.	Db7×c7	Dd8—e8
11.	Sb5×d6	Le7×d6
12.	Dc7×d6	....

Weiß hat im Mehrbesitze von 4 Bauern nichts mehr zu fürchten, und nur dem folgenden schwachen Zuge ist es zuzuschreiben, daß er in Bedrängnis gerät.

12.	....	Kg8—h8
13.	Sg1—f3	....

Durch Se2 würde sich Weiß im Vorteil erhalten haben.

13.	....	Lf7×d5
14.	e4×d5	e5—e4
15.	Dd6—e6	De8—h5
16.	Ld3×e4	Ta8—e8
17.	De6—c6	Sf6×e4
18.	Lc1—e3	Se4×f2

Diese wohlberechnete Opferkombination entscheidet. Besser für Weiß wäre die kurze Rochade gewesen.

19.	Ke1×f2	Sd7—e5
20.	Dc6×e8	....

Auch Dc3 könnte das Spiel nicht mehr retten. Schwarz würde in diesem Falle durch Tf3† 21. gf3, Df3† 22. Kg1, De2 23. La7:, Sf3† usw. den Angriff fortsetzen.

20.	....	Dh5×e8
21.	h2—h3	De8—h5
22.	Th1—e1	Se5×f3
23.	g2×f3	Dh5×f3†
24.	Kf2—g1	Df3—g3†
25.	Kg1—h1	Dg3×h3†
26.	Kh1—g1	Dh3—g3†
27.	Kg1—h1	Tf8—f5

und gewinnt.

71

Abgelehntes Königsgambit

New York, 1857

Vorgabe des Damespringers

Morphy	Fr. Perrin
1. e2—e4	e7—e5
2. f2—f4	d7—d5
3. e4×d5	Dd8×d5
4. Sg1—f3	e5—e4
5. Sf3—e5	Lc8—e6
6. Lf1—c4	Dd5—d6
7. Dd1—e2	Sg8—f6
8. d2—d4	....

Opferangebot eines Bauers, um bei der Annahme (8. Dd4:) mit 9. Le3 das Spiel schneller zu entwickeln.

8.	Le6×c4
9. Se5×c4	Dd6—e6
10. 0—0	Sb8—c6
11. c2—c3	Lf8—d6
12. f4—f5	De6—e7
13. Lc1—g5	0—0—0

Schwarz beurteilt die Stellung ganz richtig, indem er auf die lange Seite rochiert. Die Fehler werden seinerseits erst später begangen.

14. b2—b4	Sc6—b8
15. a2—a4	c7—c6

Schwarz kommt durch diese Lockerung seines Rochadeflügels den Plänen des Weißen entgegen. Statt dessen käme zunächst Sd7 in Frage.

16. b4—b5	De7—c7
17. h2—h3	Td8—e8
18. Lg5×f6	....

Dieser Abtausch, welcher den nun folgenden Rochadeangriff sichert, entspringt Morphys scharfsinnigen Positionsblicke, daß ihm sein eigener Läufer hier weniger förderlich als der feindliche Königsspringer hinderlich sein könnte.

18.	g7×f6
19. Tf1—b1	

19.	b7—b6

Auch hier scheint Perrin gleichsam im Interesse des Gegners zu spielen. De7, 20. a5, c5! war besser.

20. a4—a5	....

Weiß ist nun Herr der Partie und beutet die Überlegenheit seiner Stellung mit Energie aus.

20.	c6×b5
21. a5×b6	Ld6—h2†
22. Kg1—h1	a7×b6
23. Tb1×b5	Sb8—c6

Falls Sd7, so folgt 24. Sb6† (oder Tab1), Sb6: 25. Tc5 usw.

24. Ta1—b1	Lh2—f4
25. Sc4×b6†	Kc8—d8
26. Sb6—d5	Dc7—d6
27. De2—a2	Aufgegeben.

72

Evansgambit

New York, 1857

Vorgabe des Damespringers

Morphy	Fr. Perrin
1. e2—e4	e7—e5
2. Sg1—f3	Sb8—c6
3. Lf1—c4	Lf8—c5
4. b2—b4	Lc5 × b4
5. c2—c3	Lb4—c5

Ratsamer wäre 5. . . . La5, um die gegnerischen Mittelbauern nicht mit Tempogewinn vorrücken zu lassen.

6. 0—0	Sg8—f6

Sicherer wäre hier, wo der Läufer nach c5 zurückgegangen ist, die Antwort d6.

7. d2—d4	e5 × d4
8. c3 × d4	Lc5—b6
9. Lc1—a3	d7—d6
10. e4—e5	. . . .

Dies ist die folgerichtigste Fortführung des Angriffes; in Anbetracht der Vorgabe ist es nur natürlich, daß Morphy auch ein Baueropfer nicht scheut.

10.	d6 × e5
11. Dd1—b3	Dd8—d7
12. d4 × e5	Sf6—e4
13. Ta1—d1	Sc6—d4
14. Sf3 × d4	Lb6 × d4

(S. Diagramm)

Die mit jedem Zuge an Interesse zunehmende Partie ist eine besonders charakteristische Probe der gleichzeitig ebenso feinen wie energischen Spielweise des Meisters.

15. Td1 × d4	Dd7 × d4
16. Lc4 × f7†	Ke8—d8
17. Tf1—d1	Se4—d2

Stellung nach dem 14. Zuge von Schwarz

18. Db3—c2	Lc8—d7
19. e5—e6!	Ld7—a4
20. Td1 × d2	. .

Wesentlich kräftiger als 20. Dd2:, wobei dem Läufer a4 die Beherrschung des Punktes e8 ohne entscheidenden Tempoverlust gesichert bleibt.

20.	La4 × c2
21. Td2 × d4†	Kd8—c8
22. e6—e7	b7—b6

Der Versuch, den Punkt e8 noch einmal, durch Lg6, indirekt zu decken, würde an 23. Le6†, Kb8 24. Td8† scheitern.

23. e7—e8D†	Th8 × e8
24. Lf7 × e8	Kc8—b7
25. Le8—c6†	Kb7 × c6
26. Td4—c4†	Kc6—b5
27. Tc4 × c2 und gewinnt.	

73

Springergambit

New York, 1857

Vorgabe des Damespringers

Morphy	D. Julien
1. e2—e4	e7—e5
2. f2—f4	e5×f4
3. Sg1—f3	g7—g5
4. Lf1—c4	Lf8—g7

Diese Verteidigung ist bei Vorgabepartien viel ratsamer, als durch 4. g4 sich den Gefahren des Muziogambits auszusetzen.

5. 0—0	h7—h6
6. c2—c3	d7—d6
7. Dd1—b3	Dd8—e7
8. d2—d4	c7—c6

Empfehlenswerter ist hier Sc6.

9. Lc1—d2	Sb8—d7
10. Ta1—e1	Sd7—b6
11. Lc4—d3	Lc8—g4
12. a2—a4	Lg4×f3
13. Tf1×f3	Sb6—d7

Der Beginn einer fehlerhaften Kombination. Dc7 war am Platze.

14. Db3×b7	Ta8—b8
15. Db7×c6	Tb8×b2

16. e4—e5!	Tb2×d2?

Vorzuziehen wäre 16. .... de5.

17. Dc6—c8†	De7—d8
18. e5×d6†	Lg7—e5
19. Te1×e5†	Sd7×e5
20. Ld3—b5†	Se5—d7
21. Lb5×d7†	Aufgegeben.

74

Philidors Springerspiel

New York, 1857

Vorgabe des Damespringers

Morphy	D. Julien
1. e2—e4	e7—e5
2. Sg1—f3	d7—d6
3. d2—d4	e5×d4
4. Lf1—c4	c7—c5

4. .... Sc6 sollte geschehen.

5. c2—c3	d4×c3
6. 0—0	Lc8—e6

Auch hier wäre Sc6 besser.

7. Lc4×e6	f7×e6
8. Dd1—b3	Dd8—d7
9. Sf3—g5	e6—e5

10. f2—f4 Sb8—c6
11. f4×e5 Sc6×e5
12. Lc1—f4 Sg8—f6
13. Lf4×e5! . . . .

Dieser Abtausch entscheidet.

13. . . . . d6×e5
14. Ta1—d1 . . . .

Weiß hat jetzt eine prachtvolle Stellung.

14. . . . . Lf8—d6

Die schwarze Partie ist hoffnungslos; auf Dc7 folgt 15. Da4†, Sd7 16. Tf7 usw.

15. Td1×d6!

Morphy läßt seinen Gegner nicht zur Ruhe kommen und attackiert ihn fortwährend; er setzt der feindlichen Dame die tödliche Waffe auf die Brust. Entzieht sich die Dame durch Dd6: dem Verderben, so öffnet sie den Weg zu ihrem König.

15. . . . . Dd7×d6
16. Db3—f7† Ke8—d8
17. Df7×b7 Dd6—d7
18. Db7×a8† Dd7—c8
19. Sg5—f7† Kd8—e7
20. Da8×a7† Sf6—d7
21. Sf7×h8 Dc8×h8
22. Tf1—d1 Dh8—c8
23. b2×c3 Aufgegeben.

Schwarz kann den Abtausch auf d7 und das siegreiche Vordringen der weißen Freibauern nicht mehr abwehren; z. B. 23. . . . . Dc6 24. Kf2, Ke6 25. Dd7†, Dd7: 26. Td7:, Kd7: 27. Kg3!, Kc6 28. Kg4, g6! 29. Kg5, Kb5 30. Kf6, Kc4 31. Ke5:, Kc3: 32. Kd5, c4 33. e5, Kd3 (falls Kb4, so 34. Kd4) 34. e6, c3 35. e7, c2 36. e8D, c1D 37. De4†, Kd2 38. Df4† nebst 39. Dc1† und 40. a4 usw.

75

Springergambit

New York 1857

Vorgabe des Damespringers

	Morphy	Amateur
1.	e2—e4	e7—e5
2.	f2—f4	e5×f4
3.	Sg1—f3	g7—g5
4.	Lf1—c4	g5—g4
5.	d2—d4	g4×f3
6.	0—0	Lf8—h6

Hier wäre d5 der geeignete Gegenzug.

7.	Dd1 × f3	Sb8—c6
8.	Lc4 × f7†	Ke8 × f7
9.	Df3—h5†	Kf7—g7
10.	Lc1 × f4	Lh6 × f4
11	Tf1 × f4	Sg8—h6
12.	Ta1—f1	Dd8—e8
13.	Dh5—h4	d7—d6
14.	Dh4—f6†	Kg7—g8
15.	Df6 × h6	Lc8—d7
16.	Tf4—f3	Sc6—e7
17.	h2—h4	Se7—g6
18.	h4—h5	Ld7—g4
19.	h5 × g6	h7 × g6

Auf Lf3: würde 20. g7 folgen. Nach hg6 ergibt sich folgende Stellung:

Weiß setzt in drei Zügen mat:

20.	Tf3—f8†	De8 × f8
21.	Tf1 × f8†	Ta8 × f8
22.	Dh6 × g6 ‡.	

76

Russisches Springerspiel

New York, 1857

Vorgabe des Damespringers

	Morphy	Amateur
1.	e2—e4	e7—e5
2.	Sg1—f3	Sg8—f6
3.	d2—d4	e5 × d4
4.	e4—e5	Dd8—e7

Erschwert die Entwicklung der Offiziere auf der Königsseite. 4. . . . . Se4 war der richtige Zug.

5.	Lf1—e2	Sf6—e4
6.	0—0	d7—d5
7.	e5 × d6	Se4 × d6
8.	Tf1—e1	Lc8—e6
9.	Lc1—g5	De7—d7
10.	Sf3—e5	Dd7—c8
11.	Le2—h5	Lf8—e7

Die Stellung ist schlecht geworden, und Schwarz kann den materiellen Verlust nicht verhindern.

12.	Lg5 × e7	Ke8 × e7

13.	Se5 × f7	Sd6 × f7
14.	Lh5—g4	Sf7—d8
15.	Dd1 × d4	Th8—g8
16.	Te1 × e6†	Sd8 × e6

17. Ta1—e1 Sb8—c6
18. Dd4—c5† Ke7—f6
19. Dc5—f5† Kf6—e7
20. Te1×e6† und gewinnt.

Die entscheidende Fortsetzung könnte sein 20. .... De6: (falls Kd8, so 21. Dg5† usw.) 21. De6‡, Kf8 22. Df5†, Ke7 23. Dd7†, Kf8 (falls Kf6, so Mat in drei Zügen) 24. Le6, Se5 25. Dc7: usw.

77

Schottisches Gambit

New York, 1857

Vorgabe des Damespringers

Morphy	Amateur
1. e2—e4	e7—e5
2. Sg1—f3	Sb8—c6
3. d2—d4	Sc6×d4
4. Sf3×e5	Sd4—e6
5. Lf1—c4	Sg8—f6

Sehr richtig gespielt; Schwarz beabsichtigt vor allem Entwicklung.

6. Se5×f7 ....

Ein überkühnes Opfer, das sich in der Folge rächt.

6. .... Ke8×f7
7. Lc4×e6† Kf7×e6

Schwarz spielt ängstlich und sieht nicht, daß er auf de6! nach 8. Dd8: durch Lb4† die Dame zurückgewinnt, und bei vereinfachter Stellung den Offizier, den er vorbekommen hat, weiter behalten wird.

8. e4—e5 Lf8—c5
9. 0—0 Sf6—d5

Schwarz ist gar zu ungenügsam. 9. .... d6! war der korrekte Zug.

10. Dd1—g4† Ke6×e5

Besser wäre Kf7; Schwarz versucht aber sein materielles Übergewicht zu behaupten.

11. Lc1—g5 Dd8—f8
12. Ta1—d1 ....

Man beachte, wie hier Weiß seinen Positionsvorteil ohne Übereilung energisch ausbeutet.

12. .... Ke5—d6
13. Dg4—e4 Df8—f7
14. c2—c4 Kd6—c6
15. Td1×d5 Kc6—b6
16. Td5×c5 c7—c6
17. De4—e5 Th8—e8

18. Tc5—b5† Kb6—a6
19. Tb5—a5† Ka6—b6
20. Lg5—e3† c6—c5
21. De5×c5‡.

78

Evansgambit

New York, 1857

Vorgabe des Damespringers

Morphy	Amateur
1. e2—e4	e7—e5
2. Sg1—f3	Sb8—c6
3. Lf1—c4	Lf8—c5
4. b2—b4	Lc5×b4
5. c2—c3	Lb4—c5
6. 0—0	Sg8—f6
7. d2—d4	e5×d4
8. c3×d4	Lc5—b6
9. Lc1—a3	d7—d6
10. e4—e5	Sf6—e4
11. Tf1—e1	d6—d5
12. Lc4—b5	Lc8—g4
13. Ta1—c1	Dd8—d7
14. Dd1—a4	Lg4×f3
15. Tc1×c6	0—0—0
16. e5—e6!	....

Dieses Baueropfer trägt defensiven Charakter und geschieht zur Sicherung des Zuges Tb6:, der sonst an Dg4 scheitern würde.

16.	f7×e6
17. Te6×b6	c7—c6
18. Lb5×c6	b7×c6
19. Da4—a6† und gewinnt.	

79

Springergambit

New York, 1857

Vorgabe des Damespringers

Morphy	Amateur
1. e2—e4	e7—e5
2. f2—f4	e5×f4
3. Sg1—f3	g7—g5
4. Lf1—c4	g5—g4
5. 0—0	g4×f3
6. Dd1×f3	Dd8—f6
7 e4—e5	Df6×e5
8. Lc4×f7†	....

Eine für das Vorgabespiel beachtenswerte Fortsetzung des Angriffs.

8.	Ke8×f7

Sicherer wäre es jedenfalls, den König nach d8 zu ziehen.

9. d2—d4	De5×d4†
10. Lc1—e3	Dd4—f6

Falls Db2:, so 11. Dd5† nebst 12. Ld4!

11. Df3—h5†	Df6—g6
12. Tf1×f4†	Sg8—f6

13. Tf4×f6†	Kf7×f6
14. Le3—d4†	Kf6—e7
15. Ta1—e1†	Ke7—f7
16. Dh5—d5†	Dg6—e6
17. Dd5—f3†	Kf7—e8
18. Df3—h5†	Ke8—d8
19. Te1×e6	d7×e6
20. Ld4×h8 und gewinnt.	

80

Evansgambit

New York, 1857

Vorgabe des Damespringers

Morphy	Amateur
1. e2—e4	e7—e5
2. Sg1—f3	Sb8—c6
3. Lf1—c4	Lf8—c5
4. b2—b4	Lc5×b4
5. c2—c3	Lb4—c5

Bei Springervorgabe, wobei wegen des ungedeckten c-Bauers der Damebauer nicht unmittelbar vorrücken kann, gewährt der Läuferzug auf a5 eine viel bequemere Verteidigung und wäre der gewählten vorzuziehen.

6. 0—0	d7—d6
7. d2—d4	e5×d4
8. c3×d4	Lc5—b6
9. Lc1—b2	Lc8—g4

Richtiger wäre Sa5.

10. Lc4—b5	Lg4—d7
11. d4—d5	Sc6—e5
12. Lb5×d7†	Dd8×d7
13. Lb2×e5	d6×e5
14. Sf3×e5	Dd7—b5

Besser war De7. Interessant ist es, zu sehen, wie Schwarz nach dem kaum merkbar schwachen 9. Zug sich plötzlich in Verluststellung befindet.

15. Ta1—b1	Db5—a5

16. Dd1—g4	Sg8—e7
17. Dg4—d7†	Ke8—f8
18. Tb1—b3	Lb6—d4
19. Se5—f3	Ld4—c5
20. Tf1—c1	c7—c6
21. d5—d6	Lc5×d6
22. Dd7×d6	Ta8—d8
23. Dd6—g3	b7—b6
24. Dg3—c7	Td8—c8
25. Tb3—d3	Tc8—e8
26. Td3—d8	Da5—a6
27. Tc1—d1	Aufgegeben

81

Springergambit

New York, 1857

Vorgabe des Dameturmes

	Morphy	Alph. Perrin
1.	e2—e4	e7—e5
2.	f2—f4	e5 × f4
3.	Sg1—f3	d7—d5
4.	e4 × d5	Dd8 × d5
5.	Sb1—c3	Dd5—e6†
6.	Ke1—f2	De6—f6
7.	Lf1—c4	c7—c6
8.	Sc3—e4	Df6—f5
9.	Th1—e1	Lc8—e6
10.	d2—d4	Lf8—e7
11.	Sf3—g5	....

Morphy manövriert mit viel Geschick; durch den nächsten Zug verblüfft er seinen Gegner so sehr, daß dieser in der schwierigen Stellung den rettenden Ausweg nicht findet.

11.	....	Sb8—d7
12.	Sg5 × f7	....

(S. Diagramm)

Elegant und überraschend! Schwarz verliert die Dame, könnte aber dafür Material genug erhalten.

12.	....	Sg8—f6

Dies verliert sofort; besser war 12. .... Df7: 13. Sd6† (falls 13. Sg5, so Lc4: 14. Sf7:, Lf7: usw.), Ld6:

Stellung nach dem 12. Zuge von Weiß

14. Le6: (auf Te6‡ folgt Se7 oder auch De6:), Df6 usw. Auch Kf7. könnte geschehen, z. B.: 12. .... Kf7: 13. Le6‡, De6: 14. Sg5†, Lg5: 15. Te6:, Ke6: 16 Dg4†, Kf7 usw.

13.	Sf7—d6†	Ke8—f8
14.	Sd6 × f5	Sf6 × e4†
15.	Te1 × e4	Le6 × f5
16.	Dd1—h5	g7—g6
17.	Dh5—h6†	Kf8—e8
18.	Te4 × e7†	Ke8 × e7
19.	Dh6—g7†	Ke7—d6
20.	Lc1 × f4†	Sd7—e5
21.	Lf4 × e5 ‡.	

82

Evansgambit

New York, 1857

Vorgabe des Dameturmes

	Morphy	Amateur
1	e2—e4	e7—e5
2.	Sg1—f3	Sb8—c6
3.	Lf1—c4	Lf8—c5
4.	b2—b4	Lc5 × b4
5.	c2—c3	Lb4—a5

6. d2—d4 e5×d4
7. 0—0 Sg8—f6
8. Lc1—a3 La5—b6?

Ein Fehler; Schwarz ist bereits völlig verloren. 8. . . . . d6 mußte folgen.

9. Dd1—b3 d7—d5
10. e4×d5 Sc6—a5
11. Tf1—e1† Lc8—e6
12. d5×e6 Sa5×b3

(S. Diagramm)

13. e6×f7† Ke8—d7

Die Guillotine ist aufgestellt: der König tritt seinen letzten Weg an.

14. Lc4—e6† Kd7—c6
15. Sf3—e5† Kc6—b5

Stellung nach dem 12. Zuge von Schwarz

16. Le6—c4† Kb5—a5
17. La3—b4† Ka5—a4
18. a2×b3‡.

83

Zweispringerspiel im Nachzug

New York, 1857

Beratungspartie

D. W. Fiske, W. J. A. Fuller, Fr. Perrin — Morphy

1. e2—e4 e7—e5
2. Sg1—f3 Sb8—c6
3. Sf1—c4 Sg8—f6
4. Sf3—g5 . . .

Zwingender als d4, weil dadurch Schwarz zu einem Baueropfer genötigt wird.

4. . . . d7—d5
5. e4×d5 Sc6—a5

Ungünstig wäre Sd5: wegen 6. Sf7: (oder erst noch d4) Kf7: 7. Df3†, Ke6 8. d4 usw.

6. d2—d3 . . . .

Üblicher, aber weniger gut ist hier Lb5†, z. B. 6. Lb5†, c6 7. dc6, bc6 8. Le2, h6 9. Sf3 (beachtenswert ist Sh3!), e4 10. Se5, Dd4! 11. f4, Lc5 12. Tf1, Ld6 13. c3, Dd5 14. b4, Le5:! 15. fe5, De5: 16. ba5, Dh2: 17. La3, Dg3† 18. Tf2, e3 19. de3, Se4 20. Dd4 (20. Da4, Df2‡ 21. Kd1, Df5), Df2‡ 21. Kd1, Dg1† 22. Kc2, Dg2: usw.

Morphy selbst wählte stets die Textfortsetzung; die Konsultierenden lauschten sie ihm ab und bekämpften den Meister mit seinen eigenen Waffen. Die beratende Partei spielt durchgehends fein und kräftig und bringt durch ihren Sieg die Variante zu Ehren.

6. . . . h7—h6
7. Sg5—f3 e5—e4

8. Dd1—e2 Sa5×c4
9. d3×c4 Lf8—c5

Dieser Zug sieht am natürlichsten aus; trotzdem ist er nicht der beste, da Weiß nun durch h3 nicht nur den drohenden Lg4 abwehrt, sondern für seinen Springer gleichzeitig ein Rückzugsfeld öffnet. Für stärker halten wir deshalb Le7!, z. B. 9. .... Le7 10. Se5 (falls Sd2, so Lg4 11. f3, ef3 12. Sf3:, 0—0 13. 0—0, Lc5† usw.) 0—0 11. 0—0, Ld6 12. f4, ef3 13. Sf3:, Te8 usw. Auf 10. Sd4 gewinnt Schwarz durch c6 den Bauern zurück.

10. h2—h3! 0—0
11. Sf3—h2 Sf6—h7

Lebhafter gestaltet sich das Spiel nach b5 z. B. 11. .... b5 12. cb5 (12. Sc3, bc4 13. Dc4:, Dd6 14. Sf1, Lb7.), Sd5: 13. 0—0, f5 14. Dc4, Lb6 15. Sc3, Le6 16. Td1, Dh4 17. Le3 usw. Gegen 11. ... e3 spielt Weiß am besten, wie folgt: 12. Le3:, Le3: 13. fe3, Se4 14. 0—0! Sg3 15. Dd3 usw.

12. Lc1—e3 Lc5—d6
13. 0—0 Dd8—h4

Schwarz hat sein Pulver verschossen.

14. f2—f4 e4×f3
15. Sh2×f3 Dh4—h5
16. Sb1—c3 Tf8—e8
17. De2—f2 Sh7—f6
18. Le3—d4 Sf6—e4
19. Sc3×e4 Te8×e4
20. Ta1—e1 Lc8—f5
21. Te1×e4 ....

Schlecht wäre 21. g4 wegen Dh3: usw.

21. Lf5×e4
22. Sf3—h4! Ta8—f8!

Auf f5? folgt ebenfalls c5 und dann erst Sf5: usw.

23. c4—c5 Ld6—e5
24. Ld4×e5 Dh5×e5
25. c2—c4 g7—g5
26. Sh4—f3 Le4×f3
27. g2×f3 Tf8—e8

Jetzt folgt ein sehr interessantes und schwieriges Endspiel.

28. f3—f4 De5—e3
29. f4×g5 h6×g5
30. Df2×e3 Te8×e3
31. Kg1—g2 Kg8—g7
32. d5—d6 c7×d6
33. c5×d6 Te3—d3
34. c4—c5 Kg7—g6

34. .... a5! hätte den Gewinn außerordentlich erschwert.

35. Tf1—f3 Td3—d2†
36. Kg2—g3 f7—f5

Sofort verderblich wäre Tb2: wegen 37. Td3.

37. Tf3—b3 f5—f4†
38. Kg3—f3 Td2—h2
39. d6—d7 Th2×h3†
40. Kf3—e4 Th3—h8
41. Tb3×b7 Kg6—f6
42. Tb7—c7 Kf6—e7
43. Tc7—c8 Th8—d8
44. Tc8×d8 ...

Hier führt c6 schneller zum Ziele.

44.	....	Ke7×d8
45.	c5—c6	a7—a5
46.	b2—b3	Kd8—e7
47.	a2—a3	Ke7—d8
48.	b3—b4	a5×b4
49.	a3×b4	Aufgegeben.

Blindlingsspiel mit Louis Paulsen und Th. Lichtenhein

84

Vierspringerspiel

New York, 10. Oktober 1857

	Louis Paulsen	Morphy
1.	e2—e4	e7—e5
2.	Sg1—f3	Sb8—c6
3.	Sb1—c3	Lf8—c5
4.	Lf1—b5	d7—d6
5.	d2—d4	e5×d4
6.	Sf3×d4	Lc8—d7
7.	Sd4×c6	b7×c6
8.	Lb5—a4	....

Sehr gut ist auch der Rückzug nach d3.

8.	....	Dd8—f6

Morphy versucht es diesmal anders; sein sonst angewandter Zug Dh4 erscheint ihm nicht mehr plausibel.

9.	0—0	Sg8—e7
10.	Lc1—e3	....

De2 oder Kh1 scheint besser zu sein.

10.	....	Lc5×e3
11.	f2×e3	Df6—h6
12.	Dd1—d3	....

Der schwarze Springer kommt nun mit Tempogewinn nach e5; besser war daher De2.

12.	....	Se7—g6
13.	Ta1—e1	Sg6—e5
14.	Dd3—e2	0—0
15.	h2—h3	Kg8—h8
16.	Sc3—d1	g7—g5
17.	Sd1—f2	Tf8—g8
18.	Sf2—d3	...

Zu spät! Die Tempoverluste rächen sich.

18.	....	g5—g4
19.	Sd3×e5	d6×e5
20.	h3×g4	Ld7×g4
21.	De2—f2	Tg8—g6
22.	Df2×f7	Lg4—e6
23.	Df7×c7	

In dieser Stellung kündigt Morphy Mat in fünf Zügen (durch Tg2† nebst Dh3† usw.) an. Beide Parteien spielten, ohne das Brett zu sehen. Paulsen führte gleichzeitig noch drei andere Blindlingspartien gegen verschiedene Gegner durch.

85

Unregelmäßiges Springerspiel

New York, 20. Oktober 1857

Morphy — Louis Paulsen

1. e2—e4 e7—e5
2. Sg1—f3 d7—d5

Keine gute Antwort. Weiß erlangt nunmehr einen Vorteil. Es zeugt für Morphys außerordentliches Schachtalent, daß er bei der ersten Gelegenheit gleich die richtigste Fortsetzung traf.

3. e4×d5 ....

Viel besser als Se5:, nach dem sich das Spiel nur ausgleichen würde. Z. B. 3. Se5:, de4 4. d4! (Lc4 ist nicht gut wegen Dg5!), Le6 5. Lc4, Lc4: 6. Sc4:, f5 7. 0—0, Sf6 usw.

3. .... e5—e4

In Betracht kommt Dd5: 4. Sc3, Da5 5. d4, ed4.

4. Dd1—e2 f7—f5

Über De7 siehe Partie 233.

5. d2—d3 Lf8—b4†

Dd5: genügt auch nicht, denn Weiß gewinnt entweder mit 6. Sc3, Lb4 7. Ld2, Lc3: 8. Lc3:, Se7 9. de4, fe4 (De4: 10. Lg7:) 10. Sd2, Lf5 11. De3! — oder mit 6. Sd2, Sf6 7. Sg5 usw.

6. c2—c3 Lb4—e7
7. d3×e4 f5×e4
8. De2×e4 ....

Weiß hat jetzt bei vollkommen sicherer Stellung einen Bauern mehr.

8. ... Sg8—f6
9. Lf1—b5†! Lc8—d7

Auf c6 folgt dc6!

10. De4—e2 Sf6×d5
11. Lb5—c4 c7—c6
12. Lc1—g5 Ld7—g4
13. Sb1—d2 Sb8—d7
14. 0—0 Sd7—b6
15. Tf1—e1 Lg4×f3
16. Sd2×f3 Sb6×c4
17. De2×c4 Dd8—c7
18. Lg5×e7 Sd5×e7

19. Te1×e7† ....

Fein und weitberechnet: ein wirklich würdiger Schluß der bisherigen energischen Angriffsführung.

19. .... Dc7×e7

Wenn der König nimmt, könnte folgen 20. Te1†! Kd8 (Kf8 21. Sg5, Te8 22. Se6†, Te6: 23. De6:, Dd8 24. g4!) 21. Se5, Kc8 (Tf8 22. Td1†) 22. Dg4†, Kd8 23. Dg5†, Kc8 24. Df5†, Kb8 25. Sd7†, Kc8 26. Sf8† nebst mat in 5 Zügen.

20. Ta1—e1 De7×e1†
21. Sf3×e1 0—0—0
22. Dc4—g4† Td8—d7
23. Se1—d3 h7—h5
24. Dg4—e6 ...

Eine Übereilung 24. Df5, Th6 25. Se5, Td6 26 g3, Td5 27. De6, Td6 28. Dh3 hätte schnell entschieden

24.	. . .	Th8—h6
25.	De6—e4	Th6—d6
26.	Sd3—e1	Td6—d1
27.	g2—g3	Kc8—d8
28.	De4—e5	Td7—e7
29.	De5—b8†	Kd8—d7
30.	Db8×b7†	Kd7—d6
31.	Db7—b8†	Kd6—d7
32.	Db8×a7†	Kd7—d6
33.	Da7—b8†	Kd6—d7
34.	Kg1—g2	Td1×e1
35.	a2—a4	Te1—a1
36.	Db8—b7†	Kd7—d6
37.	Db7—b4†	Kd6—d7
38.	a4—a5	g7—g6
39.	a5—a6	g6—g5
40.	Db4—b7†	Kd7—d6
41.	Db7—b8†	Kd6—e6
42.	b2—b4	g5—g4
43.	c3—c4	Ke6—f7
44.	Db8—b7†	Kf7—f8
45.	h2—h3	Te7—e1
46.	h3×g4	h5×g4
47.	Db7—c8†	Kf8—e7
48.	Dc8×g4	Te1—g1†
49.	Kg2—f3	Ta1×a6
50.	Dg4—g7†	Ke7—e6
51.	Dg7—c7	Tg1—a1
52.	Kf3—g4	Ta1—a4
53.	Kg4—g5	Ta4—a2
54.	f2—f4	Aufgegeben.

86

Unregelmäßiges Springerspiel

New York, 1857

	Morphy	Louis Paulsen
1.	e2—e4	e7—e5
2.	Sg1—f3	d7—d5
3.	e4×d5	e5—e4
4.	Dd1—e2	Lf8—e7

Schwarz opfert einen Bauer; das Opfer ist jedoch inkorrekt.

5.	De2×e4	Sg8—f6
6.	Lf1—b5†	Lc8—d7
7.	De4—e2	Sf6×d5
8.	Lb5×d7†	Dd8×d7
9.	d2—d4	0—0
10.	0—0	Sb8—c6
11.	c2—c4	Sd5—f6
12.	d4—d5	Sc6—b4
13.	Sf3—e5	. . . .

Das Opfern der Qualität scheint zwar nicht hinreichend begründet, führt jedoch zu einem sehr interessanten Spiel, in dem Schwarz völlig in die Defensive gedrängt wird. Gut und sicher war 13. a3, Sa6 14. b4, Te8 15. Dc2.

13.	. . .	Dd7—f5
14.	Sb1—c3	Sb4—c2

Der Springer verliert einige Tempi. Dies genügt vollkommen, um bei Vorrücken des frei gewordenen gegnerischen Damebauers das schwarze Spiel zu gefährden. — Da Angriffslinien nicht vorhanden sind, kann der Qualitätsvorteil nicht verwertet werden. Schwarz ist daher bestrebt, durch Rückgabe derselben einen Bauer zu gewinnen, wodurch wenigstens das materielle Gleichgewicht hergestellt werden würde.

15.	g2—g4	Sf6 × g4
16.	De2 × g4	Df5 × g4†
17.	Se5 × g4	Sc2 × a1
18.	Lc1—f4	Sa1—c2
19.	Lf4 × c7	Ta8—c8
20.	d5—d6	Le7—d8
21.	Sc3—d5	Kg8—h8
22.	Tf1—d1	Ld8 × c7
23.	Sd5 × c7	Tf8—d8
24.	a2—a3	Kh8—g8

Falls Tc7:, so 25. dc7, Td1†; 26. Kg2 und gewinnt.

25.	c4—c5	....

Konsequenter wäre, durch 25. Kf1 den feindlichen Springer zu bedrohen.

25.	....	f7—f6
26.	Td1—d2	Sc2—e1
27.	Kg1—f1	....

Mehr Aussicht bot 27. Te2, Sf3 28. Kg2, Sd4 29. Te7, Sc6 30. Se3!†

27.	....	Se1—f3
28.	Td2—d3	Sf3—g5
29.	b2—b4	Td8—d7
30.	f2—f4	Sg5—f7
31.	Sg4—e3	Sf7—h6
32.	b4—b5	Kg8—f7
33.	Kf1—e2	g7—g6
34.	a3—a4	Sh6—g8
35.	Se3—c4	Sg8—e7
36.	b5—b6	a7 × b6
37.	Sc4 × b6	Tc8 × c7
38.	Sb6 × d7	Tc7 × d7
39.	d6 × e7	Kf7 × e7
40.	Td3—e3†	Ke7—f7
41.	Te3—b3	Kf7—e6
42.	Tb3—b6†	Ke6—d5
43.	Tb6 × f6	Kd5 × c5
44.	f4—f5	g6 × f5
45.	Tf6 × f5†	Kc5—b4
46.	a4—a5	Td7—c7
47.	Tf5—h5	Kb4—c4
48.	Ke2—e3	Kc4—b4
49.	h2—h4	Tc7—c3†
50.	Ke3—d4	

Remis gegeben.

Diese und die vorhergehende Partie sind gelegentlich eines Ausfluges nach High Bridge von beiden Meistern blindlings gespielt worden.

87

Springergambit

New York, 19. November 1857, im Denis Hotel.

	Morphy	Th. Lichtenhein
1.	e2—e4	e7—e5
2.	f2—f4	e5 × f4
3.	Sg1—f3	d7—d5
4.	e4 × d5	Lf8—e7

Richtiger ist hier 4. .... Dd5: oder 4. .... Ld6. Schwarz lenkt nachträglich und zwar nicht zu seinem Vorteil in die Verteidigung des Cunningham-Gambits ein.

5. Lf1—b5† c7—c6
6. d5×c6 b7×c6
7. Lb5—c4 Le7—h4†
8. g2—g3 ....

Ein etwas weniger lebhafteres aber sicheres Spiel gibt 8. Kf1.

8. .... f4×g3
9. 0—0 g3×h2†
10. Kg1—h1 ....

Der weiße König wird durch den Bauer des Partners viel besser gedeckt, als dies durch den eigenen geschehen könnte. In dieser Stellung ist der Angriff der Türme unwirksam und nur Diagonale beherrschende Offiziere könnten gefährlich werden. Für den Angriff derselben bietet sich jedoch keine Gelegenheit, da Schwarz beinahe gänzlich auf die Defensive angewiesen ist.

10. .... Lh4—f6
11. Sf3—e5 Sg8—h6

Auf 11. .... Le5: folgt 12. Dh5 usw.

12. d2—d4 Lf6×e5
13. Dd1—h5 Dd8×d4
14. Lc4×f7† Sh6×f7
15. Dh5×f7† Ke8—d8

16. Lc1—g5† ....

Man beachte, daß Morphy spielt, ohne das Brett zu sehen, ohne daß dadurch die Sicherheit und Eleganz seiner gewohnten Spielentwicklung in irgendeiner Weise beeinträchtigt wird. Bewunderungswürdig ist die Tiefe seiner Kombination; viele Andere hätten hier „sehend“ die scheinbar vernichtende Springerentwickelung (Sc3) vorgezogen — und die Partie verloren, z. B. 16. Sc3, Lg4! 17. Lg5† (falls 17. Db7?, so Lf3† nebst 18. ... Dg1‡) Kc8 usw.

16. .... Le5—f6
17. Sb1—c3 Lc8—d7

Eine bessere Verteidigung bot hier Lg5:, z. B. 17. .... Lg5: 18. Tad1, Ld2 19. Tf2, Lc3: 20. Td4‡, Ld4: 21. Td2, c5 22. c3 (schlecht ist 22. Dd5† wegen Kc7 nebst 23. .... Lb7), Sd7 23. cd4, cd4 24. Td4:, Tc8 25. Dg7:, Lb7† 26. Kh2:, Te7 27. Dg5, Tc8 28. Td2?, Tc6 29. Te2, Th6 usw. Weiß könnte bei bestem Spiele kaum mehr als Remis erhoffen.

18. Tf1×f6 ....

Früher war dieser Zug wegen Dg1‡ nicht möglich.

18. .... Kd8—c7
19. Lg5—f4† Kc7—b7
20. Tf6—d6 Dd4—c5
21. Sc3—e4 ....

Stärker als das sofortige Wegnehmen des Läufers.

21. .... Dc5×c2
22. Td6×d7† Sb8×d7
23. Df7×d7† Kb7—a6
24. Se4—d6 Th8—d8
25. Dd7—b7† Ka6—a5
26. Lf4—d2† Dc2×d2
27. Sd6—c4† Ka5—a4
28. b2—b3‡

4
New Orleans, 1857—1858

Mit wahrhaft überschwänglicher Begeisterung wurde der in seine Vaterstadt heimkehrende jugendliche Heros empfangen. — Wie natürlich, bildete er den Mittelpunkt des dortigen, regen Schachlebens, und das Vertrauen seiner zahlreichen Bewunderer ging so weit, daß auf ihr Betreiben Morphy den englischen Kämpen Howard Staunton, der nach seinem Siege über St. Amant als der stärkste Meister Europas galt, zu einem Wettspiele herausforderte. — Es entspann sich deshalb eine langwierige Korrespondenz, als deren Endergebnis Staunton erklärte, daß er im Prinzip mit dem Wettkampfe wohl einverstanden sei, jedoch einen festen Zeitpunkt für denselben nicht bestimmen könne, da Mangel an Übung und geschäftliche Überbürdung ihm dies nicht gestatteten. Bei dieser Gelegenheit muß übrigens festgestellt werden, daß damals die Glanzzeit Stauntons schon ihr Ende erreicht hatte (wie dies das 1851er Londoner und 1858er Birminghamer Turnier beweisen). Es ist auch in Wirklichkeit nie zu einem Match Morphy-Staunton gekommen, da der Engländer nach der Niederlage Löwenthals gegen Morphy zu einem Kampfe überhaupt nicht mehr zu bewegen war.

Bis zur Erledigung dieser umständlichen und resultatslosen Korrespondenz hielt sich der Meister in New Orleans auf, wo er mit allen Klubmitgliedern, besonders mit seinem Jugendfreund Ch. A. Maurian, beinahe täglich Vorgabepartien wechselte; außerdem bildete er sich während dieser Zeit im Blindspielen weiter aus. Dazu dürfte ihn vor allem der Gedanke bewogen haben, Louis Paulsen, den Gewinner des zweiten Preises im New Yorker Turnier, hierin zu überbieten.

Mit drei Blindspielen beginnend, brachte er es, ohne sich anzustrengen, bald auf sechs, welche er ohne Stockung oder Gedächtnisfehler tadellos durchführte.

Von dem Ehrgeize getrieben, sich mit ebenbürtigen Gegnern zu messen, war ihm das tatenlose Leben zu New Orleans nachgerade unerträglich geworden, und so entschloß er sich, von seinen Freunden in dieser Absicht bestärkt, die Meister der alten Welt an Ort und Stelle aufzusuchen und ihnen den Entscheidungskampf um die Weltmeisterschaft anzubieten, ein Entschluß, der noch im Sommer 1858 von ihm ausgeführt wurde.

Vorgabepartien

88

Springergambit

New Orleans, 1857

Vorgabe des Damespringers

Morphy	Ch. A. Maurian
1. e2—e4	e7—e5
2. f2—f4	e5×f4
3. Sg1—f3	g7—g5
4. Lf1—c4	g5—g4

Die Annahme des Müzio-Gambits erfordert eine sehr genaue Kenntnis der Theorie. Bei Springervorgabe ist — wegen des raschen Eingreifens des Dameturmes — der Angriff noch gefährlicher, weshalb die alte Verteidigung (Lg7) ratsamer wäre.

5. d2—d4	g4×f3
6. Dd1×f3	d7—d5
7. Lc4×d5	c7—c6

Besser wäre Sf6.

8. Ld5×f7†	Ke8×f7
9. Df3—h5†	Kf7—g7
10. Lc1×f4	Lf8—e7

Durch Sf6! 11. Le5, Sbd7 12 Dg5†, Kf7 13. 0—0, Tg8 14. Dh5†, Tg6 15. Dh7† (auch 15. Lf6:, Sf6: 16. Tf6‡, Kf6:) Lg7 usw. hätte Schwarz seine materielle Übermacht zur Geltung bringen können.

11. 0—0	Dd8×d4†
12. Kg1—h1	Dd4×e4
13. Ta1—e1	De4—g6

14. Te1×e7†	Kg7—f8
15. Lf4—d6†	Aufgegeben.

Das Mat ist unabwendbar; auf Sf6 z. B. folgt Tf6‡ usw.

89

Russisches Springerspiel

New Orleans, 1858

Vorgabe des Damespringers

Morphy	Ch. A. Maurian
1. e2—e4	e7—e5
2. Sg1—f3	Sg8—f6
3. Sf3×e5	d7—d6
4. Se5×f7	Ke8×f7
5. Lf1—c4†	Lc8—e6

Sehr stark ist hier 5. .... d5 6. ed5, Ld6 usw.

6. Lc4×e6†	Kf7×e6
7. d2—d4	Lf8—e7
8. 0—0	Th8—f8
9. Dd1—d3	Ke6—f7
10. Dd3—b3†	d6—d5
11. e4—e5	Sb8—d7!

Hier trifft Schwarz den Nagel auf den Kopf.

12. Db3×b7	....

Auch nach 12. ef6, Sf6: 13. Db7:, Kg8 usw. hätte Weiß keine bessere Chance.

12.	Ta8—b8
13. Db7×a7	Sf6—e4
14. f2—f3	Se4—g5
15. Lc1×g5	Le7×g5
16. f3—f4	Lg5—e7
17. Da7—a6	Tb8—b6
18. Da6—e2	g7—g6
19. c2—c4	Sd7—b8
20. c4—c5	Tb6—b4
21. f4—f5	g6×f5
22. Tf1×f5†	Kf7—g8
23. De2—g4†	Kg8—h8
24. Tf5×f8†	Dd8×f8
25. Dg4—e6	Tb4×d4
26. Ta1—f1	Df8—e8
27. Kg1—h1	....

27. Tf7 darf wegen Td1† nebst 28. .... Lc5‡ usw. nicht geschehen.

27.	Td4—d2
28. De6—h6	De8—f7

Ein überraschend eleganter Zug, den man von einem Vorgabenehmenden nicht erwarten sollte.

29. Tf1—g1	Df7—f2

Energischer war Tb2:.

30. b2—b4	Td2—d4
31. Dh6—e6	Df2—f8
32. a2—a3	c7—c6
33. h2—h3	Td4—f4
34. Kh1—h2	Tf4—f2
35. Kh2—h1	Tf2—f1
36. De6—g4	....

Morphy wehrt sich mit bewunderungswürdiger Zähigkeit; Schwarz muß sich das Terrain Schritt für Schritt erobern.

36.	Sb8—a6
37. Tg1×f1	Df8×f1†
38. Kh1—h2	Df1—f8
39. Dg4—e6	Le7—h4
40. De6×c6	Df8—f4†
41. Kh2—h1	Df4×e5
42. Dc6—c8†	Kh8—g7
43. Dc8—d7†	De5—e7
44. Dd7—g4†	Kg7—h6
45. g2—g3	Lh4—f6
46. Kh1—h2	De7—e4
47. Dg4—d1	d5—d4
48. Dd1—f1	Kh6—g7
49. Df1×a6	d4—d3
50. Da6—a7†	Kg7—g6
51. h3—h4	De4—e2†
52. Kh2—h3	d3—d2
53. g3—g4	d2—d1D

Aufgegeben.

90

Springergambit

New Orleans, 1858

Vorgabe des Damespringers

Morphy	Ch. A. Maurian
1. e2—e4	e7—e5
2. f2—f4	e5×f4
3. Sg1—f3	d7—d5!

Bei Springervorgabe ist dies die beste Erwiderung.

4. e4×d5	Dd8×d5
5. Lf1—e2	Sg8—f6
6. 0—0	Lf8—e7
7. d2—d4	0—0
8. Lc1×f4	c7—c6

Sehr gut wäre hier c5, z. B. 8. . . . . c5 9. c4, Df5 10. Lb8:, Tb8: 11. d5, Ld6 usw.

9. c2—c4	Dd5—d8
10. Dd1—c2	Lc8—g4
11. Ta1—d1	Lg4—h5
12. Sf3—e5	Lh5—g6
13. Dc2—b3	Dd8—b6
14. Db3—h3	Sb8—a6

Die Dame konnte hier den b-Bauer ohne Gefahr schlagen. Jetzt kommt Schwarz in Bedrängnis.

15. c4—c5	Db6—d8
16. Le2×a6	b7×a6
17. Se5×c6	Dd8—e8
18. Sc6×e7†	De8×e7
19. Lf4—d6	De7—e6
20. Ld6×f8	. . . .

Sehr richtig gespielt; nach 20. De6:, fe6 21. Lf8:, Kf8: usw. hätte Weiß viel weniger Aussicht, die Partie zu retten.

20.	De6×h3
21. g2×h3	Kg8×f8
22. d4—d5	Ta8—d8
23. c5—c6	. . . .

In Betracht käme d6.

23.	Td8×d5
24. c6—c7	Td5—g5†
25. Kg1—f2	Tg5—f5†
26. Kf2—e3	. . . .

Durch 26. Kg2, Tg5† 27. Kf2, Tf5† usw. hätte Weiß Remis erzielt.

26.	Tf5—e5†
27. Ke3—d4	Te5—e8

28. Kd4—c4?	. . . .

Warum nicht Kc5!? z. B. 28. Kc5! Ke7 (auf Le4 folgt 29. Td8, Lb7 30. Tc1!), 29. Tfe1†, Le4 30. Te4‡, Se4‡ 31. Kc6 usw.

28.	Kf8—e7
29. Tf1—e1†	Lg6—e4
30. Kc4—c5	. . . .

Durch 30. Td4 hätte Weiß zwar gegen einen Turm die beiden leichten Offiziere von Schwarz gewinnen, dann aber wegen des Übergewichtes der Bauern des Gegners die Partie auf die Dauer nicht mehr halten können.

30.	Te8—c8

31. Tc1×e4† Sf6×e4†
32. Kc5—c6 Se4—c5!

Durch diesen feinen Zug sichert sich Schwarz den Gewinn.

33. b2—b4 Sc5—e6
34. Td1—d7† Ke7—f6

Einfacher war Ke8 nebst Tc7!

35. a2—a4 Tc8×c7!
36. Td7×c7 Se6×c7
37. Kc6×c7 Kf6—e6!
38. b4—b5 a6×b5
39. a4×b5 f7—f5
40. Kc7—b7 f5—f4
41. Kb7×a7 f4—f3
42. b5—b6 f3—f2
43. b6—b7 f2—f1D
44. b7—b8D Df1—a1†

und gewinnt.

Z. B. 45. Kb7, Db2† 46. Ka7, Db8‡ 47. Kb8:, Kf6 48. Kc7, Kg5 49. Kd6, Kh4 50. Ke7, Kh3: 51. Kf7, g5 52. Kf6!, h6! 53. Kf5, Kh2: 54. Kg4, Kg2 55. Kh5, Kh3 56. Kh6:, g4 usw.

91

Springergambit

New Orleans, 1858

Vorgabe von Anzug und Springer b8

Ch. A. Maurian — Morphy

1. e2—e4 e7—e5
2. f2—f4 e5×f4
3. Sg1—f3 g7—g5
4. h2—h4 g5—g4
5. Sf3—e5 Sg8—f6
6. Lf1—c4 d7—d5
7. Lc4×d5 ....

Besser wäre der theoretische Zug ed5. Weiß trachtet aber danach, möglichst den Abtausch herbeizuführen.

7. .... Sf6×d5
8. e4×d5 f4—f3
9. 0—0 ....

9. gf3 lag näher.

9. .... Dd8×h4
10. d2—d4 f3—f2†
11. Tf1×f2 g4—g3
12. Tf2—f4 Dh4—h2†
13. Kg1—f1 Dh2—h1†
14. Kf1—e2 Dh1×g2†
15. Ke2—d3 Dg2—h3
16. Dd1—e1 Lc8—f5†
17. Kd3—c4 0—0—0
18. De1—a5 ....

Falls 18. Sf7:, so könnte folgen g2 19. Le3, Te8 20. Se5, Lh6 21. Tf5:, Df5: 22. Lh6:, Df1† usw. Der richtige Zug war 18. Tf3.

18. .... a7—a6
19. Sb1—c3 Lf5×c2
20. Tf4×f7 Lf8—d6
21. Sc3—b5 a6×b5†
22. Kc4×b5 Kc8—b8
23. Lc1—g5 ....

Der Angriff durch 23. Sc6†, bc6 24. Kc6: wäre wegen Dc8! erfolglos.

23. .... Ld6×e5
24. Lg5×d8 Th8×d8
25. Da5—c3 Td8×d5†
26. Kb5—c4 Td5×d4†
27. Dc3×d4 Dh3—e6‡
28. Dd4—d5 Lc2—d3†

und gewinnt.

92

Läufergambit

New Orleans, 1858

Vorgabe des Dameturmes

	Morphy	Ch. A. Maurian
1.	e2—e4	e7—e5
2.	f2—f4	e5×f4
3.	Lf1—c4	Dd8—h4†
4.	Ke1—f1	b7—b5

Diese sogen. Kieseritzkysche Verteidigung ist bei Vorgabepartien sehr zu empfehlen.

5.	Lc4—b3	Sg8—f6
6.	Sg1—f3	Dh4—h6
7.	Sf3—e5	d7—d5
8.	Sb1—c3	Lf8—d6
9.	d2—d4	Sf6×e4

Schwarz macht unnötigerweise die Stellung verwickelt. Das war um so weniger ratsam, als er nachher — wie es auch hier geschieht — unfähig ist, diese Komplikation zu beherrschen. 9. .... 0—0 war richtiger.

10.	Sc3×e4	Ld6×e5
11.	Lb3×d5	c7—c6
12.	d4×e5	c6×d5
13.	Sc4—d6†	Ke8—d7
14.	Dd1×d5	Kd7—c7

Hier mußte unbedingt 14. ... De6! folgen, z. B. 15. Da8:, Sc6! 16. Lf4:, Td8 17. Sc8:, Kc7! usw.

15.	c2—c4!	....

Ein klassisches Beispiel der Sicherung des Angriffs durch vorausgehende Bauernzüge.

15.	....	Dh6—e6
16.	Dd5×a8	Sb8—c6
17.	c4×b5	De6—d5
18.	Da8×c6†	Dd5×c6
19.	b5×c6	Kc7×c6
20.	Lc1×f4	Th8—d8
21.	Kf1—f2	Lc8—e6
22.	Th1—c1†	Kc6—b6
23.	Lf4—e3†	Kb6—a6

24.	Tc1—c6†	Ka6—a5
25.	Le3—d2†	Ka5—a4
26.	Tc6—a6 ‡.	

93

Läufergambit

New Orleans, 1858

Vorgabe des Dameturmes

	Morphy	Ch. A. Maurian
1.	e2—e4	e7—e5
2.	f2—f4	e5×f4
3.	Lf1—c4	Dd8—h4†
4.	Ke1—f1	b7—b5
5.	Lc4—b3	Sg8—f6

6. Sg1—f3 Dh4—h6
7. d2—d4 Lf8—e7
8. e4—e5 Sf6—h5
9. Kf1—f2 g7—g5
10. g2—g4 ....

Eine geistreiche Behauptung des Angriffes.

10. .... Sh5—g7

Durch fg3† 11. hg3, Dg6 usw. würde sich Schwarz besser aus seiner gedrückten Lage befreien können.

11. h2—h4 Dh6—g6

Etwas besser wäre gh4!

12. h4×g5 Le7×g5
13. Sf3×g5 Dg6×g5
14. Dd1—f3 ....

Infolge der geöffneten Angriffslinien ist Weiß nunmehr Herr der Partie.

14. .... Sb8—c6
15. Lc1×f4 Sc6×d4

(S. Diagramm)

16. Lb3×f7† Ke8—f8

Falls Kf7:, so 17. Dd5† nebst 18. Lg5:.

Stellung nach dem 15. Zuge von Schwarz

17. Df3—e4 Dg5×g4
18. Lf7—d5 Dg4—e2†
19. De4×e2 Sd4×e2
20. Lf4—h6! c7—c6
21. Th1—f1 Lc8—a6
22. Kf2—e3† Kf8—e7
23. Lh6—g5† Ke7—e8
24. Ld5—f7† Ke8—f8
25. Ke3×e2 b5—b4†
26. Lf7—c4† Aufgegeben.

94

Evansgambit

New Orleans, Januar 1858

Vorgabe des Dameturmes

	Morphy	Ch. A. Maurian
1.	e2—e4	e7—e5
2.	Sg1—f3	Sb8—c6
3.	Lf1—c4	Lf8—c5
4.	b2—b4	Lc5×b4
5.	c2—c3	Lb4—a5
6.	d2—d4	e5×d4
7.	0—0	d4—d3
8.	Dd1—b3	Dd8—f6
9.	e4—e5	Df6—g6
10.	Tf1—e1	b7—b6

Die Entwicklung der Figuren durch Sge7 usw. wäre vorzuziehen.

11. Lc1—a3 Lc8—b7
12. Lc4×f7† ....

Morphy nimmt die erste Chance wahr.

12. .... Dg6×f7
13. e5—e6 Df7—f5
14. Sf3—h4 Df5—h5
15. e6×d7† Ke8×d7
16. Db3—e6† Kd7—d8

17. Sh4—f5	Sg8—f6
18. La3—e7†	Sc6×e7
19. De6×e7†	Kd8—c8
20. De7×g7	....

Morphy stellt die sinnreichesten Versuche an, um seinen Gegner zu bedrängen und in Verlegenheit zu setzen, doch scheitern alle seine Angriffe an der Unzulänglichkeit der materiellen Mittel.

20. .... Th8—e8

21. Sf5—e7†	Te8×e7
22. Dg7×e7	Dh5—e8!

Schwarz gibt eine Figur zurück, um den Abtausch der Damen zu erzwingen.

23. De7×e8†	Sf6×e8
24. Te1×e8†	Kc8—d7
25. Te8—e3	Lb7—a6
26. f2—f4	Ta8—e8
27. Kg1—f2	Te8×e3
28. Kf2×e3	Kd7—e6
29. g2—g4	c7—c5
30. Ke3—e4	d3—d2

Das Preisgeben des gewichtigen Bauers befreit den schwarzen Läufer aus seiner Untätigkeit. Morphy wird mit seinen eigenen Waffen von dem Jugendfreunde geschlagen, der das Spiel des jugendlichen Meisters kennen zu lernen reiche Gelegenheit gehabt hatte.

31. Sb1×d2	La5×c3
32. Sd2—b3	La6—f1
33. h2—h4	a7—a5
34. a2—a4	Lf1—c4
35. Sb3—c1	Lc3—d2

Aufgegeben.

95

Läuferspiel

New Orleans, 1858

Vorgabe des Dameturmes

Morphy	Amateur
1. e2—e4	e7—e5
2. Lf1—c4	Lf8—c5
3. d2—d4	....

Morphy versucht in den Vorgabespielen alle gambitartigen Eröffnungen.

3.	e5×d4
4. Sg1—f3	....

Der Vorgebende vermeidet die Kombination 4. Lf7†, Kf7: 5. Dh5†, g6 6. Dc5: usw. erstens, um einen Abtausch nicht herbeizuführen, zweitens weil er mit Recht den eigenen Angriffsläufer höher taxiert.

4.	b7—b5

5. Lc4--b3 d7--d6
6. Sf3--g5 Sg8--h6
7. 0--0 0--0
8. f2--f4 a7--a5
9. f4--f5 Dd8--f6
10. Dg1--h5 a5--a4
11. Lb3--d5 c7--c6

12. Sg5×h7 Kg8×h7
13. Lc1--g5 Df6--e5
14. Sb1--d2 c6×d5
15. Sd2--f3 De5--e8

Vorzuziehen wäre 15. . . . . De4: 16. Lh6:, Df5:! (nach Kg8 ist die Partie nur remis durch 17. Lg7:, De3† 18. Kh1, Kg7: 19. Dg4†, Kf6 20. Dh4†, Kf5: 21. Se5†, Ke5: 22. Df6†, Ke4 23. Dh4† usw.), 17. Sg5†, Kg8 18. Tf5:, Lf5: und gewinnt.

16. f5--f6! . . . .

Natürlich nicht Lh6: wegen f6!

16. . . . . Lc8--g4
17. Dh5--h4 Lg4×f3
18. f6×g7 d4--d3†
19. Kg1--h1 Lf3×g2†
20. Kh1×g2 Kh7×g7
21. Lg5×h6† Kg7--h7
22. Lh6×f8† Kh7--g8
23. Lf8--e7 Sb8--c6
24. Dh4--g5† Kg8--h7
25. Tf1--f4 und gewinnt.

96

Zweispringerspiel im Nachzug

New Orleans, 1858

Vorgabe des Dameturmes

Morphy	Amateur
1. e2--e4	e7--e5
2. Sg1--f3	Sb8--c6
3. Lf1--c4	Sg8--f6
4. Sf3--g5	d7--d5
5. e4×d5	Sf6×d5
6. Sg5×f7	Ke8×f7
7. Dd1--f3†	Kf7--e6
8. Sb1--c3	Sc6--d4

Die theoretischen Züge sind hier 8. . . . . Se7! und 8. . . . . Sb4. Der Textzug reicht aber auch.

9. Lc4×d5† Ke6--d6
10. Df3--f7 Lc8--e6

Ein unglücklicher Gedanke: es drohte allerdings Mat durch Se4, aber das wäre einfacher mit De7 zu parieren gewesen.

11. Ld5×e6 Sd4×e6
12. Sc3—e4† Kd6—d5
13. c2—c4† Kd5×e4
14. Df7×e6 Dd8—d4

Auf Dd3 antwortet Schwarz mit Dg4‡.

15. De6—g4† ....

Nun folgt eine komische Jagd auf den König.

15. .... Ke4—d3
16. Dg4—e2† Kd3—c2
17. d2—d3† Kc2×c1

Falls 17. .... Kb1, so 18. 0—0, Ka2: 19. Dc2 usw.

18. 0—0‡

Eine drastische Matstellung.

97

Abgelehntes Königsgambit

New Orleans, 1858

Vorgabe des Damespringers

Morphy — T. S. Worrall

1. e2—e4 e7—e5
2. f2—f4 d7—d5

Alle theoretischen Varianten, die einen Gegenangriff bezwecken, sind dem Vorgebenden recht unangenehm.

3. e4×d5 e5—e4
4. Lf1—c4 Lf8—d6
5. Sg1—e2 Lc8—g4
6. 0—0 f7—f5
7. d2—d4 Sg8—f6
8. h2—h4 Lg4×e2
9. Dd1×e2 0—0
10. Lc4—b3 Kg8—h8
11. c2—c4 c7—c5
12. d5×c6 Sb8×c6

Besser scheint 12. .... bc6 zu sein; der starke Freibauer übt in der Folge einen unangenehmen Druck auf die gegnerische Partie aus.

13. Lc1—e3 Ld6—c7
14. Ta1—d1 Lc7—b6
15. c4—c5 Lb6—c7
16. d4—d5 Sc6—a5
17. d5—d6 Lc7—b8
18. Lb3—e6 Sa5—c6
19. Le6×f5 a7—a5
20. g2—g4 Sc6—b4
21. a2—a3 Sb4—d5
22. g4—g5 Sd5×e3
23. De2×e3 Sf6—h5
24. Lf5—g4 g7—g6

25. f4—f5 ....

Auch 25. Lh5:, gh5 26. De4:, Dc8 27. De5†, Kg8 28. f5 usw. hätte genügt.

25. . . . . b7—b6
26. Dc4—d4† Sh5—g7

Falls Kg8, so 27. Dd5† mit Tempogewinn.

27. f5—f6 Tf8—f7
28. f6×g7† Tf7×g7
29. Tf1—f7 Aufgegeben.

98

Evansgambit

New Orleans, 1858

Vorgabe des Damespringers

	Morphy	T. S. Worrall
1.	e2—e4	e7—e5
2.	Sg1—f3	Sb8—c6
3.	Lf1—c4	Lf8—c5
4.	b2—b4	Lc5×b4
5.	c2—c3	Lb4—e7

Von der Theorie abweichende Züge gereichen meist zum Nachteil. Hier hätte Schwarz den theoretischen Zug La5 oder Lc5 wählen müssen.

6.	d2—d4	Sg8—f6
7.	d4×e5	Sf6—g4
8.	0—0	Sg4×e5
9.	Sf3×e5	Sc6×e5
10.	Lc4—b3	0—0
11.	f2—f4	Le7—c5†
12.	Kg1—h1	Se5—g6

Viel einfacher und natürlicher war Sc6.

13.	f4—f5	Sg6—e5
14.	f5—f6	. . . .

Weiß nimmt die einzige Chance wahr.

14.	. . . .	g7×f6
15.	Lc1—h6	d7—d6
16.	Dd1—e1	Lc8—e6
17.	De1—g3†	Se5—g6
18.	h2—h4	Kg8—h8
19.	h4—h5	Tf8—g8
20.	h5×g6	Tg8×g6
21.	Dg3—h4	. . . .

21. . . . . Le6×b3

Worrall spielt bis zu diesem Zuge recht gut; hier verpaßt er aber den richtigen Zug f5! z. B. 21. . . . . f5 22. Dh5 (22. Dd8†, Td8: 23. Ld2, fe4), Df6 23. Ld2 (23. Lf4, Tg4 24. g3, Dg6), De5 24. ef5, Lb3: 25. Tae1, Dd5 26. Dh3, T6g8 27. ab3, Dd2: 28. Te7, Taf8 29. Tc7: Tg5 39. Te7, d5 31. T7e1, Tfg8 usw.

22.	a2×b3	Dd8—e7
23.	Tf1—f5	Ta8—e8
24.	Ta1—e1	Te8—g8
25.	Tf5—h5	Tg6×g2
26.	Lh6—g5	Tg8—g7
27.	Lg5×f6	Aufgegeben.

99

Unregelmäßige Eröffnung

New Orleans, 1858

Vorgabe des Damespringers

	Morphy	T. S. Worrall
1.	e2—e4	d7—d6
2.	f2—f4	Sb8—c6
3.	Sg1—f3	Lc8—g4
4.	c2—c3	Lg4×f3
5.	Dd1×f3	e7—e5
6.	Lf1—c4	Sg8—f6
7.	b2—b4	a7—a6
8.	d2—d3	Lf8—e7

Besser ist hier 8. . . . . ef4! nebst 9. . . . . Se5.

9.	f4—f5	0—0
10.	g2—g4	b7—b5?
11.	Lc4—b3	Sf6—e8
12.	h2—h4	Kg8—h8

Im Falle 12. . . . Lb4:, so würde Weiß durch 13. Ld5, Dd7 14. g5 usw. den Läufer erobern.

13.	g4—g5	f7—f6

Schwarz kann sich nicht rühren.

14.	Df3—h5	d6—d5
15.	g5—g6	h7—h6
16.	Lc1×h6	Aufgegeben.

100

Französische Eröffnung

New Orleans, 1858

Vorgabe des Damespringers

	Morphy	T. S. Worrall
1.	e2—e4	e7—e6
2.	f2—f4	d7—d5
3.	e4—e5	Sb8—c6

Die Resultate der bisherigen Spiele verursachten, daß Worrall sich nicht mehr an offene Spieleröffnungen traute. Die geschlossenen versteht er aber im Grunde auch nicht richtig zu behandeln und verliert wiederum. Der Springer darf den c-Bauer nicht verstellen; 3. . . . . c5, nebst 4. Sc6 war die geeignete Fortsetzung.

4.	d2—d4	Sg8—h6
5.	Sg1—f3	Lf8—e7
6.	c2—c3	f7—f6
7.	Lf1—d3	0—0
8.	0—0	Dd8—e8
9.	h2—h3	De8—h5
10.	Dd1—e1	Lc8—d7
11.	Lc1—d2	Ta8—e8
12.	De1—g3	f6—f5
13.	Ta1—e1	Kg8—h8
14.	Ld3—e2	Dh5—g6
15.	Dg3—h2	Sc6—d8
16.	Kg1—h1	a7—a6
17.	b2—b3	b7—b6
18.	Tf1—g1	Dg6—f7
19.	g2—g4	c7—c5
20.	g4—g5	Sh6—g8
21.	h3—h4	g7—g6
22.	h4—h5	Df7—g7

Während Weiß alle seine Figuren wohl geordnet und gut aufgestellt hat, macht Schwarz die unglaublichsten Züge und steht nun beinahe mit allen Figuren Pat.

23. Sf3—h4 c5 × d4

(S. Diagramm)

Stellung nach dem 23. Zuge von Schwarz

24. Sh4 × g6† ....

Morphy beendet das Spiel in seinem energischen Stile.

24. .... h7 × g6
25. h5 × g6† Sg8—h6
26. g5 × h6 Dg7—g8
27. g6—g7† Kh8—h7
28. Le2—h5 Aufgegeben.

Blindlingsspiele

101

Evansgambit

New Orleans, 1858

Aus vier gleichzeitigen Blindlingsspielen

	Morphy	Amateur
1.	e2—e4	e7—e5
2.	Sg1—f3	Sb8—c6
3.	Lf1—c4	Lf8—c5
4.	b2—b4	Lc5 × b4
5.	c2—c3	Lb4—a5
6.	d2—d4	e5 × d4
7.	0—0	h7—h6

Ein Anfängerzug!

8.	Dd1—b3	Dd8—f6
9.	e4—e5	Df6—g6
10.	c3 × d4	Sg8—e7
11.	d4—d5	Sc6—d8
12.	d5—d6	....

Morphy bietet abermals einen Bauer an, um die Stellung des Gegners völlig einzuengen.

12. .... Se7—c6

Schwarz sollte den Bauer nehmen. Schlechter wäre er keinesfalls daran.

13. Lc1—a3 Sd8—e6
14. Lc4 × e6 f7 × e6

Schwächt die schwarze Königsstellung. Besser war 14. .... De6: oder de6.

15.	d6 × c7	La5 × c7
16.	Sb1—c3	a7—a6
17.	Ta1—d1	Sc6 × e5
18.	Sf3 × e5	Lc7 × e5
19.	f2—f4	Le5 × c3

Auf 19. .... Lc7 könnte 20. f5 folgen.

20. Db3 × c3 Dg6—f6
21. Dc3—c5 Df6—f8

22\. Td1—d6 . . . .

Weiß könnte die Qualität gewinnen, zieht aber mit Recht vor, auf Angriff zu spielen. Es folgen nun pikante Wendungen; Morphy schließt mit bewunderungswürdiger Präzision und Feinheit die feindliche Königsstellung ein.

22.	. . . .	Df8—f5
23.	Td6—d5	Df8—f8
24.	Dc5—a5	Df8—f6
25.	f4—f5!	. . .

Der Turm darf wegen 26 Te1† nebst 27. Dd5‡ nicht genommen werden.

25.	. . . .	b7—b6
26.	Da5—e1	e6—e5

Schwarz darf sich die f-Linie nicht öffnen lassen.

27.	Td5×e5†	Ke8—f7
28.	De1—e4	. . . .

Entscheidend! Die schwarze Dame wird aus der Nähe ihres Königs abgelenkt.

28.	. . . .	Df6—c6
29.	Te5—e7†	Kf7—g8

Weiß kündigt Mat in vier Zügen an:

30.	Te7×g7†	Kg8×g7
31.	De4—e7†	Kg7—g8
32.	De7—f8†	Kg8—h7
33.	Df8—f7‡.	

102

Evansgambit

New Orleans, 1858

Aus vier gleichzeitigen Blindlingsspielen

	Morphy	Amateur
1.	e2—e4	e7—e5
2.	Sg1—f3	Sb8—c6
3.	Lf1—c4	Lf8—c5
4.	b2—b4	Lc5×b4
5.	c2—c3	Lb4—a5
6.	0—0	d7—d6!
7.	d2—d4	e5×d4

Die beste Verteidigung an dieser Stelle besteht in 7. . . . . Lc8—d7. Wenn Weiß hierauf mit 8. Db3 die beiden Bauern (f7 und b7) angreift, so hat Schwarz mit 8. . . . . De7! nur den f-Bauer zu decken, denn bei 9. Db7:?, Tb8 10. Da6, Tb6 11. Lf7‡, Df7: usw. würde Weiß eine Figur einbüßen. Ebenfalls nicht ausreichend wäre: 9. de5, de5 10. La3, Df6 11. Td1, Se7 (auch Td8 ist gut) 12. Lf7‡, Df7: 13. Df7‡, Kf7: 14. Td7: Ke6 usw. und Schwarz hat das entschieden bessere Endspiel. In der neuesten Zeit ist 7. Lb6 sehr beliebt. Schwarz bietet ein Gegengambit an, was die Stellung vereinfacht, und hat im Endspiele eine wohlgeordnete Position mit drei verbundenen Bauern gegen zwei isolierte — auf dem Damefllügel —, z. B. 8. de5, de5 9. Dd8:, Sd8: 10. Se5:, Le6 usw. Diese leichte und bequeme Verteidigung wird hauptsächlich von Lasker empfohlen. Eine Komplikation könnte Weiß nur durch 8. a2—a4 herbeiführen, z. B. 8. a4, Sf6 9. Lb5, a6 10. Lc6†, bc6 11. a5, La7 12. Da4, ed4 (oder 0—0) 13. cd4, Ld7 14. Dc2! usw. Schwarz behält wohl den Bauer, dafür aber führt Weiß den Angriff.

8. Dd1—b3 . . . .

Dieser Wallersche Angriffszug ist gegen korrektes Spiel zwar nicht wirksam, in der Praxis kann er aber gegen schwächere Gegner mit Erfolg versucht werden.

8. . . . . Dd8—f6!
9. e4—e5 d6×e5
10. Tf1—e1 Sg8—e7

Allein richtig ist hier Sh6 mit der Folge 11. La3 (11. Lg5, Df5! 12. Da3!, f6 13. Lh6:, gh6 14. Sbd2, Ld7 15. cd4, Ld2: 16. Sd2:, 0—0—0 usw.), Ld7 12. Sbd2, 0—0—0 13. Se4, Dg6 14. Sc5, Lb6 15. Sd7:, Td7: 16. Te5:, dc3 17. Te2, Sf5 18. Tae1, Thd8 19. Lb5, Sfd4 20. Sd4:, Ld4: 21. Le7, Te7:! usw.

11. Lc1—g5 Df6—g6
12. Lg5×e7 Sc6×e7
13. Sf3×e5 . . . .

Weiß hätte hier durch 13. Da4† eine Figur gewinnen können, Morphy wählt aber die elegantere Fortsetzung.

Stellung nach dem 13. Zuge von Weiß

13. . . . . Dg6—b6
14. Lc4—b5† c7—c6
15. Db3×f7† Ke8—d8
16. Se5×c6† Se7×c6
17. Lb5×c6 Db6—c5

Der Läufer war natürlich nicht zu schlagen.

18. c3×d4 Dc5—d6
19. Df7×g7 La5×e1

Etwas besser wäre Tf8.

20. Dg7×h8† Kd8—c7
21. Dh8×h7† Lc8—d7

Auf 21. . . . . Kc6: gewinnt Weiß nach 22. De4† und De1: mit seinen Bauern auf dem Königsflügel.

22. Lc6×d7 Dd6×d4

Chancenreicher als Dd7:.

23. Ld7—b5!† Kc7—b6
24. Sb1—c3 Le1×c3

Durch 24. . . . . Lf2† 25. Kh1, Dc3: 26. Tb1, Th8 27. Lc6!†, Kc6: 28. Db7†, Kd6 29. Da7:!, Th4 usw. hätte sich Schwarz länger gehalten.

25. Ta1—b1 Ta8—d8
26. Lb5—a6† Kb6—a5
27. Tb1—b5† Ka5—a4
28. Dh7—c2† Ka4—a3
29. Dc2—b3 ‡.

103

Evansgambit

New Orleans, 1858

Aus vier gleichzeitigen Blindlingsspielen

	Morphy	Amateur
1.	e2—e4	e7—e5
2.	Sg1—f3	Sb8—c6
3.	Lf1—c4	Lf8—c5
4.	b2—b4	Lc5×b4
5.	c2—c3	Lb4—c5
6.	0—0	d7—d6
7.	d2—d4	e5×d4
8.	c3×d4	Lc5—b6
9.	Sb1—c3	Sc6—a5

Dies ist die beste Verteidigung.

10.	Sf3—g5	....

Das gibt ein lebhaftes Angriffsspiel. — Die neuesten Forschungen bestätigen, daß Weiß durch 10. Lc1—g5! eine Stellung herbeiführen kann, in welcher der Gewinn für Schwarz zum mindesten höchst problematisch erscheint, z. B. 10. Lg5, f6 (auf 10. .... Sge7 folgt 11. Sd5, f6 12. Lf6:, gf6 13. Sf6†, Kf8 14. Sg5, Sg8! 15. Sgh7†, Kg7 16. Lg8:, Th7:! 17. Sh7: usw.) 11. Le3 (Lf4 ist ebenfalls stark), Sc4: 12. Da4†, Dd7 13. Dc4:, Df7 14. Sd5, Le6 15. Da4†, Ld7 16. Dc2!, Tc8 17. a4, La5 18. Tfb1, Lc6 19. Sf4 usw. oder bei 12. .... Kf7 13. Dc4†, Le6 14. Dd3, Se7 15. a4, a5 16. d5, Ld7 17. Lb6:, cb6 18. Sd4, Te8 19. f4, Sg6 20. f5, Se5 21. Dg3 nebst Se6 usw. — und im Falle 11. .... Se7 12. h3, Ld7 13. Lb3, Sb3: 14. Db3:, Dc8 15. a4, Le6 16. Da3, a5 17. Tfc1, 0—0 18. Sb5, Dd8 19. d5, Le3: 20. De3:, Ld7 21. Sc7:, Tac8 22. Db6 usw.

Wie diese Varianten zeigen, hat Weiß einen bequemen und nicht ungefährlichen Angriff, während Schwarz sich sehr umsichtig verteidigen muß.

Der Morphysche 10. Zug Sg5 ist ebenfalls sehr beachtenswert.

10.	....	Sa5×c4
11.	Dd1—a4†	c7—c6
12.	Da4×c4	Sg8—h6

Auch 12. .... De7 oder 12. .... Dd7 ist nicht besser.

13.	Kg1—h1	0—0
14.	f2—f4	Kg8—h8

Schwarz will den Zug f5 vorbereiten, durch den er ein sehr gutes Spiel erlangen würde, kommt aber nicht dazu.

15.	f4—f5	....

Die einfachste Vereitelung dieses Planes.

15.	....	f7—f6
16.	Sg5—e6	Lc8×e6
17.	f5×e6	Dd8—e7

Entschieden besser war hier Sg8 zur Vermeidung des Doppelbauers auf der Randlinie. Der Springer käme dann auf Umwegen besser zu stehen.

18.	Lc1×h6	g7×h6
19.	Tf1—f3	Tf8—g8
20.	Ta1—f1	Tg8—g6
21.	Sc3—e2	Ta8—f8
22.	Se2—f4	Tg6—g5
23.	d4—d5	c6—c5
24.	Dc4—c3	Lb6—d8
25.	Sf4—e2	De7—g7

26. Se2—g3 Dg7—c7

Schwarz hat wenig Auswahl an guten Zügen. Der gewählte Zug gibt dem Gegner die Möglichkeit zu einem entscheidenden Angriff, der den Scharfsinn des Blindlingsspielers bezeugt.

27.	Tf3×f6	Ld8×f6
28.	Tf1×f6	Tf8×f6
29.	Dc3×f6†	Dc7—g7

Auf 29. . . . Tg7 gewinnt Sf5; auf Kg8 dagegen 30. e7 nebst De6† usw.

30.	Df6—d8†	Dg7—g8
31.	e6—e7	Tg5—e5
32.	Sg3—h5	Te5×e4

Weiß kündigt Mat in fünf Zügen an:

33.	e7—e8D	Te4—e1†
34.	De8×e1	Dg8×d8
35.	De1—c3† usw.	

104

Springergambit

New Orleans, 1858

Aus vier gleichzeitigen Blindlingsspielen

	Morphy	Amateur
1.	e2—e4	e7—e5
2.	f2—f4	e5×f4
3.	Sg1—f3	g7—g5
4.	Lf1—c4	g5—g4
5.	0—0	g4×f3
6.	Dd1×f3	Dd8—f6
7.	e4—e5	Df6×e5
8.	d2—d3	Lf8—h6
9.	Sb1—c3	. . . .

Beide Teile folgen hier den Buchvorschriften.

9.	. . . .	Sb8—c6

Gegen den theoretisch besten Zug 9. Se7 hat man in neuester Zeit folgende Verstärkung des Angriffes gefunden: 10. Ld2, Sbc6 11. Tae1, Df5 12. Sd5, Kd8 13. De2! (Dies ist der neue Zug) Sd5: (richtiger 13. . . . . De6 14. Se7:, De2: 15. Sc6†, bc6 16. Te2:, d5 17. Lb3, Le6 mit gleichem Spiele), Lc3! usw.

10.	Lc1×f4	De5×f4

Die Dame mußte schlagen, da Tae1 drohte.

11.	Df3—h5	Df4—g5
12.	Ta1—e1†	Sg8—e7
13.	Dh5×f7†	Ke8—d8
14.	Sc3—e4	Dg5—g7
15.	Df7—h5	d7—d5
16.	Lc4×d5	Dg7—d4†
17.	Kg1—h1	Dd4×d5
18.	Dh5×h6	Se7—g6

In Betracht käme 15. . . . . Lf5.

19. Se4—g5	Lc8—f5
20. Dh6—g7	Th8—f8
21. Sg5—e6†	Lf5 × e6
22. Tf1 × f8†	Sg6 × f8
23. Dg7 × f8†	Kd8—d7
24. Df8 × a8	Sc6—e5

Vorzuziehen wäre Sd8.

25. Da8—h8	Se5—g4
26. Dh8 × h7†	Kd7—d6
27. Dh7—g6	Sg4—e5

28. Dg6—g3 und Weiß gewinnt schließlich, da der weiße Turmbauer auf dem rechten Flügel erfolgreich vordringen kann.

105

Evansgambit

New Orleans, 1858

Aus sechs gleichzeitigen Blindlingsspielen

	Morphy	Amateur
1.	e2—e4	e7—e5
2.	Sg1—f3	Sb8—c6
3.	Lf1—c4	Lf8—c5
4.	b2—b4	Lc5 × b4
5.	c2—c3	Lb4—a5
6.	d2—d4	e5 × d4
7.	0—0	d4 × c3

Dieser Zug charakterisiert die Eröffnung. Zu Morphys Zeiten nannte man diese Verteidigung die „kompromittierte“. Im allgemeinen glaubte man damals, daß Schwarz durch Annahme dieses weiteren Baueropfers die eigene Stellung verhängnisvoll gefährde. — Am ausgiebigsten hat sich Anderssen damit beschäftigt und zahlreiche neue Varianten — für Angriff und Verteidigung — ausgearbeitet und erläutert. Durch fleißiges Analysieren fand man nach ihm Verbesserungen für den Angreifenden, hauptsächlich aber für den Verteidiger; höchst wahrscheinlich — wenn auch noch nicht ganz festgestellt — ist, daß Schwarz allen Gefahren begegnen kann. Wer sich aber um die Theorie nicht allzuviel kümmert und sich den Kopf nicht lang zerbrechen will, wird schon im 6. Zuge d6 spielen und das bequeme, ruhig verlaufende Spiel dem verwickelten vorziehen.

8. Lc1—a3 . . . .

Nicht das Stärkste! Energischer wäre der theoretische Zug: 8. Db3; z. B. 8. Db3, Df6! 9. e5, Dg6 (auch Df5 kommt in Betracht) 10. Sc3:, Sge7 (weniger gut ist hier Lc3: oder b5) 11. La3! (Anderssen spielte 11. Se2, b5 12. Ld3!, De6 13. Db2, Sg6 14. Sf4, Sf4: 15. Lf4:, a6! 16. Tc1, Lb7 17. Tfd1, Lb6 18. Le4, Sa5! usw.), Tb8 12. Sb5, a6 13. Sbd4 (das Opfer auf d6 führt zu nichts), b5 14. Sc6:, Sc6: 15. Ld5, b4 16. Lb2, Se7 17. Td1, Lb6 usw.

8. . . . . d7—d6

Durch 8. . . . . Df6 ließe sich das Spiel in die obige Variante lenken.

9. Dd1—b3 Sg8—h6

10. Sb1×c3 La5×c3

Den kostbaren Läufer sollte Schwarz nicht tauschen; 0—0 war am Platze.

11. Db3×c3 0—0
12. Ta1—d1 Sh6—g4

Es drohte 13. e5.

13. h2—h3 Sg4—e5
14. Sf3×e5 Sc6×e5
15. Lc4—e2! ....

Auf 15. Lb3 könnte Le6 folgen.

15. .... f7—f5

Schwach! Vorsichtiger wäre f6 nebst Sg6. — Höchst interessant und bemerkenswert ist die Art und Weise, wie Morphy diesen Fehlzug ausbeutet.

16. f2—f4 Se5—c6
17. Le2—c4† Kg8—h8
18. La3—b2 Dd8—e7

Falls 18. Tf6, so folgt 19. e5, Tg6 20. Lf7 usw.

19. Td1—e1 Tf8—f6
20. e4×f5 ....

Die weiße Stellung ist ideal schön. Die Kraft des gegen die feindliche Königstellung gerichteten Läuferpaares ist vernichtend. Der Schluß ist ein wahrer Genuß für jeden Schachfreund.

20. .... De7—f8

21. Te1—e8! Df8×e8
22. Dc3×f6 De8—e7
23. Df6×g7†! De7×g7
24. f5—f6 Dg7×g2†

Ein Verzweiflungszug! Schwarz ist verloren. Z. B. 24. .... Df8 25. f7†, Se5 26. fe5, h5 27. e6†, Kh7 28. Ld3†, Kh6 29. Tf6†, Kg5 (falls Kg7, so 30. Tg6†, Kh7, 31. Tg8† nebst Lc1‡) 30. Tg6†, Kf4 31. Kf2! nebst Mat.

25. Kg1×g2 Lc8×h3†
26. Kg2×h3 h7—h5
27. Tf1—g1 und gewinnt.

106

Zweispringerspiel im Nachzug

New Orleans, 1858

Aus sechs gleichzeitigen Blindlingsspielen

Morphy	N. O.
1. e2—e4	e7—e5
2. Sg1—f3	Sb8—c6
3. Lf1—c4	Sg8—f6
4. d2—d4	....

Dies ist die natürlichste und stärkste Fortsetzung, bei der Weiß ein freies, offenes Spiel mit allerlei Angriffschancen erhält. Der theoretische Zug 4. Sg5 gewinnt zwar einen

Bauer, überläßt aber dem Schwarzen einen gefährlichen Angriff. (Siehe P. 261 u. 338.) Es ist nur allzu natürlich, daß man schwächeren Spielern gegenüber einen unbedeutender materiellen Gewinn außer Acht läßt und nur auf die Entfaltung des Angriffes bedacht ist. Bei gleicher Spielstärke wird jedoch der geringste Vorteil wahrgenommen, indem der Mehrbesitz auch nur eines Bauers für den Gewinn der Partie meistens entscheidend ist.

4. .... e5×d4

Auf Sc4: spielt Weiß am besten 5. Ld5.

5. Sf3—g5 ....

Beliebter ist heutzutage die Rochade (Partie 240). Der Textzug gleicht das Spiel ebenfalls aus.

5. .... d7—d5

Auf 5. .... Se5 folgt 6. Dd4: (oder 6. Lb3, h6 7. Dd4:, hg5 8. De5‡, De7), Sc4: 7. Dc4:, d5 8. ed5, Dd5: 9. De2† usw. mit etwas besserem Spiele.

6. e4×d5 Sf6×d5

Schwarz sollte durch 6. .... Se5 oder 6. .... De7†, das Spiel zu vereinfachen suchen.

7. 0—0 ....

Weiß hat jetzt eine sehr überlegene Stellung.

7. .... Lf8—e7

Bei Le6 könnte folgen 8. Te1, Dd7 9. Se6:, fe6 10. Dh5†, Kd8 11. Lg5† usw.

8. Sg5×f7 ....

Das bekannte Springeropfer! Hier, wo der weiße Damenbauer schon gezogen wurde, übt dasselbe eine sofort entscheidende Wirkung und bietet dem genialen Führer des weißen Spieles die Gelegenheit — durch überraschende Opferkombinationen — einen eleganten Sieg zu erzwingen.

8. .... Ke8×f7
9. Dd1—f3† Kf7—e6
10. Sb1—c3! ....

Entschieden besser als Te1†.

10. .... d4×c3
11. Tf1—e1† Sc6—e5
12. Lc1—f4 Le7—f6
13. Lf4×e5 Lf6×e5
14. Te1×e5† Ke6×e5
15. Ta1—e1† ....

15. .... Ke5—d4

Schwarz hat nichts Besseres; allerdings ist es nicht sehr angenehm, wenn man den König so spazieren führen muß.

16. Lc4×d5 Th8—e8

Falls Dd5:, so 17. Dc3‡, falls aber cb2, so Mat in spätestens sechs Zügen durch 17. Te4†, Kc5! 18. Da3†, Kd5: 19. Dd3†, Kc5 20. Tc4† usw.

17. Df3—d3† Kd4—c5
18. b2—b4† Kc5×b4!

19. Dd3—d4† nebst Mat in spätestens vier Zügen. (.... Ka5 20. Dc3‡, Ka4 21. Db3†, Ka5 22. Da3†, Kb5 23. Tb1‡.)

107

Springergambit

New Orleans, 1858

Aus sechs gleichzeitigen Blindlingsspielen

Morphy	P. R.
1. e2—e4	e7—e5
2. f2—f4	e5×f4
3. Sg1—f3	c7—c6

Schwarz glaubt, den Blindlingsspieler durch ungewöhnliche Züge irreführen zu können. Eine falsche Auffassung! In Wirklichkeit wird es dem Blindlingsspieler sehr erschwert, wenn mehrere einfache theoretische Varianten gespielt werden, die nur im Mittelspiele voneinander abweichen. — Unregelmäßige und ungesunde Eröffnungen prägen sich dagegen nur um so schärfer dem Gedächtnisse des Spielers ein und erleichtern ihm die Unterscheidung der einzelnen Spiele.

4. Sb1—c3	Lf8—b4
5. Lf1—c4	Lb4×c3
6. d2×c3	Sg8—e7
7. Dd1—d6!	....

Weiß ist entschieden besser entwickelt und nützt durch den Damezug den fehlerhaften Abtausch des Läufers energisch aus.

7.	0—0
8. Lc1×f4	Se7—g6

Durch den rückständigen Damebauer wird die Verwertung der auf der Dameseite befindlichen Offiziere unmöglich gemacht.

9. Lf4—g5	Dd8—e8
10. 0—0	Kg8—h8

Falls 10. .... De4:, so 11. Sd4 (auch 11. Sd2, De5 12. Lf4, Df6 13. Se4 ist gut), De5 12. Sf5, Dd6: (falls Kh8, so 13. Le7) 13. Sd6: usw.

11. Ta1—e1	f7—f6
12. e4—e5	f6—f5

Bei fg5 würde 13. Sg5: mit Vorteil für Weiß folgen können; z. B. 13. .... Tf1‡ 14. Tf1:, Se5: 15. De5: usw. oder 14. .... h6 15. Dg6: usw.

13. Sf3—d4	f5—f4

14. e5—e6	....

Bei dieser Auflösung des Spieles hatte Weiß die folgende gefällige Wendung klar vor den Augen. Der einfache Gewinn war 14. h4, h6 15. h5, hg5 16. hg6, g4 17. Kf2 usw.

14.	d7×e6
15. Sd4×e6	Lc8×e6
16. Te1×e6	De8—c8

Gegen Df7 spielt Weiß ebenfalls Tg6:

17. Te6×g6	h7×g6
18. Dd6×g6	Dc8—f5
19. Tf1×f4!	....

Fein und überraschend!

19.	Df5×g6
20. Tf4×f8†	Kh8—h7
21. Lc4—g8†	Kh7—h8
22. Lg8—f7†	Kh8—h7
23. Lf7×g6†	Kh7×g6
24. Lg5—f4 und gewinnt.	

108

Evansgambit

New Orleans, 1858

Aus sechs gleichzeitigen Blindlingsspielen

	Morphy	Dr. A. B. Forde
1.	e2—e4	e7—e5
2.	Sg1—f3	Sb8—c6
3.	Lf1—c4	Lf8—c5
4.	b2—b4	Lc5×b4
5.	c2—c3	Lb4—a5
6.	0—0	Sg8—e7?

Der Springer gehört auf f6. — Die gewählte Verteidigung ist ebenso unregelmäßig wie schlecht.

7. Sf3—g5 . . . .

7. d2—d4 gefällt uns besser.

7. . . . . d7—d5

Es ist klar, daß 7. . . . . 0—0 wegen Dh5 nebst Sf7: verderblich ist.

8. e4×d5 Se7×d5

9. Sg5×f7 . . . .

Ein interessantes, aber kaum korrektes Opfer. — Morphy opfert gern, um große Verwicklungen herbeizuführen, besonders schwächeren Gegnern gegenüber.

9. . . . . Ke8×f7

10. Dd1—f3† Kf7—e6

11. Lc1—a3! . . . .

Weiß kann zwar seinen Springer über c3 nicht ins Spiel bringen, hat dafür aber einen heftigen Angriff, gegen welchen die Verteidigung gar nicht leicht ist.

11. . . . . La5—b6!

In Betracht käme b5 nebst Lb7.

12. Tf1—e1 Sc6—a5

(S. Diagramm)

13. Te1×e5† . . . .

Ein überaus kühnes Opfer!

13. . . . . Ke6×e5

14. d2—d4† Ke5—e6

Stellung nach dem 12. Zuge von Schwarz

15. g2—g4 g7—g6?

Die beste Erwiderung dürfte sein: 15. . . . . c5! (Dg5? 16. h4, Sc4: 17. hg5, c6 18. De2†) 16. De4†!, Kd7! usw. und Schwarz stünde auf Gewinn. — Der Textzug kompromittiert das schwarze Spiel und gibt dem Gegner Gelegenheit zu glänzender Fortsetzung des Angriffs. — Bedenkt man die erschwerenden Umstände, unter denen Morphy die Partie spielte, so muß man seinem Spiele wirklich volle Anerkennung zollen.

16. Df3—e4† Ke6—f7

17. Lc4×d5† Kf7—g7

18. La3—e7! Th8—e8

Wenn die Dame zieht, so folgt 19. De5†, Kh6 20. Lg5‡.

19. De4—e5† Kg7—h6

20. g4—g5† Kh6—h5

21. Ld5—f3† Lc8—g4

22. De5—g3 Dd8—d7

23. Dg3—h3‡

5

In England, Sommer 1858

Die Hoffnung der Freunde Morphys, daß der englische Champion Howard Staunton, der damals als der Weltmeister galt, nach Amerika kommen werde, um sich mit Morphy zu messen, ging nicht in Erfüllung. Staunton lehnte die Einladung, die aus New Orleans an ihn ergangen war, unter Hinweis auf sein Alter, seine anderweite Tätigkeit und seine mangelnde Übung ab.

Schon die große Zahl der von Staunton in seinem Briefe angeführten Gründe ließ vermuten, daß der Schreiber nicht gerade darauf brenne, sich mit Morphy zu messen. Morphy fand die Ablehnung durchaus in der Ordnung und wußte seine Freunde davon zu überzeugen, daß sie auch ohne weitere Motivierung gerechtfertigt sei, da es nicht Sache des ergrauten, aus vielen Kämpfen siegreich hervorgegangenen, anerkannten Kämpen sei, zu dem jungen Meister zu kommen, sondern daß es Aufgabe des jungen, von Selbstvertrauen erfüllten Recken sei, den Rivalen aufzusuchen. Am 9. Juni schiffte sich Morphy in New York auf dem Dampfer Arabia nach Europa ein.

Die British Chess Association hatte sich bemüht, für den Juni 1858 ein internationales Schachturnier zu Birmingham zu veranstalten, und es ist leicht begreiflich, welche Freude die Nachricht von der baldigen Ankunft des Siegers von New York erregte. Am 21. Juni, dem Vorabende seines Geburtstages, kam Morphy in England an.

F. H. Lewis war am folgenden Tage sein erster Partner. Wenn auch das erste Auftreten des jungen Meisters unter den Nachwirkungen einer anstrengenden Seereise und unter dem Einfluß der ungewohnten Eindrücke eines fremden Landes zu leiden schien, so gewann doch bald das Gleichmaß der Kraft wieder bei ihm die Oberhand.

Am 23. Juni erschien Morphy im Cigar Divan am Strand, einem weltbekannten Schachlokale, und noch an demselben Tage stellte er sich im St. George's Club vor. Nach einem herzlichen Empfange sprach er den Wunsch aus, mit irgend einem bedeutenden englischen Meister einen Wettkampf um einen Einsatz von 2000—20000 Mark auszufechten. Doch kam es vorerst zu keinem ernsten Ringen, weil die starken englischen Spieler, die ihm anfangs wacker Stand hielten, bald gezwungen waren, vor seinem überlegenen Spiele die Flagge zu streichen. Eifersüchtig auf ihren Ruf, schickten sie zunächst nur schwächere Spieler ins Gefecht, um die Stärke des Ankömmlings besser zu erproben.

Einige Tage nach seiner Ankunft hatten die Besucher der Philidorian Chess Rooms Gelegenheit, Morphy bei einem gelungenen Blindlingsspiel zu bewundern. — Bedeutungsvoller war der Kampf, der sich im London Club abspielte, welcher eine große Anzahl hervorragender Spieler in sich vereinigte. Den Bemühungen Löwenthals gelang es, vier Beratungspartien zustande zu bringen, bei welchen Morphys Überlegenheit den stärksten Meistern gegenüber klar zutage trat.

109

Philidors Springerspiel

London, im Juli 1858

J. Löwenthal G. W. Medley	Morphy A. Mongredien
1. e2—e4	e7—e5
2. Sg1—f3	d7—d6
3. d2—d4	f7—f5

Diese von Philidor empfohlene Fortsetzung wird heutzutage bei ernsten Gelegenheiten sehr selten gespielt. Die Theorie hat festgestellt, daß Weiß auf verschiedenen Wegen ein viel besseres Spiel erlangen kann.

Zu jener Zeit steckte die Theorie noch in den Kinderschuhen; außerdem war Morphy seinen Zeitgenossen im Spiele so sehr überlegen, daß er mit ruhigem Gewissen schwächere Verteidigungen wählen konnte.

4. Lf1—c4 ....

Durch diesen Zug wird die Eröffnung in die italienische Partie gelenkt, in der das gewählte Gegengambit bekanntlich verfrüht und minderwertig ist. Außer diesem Zuge ist noch 4. de5 (Partie 111) und 4. Sc3 (Partie 131) vorteilhaft.

4. .... Sb8—c6

Falsch wäre 4. .... fe4 wegen 5. Se5: nebst 6. Dh5†.

5. d4×e5 ....

Die Theorie empfiehlt 5. Sg5, Sh6 6. d5, Se7 7. Sc3, f4 (falls c6, so 8. f4) 8. g3, Sg6? 9. Lb5† usw.

5.	d6×e5
6. Dd1×d8†	Sc6×d8
7. Sf3×e5	f5×e4
8. Lc1—d2	....

Die Rochade scheint besser zu sein, z. B. mit der Folge: 8. .... Ld6 9. Lg8:, Tg8: 10. Sc4, Sf7! 11. Te1, Lf5 12. Sbd2, 0—0—0 13. Se4: usw.

8.	Lf8—d6
9. Ld2—c3	Sg8—f6
10. h2—h3	Lc8—e6
11. Sb1—d2	0—0
12. 0—0	Sf6—d5
13. Lc4×d5	Le6×d5
14. Sd2—c4	b7—b5?

Besser wäre: Lc4: oder Le5: nebst Sf7. — Schwarz übersieht die im 16. Zuge mögliche Antwort.

15. Sc4×d6	c7×d6
16. Tf1—d1!	e4—e3

Etwas Besseres ist nicht zu finden; der Verlust eines Bauers ist unvermeidlich.

17. f2×e3 ....

Stärker ist hier 17. Td5:, ef2† 18. Kf1, de5 19. Te5: usw.

17. .... Ld5×g2
18. Kg1×g2 d6×e5
19. Lc3×e5 Sd8—c6
20. Le5—d4 ....

Durch Lf4 hätte Weiß gute Gewinnaussichten.

20. .... Ta8—e8
21. Td1—d2 Te8—e6

Schwarz könnte durch 21. .... Sd4: 22. ed4, Te3 23. d5! Tff3 usw. das Remis forcieren.

22. Ta1—e1! Te6—g6†
23. Kg2—h2 Tf8—f3
24. Td2—g2 Sc6×d4
25. e3×d4 Tg6—h6
26. Te1—e7 Tf3×h3†
27. Kh2—g1 Th3—h1†
28. Kg1—f2 Th6—f6†
29. Kf2—e2 Tf6—f7
30. Te7—e8† Tf7—f8

Remis.

110

Läufergambit

London, im Juli 1858

Morphy	J. Löwenthal
G. Walker	G. W. Medley
Greenaway	A. Mongredien

1. e2—e4 e7—e5
2. f2—f4 e5×f4
3. Lf1—c4 d7—d5

Dieses Bauernopfer ist wohl das richtigste Verfahren im Läufergambit.

4. Lc4×d5 Sg8—f6

Beliebter ist hier 4. .... Dh4† nebst 5. .... g5.

5. Sg1—f3 ....

Besser wäre 5. Sc3. Auf 5. Sf3 behält Schwarz das Übergewicht eines Bauers.

5. .... Sf6×d5
6. e4×d5 Dd8×d5
7. Sb1—c3 Dd5—h5
8. d2—d4 Lf8—d6
9. Dd1—e2† Ke8—d8

Der schwarze König weicht aus, um sich möglichst rasch des Gegenangriffes zu bemächtigen.

10. 0—0 g7—g5

Stark in Betracht käme 10. .... Lg4.

11. De2—b5 f7—f5

Auf h6 folgt 12. Se4.

12. Db5—d5 Sb8—c6
13. Sf3—e5 Th8—f8
14. Lc1—d2 Sc6—e7
15. Dd5—c4 Tf8—f6
16. Ta1—e1 c7—c6
17. Sc3—a4 Lc8—d7?

Besser wäre Kc7, dagegen durfte Le6 wegen Sc6‡ nicht gespielt werden.

18. Sa4—c5 Ld7—c8
19. Tf1—f3 g5—g4
20. Tf3—b3 ....

Nach 20. Tf4: erlangt Schwarz durch Sd5 21. Tf1, f4 nebst 22. Th6 einen erfolgreichen Angriff.

20. .... b7—b6

Hier wurde die Partie abgebrochen und später nicht weitergespielt. Schwarz ist etwas im Vorteile; das Spiel dürfte jedoch mit Remis enden.

111

Philidors Springerspiel

London, im Juli 1858

H. Staunton — Morphy
John Owen — Th. P. W. Barnes

1. e2—e4 e7—e5
2. Sg1—f3 d7—d6
3. d2—d4 f7—f5
4. d4×e5 f5×e4
5. Sf3—g5 d6—d5
6. e5—e6 Sg8—h6

Über 6. .... Lc5 siehe Partie 116.

7. Sb1—c3! c7—c6
8. Sg5×e4 ....

Auch 8. Sh7:, Le6: 9. Sf8:, Kf8: 10. Se4:, Sg4 11. Sg5 usw. ist vorteilhaft für Weiß. Die gewählte Variante ist eleganter; nur schade, daß die Konsultierenden im 11. Zuge die richtige Fortsetzung nicht gefunden haben.

8. .... d5×e4
9. Dd1—h5† g7—g6
10. Dh5—e5 Th8—g8
11. Lc1×h6 ....

Weiß hätte durch 11. Lg5! Lg7 (Ld6? 12. Td1! Sf5 13. Se4:, Dg5: 14. Sd6‡, Ke7 15. Se4 usw.) 12. e7, Dd7 13. Df4, Sf5 14. Td1, Sd4 15. Lc4 usw. die Partie siegreich entscheiden können.

11. .... Lf8×h6
12. Ta1—d1 Dd8—g5

Auch De7 mit der Folge 13. Lc4, Lg7 14. De4:, Lc3‡ 15. bc3:, a5! 16. 0—0, Sa6 17. a4, Sc5 18. De3, Tf8 19. Te1, Tf6 usw. oder 13. Se4:, De6: 14. Sf6†, Kf7 15. De6‡, Le6: 16. Sg8:, Kg8: 17. Td8†, Kf7 18. Ld3, Lg5 usw. würde in Frage kommen.

13. De5—c7 ....

De4: ist nicht besser wegen Tf8!

13. .... Lc8×e6
14. Dc7×b7 ....

Auf 14. Se4: spielt Schwarz De7 und opfert nach 15. Td8†, Dd8: 16. Sd6†, Dd6: 17. Dd6:, Kf7 usw. die Dame gegen drei Figuren.

14. .... e4—e3
15. f2—f3 ....

Besser war 15. e3, De3‡ 16. Le2, Db6 17. Dh7:! nebst Se4 usw.

15. .... Dg5—e7
16. Db7×a8 Ke8—f7
17. Sc3—e4 ....

Falls 17. Td4, so folgt Tc8, 18. Lc4, Lc4: 19. Tc4:, Dd7 usw., und die weiße Dame geht verloren.

17. .... Lh6—f4
18. Lf1—e2 ....

18. .... Kf7—g7

Spielt Schwarz sofort Dc7, so rettet sich Weiß durch die folgende versteckte Variante: 18. .... Dc7 19. g3, Sa6! 20. Td7†!; schlägt Schwarz mit der Dame, so folgt 21. Dg8: nebst 22. Sf6†; wird aber mit dem Läufer geschlagen, so antwortet Weiß Lc4† usw Dies zeigt, daß Morphy stets noch so versteckt und kunstvoll aufgestellte Fallen zu vermeiden wußte.

19.	0—0	De7—c7
20.	Se4—c5	Lf4×h2†
21.	Kg1—h1	Le6—c8
22.	Td1—d4	Lh2—g3
23	Td4—e4	....

Sehr interessant wäre 23. Tg4! z. B. 23. .... Lg4: 24. fg4, Sd7? 25. Dg8†, Kg8: 26. Lc4†, Kh8 27. Tf8†, Kg7 28. Se6†, Kh6 29. g5†, Kh5 30. Le2†, Kh4 31. Tf7! usw.

23.	....	Kg7—h8
24.	Tf1—d1	Dc7—g7
25.	Te4—h4	Lg3×h4
26.	Da8×b8	Lc8—a6
27.	Db8—h2?	....

Weiß übersieht hier Df4, ein Zug, der die Partie noch gerettet hätte.

27.	....	La6×e2
28.	Td1—d7	Dg7—h6
29.	Sc5—e4	Le2—c4
30.	Se4—f6	e3—e2
31.	Td7—e7	Dh6—c1†
32.	Dh2—g1	Dc1×g1†
33.	Kh1×g1	e2—e1D†
34.	Te7×e1	Lh4×e1

Aufgegeben.

112

Unregelmäßige Eröffnung

London, im Juli 1858

	Morphy Th. P. W. Barnes	H. Staunton John Owen
1.	e2—e4	d7—d5
2.	e4×d5	Dd8×d5
3.	Sb1—c3	Dd5—d8

Der richtigere Zug an dieser Stelle ist bekanntlich 3. .... Da5 mit folgendem Entwickelungsplane: 3..... Da5 4. d4, Sf6! 5. Sf3 (auf 5. Ld2 folgt gleichfalls Lg4), Lg4 6. Le2, Sc6 (auch e6 nebst c6 ist gut) 7. 0—0, 0—0—0 usw. oder auch 5. Ld3, Lg4 6. f3, Lh5 7. Se2, e6 8. 0—0, Lg6 usw.

4	d2—d4	Sg8—f6
5.	Lf1—d3	Sb8—c6
6.	Lc1—e3	e7—e6
7.	Sg1—f3	Lf8—d6

Besser wäre Le7.

8.	0—0	0—0
9.	Dd1—e2	b7—b6
10.	Le3—g5	Lc8—b7
11.	Sc3—e4	Ld6—e7
12.	Se4×f6†	Le7×f6
13.	De2—e4	g7—g6
14.	De4—h4	Lf6×g5

Der entscheidende Positionsfehler, nach dem die schwarze Königsstellung unhaltbar wird. Richtig war Kg7 15. c3! Lg5: 16. Sg5:, h6 usw. mit gleichem Spiele.

15.	Sf3×g5	h7—h5
16.	c2—c3	Dd8—f6
17.	Ta1—e1	Sc6—e7

Durch 17. e5 konnte sich Schwarz ein leidliches Gegenspiel verschaffen, z. B. 17. .... e5 18. d5! Se7 19. f4, e4 20. Le4, Ld5: usw. Nach dem Textzuge wird sein Spiel mit der Zeit unhaltbar.

18.	f2—f4	Se7—f5
19.	Dh4—h3	Tf8—e8
20.	Te1—e5	Ta8—d8

21. Tf1—c1 Sf5—g7
22. g2—g4 c7—c5

Auf Df4: gewinnt Weiß durch 23. Tf1, Dg4‡ 24. Dg4:, hg4 25. Tf7: usw.

23. Ld3—e4! Lb7—a6

Falls 23. .... Le4: so Se4:, Df4: 25. Tf1, Dg4‡ 26. Dg4:, hg4 27. Sf6†, mit Vorteil für Weiß.

24. g4 × h5 Sg7 × h5
25. Le4—f3 c5 × d4

Sf4: hätte das schwarze Spiel wahrscheinlich gerettet, z. B. 25. .... Sf4: 26. Dh7†, Kf8 27. Lc6, Te7 28. d5, Sd5: 29. Dh6†, Kg8 (falls Dg7, so 30. Dg7: nebst 31. Ld5:) 30. Sh7, Df3 31. Ld5:, Td5: 32. Td5:, ed5 33. Df8†, Kh7: 34. De7:, Dg4† usw. mit ewigem Schach.

26. Lf3 × h5 g6 × h5
27. Dh3 × h5 Df6—g7
28. Kg1—f2! Dg7—f6
29. Dh5—h4 La6—d3
30. Dh4—g3 Ld3—g6
31. f4—f5! Lg6 × f5

Der Königszug nach h8 scheitert an 32. Se4.

32. Sg5—e4† Df6—g6
33. Se4—f6† Kg8—f8
34. Dg3 × g6† Lf5 × g6

Noch das Beste. Schwarz hat eine kleine Gegenchance in den Mittelbauern.

35. Sf6 × e8 Kf8 × e8
36. h2—h4 d4—d3
37. Kf2—e3 Ke8—e7
38. Ke3—d2 Td8—d6

Dieser Zug kostet die Partie, die mit Th8 auf Remis zu spielen war.

39. Te5—g5 Ke7—f6
40. Te1—f1† Lg6—f5
41. Tg5—g8 ....

Nun rückt der Turm mit entscheidender Kraft in die schwarze Stellung vor.

41. .... Td6—d5
42. h4—h5 Td5—e5
43. Tf1—f2 Te5—e4
44. Tf2—h2 Lf5—h7
45. Tg8—h8 Kf6—g7
46. Th8—a8 Kg7—h6

Falls Ta4, so 47. h6†, Kf6 48. a3 nebst Th8.

47. Ta8 × a7 Te4—f4
48. Ta7—b7 e6—e5
49. Tb7 × b6† f7—f6
50. a2—a4 e5—e4
51. Tb6—e6 Tf4—f3
52. a4—a5 und Weiß gewinnt.

113

Spanische Partie

London, im Juli 1858

Th. P. W. Barnes Morphy

1. e2—e4 e7—e5
2. Sg1—f3 Sb8—c6
3. Lf1—b5 Sg8—f6
4. d2—d4 e5 × d4
5. e4—e5 ....

In neuerer Zeit pflegt man an dieser Stelle zu rochieren.

5. .... Sf6—e4
6. 0—0 a7—a6
7. Lb5—a4 Se4—c5
8. La4 × c6 d7 × c6

9.	Sf3×d4	Lf8—e7
10.	Sb1—c3	0—0
11.	Lc1—e3	f7—f6

Schwarz geht zum Gegenangriffe über. Im weiteren Verlaufe der Partie spielt **Barnes** meisterhaft, und es gelingt ihm auch, nicht nur den Gegenangriff zum Stillstande zu bringen, sondern auch nach mehrfachem geschickten Abtausch das bessere Endspiel zu erlangen. Im entscheidenden Momente greift er aber hastig zu, erobert die Qualität und gerät dadurch in eine klare Verluststellung.

12.	e5×f6	Tf8×f6
13.	Dd1—e2	Tf6—g6
14.	Kg1—h1	Le7—d6
15.	Ta1—d1	Dd8—h4
16.	f2—f4	Lc8—g4
17.	Sd4—f3	Dh4—h5
18.	Le3×c5	Ld6×c5
19.	Sc3—e4	Lc5—b6
20.	Se4—g5	h7—h6
21.	De2—c4†	Kg8—h8
22.	Sg5—f7†	Kh8—h7
23.	Sf7—e5	Tg6—f6
24.	Se5×g4	Dh5×g4
25.	Sf3—e5	Dg4—e6
26.	Dc4—e4†	De6—f5
27.	De4×f5†	Tf6×f5
28.	g2—g4	....

Dies alles ist fein und wohldurchdacht, der Mehrbesitz des Bauers auf der Königsseite wird verwertet und der Springer setzt sich dominierend im feindlichen Felde fest.

28.	....	Tf5—f6
29.	f4—f5	Ta8—e8
30.	Se5—g6	Te8—e2

Es ist klar, daß dem mit außergewöhnlichem Positionsgefühle begabten Führer der schwarzen Steine, die eigene Position nicht gefällt — aber seine unerschöpfliche Erfindungsgabe ermöglicht es ihm, auch in dieser einfachen Stellung eine versteckte Falle zu legen, und ahnungslos fällt **Barnes** in dieselbe.

Stellung nach dem 30. Zuge von Schwarz

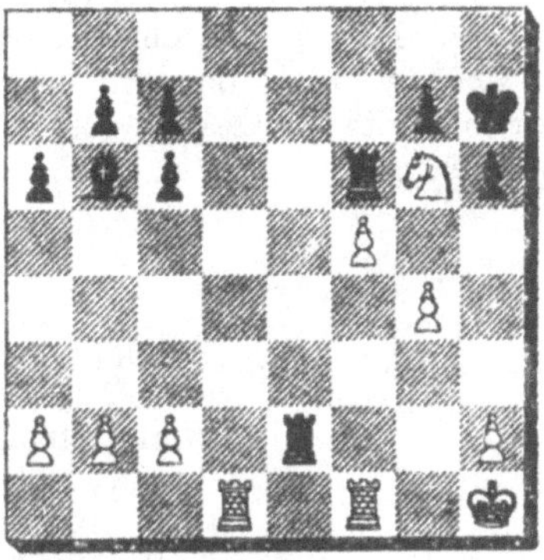

31. Td1—d8 ....

Bei genauerer Betrachtung hätte **Barnes** sehen müssen, daß die entblößte Königsstellung und die undeckbaren Dameseitebauern für die Qualität ein mehr als genügendes Äquivalent bieten, und hätte den besseren Zug 31. Tfe1! finden können. Nach Te1 kann Schwarz entweder nur 31..... Td6 oder 31..... Tf2! antworten, da 31. .... Tc2:? wegen 32. Td8, Tg6: 33. Tee8! (auch 33. Th8†, Kh8: 34. fg6, Tc1! 35. Tc1: usw. ist gut), Tc1† 34. Kg2, Tg4‡ 35. Kh3 usw. sofort verderblich ist. Auf Td6 kommt Weiß durch 32. Te2:, Td1‡ 33. Kg2, Td8 (falls h5, so folgt 34. Te8, Kh6 35. h4!) 34. Te7 in Vorteil. Am schwierigsten ist das Spiel nach Tf2 zu behandeln; nun müßte 32. Td8 geschehen, z. B. Tg6: 33. fg6†, Kg6:, und Weiß erreicht eine ähnliche Stellung — wie in der

Partie — mit dem wesentlichen Unterschiede, daß der Turm auf e1 steht und dadurch die im 34. Zuge erfolgte Deckung (34. .... Ld4) vereitelt.

31. .... Tf6 × g6
32. f5 × g6† Kh7 × g6
33. Td8—d7 Te2 × c2
34. Tf1—f7 Lb6 - d4

Morphy hatte die notwendige Deckung des Punktes g7 wohl berechnet.

35. Td7 × c7 Tc2 × b2
36. Tc7 × b7 Tb2 × a2
37. h2—h4 a6—a5!
38. h4—h5 ....

Hierin liegt der entscheidende Fehler; durch Tf5 war die Partie noch zu halten.

38. .... Kg6—g5
39. Tf7 × g7 Kg5—h4
40. Tg7—e7 a5—a4

und Schwarz gewinnt.

114

Unregelmäßige Eröffnung

London, Juli 1858

Morphy Th. P. W. Barnes

1. e2—e4 f7—f6

Gewiß hat Schwarz auch bessere Züge, aber die Partie ist trotz des ungewöhnlichen Anfangszuges keineswegs verloren.

2. d2—d4 e7—e6
3. Lf1—d3 Sg8—e7
4. Lc1—e3 ....

In geschlossenen Partien pflegt Morphy die beiden Läufer hinter die Mittelbauern zu stellen. Hier scheint jedoch die schleunige Entwicklung der Königsseite den Vorzug zu verdienen.

4. .... d7—d5
5. Sb1—c3 d5 × e4
6. Sc3 × e4 Se7—d5
7. Sg1—h3 Lf8—e7
8. Dd1—h5† g7—g6
9. Dh5—h6 Le7—f8
10. Dh6—h4 Lf8—g7
11. 0—0 0—0
12. c2—c4 ....

Weiß unterschätzt den Nachteil, welcher aus dem rückständigen e3-Bauer erwachsen kann

12. .... Sd5 × e3
13. f2 × e3 f6—f5
14. Se4—g5 ....

Der Dametausch nebst 15. Sf2 käme in Betracht. — Bauernverlust ist aber kaum zu vermeiden.

14. .... h7—h6

15. Sg5—f3? ....

Hier versäumt **Morphy** die weiter unten ausgeführte kräftige Angriffskombination, welche die einzige Möglichkeit gab, die Partie noch zu retten. Es muß erwähnt werden, daß er diese Partie noch unter dem Drucke einer Unpäßlichkeit kurz nach seiner Ankunft in England spielte, wodurch sich manche Mängel erklären lassen.

Große Verwickelung hätte 15. c5! herbeigeführt, z. B. 15. c5, hg5 (falls 15. .... De7, so 16. Sf3, g5 17. Shg5:, hg5 18. Sg5:, Lf6 19. Tf5:, ef5 20. Lc4†, Tf7 21. Dh7†, Kf8 22. Sf7:, De3‡ 23. Kh1, Dd4: 24. Se5 usw.) 16. Sg5:, Tf6! [auf 16. .... Te8, folgt 17. Dh7†, Kf8 18. Dg6:, Te7 (auf De7 gewinnt 19. Lc4 nebst 20. Tf5:) 19. Tf5‡, ef5 20. Lc4 usw.] 17. Lc4, Se6 (in Betracht käme b5) 18. Tad1, Sa5! [Der einzige Zug, da auf 18. .... Se7 der Angriff nach 19. e4, f4 (falls fe4, so 20. Dh7†, Kf8 21. Tf6‡) 20. e5, Tf5 21. Le6‡, Kf8! 22. Lf5:, Lf5: 23. Tf4:, Dd7 24. g4, Le5: 25. gf5, Lf4: 26. Dh8†, Sg8 27. Se6† usw. überwältigend wird] Le2 usw. mit starkem Angriffe.

15. .... e6—e5!

Auf g5 würde Weiß nach 16. Shg5:, hg5 17. Sg5: usw. gewonnenes Spiel haben.

16. Dh4 × d8 Tf8 × d8
17. Ld3—c2 ....

Bauernverlust ist unvermeidlich.

17. .... e5 × d4
18. e3 × d4 Lg7 × d4†

Barnes führt das nun folgende Endspiel energisch und einfach bis zum Gewinne.

19. Sf3 × d4 Td8 × d4
20. Tf1—e1 Kg8—f7
21. c4—c5 Lc8—e6
22. Ta1—d1 Sh8—c6
23. Td1 × d4 Sc6 × d4
24. Lc2—a4 g6—g5
25. Te1—d1 Ta8—d8
26. a2—a3 f5—f4
27. Sh3—f2 Sd4—e2†
28. Kg1—f1 Td8 × d1†
29. La4 × d1 Se2—d4
30. Kf1—e1 Kf7—f6
31. Ke1—d2 Sd4—b3†

Mit richtigem Positionsblicke erkennt der Nachziehende — in gegenwärtigem Endspiele — die Vorteile des Läufers dem Springer gegenüber.

32. Ld1 × b3 Le6 × b3
33. Sf2—g4† Kf6—g6
34. g2—g3 h6—h5
35. Sg4—f2 Kg6—f5
36. Kd2—c3 Lb3—d5
37. Kc3—d4 c7—c6
38. b2—b4 Ld5—g2
39. g3 × f4 Kf5 × f4
40. a3—a4 Lg2—f1

Hier tritt der Vorteil des aus der Ferne nach verschiedenen Richtungen wirkenden Läufers offen zutage.

Auch **Morphy** betrachtet das Spiel als verloren und dieser Auffassung gemäß ermattet sein Widerstand.

41. Sf2—e4 h5—h4
42. Se4—d2 Lf1—e2
43. Sd2—e4 g5—g4
44. Se4—f2 Kf4—f3
45. Sf2—e4 Le2—f1
46. Kd4—e5 Lf1—d3
47. Se4—g5† Kf3—g2
48. Ke5—d6 Kg2 × h2
49. Kd6—c7 Kh2—g3
50. Kc7 × b7 h4—h3

Aufgegeben.

115

Philidors Springerspiel

London, 1858

Morphy	Th.P.W.Barnes
1. e2—e4	e7—e5
2. Sg1—f3	d7—d6
3. d2—d4	e5×d4
4. Lf1—c4	....

Diese gambitartige Fortsetzung des Spieles wendet Morphy in Vorgabepartien oft an.

4. .... Lf8—e7

In Betracht käme Sc6.

5. c2—c3 d4—d3

Richtig ist Sf6.

6. Dd1—b3 Lc8—e6
7. Lc4×e6 f7×e6
8. Db3×b7 ....

Kraftvoller wäre Sd4.

8. .... Sb8—d7
9. Db7—b5 Sg8—f6
10. Sf3—g5 Ta8—b8
11. Db5—a4 ....

Warum nicht Dc4!?

11. .... 0—0
12. Sg5×e6 Sd7—c5
13. Se6×c5 d6×c5
14. Da4—c4† Kg8—h8
15. 0—0 Sf6—g4
16. f2—f4 d3—d2

Auf Tb2: würde h3 oder De6 17. Lb2:? Se3 18. De6, Sf1: usw.) folgen.

17. Lc1×d2 Tb8×b2

Der begangene Eröffnungsfehler ist nicht mehr gutzumachen, und Morphy gibt den einmal errungenen Vorteil nicht wieder aus der Hand.

18. h2—h3 Tb2×d2
19. Sb1×d2 Sg4—e3
20. Dc4—e2 Se3×f1
21. Ta1×f1 ....

Das Scharmützel endet mit einem Bauernplus zugunsten Morphys. Jetzt beendigt er das Spiel durch energisches Vorrücken seines Mittelbauers.

21. .... Dd8—d7
22. Sd2—c4 Dd7—b5
23. e4—e5 Le7—h4
24. f4—f5 Lh4—e7

Es folgt nun ein lehrreicher Schluß.

25. De2—g4 Db5—d7

26. Tf1—d1! ....

Ausgezeichnet gespielt! Nach dem Dametausch ist der freie e-Bauer nicht aufzuhalten.

26. .... Dd7×f5
27. Dg4×f5 Tf8×f5
28. Td1—d7 Le7—f8

Falls Lh4, so wäre die Antwort 29. g3; oder 29. e6, Kg8 30. Tc7: usw.

29. e5—e6

und Weiß gewinnt: z. B. Tf4 30. e7, Le7: 31. Te7:, Tc4: 32. Te8‡.

116

Philidors Springerspiel

London, 1858

Th. P. W. Barnes	Morphy
1. e2—e4	e7—e5
2. Sg1—f3	d7—d6
3. d2—d4	f7—f5

Diese zu Morphys Zeiten oft angewendete Verteidigung ist heute widerlegt.

4. d4×e5	f5×e4
5. Sf3—g5	d6—d5
6. e5—e6	Lf8—c5
7. Sg5—f7	....

Besser wäre 7. Sc3! z. B. 7. .... c6 (auf Lb4 8. Dd4) 8. Sf7, Df6 9. Le3, d4 10. Se4:, De6: (Lb4† 11. c3) 11. Sc5:! Df7: 12. Dd4· usw. Dagegen führt 7. Se4: nur zu gleichem Spiele, weil Schwarz nach Le7 den Bauer e6 gewinnt.

7.	Dd8—f6
8. Lc1—e3	d5—d4

Auch Le6: 9. Sh8:, Le3: 10. fe3, Db2: 11. Dd4, Dd4: 12. ed4, Sf6 usw. scheint gut zu sein.

9. Le3—g5	....

Schwarz gewinnt auch gegen 9. Dh5, z. B.: de3! 10. Sd6†† [Sh8†, g6 11. Dc5:? (Dg4 rettet nicht) Df2† 12. Kd1, e2† usw.] Ke7 11. Sc8†, Kd8 usw.

9.	Df6—f5
10. Sf7×h8	Df5×g5
11. Lf1—c4	....

Besser wäre Sf7.

11.	Sb8—c6
12. Sh8—f7	Dg5×g2
13. Th1—f1	Sg8—f6
14. f2—f3?	....

Der entscheidende Fehlzug! Weiß steht nicht mehr befriedigend. Schwarz benutzt den Fehler zu einer glänzenden Wendung.

14.	Sc6—b4

15. Sb1—a3	Lc8×e6
16. Lc4×e6	Sb4—d3†!

Jetzt zeigt sich die Feinheit des Läuferopfers. An genialen Einfällen ist Morphy unübertrefflich. Weiß verliert die Dame oder wird matgesetzt.

17. Dd1×d3	....

Auf 17. cd3 folgt Lb4† nebst Mat.

17.	e4×d3
18. 0—0—0	Lc5×a3
19. Le6—b3	d3—d2†
20. Kc1—b1	La3—c5
21. Sf7—e5	Ke8—f8
22. Se5—d3	Ta8—e8
23. Sd3×c5	Dg2×f1

Meisterhaft! Barnes darf mit dem Ausgange dieser Partie zufrieden sein, — er ist prachtvoll begraben worden.

24. Sc5—e6	Te8×e6

Weiß gibt auf.

117

Russisches Springerspiel

London, 1858

Morphy — Th. P. W. Barnes

1. e2—e4 e7—e5
2. Lf1—c4 Sg8—f6
3. Sg1—f3 Sf6×e4
4. Sb1—c3 Se4×c3

Siehe Anm. zu Partie 30.

5. d2×c3 f7—f6
6. 0—0 Sb8—c6
7. Sf3—h4 Dd8—e7

Schlecht wäre 7. .... g6, wegen 8. f4 und 9. f5.

8. Sh4—f5 De7—c5
9. Lc4—b3 d7—d5
10. Lc1—e3 Dc5—a5
11. Sf5—h4 Lc8—e6
12. Dd1—h5† g7—g6

Dadurch ergeben sich allerlei gefahrdrohende Stellungen; besser wäre 12. .... Lf7!; antwortet Weiß darauf etwa 13. Dg4, um die lange Rochade zu hindern, so konnte Schwarz mit 13. .... h5 nebst g5 sofort energisch vorgehen.

13. Sh4×g6 ....

Morphy nimmt die einzige Chance wahr.

13. .... Le6—f7
14. Dh5—h4 Lf7×g6
15. Dh4×f6 Th8—g8
16. Ta1—d1 Lf8—e7
17. Df6—e6 Lg6—f7
18. De6—h3 Sc6—d8

Die schwarze Stellung ist aufgerissen und der König den verschiedensten Angriffen ausgesetzt. Im folgenden Teile der Partie zeigt sich Morphy an Kombinationskraft unübertrefflich. — Der Textzug ermöglicht eine neue entscheidende Opferwendung; besser wäre deshalb Td8 nebst ev. Td6 usw.

19. f2—f4 e5—e4

20. Td1×d5 Lf7×d5

Nach 20. .... Dd5: 21. Ld5: behält zwar Schwarz drei Offiziere gegen die Dame, Weiß bringt aber dann nach Dh7: seine Freibauern zur Geltung.

21. Dh3—h5† Ke8—f8
22. Lb3×d5 Tg8—g7

Es drohte Dameverlust durch 23. Df5† nebst 24. Lf7†.

23. b2—b4 ....

Dieser vorbereitende Bauerangriff sichert das Vorrücken des f-Bauers, lenkt die feindliche Dame ab und gibt dem Dameläufer den Punkt c5.

23. .... Da5—a6
24. f4—f5 ....

Der Angriff des Weißen wird unwiderstehlich. Das Qualitätsopfer im 20. Zuge trägt jetzt seine Früchte und die vereinigte Kraft der beiden fernwirkenden Läufer wird zu einer tödlichen Waffe. Die entsprechenden Offiziere des Gegners sind teils an den Rand gedrängt, teils in ihrer Beweglichkeit gehemmt. Der einzige Trost in dieser Lage aber, der Dameturm, steht ohne wirklichen Einfluß fern in der Ecke. — Eine sehr interessante, kombinationsreiche Partie, mit fesselnden Phasen in Hülle und Fülle.

24. .... Sd8—f7
25. f5—f6 ....

Dieser und der nächstfolgende Bauerzug bezwecken nicht nur die Öffnung der Turmlinie, sondern auch die entscheidende Ablenkung der feindlichen Streitkräfte.

25. .... Le7×f6
26. b4—b5 Da6—d6
27. Ld5×f7 ....

Jetzt wird ersichtlich, warum die Dame nach d6 gedrängt wurde.

27. .... b7—b6
28. Le3—h6 Kf8—e7

In Betracht käme hier 28. .... De7, z. B. 29. Lb3, Td8 30. Dh4!, Td6 31. Lg7†, Kg7: 32. Dg4†, Kh6 33. Te1 (falls 33. Tf5, so De8), Lg5 usw. mit Remischancen.

29. Lh6×g7 Lf6×g7
30. Lf7—b3 Ta8—f8
31. Tf1—f7† Tf8×f7
32. Dh5×f7† Ke7—d8
33. Df7×g7 ....

Bei dem günstigen Stande des Bauers b5 kann Weiß, dem ein entscheidender Matangriff gesichert bleibt, den Läufer ungefährdet schlagen.

33. .... Dd6—d1†
34. Kg1—f2 Dd1—d2†
35. Kf2—g3 e4—e3
36. Dg7—f6† Kd8—c8
37. Lb3—e6† Kc8—b7
38. Df6—f3† und gewinnt.

118

Philidors Springerspiel

London, 1858

Th. P. W. Barnes — Morphy

1. e2—e4 e7—e5
2. Sg1—f3 d7—d6
3. d2—d4 e5×d4
4. Sf3×d4 Sg8—f6
5. Lf1—d3 Lf8—e7
6. Sb1—c3 ....

Jetzt käme c4 stark in Betracht.

6. .... 0—0
7. 0—0 ....

Morphy spielte hier f4 und zog nachher den Springer auf f3 zurück.

7. .... c7—c5
8. Sd4—e2 Sb8—c6
9. f2—f4 a7—a6
10. a2—a4 Lc8—g4
11. h2—h3 Lg4×e2
12. Dd1×e2 Tf8—e8

Weiß ist schlechter entwickelt als Schwarz, der mit seinem letzten und dem folgenden Zuge seine Stellung entscheidend verstärkt.

13. De2—f2 Ta8—c8
14. g2—g4 ....

Dieser Angriff ist ganz verfehlt.

14. .... Sc6—b4

15. b2—b3 ....

Wer A gesagt hat, muß auch B sagen. Konsequenter und besser war 15. g5, c4 (auf Sh5 folgt Ld2) 16. gf6, Lf6: 17. e5! (falls Le2 Sc2:), Lh4 18. Lh7†, Kh7: 19. Dg2 und Weiß steht ganz gut. Nach dem Textzuge bricht die weiße Stellung schnell zusammen.

15. .... d6—d5

(S. Diagramm)

16. Kg1—h1 d5×e4
17. Sc3×e4 Sf6×e4
18. Ld3×e4 Le7—f6
19. Le4×b7 Lf6×a1
20. Lb7×c8 Dd8×c8

Stellung nach dem 15. Zuge von Schwarz

21. Lc1—e3 Dc8—c6†
22. Kh1—h2 La1—d4
und Schwarz gewinnt.

119

Abgelehntes Königsgambit

London, 1858

Morphy Th. P. W. Barnes

1. e2—e4 e7—e5
2. f2—f4 Lf8—c5
3. Sg1—f3 d7—d6
4. b2—b4 ....

In dem durch Lc5 abgelehnten Königsgambit ist Weiß auf die lange Rochade angewiesen; der Textzug entblößt die spätere Königsstellung und ist besser durch 4. c3 oder 4. Sc3 zu ersetzen.

4. .... Lc5—b6
5. Lf1—c4 Sg8—f6
6. Dd1—e2 Sb8—c6
7. c2—c3 0—0
8. d2—d3 e5×f4
9. Lc1×f4 d6—d5

Schwarz spielt die Eröffnung kräftig und hat schon das überlegene Spiel.

10. Lc4—b3 d5×e4
11. d3×e4 Lc8—g4

Zum Gewinn führend war hier 11..... Se4:, z. B. 12. Le3 (falls 12. De4:, so Te8 13. Le5, Se5: 14. Se5:, Df6!) Te8 usw.

12. Sb1—d2 Sf6—h5
13. Lf4—e3 Sc6—e5
14. 0—0—0 Se5—d3†

Schwarz läßt abermals den Gewinn aus der Hand; viel stärker war Dd3! z. B. 15. Dd3:, Sd3† 16. Kc2, Sb4† nebst Le3: usw.

15. Kc1—c2 Sh5—f4
16. Le3×f4 Sd3×f4
17. De2—f1 Dd8—e7

18. h2—h3 Lg4—h5
19. g2—g4 Lh5—g6
20. Kc2—b2 Ta8—d8
21. Sf3—d4 Lb6 × d4
22. Df1 × f4 Ld4—e5

Die vereinigten Läufer üben einen unheimlichen Druck auf die weiße Partie.

23. Df4—e3 De7 × b4
24. h3—h4 h7—h5

Stärker wäre h6, um den Läufer in der Diagonale zu halten und auch den folgenden Ausgleich zu verhindern.

25. Sd2—c4 Db4—e7
26. Td1 × d8 Tf8 × d8
27. g4 × h5 Lg6 × h5

28. De3—g5 ....

Ein wohldurchdachter Zug, durch den Weiß die Partie retten könnte. — Morphy rechnete bei diesem den Abtausch erzwingenden Zuge nicht auf eine Gleichstellung der Partie, vielmehr hoffte er einen durchschlagenden Angriff erlangen zu können.

28. .... De7 × g5
29. h4 × g5 Lh5—f3
30. Th1—f1 ....

Falls 30. Th3, so Lg2.

30. .... Lf3—e2
31. Sc4 × e5 ....

Weiß hätte das sichere Remis durch 31. Tf2, Lc4: 32. Lc4: annehmen müssen. Das Qualitätsopfer leitet einen vielversprechenden Angriff ein, der aber an der besonnenen und tadellosen Verteidigung des Gegners scheitert.

31. .... Le2 × f1
32. g5—g6 Kg8—f8
33. g6 × f7 Td8—d6
34. Se5—f3 Td6—f6
35. Sf3—g5 Tf6—f2†
36. Kb2—a3 c7—c5
37. Lb3—d5 b7—b5
38. Sg5—h7† Kf8—e7
39. f7—f8D† Tf2 × f8
40. Sh7 × f8 Ke7 × f8

Schwarz hat nach Zurückgabe der Qualität bei gleichen Läufern einen Bauer mehr, und das genügt.

41. e4—e5 g7—g5
42. Le5—f3 Lf1—h3
43. c3—c4 b5 × c4
44. Ka3—b2 g5—g4
45. Lf3—d5 g4—g3
46. Kb2—c3 Lh3—e6

Zöge Schwarz unüberlegt g2, so hätte Weiß nach 47. Lg2:, Lg2: 48. Kc4: nebst 49. Kc5: Remis erreicht, da bei dem schwarzen Turmbauer der weiße Läufer nicht zur Geltung kommen kann. — Der Läuferzug ist hübsch, Lf1 hätte aber schneller entschieden.

47. Ld5—c6 Kf8—e7
48. a2—a3 Le6—d7
49. Lc6—d5 Ld7—e6
50. Ld5—f3 Ke7—d7
51. Kc3—d2 Le6—h3
52. Kd2—e3 Kd7—e6
53. Lf3—e2 c4—c3

und Schwarz gewinnt.

120

Spanische Partie

London, 1858

	Morphy	S. Boden
1.	e2—e4	e7—e5
2.	Sg1—f3	Sb8—c6
3.	Lf1—b5	Lf8—c5
4.	c2—c3	Dd8—e7
5.	0—0	f7—f6

An dieser Stelle ist dies noch das Beste; das schwarze Spiel wird sehr eingeengt stehen, aber ein direkter Verlust ist kaum nachweisbar.

6.	d2—d4	Lc5—b6
7.	Sb1—a3	. . . .

Der stärkste Zug wäre hier wahrscheinlich 7. d5 nebst später folgendem Sh4, da danach die Entwicklung des schwarzen Spieles sehr gehemmt bleibt und Weiß zu günstigen Angriffen Gelegenheit finden wird.

7.	. . . .	Sc6—d8
8.	Sa3—c4	Sd8—f7
9.	Sc4—e3	c7—c6
10.	Se3—f5	De7—f8
11.	Lb5—a4	g7—g6
12.	Sf5—e3	d7—d6
13.	d4—d5	Lc8—d7
14.	d5 × c6	b7 × c6
15.	Se3—c4	Ta8—c8
16.	b2—b3	. . . .

Das Absperren des Läufers sieht gekünstelt aus; besser wäre 16. Le3!

16.	. . . .	Ld7—e6
17.	Dd1—d3	Df8—e7
18.	Lc1—a3	Le6 × c4
19.	Dd3 × c4	Ke8—f8
20.	Ta1—d1	c6—c5

Richtiger wäre 20. . . . . Kg7; der d-Bauer bleibt jetzt rückständig, und der schwarze Läufer verliert an Kraft.

21.	Td1—d3	. . . .

Weiß hätte den Moment benutzen sollen, um sich durch 21. b4! usw. eventuell einen Freibauer zu schaffen und dann die schlecht postierten Läufer möglichst schnell nach b3 und c1 zurückzuziehen.

21.	. . . .	Sg8—h6
22.	Kg1—h1	Kf8—g7
23.	La3—c1	Th8—f8
24.	g2—g4	. . . . .

Eine etwas gewaltsame Art, den Türmen eine Angriffslinie zu öffnen.

24.	. . . .	Sh6 × g4
25.	h2—h3	Sg4—h6
26.	Tf1—g1	Kg7—h8
27.	Sf3—h4	Tf8—g8

Es drohte Tg6:.

28.	Td3—g3	g6—g5

Boden verteidigt sich tadellos und erlangt eine gewonnene Stellung.

29.	Sh4—f5	Sh6 × f5
30.	e4 × f5	De7—b7†
31.	Tg1—g2	d6—d5
32.	Dc4—g4	Sf7—h6

Auf 32. . . . . d4 spielt Weiß Lb5 nebst Lc4.

33.	Dg4—h5	Sh6 × f5
34.	Tg3—f3	Sf5—g7

Falls Sh4, so folgt 35. Tf6:, d4! 36. Lc6, Tc6: 37. Tc6:, Sg2: 38, Df6†, Dg7 39. Kg2: usw.

35.	Dh5—h6	Lb6—d8
36.	Tf3 × f6	. . . .

Die einzige Chance! Bei solidem Spiele ist die weiße Partie verloren.

36.	. . . .	Ld8 × f6
37.	Dh6 × f6	Tc8—f8
38.	Df6 × e5	Tf8—f5

39. De5—e3 d5—d4
40. c3×d4 Tf5—f3
41. De3—e2 c5×d4
42. Lc1×g5 d4—d3

Schwach gespielt! Schwarz durfte den Bauer nicht vorschieben, weil dadurch die Diagonale a1—h8 geöffnet wird; 42. .... Dd5! gewann schnell, z. B. 42. .... Dh5 43. Lb5 (falls 45. Ld2, so folgt Th3‡ 46. Kg1, Sh5! usw.), Se6!) 44. Lc4, Th3‡ 45. Kg1, Dg2‡ 46. Kg2:, Sf4† 47. Kf1, Th1‡.

43. De2—d2 Db7—d5
44. b3—b4 Tg8—f8

Hier käme Th3‡ nebst De5 in Betracht.

45. Lg5—h6 Tf3×h3†
46. Kh1—g1 Tf8—g8

Schwarz deckt den Springer und droht gleichzeitig gegen 47. Df4 durch Th6:! 48. Dh6:, Dg2† 49. Kg2:, Sf5† usw., und gegen 47. Lb3 durch Dh5 die Partie zu entscheiden. Weniger gut wäre die Deckung durch Tf7 wegen 47. Dc3.

47. Lh6—g5 Dd5—d4

Abermals läßt Schwarz den Gewinn, den er hier durch De5! erreicht hätte, aus der Hand, z. B. 47. .... De5 48. Lb3, Te8 usw. und bei 48. Lf4!, Dh5 49. Lh2 De2 50. Dc3, d2 usw.

48. Dd2—f4 Dd4—a1†
49. Df4—c1 Da1—e5
50. Lg5—h6 Sg7—e8
51. Tg2×g8† Kh8×g8
52. La4—b3† Kg8—h8
53. Lh6—f4 De5—g7†
54. Lf4—g3 Th3—h5
55. Dc1—d1 Th5—e5
56. Dd1×d3 Te5—e1†
57. Kg1—g2 und nach einigen Zügen ergab sich Remis.

121

Zweispringerspiel im Nachzug

London, 1858

	Morphy	S. Boden
1.	e2—e4	e7—e5
2.	Sg1—f3	Sb8—c6
3.	Lf1—c4	Sg8—f6
4.	Sf3—g5	d7—d5
5.	e4×d5	Sc6—a5
6.	d2—d3	h7—h6

7. Sg5—f3 Sa5×c4
8. d3×c4 Lf8—d6

Die Partien 83 u. 248 zeigen, daß 8. .... e4 nicht besser ist.

9. Sb1—c3 a7—a6

In Betracht käme Lg4 oder 0—0.

10. Lc1—e3 b7—b6

Es drohte c5; Schwarz hat schon jetzt Sorgen und Weiß konsolidiert seine Stellung zusehends. Im Falle e4 gespielt wird, stellt sich der Springer auf d4.

11. h2—h3 0—0
12. a2—a3 ....

Dieser und der folgende Zug zeigen eine gewisse Unentschlossenheit. Besser war 12. 0—0, da das Aufziehen des Randbauers die Stellung erheblich schwächt.

12. .... Dd8—e7
13. Dd1—d2 ....

Auf die Rochade würde Schwarz durch e4 nebst De5 einen kräftigen Angriff erlangen.

13. .... Lc8—f5
14. Dd2—e2! Lf5—h7
15. g2—g4 Sf6—e4
16. Sc3 × e4 Lh7 × e4
17. Th1—g1 De7—f6

Der Angriff der Dame war durch Tg3 leicht abzuwehren; 17. .... f5! 18. ef5, Tf5: 19. Sd2, Lc2: 20. Lh6: Tf7usw. hätte versucht werden müssen.

18. Tg1—g3 Le4 × f3
19. Tg3 × f3 Df7—h4
20. Tf3—g3 e5—e4

Schwarz gewinnt den Bauer zurück, gerät aber in eine bedrängte Stellung.

21. Tg3—g1 Dh4 × h3
22. 0—0—0 Dh3—f3
23. De2—d2 ....

Durch den Abtausch 23. Df3:, ef3 nebst 24. Td3 und 25. Ld2 usw. könnte Weiß einen Bauer gewinnen. Der Führer des weißen Spieles tauscht nicht, da er aus seiner ausgezeichneten Stellung wohl mit Recht mehr herauszuschlagen hofft.

23. .... a6—a5
24. Kc1—b1 f7—f6

Es drohte Lh6:.

25. Tg1—h1 Kg8—f7
26. Td1—g1 Kf7—e7

Durch diesen zweiten Königszug verschlechtert Schwarz seine Stellung; besser war Th8.

27. Dd2—e1 Ld6—f4

Dadurch begegnet Boden der Drohung 28. Df1 nebst 29. Th3.

28. Th1—h4 Tf8—g8
29. Tg1—h1 g7—g5

Der schwarze Läufer war in Verlustgefahr.

30. Th4 × h6 Lf4 × e3
31. f2 × e3 Ta8—f8
32. Th1—f1 Df3 × g4
33. De1—c3 Ke7—d7
34. Tf1 × f6 Tf8 × f6
35. Dc3 × f6 Kd7—c8
36. Th6—h7 Kc8—b8
37. Df6—c6 Tg8—c8
38. Th7—d7 ....

Falls sofort 38. d6, so folgt Dd1† nebst 39. Dd6:.

38. .... Dg4—g1†
39. Kb1—a2 Dg1 × e3
40. d5—d6 De3—c5
41. Dc6 × e4 Kb8—a7
42. c2—c3 a5—a4
43. De4—d5 Dc5 × d5

Erst hier schreitet Weiß zu dem Dametausche in der Aussicht, durch das Bauernendspiel den Sieg schneller zu erringen.

44. c4 × d5 b6—b5
45. d6 × c7 Ka7—b6
46. d5—d6 g5—g4
47. Td7—d8 Kb6—b7
48. d6—d7 Tc8 × c7
49. Td8—b8† Kb7 × b8
50. d7—d8D† Aufgegeben.

122
Abgelehntes Königsgambit

London, 1858

Morphy	S. Boden
1. e2—e4	e7—e5
2. f2—f4	Lf8—c5
3. Sg1—f3	d7—d6
4. c2—c3	Lc8—g4
5. Lf1—e2	....

Zwingender wäre 5. h3!

5. .... Sb8—c6

In Betracht käme Lf3: nebst Df6 — oder Sc6.

6. b2—b4 ....

Schlecht wäre Se5: wegen Le2: 7. Sc6:, Ld1:! (falls Dh4†, so 8. Ke2:, Df2† 9. Kd3, bc6 10. Df3) 8. Sd8: Lc2 9. Sb7:, Lb6 nebst Le4: usw.

6. .... Lc5—b6
7. b4—b5 Sc6—a5

Einfacher wäre 7. .... Lf3: 8. Lf3:, Se7 9. d4, ed4 10. cd4, d5! 11. e5, Sf5 usw.

8. d2—d4	Lg4 × f3
9. Le2 × f3	e5 × d4
10. c3 × d4	Dd8—f6
11. Lc1—e3	Sa5—c4
12. Le3—f2	Df6 × f4

Schwarz hat wohl einen Bauer gewonnen, Weiß ist jedoch günstiger entwickelt, besitzt die offene f-Linie und hat starke Mittelbauern; dies dürfte das Bauernminus aufwiegen.

13. 0—0 Sg8—f6

Durch Se3! hätte Schwarz sein Spiel noch retten können, z. B. 13. Se3 14. Dc1 (falls Dd2? so folgt Dh2†) Ld4: 15. Sc3 De5 16. Le3: Lc3: 17. Tb1 Ld4 usw.

14. Dd1—d3 Sc4—a5

In Betracht käme d5 nebst Sd6.

15. Sb1—c3 0—0

Besser scheint Sg4 zu sein, um einen der Läufer abzutauschen.

16. g2—g3	Df4—h6
17. Kg1—g2	Ta8—e8
18. Ta1—e1	Kg8—h8
19. Lf2—e3	Dh6—g6
20. Sc3—e2	h7—h6

Falls Se4:, so 21. Sf4, Df5 22. g4 usw.

21. Le3—d2 d6—d5

Nach diesem Zuge geht die schwarze Partie unaufhaltbar dem Verluste entgegen.

22. Se2—f4	Dg6—h7
23. e4—e5	Dh7 × d3
24. Sf4 × d3	Sa5—c4

Auf Se4 folgt 25. Le4:, de4 26. La5: nebst 27. Te4: bzw. Lb6: und Td1.

25. Ld2—b4	Sf6—e4
26. Lb4 × f8	Te8 × f8
27. Sd3—f4	Se4—d2
28. Lf3 × d5	Sd2 × f1
29. Ld5 × c4	Sf1—d2
30. Lc4—d5	Lb6 × d4
31. e5—e6	g7—g5
32. e6—e7	Tf8—e8
33. Ld5 × f7	g5 × f4
34. g3 × f4	Te8 × e7
35. Te1 × e7 und gewinnt.	

123
Philidors Springerspiel

London, 1858

S. Boden	Morphy
1. e2—e4	e7—e5
2. Sg1—f3	d7—d6
3. d2—d4	f7—f5
4. Lf1—c4	Sb8—c6
5. d4 × e5	d6 × e5

6. Dd1×d8† Sc6×d8
7. 0—0 ....

In Betracht käme: 7. ef5, e4 8. Sd4! usw.

7. .... f5×e4
8. Sf3×e5 Sg8—f6
9. Tf1—e1 Lf8—d6
10. f2—f4 Lc8—e6
11. Sb1—c3 ....

Sehr richtig gespielt, Weiß kommt allmählich in Vorteil.

11. .... 0—0
12. Sc3×e4 Ld6×e5
13. f4×e5 ....

Nicht so kräftig wäre Le6‡

13. .... Sf6—d7

Wenn Schwarz den Läufer c4 schlägt, kann folgen 14. ef6, gf6 15. Lh6, Tf7 16. Sd6! usw.

14. Se4—d2 Tf8—f5
15. Lc4×e6† Sd8×e6
16. Sd2—f3 Tf5×f3

(S. Diagramm)

Eine glänzende aber nicht ganz korrekte Kombination, die jedoch vollkommen begründet, da ohne dieses Opfer Schwarz die Partie sicher verloren hätte.

17. g2×f3 Se6—d4
18. Lc1—f4 ....

Es bleibt ein Geheimnis, warum Weiß die Qualität zurückgibt. Nach 18. Tf1, Se5: 19. Kg2 ist nichts zu fürchten. Der Textzug gleicht die Stellungen aus.

Stellung nach dem 16. Zuge von Schwarz

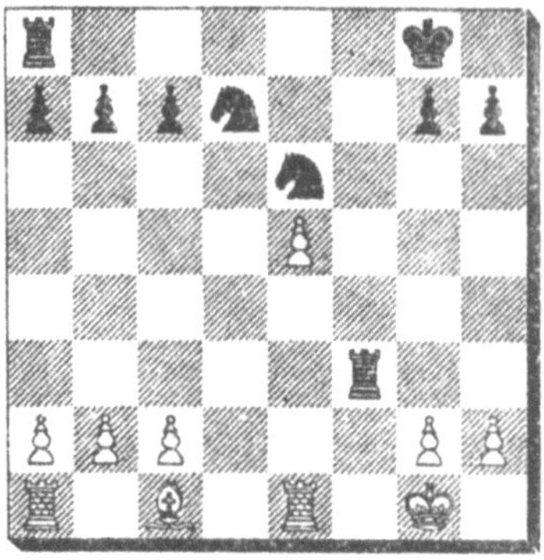

18. .... Sd4×f3†
19. Kg1—g2 Sf3×e1†
20. Ta1×e1 Ta8—e8
21. Te1—d1 Sd7—f8

Auf Se5: würde 22. Te1 folgen.

22. Kg2—f3 Sf8—g6
23. Kf3—e4 Sg6×f4
24. Ke4×f4 Kg8—f7
25. h2—h4 Kf7—e6
26. Kf4—e4 Te8—f8
27. Td1—g1 g7—g6
28. h4—h5! g6×h5
29. Tg1—g7 Tf8—f7
30. Tg7—g5 Tf7—f2
31. Tg5×h5 Tf2×c2
32. Th5—h6† Ke6—e7
33. Th6×h7† Ke7—e6
34. Th7—h6† Ke6—e7
35. Th6—h7† Ke7—e6

Remis.

124

Philidors Springerspiel

London, 1858

S. Boden	Morphy
1. e2—e4	e7—e5
2. Sg1—f3	d7—d6
3. d2—d4	e5×d4
4. Dd1×d4	Lc8—d7
5. Lc1—e3	....

Diese Läuferentwicklung scheint besser als die von Morphy bevorzugte nach Lg5.

5. . . . . Sb8—c6
6. Dd4—d2 Sg8—f6
7. Lf1—d3 Lf8—e7
8. Sb1—c3 0—0
9. 0—0 h7—h6

Besser war Se5. Schwarz beabsichtigt f5, was Weiß sehr geschickt verhindert. Boden führt diese Partie ganz im Stile seines berühmten Gegners, derart, daß der Glossator sich manchmal überzeugen muß, ob die Namen nicht verwechselt sind.

10. h2—h3 Sf6—h7
11. g2—g4 h6—h5
12. Sf3—h2 h5×g4
13. h3×g4 Sc6—e5
14. f2—f3 g7—g5
15. Kg1—g2 c7—c5

Dieser Zug schwächt den Damebauer und gibt den Punkt d5 frei. Besser war c6 nebst Sg6.

16. Tf1—h1 Kg8—g7
17. Sh2—f1 Tf8—h8
18. Sf1—g3 f7—f6
19. Sc3—d5 . . . .

Weiß steht entschieden überlegen; es zeigt sich bald, wie nachteilig c5 war.

19. . . . . Sh7—f8
20. Sg3—h5† Kg7—f7
21. Ta1—d1 Sf8—g6
22. Ld3—e2 Sg6—h4†
23. Kg2—f2 Ld7—c6

(S. Diagramm)

Bauerverlust ist nicht mehr zu verhindern, z. B. Db8, 24. Se7: Ke7: 25. Sf6:, Sf3: 26. Lf3:, Kf6: 27. Lg5‡, Kg6 28. Le7 usw.

24. Sd5×e7 Dd8×e7

Stellung nach dem 23. Zuge von Schwarz

Falls Ke7:, so gewinnt Sf6:!

25. Dd2×d6 b7—b6
26. Dd6×e7† Kf7×e7
27. Sh5—g3 . . . .

Für besser erachten wir Td2 und die Verdoppelung der Türme.

27. . . . . Ke7—f7
28. Td1—d6 Kf7—e7
29. Td6—d2 Ke7—f7
30. f3—f4 g5×f4
31. Le3×f4 Sh4—g6
32. Lf4—h6 Th8—h7
33. Kf2—e3 Ta8—h8
34. Sg3—f5 Sg6—e7

Schwarz hätte hier durch Ld7! bessere Aussicht auf Remis, z. B. 34. . . . . Ld7 35. g5, fg5 36. Tf1, Lf5: 37. Tf5‡, Ke6 38. Lg5:, Th3† 39. Kf2, Tf8 usw.

35. Sf5×e7 Kf7×e7
36. g4—g5 Ke7—e6
37. Th1—d1 . . . .

Die entscheidende Schlußwendung.

37. . . . . f6×g5
38. Td2—d6† Ke6—f7
39. Le2—h5† Kf7—e7
40. Lh6×g5† Ke7—f8
41. Td1—f1† Aufgegeben.

125
Schottisches Gambit
London, 1858

Morphy	S. Boden
1. e2—e4	e7—e5
2. Sg1—f3	Sb8—c6
3. d2—d4	e5×d4
4. Lf1—c4	Lf8—c5
5. 0—0	d7—d6

Über den theoretisch besten Zug 5. . . . . Sf6 sind die Akten noch nicht geschlossen. Hier sind einige Varianten: 5. . . . . Sf6 6. e5, d5 7. ef6 (bei 7. Lb5, Se4 8. Sd4:, 0—0 9. Sc6:, bc6 10. Lc6:, La6 usw. hat Schwarz nichts zu fürchten), dc4 8. Te1†, Le6 (weniger gut ist Kf8 wegen 9. Lg5!, gf6 10. Lh6† usw. mit sehr starkem Angriffsspiele) 9. Sg5, Dd5 (falls Df6:?, so folgt 10. Se6:, fe6 11. Dh5† nebst Dc5:) 10. Sc3, Df5 11. Se4, Lb6 (Ld6 oder Lf8 ist nicht besser). Von hier ab sind die Gelehrten nicht einig, ob Weiß den Angriff durch 12. Sg3, Dg6! (Df6: 13. Sh5, Dg6 14. Se6:, fe6 15. Te6† nebst Sg7†) 13. Se6:, fe6 14. Te6†, Kd7 15. Sh5, The8 (in Betracht kommt Tae8) 16. Sf4, Df7 17. Df3!, oder durch 12. fg7, Tg8 13. g4, Dg6 14. Se6:, fe6 15. Lg5!, Tg7: 16. Df3 usw. erfolgreicher fortsetzt.

6. c2—c3 Sg8—f6

Bei dieser Verteidigung ist das Spiel annähernd ausgeglichen. — Ob die Mittelbauern stark oder schwach sind, darüber entscheidet meistens die Stärke der Spieler. In Betracht käme dc3. Die Güte der durch die Theorie vorgeschlagenen und einen Gegenangriff bezweckenden Verteidigung 6. . . . . Lg4 7. Db3, Lf3: scheint uns wegen 8. Lf7†, Kf8 9. gf3, Se5 10. cd4!, Sf7: 11. dc5 usw. sehr zweifelhaft zu sein. Dagegen ist folgendes Qualitätsopfer erwägungswert: 6. . . . . Lg4 7. Db3, Dd7 8. Lf7† Df7: 9. Db7:, Kd7 (auch Sge7 10. Da8†, Lc8 11. cd4, Lb6 12. d5, 0—0 13. dc6, Lg4 usw. ist interessant) 10. Da8:, Lf3: 11. gf3, dc3 12. bc3!, Df3: 13. Sd2, Dh3 14. Df8, Sf6! usw.

7. c3×d4 Lc5—b6
8. Sb1—c3 0—0

Konsequenter wäre Lg4.

9. d4—d5 . . . .

Weiß sollte die Bauern im Zentrum halten und Lb3! spielen.

9. . . . . Sc6—a5

Besser wäre wohl Se5; die Randstellung des Springers ist schlecht und gefährdet ihn.

10. Lc4—d3 c7—c5

Erst jetzt merkt Schwarz den Unterschied, den der b-Bauer verursacht.

11. Lc1—g5 h7—h6
12. Lg5—h4 Lc8—g4

Auf g5? kann Weiß durch das Opfer des Springers schnell entscheiden, z. B. 13. Sg5:, hg5 14. Lg5:, c4 15. e5!, de5 16. Se4 usw.

13. h2—h3 Lg4—h5
14. g2—g4 Lh5—g6
15. Dd1—d2 Tf8—e8
16. Ta1—e1 Lb6—c7

Vorsichtiger war a6; durch den Textzug hofft Schwarz, e5 zu verhindern, dabei berücksichtigt er aber den kräftigen Gegenzug zu wenig.

17. Sc3—b5 Kg8—h7
18. Lh4×f6 g7×f6
19. Sb5×c7 Dd8×c7
20. Dd2—c3 Dc7—d8

Es drohte Springerverlust durch b4.

21. Sf3—h4 b7—b6
22. f2—f4 Kh7—g7

23. Sh4×g6 ....

So mancher Meister würde hier durch f5 den Läufer kaltstellen. Der Abtausch ist doch das Stärkste und zeigt den tiefen, feinen Blick unseres Schachhelden, der in dieser Partie das klassische Beispiel des reinen Bauernangriffes liefert, welches an Kraft, Klarheit und Eleganz bis heute noch nicht übertroffen wurde.

23. .... f7×g6
24. e4—e5 Ta8—c8

Falls de5, so folgt 25. fe5, Dd5:! 26. Tf6: usw.

25. Ld3—b1 Kg7—f7
26. e5—e6† Kf7—g7
27. Dc3—d3 f6—f5
28. g4×f5 Dd8—f6

Auf gf5 gewinnt 29. Df5:, Df6 20. Dh7† nebst e7†.

29. f5×g6 Df6×b2
30. f4—f5 Db2—f6
31. e6—e7 c5—c4
32. Dd3—g3 c4—c3
33. Te1—e6 Df6—d4†
34. Dg3—f2 Dd4×d5
35. f5—f6† Aufgegeben.

Es folgt Mat in drei Zügen, z. B. Kh8! 36. g7†, Kg8 37. f7†, Kg7: 38. Df6‡.

126

Evansgambit

London, 1858

Morphy S. Boden

1. e2—e4 e7—e5
2. Sg1—f3 Sb8—c6
3. Lf1—c4 Lf8—c5
4. b2—b4 Lc5—b6

Dies ist eine sichere Art und Weise, den Gefahren des Evansgambits vorzubeugen und eine ruhige, solid entwickelte gleiche Partie anzulegen, in der der stärkere Spieler die besseren Chancen haben wird. Der Angriff der weißen Bauern auf der Dameseite ist ungefährlich und führt oft, bei korrektem Gegenspiele, zu fühlbarer Schwächung.

5. a2—a4 a7—a6

Weniger gut ist hier 5. .... a5, wegen 6. b5, Sd4 7. Sd4!:, Ld4: 8. c3 usw., da jetzt Schwarz den Abtausch des Läufers und die Entwertung der

Bauern kaum verhindern kann. Schwerwiegende Tempoverluste hat auch das nachträgliche Schlagen des b-Bauers zur Folge, z. B. 5. .... Sb4: 6. a5, Lc5 7. c3, Sc6 usw. wodurch Weiß die gewöhnliche Evansgambitstellung erreicht, mit dem wesentlichen Unterschiede, daß der a-Bauer schon auf a5 steht.

6. c2—c3 ....

Die andere Angriffsweise 6. 0—0, d6 7. a5, La7 8. b5, ab5 9. Lb5: erscheint wegen Sge7 bedenklich, da der a5-Bauer zu schwach wird.

6. .... d7—d6
7. d2—d3 Sg8—f6
8. Dd1—b3 Dd8—e7
9. Lc1—g5 ....

Vorzuziehen wäre 9. a5, La7 10. Lg5, h6 11. Le3!, Le3: 12. fe3, Sg4 13. Ke2 usw.

9. .... h7—h6
10. Lg5—h4 ....

Vorsichtiger war Le3. Der Textzug deplaziert den Läufer.

10. .... Sc6—d8
11. Sb1—d2 g7—g5
12. Lh4—g3 Sf6—h5
13. h2—h3 De7—f6
14. 0—0—0 Sd8—e6
15. Sf3—h2 Sh5—f4
16. Sh2—g4 Df6—g7
17. Kc1—b1 h6—h5
18. Sg4—e3 Lb6 × e3
19. f2 × e3 Sf4 × g2
20. Lg3—f2 Sg2—h4
21. Lf2 × h4 g5 × h4
22. Th1—g1 Dg7—h6
23. Sd2—f3 Dh6 × e3
24. Sf3 × h4 De3 × h3
25. Sh4—f5 ....

Weiß leitet die Eroberung der feindlichen Dame ein.

25. .... Lc8—d7
26. Db3—a2! Se6—f4

Schwarz hat nichts Besseres; durch das Opfern der Dame erlangt er aber eine sehr feste, kaum zu bewältigende Stellung.

27. Tg1—g3 ....

Weiß könnte durch Lf7: das Ausweichen des Königs nach d8 oder f8 erzwingen, was von Bedeutung ist.

27. .... Ld7 × f5
28. Tg3 × h3 Lf5 × h3
29. Lc4 × f7† Ke8—d7

Der schlechteste Platz für den König; nach Ke7! stünde Schwarz mit seinem Freibauern sehr vorteilhaft, z. B.: 30. d4, Lg4 31. Td2, Tad8 32. Dc4, c6 33. de5, de5 34. Td8: (falls Tf2, so Td1 nebst Thd8), Td8: usw.

30. d3—d4 Lh3—g4
31. Td1—d2 Kd7—e7
32. Da2—c4 c7—c6
33. d4 × e5 d6 × e5
34. Td2—f2 Ta8—d8
35. Dc4—c5† Ke7—f6
36. Lf7—b3 Th8—e8
37. a4—a5 Td8—d3
38. Dc5—c4 Td3—d7
39. Kb1—a2 Te8—d8

Planlos gespielt! Der Turmzug macht die spätere Gewinnkombination Morphys möglich. Durch h5—h4—h3 usw. hätte Schwarz sicher Remis erreicht.

40. Ka2—a3 Kf6—g5
41. Dc4—c5 Kg5—f6?

Schwarz glaubte sich in vollkommener Sicherheit zu befinden. Ermüdet durch die bisherigen großen Anstrengungen erlahmte auch seine Kombination. — Morphy erspäht jedoch die Gelegenheit, die Partie zu seinen Gunsten zu wenden, rüttelt seinen Gegner durch den folgenden kräftigen Schlag auf und hält ihm das unvermeidliche Ende vor Augen.

Stellung nach dem 41. Zuge von Schwarz

42. Tf2×f4†	e5×f4
43. e4—e5†	Kf6—g6
44. Lb3—c2†	Td7—d3

Falls Lf5, so 45. Dg1† mit Gewinn des Läufers; falls aber Kh6, so 45. e6, Le6: 46. De5 und gewinnt. Am besten ist noch Kf7, worauf 45. Dc4†, Ke7 (auch bei Kg7) 46. Df4:, Tf8 47. Dg5† usw. entscheidet.

45. Dc5—e7	Td8—d7
46. De7—f6†	Kg6—h7
47. e5—e6	Td7—d6
48. Df6—f7†	Kh7—h6
49. Df7×f4†	Kh6—g7
50. Df4—g5†	Kg7—h8
51. Dg5—h6†	Kh8—g8
52. Dh6—g6†	Kg8—h8
53. Lc2×d3 und gewinnt.	

127

Spanische Partie

London, 1857

S. Boden	Morphy
1. e2—e4	e7—e5
2. Sg1—f3	Sb8—c6
3. Lf1—b5	Sg8—f6
4. d2—d4	e5×d4
5. e4—e5	Sf6—d5

Der Versuch mit dieser offenbar ungünstigen Neuerung bringt Schwarz bald in eine gedrückte Stellung, aus welcher er sich später nur infolge verschiedener Fehlzüge seines Gegners befreien kann.

6. 0—0	Lf8—c5
7. c2—c3!	0—0
8. c3×d4	Lc5—b6
9. Lb5—c4	Sc6—e7
10. Lc1—g5	Dd8—e8
11. Tf1—e1	....

Hier könnte Weiß durch 11. Dd2 eine gute Angriffsstellung erlangen. Auch 11. Sc3 war besser.

11.	h7—h6
12. Lg5—h4	Sd5—f4
13. Sb1—c3	....

Viel besser wäre noch immer der Damezug nach d2.

13.	Se7—f5
14. Dd1—d2	Sf4—g6
15. Sc3—e4	....

Stärker 15. Sd5, z. B. 15. .... c6 16. Sf6†!, gf6 17. Lf6:, Kh7 18. h4, d5 19. Ld3, Sg7 (Sd4:! gleicht das Spiel aus) 20. Sg5†, Kg8 (20. ....

hg5 21. Dg5: nebst h5 usw.) 21. Se6 usw.

15. .... d7—d5
16. e5×d6 De8—d7
17. Sf3—e5 Sg6×e5

Ein offenbares Versehen, durch das eine Figur glatt verloren geht. Besser wäre Le7.

18. d4×e5 Sf5×h4
19. Sc4—f6† g7×f6
20. e5—e6! Dd7×d6

Morphy wählt den kürzesten Weg; nach 20. .... fe6 21. Le6†, De6: 22. Te6:, Le6: usw. hätte er mit vier Figuren gegen die Dame noch einen längeren Kampf gehabt.

21. Dd2×h6 Lc8×e6
22. Lc4×e6 ....

Auf 22. Te4 gewinnt Lf2† 23. Kh1, Lf5 usw.

22. .... f7×e6
23. Te1—e4 Sh4—f5
24. Te4—g4† Kg8—f7

Aufgegeben.

128

Russisches Springerspiel

London, 1858

S. Boden — Morphy

1. e2—e4 e7—e5
2. Lf1—c4 Sg8—f6
3. Sg1—f3 Sf6×e4
4. Sb1—c3 Se4×c3

4. .... d5 5. Ld5:, Sf6 6. Lb3, Ld6 usw. gleicht das Spiel aus.

5. d2×c3 c7—c6

Bei dieser Verteidigung bleibt Schwarz in der Entwicklung etwas zurück; besser wäre, den Bauer durch 5. Sc6 nebst 6. De7 zu halten.

6. Sf3×e5 d7—d5
7. 0—0 Lf8—d6

Falls 7. .... dc4, so 8. Dd8† nebst 9. Sf7†.

8. Tf1—e1 ....

Es könnte auch 8. Ld3! geschehen.

8. .... Lc8—e6
9. Lc4—d3 Sb8—d7
10. f2—f4 Sd7×e5

In Betracht käme 10. .... 0—0 z. B. 11. Sd7:, Ld7: 12. f5, Dh4! 13. h3 (falls 13. g3, so Lg3: 14. hg3, Dg3† 15. Kf1, Te8 16. Ld2, Dh3† usw.) Dg3 mit starkem Angriff. — Der Abtausch des Springers ist für den Nachziehenden nicht günstig.

11. f4×e5 Ld6—c5†
12. Kg1—h1 Dd8—h4
13. Lc1—e3 Lc5×e3
14. Te1×e3 0—0

Die Stellungen sind jetzt ausgeglichen.

15. Dd1—e1 Dh4—h6

Vorzuziehen wäre De1†.

16. De1—g3 Ta8—e8
17. Ta1—e1 c6—c5

Durch diesen Zug schwächt Schwarz die eigene Bauernstellung nicht unwesentlich. Richtiger wäre 7. Te7 nebst Verdoppelung der Türme, um auf den Bauer e5 einen ständigen Druck auszuüben.

18. Ld3—e2 Le6—d7
19. Le2—f3 Dh6—e6
20. Te3—d3 Ld7—c6
21. b2—b4 ....

Boden nützt den schwachen 7. Zug des Gegners kräftig aus.

21.	....	b7—b6
22.	a2—a4	....

Die energische und feine Spielführung auf der Dameseite bestätigt die Richtigkeit der Ansicht Morphys, daß Boden als der stärkste englische Spieler seiner Zeit zu gelten habe.

22.	....	f7—f6
23.	b4—b5	Lc6—b7
24.	c3—c4!	d5×Tc4
25.	Td3—d6	De6—e7
26.	Lf3×b7	De7×b7
27.	e5—e6	Db7—c7
28.	Te1—d1	....

Sehr stark war hier auch 28. Td7, z. B. 28. Td7, Dg3: 29. hg3, Td8 (falls Ta8, so 30. Ted1, Te8 31. Tc7 nebst 32. Tdd7), 30. Ta7:, Ta8 31. Ta6 usw.

28.	....	Te8—d8

Morphy trifft den einzigen Zug, welcher die Partie noch hinhält; auf den naheliegenden Zug Te7 gewinnt Weiß leicht, da Schwarz sich nicht rühren kann.

29. Kh1—g1

Nimmt Weiß den Turm d8, so folgt zunächst Td8: mit der Matdrohung auf d1.

29.	....	Td8×d6
30.	Dg3×d6	Dc7×d6
31.	Td1×d6	Tf8—e8
32.	Kg1—f2	Kg8—f8
33.	Kf2—f3	Kf8—e7

Schwarz hat eine sehr schwierige Stellung, denn der weiße König droht, sich entscheidend in sein Spiel zu drängen.

34.	Td6—d7†	Ke7×e6
35.	Td7×a7	Te8—e7
36.	Ta7—a6	Te7—b7
37.	a4—a5	Ke6—d6
38.	a5×b6	Kd6—e6
39.	Kf3—e3	g7—g5
40.	g2—g4	Ke6—d6

Auffallend ist es, daß Morphy den einfachen Zug 40. .... Ke5!, durch den er sogar Gewinnchancen erlangt hätte, nicht berücksichtigt; nach dem Textzuge sollte Schwarz die Partie verlieren.

41.	Ke3—e4	Kd6—e6

Der Schluß der Partie, welcher nicht aufbewahrt ist, ergab Remis. — Bei diesem Resultate ist es wahrscheinlich, daß Weiß schwach gespielt hat, da doch seine Partie auf Gewinn stand; z. B. 42. Ta7, Tb8 (falls Tb6: so 43. Ta6, Td6 44. Td6†, Kd6: 45. Kf5, Kc7 46. Kf6:, Kb6 47. Kg5:, Kb5: 48. Kh6, Kb4 49. Kh7:, Kc3 50. g5, Kc2: 51. g6, c3 52. g7, Kb2 53. g8D, c2 54. Dg7† nebst Db7†) 43. Tc7, Tb6: 44. Tc5: usw. oder auch 42. c3, h6 43. h3, h5 44. gh5, f5† 45. Kf3, Kf6 46. h6, Kg6 47. h7, Tb8 48. Ta7 usw.

129

Abgelehntes Königsgambit

London, 9. Juli 1858

	Morphy	S. Boden
1.	e2—e4	e7—e5
2.	f2—f4	Lf8—c5
3.	Sg1—f3	d7—d6
4.	c2—c3	Lc8—g4
5.	Lf1—c4	Dd8—e7

Richtiger wäre Sc6; auf den Damezug hat Weiß eine höchst interessante Antwort.

6.	d2—d4	e5×d4
7.	0—0	Sb8—c6
8.	b2—b4	Lc5—b6
9.	a2—a4	d4×c3†
10.	Kg1—h1	c3—c2
11.	Dd1×c2	Lg4×f3
12.	g2×f3	Sc6×b4
13.	Dc2—b3	a7—a5
14.	Sb1—c3	Sg8—f6
15.	e4—e5	d6×e5
16.	f4×e5	Sf6—h5

In Betracht käme Sd7! und womöglich die lange Rochade.

17.	Sc3—e4	0—0
18.	Lc1—b2	Sh5—f4
19.	Tf1—g1	Ta8—d8

Schwarz vermeidet den Qualitätsgewinn, weil er seinen Königsläufer dem gefahrdrohenden weißen Dameläufer entgegenstellen will; nach 19. . . . . Lg1: 20. Tg1:, Kh8 21. e6, Se6: 22. Le6:, fe6 23. Tg7:, Dg7: 24. Lg7‡, Kg7: usw. ginge es ihm kaum schlechter.

20.	e5—e6	Lb6—d4
21.	e6×f7†	Kg8—h8
22.	Tg1—g4	Ld4×b2
23.	Db3×b2	Tf8×f7
24	Lc4×f7	De7×f7
25.	Se4—g5	Df7—d5
26.	Tg4×f4	Dd5×g5
27.	Ta1—g1	Dg5—h6
28.	Tf4—f7	Td8—g8
29.	Tf7×c7	Sb4—d3

30. Db2—d4 und gewinnt, z. B. durch 30. . . . . Sf4 31. Tg7: usw.

130

Abgelehntes Königsgambit

London, 1858

	Morphy	H. E. Bird
1.	e2—e4	e7—e5
2.	f2—f4	Lf8—c5
3.	Sg1—f3	d7—d6
4.	c2—c3	Lc8—g4
5.	Lf1—c4	Sb8—c6
6.	b2—b4	Lc5—b6
7.	a2—a4	a7—a6
8.	h2—h3	Lg4×f3
9.	Dd1×f3	Sg8—f6
10.	d2—d3	Dd8—e7

In Betracht käme 10. . . . . 0—0 11. f5, d5 12. Ld5:, Sd5: 13. ed5, e4 14. de4, Se5 15. De2, Dh4† usw.

11.	f4—f5	Ta8—d8
12.	Lc1—g5	Sc6—b8
13.	Sb1—d2	c7—c6

14. Sd2—f1 d6—d5
15. Lc4—b3 De7—d6
16. Se1—g3 0—0
17. Sg3—h5 d5×e4

Auch Sbd7 ist wegen des Abtausch auf f6 und d5 schlecht. Beachtenswert wäre Sh5:, z. B. 17. .... Sh5: 18. Ld8:, Td8: 19. Dh5:, de4 usw. und Schwarz behält den starken Mittelbauer.

18. d3×e4 Sf6×h5
19. Ta1—d1 Dd6—c7
20. Lg5×d8 Tf8×d8
21. Td1×d8† Dc7×d8
22. Df3×h5 Lb6—e3
23. Dh5—d1 Dd8—h4†
24. Ke1—e2 Le3—b6
25. Ke2—d3 Sb8—d7
26. Dd1—g4 Dh4—f2
27. f5—f6 und gewinnt.

131

Philidors Springerspiel

London, 1858

H. E. Bird — Morphy

1. e2—e4 e7—e5
2. Sg1—f3 d7—d6
3. d2—d4 f7—f5
4. Sb1—c3 ....

Dieser neuerdings empfohlene Springerzug scheint sehr beachtenswert zu sein.

4. .... f5×e4
5. Sc3×e4 d6—d5

Da nach ed4 Weiß auffallend besser entwickelt wäre, hat Schwarz nur mehr diese Fortsetzung, deren Güte aber ebenfalls zweifelhaft ist.

6. Se4—g3 ....

Entschieden vorzuziehen ist die Zuckertortsche Variante Se5:, z. B. 6. .... de4 7. Dh5†, g6 8. Sg6:, Sf6 9. De5†, Le7 (Kf7 ist nicht besser) 10. Sh8:, Sc6 11. Lb5, Dd5 12. Lg5 usw. Weiß hat gegen die zwei leichten Offiziere Turm und zwei Bauern und Aussicht, noch einen dritten zu gewinnen, ist also materiell im Vorteile.

6. .... e5—e4
7. Sf3—e5 Sg8—f6
8. Lc1—g5 Lf8—d6

Vorsichtiger war Le7.

9. Sg3—h5 0—0
10. Dd1—d2 Dd8—e8

Die Entfesselung der Dame war notwendig.

11. g2—g4? ....

Der Weg zum schnellen Verluste! Durch 11. Sf6:! gf6 12. Lf6:, Tf6: (Dh5 13. g4) 13. Dh5†, Tg6 14. Sg6:, hg6! 15. Dd5‡ (oder h4) usw. war die Partie auszugleichen. Die Schachliteratur muß dafür Mr. Bird dankbar sein, daß er die Textfortsetzung wählte, da so Morphy Gelegenheit geboten wurde, seine wunderbare Kombinations- und Erfindungskraft leuchten zu lassen.

11. .... Sf6×g4
12. Se5×g4 De8×h5
13. Sg4—e5 Sb8—c6
14. Lf1—e2 Dh5—h3
15. Se5×c6 b7×c6
16. Lg5—e3 Ta8—b8

Dieser Turmzug bezweckt die Einleitung zu einer erstaunlich tiefliegenden, frappierenden Wendung, welche aber bei korrektem Gegenspiele nur zu Remis führen würde.

17. 0—0—0 ....

Sicherer wäre 17. c3.

17. ... Tf8 × f2!

18. Le3 × f2 Dh3—a3!

Auf La3 folgt als Antwort 19. De8!

19. c2—c3 ....

Eine höchst verwickelte Stellung mit einer Menge von Kombinationen, welche kaum zu berechnen sind. — 19. Dc3 wäre nicht gut wegen Da2:, 20. Tg1, g6! (es drohte Tg7†) 21. b3, Lb4! usw. — Gegen Dg5 spielt Schwarz Db2† (19. .... e3? verliert z. B. 20. Dd8†, Kf7 21. Dc7†, Ld7 22. Lh5†, g6 23. Dd7†, Kg8 24. De6†, Kg7 25. De5†, Kg8 26. Dc3: usw.) 20. Kd2, Lb4† 21. Ke3, Da3†! 22 Ld3 (Kf4, Ld6†), La6 23. Tg1, Lf8! und gewinnt. Es scheint, daß Weiß noch das Beste fand.

19. .... Da3 × a2

20. b2—b4 ....

Bei Dc2 kann Tb2:, 21. Db2:, La3 22. Da3:, Da3† 23. Kd2, Db2† 24. Ke1, Dc3† usw. folgen.

20. .... Da2—a1†

21. Kc1—c2 Da1—a4†

22. Kc2—b2 ....

Durch Kc1 hätte Weiß Remis (ewiges Schach) erzwingen können. — Falsch wäre nach Kc1 das Opfer des Läufers auf b4 z. B. 22. .... Lb4: 23. cb4, Tb4: 24. Dg4, Da3† 25. Kd2, Tb2† 26. Ke1, Te2† 27. Ke2:, Df3† 28. Ke1, Dh1† 29. Dg1, Df3 30. Dg3 usw.

22. .... Ld6 × b4

23. c3 × b4 Tb8 × b4†

24. Dd2 × b4 Da4 × b4†

25. Kb2—c2 e4—e3!

Entscheidend!

26. Lf2 × e3 Lc8—f5†

27. Td1—d3 Db4—c4†

28. Kc2—d2 Dc4—a2†

29. Kd2—d1 Da2—b1†

und gewinnt.

132

Evansgambit

London, 1858

Morphy	H. E. Bird
1. e2—e4	e7—e5
2. Sg1—f3	Sb8—c6
3. Lf1—c4	Lf8—c5
4. b2—b4	Lc5 × b4
5. c2—c3	Lb4—c5
6. d2—d4	e5 × d4
7. c3 × d4	Lc5—b6

8. 0—0 d7—d6
9. d4—d5 Sc6—a5
10. e4—e5 . . . .

Richtiger wäre 10 Lb2 oder 10. Ld3.

10. . . . . . Sa5 × c4
11. Dd1—a4† Lc8—d7
12. Da4 × c4 d6 × e5

Dieser Zug öffnet dem Weißen zu viel Linien; empfehlenswerter ist 12. . . . . Se7, z. B. 12. . . . . Se7 13. e6, fe6 14. de6, Lc6 15. Sg5, 0—0 16. Dc2, Sg6 17. h4, Df6 18. Lb2, Df4 usw. mit sehr starker Stellung.

13. Sf3 × e5 Dd8—f6

Besser scheint 13. . . . . Sf6 zu sein.

14. Se5 × d7 Ke8 × d7
15. Dc4—g4† Kd7—e8
16. Lc1—g5 Df6—g6

Auf Da1: könnte folgen 17. Te1†, Se7 (bei Kf8 ist Mat durch 18. Db4†, c5! 19. dc6†, Lc5 20. Dc5‡, Se7 21. De7‡, Kg8 22. De8† nebst Te8‡) 18. Le7:! (falls 18. Te7‡, so Kf8 19. Tf7:†, Kg8!), Lf2‡ (auf 18. La5 folgt 19. Da4†, c6 20. Lb4†, Kd8 21. La5‡, Kd7 22. dc6†, bc6 23. Dd1†, Kc8 24. Te7, Dd4! 25. Dd4:) 19. Kf2:, Db2† 20. Kg3!, g6! 21. Lg5†, Kf8 22. Lh6†, Dg7 23. Dd4 usw.

Stellung nach dem 16. Zuge von Schwarz

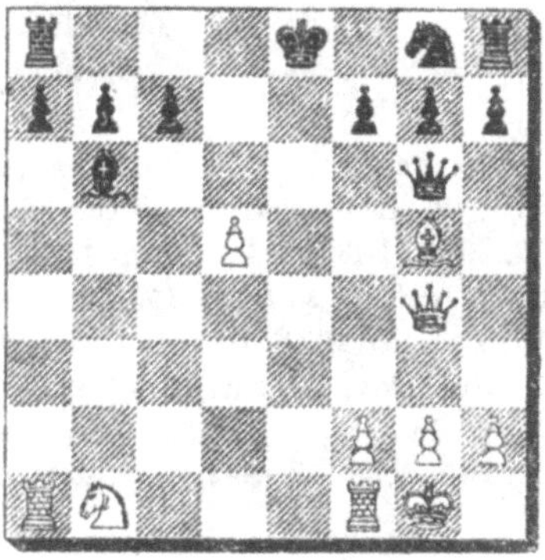

17. Sb1—c3 Sg8—f6
18. Ta1—e1† Ke8—f8
19. Dg4—b4† Kf8—g8
20. Lg5 × f6 Dg6 × f6
21. Sc3—e4 Df6—g6
22. Kg1—h1 h7—h5
23. f2—f4 h5—h4
24. f4—f5 Dg6—h5
25. Tf1—f4 f7—f6

Eine bessere Verteidigung bot 25. . . . . Th6.

26. Se4 × f6† g7 × f6
27. Tf4—g4† Dh5 × g4
28. Db4 × g4† Kg8—f8
29. Te1—e6 Th8—h6
30. Dg4—f4 Kf8—g7
31. Te6—e7† Aufgegeben.

133

Springergambit

London, 1858

Morphy	H. E. Bird
1. e2—e4	e7—e5
2. f2—f4	e5 × f4
3. Sg1—f3	g7—g5
4. h2—h4	g5—g4
5. Sf3—e5	Sg8—f6

Eine gleiche Stellung könnte Schwarz durch 5. . . . . d6 6. Sg4, Le7 7. d4, Lh4‡ 8. Sf2, Dg5 9. Df3, Sc6 usw. erzielen.

6. Lf1—c4 d7—d5
7. e4×d5 Lf8—d6
8. d2—d4 Sf6—h5
9. Sb1—c3 ....

Weniger gut ist 9. Lb5† wegen c6! 10. dc6, bc6! 11. Sc6:, Sc6: 12. Lc6‡, Kf8 13. La8:, Sg3 14. Kf2, (falls 14. Th2, so De7† 15. Kf2, Se4† 16. Le4:, De4:), Sh1‡ 15. Dh1:, g3† 16. Ke1, De7† 17. Kd1, Lg4† 18. Lf3, Lf3‡ 19. gf3, Tg8 20. Dg2, Tg6 21. Sc3, Th6 22. Se2, Th4: usw.

9. .... Lc8—f5

Bessere Verteidigung bot De7 oder 0—0.

10. Sc3—e2 Ld6×e5
11. d4×e5 f4—f3
12. g2×f3 g4×f3
13. Lc1—g5 f7—f6
14. e5×f6 Dd8—d6
15. Dd1—d4 f3×e2
16. Lc4×e2 Dd6—g3†
17. Ke1—d2 0—0
18. Ta1—g1 Aufgegeben.

134

Damegambit

London, 1858

John Owen — Morphy

1. d2—d4 e7—e6
2. c2—c4 d7—d5
3. e2—e3 ....

Das ist ein Damegambit im Pianissimostile. Viel lebhafter und komplizierter gestaltet sich das Spiel nach 3. Sc3, Sf6 4. Lg5, Le7 5. Sf3 0—0 6. Dc2 usw.

3. .... Sg8—f6
4. Sg1—f3 c7—c5
5. Sb1—c3 Sb8—c6
6. a2—a3 Lf8—d6

(Siehe Anm. Partie 31.)

7. d4×c5 Ld6×c5
8. b2—b4 Lc5—d6
9. c4×d5 ....

Ein guter Zug! Man mußte nur energisch und konsequent auf die Stärke bzw. Schwäche der Punkte d4 und d5 spielen.

9. .... e6×d5
10. Lf1—e2 0—0
11. 0—0 a7—a5
12. b4—b5 Sc6—e7
13. Lc1—b2 Lc8—e6
14. Sc3—a4 Sf6—e4!
15. Sf3—d4 Se4—c5
16. Sd4×e6 ....

Schwach gespielt! Schwarz bekommt dadurch eine offene Turmlinie und der Bauer d5 eine gute Stütze.

16. .... f7×e6
17. Le2—g4 Se7—f5
18. Lg4×f5 ....

Von neuem ein schwacher Zug. Der Turm kommt mit Tempogewinn ins Spiel.

18. .... Tf8×f5
19. Sa4×c5 Ld6×c5
20. Dd1—g4 Dd8—e7
21. Lb2—d4 Lc5×d4

Natürlich nicht La3: wegen 22. Ta3: nebst Dg7‡. Die Notwendigkeit des Läufertausches ist nicht ersichtlich; der Läufer würde auf d6 gute Dienste geleistet haben.

22. Dg4×d4	Ta8—c8
23. Dd4—b6	Tc8—c2
24. Ta1—c1?	....

Viel besser wäre 24. Da5:, z. B. Df6 (auf h5 oder h6 folgt 25. Td1 nebst Td2) 25. Da8†, Kf7 26. Db7†, Kg6 27. f4, Db2, Kh1! usw.

24.	Tf5×f2!
25. Tc1×c2	Tf2×c2
26. Db6×a5	h7—h6
27. Tf1—f2	Tc2—c1†
28. Tf2—f1	De7—c5
29. Da5—d2	Tc1—c3!
30. Dd2—d4	....

Auch andere Züge können die weiße Partie nicht mehr retten.

30.	Dc5×d4
31. e3×d4	Tc3×a3
32. Tf1—c1	Kg8—f7!

Auf Tb3 folgt 33. Tc8†, Kh7 34. Te8.

33. Tc1—c7†	Kf7—f6
34. Tc7×b7	Ta3—d3
35. Kg1—f2	Td3×d4
36. Kf2—e3	e6—e5
37. b5—b6	Td4—b4
38. Tb7—b8	Kf6—e7!
39. b6—b7	Ke7—d7!

Es drohte 40. Tg8.

40. Tb8—g8	Tb4×b7
41. Tg8×g7†	Kd7—c6
42. Tg7—g6†	Kc6—c5
43. Tg6×h6	Tb7—b3†
44. Ke3—e2	e5—e4
45. Th6—h8	Kc5—d4
46. Th8—g8	Tb3—b2†
47. Ke2—d1	Kd4—d3

Aufgegeben.

135

Unregelmäßige Eröffnung

London, 1858

Morphy	John Owen
1. e2—e4	b7—b6
2. d2—d4	Lc8—b7
3. Lf1—d3	e7—e6
4. Sg1—h3	....

Besser wäre 4. c3 oder 4. Se2.

4.	c7—c5

Ein guter Zug, der zur Zersplitterung des weißen Zentrums oder zum Abtausch des weißen Königsläufers führt.

5. c2—c3	c5×d4
6. c3×d4	Sb8—c6
7. Lc1—e3	Sc6—b4

In dieser Eröffnung ist es gewöhnlich vorteilhaft, den feindlichen Königsläufer abzutauschen.

8. Sb1—c3	Sb4×d3
9. Dd1×d3	Lf8—b4
10. 0—0	Lb4×c3
11. b2×c3	Sg8—f6
12. e4—e5	Sf6—d5
13. c3—c4	Lb7—a6
14. Le3—d2!	Ta8—c8

14. .... 0—0 wäre besser gewesen.

15. Ta1—c1	....

Zu leicht gespielt! 15. Dg3 wäre dem Schwarzen sehr unangenehm gewesen.

15.	0—0
16. Dd3—b3	Sd5—e7
17. Ld2—b4	Tf8—e8
18. Tf1—d1	Se7—f5
19. g2—g4	....

Ein allzu kühner Angriffszug, der die weiße Königsstellung entblößt und sie den feindlichen Offizieren zugänglich macht.

19.	....	Sf5—h4
20.	f2—f4	f7—f6
21.	Lb4—e1	f6×e5
22.	d4×e5	Dd8—e7
23.	Sh3—g5	h7—h6
24.	Sg5—e4	....

Es gibt keinen besseren Zug; auf 24. Lh4:, hg5 25. Lg5: entscheidet Dc5†.

24.	....	La6—b7
25.	Db3—d3	....

Auf 25. Sd6 folgt Sf3† nebst Dh4† oder Sh2† usw.

25.	....	Te8—f8

26.	Le1×h4	De7×h4
27.	Se4—f6†	Tf8×f6!

Natürlich nicht 27. .... gf6 wegen 28. Dg6†, Kh8 29. Td7: usw.

28.	e5×f6	Dh4×g4†
29.	Dd3—g3	Dg4×g3†
30.	h2×g3	Lb7—c6
31.	f6×g7	Kg8×g7
32.	Kg1—f2	Kg7—f6
33.	g3—g4	....

Weiß schwächt seine Bauern auf dem Königsflügel erheblich; vorsichtiger wäre 33. Te1 nebst 34. Te5.

33.	....	h6—h5!
34.	g4—g5†	....

Dies verliert! Durch 34. gh5, Th8 35. Te1, Th5: 36. Kg3, Th8 37. Te2, Tg8† 38. Kh2, Kf5 39. Tf1 usw. könnte man auf Remis spielen.

34.	....	Kf6—f5
35.	Kf2—e3	....

Nach 35. Kg3, Th8 ist Bauernverlust unvermeidlich.

35.	....	h5—h4
36.	Td1—d2	h4—h3
37.	Td2—h2	Lc6—g2
38.	Tc1—c2	d7—d5
39.	g5—g6	....

Auch andere Züge können die Partie nicht mehr halten.

39.	....	d5×c4
40.	g6—g7	Tc8—g8
41.	Th2×g2	h3×g2
42.	Tc2×g2	Kf5—f6
43.	Tg2—c2	Tg8×g7
44.	Tc2×c4	Tg7—g3†
45.	Ke3—e4	Tg3—a3
46.	Tc4—c2	Ta3—a4†

Aufgegeben.

136

Unregelmäßige Eröffnung

London, 1858

	Morphy	John Owen
1.	e2—e4	b7—b6
2.	d2—d4	Lc8—b7
3.	Lf1—d3	....

In Betracht kommt auch 3. d5.

3.	....	e7—e6

4. Sg1—h3 c7—c5!
5. c2—c3 Sb8—c6
6. Lc1—e3 Sg8—f6

Besser war 6. .... cd4 usw. wie Owen in der Partie 135 spielte.

7. Sb1—d2 c5 × d4
8. c3 × d4 Lf8—b4
9. 0—0 Lb4 × d2
10. Dd1 × d2 Sc6—e7
11. f2—f3 Se7—g6
12. Ta1—c1 0—0
13. Le3—g5 ....

Dieser Fesselungszug ist eben nicht kraftlos.

13. .... h7—h6
14. Lg5 × f6 Dd8 × f6
15. e4—e5 Df6—h4
16. Ld3—b5 Tf8—d8
17. Tc1—c7 Lb7—c6
18. Lb5—e2 ....

Weiß sieht ein, daß das mit dem 16. Zuge eingeleitete Manöver falsch war; nach 18. Lc6:, dc6 19. Tc6:, Td4: usw. stünde Schwarz viel besser.

18. .... Sg6—e7
19. Sh3—f4 Dh4—g5

Falls g5, so 20. g3 usw.

20. Tf1—d1 Td8—f8
21. Dd2—c1 Se7—f5
22. g2—g4 Sf5—h4

Zeigt von minderer Begabung. Durch das naheliegende 22. Sd4:! hätte Schwarz die Partie zu seinen Gunsten wenden können, z. B. 22. .... Sd4: 23. Td4:, De5: 24. Tdd7:, Ld7: 25. Td7:, g5! 26. Sg6, fg6 27. Db1, De3† 28. Kh1, Tf6 usw.

23. Kg1—f2 Dg5—d8
24. Tc7 × c6 d7 × c6
25. Dc1 × c6 Ta8—c8
26. Dc6—e4 Dd8—g5
27. Le2—d3 g7—g6
28. Td1—g1 Tc8—c7
29. Sf4—e2 f7—f5

Ein richtiges Harakiri! Der solidere Zug Kh8 hätte Schwarz allmählich in Vorteil gebracht.

Weiß hat aber hier schon einen nicht zu unterschätzenden Angriff.

30. g4 × f5 Dg5 × f5
31. De4 × f5 e6 × f5
32. Se2—f4 Tc7—c6
33. d4—d5 Tc6—c5
34. Sf4 × g6 Sh4 × g6
35. Tg1 × g6† und Weiß gewinnt schließlich mit seinen Freibauern.

137

Springergambit

London, 1858

Morphy	G. W. Medley
1. e2—e4	e7—e5
2. f2—f4	e5 × f4
3. Sg1—f3	g7—g5
4. h2—h4	g5—g4
5. Sf3—e5	Sg8—f6

Der Paulsensche Zug Lg7 reicht ebenfalls aus, z. B. 5. .... Lg7 6. Lg4: (falls d4, so Sf6!), d5 7. Sf2 (auf Df3 folgt Sc6!), Se7 usw.

6. Lf1—c4 d7—d5
7. e4 × d5 Lf8—d6

Auch jetzt käme Lg7! in Betracht.

8. d2—d4 Sf6—h5
9. Sb1—c3 Lc8—f5
10. Sc3—e2 Dd8—f6

Besser wäre De7.

11. Se2×f4 Sh5—g3

12. Sf4—h5! . . . .

Der schwache 10. Zug von Schwarz macht diesen genialen Ausweg möglich.

12. . . . . Sg3×h5

13. Lc1—g5 Ld6—b4†

Entschieden besser wäre Dg7!, da hierauf Weiß den Angriff durch 14. 0—0, Sg3 15. Tf5:, Sf5: 16. Dg4: usw. keinesfalls so günstig fortsetzen könnte.

14. c2—c3 Df6—d6
15. 0—0 Sh5—g7
16. Tf1×f5 Sg7×f5
17. Dd1×g4 Sf5—e7
18. Ta1—e1 h7—h5

Dieser Zug ist dem Plane des Gegners nur förderlich.

19. Dg4—f3 Th8—h7
20. Lc4—b5† c7—c6
21. d5×c6 b7×c6
22. Se5×c6 Sb8×c6
23. Lb5×c6† Ke8—f8
24. Lg5×e7† Dd6×e7
25. Te1×e7 Lb4×e7
26. Lc6×a8 und gewinnt.

138

Spanische Partie

London, 1858

G. W. Medley Morphy

1. e2—e4 e7—e5
2. Sg1—f3 Sb8—c6
3. Lf1—b5 Sg8—e7

Diese uralte Verteidigung wendet Morphy nur aus Extravaganz an.

4. c2—c3 . . . .

Besser wäre 4. d4 oder 4. Sc3! Der letztere Zug ermöglicht nach 4. . . . . g6 durch 5. d4, ed4 6. Sd5! usw. einen durchschlagenden Angriff.

4. . . . . a7—a6
5. Lb5—a4 b7—b5
6. La4—b3 d7—d5
7. e4×d5 Se7×d5
8. d2—d4 . . . .

Auf 8. De2 könnte Sf4! 9. De4, Dd3 10. Dc6†, Kd8 11. Sg1, Tb8 12. Df3, Lb7 usw. folgen.

8. . . . . e5×d4
9. Sf3×d4 Sc6×d4
10. Dd1×d4 Lc8—e6
11. 0—0 c7—c5
12. Dd4—e5 c5—c4
13. Lb3—c2 Lf8—d6

Weiß behandelt die Eröffnung zu ängstlich und energielos, daher kommt es, daß Morphy, trotz der gewählten schwächeren Verteidigung in einem so frühen Stadium der Partie eine überlegene Angriffsstellung erlangen konnte.

14. De5—d4 ....

Falls Dg7:, so folgt Kd7!

14. .... 0—0
15. Dd4—e4 g7—g6
16. De4—f3 Dd8—h4
17. g2—g3 Dh4—h3
18. Lc2—e4 Sd5—c7
19. Lc1—f4 ....

Auf 19. La8: ruht kein Segen.

19. .... Ta8—d8
20. Lf4×d6 Td8×d6
21. Df3—f4 Tf8—d8
22. Le4—g2 Dh3—h5
23. Lg2—f3 Dh5—c5
24. Sb1—a3 Sc7—d5
25. Df4—e5 f7—f6
26. De5—e2 ....

(S. Diagramm)

Auch 26. Dd4 kostet einen Bauer. Auf 26. De1 gewinnt Schwarz durch Lh3 27. Lg2 (besser ist es, die Qualität zu opfern), Te6 28. Dc1 (bei 28. Dd1, Lg2: nebst Se3†), Lg2: 29. Kg2:, Te2 30. Kg1, Se3 31. fe3:, Tdd2 usw.

26. .... Sd5×c3
27. b2×c3 Dc5×a3
28. De2—e3 Le6—h3

Stellung nach dem 26. Zuge von Weiß

29. Tf1—d1 Da3×a2

Auf ein solches geistiges Funkensprühen muß man bei Morphy stets vorbereitet sein.

30. De3—e7 Da2—b2
31. De7×d8† Td6×d8
32. Td1×d8† Kg8—g7
33. Ta1—e1 Db2×c3
34. Te1—e7† Kg7—h6
35. Te7—e3 Dc3—b2
36. Td8—d1 c4—c3
37. Te3—e1 c3—c2
38. Td1—c1 b5—b4
39. Lf3—e4 b4—b3

Schwarz gewinnt.

139

Spanische Partie

London, 1858

W. Medley	Morphy
1. e2—e4	e7—e5
2. Sg1—f3	Sb8—c6
3. Lf1—b5	Sg8—f6
4. d2—d4	e5×d4
5. e4—e5	Sf6—e4
6. 0—0	a7—a6
7. Lb5×c6	d7×c6
8. Dd1×d4	Lc8—f5
9. Lc1—f4	Lf8—c5
10. Dd4×d8†	Ta8×d8
11. Sb1—d2	0—0
12. Sd2×e4	Lf5×e4
13. Sf3—g5	....

Besser wäre 13. Sd2.

13. .... Lc4—d5

Schwarz darf den c-Bauer wegen Tac1 nicht schlagen.

14. Tf1—e1 h7—h6
15. Sg5—e4 Ld5×e4
16. Te1×e4 g7—g5
17. Lf4—g3 ....

Gute Remischancen hätte Weiß durch 17. Le3! gehabt; nach dem Textzuge ist er verloren.

17. .... Td8—d2
18. Ta1—c1 f7—f5

Zwingend! Jetzt spielen alle schwarzen Figuren mit.

19. e5×f6 Tf8×f6
20. h2—h4 Lc5×f2†
21. Lg3×f2 Tf6×f2
22. h4×g5 Tf2×g2†
23. Kg1—f1 h6×g5
24. Te4—e7 g5—g4
25. Te7×c7 g4—g3

und gewinnt. Eine kurze, glatte Partie, durch das stärkere Spiel ohne große Evolutionen gewonnen.

140

Bauervorgabe

London, 1858

Vorgabe von Bauer und Zug

G. W. Medley — Morphy

1. e2—e4 d7—d6
2. d2—d4 Sg8—f6
3. Lf1—c4 Sb8—c6
4. Sb1—c3 e7—e5
5. d4—d5 ....

Dieser Zug sperrt die Diagonale des Läufers; vorzuziehen wäre Sge2.

5. .... Sc6—e7
6. Sg1—f3 Se7—g6
7. Lc1—g5 h7—h6
8. Lg5×f6 Dd8×f6
9. Lc4—b5† Ke8—f7
10. Sf3—d2 Sg6—h4
11. g2—g3 Sh4—g2†
12. Ke1—e2! Lc8—h3
13. f2—f3 Df6—g5
14. Dd1—g1 ....

Auf Sf1 könnte Schwarz mit Sh4 antworten.

14. .... a7—a6
15. Lb5—d3 h6—h5
16. Dg1—f2 g7—g6
17. Ta1—g1 Lf8—h6
18. Sd2—f1 Dg5—c1

19. Sc3—d1 b7—b5

In Betracht käme 19. Kg7, um nachher die f-Linie durch die Türme zu besetzen.

20. Tg1×g2 ....

Endlich ist es gelungen, den kecken Springer zu erobern.

20.	....	Th8—c8
21.	Sf1—e3	c7—c5
22.	d5×c6	Tc8×c6
23.	Th1—e1	Lh6×e3
24.	Sd1×e3	Dc1×b2
25.	Tg2—g1	Ta8—c8
26.	Te1—c1	....

Auf 26. Tb1 kann Schwarz mittels zweier Qualitätsopfer Remis durch ewiges Schach erreichen.

26.	....	Lh3—e6
27.	Tg1—d1	Tc6—c3
28.	Ke2—f1	Le6—h3†

29.	Kf1—e1!	....

Medley steht auf der Lauer und vermeidet die von seinem Gegner aufgestellte feine Falle. Auf 29. Kg1 hat nämlich der erfindungsreiche Gegner folgende Variante ausgeklügelt: 29. .... Td3:! 30. cd3, Dc1: 31. Tc1: (f4 macht Remis), Tc1‡ 32. Sf1, b4! 33. f4, a5! 34. fe5†, Ke8 35. ed6, Tf1‡, 36. Df1:, Lf1: 37. Kf1:, a4 38. Ke2, b3 39. ab3, a3! usw.

29.	....	Lh3—e6
30.	Se3—d5	Tc3—c5
31.	c2—c3	Db2—a3
32.	Df2—d2	Le6×d5
33.	e4×d5	Tc5×c3

Falls Td5:, so 34. Lc4 usw.

34.	Tc1×c3	Tc8×c3
35.	Ld3—e4	Da3—c5
36.	Ke1—e2	b5—b4
37.	Dd2—h6	....

Stärker war 37. Dg5.

37.	....	Kf7—e7
38.	Dh6—g5†	Ke7—d7
39.	Dg5—d2	g6—g5
40.	Dd2×g5	Kd7—c7
41.	Dg5—d2	a6—a5
42.	h2—h3	a5—a4
43.	g3—g4	h5×g4
44.	h3×g4	Kc7—b6
45.	g4—g5	Dc5—c4†
46.	Ke2—e1	Aufgegeben.

141
Evansgambit

London, 1858

	Morphy	H. Hampton
1.	e2—e4	e7—e5
2.	Sg1—f3	Sb8—c6
3.	Lf1—c4	Lf8—c5
4.	b2—b4	Lc5×b4
5.	c2—c3	Lb4—c5
6.	0—0	d7—d6
7.	d2—d4	e5×d4
8.	c3×d4	Lc5—b6
9.	Sb1—c3	Sg8—f6?
10.	e4—e5	d6×e5
11.	Lc1—a3	Lc8—g4

Schwarz beabsichtigt den Punkt f7 durch den Läufer von h5 aus zu decken. Diese Verteidigung ermöglicht das entscheidende Vorrücken des weißen Mittelbauers.

12. Dd1—b3 Lg4—h5
13. d4×e5 Sf6—g4
14. Ta1—d1 Dd8—c8
15. e5—e6 f7—f6

Oder 15. .... fe6 16. Le6:, Db8. 17. Ld7† usw.

16. Db3—b5 Lh5—g6
17. Lc4—d5 und gewinnt.

142
Evansgambit
London, 1858

Morphy	Amateur
1. e2—e4	e7—e5
2. Sg1—f3	Sb8—c6
3. Lf1—c4	Lf8—c5
4. b2—b4	Lc5×b4
5. c2—c3	Lb4—c5
6. d2—d4	e5×d4
7. c3×d4	Lc5—b6
8. Lc1—g5	....

Ein ungewöhnlicher Zug. Richtiger ist 8. .... 0—0.

8. .... Sg8—e7
9. Sb1—c3 0—0

Die Rochade ist verfrüht. Schwarz mußte durch f6 den Königsspringer entfesseln und dann den weißen Königsläufer von der Diagonale a2—g8 verdrängen.

10. d4—d5 Sc6—a5
11. d5—d6 ....

Weiß hat jetzt ein überwältigendes Angriffsspiel.

11. .... c7×d6
12. Sc3—d5 Sa5—c6
13. Sd5×e7† Sc6×e7
14. Dd1×d6 Tf8—e8
15. Ta1—c1 ....

Verhindert Lc7.

15. .... Lb6—a5†
16. Ke1—f1 Kg8—f8
17. Dd6—f4 d7—d5
18. Lc4—b5 ....

Überkünstelt! ed5 war einfach und gut.

18. .... Lc8—d7
19. Sf3—e5 Ld7×b5†
20. Kf1—g1 f7—f5
21. e4×f5 Dd8—b6
22. f5—f6 Se7—g8
23. f6—f7 Te8—c8
24. f7×g8D† Kf8×g8
25. Df4—f7† Kg8—h8
26. Tc1×c8† Ta8×c8
27. Df7×d5 h7—h6

Bis hierher hat sich Schwarz geschickt verteidigt, und es glückte ihm die besser entwickelte Stellung zu erlangen. Der letzte Zug ist fehlerhaft; statt dessen hätte Lc4 sofortiges Remis erzwungen (28. Sf7†, Kg8 29. Sh6†, Kh8 30. Sf7† usw.). Auch Le8 käme stark in Betracht.

28. Se5—f7† Kh8—h7
29. Dd5—f5† Db6—g6
30. Df5×c8 Dg6—b1†

Der natürliche Zug wäre hier Df7:, nach dem Schwarz trotz des Qualitätsverlustes sich noch lange halten könnte.

31. Dc8—c1 Db1—f5
32. Lg5—e3 Df5×f7
33. Dc1—b1† Aufgegeben.

Wettkampf mit J. Löwenthal.

Den eigentlichen Zweck seiner Reise nach Europa zu erreichen, war Morphy nicht möglich, denn Staunton wußte einer entscheidenden Antwort stets auszuweichen.

Johann Jakob Löwenthal

Zu seiner angenehmen Überraschung fand sich ein anderer Meister ersten Ranges. Der schon seit Jahren in England heimisch gewordene ungarische Meister Johann Jakob Löwenthal, der Sieger im Turnier zu Manchester, mit dem Morphy schon im Jahre 1850 in New Orleans einige Partien gespielt hatte, stand zu jener Zeit auf der Höhe seines Könnens. Er war der einzige, der es wagte, mit dem Stürmer den Kampf aufzunehmen.

Die Bedingungen waren in kürzester Zeit geregelt, und das unverzüglich ausgetragene Match endete mit dem überlegenen Siege des jungen Amerikaners.

Den Einsatz (2000 M) verwendete der Sieger dazu, um seinem besiegten Partner eine elegante Zimmereinrichtung zur Verfügung zu stellen. Ein selten schönes Dokument seiner idealen, auf materiellen Gewinn nicht erpichten Gesinnung!

143

Philidors Springerspiel

London, 19. Juli 1858

Erstes Wettspiel

J. Löwenthal	Morphy
1. e2—e4	e7—e5
2. Sg1—f3	d7—d6
3. d2—d4	e5 × d4
4. Sf3 × d4	Sg8—f6
5. Sb1—c3	Lf8—e7
6. Lf1—e2	....

Die moderne Theorie empfiehlt dies in erster Reihe.

6. .... 0—0

7. 0—0 c7—c5?

Morphy fühlt nicht den Unterschied in der Stellung, den der Zug Le2 gegenüber dem besser bekannten

Ld3 verursacht. Es entschuldigt ihn, zumal auch sein Gegner bezüglich der stärksten möglichen Fortsetzung nicht im Klaren war. Der Textzug schwächt den Damebauer, den Weiß jetzt mit Erfolg angreifen könnte. Für Schwarz wäre d6—d5 das allein Richtige gewesen.

8. Sd4—f3 Sb8—c6

9. Lc1—f4 . . . .

Besser wäre Lg5 und die Besetzung der offenen Damelinie durch das schwere Geschütz, um dadurch den rückständigen d-Bauer zu bedrohen und schließlich zu erobern.

9. . . . . Lc8—e6

10. Dd1—d2 d6—d5!

Schwarz wird seinen rückständigen Bauer los und gleicht damit das Spiel aus.

11. e4×d5 Sf6×d5

12. Ta1—d1 Sd5×f4

13. Dd2×f4 Dd8—a5

14. Le2—d3 Ta8—d8

15. Sf3—g5 Le7×g5

16. Df4×g5 h7—h6

17. Dg5—h4 Sc6—d4

18. a2—a3 . . . .

Um Db4 zu verhindern.

18. . . . . Tf8—e8

19. Tf1-e1 Da5—b6

20 Sc3—a4 Db6—a5

21. Sa4—c3 . . . .

Fehlerhaft wäre b3 wegen Lb3:

21. . . . . f7—f5

Morphy begnügt sich nicht mit Remis und vermeidet die Wiederholung der Züge. Durch den Textzug schwächt er seinen Königsflügel, gegen den Löwenthal nun seine Figuren mit viel Geschick konzentriert.

22. Te1—e5 Le6—f7

23. Td1—e1 Da5—b6

Das hat Bauerverlust zur Folge; etwas Besseres ist jedoch kaum zu finden.

24. Te5×e8† Td8×e8

25. Te1×e8† Lf7×e8

26. Dh4—e7 Le8—f7

Falls Dg6 so 27. Db7:, Lc6, 28. Db8†, Kh7 29. Dg3, oder 27. Dc5:, Lc6 28. Lc4†, Kh7 29. Ld5, Ld5: 30. Sd5:, Sf3† 31. Kh1, Dh5 32. Dc7 usw. mit günstigem Spiel für Weiß.

27. Sc3—a4 Db6—a5

28. Sa4×c5 Da5—d2

29. f2—f3 . . . .

Vorzuziehen wäre Lf1. Schwarz hat nur Dd1 als Antwort, worauf Weiß mit 30. b3, Da1 (Sc2: 31. Se6, Le6: 32. De6‡ gewinnt) 31. Sd7!, Se6 (Lh5? 32. Dd8†, Kf7 33. Df8†, Ke6 34. Sc5†, Kd5 35. c4†, Kc6 36. Dc8†, Kd6 37. Dd7†, Kc5: 38. b4†, Kb6 39. Dd6†, Sc6 40. c5‡) 32. Dd6, Dc3 33. Se5, Dc2: 34. Db8†, Sf8 35. Sd7 usw. seinen Vorteil festhält.

29. . . . . Sd4-c6

30. De7—e2 Dd2—c1†

31. Kg1—f2 Dc1×b2

32. Ld3×f5 Db2×a3

33. De2—b5 Da3—c3

34. Sc5—b3 Dc3—f6
35. Db5×b7 g7—g6
36. Db7—c8† Kg8—h7
37. Lf5—d3 Sc6—e5
38. Sb3—d2 Df6—h4†
39. Kf2—f1 Dh4×h2
40. Sd2—e4 Dh2—h1†
41. Kf1—f2 Dh1—c1
42. Dc8—c3 Dc1—f4
43. Kf2—e2 h6—h5
44. Se4—f2 h5—h4
45. Dc3—d2 Df4—g3
46. Dd2—e3 a7—a5
47. De3—e4 Lf7—e6
48. f3—f4 Se5×d3
49. c2×d3 Le6—g4†
50. Ke2—f1 Lg4—f5
51. De4—e7† Kh7—h6

Remis.

Die Dame kann das Schach auf f8 usw. wiederholen, da der König das Feld h5 (wegen Df8‡) nicht betreten darf.

Dauer der Partie 8 Stunden.

144

Abgelehntes Königsgambit

London, 20. Juli 1858

Zweites Wettspiel

Morphy	J. Löwenthal
1. e2—e4	e7—e5
2. f2—f4	Lf8—c5
3. Sg1—f3	d7—d6
4. c2—c3	Lc8—g4
5. Lf1—c4	....

Zwingender wäre h3.

5. .... Lg4×f3

Zu diesem Tausche lag kein Grund vor; richtiger wäre Sc6.

6. Dd1×f3 Sg8—f6
7. b2—b4 ....

Das frühe Vorrücken der Bauern auf beiden Flügeln bringt später Weiß in eine sehr ungünstige Lage.

7. .... Lc5—b6
8. d2—d3 Sb8—d7
9. f4—f5 Dd8—e7
10. g2—g4 h7—h6
11. Ke1—e2 c7—c6
12. g4—g5 h6×g5
13. Lc1×g5 d6—d5
14. Lc4—b3 ....

Weiß hat nichts Besseres; auf 14. ed5 käme Schwarz nach e4 15. de4 (falls 15. Dc4:, so Se4: 16. Le7:, Sg3†), Se5 usw.

14. .... De7—d6
15. Sb1—d2 a7—a5
16. b4×a5 ....

Falls 16. a3, so ab4 17. cb4, Ld4 usw. Schwarz hat jetzt die günstigere Stellung erlangt und müßte bei richtiger Fortsetzung gewinnen.

16. .... Ta8×a5
17. h2—h4 Sf6—h5
18. Sd2—f1 Sd7—c5

(S. Diagramm)

19. Lb3—c2 Ta5—b5
20. Lg5—c1 d5×e4

Sehr stark war Sf4† und auf 21. Sf4:, Tb2! usw. Auch La5 21. a4, Sf4† 22. Lf4:, Tb2 käme in Betracht.

21. d3×e4 Tb5—b2

Durch dieses unnötige Qualitätsopfer gibt Schwarz den errungenen Vorteil wieder auf.

Stellung nach dem 18. Zuge von Schwarz

22.	Lc1×b2	Sh5—f4†
23.	Ke2—e1	Sc5—d3†
24.	Lc2×d3	Sf4×d3†
25.	Ke1—d2	Sd3×b2
26.	Kd2—c2	Dd6—a3

Der entscheidende Fehler! Durch Sc4 hätte Schwarz einen nicht ungefährlichen Angriff, z. B. 26. .... Sc4! 27. Dd3 (falls a4, so 0-0 nebst Td8), Sa3† 28. Kd2, Sc4† 29. Ke2 (bei Kd2 Remis), Dc5 usw.

27.	Sf1—d2	Lb6—c7
28.	Sd2—b1	Aufgegeben.

Dauer der Partie $4^1/_2$ Stunden.

145

Russisches Springerspiel

London, 22. Juli 1858

Drittes Wettspiel

	J. Löwenthal	Morphy
1.	e2—e4	e7—e5
2.	Sg1—f3	Sg8—f6
3.	Sf3×e5	d7—d6
4.	Se5—f3	Sf6×e4
5.	d2—d4	d6—d5
6.	Lf1—d3	Lf8—e7
7.	0—0	Sb8—c6
8.	Tf1—e1	f7—f5

Beide Spieler machen die modernsten Züge; statt f5 wäre durch Lg4 eine bedeutende Verwickelung herbeizuführen. Dieser Zug wird auch von der heutigen Theorie als der beste empfohlen; z. B. 8. .... Lg4 I. 9. Le4:, de4 10. Te4:, Lf3:! 11. Df3:, Sd4: usw. II. 9. c3, f5 10. c4, Lh4! 11. cd5!, Lf2† 12. Kf1, Le1: 13. dc6, Lf3: 14. gf3, Dd4: 15. De2 (falls De1:, so folgt Dd3† 16. Kg2, 0—0 usw.), 0—0—0 16. La6, Lh4 17. Lb7†, Kb8 usw. oder III. 9. c3, f5 10. Db3?, 0—0 11. Db7:, Tb8 12. Dc6:, Lf3: 13. gf3, Tb6 14. Da4, Tg6† 15. Kf1, Sf2: 16. Dc2 Sh3 usw.

9.	c2—c4	Lc8—e6

Dieser Zug würde nachhaltiger durch Sb4! zu ersetzen sein, um den weißen Königsläufer zu verdrängen.

10.	c4×d5	Le6×d5
11.	Sb1—c3	Se4×c3

Den Läufer tauschen zu lassen, ist nicht besser.

12.	b2×c3	0—0
13.	Lc1—f4	....

Weiß hätte hier durch 13. Se5, Se5: 14. Te5:, g6 15. De2! usw. seinen Positionsvorteil vergrößern können.

13.	....	Le7—d6
14.	Lf4×d6	Dd8×d6

15. Sf3—e5 Ta8—e8

Ratsamer wäre 15. . . . . Se5: 16. Te5:, Dc6 usw.

16. c3—c4 . . . .

Weiß hätte sein Spiel durch f4 sehr günstig gestalten können. — Der Textzug ist verfrüht.

16. . . . . Ld5—e6
17. Se5×c6 b7×c6

Die Stellungen sind jetzt ausgeglichen. Der Nachteil des Doppelbauers ist durch die Schwäche des weißen d-Bauers aufgewogen.

18. Ld3—f1 Le6—f7
19. Dd1—d2 Te8×e1
20. Ta1×e1 Tf8—d8

Hier verdient c5 21. d5, c6 usw. den Vorzug.

21. Dd2—a5 . . . . .

In Betracht käme 21. Td1 z. B. c5 22. d5, c6 23. Dc2, g6 24. h3 usw. mit vorteilhaften Aussichten.

21. . . . . Dd6×d4
22. Da5×c7 Dd4—b6

23. Dc7—f4

Entschieden besser war 23. Te7 mit der Folge Td1! 24. Dc8†, Td8 (bei Dd8 25. Dd8†, Td8: 26. Ta7:, g6 27. Tc7 usw.) 25. Df5:! usw.

23. . . . . g7—g6
24. h2—h3 Db6—b2
25. Df4—c7 Db2—b6
26. Te1—e7 . . . .

Jetzt ist es schon zu spät!

26. . . . . Td8—d1
27. Dc7—c8† . . . .

Bei Tf7: wäre die Partie sofort remis durch 27. . . . Tf1† 28. Kf1:, Db1† 29. Ke2, Dc2† 30. Ke3, De4† usw.

27. . . . . Td1—d8
28. Dc8—c7 Td8—d1

Schwarz begnügt sich mit Remis, und auch Löwenthal sollte damit zufrieden sein.

29. Dc7—e5 Db6—b1
30. De5—e2 . . . .

Das Remis wäre durch 30. Te8†, Le8: 31. De8†, Kg7 32. De7†, Kh6 33. Dh4† usw. zu erzwingen. — Alle erfahrenen Meister kennen das Sprichwort: „Wer durchaus gewinnen will, verliert." Auch hier bewährt es sich.

30. . . . . Kg8—f8
31. Te7—e5 . . . .

Den Bauer a7 zu nehmen, ist nicht besser; Schwarz erreicht Remis durch 31. . . . . Te1 32. Tb7, Dc1 33. Dd3, Td1 34. De2, Te1 usw.

31. . . . . f5—f4
32. f2—f3 Db1—c1
33. h3—h4 h7—h6
34. c4—c5 . . . .

Weiß bildet sich noch immer ein, die Partie gewinnen zu können. Die Tempoverluste verursachen, daß Schwarz die Oberhand bekommt. Der Textzug bedeutet die direkte Preisgabe eines Bauers.

34. . . . . Kf8—g7

35. Te5—e4 . . . .

Guter Rat ist teuer! Der Bauer c5 ist unhaltbar. — Schwarz droht, nach Kf6 mit Lc4! zu gewinnen.

35. . . . . Dc1×c5†
36. Kg1—h2 Dc5—c1
37. Kh2—g1 Td1—d2
38. De2—a6 Td2×a2
39. Da6—d3 Ta2—d2
40. Dd3—a6 Td2—d1
41. g2—g3 . . . .

Weiß kann sich anders nicht befreien.

41. . . . . f4×g3
42. Kg1—g2 Dc1—c5
43. Kg2×g3 Dc5—g1†
44. Lf1—g2 Td1—d2
45. Da6—f1 Dg1×f1
46. Lg2×f1 Kg7—f6

Hier versäumt Morphy die Gelegenheit, das Spiel durch a5 zu seinen Gunsten zu entscheiden.

47. Lf1—c4 Lf7×c4
48. Te4×c4 Td2—d6
49. Kg3—f4 Td6—e6

Näher lag Ke6 nebst 50. . . . a5; der Textzug in Verbindung mit dem Darauffolgenden leitet eine fehlerhafte Kombination ein.

50. Tc4—d4 Kf6—e7?
51. Td4—a4 Ke7—d6
52. Ta4×a7 c6—c5
53. Ta7—a1 c5—c4
54. h4—h5 g6×h5

Stark in Betracht käme 54. Tf8† nebst 55. g5.

55. Kf4—f5 Te6—e3
56. Kf5—f4 Te3—e8
57. Ta1—a6† Kd6—d5
58. Ta6×h6 c4—c3
59. Th6×h5† Kd5—d4
60. Th5—h7 Te8—c8
61. Th7—d7† Kd4—c4
62. Kf4—e3 Tc8—e8†
63. Ke3—f2? . . . .

Der entscheidende Fehlzug! Weiß hatte durch Kf4 usw. das Remis in der Hand. Der Textzug verliert, weil der weiße König den Bauer nicht genügend unterstützen kann.

63. . . . . c3—c2
64. Td7—c7† Kc4—d3
65. Tc7—d7† Kd3—c3
66. Td7—c7† Kc3—d2
67. Tc7—d7† Kd2—c1
68. Td7—b7 Te8—e5
69. f3—f4 Te5—e4
70. Kf2—f3 Te4—c4
71. Tb7—h7 Kc1—d2
72. Th7—h1 c2—c1D
73. Th1×c1 Tc4×c1
74. Kf3—e4 Tc1—e1†
75. Ke4—d4 Kd2—e2
76. f4—f5 Ke2—f3
77. Kd4—d5 Kf3—f4
78. f5—f6 Kf4—g5
79. f6—f7 Te1—f1
80. Kd5—e6 Kg5—g6

Aufgegeben.

Eine Partie voll von Unterlassungssünden.

146

Abgelehntes Königsgambit

London, 23. Juli 1858

Viertes Wettspiel

	Morphy	J. Löwenthal
1.	e2—e4	e7—e5
2.	f2—f4	Lf8—c5
3.	Sg1—f3	d7—d6
4.	c2—c3	Lc8—g4
5.	Lf1—e2	Lg4×f3
6.	Le2×f3	Sb8—c6
7.	b2—b4	Lc5—b6
8.	b4—b5	Sc6—e7
9.	d2—d4	e5×f4

Viel richtiger wäre es, den Damebauer zu schlagen, z. B. 9. .... ed4 10. cd4, d5! (auch a6 ist gut) 11. e5, Sf5 12. Lb2, h5! usw.

10. Lc1×f4 ....

Weiß hat ein freies, wohlgeordnetes Spiel und das Übergewicht der vereinigten Läufer.

10.	....	Se7—g6
11.	Lf4—e3	Sg8—f6
12.	Sb1—d2	0—0
13.	0—0	h7—h6

Ein unnützer Zug, durch den nicht nur ein wichtiges Tempo verloren geht, sondern auch die Königsstellung wesentlich geschwächt wird. — Besser wäre 13. .... Sd7.

14.	a2—a4	c7—c6
15.	Dd1—e2	Tf8—e8
16.	De2—d3	d6—d5

Die Folgen dieses Bauerzuges sind nicht günstig für Schwarz, der freilich in seiner gedrückten Stellung überhaupt keine große Auswahl an guten Zügen hat.

17.	e4—e5	Sf6—d7
18.	Lf3—h5	Te8—e6

Besser wäre 18. .... Sdf8. Löwenthal scheint auf die Möglichkeit eines Springeropfers zu lauern und übersieht dabei die Kombination seines gefürchteten Gegners.

19. a4—a5 ....

Eine feine Vorbereitung für das geplante Turmopfer; der erzwungene Rückzug des Läufers beengt die Stellung des Dameflügels noch mehr und nimmt zugleich dem feindlichen Läufer die bedrohliche Richtung auf den Punkt e3.

19. .... Lb6—c7

20. Tf1×f7 Kg8×f7

Die Ablehnung des Opfers (etwa durch Sh8) ist nicht besser, z. B. 20. .... Sh8 21. Df5, Te7 22. Tf1! (falls 22. e6, so Sf8 23. Lh6:, Se6: 24. De6:?, Sf7:! usw.) mit der Drohung Lh6: usw.

Stünde aber der Läufer noch auf b6, so könnte Schwarz durch Se5:

21. de5, Le3‡ 22. De3:, Kf7: sich aus aller Gefahr befreien.

21. Dd3—f5†	Kf7—e7
22. Lh5×g6	Dd8—g8

In Betracht käme Df8 23. Dh5, Tg6: 24. Dg6:, Df7 25. Dg4, Tg8 26. Tf1, De6 usw. Weiß behält in diesem Falle das Übergewicht des Freibauers.

23. Le3—f2	Sd7×e5

Ein Verzweiflungsopfer! Schwarz sollte hier den Versuch machen, sich dem Angriffe durch Sf8 24. Lh4†, Kd7 25. Lf7, g6 zu entziehen, um so das Spiel vielleicht noch zu halten; allerdings erringt Weiß auch dann durch 26. a6! usw. bald den Sieg.

24. d4×e5	Ta8—f8
25. Lf2—c5†	Ke7—d8
26. Lc5×f8	Te6×e5
27. Df5—f2	Dg8—e6
28. b5—b6	a7×b6
29. a5×b6	De6×g6
30. b6×c7†	Kd8×c7
31. Ta1—b1	Aufgegeben.

147

Russisches Springerspiel

London, 26. Juli 1858

Fünftes Wettspiel

J. Löwenthal	Morphy
1. e2—e4	e7—e5
2. Sg1—f3	Sg8—f6
3. Sf3×e5	d7—d6
4. Se5—f3	Sf6×e4
5. d2—d4	d6—d5
6. Lf1—d3	Lf8—e7
7. 0—0	Sb8—c6
8. c2—c4	Lc8—e6
9. c4×d5	Le6×d5
10. Lc1—e3	0—0
11. Sb1—c3	f7—f5
12. Sc3×d5	Dd8×d5
13. Ld3—c2	Kg8—h8

Das Fehlen des schwarzen Dameläufers wird fühlbar. Schwarz verliert einige Tempi, und Weiß kann inzwischen im Zentrum vorteilhaft operieren.

14. Lc2—b3	Dd5—d6
15. d4—d5	Sc6—a5

Es beweist die Genialität Morphys, daß er in dieser schwierigen Stellung Sa5 zieht; der Springer steht gefährdet am Rande des Brettes; es ist aber trotzdem der einzige Zug, der die Stellungen annähernd ausgleicht.

16. Le3—d4	Le7—f6
17. Tf1—e1	Ta8—d8

Schwarz ist nach 17. .... Sb3: 18. Db3:!, Ld4: 19. Sd4: usw. eben nicht auf Rosen gebettet.

18. Ld4×f6	Se4×f6
19. Sf3—g5	Sf6—g4
20. g2—g3	Dd6—c5

Das beabsichtigte Qualitätsopfer ist ungesund. — Löwenthal führt den Angriff energisch.

21. Dd1—e2	Sa5×b3
22. a2×b3	Td8—e8
23. De2—f3	....

Dies hätte Weiß schon im 21. Zug tun können.

23. .... Sg4—e5
24. Df3—h5 h7—h6
25. Ta1—d1! ....

Falsch wäre sofort 25. Se6 wegen Dd5: 26. Sf8:, Sf3† 27. Df3:, Te1† usw.

25. .... Dc5—c2

Die schwarze Stellung ist schwierig geworden.

26. Sg5—e6 Se5—g4
27. Te1—f1 Dc2×b2

Würde Schwarz die Qualität retten wollen, so käme er noch mehr in Nachteil. — Z. B. Tg8 28. Tc1, Dd3 29. Sg7: usw.

28. Se6×f8 Te8×f8
29. h2—h3 Sg4—f6
30. Dh5×f5 Db2×b3
31. d5—d6 c7×d6

Falls Sh7, so folgt 32. Df8†, Sf8: 33. dc7 usw.

32. Td1×d6 Db3—f7
33. Td6—d2 a7—a6
34. Tf1—e1 b7—b5
35. Df5—c5 Tf8—e8
36. Td2—e2 Te8×e2
37. Te1×e2 ....

Löwenthal manövriert sehr erfolgreich und erobert geschickt die Bauern auf der Dameseite.

37. .... Df7—b3
38. Dc5—f8† Sf6—g8

Die Partie ist unhaltbar. Auf 38. .... Kh7 folgt 39. Te7, Db1† 40. Kh2, Dg6 41. Ta7, Se4 42. Ta8 usw.

39. Te2—e7 Db3—d1†
40. Kg1—h2 Dd1—d4
41. Te7—e8 Dd4—c4
42. Te8—a8 b5—b4
43. Ta8—a7 Dc4—d4
44. Ta7×a6 b4—b3
45. Ta6—a8 Dd4—d5
46. Ta8—a7 Dd5—d4
47. Ta7—b7 Dd4—c3
48. Df8—f7 Kh8—h7

Weiß droht, durch Tb8 den Springer zu gewinnen.

49. Tb7×b3 Dc3—e5

Es kommt bei Morphy äußerst selten vor, daß er eine so klar verlorene Stellung weiterschleppt; er scheint aus den Matchpartien zur Überzeugung gelangt zu sein, daß Löwenthal oberflächlich spielt und eine gewonnene Stellung oft nicht auszunützen versteht. Diese Annahme findet in der Partie 155 ihre Bestätigung.

50. Tb3—b7 h6—h5
51. Tb7—d7 Sg8—h6
52. Df7—d5 De5—f6
53. Dd5—d3† Kh7—h8
54. Td7—d8† Sh6—g8
55. Dd3—d4 Df6—f3
56. Kh2—g1 Kh8—h7
57. Dd4—d5 Df3×d5
58. Td8×d5 Sg8—f6
59. Td5—e5 Kh7—g6
60. f2—f4 Kg6—f7

61.	Kg1—g2	Kf7—g6	66.	g3—g4	h5×g4
62.	Kg2—f3	Kg6—f7	67.	h3×g4	Sd5—e7
63.	Te5—a5	Kf7—g6	68.	Kf3—f4	Se7—d5†
64.	Ta5—a6	Kg6—f7	69.	Kf4—e5	Sd5—f6
65.	f4—f5	Sf6—d5	70.	Ta6—a7†	Aufgegeben.

148

Sizilianische Eröffnung

London, 28. Juli 1858

Sechstes Wettspiel

Morphy J. Löwenthal

1. e2—e4 c7—c5

Der Zug 1. . . . . c5 war lange Zeit hindurch sehr beliebt und wurde sogar auf den letzten Turnieren nicht selten angewendet. Er verhindert die sofortige und nachhaltige Besetzung des Mittelfeldes durch die weißen Zentrumsbauern und gewährt dem Nachziehenden die natürliche Sicherheit eines geschlossenen Spieles. Nach allerletztem Stande der Theorie ist aber festgestellt, daß im Falle kräftiger Angriffsführung oder bei korrektem Positionsspiele Weiß fast immer die Oberhand erlangt. Die zu langsame und umständliche Entwicklung der Steine, auch der oft rückständig oder vereinzelt werdende Damebauer ergeben häufig eine entscheidende Schwäche.

2. d2—d4 . . . .

Den Damebauer sofort nach d4 zu spielen, scheint zwingender als 2. Sf3, da Schwarz nach e6 3. d4, d5! das Spiel eher auszugleichen vermag.

2. . . . . c5×d4

3. Sg1—f3 Sb8—c6

Falsch wäre es, den Bauer durch e5 zu verteidigen, wegen 4. Lc4 (falls 4. Se5:, so Da5† und De5:), nebst 5. c3 usw. (Partie 180 u. 199).

4. Sf3×d4 e7—e5

Sicherer wäre es den Königsbauer nur nach e6 zu ziehen.

5. Sd4×c6 . . . .

Sehr stark ist hier Sf3!

5. . . . . b7×c6

6. Lf1—c4 Sg8—f6

Löwenthal selbst schlägt 6. . . . . La6 vor.

7. 0—0 d7—d5

In Betracht käme 7. . . . . Le7, der Textzug ist fehlerhaft.

8. e4×d5 c6×d5

9. Lc4—b5† Lc8—d7

10. Lb5×d7† Dd8×d7

11. Tf1—e1 Lf8—d6

Etwas bessere Verteidigung bot hier e4, z. B. 12. Sc3, Le7 13. Lg5, Td8 usw.

12. Sb1—c3 e5—e4

Schwarz kann materiellen Verlust nicht mehr abwehren.

13. Lc1—g5 Sf6—g4

14. Dd1×d5 Ld6×h2†

15. Kg1—h1 Dd7×d5

16. Sc3×d5 0—0

Dadurch geht eine Figur verloren; das Spiel war aber überhaupt nicht zu retten.

17.	f2—f3	e4 × f3
18.	g2 × f3	Sg4—e5
19.	Te1—e3	f7—f6
20.	Kh1 × h2	Ta8—d8
21.	Te3 × e5	....

Weiß läßt sich den errungenen Vorteil nicht mehr nehmen.

21.	....	f6 × g5
22.	Kh2—g3	h7—h6
23.	c2—c4	Tf8—f7
24.	Ta1—e1	Kg8—f8
25.	c4—c5	g7—g6
26.	c5—c6	Td8—c8
27.	c6—c7	Tc8 × c7
28.	Te5—e8†	Kf8—g7
29.	Sd5 × c7	Aufgegeben.

149

Philidors Springerspiel

London, 29. Juli 1858

Siebentes Wettspiel

	J. Löwenthal	Morphy
1.	e2—e4	e7—e5
2.	Sg1—f3	d7—d6
3.	d2—d4	e5 × d4
4.	Dd1 × d4	Lc8—e6
5.	Sb1—c3	a7—a6
6.	Lc1—e3	Sb8—c6
7.	Dd4—d2	Sg8—f6
8.	Ta1—d1	Lf8—e7

Falls 8. Sd4, so Dd7.

9.	Lf1—e2	0—0
10.	0—0	b7—b5
11.	a2—a3	Sc6—e5
12.	Sf3—d4	c7—c5
13.	Sd4 × e6	f7 × e6
14.	f2—f4	Se5—g6

(S. Diagramm)

15.	Le2—f3	....

Löwenthal spielt die Eröffnung sehr gut und hat die bessere Partie. Hier oder in den folgenden Zügen hätte f5 den errungenen Positionsvorteil festgehalten.

15.	....	Ta8—b8
16.	Dd2—e2	Dd8—c7

Stellung nach dem 14. Zuge von Schwarz

17.	h2—h4	....

Ein Versehen! Der Bauer ist ungedeckt und kann ohne Bedenken genommen werden. Als Vorbereitung lag g3 auf der Hand.

17.	....	Sg6 × h4
18.	Lf3—g4	Sf6 × g4
19.	De2 × g4	Dc7—c8
20.	g2—g3	Sh4—g6
21.	Tf1—f2	Tf8—f6
22.	Td1—f1	b5—b4
23.	a3 × b4	c5 × b4

24. Sc3—a4 . . . .

Dadurch gerät ein zweiter Bauer in Verlust; die Partie ist nunmehr unhaltbar.

24. . . . . Dc8—c6
25. b2—b3 Dc6 × e4
26. Le3—a7 Tb8—f8
27. Tf2—e2 De4—b7
28. La7—f2 . . . .

28. Le3 wäre ebenfalls schlecht wegen Sg6—e5.

28. . . . . Sg6 × f4

und gewinnt, da auf 29. gf4, Tg6 entscheidet.

150

Philidors Springerspiel

London, 30. Juli 1858

Achtes Wettspiel

Morphy — J. Löwenthal

1. e2—e4 e7—e5
2. Sg1—f3 d7—d6
3. d2—d4 e5 × d4
4. Dd1 × d4 . . . .

Diese Fortsetzung halten wir deshalb für besser, weil sie die Vereinfachung des Spieles durch d6—d5 unmöglich macht und sich hierdurch größere Komplikationen herbeiführen lassen, bei denen der begabtere Spieler siegen muß.

4. . . . . Lc8—d7

Mehr Schwierigkeit hätte Weiß nach: Sc6 5. Lb5, Se7 6. Lg5!, f6 7. Lh4, a6 8. Lc6†, Sc6: 9. Dd5 (falls Dd2, so folgt Le7 nebst f5), De7 10. Sc3, Le6 usw., beide rochieren dann auf die lange Seite mit ziemlich gleichem Spiele.

5. Lc1—e3 . . . .

Auf Lf4 spielt Schwarz am besten Df6.

5. . . . . Sg8—f6
6. Sb1—c3 Lf8—e7
7. Lf1—c4 . . . .

Der Läufer steht hier nicht günstig; Schwarz kann nun auf e5 den Abtausch herbeiführen und dadurch sein Spiel frei machen. Richtig wäre Dd2.

7. . . . . Sb8—c6
8. Dd4—d2 Sc6—e5
9. Sf3 × e5 d6 × e5
10. 0—0 0—0
11. f2—f4 Le7—d6

Hier verdient e5 × f4 den Vorzug.

12. f4—f5 Ld7—c6
13. Dd2—e2 h7—h6

Den e-Bauer zu nehmen wäre gefährlich gewesen; Weiß würde in diesem Falle auf der Königsseite zu einem starken Angriffe gelangen.

14. Ta1—d1 Dd8—e7
15. Lc4—d5 Lc6 × d5
16. Sc3 × d5 Sf6 × d5
17. Td1 × d5 f7—f6
18. De2—g4 . . . .

Hieraus entstehen sämtliche späteren Schwierigkeiten. Den Läufer durfte Weiß nicht tauschen lassen. Durch Tfd1, Td8, Df2 usw. hätte er gute Aussichten im Endspiele.

18. . . c7—c6
19. Td5—d3 Ld6—c5
20. Dg4—g3 Ta8—d8
21. Tf1—d1 Td8 × d3

22. Td1 × d3 Tf8—d8!

Diese Parade hatte Morphy übersehen.

23. Le3 × c5 . . .

Bei Td8‡, Dd8: 24. Lc5: gewinnt Schwarz durch Dd1‡ nebst Dc2‡.

23. . . . . De7—c5†
24. Dg3—f2 Dc5 × f2†
25. Kg1 × f2 Td8 × d3
26. c2 × d3 c6—c5

In dem hier folgenden, sowie im ersten Teile der Partie spielt Löwenthal mit anerkennenswerter Trefflichkeit, um Remis zu erreichen. Morphy dagegen trachtet mit aller Gewalt den Gewinn zu forcieren und gerät dadurch in Verluststellung.

27. g2—g4 Kg8—f8

Bei reinen Bauernendspiele muß man sich sehr in Acht nehmen, die Opposition nicht zu verlieren, vorläufig hätte auch schon Kf7 genügt.

28. a2—a4 b7—b6
29. Kf2—g3 Kf8—f7
30. Kg3—h4 Kf7—f8
31. Kh4—h5 Kf8—f7
32. b2—b3 Kf7—f8
33. Kh5—g6 Kf8—g8
34. h2—h3 Kg8—f8
35. h3—h4 Kf8—g8
36. g4—g5 h6 × g5
37. h4 × g5 f6 × g5
38. Kg6 × g5 Kg8—f7
39. Kg5—h4 Kf7—e7
40. Kh4—g4 Ke7—f6
41. Kg4—h5 a7—a6
42. Kh5—h4 g7—g6
43. a4—a5 b6 × a5

b5 wäre natürlich nicht so gut, weil dann Morphy hätte einsehen müssen, daß er das Endspiel nicht mehr gewinnen kann; er würde es alsdann wahrscheinlich nicht verloren haben.

44. f5 × g6 Kf6 × g6
45. Kh4—g4 a5—a4

Die einzige Rettung!

46. b3 × a4 a6—a5
47. Kg4—f3 Kg6—f6

Warum nicht nach g5?

48. Kf3—f2 Kf6—f7
49. Kf2—g3 Kf7—g7
50. Kg3—f2 Kg7—f6
51. Kf2—g1? . . . .

Selbstmord! Kf3 macht noch immer remis. Morphy läßt die mit dem 53. Zuge erfolgte entscheidende Entgegnung außer Acht.

51. . . . . Kf6—g5
52. Kg1—g2 Kg5—f4
53. Kg2—f2 c5—c4

Entscheidend!

54. d3 × c4 Kf4 × e4
55. Kf2—e2 Ke4—d4
56. Ke2—f3 Kd4 × c4
57. Kf3—e4 Kc4—b4
58. Ke4 × e5 Kb4 × a4
59. Ke5—d4 Ka4—b3

und gewinnt.

151

Spanische Partie

London, Anfang August 1858

Neuntes Wettspiel

J. Löwenthal	Morphy
1. e2—e4	e7—e5
2. Sg1—f3	Sb8—c6
3. Lf1—b5	Lf8—c5
4. c2—c3	Dd8—e7
5. 0—0	f7—f6

Morphy versucht einmal und nie wieder die von Boden gegen die spanische Partie eingeführte Verteidigung.

6. d2—d4	Lc5—b6
7. Sb1—a3	Sc6—d8
8. Sa3—c4	Sd8—f7
9. Sc4—e3	c7—c6
10. Se3—f5	De7—f8
11. Lb5—d3	. . .

In Partie 120 geschah hier La4; der Löwenthalsche Zug Ld3 ist sehr beachtenswert.

11.	g7—g6
12. Sf5—g3	d7—d6
13. a2—a4	Lc8—g4
14. a4—a5	Lb6—c7
15. h2—h3	Lg4—d7

Es liegt im Charakter der gewählten Verteidigungsart, daß Schwarz jeden der freieren Entfaltung des weißen Spiels dienlichen Abtausch vermeidet.

16. Dd1—b3	Sf7—d8
17. Tf1—e1	. . . .

Den Vorzug verdient 17. Lc4 nebst 18. de5! um die Türme entweder auf der Damelinie oder (falls fe5) auf der Königsläuferlinie zu verwerten.

Die schwarze Stellung wäre dann im Kreuzfeuer der fernwirkenden Offiziere bald verteidigungsunfähig.

17.	Ld7—e6
18. Db3—c2	Sg8—e7
19. b2—b4	Df8—g7
20. c3—c4	0—0
21. Lc1—e3	. . . .

Der Läufer ginge besser nach b2 (vgl. den 26. und 27. Zug).

21.	Sd8—f7
22. d4—d5	Le6—d7
23. Ta1—d1	Kg8—h8
24. Kg1—h1	c6×d5
25. e4×d5	. . . .

Nach 24. cd5 bekäme Schwarz die offene c-Reihe für die Türme.

25.	f6—f5
26. Le3—c1	Ta8—e8

Zöge Schwarz e4, so könnte folgen: 27. Lb2, Se5 28. Se5:, de5 (falls 28. . . . . ed3, so 29. Sg6†, Kg8 30. Se7†, De7: 31. Dc3 usw.) 29. Le4: (falls Lf1, so Sg8 30. d6, Ld8 31. f4, Lf6), fe4 30. d6, Sc6 31. dc7, Lf5 (falls Sb4:, so folgt 32. De4:, Sc6 33. Le5:, Se5: 34. De5: usw.) 32. b5, Sd4 33. Td4:, ed4 34. Dd2, Kg8 35. Dd4:!, Dd4: 36. Ld4: usw.

27. Lc1—b2	Se7—g8
28. Dc2—c3	Sg8—f6
29. Ld3—b1	Tf8—g8
30. Td1—d2	Dg7—h6
31. Sf3—h2	f5—f4
32. Sg3—e4	Sf6×e4
33. Lb1×e4	g6—g5
34. f2—f3	Dh6—h4
35. Te1—f1	. . . .

Der richtige Zug war 35. Tde2!

35.	Sf7—h6
36. Td2—e2	Sh6—f5

Hier wurde nach zehnstündiger Dauer des Spieles die Partie bis zum nächsten Tage abgebrochen.

37. Le4×f5 Ld7×f5
38. c4—c5 ....

Dieser wichtige Zug wäre von entscheidender Kraft, wenn Weiß im 35. Zug die Türme verdoppelt hätte. Die Partie wird nun reich an interessanten Wendungen.

38. .... Dh4—b6
39. Tf1—e1 Tg8—f8

Schwarz verteidigt sich ausgezeichnet; — es drohte durch 40. cd6, Ld6: 41. Te5:, Le5: 42. Te5:, Te5: 43. De5‡, Dg7 (falls Tg7, so 44. De8‡) 44. De2 usw. die Eroberung der Dame.

40. b4—b5 Te8—c8
41. Dc3—a3 ....

Der Angriff durch 41. c6 ist unzureichend, z. B. 41. c6, bc6: 42. dc6, Tb8 43. Db4, Df6 usw.

41. .... Kh8—g8
42. b5—b6 a7×b6
43. c5×b6 Lc7—d8
44. Te1—c1 ....

Hier käme 44. a6 stark in Betracht, z. B. 44. a6, Lb6: 45. ab7, Tb8 46. Da6, Ld4 47. La3 usw. oder 44. a6, ba6 45. b7, Tb8 46. Da6:, Tf7? 47. Te5:! usw.

44. .... Tc8×c1†
45. Lb2×c1 Db6—g6
46. Da3—b4 Lf5—d3
47. Te2—e1 Ld8—e7
48. Sh2—g4 Tf8—e8
49. Lc1—b2 h7—h5
50. Sg4—f2 g5—g4
51. Db4—c3 Ld3—f5
52. f3×g4 h5×g4
53. h3×g4 Lf5×g4
54. Sf2×g4 Dg6×g4
55. Te1—c1 Kg8—f7
56. Dc3—h3 ....

Auch 56. Df3 hat seine Schattenseiten; z. B. 56. .... Df5! (Dh4† 57. Kg1, Th8, Kf1 usw. ist ungefährlich) 57. Tc4, Ta8 58. Lc1, Ta5: (vielleicht ist Ke8 nebst Lh4 usw. noch aussichtsvoller) 59. Lf4:, Ta1† 60. Kh2 (oder Tc1 61. Tc1:, Lc1: 62. Df3:, gf3 63. Kg6 nebst Kf5 usw.) Tb1! (falls Ke8, so folgt 61. Tc8†, Ld8 [bei Dc8: ist sofort Remis durch 62. Dh5†, Kd8 63. Dh8†, Kd7 64. Dh3† usw.] 62. Lh6! usw.) 61. Le3, Df3: 62. gf3, Tb3 63. Tc4, Ld8 64. f4, Kf6 usw.

56. .... Dg4×h3
57. g2×h3 f4—f3
58. Tc1—f1 ....

Dies verliert. 58. a6! war noch zu versuchen, z. B. 58. a6, ba6 59. b7, Tb8 60. Tc7, Kf6 61. Lc1, Ld8 (falls e4, so 62. Le3) 62. Td7! (oder 62. Tc8, Tb7: 63. Td8:, Tb1 64. Td6:, Kf5 65. Tc6, e4 66. Kh2, f2 67. Kg2, e3 68. Kf1, Ke4 69. Ke2 usw.), Kf5 (falls f2, so 63. Kg2, Kf5 64. Le3, Lh4 65. Tg7!) 63. Le3 nebst 64. La7 usw. — oder 58. a6, Ld8 59. ab7,

Lb6: 60. Tc8, La7 61. Lc1, Ke7 62. Le8, Lb8 63. Kh2, Kd7 64. Te8, Ke8: 65. Kg3 usw.

58. . . . . e5—e4
59. Lb2—d4 Le7—f6
60. Ld4—e3 Te8—a8
61. Le3—d2 Lf6—d4
62. h3—h4 Kf7—g6
63. Kh1—h2 Ta8—f8
64. Kh2—g3 f3—f2
65. Kg3—g2 e4—e3
66. Ld2—e1 Kg6—h5

Auch fe1 war gut genug.

67. Kg2—g3 f2×e1D†

Aufgegeben.

Gesamtdauer: 20 Stunden.

152

Französische Eröffnung

London, August 1858

Zehntes Wettspiel

Morphy J. Löwenthal

1. e2—e4 e7—e6
2. d2—d4 d7—d5
3. e4×d5 . . . .

Gegen die französische Verteidigung setzte Morphy das Spiel stets mit Abtausch der Bauern in der Mitte fort, und erlangte dann durch konsequente Festhaltung des Anzuges und durch außerordentlich feine Führung die gewünschte Gewinnstellung. — Bei der Abtauschvariante hört der geschlossene Charakter des Spieles auf und es entsteht eine offene Partie, in der — da noch alle Figuren auf dem Brette sind — der begabtere Spieler die besseren Chancen haben muß.

3. . . . . e6×d5
4. Sg1—f3 Sg8—f6
5. Lf1—d3 Lf8—d6
6. 0—0 0—0
7. Sb1—c3 c7—c6
8. Lc1—g5 h7—h6

Besser wäre sofort Lg4.

9. Lg5—h4 Lc8—g4
10. h2—h3 Lg4×f3
11. Dd1×f3 Sb8—d7
12. Ld3—f5 Dd8—c7
13. Ta1—e1 Ta8—e8
14. Te1—e3 Ld6—f4
15. Te3—e2 Te8×e2
16. Sc3×e2 Lf4—d6
17. Lf5×d7 Sf6×d7
18. Se2—g3 Tf8—e8

Auf g5 würde 19. Sf5, gh4 20. Dg4† folgen.

19. Sg3—f5 Sd7—f8
20. Lh4—g3 Ld6×g3
21. f2×g3 Te8—e4
22. c2—c3 Sf8—h7

Der Springer strebt nach f6. Löwenthal übersieht dabei, daß dieser Plan an 25. Sg7: scheitert. Richtiger wäre Se6.

23. h3—h4 h6—h5

Dient nur zur weiteren Schwächung des Königsflügels. 23. . . . . Te6 nebst 24. Sf6 usw. war die konsequente Fortsetzung. — Auch 23. . b5 wäre erwägenswert.

24. c3—c4 . . .

Sehr fein gespielt! Weiß hindert dadurch die Bewegung des schwarzen Turmes nach g4.

24. .... Sh7—f6

Ein offenbarer Fehlzug! Schwarz hat aber schon mit Schwierigkeiten zu kämpfen.

25. Sf5×g7 Sf6—g4
26. Sg7×h5 Te4×d4
27. Sh5—f6† ....

Weiß führt den Angriff bis zum 31. Zuge kräftig weiter.

27. ... Sg4×f6
28. Df3×f6 Td4×c4
29. Tf1—f5 Tc4—g4
30. Tf5—e5 Dc7—c8

31. Te5—e7 ....

Es ist überraschend und ungewöhnlich, daß Morphy die sofort entscheidende Variante 31. Th5, Tg7 32. Dh6, Kf8 [falls f6, so 33. Dh8† nebst 34. Dc8:] 33. Tg5 nebst 34. Dg7: oder 31. .... Kf8 32. Th8†, Tg8 33. Dd6† und 34. Dh6‡ bzw. Tg8:‡ unterläßt und das Ziel auf Umwegen zu erreichen sucht.

31. .... Dc8—f8
32. Df6—e5 Df8—g7

Mittels Te4 könnte Schwarz das Spiel noch einige Zeit hinhalten, da Weiß hierauf (nach 33. Dg5†, Kh8 34. Te4:, de4 35. De5†, Kg8 36. De4:) nur durch seine günstiger gestellten Bauern den Sieg erreichen würde. Der Textzug verliert sofort.

33. Te7—e8† Kg8—h7
34. De5—h5† Aufgegeben.

Nach dieser Partie wurde der Fortgang des Wettkampfes um einige Tage aufgeschoben.

153

Sizilianische Eröffnung

London, 12. August 1858

Elftes Wettspiel

J. Löwenthal — Morphy

1. e2—e4 c7—c5

Hier liegt der einzige Fall vor, daß Morphy — wahrscheinlich, um der spanischen Partie aus dem Wege zu gehen — sich „sizilianisch" verteidigt.

Der geschlossene Charakter der Eröffnung entsprach seiner Spielweise nicht, und infolgedessen behandelte er das Spiel unrichtig.

2. d2—d4 c5×d4
3. Sg1—f3 e7—e6
4. Sf3×d4 Sb8—c6
5. Sd4—b5 a7—a6

Der korrekte Zug wäre hier Sf6!, durch den Schwarz noch ein ganz gutes Spiel erlangen könnte, z. B. 4. . .

Sf6 5. Sbc3, Lb4 6. Sd6†, Ke7 7. Lf4, e5 8. Sf5†, Kf8 9. Ld2!, d5 10. Sg3, d4 usw. — Diese Variante war zu der Zeit, als diese Partie gespielt wurde, nicht bekannt.

6. Sb5—d6† Lf8×d6

7. Dd1×d6 Dd8—e7

8. Dd6—g3! Sg8—f6

Angemessener scheint f5 zu sein; Weiß erlangt aber auch in diesem Falle durch 9. Sc3 nebst Lf4 bzw. Lg5 und 0—0—0 usw. ein lebhaftes Spiel mit allerlei Opferchancen.

9. Sb1—c3 d7—d5

Sicherer wäre es hier, wie später Morphy selbst bemerkt, den Damebauer nur einen Schritt vorzurücken.

10. e4—e5 Sf6—h5

11. Dg3—f3 g7—g6

12. g2—g4 Sc6×e5

Dieses geniale, jedoch inkorrekte Opfer bietet die einzige Möglichkeit eines Gegenangriffes. – Auf Sg7 stünde Weiß nach 13. Df6 oder noch besser durch 13. Lf4, h5 14. h3 usw. überlegen.

13. Df3—e2 Se5×g4

14. De2×g4 e6—e5

15. Dg4—a4† Lc8—d7

16. Da4—b3 d5—d4

17. Db3×b7 0—0

18. Sc3—d5 De7—d6

19. Lf1—g2! ....

Der Königsläufer übt von hier einen starken Druck auf die gegnerische Stellung aus.

19. .... e5—e4

20. c2—c4 f7—f5

21. Db7—b4 ...

Dieser und die folgenden Damenzüge sind zwar nicht sehr elegant, führen aber die gewünschte und wichtige Abwickelung herbei.

21. .... Dd6—e5

22. Db4—e7 Ld7—e6

Besser wäre 22. De7: 23. Se7†. Kf7 24. Sd5, Le6 usw., da Schwarz hierdurch mindestens zwei Tempi gewonnen hätte.

23. De7—c7 De5—g7

Falls Dh8, so Se7†.

24. Dc7×g7† Sh5×g7

25. Sd5—b6 ....

Stärker als 25. Sc7.

25. .... Ta8—b8

26. c4—c5 Sg7—h5

27. b2—b4 Kg8—f7

28. 0—0 g6—g5

29. Tf1—d1 Tf8—d8

Auf d8 behauptet Weiß nach 30. f3 ebenfalls das günstigere Spiel.

30. Lc1×g5 Td8—g8

31. h2—h4 Tg8—g6

Schwarz opfert unnötigerweise den Damenbauer, besser wäre zunächst 31. .... d3.

32. Td1×d4 Tb8—g8

33. Sb6—d7 ....

Entscheidend! Schwarz könnte nach diesem Zuge mit ruhigem Gewissen kapitulieren.

33. .... Tg6×g5

Auf Ld7: folgt 34. Td7†, Ke8 35. Th7: nebst 36. Ta7 oder Td1.

34. h4×g5 Tg8×g5

Es gibt keine Rettung! Die Drohung wird von Weiß mühelos pariert.

35. Kg1—h2 Sh5—f4

36. Lg2—f1 Tg5—h5†

37. Kh2—g3 Sf4—d5

38. f2—f4 e4×f3

39. Sd7—e5† Kf7—f6

40. Se5×f3 Th5—h6

41. Ta1—e1 Th6—g6†

42. Kg3—f2 Sd5—c3

43. Lf1—d3 Le6—d5

44. Ld3×f5 Tg6—g7

45. Td4—f4 Aufgegeben.

154

Französische Eröffnung

London, 14. August 1858

Zwölftes Wettspiel

Morphy J. Löwenthal

1. e2—e4 e7—e6
2. d2—d4 d7—d5
3. e4×d5 ....

Morphy tauscht die Mittelbauern stets ab.

3. .... e6×d5
4. Sg1—f3 Sg8—f6
5. Lf1—d3 Lc8—e6

Der Läufer steht auf e6 nicht besonders günstig. Richtiger wäre 5..... Sf6.

6. 0—0 Lf8—d6
7. Sb1—c3 c7—c6
8. Sf3—e5 ....

Verfrüht! Der Springer kann sich auf e5 nicht halten. Besser wäre Lg5 nebst Dd2.

8. .... Dd8—b6
9. Lc1—e3 Sb8—d7
10. f2—f4 Ld6×e5

Ein sehr interessantes Spiel gibt 10. ....Se5: 11. fe5, Le5: 12. Sa4, Ld4: 13. Sb6:, Le3‡ 14. Kh1, Lb6: usw., wodurch Schwarz für die geopferte Dame ein nicht zu unterschätzendes Angriffspiel erlangt, welches sich jedoch gegen Morphy als ebenfalls ungenügend erweisen müßte.

11. f4×e5 Sf6—g4

Falls Se5:, so 12. Sa4, Da5 13. de5, Sg4 14. Ld2, Da4: 15. Tf4, d4 16. Tg4: usw.

12. Dd1—d2 Sg4×e3
13. Dd2×e3 Db6×b2
14. Sc3—e2 Db2—a3
15. Se2—f4 Da3—e7

Es drohte 16. Se6:, fe6 17. Lg6† nebst 18. Da3:.

16. Ta1—b1 0—0—0
17. Ld3—e2 Sd7—b6
18. De3—b3 Td8—d7

In Betracht käme 18. ... . Kb8! nebst 19. .... f6 oder 19. .... c5 mit Gegenspiel.

19. Sf4—d3 Sb6—c4
20. Sd3—c5! Td7—c7

Konsequenter und besser wäre 20. .... Sd2! z. B. 21. Da4, Kb8! 22. La6, Sb1: 23. Tb1:, b6 24. Dc6: (falls Da5, so Dd8 25. Sa4, Tb7 usw.), Tc7 25. Tb6‡, ab6 26. Db6‡, Ka8 27. Lb5, Thc8 oder Lc8 usw. Schwarz wird seine Übermacht wohl zur Geltung bringen können.

21. Db3—a4 ....

Stärker war es, erst den Springer zu schlagen und dann die Dame nach a4 zu spielen, da hierdurch b6 (wegen Tb6:) verhindert wird.

21. .... b7—b6
22. Le2×c4 b6×c5
23. Lc4—a6† Kc8—d7
24. La6—b7 Th8—d8

Ein grobes Versehen! Schwarz übersieht das Läuferschach. Besser wäre Dg5 und auf 25. Lc6‡, Ke7 usw.

25. Lb7×c6† Aufgegeben.

Auf 25. Tc6: würde nun 27. Tb7†, auf 25. .... Kc8 aber Da6† sofort entscheiden.

Dauer der Partie: $2^3/_4$ Stunden.

155

Russisches Springerspiel

London, 19. August 1858

Dreizehntes Wettspiel

J. Löwenthal — Morphy

1. e2—e4 e7—e5
2. Sg1—f3 Sg8—f6
3. Sf3×e5 d7—d6
4. Se5—f3 Sf6×e4
5. d2—d4 d6—d5
6. Lf1—d3 Lf8—e7
7. 0—0 Sb8—c6
8. c2—c4 Lc8—e6
9. c4×d5 Le6×d5
10. Sb1—c3! Se4×c3
11. b2×c3 0—0
12. Lc1—f4 Le7—d6
13. Lf4×d6 Dd8×d6
14. Sf3—g5 f7—f5

Ein Fehlzug, der materiellen Verlust zur Folge hat. Natürlicher wäre h6.

15. c3—c4! Ld5×g2

Schwarz hat keinen besseren Ausweg; z. B. 15. .... Le6 16. d5; und auf 15. .... Lf7 folgt 16. Sf7:, Tf7 (16. .... Kf7: 17. Lf5:, Sd4: 18. Dh5†) 17. d5, Se7 18. Te1 usw.

16. Kg1×g2 Dd6—g6
17. f2—f4 h7—h6
18. d4—d5 Sc6—d8
19. h2—h4 h6×g5
20. h4×g5 Sd8—f7

Die Stellungen haben sich geklärt. Weiß hat ein freies Spiel und einen Bauer mehr. — Man sollte glauben, daß Löwenthal jetzt leicht gewinnt.

21. Dd1—f3 Sf7—h6
22. Df3—g3 Sh6—f7

Das beabsichtigte Sg4 wäre schlecht wegen Dg4:

23. c4—c5 Ta8—d8
24. Ld3—c4 b7—b5

Etwas besser scheint b6 zu sein.

25. Lc4—b3 a7—a5
26. Ta1—e1 ....

Gegen die Drohung Te6 gibt es keine Abwehr.

26. .... Tf8—e8

Figurenverlust ist unvermeidlich.

27. Te1—e6 Te8×e6
28. d5×e6 Kg8—f8
29. e6×f7 a5—a4

Es läßt sich kaum noch etwas tun, um das Gleichgewicht herzustellen. — Schwarz hofft, daß auch Wunder geschehen können, und nicht vergeblich.

30. Tf1—d1 Td8×d1
31. Lb3×d1 Dg6—c6†

Verhältnismäßig besser war Df7:

32. Ld1—f3 Dc6×c5
33. g5—g6 Dc5—d6
34. Dg3—g5 Dd6—d2†
35. Kg2—h3 Dd2—d3

36. Dg5—h5 Kf8—e7
37. Dh5—h4† ....

Entscheidend war hier 37. f8D†, Kf8: 38. Dh8†, Ke7 39. Dg7†, Kd8 40. Df8†, Kd7 41. Df7†, Kd6 42. Dd5†! usw.

37 ... Ke7—d7
38. Kh3—g3 Dd3—d6
39. Dh4—h8?? ....

Nachlässigkeit oder Blindheit, jedenfalls aber ein schlechtes Spiel. Weiß verschenkt seine Bauern. Durch 39. Dg5, Ke6 40. Ld5†! usw. konnte er sofort gewinnen. — Wir müssen gestehen, daß diese Partie einen schwachen Schatten auf jenes glänzende Bild wirft, das wir von Morphy entworfen haben. Es war für den Ausgang des Matches belanglos, wenn er diese Partie auch verloren hätte; uns scheint es aber, daß sein Sieg dann viel glänzender und entscheidender gewesen wäre.

39. .... Dd6×g6†
40. Kg3—f2 Dg6×f7
41. a2—a3 Df7—e7
42. Kf2—g3 De7—c1†
43. Kg3—g2 Dc1—d2†
44. Kg2—g3 Dd2—e1†

Remis.

156

Spanische Partie

London, 21. August 1858

Vierzehntes Wettspiel

Morphy J. Löwenthal
1. e2—e4 e7—e5
2. Sg1—f3 Sb8—c6
3. Lf1—b5 a7—a6
4. Lb5—a4 Sg8—f6
5. d2—d4 e5×d4
6. e4—e5 Sf6—e4
7. 0—0 Se4—c5

Besser wäre zunächst 7. .... Le7.

8. La4×c6 d7×c6
9. Sf3×d4 Sc5—e6
10. Sd4×e6 Lc8×e6
11. Dd1—e2 Lf8—c5

Der Läufer gehört nach e7.

12. Sb1—c3 Dd8—e7
13. Sc3—e4 h7—h6
14. Lc1—e3 Lc5×e3
15. De2×e3 Le6—f5

Schwarz spielt auf Bauerngewinn; es wäre aber empfehlenswerter, die lange Rochade möglichst schnell auszuführen und mit b6 usw. fortzufahren.

16. Se4—g3 Lf5×c2

Durch die Annahme dieses wohlberechneten Baueropfers gerät Schwarz in eine gefährliche Stellung. Etwas besser war 16. Ld7 nebst 17. f5 auf f4.

17. f2—f4 g7—g6

In Betracht käme hier Db4.

18. e5—e6 Lc2—f5

Der angebotene Bauer war nicht zu schlagen, da 19. Dc3, durch gleichzeitiges Bedrohen des Turmes und Läufers, eine Figur erobert; auch 18. 0—0—0 ist ungünstig.

19. Sg3×f5 g6×f5
20. e6×f7† Ke8×f7
21. De3—h3 De7—f6

22. Ta1—e1 Th8—e8
23. Te1—e5! ....

Morphy benützt mit bekannter Folgerichtigkeit den Vorteil der Stellung. Würde Schwarz hier die Türme tauschen, so wäre das Eingreifen des weißen Königsturmes entscheidend.

23. .... Kf7—g6
24. Tf1—e1 Te8×e5
25. Te1×e5 Ta8—d8
26. Dh3—g3† Kg6—h7

Schwarz hat sehr geschickt manövriert und Weiß muß nun auf Sicherung seiner Königsstellung bedacht sein.

27. h2—h3 Td8—d7
28. Dg3—e3 b7—b6
29. Kg1—h2 c6—c5
30. De3—e2 Df6—g6
31. Te5—e6 ....

Man beachte, wie folgerecht **Morphy** die richtige Position aufbaut; sein Gegner ist auf gänzliche Passivität verwiesen.

31. .... Dg6—g7
32. De2—h5 Td7—d5

Falls 32. Tf7, so folgt 33. Th6‡ usw.

33. b2—b3 h6—h5

Schwarz ist in seinen Zügen sehr beschränkt; auf Df8 könnte 34 g4 folgen.

34. Te6×a6 Td5—d6
35. Dh5×f5† Dg7—g6
36. Df5×g6† Kh7×g6
37 Ta6—a5 Td6—b6

Auch der bessere c6 hätte die Partie nicht gerettet.

38. g2—g4 c7—c6
39 Kh2—g3 h6—h5
40. Ta5—a7 h5×g4
41. h3×g4 ....

Die weißen Freibauern gewinnen leicht.

41. .... Kg6—f6
42. f4—f5 Kf6—e5
43. Ta7—e7† Ke5—d6
44. f5—f6 Tb6—b8
45. g4—g5 Tb8—f8
46. Kg3—f4 c5—c4
47. b3×c4 b5×c4
48. Kf4—f5 c4—c3
49. Te7—e3 Aufgegeben.

Vorgabe-Wettkampf mit Rev. John Owen

Im Verlaufe des **Morphy-Löwenthal**schen Wettkampfes, der, je mehr er sich seinem Ende näherte, den Sieg des Jungmeisters in sichere Aussicht stellte, war es den englischen Schachgrößen recht unbehaglich zumute geworden. — Eifrig darauf bedacht, ihren mühselig erworbenen Schachruhm nach Möglichkeit zu erhöhen, wäre es ihnen gewiß erwünscht gewesen, dem Fremdling eine vernichtende Niederlage bereiten zu können. Da sie jedoch allmählich zu der Überzeugung gelangten, daß sie nicht imstande seien, den wuchtigen Angriffen dieses Gegners erfolgreich entgegenzutreten, zogen sie es vor, dem Kampfe auszuweichen. — Nur der als starker Spieler bekannte J. W. **Owen** besaß Mut genug, es mit dem Amerikaner aufzunehmen, forderte aber die Vorgabe von Bauer und Zug, ein Verlangen, durch das er sich schon im Vorhinein der Überlegenheit des Gegners beugte und dem Lorbeerkranze des Siegers endgültig entsagte. — Dieses Wettspiel wurde beinahe zur gleichen Zeit wie das Löwenthalsche ausgetragen und brachte die Überraschung, daß Owen trotz der Vorgabe keine einzige Partie gewinnen konnte.

Rev. John Owen

Hoch überragte die Begabung Morphys jene aller englischen Meister, was auch durch die Tatsache deutlich klargestellt wird, daß der so gründlich geschlagene Owen in dem kurz darauf abgehaltenen Birminghamer Turniere hinter Löwenthal und vor Staunton den dritten Platz besetzte. Doch alle diese Leistungen verblassen denen von Morphy gegenübergestellt bis zur Unscheinbarkeit.

157

Bauervorgabe

London, im August 1858

Vorgabe von Bauer und Zug — Erstes Wettspiel

	John Owen	Morphy
1.	e2—e4	d7—d6
2.	d2—d4	Sg8—f6
3.	Lf1—c4	Sb8—c6
4.	Sb1—c3	e7—e6
5.	Sg1—f3	d6—d5
6.	Lc4—d3	Lf8—b4
7.	Lc1 - g5	h7—h6
8.	e4 -e5	....

Besser wäre zunächst 8. Lf6:.

8.	....	h6×g5
9.	Ld3—g6†	Ke8—f8
10.	Sf3×g5	Th8—h6

Der Springer darf wegen Df3† nicht gezogen werden.

11. Lg6—d3 . . . .

Falls 11. Sf7, so De8 12 Sh6:, Dg6: 13. ef6, Dh6: 14. fg7†, Dg7: 15. Df3†, Kg8 16. 0—0—0, Sd4: usw.

11. . . . . Kf8—g8
12. e5×f6 Dd8×f6
13. Sg5—f3 e6—e5
14. d4×e5 Sc6×e5
15. 0—0 Df6—f4

Schwarz beutet den offenbaren Fehlzug der Rochade in sofort entscheidender Weise aus.

16. h2—h4 Se5×f3†
17. Dd1×f3 Df4×h4
18. Df3×d5† Lc8—e6

Aufgegeben.

158

Bauervorgabe

London, im August 1858

Vorgabe von Bauer und Zug — Zweites Wettspiel

John Owen	Morphy
1. e2—e4	d7—d6
2. d2—d4	Sg8—f6
3. Lf1—c4	Sb8—c6
4. Sb1—c3	e7—e6
5. Sg1—f3	d6—d5
6. Lc4—d3	Lf8—b4
7. Lc1—g5	d5×e4
8. Ld3×e4	Lc8—d7
9. 0—0	0—0
10. Sf3—e5	Dd8—e8
11. Lg5×f6	Tf8×f6
12. Se5—g4	Tf6—f8
13. f2—f4	De8—e7
14. Tf1—f3	. . . .

Durch diesen Fehlzug büßt Weiß, der die Wirksamkeit der Dame von e7 aus nicht genügend würdigt, einen Bauer ein.

14. . . . . Sc6×d4
15. Tf3—h3 . . . .

Falls 15. Dd4:, so Lc5!

15. . . . . Sd4—f5
16. Sg4—e5 Ld7—e8
17. g2—g4 Sf5—h4
18. Dd1—e1 Sh4—g6
19. Se5×g6 h7×g6
20. De1—g3 Ta8—d8
21. Ta1—f1 Td8—d2
22. Kg1—h1 De7—d8
23. Dg3—e1 Le8—b5

Ein mehr blendendes als sicheres Manöver, das einen zu hohen Preis für die feindliche Dame erfordert. 23. . . . . Lc3: 24. Tc3:, Dd6 25. Tcf3, Lb5 26. Ld3, Ld3: 27. Dd2:, Lf1: 28. Dd6:, cd6 29. Tf1:, e5 usw. wäre geeigneter.

24. Sc3×b5 . . . .

24. . . . . Tf8×f4

Auf Th2† könnte Weiß durch 25. Th2:, Le1: 26. Te1:, Tf4: 27. Sc3, Tg4. 28. Td1, Df6 29. Lg2 sein materielles Übergewicht behaupten.

25. Tf1×f4 Td2—d1
26. Dc1—f1 Td1×f1
27. Tf4×f1 Dd8—g5
28. Le4—d3 ....

Auch 28. Sc3 hätte genügt, z. B. Lc3: 29. Tc3:, Dg4: 30. Lb7:, Db4 31. Tc7: usw.

28. .... Dg5—d5†
29. Th3—f3 Kg8—h7
30. a2—a3 ....

Schwach gespielt! Durch 30. c4!, Dc6 31. Sd4, Dd6 (De8 rettet auch nicht) 32. Th3†, Kg8 33. Lg6:, Dd4: 34. Lh7†, Kh8 35. Lf5†, Kg8 36. Le6‡ konnte Weiß schnell gewinnen.

30. .... Lb4—d2
31. Kh1—g2 e6—e5
32. Tf1—d1 e5—e4
33. Tf3—h3† Kh7—g8
34. c2—c4 Dd5—g5
35. Ld3—e2 e4—e3
36. Sb5×c7 ....

Ein grobes Versehen, 36. Tf1, De5 37. b3!, c6 (es drohte 38. Sc7: nebst c5; spielt Schwarz aber 37. .... g5, so entscheidet 38. Ld3, g6 39. Th6 usw.) 38. Sc7, La5 (falls Dc7:, so 39. c5) 39. c5, De4† (auf Db2 folgt 40. Te3:, Lc7: 41. Tf2) 40. Kg1, b5 41. cb6, Lb6: (falls ab6, so Lc4†) 42. Sa8!, La5 43. Lc4†, Dc4: 44. bc4, e2 45. Tb3 usw., gewann noch immer.

36. .... Dg5—f4
37. Le2—f3 Df4×c7
38. Lf3—d5† Kg8—f8
39. Td1—f1† Kf8—e7
40. Tf1—f7† Ke7—d6
41. Th3×e3 Ld2×e3
42. Tf7×c7 Kd6×c7
43. Kg2—f3 Le3—c1
44. b2—b4 Lc1×a3

Als remis abgebrochen.

159

Bauervorgabe

London, im August 1858

Vorgabe von Bauer und Zug — Drittes Wettspiel

John Owen — Morphy

1. e2—e4 e7—e6
2. d2—d4 d7—d5
3. e4—e5 c7—c5
4. c2—c3 Sb8—c6
5. Sg1—h3 ....

Es ist unverständlich, warum Weiß die natürliche und gesunde Postierung des Springers nach f3 vernachlässigt.

5. .... c5×d4
6. Lf1—b5 d4×c3
7. b2×c3 Lf8—c5
8. 0—0 Sg8—e7
9. Sh3—g5 0—0
10. Dd1—h5 h7—h6
11. Sg5—f3 Lc8—d7

Schwarz ist viel besser entwickelt und hat außerdem das materielle Gleichgewicht bereits hergestellt.

12. Lb5—d3 Dd8—e8!
13. Dh5—g4 ....

Besser wäre es die Damen zu tauschen.

13. .... Tf8×f3

Kräftig und elegant! Schwarz gewinnt die Qualität zurück und erlangt einen sofort entscheidenden Angriff.

14. Dg4×f3 Sc6×e5
15. Df3—g3 Se5×d3
16. Dg3×d3 Ld7—b5
17. Dd3—h3 Lb5×f1
18. Dh3×e6† Kg8—h7
19. Kg1×f1 De8—h5
20. Lc1—f4 Ta8—f8
21. Lf4—g3 Se7—f5

Aufgegeben.

160

Bauervorgabe

London, im August 1858

Vorgabe von Bauer und Zug — Viertes Wettspiel

John Owen	Morphy

1. e2—e4 e7—e6
2. d2—d4 d7—d5
3. e4—e5 c7—c5
4. c2—c3 Sb8—c6
5. Sg1—f3 Dd8—b6
6. Lf1—d3 g7—g6
7. 0—0 Lc8—d7
8. a2—a4 ....

Besser 8. dc5, nebst b4.

8. .... a7—a5
9. Sb1—a3 c5—c4
10. Ld3—c2 Sg8—h6
11. Sa3—b5 Sh6—f7
12. b2—b3 c4×b3
13. Lc2×b3 Lf8—e7
14. Tf1—e1 ....

Hier käme 14. c4 in Betracht.

14. .... 0—0
15. Lb3×d5 ....

Durch diesen Zug befreit Weiß die gegnerische Stellung.

15. .... e6×d5
16. e5—e6 Ld7—e8
17. e6×f7† Tf8×f7
18. Lc1—g5 Le8—d7
19. Ta1—b1 Db6—d8
20. Lg5×e7 Tf7×e7
21. Dd1—b3 Ld7—f5
22. Tb1—c1 Lf5—d3
23. Sb5—a3 Ld3—e2
24. c3—c4 ....

Weiß schwächt weiter seine Stellung.

24. .... Le2×f3
25. Te1×e7 Dd8×e7
26. Db3×f3 d5×c4
27. Df3—c3 Ta8—e8
28. Dc3×c4† Kg8—g7
29. Sa3—c2 De7—g5
30. Tc1—d1 Te8—e4
31. Dc4—c3 Dg5—f6
32. Dc3—d2 Df6—d6
33. g2—g3 h7—h5
34. f2—f3 Te4—e7
35. Dd2—g5 Sc6—e5
36. Kg1—f2 Se5×f3

(S. Diagramm)

Diesen einfachen Zug hatte Weiß übersehen.

37. Kf2×f3 Dd6—c6†
38. d4—d5 Te7—f7†

Stellung nach dem 36. Zuge von Schwarz

39. Kf3—g2 Dc6×c2†
40. Td1—d2 Dc2—e4†
41. Kg2—h3 De4—e1
42. d5—d6 De1—f1†
43. Td2—g2 Tf7—d7
44. Dg5—e5† Df1—f6
45. De5—b2 ....

Nach dem Abtausch der Damen geht der Bauer d6 verloren.

45. .... Td7×d6
46. Db2×b7† Kg7—h6
47. Db7—b5 g6—g5

und gewinnt.

161

Bauervorgabe

London, im August 1858

Vorgabe von Bauer und Zug — Fünftes Wettspiel

John Owen	Morphy
1. e2—e4	e7—e6
2. d2—d4	d7—d5
3. Lf1—d3	g7—g6
4. Sg1—f3	c7—c5
5. c2—c3	Sb8—c6
6. 0—0	Dd8—b6
7. e4×d5	e6×d5
8. Tf1—e1†	Lf8—e7
9. Sf3—g5	....

Die Einleitung zu einer scheinbar starken Opferkombination. Weiß erlangt einen theoretischen Vorteil (3 Bauern und Turm gegen Springer und Läufer), überläßt aber seinem Gegner den Angriff. Diesen Umstand hat Owen bei seiner Kombination nicht genügend gewürdigt.

9. .... Sg8—f6
10. Sg5×h7 Th8×h7
11. Ld3×g6† Th7—f7
12. Lc1—g5

Besser ist dc5.

12. .... Lc8—g4
13. Dd1—c2 ....

Falls 13. f3, so Lh5!

13. .... Ke8—f8
14. Lg6×f7 Kf8×f7
15. h2—h3 Lg4—h5
16. Lg5×f6 Lh5—g6
17. Dc2—e2 Le7×f6
18. De2—e6† Kf7—g7
19. De6—d7† Kg7—h8
20. Dd7—d6 Kh8—g7
21. Sb1—d2 c5×d4

(S. Diagramm)

22. Sd2—f3 Sc6—e5

Der Anfang einer ebenso glänzenden als entscheidenden Kombination.

23. Dd6—a3 Se5×f3†
24. g2×f3 d4×c3

Stellung nach dem 21. Zuge von Schwarz

25.	b2×c3	Ta8—g8
26.	Te1—e3	Kg7—h8
27.	Kg1—h1	d5—d4
28.	c3×d4	Lf6×d4
29.	Ta1—e1	Ld4×e3
30.	Te1×e3	Db6—b1†
31.	Kh1—h2	Lg6—e4
32.	Da3—c3†	Tg8—g7
33.	Te3—e1	Db1—b6
34.	Te1—e3	Db6—d6†
35.	Kh2—h1	Le4×f3†
36.	Te3×f3	Dd6—d1†
37.	Kh1—h2	Dd1—g1 ‡

162

Bauervorgabe

London, im August 1858

Vorgabe von Bauer und Zug — Sechstes Wettspiel

	John Owen	Morphy
1.	e2—e4	e7—e6
2.	d2—d4	d7—d5
3.	Lf1—d3	g7—g6
4.	Sg1—f3	c7—c5
5.	c2—c3	Sb8—c6
6.	e4—e5	Dd8—b6
7.	0—0	Lc8—d7
8.	Lc1—e3	. . . .

Grobes Versehen! Weiß verscheukt seine Bauern; dc5 sollte geschehen.

8.	. . . .	c5—c4
9.	Ld3—c2	Db6×b2
10.	Sb1—d2	Db2×c3
11.	Ta1—b1	Sc6—b4
12.	Sf3—e1	Lf8—h6
13.	Le3×h6	Sg8×h6
14.	Tb1—c1	Dc3×d4
15.	Se1—f3	Dd4—c5
16.	Lc2—e4	0—0

Das bisherige schwache Spiel Owens verursacht, daß Morphy den folgenden Teil der Partie leichtsinnig, fast ohne Überlegung spielt und seinem Gegner eine Chance zur Rettung schafft. Durch b5 hätte er allen Opfermöglichkeiten vorbeugen, und seinen starken Freibauer zur Geltung bringen können.

17.	Sd2×c4	d5×e4
18.	Dd1×d7	e4×f3
19.	Dd7×e6†	Kg8—h8
20.	Sc4—d6	Dc5—b6
21.	g2—g3	Ta8—e8

Es ist schwer zu entscheiden, ob man diesen Zug als Versehen oder Kombination betrachten soll. Bei der genauen Prüfung der Position kommen wir darauf, daß Schwarz hier kein leichtes Spiel hat, und es ist kaum zu sagen, wie er seinen

Stellung nach dem 21. Zuge von Schwarz

materiellen Vorteil zur Geltung bringen kann. Am solidesten war es, die Partie durch Sf5 fortzusetzen, möglich ist es aberauch, daß Morphy absichtlich diese komplizierzte Variante vermied.

22.	De6—h3	Sh6—f5
23.	Sd6×e8	Tf8×e8
24.	Tf1—d1	Te8—d8
25.	g3—g4	Sf5—d4
26.	Kg1—h1	Sd4—e2
27.	Dh3×f3	Se2×c1
28.	Td1—d6	....

Es ist begreiflich, daß der auf eigene Fortführung des Angriffs bedachte Meister diese energische Parade bei seinen Vorausberechnungen übersehen konnte. Das Remis ist nun unabwendbar.

28.	....	Sb4—c6
29.	Df3—f6†	Kh8—g8
30.	Df6—e6†	

Remis durch ewiges Schach.

163

Bauervorgabe

London, im August 1858

Vorgabe von Bauer und Zug — Siebentes Wettspiel

	John Owen	Morphy
1.	e2—e4	Sb8—c6
2.	d2—d4	e7—e5
3.	Sg1—f3	....

In Betracht kommt 3. de5, Se5: 4. f4, Sf7 5. Lc4, Sgh6 6. Dd4 oder 6. Le3 usw. oder auch 3. d5, Se7 4. Lg5, Sf6 5. Lf6:, gf6 6. Dh5†, Sg6 7. Sf3, Ke7 8. d6† usw.

3.	....	e5×d4
4.	Lf1—c4	Dd8—f6
5.	0—0	d7—d6
6.	Sf3—g5	Sg8—h6
7.	c2—c3	Lc8—g4
8.	f2—f3	Lg4—d7
9.	Lc4—d5	d4×c3
10.	Sb1×c3	Lf8—e7
11.	Sc3—b5	....

Energischer wäre 11. Le3 nebst Dd2 oder 12. Db3 usw.

11.	....	Le7—d8
12.	f3—f4	Sc6—e7

Wohl die einzige Entgegnung, um die bedrängte Stellung einigermaßen zu befreien.

13.	Sb5—c3	....

Falls 13. e5, so de5, 14. fe5, Db6† usw.

13.	....	Ld7—g4
14.	Dd1—b3	c7—c6
15.	e4—e5	....

Gut zu sein scheint hier 15. Db7:, Lb6† 16. Kh1, Tc8 17. Lb3 usw.

15. . . . d6 × e5
16. Sc3 – e4 Ld8—b6†

17. Kg1—h1 Df6—g6
18. Ld5—f7† Sh6 × f7
19. Sg5 × f7 Se7—d5

Auf Tf8 würde 20. Sed6† nebst 21. Se5† entscheiden.

20. Se4—d6† Ke8—e7
21. f4—f5 . . . .

Einfach und sicher war 21. Sh8:!

21. . . . . Dg6—h5
22. Lc1—g5† Ke7—d7
23. Db3—g3 Lb6—c7
24. Dg3 × e5 Ta8—e8
25. De5 × g7 Lc7 × d6
26. Sf7—e5† Kd7—c8
27. Dg7—d7† Kc8—b8
28. Dd7 × d6† Kb8—a8
29. Lg5—f4 . . . .

Zum Remis führte 29. Sc6:.

29. . . . . Dh5 × f5
30. Se5 × c6 Lg4—h3
31. g2 × h3 Df5—e4†
32. Kh1—g1 Sd5 × f4
33. Tf1 × f4 Th8—g8†

und gewinnt, z. B. 34. Tg4, h5 35. Tg3, h4 36. Tg4, Tg4‡ 37. hg4, Dg4‡ usw.

Blindlingspiel zu Birmingham

Die größte Bewunderung, die uneingeschränkte Anerkennung seiner Zeitgenossen wurde jedoch dem Jungmeister zuteil, als er während des Birminghamer Turniers in Gegenwart der Klubmitglieder und zahlreicher hervorragender Meister und Schachfreunde es fertig brachte, ohne Ansicht des Brettes gegen 8 starke Spieler zu kämpfen und zu siegen.

Am 27. August 1858, um zwei Uhr nachmittags, hatte der Kampf seinen Anfang genommen und war um $6^1/_2$ Uhr beendet.

Auf der glänzenden Soiree, die dieser Vorstellung folgte, begrüßte Lord Lyttleton, der Präsident der British Chess Association, in warmen Worten den überseeischen Gast und gab dem Wunsche Ausdruck, daß der junge Held in sämtlichen Kämpfen siegen möge, nur in einem einzigen Kampfe — dem englischen Champion Staunton gegenüber — werde es ihm kaum möglich sein, den Sieg zu erringen.

Hierin sollte der Präsident auch Recht bekommen, denn Staunton verriet keine Lust, den längst verabredeten Kampf auszufechten; er verschob unter nichtigen Gründen immer wieder den Beginn. So gelang es ihm zu erreichen, daß Morphy keine Gelegenheit fand, die jeder Begründung entbehrende Ansicht des Präsidenten zu widerlegen.

164

Springergambit

Birmingham, 27. August 1858

Erstes Blindlingsspiel

	Morphy	Lord A. Lyttleton
1.	e2—e4	e7—e5
2.	f2—f4	e5 x f4
3.	Sg1—f3	g7—g5
4.	h2—h4	g5—g4
5.	Sf3—e5	d7—d6

Morphy verteidigte sich in ähnlichen Stellungen immer durch 5. .... Sf6. — Der Textzug ist ebenfalls ausreichend und hat den Vorteil, daß er viele gefährliche theoretische Varianten vermeidet. — In allerneuester Zeit zieht man 5. .... d5! vor, um schneller zum Gegenangriffe zu kommen.

6.	Se5 x g4	Lf8—e7
7.	d2—d4	Le7 x h4†
8.	Sg4—f2	Lh4 x f2†

Dieser Zug ist der mindest empfehlenswerte; besser 8. .... Dg5 nebst 9. .... Sc6! usw.

9.	Ke1 x f2	Sg8—f6
10.	Sb1—c3	Dd8—e7
11.	Lc1 x f4	Sf6 x e4†
12.	Sc3 x e4	De7 x e4
13.	Lf1—b5†	....

Weiß widerlegt den schwachen 8. Zug kräftig und führt alle seine Figuren zum Angriffe heran.

13.	....	Ke8—f8

Es drohte Dameverlust durch Te1.

14.	Lf4—h6†	Kf8—g8
15.	Th1—h5	Lc8—f5
16.	Dd1—d2	Lf5—g6
17.	Ta1—e1	Aufgegeben

165

Evansgambit

Birmingham, 27. August 1858

Zweites Blindlingsspiel

	Morphy	G. Salmon
1.	e2—e4	e7—e5
2.	Sg1—f3	Sb8—c6
3.	Lf1—c4	Lf8—c5
4.	b2—b4	d7—d5

Sicherer wäre die Ablehnung des Gambits durch Lb6.

5.	e4 x d5	Sc6 x b4

6. 0—0 ....

Nachhaltiger ist 6. c3, mit der Folge 6. .... Sd5: 7. Se5: (auch Db3 kommt in Betracht), Le6! (Fehlerhaft ist hier Dg5, wegen 8. d4, Dg2: 9. Df3, Df3: 10. Sf3:, Sb6 11. Lb5†, c6 12. dc5: usw. mit Figurgewinn). 8. 0—0, Sge7 9. Lb2 nebst 10. d4.

6. .... Sg8—e7

Üblicher ist 6. .... Sg8—f6.

7. Sf3×e5 0—0

Auf 7. .... Ld4 würde Weiß das Spiel durch 8. Sf7:, Kf7: 9. c3, Lf6 10. d6† usw. günstig fortsetzen können.

8. d2—d4 Lc5—d6
9. Sb1—c3 Lc8—f5
10. Lc4—b3 a7—a5
11. a2—a3 a5—a4
12. Sc3×a4 Sb4×d5
13. c2—c4 Ta8×a4

Ein inkorrektes Opferangebot! Schwarz rechnet darauf, daß der vielfach in Anspruch genommene Blindlingsspieler die Folgen nicht genau berechnen könne.

14. c4×d5 ....

Morphy lehnt das Qualitätsopfer ab und sichert sich gegen alle eventuellen Überraschungen. Auf 14. La4:, Sc3 15. Db3, Se2† 16. Kh1, Sd4: 17. De3! hätte er aber den Gewinn leichter gehabt.

14. .... Ta4—a5
15. Dd1—f3 Lf5—g6
16. Tf1—e1 Ld6—b4
17. Te1—e2 Se7—f5
18. Lc1—b2 Dd8—a8

Eine interessante Verwickelung könnte Schwarz durch La3: herbeiführen, z.B. 18..... La3: 19. Ta3: (falls Sg6:?, so Lb2: 20. Ta5:, Sd4: 21. Se7†, Kh8 22. Dd3, Se2‡ 23. De2:, Te8 24. Db2.?, De7: und gewinnt), Ta3: 20. La3: [nach 20. Sg6:, Tb3:! (20. .... fg6: 21. La3:, Sd4: 22. Df8‡, Df8: 23. Lf8:, Se2‡ 24. Kf1, Sd4 25. d6† nebst dc7: usw.) 21. Db3:, hg6 22. Db7: usw. hat Weiß wenig Gewinnchancen], Sd4: 21. De3, Se2‡ 22. De2:, Te8 23. f4 usw.

19. g2—g3 Da8—a7
20. Se5×g6 ....

Nicht das Beste! 20. Sc4!, Ta6 (falls Sd4:, so 21. Ld4:, Dd4: 22. Td1 usw.) 21. Td1, Ld6 22. Lc2 usw. gewann einfach.

20. .... h7×g6
21. Te2—e5 Lb4×a3

Schwarz hätte durch Sd4: 22. De3!, Sb3: usw. die Partie vollkommen ausgleichen können.

22. d5—d6 La3—b4

Zöge Schwarz hier Sd4:, so könnte 23. Lf7‡, Kh8! 24. Df4, Te5: 25. Ld4: mit günstigerem Spiele für Weiß die Folge sein.

23. Te5×a5 Lb4×a5
24. Df3—d5 b7—b6
25. d6—d7 Da7—a8
26. Ta1—c1 Da8×d5
27. Lb3×d5 b6—b5
28. Ld5—c6 Sf5—d6
29. d4—d5 La5—d2
30. Tc1—d1 Ld2—g5
31. f2—f4 Lg5—d8
32. Lb2—a3 f7—f5
33. Td1—e1 Kg8—f7
34. Lc6×b5 Tf8—h8
35. La3×d6 c7×d6
36. Te1—e8 ....

Eine lehrreiche Stellung! Schwarz kann nicht verhindern, daß Weiß mit seinem König bis nach c8 eindringt und den Läufer erobert.

Stellung nach dem 36. Zuge von Weiß

36.	....	Th8—f8
37.	Kg1—f2	g6—g5
38.	Kf2—e3	g5—g4
39.	Ke3—d3	g7—g5
40.	Lb5—c6	g5×f4
41.	g3×f4	Tf8—g8
42.	Kd3—c4	Tg8—f8
43.	Kc4—b5	Tf8—g8
44.	Kb5—a6	Tg8—f8
45.	Ka6—b7	Tf8—g8
46.	Kb7—c8	Ld8—b6
47.	Te8×g8	Kf7×g8
48.	d7—d8D†	Lb6×d8
49.	Kc8×d8	Aufgegeben.

166

Sizilianische Eröffnung

Birmingham, 27. August 1858

Drittes Blindlingsspiel

	Morphy	Th. Avery
1.	e2—e4	c7—c5
2.	d2—d4	c5×d4
3.	Sg1—f3	Sb8—c6
4.	Sf3×d4	e7—e6
5.	Lc1—e3	Sg8—f6

Die modernste Fortsetzung ist hier 5. Sc3 und auf Sf6 6. Sdb5, Lb4 7. a3, Lc3† 8. Sc3:, d5 9. ed5, ed5 10. Ld3 usw.

6.	Lf1—d3	d7—d5
7.	Sd4×c6	....

Nach diesem Tausche hat Schwarz das bessere Spiel.

7.	....	b7×c6
8.	e4—e5	Sf6—d7
9.	f2—f4	Lc8—a6
10.	0—0	....

Falls 10. La6:, so Da5† nebst 11. .... Da6:.

10.	....	La6×d3
11.	Dd1×d3	Lf8—c5
12.	Sb1—d2	Lc5×e3†
13.	Dd3×e3	Dd8—b6
14.	Ta1—e1	0—0

Schwarz will sich das Remis sichern und vermeidet die nach ev. Bauergewinn (Db2:) sich ergebende Komplikation.

15.	b2—b3	f7—f6
16.	e5×f6	Tf8×f6
17.	g2—g3	Ta8—f8
18.	Kg1—g2	Db6×e3
19.	Te1×e3	g7—g6
20.	Tf1—e1	....

Durch 20. Sf3! hätte Weiß einen nachhaltigen Druck auf den rückständigen Bauer e6 ausüben können.

20.	....	e6—e5!
21.	Te1—e2	e5×f4

22. Te3—e7 Tf8—f7

In Betracht käme 22. . . . fg3 23. Td7:, Tf2† 24. Tf2:, Tf2† 25. Kg3:, Td2: 26. Ta7:, Tc2: usw.

23. g3×f4 Tf6×f4

24. Te7—e8† Kg8—g7

Besser wäre Sf8! 25. Tc8, T4f6 usw. mit Gewinnchancen.

25. Te8—c8 Tf4—f6

26. Tc8—c7 Sd7—f8

27. Tc2—e7 Tf7×e7

28. Tc7×e7† Tf6—f7

29. Te7—e8 Sf8—d7

30. Sd2—f3 Tf7—f8

31. Te8—e7† Tf8—f7

32. Te7—e8 Tf7—f8

33. Te8—e7† Tf8—f7

Als remis abgebrochen. Schwarz wird sein Bauernplus nicht zur Geltung bringen können.

167

Schottisches Gambit

Birmingham, 27. August 1858

Viertes Blindlingsspiel.

Morphy	J. S. Kipping
1. e2—e4	e7—e5
2. Sg1—f3	Sb8—c6
3. d2—d4	e5×d4
4. Lf1—c4	Lf8—c5
5. 0—0	d7—d6
6. c2—c3	Dd8—f6
7. Lc1—g5	. . . .

Einen sehr interessanten und gefährlichen Angriff könnte Weiß erlangen durch 7. e5, de5 (Se5: 8. Tc1, Lg4 9. cd4, Lf3: 10. de5 usw.) 8. Sg5 (auch Lg5 ist stark), Le6 9. Le6:, fe6 10. Dh5†, g6 11. Dh3, Kd7 12. Se4, De7 13. b4, Lb6 14. La3 usw. Auch 7. Lb5 ist zu berücksichtigen.

7. . . . . Df6—g6

8. c3×d4 Sc6×d4

9. Sf3×d4 Dg6×g5

10. f2—f4 . . . .

Eine Übereilung! Kh1 mußte folgen.

10. . . . . Dg5—g6

Schwarz könnte hier durch Df6! 11. e5, de5: 12. fe5:, Db6 usw. das Spiel forcieren.

11. Kg1—h1 Sg8—h6

12. h2—h3 . . . .

Der einzige Kombinationsfehler in sämtlichen acht Partien. Richtig war 12. Sc3.

12. . . . . Lc8×h3

13. g2×h3 Dg6×e4†

14. Dd1—f3 De4×d4

15. Tf1—e1† Ke8—d7

16. Sb1—a3 . . . .

Morphy versucht noch einen verzweifelten Angriff, der aber an der besonnenen Verteidigung scheitert. Das hoffnungslose Spiel gab Morphy zeitig auf, um seine ganze Kraft den übrigen Spielen zuzuwenden.

16. . . . . Lc5×a3

17. Lc4—b5† c7—c6

18. b2×a3 Th8—e8

Gegen diesen Zug ist nichts zu erfinden; es ist leicht zu sehen, daß nach cb5 19. Db7:‡ usw. sich das Blatt gewendet hätte.

19. Ta1—c1 d6—d5
20. Df3—b3 Kd7—c7
21. Lb5—d3 Te8—e3
22. Te1×e3 Dd4×e3
23. Tc1—b1 De3×h3†
24. Kh1—g1 b7—b6
25. Tb1—e1 Dh3—g3†
26. Kg1—f1 Dg3×f4†
27. Kf1—g2 Df4—g5†
28. Kg2—f1 Sh6—g4
29. Te1—e2 Sg4—e3†

Aufgegeben.

168

Abgelehntes Königsgambit

Birmingham, 27. August 1858

Fünftes Blindlingsspiel

Morphy — S. Rhodes

1. e2—e4 e7—e5
2. f2—f4 Lf8—c5
3. Sg1—f3 Sb8—c6

Richtig ist hier d6.

4. f4×e5 d7—d5

Auf Se5: spielt Weiß am besten 5. Se5: (oder 5. d4, Sf3‡ 6. gf3, Dh4† 7. Ke2), Dh4† 6. g3, De4‡ 7. De2, Dh1: 8. Sg6†, Se7 9. Sh8:, d6 (falls Dd5, so 10. Sc3, De6 11. Se4 nebst 12. Sg5) 10. b4 nebst 11. Sf7: usw.

5. e4×d5 Dd8×d5
6. Sb1—c3 Dd5—d8
7. Sc3—e4 Lc5—b6
8. c2—c3 Lc8—g4
9. d2—d4 Dd8—d5
10. Se4—f2 Sc6×e5

Ein inkorrektes Opfer. Schwarz muß es aber schon auf diese Weise versuchen.

11. Dd1—e2 . . . .

Dieser Zug kam dem Nachziehenden höchst unerwartet, er hatte wahrscheinlich nur die zum Ausgleich führende Variante 11. de5, Lf2‡ 12. Kf2:, Dd1: 13. Lb5†, Dd7 14. Ld7‡, Ld7: in Betracht gezogen.

11. . . . . Lg4×f3
12. g2×f3 Dd5×f3
13. De2×e5† Ke8—f8
14. Lf1—e2 Df3—c6

Die schwarze Partie ist unhaltbar. Weiß behält die Figur und hat noch dazu ein starkes Angriffsspiel.

15. Th1—g1 f7—f6
16. De5—g3 g7—g6
17. Lc1—e3 Ta8—e8
18. Ke1—d2 Sg8—e7
19. Le2—d3 Dc6—d7
20. Sf2—g4 Se7—d5
21. Ta1—e1 Sd5×e3
22. Te1×e3 Dd7—f7
23. Sg4×f6 Te8×e3
24. Dg3×e3 Df7×a2

Weiß kündigt Mat in vier Zügen an.

169

Läuferspiel

Birmingham, 27. August 1858

Sechstes Blindlingsspiel

Morphy — Dr. Freemann

1. e2—e4 e7—e5
2. Lf1—c4 Lf8—c5
3. b2—b4 ....

Sehr gut ist hier 3. c3. —

3. .... Lc5—b6

Der Bauer war auch zu nehmen. (P. 229.)

4. Sg1—f3 d7—d6
5. d2—d4 e5×d4
6. Sf3×d4 Sg8—f6
7. Sb1—c3 0—0
8. 0—0 Sf6×e4
9. Sc3×e4 d6—d5
10. Lc1—g5 Dd8—e8

Einfacher wäre 10..... f6, da hierdurch sich das Spiel ausgleicht, z. B. 10. .... f6 11. Lb3, Kh8 12. Sf6:, gf6 13. Lh6, Tg8 14. Sf3, c6 usw.

11. Lc4×d5 c7—c6
12. Tf1—e1 De8—d7
13. Se4—f6† g7×f6
14. Lg5×f6 Dd7—d6

Den Läufer konnte Schwarz nicht schlagen wegen 15. Te5, z. B. 14..... cd5 15. Te5, h6 16. Tg5† nebst 17. Dh5. — Den folgenden Teil der Partie spielt Morphy geistreich und beherrscht die große Verwickelung vollkommen.

15. Sd4—e6 Lc8×e6

Nach 16. .... fe6 ginge die schwarze Dame verloren, auf andere Züge aber entscheidet 16. Dg4†.

16. Dd1—h5 ....

Stärker wäre 16. Dd2! Der Textzug ermöglicht noch eine Rettung.

16. .... Lb6×f2†

Schwächere Spieler geben immer „Schach", wo es nur möglich ist. Dies war auch hier der Fall, und gerade dieses Läuferschach kostet die Partie. Viel besser war Df4!, z. B. 16 .... Df4 17. Te6:, Sd7 und Weiß kommt in Verlegenheit, da auf 18. Lb2, cd5 19. g3 (falls 19. Th6, so Tfe8 20. Tf1?, Df2‡), Df2‡ nebst fe6 usw. entscheidet.

17. Kg1—h1 Dd6—f4
18. Te1×e6 Sb8—d7
19. Lf6—b2 ....

Weniger gut und energisch wäre hier der naheliegende Zug 19. Lg5 wegen Dd4 20. Td1, fe6 usw.

19. .... Lf2—d4

Schwarz begegnet hiermit der Matdrohung 20. Tg6† nebst 21. Dh8‡. Nähme er den Läufer cd5, so könnte 20. g3 zur Entscheidung führen.

20. g2—g3 Sd7—f6

Auf Df2 oder Dd2 folgt 21. Dg4†.

21. g3×f4 Sf6×h5
22. Lb2×d4 Sh5×f4

Falls fe6, so folgt 23. Le6†, Tf7 24. Tg1†, Kf8 25. Lc5† nebst 26. Tg8† usw.

23.	Ta1—g1†	Sf4—g6
24.	Te6×g6†	h7×g6
25.	Tg1×g6†	Kg8—h7
26.	Tg6—g7†	Kh7—h6
27.	Ld5—e4	f7—f5
28.	Le4—d3	b7—b6
29.	Tg7—g3	Tf8—f7
30.	Ld4—e5	Ta8—e8
31.	Le5—f4†	Kh6—h7
32.	Tg3—g5	Te8—e1†
33.	Kh1—g2	Tf7—g7
34.	Ld3×f5†	Kh7—h8
35.	h2—h4	Tg7×g5†
36.	Lf4×g5	Te1—e8
37.	Kg2—f3	Aufgegeben.

170

Unregelmäßige Eröffnung

Birmingham, 27. August 1858

Siebentes Blindlingsspiel

	Morphy	G. S. Carr
1.	e2—e4	h7—h6
2.	d2—d4	a7—a5
3.	Lf1—d3	b7—b6

Schwarz hofft, den Blindlingsspieler durch ungewöhnliche Eröffnungszüge beirren zu können.

4.	Sg1—e2	e7—e6
5.	0—0	Lc8—a6
6.	c2—c4	Sg8—f6
7.	e4—e5	Sf6—h7

Nun zeigt es sich, daß Schwarz durch seinen bizarren ersten Zug dem Springer ein Feld vorbereiten wollte.

8.	f2—f4	Lf8—e7
9.	Se2—g3	d7—d5
10.	Dd1—g4	0—0
11.	Sg3—h5	g7—g5

Die schwarze Stellung ist schnell unhaltbar geworden. Morphy behandelt das zerfahrene Spiel des Gegners mit allem Ernste und vollendet die Partie in seinem eleganten Stile.

12.	f4×g5	h6×g5
13.	Ld3×h7†	Kg8—h8
14.	Sh5—f6	d5×c4
15.	Lh7—c2	Dd8×d4†
16.	Dg4×d4	Le7—c5
17.	Dd4×c5	b6×c5
18.	Lc1×g5	Sb8—c6
19.	Tf1—f3	Kh8—g7

Weiß erzwingt nun ein Mat in sechs Zügen.

20.	Lg5—h6†	Kg7×h6
21.	Tf3—h3†	Kh6—g5
22.	Th3—h5†	Kg5—f4
23.	Kg1—f2	Tf8—g8
24.	g2—g3†	Tg8×g3
25.	h2×g3‡.	

171

Sizilianische Eröffnung

Birmingham, 27. August 1858

Achtes Blindlingsspiel

Morphy	R. Wills
1. e2—e4	c7—c5
2. Sg1—f3	. . . .

d4 sofort gezogen, würde den Abtausch des Bauers erzwungen haben. Durch den Textzug wird der Übergang auf die französische Verteidigung ermöglicht, z. B. 2. . . . . e6 3. d4, d5 usw.

2.	Sb8—c6
3. d2—d4	c5×d4
4. Sf3×d4	e7—e6
5. Lc1—e3	. . . .

Siehe die Bemerkung zu diesem Zuge in Partie 166.

5.	Sg8—f6
6. Lf1—d3	. . . .

Auch hier wäre Sc3 vorzuziehen.

6.	e6—e5

Dieser Zug widerspricht zwar dem geschlossenen Charakter der gewählten Eröffnung, scheint jedoch hier wohl anwendbar zu sein.

7. Sd4×c6	. . . .

Auf Sf3 folgt d5 mit sehr gutem Spiele.

7.	b7×c6

Einfacher war dc6 8. 0—0, Ld6 usw.

8. 0—0	d7—d6

Schwarz spielt zu ängstlich; d5 sollte geschehen.

9. f2—f4	e5×f4
10. Le3×f4	Lf8—e7
11. Sb1—c3	Ta8—b8

Schwarz findet abermals den richtigen Zug nicht. 11. . . . . Sg4! 12. Df3, 0—0 nebst Le6 und Se5 ergab ein gleiches Spiel.

12. e4—e5	d6×e5
13. Lf4×e5	Tb8—b4
14. Dd1—f3	Dd8—b6†
15. Kg1—h1	Lc8—g4
16. Df3—f2	Db6×f2
17. Tf1×f2	Le7—c5

Wieder ein unüberlegter Zug!

18. Tf2—f1	Lc5—e7
19. a2—a3	Tb4—b7

Auf Tb2: folgt 20. Se4.

20. Sc3—e4	Lg4—d7
21. Se4×f6†	. . . .

In Betracht kommt b4; die von Morphy gewählte Fortsetzung ist aber entscheidender.

21.	g7×f6
22. Le5×f6	Le7×f6
23. Tf2×f6	Tb7×b2
24. Ta1—e1†	Ld7—e6
25. Ld3—f5	Ke8—e7
26. Tf6—h6	Th8—b8
27. Lf5×e6	Tb2—b1
28. Te1—g1	f7×e6
29. Th6×h7†	. . . .

Die Freibauern gewinnen jetzt leicht.

29.	Ke7—d6
30. Th7×a7	Tb1×g1†
31. Kh1×g1	Tb8—b1†
32. Kg1—f2	Tb1—b2
33. h2—h4	Tb2×c2†
34. Kf2—f3	Kd6—e5
35 h4—h5	Ke5—f5
36. h5—h6	Tc2—d2
37. h6—h7	Aufgegeben.

172

Evansgambit

Birmingham, 1858

J. S. Kipping	Morphy
1. e2—e4	e7—e5
2. Sg1—f3	Sb8—c6
3. Lf1—c4	Lf8—c5
4. b2—b4	Lc5×b4
5. c2—c3	Lb4—c5
6. d2—d4	e5×d4
7. c3×d4	Lc5—b6
8. d4—d5	Sc6—a5
9. Lc4—d3	d7—d6
10. Lc1—b2	Sg8—f6
11. h2—h3	....

Stärker wäre hier sofort 11. 0—0 nebst 12. Sc3 auf Lg4.

11.	0—0
12. 0—0	Sf6—h5

Ein guter Zug! Schwarz bereitet f5 vor und droht außerdem, den Springer auf f4 festzusetzen.

13. Dd1—d2	f7—f5
14. Sb1—a3	Sh5—g3
15. Tf1—e1	f5×e4
16. Ld3×e4	Lc8—f5
17. Le4×f5	Sg3×f5
18. Te1—e4	Dd8—d7
19. Lb2—c3	....

Natürlicher wäre es, die Türme zu verdoppeln.

19.	Lb6—c5!
20. Sa3—c2	b7—b6
21. Dd2—g5	Ta8—e8
22. Ta1—e1	Te8×e4
23. Te1×e4	h7—h6
24. Dg5—g4	Tf8—f7
25. Te4—e6	....

Der Turmzug ist mehr ein Verlegenheitszug; etwas besser war 25. La5:, ba5 26. Sfd4, Sd4: 27. Sd4: usw.

25.	c7—c6
26. Sc2—d4	c6×d5
27. Dg4—g6	Sf5—e7
28. Dg6—g3	Sa5—c6
29. Sd4×c6	Dd7×e6
30. Sc6—d8	De6—g6

und Schwarz gewann.

173

Evansgambit

Birmingham, 1858

Morphy	J. S. Kipping
1. e2—e4	e7—e5
2. Sg1—f3	Sb8—c6
3. Lf1—c4	Lf8—c5
4. b2—b4	Lc5×b4
5. c2—c3	Lb4—a5
6. d2—d4	e5×d4
7. 0—0	d7—d6
8. Dd1—b3	Dd8—f6
9. e4—e5	....

Eine andere Art des Angriffes ist 9. cd4.

9.	d6×e5
10. Tf1—e1	La5—b6

Schwarz kommt durch 10. .... Sh6 in Vorteil (siehe Partie 102).

11. Lc1—g5	Df6—f5
12. Sf3×e5	Sc6×e5

13. f2—f4 ....

Energischer wäre 13. Db5†, c6 14. Te5†, Le6 15. Le6:, fe6 16. De2 usw.

13. .... d4×c3†
14. Kg1—h1 Lb6—d4
15. Sb1×c3 Ke8—f8

Besser ist 15. .... Sh6.

16. Ta1—d1 Se5×c4
17. Db3×c4 Lc8—e6

Besseres ist nicht zu finden. Auf 17. .... c5 folgt 18. Td4:, cd4 19. Db4† usw.

18. Dc4×d4 f7—f6
19. Sc3—e4 b7—b6

Falls 19. .... fg5, so 20. Sg5:, Te8 21. Te5, Dg6 22. Dc5† usw.

20. Se4—g3 Df5—c5
21. Dd4×c5† b6×c5
22. Te1×e6 f6×g5
23. f4×g5 g7—g6
24. h2—h4 Kf8—f7
25. Te6—e5 h7—h6
26. Sg3—e4 h6×g5
27. Se4×g5† Kf7—f6
28. Te5—e6† Kf6—f5
29. Td1—d5† Kf5—g4
30. Te6—e4† Aufgegeben.

Übersicht der Partien Morphys

gespielt in England 1858

Gleichauf gespielte Partien

Barnes	+6 −19 =0	Löwe	+0 − 6 =0
Bird	+1 −10 =1	Löwenthal	+4 −10 =5
Boden	+1 − 5 =3	Medley	+0 − 3 =0
Hampton	+0 − 2 =0	Mongredien	+0 − 2 =0
Kipping	+0 − 2 =0	Owen	+1 − 4 =0

Vorgabe von Bauer und Zug

Owen	+0 −5 =2

Gleichzeitige Blindlingsspiele

Acht Gegner	+1 −6 =1

Beratungspartien

Partei Löwenthal	+0 −0 =2
Partei Staunton	+0 −2 =0

Offiziervorgabe

Verschiedene Gegner	+0 −?
Worrall	+2 −7 =0

6

Paris, Winter 1858—1859

Obwohl Morphys Persönlichkeit alle, die mit ihm verkehrten, für sich einnehmen mußte, fühlte er selbst von dem steifen und bei aller Höflichkeit zugeknöpften Wesen seiner Stammesverwandten sich nicht sympathisch berührt. — Seinem lebhaften, heißblütigen Temperamente entsprach weit mehr der leichtbewegliche, jeder Förmlichkeit abholde französische Charakter, und da er, nach den Wettspielen mit Löwenthal und Owen, in England auf ernste Gegner nicht mehr rechnen konnte, verließ er leichten Herzens das Nebelland, um in Paris — damals der Sammelpunkt hervorragender Schachgrößen — den Kampf um die Weltmeisterschaft fortzusetzen.

Im Café de la Regence, in dessen altmodischen Räumen schon so viele Meister geweilt hatten, und in dem auch zu jener Zeit die stärksten Pariser Spieler fast täglich zusammenkamen, erregte Morphys Erscheinen das größte Aufsehen, und sofort umdrängten ihn die dichten Gruppen der zahlreich anwesenden Schachfreunde, deren aufrichtig gemeinte Bewunderung ihm in schmeichelhafter Form entgegengebracht wurde.

Im Kreise dieser gewählten Gesellschaft mit ihrer ungezwungenen, die Themata nur flüchtig berührenden, zuweilen aber auch geistreichen Konversation fühlte sich der Jüngling bald vollkommen heimisch. Der Zauber seiner liebenswürdigen, bei aller Bescheidenheit doch immer eindrucksvollen Persönlichkeit versagte auch in dieser Umgebung nicht, so daß ihm nach kurzer Zeit aus dem Kreise seiner Bewunderer zahlreiche treu ergebene Freunde erwuchsen.

An dieser Stätte war es, wo der geistig hoch angeregte Jungmeister Tag für Tag mit den stärkeren Klubmitgliedern mit oder ohne Vorgabe kämpfte, und wo nach seinen Siegen über Harrwitz und Anderssen seine Weltmeisterschaft rückhaltslos anerkannt wurde.

Hier war es auch, wo er eine seiner hervorragendsten Leistungen im Blindspiele vorführte. Der 27. September 1858 war der Tag dieser viel Gedächtnisschärfe und weittragende Berechnungsgabe erfordernden Kraftleistung. Als das Ergebnis — 6 Siege und 2 Remis — der fieberhaft erregten Menge kund ward, brauste ein Beifallssturm durch die weiten Hallen, wie er seit Philidors Zeiten innerhalb dieser verwitterten Mauern nicht erklungen war.

Mit beinahe scheuer Ehrerbietung blickten die Anwesenden auf den jungen Sieger, dem ein gütiges Geschick das kostbare Angebinde der höchsten schachlichen Begabung in die Wiege gelegt hatte; und in allen wurde die Überzeugung rege, daß keinem seiner Zeitgenossen die Kraft innewohne, diesen Stärksten aller Starken niederzuringen.

174

Philidors Springerspiel

Paris, 27. September 1858

Erstes Blindlingsspiel

	Morphy	Baucher
1.	e2—e4	e7—e5
2.	Sg1—f3	d7—d6
3.	d2—d4	e5 × d4
4.	Dd1 × d4	Sb8—c6
5.	Lf1—b5	Lc8—d7
6.	Lb5 × c6	Ld7 × c6
7.	Lc1—g5	f7—f6

Schwarz zöge richtiger Sf6, denn f6 hemmt den Königsläufer und schwächt den Punkt e6.

8. Lg5—h4 . . .

In Betracht kommt Lf4, um die Springerentwickelung nach h6 zu verhindern.

8.	. . .	Sg8—h6
9.	Sb1—c3	Lf8—e7
10.	0—0	0—0
11.	Dd4—c4†	Kg8—h8
12.	Sf3—d4	Dd8—d7

Hier wäre Ld7 am Platze, z. B. 13. Se6, Le6: 14. De6:, Te8! usw.

13. Ta1—d1 Tf8—f7

Ein falscher Plan. Die beabsichtigte Verdoppelung der Türme scheitert an Se6. Besser wäre Sf7 mit der Folge 14. f4, g5 15. fg, Se5 usw.

14.	f2—f4	a7—a5
15.	f4—f5	Tf7—f8

Schwarz ist nicht im Klaren, wie er das Spiel fortsetzen soll und zieht planlos hin und her.

16.	Sd4—e6	Tf8—g8
17.	a2—a4	. . . .

Weiß schränkt seinen Gegner auf der Damenseite ein. Besser wäre Tf3 usw.

17.	. . .	Sh6—g4
18.	Dc4—e2	Sg4—e5
19.	Lh4—g3	Dd7—c8

Schwarz spielt geradezu nach

Wunsch seines Gegners. Sehr richtig bemerkt Steinitz, daß Schwarz mit der Zulassung des Abtausches auf e5 mehrere (verhängnisvolle) Fehler begehe; — denn Weiß entledigt sich dadurch seines untätigen Läufers, der nur das freie Spiel seiner Türme auf dem Königsflügel behindert, und zu gleich des feindlichen Springers, der nach f7 zurückgezogen die Rochadestellung decken oder auch später, von d8 aus, den lästigen weißen Springer e6 angreifen könnte; endlich würde infolge des Abtausches auf e5 die Schwäche des rückständigen weißen Königsbauers vermindert.

20. Lg3 × e5 d6 × e5
21. Tf1—f3 Lc6—d7

Schwarz will sich des lästigen Springers entledigen und strebt nach Abtausch, kommt aber nicht mehr dazu. Besser ginge der Läufer nach e8, obwohl auch hiernach die Fortsetzung 22. Th3, g6 23. Dg4, gf5 24. Th7‡, Kh7: 25. Dh3†, Kg6 26. ef5†, Kf7 27. Dh5† usw. zum Mat führt.

22. Tf3—h3 h7—h6

Die eingeengte Stellung des schwarzen Königs gibt dem Anziehenden Gelegenheit zu einer brillanten Opferwendung. 22. Lc6: kann jetzt nicht geschehen wegen Th7‡ nebst Dh5‡, und auf 22. Te8 gewinnt Dh5 nebst Sg7:

23. De2—d2 Kb8—h7

Die Figur ist nicht zu retten. Weiß drohte Mat durch Th6‡ nebst Dh6‡.

24. Dd2 × d7 Le7—d6
25. Th3 × h6† Kh7 × h6
26. Td1—d3 Kh6—h5
27. Dd7—f7† und gewinnt.

175

Französische Eröffnung

Paris, 27. September 1858

Zweites Blindlingsspiel

	Morphy	Bierwirth
1.	e2—e4	e7—e6
2.	d2—d4	c7—c6
3.	Lf1—d3	d7—d5
4.	e4 × d5	

Sehr gut wäre hier 4. e5; Schwarz ist genötigt, früher oder später c5 zu spielen, um seine beengte Stellung etwas zu befreien und dadurch die Nutzlosigkeit des zweiten Zuges selbst anzuerkennen. Morphy hatte die geschlossene Partie mit ineinandergeschobenen Bauern nicht gerne; außerdem ist es beim Massenspiele sehr wichtig, daß der Meister möglichst einfache, glatte Positionen aufbaut und die Führung der Partie nicht aus der Hand gibt. Die Gegner werden sich schon selbst die eigene Grube graben.

4. .... e6×d5
5. Sg1—f3 Lc8—g4
6. 0—0 Lf8—d6
7. h2—h3 Lg4—h5
8. Lc1—e3 Sb8—d7
9. Tf1—e1 Sg8—e7
10. Sb1—d2 Lh5×f3
11. Sd2×f3 h7—h6
12. Dd1—d2 Dd8—c7
13. c2—c4 d5×c4
14. Ld3×c4 f7—f5

Besser Sb6 nebst Sbd5.

15. Sf3—e5 0—0—0

Schwarz hat keinen besseren Zug; auf 15. .... Le5: folgt 16. de5, Se5: 17. Le6!, Td8 18. Dc3, Dd6 19. Lc5 usw. auf 15. .... Se5: aber 16. .... de5, Le5: 17. Lc5, Td8 18. De2, Lf6 19. Dh5† nebst Mat in zwei Zügen.

16. Lc4—e6 ....

Morphy begnügt sich nicht mit dem Gewinn der Qualität (16. Sf7), er geht aufs Ganze.

16. .... Ld6×e5
17. d4×e5 Kc8—b8
18. Dd2—c3 Sd7—b6

Bei Se5: würde Weiß mit 19. Lf4 und bei De5: 19. La7† antworten. Auf Sd5 entscheidet 19. Ld5:, cd5 20. La7†, Kc8 21. Dd4 usw.

19. Dc3—a3 Sb6—c8
20. Ta1—c1 g7—g5
21. f2—f4 g5×f4
22. Le3×f4 Td8—d4
23. Da3—e3 Td4—e4
24. De3—f3 Dc7—b6†
25. Kg1—h2 Te4×e1
26. Tc1×e1 Db6—b4
27. Te1—e2 Se7—g6
28. Lf4—d2 Db4—b5
29. Le6×c8 Th8×c8
30. Ld2×h6 Tc8—h8
31. Lh6—g7 Th8—h7
32. Lg7—f6 Th7—f7
33. Df3—h5 Sg6—f4
34. Dh5×f7 Aufgegeben.

Weiß hätte durch 34. Dh8†, Tf8 35. Df8†, Kc7 36. Dd8‡ ein dreizügiges Mat ankündigen können.

176

Abgelehntes Königsgambit

Paris, 27. September 1858

Drittes Blindlingsspiel

	Morphy	H. Bornemann
1.	e2—e4	e7—e5
2.	f2—f4	Lf8—c5
3.	Sg1—f3	d7—d6
4.	c2—c3	Lc8—g4
5.	Lf1—c4	Sg8—f6

6. f4×e5 ....

Bei dem durch Lc5 abgelehnten Königsgambit ist es wichtig, die f-Linie zu öffnen, um auf die Punkte f7 und f6 einen ständigen Druck auszuüben. Kommt Weiß nach erfolgter Rochade zu d4, so ist die Partie meistens zu seinen Gunsten entschieden.

6.	....	Lg4×f3
7.	Dd1×f3	d6×e5
8.	d2—d3	Sb8—c6
9.	Lc1—g5	a7—a6
10.	Sb1—d2	Lc5—e7
11.	0—0—0	Dd8—d7
12.	Sd2—f1	0—0—0
13.	Sf1—e3	h7—h6
14.	Lg5—h4	g7—g5
15.	Lh4—g3	Td8 f8
16.	Se3—d5	Sf6—e8
17.	d3—d4	e5×d4

18. c3×d4 ....

Der achtfach beschäftigte Blindlingsspieler vermeidet hier die verwickelte Figurenstellung, welche sich nach 18. Lc7:! ergeben würde. — Z. B. 18. Lc7:, Lc5! 19. Lb6, Dd6 20. Df5†, Kb8 21. e5, Se5: 22. Lc5:, Dc5: 23. De5† usw. — Energischer wäre diese Fortsetzung allerdings, jedoch die Möglichkeit eines Rechnungsfehlers — bei der allzugroßen Verwicklung — läge ebenfalls näher.

18.	....	Le7—d8
19.	Th1—f1	Se8—d6
20.	Lc4—b3	Sd6—b5
21.	Df3—e3	f7—f5

Durch diesen Fehlzug geht ein Bauer und später auch die Dame verloren.

22.	e4×f5	Tf8×f5
23.	Sd5—b6†	c7×b6
24.	Lb3—e6	....

Stärker als zunächst 24. Tf5:, da alsdann Te8 die Dame rettet.

24.	....	Tf5—d5
25.	Tf1—f7	Sc6—e7
26.	Kc1—b1	Th8—e8
27.	Td1—c1†	Sb5—c7
28.	Le6×d7†	Td5×d7
29.	d4—d5	Se7—c6
30.	d5×c6	Te5×e3
31.	c6×d7†	Kc8—b8
32.	Tc1×c7 und Weiß gewinnt.	

177

Unregelmäßige Eröffnung

Paris, 27. September 1858

Viertes Blindlingsspiel

	Morphy	Guibert
1.	e2—e4	d7—d5
2.	e4×d5	Dd8×d5

Man vergleiche dieser Eröffnung wegen die Partien: 112 u. 210.

3.	Sb1—c3	Dd5—d8

4. d2—d4 e7—e6
5. Sg1—f3 Lf8—d6
6. Lf1—d3 Sg8—e7

Ein schwacher Entwickelungsplan.

7. 0—0 h7—h6

Natürlich nicht 0—0 wegen des bekannten Läuferopfers 8. Lh7†, Kh7: 9. Sg5†, Kg8 10. Dh5 oder Kg6 10. Dg4 usw.

8. Lc1—e3 . . . .

Sofort 8. Te1 ist stärker.

8. . . . . c7—c6
9. Sf3—e5 Sb8—d7
10. f2—f4 Sd7—f6
11. Sc3—e4 Se7—f5
12. Le3—f2 Ld6—c7
13. c2—c3 Sf6—d5
14. Dd1—f3 Dd8—c7
15. Ta1—e1 Lc7×e5
16. d4×e5 h6—h5
17. Lf2—c5 De7—d8
18. Se4—d6† . . . .

Vorzuziehen wäre 18. Ld6 nebst 19. c4.

18. . . . . Sf5×d6
19. Lc5×d6 g7—g6
20. Df3—g3 Sd5—e7

Gegen die Drohung Lg6:

21. Te1—d1 Lc8—d7
22. Td1—d2 h5—h4
23. Dg3—g4 Se7—f5
24. Ld3×f5 e6×f5
25. Dg4—f3 Dd8—b6†
26. Kg1—h1 0—0—0
27. c3—c4

Besser wäre zunächst 27. h3, um die später aus h4—h3 entstehendem Remischancen abzuschneiden.

27. . . . h4—h3!
28. g2—g3 Ld7—e6
29. Df3—e3 Td8—d7
30. Tf1—d1 c6—c5
31. Kh1—g1 Th8—d8
32 De3—a3 a7—a6
33. Ld6×c5 Db6—c6
34. Lc5—d6 f7—f6
35. Td2—d5! Le6×d5
36 Td1×d5 Td7×d6
37. e5×d6 Kc8—b8
38. Da3—d3 Td8×d6!
39. Dd3—d2 Td6×d5
40. c4×d5 Dc6—c5†
41. Kg1—f1 Dc5—c4†
42. Kf1—f2 Dc4—c5†

Remis durch ewiges Schach.

178

Unregelmäßige Eröffnung

Paris, 27. September 1858

Fünftes Blindlingsspiel

Morphy	Eug. Lequesne
1. e2—e4	b7—b6
2. d2—d4	Lc8—b7
3. Lf1—d3	e7—e6
4. Sg1—h3	Sg8—e7
5. 0—0	d7—d5
6. e4—e5	Se7—c6

Verstößt gegen die elementaren Prinzipien der Entwicklung. 6. . . . . c5 nebst 7. Sbc6 ist die gute und natürliche Fortsetzung.

7. c2—c3 Lf8—e7
8. f2—f4 g7—g6
9. g2—g4 . . . .

Ein vorzeitiger Angriffszug! Ohne genügende Figurenentwickelung oder Positionsvorteil ist es nicht geraten, auf Angriff zu spielen, denn es führt selbst gegen schwache Spieler zum Verluste.

9.	. . .	h7—h5!
10.	g4×h5	Th8×h5
11.	Dd1—g4	Th5—h4
12.	Dg4—g3	Ke8—d7
13.	Sb1—d2	Dd8—h8
14.	Sh3—g5	Sc6—d8
15.	Sd2—f3	Le7×g5
16.	f4×g5	Th4—h3
17.	Dg3—g2	Sb8—c6
18.	Lc1—d2	Sc6—e7
19	Ta1—e1	Ta8—c8
20.	b2—b4	a7—a6
21.	a2—a4	Dh8—h5
22.	Sf3—e1	Se7—f5
23.	Tf1—f3	Th3—h4
24.	Tf3—f4	Th4×f4
25.	Ld2×f4	c7—c5
26.	b4×c5	b6×c5
27.	Tc1—b1	c5—c4
28.	Ld3×f5	g6×f5
29.	Se1—c2	Lb7—c6
30.	a4—a5	Dh5—h4
31.	Dg2—g3	Dh4—h5
32.	Dg3—g2	Dh5—h4

Remis.

179

Russisches Springerspiel

Paris, 27. September 1858

Sechstes Blindlingsspiel

	Morphy	Potier
1.	e2—e4	e7—e5
2.	Sg1—f3	Sg8—f6
3.	Lf1—c4	Sf6×e4
4.	Sb1—c3	Se4—f6

Wenn sich Schwarz auf eine mühsame Verteidigung nicht einlassen will, so kann hier der Zug 4. .... d5! am einfachsten zur Ausgleichung der Spiele genügen (siehe Partie 30). Der Textzug verbessert nur die weiße Stellung.

5.	Sf3×e5	d7—d5
6.	Lc4—b3	Lf8—e7

Etwas besser scheint c6 nebst 7. .... Ld6 zu sein.

7.	d2—d4	c7—c6
8.	0—0	Sb8—d7
9.	f2—f4	Sd7—b6
10.	Dd1—f3	h7—h5

Ein Schlag ins Wasser! Schwarz ist unentwickelt und der Bauerzug hat keine Kraft.

11.	f4—f5	. .

Verhindert 11. . . . Lg4 am einfachsten.

11.	. . . .	Dd8—c7
12.	Lc1—f4	Lc7—d6
13.	Ta1—e1	Ke8—f8
14.	Df3—g3	h5—h4

(S. Diagramm)

Hier hätte Schwarz 14. . . . Kg8 spielen müssen; der Textzug gibt dem Gegner Gelegenheit, die Partie in kurzer Zeit zu beendigen.

15.	Se5—g6†	Kf8—g8

Eine dem Texte ähnliche Stellung erreicht Weiß auch im Falle 15. .... fg6 16. Ld6†, Kg8 17. Lc7:, hg3 18. fg6 usw.

Stellung nach dem 14. Zuge von Schwarz

16. Lf4×d6 h4×g3
17. Lb6×c7 f7×g6
18. f5×g6 g3×h2†
19. Kg1—h1 Lc8—g4
20. Te1—e7 Sb6—d7
21. Lc7—e5 Kg8—f8
22. Te7—f7† Kf8—g8
23. Sc3×d5 . . . .

Morphy entscheidet die Partie durch ein glänzendes Opferspiel.

23. . . . . c6×d5
24. Lb3×d5 Sd7—b6

Falls Se5:, so 25. Tf6‡, Sf7, Tf7: usw., falls aber Sd5:, so 25. Tg7‡.

25. Ld5—b3 Aufgegeben.

180

Sizilianische Eröffnung

Paris, 27. September 1858

Siebentes Blindlingsspiel

Morphy — J. L. Preti

1. e2—e4 c7—c5
2. d2—d4 c5×d4
3. Sg1—f3 e7—e5

Nicht gut; für den Bauer bekommt Weiß ein sehr starkes Angriffsspiel.

4. Lf1—c4 . . . .

Falls Se5:, so Da5†.

4. . . . . Lf8—b4†

Besser wäre Dc7. Der geschehene Zug gibt den gewonnenen Gambitbauer wieder auf.

5. c2—c3 d4×c3
6. b2×c3 Lb4—c5
7. Sf3×e5 . . . .

Auch Lf7† wäre gut genug.

7. . . . . Dd8—f6
8. Lc4×f7† Ke8—f8
9. Se5—d3 Lc5—b6

Auf Lf2† öffnet sich nach 10. Sf2:, Df7: 11. 0—0 die f-Linie für die Türme.

10. Lf7—b3 Sb8—c6
11. Lc1—a3† d7—d6
12. 0—0 Sg8—h6

13. e4—e5 Df6—g6!

Falls Se5:, so 14. Se5: und 15. Ld6‡.

14. Sd3—f4 Dg6—g4
15. Sf4—e6† Lc8×e6
16. Dd1×d6† Kf8—f7
17. Dd6—d7† Kf7—g6
18. Lb3×e6 Dg4—g5
19. Le6—d5 Sc6×e5
20. Ld5—e4† Sh6—f5
21. Dd7—e6† Dg5—f6
22. Le4×f5† Kg6—h5
23. g2—g4† Se5×g4
24. Lf5×g4† und gewinnt.

Auf Kg5 oder Kh4 würde 25. Le7 entscheiden, auf Kh6 aber zunächst 25. Lc1† folgen, auf Kg6 endlich 25. Lf5†, Kh5 26. De2† nebst Lc1† oder Le7 geschehen.

181

Philidors Springerspiel

Paris, 27. September 1858

Achtes Blindlingsspiel

Morphy	Seguin
1. e2—e4	e7—e5
2. Sg1—f3	d7—d6

Die Philidorsche Verteidigung war zu Morphys Zeiten sehr beliebt. In neuerer Zeit wird sie selten angewendet. Sie ist zwar vollkommen sicher, aber Schwarz bleibt lange gedrückt, und die Entwicklung der Offiziere ist erschwert. Man wählt daher heutzutage nur Verteidigungen, in denen baldmöglichst Gelegenheit zum Gegenangriffe geboten ist, ohne die eigene Stellung zu gefährden. Aus Morphys Partien erlernt man die richtigen Angriffs- und Verteidigungssysteme, und die moderne Theorie hat dem genialen und tiefsinnigen Spiele des Meisters sehr viel zu verdanken.

3. d2—d4 ....

Außer dieser Spielweise gibt auch Lc4 ein gutes Spiel für Weiß. Steinitz rät zu Lc4 und führt aus, daß nach Le7 4. c3, c6 5. 0—0, Sf6 6. d3, 0—0 7. Lb3, Lg4 8. h3 Weiß günstiger stehe.

3. .... e5×d4

Sf6 führt zu ähnlichen Varianten. Das Philidorsche Gegengambit, f7—f5, ist nicht befriedigend. Morphy pflegte Dd4: in Verbindung mit 0—0—0 zu spielen, wobei sich die Eröffnung lebhafter gestaltet.

4. Sf3×d4 Sg8—f6
5. Sb1—c3 Lf8—e7
6. Lf1—d3 ....

In neuerer Zeit ist Le2 beliebter. Es ist aber sehr schwer zu entscheiden, welcher der bessere Zug ist. Der Morphysche bietet den Vorteil, daß, falls d5 geschieht, der weiße Königsläufer am besten postiert ist; dagegen hat er den Nachteil, daß der Läufer meistens abgetauscht wird. Der neue Zug Le2 deckt den König besser und dient als starke Stütze bei dem Vorrücken des Königsflügelbauers. Schwarz kann jedoch mit d5 das Spiel sehr vereinfachen.

6. .... 0—0

Fehlerhaft wäre c7—c5, weil dann Weiß nach Lb5†, Ld7 8. Ld7†, Dd7 9. Sf5 besser stünde.

7. f2—f4 c7—c5
8. Sd4—f3 Sb8—c6
9. 0—0 . . . .

Sehr energisch wäre sofort 9. e5, de5 10. fe5, Sd7 11. De2, (Sg4? 11. Lf4, Te8 12. De2, Ld6? 13. 0—0—0) Te8 11. Lf4, Ld6 12. 0—0—0! und Weiß gewinnt. Morphy spielt solider, wie es in Anbetracht dessen, daß er gleichzeitig mit acht Gegnern blindlings kämpfte, auch begründet war.

9. . . . . Lc8—g4
10. Lc1—e3 a7—a6
11. a2—a4 h7—h6
12. h2—h3 Lg4 × f3
13. Dd1 × f3 Sc6—b4
14. Ta1—d1 Dd8—e7
15. b2—b3 Sb4 × d3
16. c2 × d3 Tf8—e8
17. d3—d4 De7—e6
18. d4 × c5 d6 × c5

19. e4—e5 . . . .

Vortrefflich gespielt! Man sieht, daß Morphy auch Positionspartien zu spielen verstanden hat. Er läßt den Damentausch zu und konzentriert seine Streitkräfte gegen den Bauer c5 mit der Geschicklichkeit und Präzision eines modernen Großmeisters.

19. . . . Dc6 × f3
20. Tf1 × f3 Sf6—h7
21. Td1—d7 Ta8—b8
22. Sc3—d5 Le7—f8
23. Le3—f2 Tb8—d8
24. Sd5—b6 Td8 × d7
25. Sb6 × d7 Te8—c8
26. Tf3—c3 Tc8—c7
27. Sd7 × f8 Sh7 × f8
28. Tc3 × c5 . . . .

Das einzig mögliche Ergebnis der bisherigen feinen Spielführung! Mehr war bei der guten Verteidigung nicht zu erreichen.

28. . . . . Tc7 × c5
29. Lf2 × c5 . . . .

Mit dem Bauerngewinne ist die Partie entschieden.

29. . . . . Sf8—e6
30. Lc5—e3 g7—g6
31. g2—g4 . . . .

Durch das Bauernplus auf dem Königsflügel wird der gegnerische König dort festgehalten und Weiß bedroht den Dameflügel.

31. . . . . Se6—d8
32. Kg1—f2 Sd8—c6
33. Kf2—e2 b7—b5
34. a4 × b5 a6 × b5
35. Ke2—d3 Kg8—f8
36. Le3—c5† Kf8—e8
37. Kd3—e4 Ke8—d7
38. Ke4—d5 Sc6—d8
39. f4—f5 g6 × f5
40. g4 × f5 h6—h5
41. Lc5—b6 Sd8—b7
42. e5—e6† f7 × e6
43. f5 × e6† Kd7—e7
44. Kd5—c6 Sb7—d8†
45. Lb6 × d8† Ke7 × d8
46. Kc6—d6 Kd8—e8
47. e6—e7 und gewinnt.

Wettkampf mit D. Harrwitz

Als Morphy nach Paris kam, war der aus Bozen gebürtige Daniel Harrwitz der unbestrittene Vorkämpfer des Café de la Régence.

Es war daher nur natürlich, daß alle Schachspieler ein Match Morphy-Harrwitz dringend befürworteten. — Der Wettkampf wurde auch bald auf 7 Gewinnpartien vereinbart. Der Beginn war für Harrwitz ungemein günstig, da es ihm gelang, die ersten zwei Zähler zu landen. — Allein unentwegt führte der Amerikaner den Kampf fort, und seiner höheren Befähigung zufolge war es ihm ein leichtes, durch Verzeichnung von 4 Zählern seinen fintenreichen Widersacher in harte Bedrängnis zu versetzen. — Nach dieser unerwarteten Wendung verlangte Harrwitz angeblich wegen Unwohlseins einen achttägigen Aufschub, ein Begehren, das ihm unter der Bedingung, daß nach Wiederaufnahme des Spieles täglich eine Partie beendet werden sollte, zugestanden wurde. Bei der Fortsetzung des Kampfes gewann Morphy noch eine Partie, worauf sein Gegner im Bewußtsein, daß er unterliegen müsse, vorzog, sich zu ergeben.

Daniel Harrwitz

Bemerkenswert bleibt der Abschluß dieser Episode jedenfalls dadurch, daß Morphy sich wohl als Sieger betrachtete, aber für seine Person auf den Betrag des Harrwitzschen Einsatzes verzichtete und denselben dem nach Paris eingeladenen Meister Anderssen als Reisekostenvergütung überwies.

182

Springergambit

Paris, im September 1858

	D. Harrwitz	Morphy			
1.	e2—e4	e7—e5	3.	Sg1—f3	g7—g5
2.	f2—f4	e5×f4	4.	h2—h4	g5—g4
			5.	Sf3—e5	Sg8—f6

6. Lf1—c4 d7—d5
7. e4×d5 Lf8—d6
8. d2—d4 Sf6—h5

Man sehe die Anmerkungen bis zu diesem Zuge bei den Partien 65, 133 und 137.

9. Lc4—b5† ....

Diese Fortsetzung ist minder ratsam als Sc3.

9. .... c7—c6
10. d5×c6 0—0

Sehr gewagt gespielt! Der richtige, für Schwarz vorteilhafte Zug ist 10. ... bc6 mit der Folge 11. Sc6: (falls 11. Le2, so Sg3 12. Th2, Le5: 13. de5, Db6), Sc6: 12. Lc6‡, Kf8! 13. La8:, Sg3 14. Th2 (falls 14. Kf2, so Sh1‡ 15. Dh1:, La6), De7† 15. Kf2, Se4† 16. Kg1 (etwas besser Le4:), g3 17. Th1, Sf2 18. Df1, Sh1· 19. Lf4:, Lf4: 20. Df4:, De1† 21. Df1, Df2† 22. Df2:, gf2† 23. Kf1, La6† 24. c4, Lc4: ‡.

11. c6×b7 Lc8×b7
12. Dd1×g4† Sh5—g7
13. Lc1×f4 Dd8—b6
14. Sb1—c3 Ld6×e5

Nach Dd4: geht der Läufer d6 verloren durch 15. Td1 nebst 16. Sd7 oder 16. Sd3.

15. Lf4×e5 f7—f6
16. Le5—g3 Sb8—a6
17. 0—0 ....

In Betracht käme die lange Rochade.

17. .... Ta8—d8
18. Ta1—d1 ....

Weiß hat jetzt bei ziemlich gesicherter Stellung drei Bauern mehr.

18. .... Kg8—h8
19. Lb5×a6 ....

Den Läufer zu tauschen, war nicht so eilig; Tfe1 wäre konsequenter.

19. .... Lb7×a6
20. Tf1—e1 La6—c8
21. Dg4—f3 Lc8—b7

Schwarz vermeidet Td4: vermutlich wegen der Fortsetzung 22. Lf2, Td1: 23. Sd1. (23. Lb6: ist nicht so gut), Da6 24. Sc3 usw.

22. Df3—d3 Td8—d7
23. Dd3—b5 Db6—d8
24. d4—d5 Sg7—f5
25. Lg3—f2 Tf8—g8
26. Db5—d3 ....

26. .... Td7—g7

Schwarz sucht unter allen Umständen den Angriff festzuhalten. Eine sehr interessante Verwickelung hätte Se7 herbeigeführt, z. B. 26. .... Se7 27. Df3, Sd5: 28. Ld4, Tg6! 92. Se4, Sf4 30. Lf6‡, Tf6: (Df6: 31. Td7:) 31. Td7:, Dd7: 32. Sf6:, Dd4† 33. De3, Df6: 34. De8†, Kg7 35. Te7†, Kh6 36. Tb7: usw.

27. Dd3×f5 Tg7×g2†
28. Kg1—f1 Lb7—a6†
29. Sc3—e2 ....

Richtiger wäre sofort Td3.

29. .... Dd8—d6
30. Td1—d3 La6×d3
31. c2×d3 Tg2—h2

32.	Se2—f4	Th2—h1†
33.	Kf1—e2	Th1—h2
34.	Sf4—e6	Tg8—g6
35.	Te1—c1	Dd6—b8
36.	b2—b3	Tg6—g2
37.	Df5×f6†	Kh8—g8
38.	Ke2—e3	Th2—h3†
39.	Ke3—e2	Tg2×f2†
40.	Df6×f2	Th3—h2
41.	Tc1—g1†	Kg8—h8
42.	Tg1—g2	Dd8—e5†
43.	Ke2—f3	De5×d5†
44.	Kf3—g3	Th2×g2†
45.	Df2×g2	Db5×e6
46.	Dg2—a8†	Kh8—g7
47.	Da8×a7† und gewinnt.	

183

Damegambit

Paris, September 1858

Erstes Wettspiel

	D. Harrwitz	Morphy
1.	d2—d4	d7—d5
2.	c2—c4	e7—e6
3.	Sb1—c3	Sg8—f6
4.	Lc1—f4	a7—a6
5.	e2—e3	c7—c5

Eine gute Fortsetzung ist hier auch dc4, um auf 6. Lc4:, b5 nebst Lb7 oder auf 6. a4, c5 7. Lc4:, cd4 8. ed4, Sc6 9. Sf3, Se7 10. 0—0, 0—0 zu spielen.

6.	Sg1—f3	Sb8—c6
7.	a2—a3	c5×d4
8.	e3×d4	d5×c4
9.	Lf1×c4	b7—b5
10.	Lc4—d3	Lc8—b7
11.	0—0	Lf8—e7
12.	Lf4—e5	0—0
13.	Dd1—e2	Sf6—d5
14.	Le5—g3	Kg8—h8

Sc3: 15. bc3, Tac8 verdiente hier den Vorzug.

15.	Tf1—e1	Le7—f6
16.	De2—e4	g7—g6
17.	Sc3×d5	Dd8×d5
18.	De4×d5	e6×d5
19.	Sf3—e5	Ta8—d8

Es drohte Sd7.

20.	Se5×c6	Lb7×c6
21.	Ta1—c1	Td8—c8
22.	Lg3—d6	Tf8—g8!

Auf Td8 folgt 23. Le7, Le7: 24. Te7:, Td7? 25. Tc6: usw.

23.	Ld6—e5!	Kh8—g7

Nach Le5: 24. Te5: hat Weiß auch das bessere Spiel.

24.	f2—f4	Lc6—d7
25.	Kg1—f2	h7—h6
26.	Kf2—e3	Tc8×c1
27.	Te1×c1	Tg8—c8
28.	Tc1—c5!	Lf6×e5
29.	f4×e5	

29. .... Ld7—c6

Nach dem Turmtausch gewinnt Weiß ebenfalls, z. B. 29. .... Tc5: 30. dc5, Lc6 (oder f5 31. c6, Lc6: 32. Kd4 nebst 33. Kc5 und 34. Kd6) 31. Kd4, f5 (auf Kf8 folgt 32. Le2, Ke7 33. Lf3, Ke6 34. Lg4†, f5 35. ef6†, Kf6: 36. b4, Lb7 37. c6, Lc6: 38. Kc5 usw.) 32. e6, Kf6 33. e7, Ke7: 34. Ke5 usw.

30. a3—a4! ..

Harrwitz spielt meisterhaft bis ans Ende.

30.	....	b5 × a4
31.	Ld3 × a6	Tc8—b8
32.	Tc5—b5	Tb8—d8

Besser wäre Ta8. —

33.	Tb5—b6!	Td8—a8
34.	Ke3—d2	Le6—c8
35.	La6 × c8	Ta8 × c8
36.	Tb6—b5	Tc8—a8

Falls Td8, so 37. Kc3, Tc8† 38. Te5, Td8 39. Kb4, Tb8† 40. Ka3 usw.

37.	Tb5 × d5	a4—a3
38.	b2 × a3	Ta8 × a3
39.	Td5—c5	Kg7—f8
40.	Kd2—e2	Kf8—e7
41.	d4—d5	Ke7—d7
42.	Tc5—c6	h6—h5
43.	Tc6—f6	Kd7—e7
44.	d5—d6†	Ke7—e8
45.	e5—e6	f7 × e6
46.	Tf6 × e6†	Ke8—f7
47.	d6—d7	Ta3—a8
48.	Te6—d6	Kf7—e7

Auch mit Td8 ist das schwarze Spiel nicht mehr zu retten.

49.	Td6 × g6	Ke7 × d7
50.	Tg6—g5	Ta8—h8
51.	Ke2—f3	Kd7—e6
52.	Kf3—g3	h5—h4†
53.	Kg3—g4	h4—h3
54.	g2—g3	Ke6—f6
55.	Tg5—h5	Aufgegeben.

184

Philidors Springerspiel

Paris, September 1858

Zweites Wettspiel

	Morphy	D. Harrwitz
1.	e2—e4	e7—e5
2.	Sg1—f3	d7—d6
3.	d2—d4	e5 × d4
4.	Dd1 × d4	Sb8—c6
5.	Lf1—b5	Lc8—d7
6.	Lb5 × c6	Ld7 × c6
7.	Lc1—g5	Sg8—f6

Besser als f6 (siehe Partie 174).

8. Sb1—c3 ....

Der Generalabtausch 8. Lf6:, Df6: 9. Df6:, gf6 10. Sc3 ist für Weiß nicht vorteilhaft, da Schwarz nach Tg8 eine sehr gute Partie hätte.

8.	....	Lf8—e7
9.	0—0—0	0—0
10.	Th1—e1	h7—h6
11.	Lg5—h4	Sf6—e8
12.	Lh4 × e7	Dd8 × e7
13.	e4—e5	..

Eine Übereilung! Mit Dd2 nebst Sd4 hätte Weiß seinen Positionsvorteil beträchtlich vergrößern können.

13. .... Lc6 × f3

14. g2×f3 De7—g5†
15. Kc1—b1 ....

Etwas besser wäre f3—f4.

15. .... d6×e5
16. Te1×e5 Dg5—g2
17. Sc3—d5 Dg2×h2
18. Te5—e1 ....

18. f4 scheint noch immer folgerichtiger zu sein, um den Rückzug der schwarzen Dame unmöglich zu machen.

18. .... Dh2—d6
19. Te1—g1 Kg8—h7
20. Dd4—e3 f7—f5
21. Sd5—f4 Dd6—b6
22. De3—e2 Tf8—f7
23. De2—c4 Db6—f6
24. Sf4—h5 ...

Nach Tg6, De7, Te6 pariert Schwarz den Angriff mit Td8!

24. .... Df6—e7
25. Td1—e1 De7—d7

(S. Diagramm)

26. a2—a3 Se8—d6

Es drohte 27. Te8:, Te8: 28. Tg7† nebst Sf6†.

27. Dc4—d4 Ta8—g8
28. Tg1—g2 ....

Der Springer mußte sich beeilen, in Sicherheit zu kommen. Weiß hat

Stellung nach dem 25. Zuge von Schwarz

einen Bauer weniger, und sein Angriff ist zurückgeschlagen.

28. ... Sd6—e8
29. Dd4—c3 f5—f4

Schwarz sperrt nun die Rückzugslinie des Springers ab und Weiß kann dessen Verlust nicht hindern.

30. Te1—h1 g7—g6
31. Th1—g1 Dd7—d5
32. Dc3—e1 Dd5×h5
33. Tg2—g5 Dh5×f3
34. De1—e6 Tf7—f6
35. De6—e7† Tg8—g7
36. De7×e8 h6×g5
37. De8—e1 Df3—c6

und gewinnt.

185

Holländische Partie

Paris, September 1858

Drittes Wettspiel

D. Harrwitz		Morphy
1.	d2—d4	f7—f5
2	c2—c4	e7—e6
3	Sb1—c3	Sg8—f6
4	Lc1—g5	...

In Betracht käme hier: 4. e3, b6 5. Ld3, Lb7 6. f3, um baldigst e4 spielen zu können; auch 4. Lf4 ist stark.

4. Lf8—b4

5. Dd1—b3 c7—c5
6. d4—d5 ....

Besser wäre 6. e3. Nach dem Textzuge entwickelt sich Schwarz vorteilhaft im Zentrum und auf dem Königsflügel.

6. .... e6—e5!
7. e2—e3 0—0
8. Lf1—d3 d7—d6
9. Sg1—e2 h7—h6
10. Lg5 × f6 Dd8 × f6
11. a2—a3 Lb4 × c3
12. Db3 × c3 ....

Mit dem Springer zu schlagen, scheint besser zu sein.

12. .... Sb8—d7
13. 0—0 Df6—g6
14. b2—b4 b7—b6
15. f2—f3 h6—h5

Dieser Zug verhindert g4 und dient gleichzeitig zur Vorbereitung eines Königsangriffes. — Sf6 wäre zu berücksichtigen.

16. Ld3—c2 Lc8—b7
17. Lc2—a4 Dg6—f7
18. La4 × d7 ....

Viel stärker war hier 18. Lc6 etwa mit der Fortsetzung Sf6 19. b5, Tad8 20. Lb7:! Db7: 21. a4 nebst Tfb1 und a5.

18. .... Df7 × d7
19. b4 × c5 b6 × c5
20. f3—f4 e5—e4
21. Ta1—b1 ....

Weiß sollte sich beeilen, durch 21. Sc1 22. Sb3 nebst 23. Sa5 den c-Bauer zu decken.

21. .... Lb7—a6!

Die Schwäche der mit dem 17. Zuge von Weiß eingeleiteten Abtauschvariante wird nun offenbar. Der Bauer c4 ist schwer haltbar geworden und an dieser Schwäche geht Weiß zugrunde.

22. Tf1—c1 Dd7—a4
23. Se2—g3! h5—h4
24. Sg3—f1 Ta8—b8
25. Sf1—d2 Tb8—b6
26. Tb1 × b6 ....

Es drohte Turmverdoppelung nebst Abtausch auf b1 und Bauergewinn auf c4.

26. .... a7 × b6
27. Dc3—b3 Da4 × b3
28. Sd2 × b3 b6—b5!
29. c4 × b5 ....

Auf 29. Sd2 oder Sa5 antwortet Schwarz am besten mit Ta8!

29. .... La6 × b5
30. Sb3—a5 Tf8—a8
31. Sa5—b7 Ta8—a6
32. Tc1—c3 Kg8—f8
33. Sb7—d8 Lb5—d7

Die Geschicklichkeit und Sicherheit, mit welcher Morphy das Endspiel behandelt, verdient volle Anerkennung.

34. Tc3—b3 Kf8—e7
35. Tb3—b8 c5—c4!

36. Kg1—f2 c4—c3
37. Kf2—e2 Ta6 × a3
38. Sd8—c6† Ld7 × c6
39. d5 × c6 c3—c2

40. Ke2—d2 Ta3—c3!

Ein würdiger Schluß der bisherigen Spielführung.

41. Kd2—c1 Tc3×c6
42. Tb8—b3 Ke7—f6
43. Tb3—a3 g7—g5
44. g2—g3 h4×g3
45. h2×g3 g5×f4
46. g3×f4 Kf6—g6
47. Ta3—a5 Tc6—c5
48. Ta5—a6 Tc5—c3
49. Ta6—d6† Kg6—h5
50. Td6—d2 Th5—g4
51. Td2—g2 Kg4—f3
52. Tg2—g5 Tc3—c5
53. Tg5—h5 Kf3×e3
54. Th5—h4 Ke3—f3

Schwarz gewann.

186

Philidors Springerspiel

Paris, September 1858

Viertes Wettspiel

Morphy	D. Harrwitz
1. e2—e4	e7—e5
2. Sg1—f3	d7—d6
3. d2—d4	e5×d4
4. Dd1×d4	Sb8—c6
5. Lf1—b5	Lc8—d7
6. Lb5×c6	Ld7×c6
7. Lc1—g5	f7—f6
8. Lg5—h4	Sg8—h6

Falls Se7, so 9. Sc3, Sg6 10. Lg3, Le7 11. Dd2 usw.

9. Sb1—c3 Dd8—d7?
10. 0—0 Lf8—e7
11. Ta1—d1 0—0
12. Dd4—c4† Tf8—f7?

Besser war Kh8; der Turm steht auf f7 schlecht.

13. Sf3—d4 . . . .

Gegen e5 hat Schwarz nur die Parade Dg4, aber auch dann wäre der Bauer auf e6 stark.

13. . . . . Sh6—g4
14. h2—h3 Sg4—e5
15. Dc4—e2 g7—g5
16. Lh4—g3 Tf7—g7

Die letzten Züge von Schwarz sind recht schwach.

17. Sd4—f5 Tg7—g6
18. f2—f4 g5×f4
19. Tf1×f4 Kg8—h8
20. Tf4—h4 Le7—f8
21. Lg3×e5 f6×e5
22. Td1—f1 Dd7—e6

In Betracht käme Tae8.

23. Sc3—b5 De6—g8
24. Tf1—f2 . . . .

Ein notwendiger Deckungszug; mit Sc7: hätte Weiß nichts gewonnen; z. B. 24. Sc7:, Tc8 25. Sd5 (auf Sb5, Lb5:, Db5:, Tg2‡), Ld5: 26. ed5, Dd5: usw. (28. Th7‡? ist schlecht wegen Kh7:, 29. Dh5†, Lh6, 30. Sh6:, Dg2‡).

24. . . . . a7—a6
25. Sb5×c7 Ta8—c8
26. Sc7—d5 Lc6×d5
27. e4×d5 Tc8—c7

Schwarz dürfte jetzt, nachdem Weiß den Punkt g2 mit Tf2 im 24. Zuge gedeckt hatte, den Bauer d5 nicht schlagen, da auf Dd5: nun

Weiß durch 28. Th7†, Kh7: 29. Dh5†, Lh6 30. Sh6:, Th6: 31. Df5† nebst Dc8: in Vorteil käme.

28. c2—c4 Lf8—e7
29. Th4—h5 Dg8—e8

30. c4—c5 ....

Weiß hat zweifellos eine Gewinnstellung. Charakteristisch ist es für Morphys Spielweise, wie schnell er die gebotene Gelegenheit erblickt und durch dieses elegante und zwingende Opfer des Bauers seinen Gegner überrumpelt. Nimmt Schwarz den Bauer durch dc5, so entscheidet sofort 31. De5†. Lehnt aber Schwarz das Opfer ab, durch: Td7, so würde 31. cd6, Ld6:, 32. Sd6:, Td6: 33. Te5: entscheiden, z. B. 33. Te5:, Dd7 34. Te8†, Tg8 35. De5†, Tg7 36. Tf8 usw., oder 33. Te5:, Db5 34. Te8†, Kg7! 35. De7† nebst 36. Dh4† und Te7† usw.

30. .... Tc7×c5
31. Th5×h7† Kh8×h7
32. De2—h5† Kh7—g8
33. Sf5×e7† Kg8—g7
34. Se7—f5† Kg7—g8
35. Sf5×d6 Aufgegeben.

187

Holländische Partie

Paris, September 1858

Fünftes Wettspiel

D. Harrwitz Morphy
1. d2—d4 f7—f5
2. c2—c4 e7—e6
3. Sb1—c3 Sg8—f6
4. Lc1—g5 ....

Siehe Anm. Partie 185.

4. .... Lf8—e7
5. e2—e3 0—0
6. Lf1—d3 b7—b6
7. Sg1—e2 Lc8—b7
8. 0—0 Sf6—h5!

In der holländischen Partie hat Schwarz ein gedrücktes Spiel. Nur durch Abtausch kann dasselbe erleichtert werden. Deswegen war es vorteilhafter für Weiß, den Läufer auf c1 stehen zu lassen und mit 4. e3 resp. Ld3 und f3 die Zentrumbauern vorzustoßen.

9. Lg5×e7 Dd8×e7
10. Se2—g3 ....

Die vorhin angedeutete Spielweise wäre noch immer vorzuziehen.

10. .... Sh5×g3
11. h2×g3 d7—d6
12. f2—f4 Sb8—c6

Besser wäre es, mit dem Springer über d7 nach f6 zu wandern.

13. g3—g4 Sc6—b4
14. g4×f5? ....

Macht den e-Bauer rückständig und schwach; besser wäre 14. Lb1 gewesen.

14. .... e6×f5
15. Dd1—d2 Ta8—e8
16. Ta1—e1 De7—h4
17. Ld3—b1 Te8—e6
18. Dd2—f2 Dh4—h5
19. d4—d5 Te6—h6
20. Df2—f3 Dh5—h4
21. a2—a3 ....

Der Springer stand auf b4 schlecht; es war also nicht nötig, ihn auf bessere Felder zu treiben. Viel besser war 21. Te2 nebst ev. 22. g3 und 23. Tg2 usw.

21. .... Sb4—a6
22. b2—b4 Sa6—b8!
23. Sc3—e2 Sb8—d7
24. Se2—g3 g7—g6
25. Kg1—f2 Sd7—f6
26. Tf1—h1 Sf6—g4†
27. Kf2—g1 Dh4—f6
28. Th1×h6 Sg4×h6
29. Df3—d1 Sh6—g4
30. Dd1—d2 Df6—h4
31. Sg3—f1 Tf8—e8
32. g2—g3 Dh4—h3
33. b4—b5 Sg4—f6
34. Dd2—g2? ....

Die weiße Stellung hat manche Schwächen (e3, e4, g4), die aber im Mittelspiele wahrscheinlich nicht mit Erfolg ausgebeutet werden können; um so verhängnisvoller werden dieselben nach dem Dametausche, da Schwarz sofort auch die offene a-Reihe zur Operationsbasis erhält. Besser wäre 34. e4.

34. .... Dh3×g2†
35. Kg1×g2 ....

35. .... a7—a6!
36. a3—a4 a6×b5
37. a4×b5 Te8—a8
38. Sf1—d2 Ta8—a3
39. e3—e4 f5×e4
40. Sd2×e4 Sf6×e4
41. Lb1×e4 Ta3—c3
42. Le4—f3 Kg8—f7!

Falls Tc4:, so 43. Te8† nebst 44. Tb8.

43. Te1—e4 Lb7—c8
44. Lf3—e2 Lc8—f5
45. Te4—d4 h7—h5
46. Kg2—f2 Kf7—f6
47. Td4—d2 Lf5—c2
48. Kf2—e1 Lc2—e4

Auch Lb3 gewinnt die Partie. Z. B. 49. Td3!, Tc1† 50. Kd2, Tc2† 51. Kd1! (51. Ke1, Tc2† nebst Lc4:), Te2: 52. Tb3:!, Tg2 53. Te3 (am besten), Kf5 usw.

49. Ke1—f2 Kf6—f5
50. Td2—a2 h5—h4
51. g3×h4 Kf5×f4
52. Ta2—a7 Tc3—h3
53. Ta7×c7 Th3—h2†
54. Kf2—e1 Kf4—e3

Aufgegeben.

Auf 55. Lf1 entscheidet Ta2.

188

Philidors Springerspiel

Paris, September 1858

Sechstes Wettspiel

Morphy	D. Harrwitz
1. e2—e4	e7—e5
2. Sg1—f3	d7—d6
3. d2—d4	e5 × d4
4. Dd1 × d4	Sg8—f6

Natürlicher war Sc6. Schwarz beabsichtigt möglichst früh Dametausch und Vereinfachung des Spieles herbeizuführen und sein Glück im Endspiele zu versuchen. Alles umsonst, hier ist ihm sein Gegner noch überlegener.

5. e4—e5	d6 × e5

Zum Remis führt sicherer: De7 mit der Folge 6. Le3, Sg4 7. ed6, Dd6: usw. Weiß erreicht mit 5. e5 nichts mehr als Vereinfachung, was nicht in seiner Absicht liegen kann, folgerechter wäre deshalb durch 5. Sc3, Sc6 6. Lb5, Ld7 7. Sc6:, Lc6: 8. Le3, Le7 9. 0—0—0, 0—0 10. Dc4, Dc8 usw. die Stellung zu komplizieren.

6. Dd1 × d8†	Ke8 × d8
7. Sf3 × e5	Lc8—e6
8. Sb1—c3	Lf8—d6
9. Se5—c4	Le6 × c4
10. Lf1 × c4	Th8—e8†
11. Lc1—e3	Kd8—e7

Besser wäre Sg4.

12. 0—0—0	a7—a6
13. Le3—g5	Sb8—d7
14. Sc3—e4	h7—h6
15. Lg5 × f6†	Sd7 × f6
16. Se4 × d6	c7 × d6
17. Th1—e1†	Ke7—f8
18. Te1 × e8†	Sf6 × e8
19. Lc4—d5	Ta8—b8
20. Ld5—f3	g7—g6
21. c2—c3	Kf8—e7
22. Td1—e1†	Ke7—f8

Der f-Bauer darf wegen Ld5 nicht ohne Deckung bleiben.

23. Kc1—c2	Se8—c7
24. Kc2—b3	. . . .

Diese Königswanderung ist nicht das Beste; besser war sofort b4 usw. Weiß muß später zurückweichen.

24.	Sc7—e6
25. Kb3—a4	b7—b6

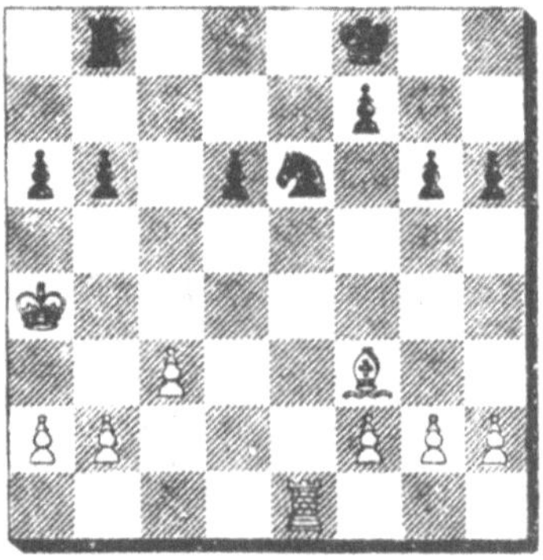

Mit Sc5† hätte Schwarz verhindern können, daß Weiß die im Texte angegebene Fortsetzung durchführt. Fehlerhaft wäre nach Sc5† natürlich Ka5 wegen b6† nebst Sd3†.

26. b2—b4	h6—h5
27. h2—h4	Kf8—e7
28. Te1—e3	Ke7—d7
29. Lf3—d5	Tb8—e8

Der Turm bliebe besser auf b8. Schwarz scheint gar nicht zu glauben, daß er die Partie verlieren könnte und spielt sorglos — oder weiß nichts Besseres.

30. Ka4—b3 Te8—g8
31. Te3—f3 Kd7—e7
32. a2—a4 a6—a5

Schwarz dürfte die Bauern nicht bewegen und müßte ruhig mit Tb8! und nachher mit Sd8, Se6 usw. abwarten, wie Weiß sich den Gewinn vorstellt. Der Textzug gibt dem König die Möglichkeit, die schwarzen Bauern auf der Dameseite zu erobern.

33. Ld5×e6 Ke7×e6
34. Kb3—c4 g6—g5

Schwarz hat keine Rettung mehr; die weißen Freibauern gewinnen leicht.

35. Kc4—b5 a5×b4
36. c3×b4 g5×h4
37. Kb5×b6 Tg8—b8†
38. Kb6—a5 Ke6—d5
39. Tf3—d3† Kd5—c4
40. Td3×d6 Tb8×b4
41. Td6—d4† ....

Morphy bekundet im vorliegenden meisterhaft behandelten Endspiele eine entschiedene Überlegenheit. Diese Partie hat auch wesentlich dazu beigetragen, daß selbst Harrwitz zu dieser Erkenntnis gelangt ist.

41. .. Kc4×d4
42. Ka5×b4 f7—f5
43. f2—f4 Kd4—e3
44. a4—a5 Ke3—f2
45. a5—a6 Kf2×g2
46. a6—a7 h4—h3
47. a7—a8D† Kg2—g1
48. Da8—f3 und Weiß gewinnt z. B. auf folgende Weise:
48. .... h3—h2
49. Df3—g3† Kg1—h1
50. Dg3—f2 h5—h4
51. Df2—f1 ‡.

189

Holländische Partie

Paris, September 1858

Siebentes Wettspiel

D. Harrwitz Morphy

1. d2—d4 f7—f5
2. c2—c4 e7—e6
3. Sb1—c3 Sg8—f6
4. Lc1—g5 Lf8—e7
5. e2—e3 0—0
6. Lf1—d3 b7—b6
7. Sg1—e2 Lc8—b7
8. Lg5×f6 ....

Dieser Abtausch erleichtert nur das schwarze Spiel. 8. 0—0 war vorzuziehen.

8. ... Le7×f6
9. 0—0 Dd8—e7
10. Dd1—d2 d7—d6
11. f2—f4 ....

Dadurch wird das weiße Zentrum nur geschwächt. Richtig war 10. e4 mit etwas besserem Spiele.

11. .... c7—c5
12. d4—d5 Sb8—a6
13. d5×e6 De7×e6
14. Ta1—e1 Lf6—h4
15. Se2—g3 ....

Natürlich würde g3 den Königsflügel verderblich lockern.

15. .... De6—g6
16. Sc3—d5 Lb7×d5
17. c4×d5 Lh4×g3
18. h2×g3 Sa6—c7
19. Kg1—f2 Ta8—e8
20. Tf1—h1 Te8—e7
21. Th1—h4 Dg6—f7
22. Ld3—e2! ....

Schlecht wäre 22. e4 wegen Tfe8 23. Dc2, Df6 24. e5, de5: 25. Lf5:, g6 usw.

22. .... Sc7—e8
23. Dd2—d3 Se8—f6
24. Le2—f3 g7—g6
25. Te1—e2 Tf8—e8
26. b2—b3 ....

26. .... Df7—g7

Anstatt dieses Zuges konnte Schwarz hier bei besserer Stellung durch folgende hübsche Kombination einen Bauer gewinnen. 26. .... g5 27. fg5 (sonst g4), Se4† 28. Kg1!, Sg3: 29. Te1, Dg7 30. Th6, Dg5: 31. Td6: (auf 31. Te6 folgt Dh4), Te3: 32. Te3:, Te3: 33. Dd1 (auf 33. Dd2, f4 34. Te6, Dh4 35. Dd1, Dh1† 36. Kf2, Se4† usw., falls aber 33. Td8†, so Kf7 usw.), Dh4 34. Te6, Se4! usw.

27. Th4—h1 h7—h6
28. Kf2—g1 g6—g5
29. f4×g5 h6×g5
30. Lf3—h5 Sf6—e4!
31. Te2—e1 ....

Erzwungen, da auf 31. Le8:, Da1† sofort entscheidet.

31. .... Te8—f8
32. Lh5—f3 Se4×g3
33. Th1—h3 Dg7—e5
34. Th3—h6 g5—g4
35. Lf3—d1 Kg8—g7
36. Th6—h4 Tf8—h8
37. Th4×h8 Kg7×h8
38. Ld1—c2 Te7—h7
39. Dd3—d2 ....

Es drohte 39. .... Se4.

39. .... De5—b2
40. Te1—d1 Th7—h1†
41. Kg1—f2 Th1—f1†

Ein Rechnungsfehler, der den Gewinn endgültig aus der Hand gibt. Durch Abtausch der Türme Td1: 42. Dd1: nebst Se4† 43. Kg1, Sc3! 44. Dd3, g3! 45. Df5:, Dc1† 46. Df1, Se2† hätte Schwarz sich den Sieg gesichert. Bei dem fehlerhaften Turmschach hatte Morphy nur die Folge 42. Tf1:, Se4† 43. Le4:, Dd2‡ usw. erwogen.

42. Kf2×g3 Db2—e5†
43. Kg3—h4 De5—f6†

Schwarz merkt erst jetzt, daß der Turm auf h1 nicht Schach bieten darf; oder daß Kg7 46. Tf1:, Dh2† 47. Kg5, Dh6 an 48. Kf5: scheitert, und sucht deshalb das Spiel durch ewiges Schach zu retten.

44. Kh4—g3 Df6—e5†
45. Kg3—h4 De5—f6†

Remis.

190

Philidors Springerspiel

Paris, September 1858

Achtes Wettspiel

Morphy — D. Harrwitz

1. e2—e4 e7—e5
2. Sg1—f3 d7—d6
3. d2—d4 Lc8—g4

Einer der schwächeren Verteidigungszüge. Besser wäre Sf6 oder ed4:.

4. d4×e5 Lg4×f3
5. Dd1×f3 ....

Weiß könnte auch mit 5. gf3, de5 6. Dd8†, Kd8: 7. f4, f6 8. Tg1, g6 9. fe5, fe5 10. Sc3, ein gutes Angriffspiel erlangen. — Morphy vermeidet den Dametausch; er hat seinem Gegner bereits gezeigt (P. 188), daß er ihm im Endspiele ebenfalls überlegen ist.

5. .... d6×e5
6. Lf1—c4 Sg8—f6

Harrwitz schießt den Bock ziemlich früh. Der Angriff, welchen er für seinen — aus Versehen — verlorenen Bauer erhält, ist kurzlebig. — Dd7 war richtiger.

7. Df3—b3 Lf8—d6

(Über De7 siehe Partie 191.)

8. Lc4×f7† Ke8—f8
9. Lc1—g5 Sb8—d7
10. Lf7—h5 g7—g6
11. Lg5—h6† Kf8—e7
12. Lh5—f3 Sd7—c5
13. Db3—c4 b7—b5
14. Dc4—e2 Sc5—e6

Der Führer der schwarzen Steine ist erfinderisch im Fallenstellen. Wenn Morphy unachtsam den scheinbar drohenden Zug Sd4 durch c3 abwehrt, spielt Schwarz g5; dadurch geraten die weißen Läufer in Verlustgefahr und wären nur durch anderweitige Einbuße zu retten. — Diese Spielweise ist in Vorgabepartien am Platze, wäre aber gegen einen Meister wie Morphy überhaupt nicht anzuwenden gewesen.

15. Lh6—e3 a7—a6
16. Sb1—d2 Ke7—f7
17. 0—0—0 Dd8—e7
18. g2—g3 Th8—b8

Etwas besser wäre Thd8 oder The8.

19. Lf3—g2 a6—a5
20. Th1—f1 a5—a4
21. f2—f4 a4—a3
22. b2—b3 Kf7—g7
23. f4—f5 ....

Den Angriff hat Weiß an sich gerissen; die Bauern auf dem Königsflügel dringen unaufhaltsam und mit vernichtender Kraft vorwärts.

23. .... Se6—f8
24. g3—g4 De7—e8
25. Lg2—f3 De8—c6
26. Sd2—b1 b5—b4
27. De2—f2 Sf8—d7

28.	g4—g5	Sf6—g8

28. . . . Se4· scheitert an Dg2

29.	f5—f6†	Kg7—h8
30.	f6—f7	Sd7—c5

Verzweiflung! Die Figur ist ohnedies nicht zu retten, z. B. Se7 31. Lg4 nebst Ld7: usw. Morphy spielt den Schluß kräftig und macht allen Lesern klar, daß keinesfalls Harrwitz derjenige ist, der dem anderen einen Springer vorgeben könnte.

31.	f7×g8D†	Kh8×g8
32.	Le3×c5	Ld6×c5
33.	Df2—e2	Dc6—e6
34.	Sb1—d2	Kg8—h8
35.	Lf3—g4	De6—e7
36.	Sd2—f3	Tb8—d8
37.	h2—h4	Td8—d6
38.	Td1×d6	c7×d6
39.	De2—c4	Ta8—f8
40.	Dc4—e6	Lc5—e3†
41	Kc1—d1	De7—c7
42.	Sf3—d2	Le3—f4
43.	Sd2—c4	Dc7—c5
44.	De6—d5!	Dc5×d5†
45.	e4×d5	Tf8—d8
46.	Tf1—f3	Kh8—g7
47.	c2—c3	Td8—b8
48.	c3×b4	Tb8×b4
49.	Kd1—c2	Kg7—f8
50.	Kc2—c3	Tb4—b5
51.	Lg4—e6	Tb5—c5
52.	b3—b4	Tc5—c7
53.	b4—b5	Kf8—e7
54.	b5—b6	Tc7—b7
55.	Le6—c8	Tb7—b8
56.	b6—b7	Ke7—d8
57.	Sc4×d6	Kd8—e7
58.	Sd6—b5	h7—h6
59.	d5—d6†	Aufgegeben.

Auf Kd8 könnte nun 60. Tf4: nebst 61. gh6 sofort zum Ziele führen.

Freie Partien gegen Amateure

Paris, 1858—1859

Frankreich konnte wohl zu jener Zeit keinen hervorragend starken Meisterspieler sein eigen nennen; allein es bestand ein kräftiger Nachwuchs emporstrebender Talente, deren Durchschnittsspielstärke durchaus nicht als schwach bezeichnet werden konnte, umsomehr als der nach langer Abwesenheit heimgekehrte St. Amant dieser stets kampfbereiten Schar als Lehrmeister vorstand und sie systematisch auf den ernsten Kampf vorbereitete.

Es entsprach daher nur dem Wesen dieser ehrgeizigen Sprößlinge, daß sie, kaum flügge geworden, den Kampf gegen den gewaltigen Königsadler aufnahmen. Auf diese Weise entstand eine Anzahl von Partien, deren größter Teil selbstverständlich mit dem Siege des Weltmeisters endete.

191

Philidors Springerspiel

Paris, Oktober 1858

	Morphy	Herzog Karl v. Braunschweig, Graf Isouard
1.	e2—e4	e7—e5
2.	Sg1—f3	d7—d6
3.	d2—d4	Lc8—g4
4.	d4×e5	Lg4×f3
5.	Dd1×f3	d6×e5
6.	Lf1—c4	Sg8—f6
7.	Df3—b3	Dd8—e7
8.	Sb1—c3	....

Morphy ist über das Stärkeverhältnis im Klaren, welches zwischen ihm und seinen Gegnern obwaltet. Er hat vollkommen Recht, daß er den Dametausch nicht zuläßt und den Bauer b7 nicht schlägt.

Jeder Figurentausch ist eine große und unnötige Erleichterung für den Schwächeren, der bei einer Komplikation oder bei vollem Brette überall Gespenster sicht und den Kopf verliert.

8.	....	c7—c6
9.	Lc1—g5	b7—b5

(S. Diagramm)

Besser war Dc7. Der Textzug gibt Morphy Gelegenheit zu einer tiefdurchdachten höchst eleganten Opferkombination, mit überraschend schönem Schlußeffekt.

10.	Sc3×b5	c6×b5
11.	Lc4×b5†	Sb8—d7

Stellung nach dem 9. Zuge von Schwarz

12.	0—0—0	Ta8—d8
13.	Td1×d7	....

Morphy befindet sich in seinem Fahrwasser. Die brillanten Opferwendungen gestalten die Partie zu einer der schönsten, die je gespielt wurde.

13.	....	Td8×d7
14.	Th1—d1	De7—e6?
15.	Lb5×d7†	Sf6×d7
16.	Db3—b8†!	Sd7×b8
17.	Td1—d8‡	....

Diese ewig schöne Partie wurde während der Aufführung des „Barbier von Sevilla" im Opernhaus in der Loge des Herzogs gespielt.

192

Springergambit

Paris, Oktober 1858

	M. Baucher	Morphy
1.	e2—e4	e7—e5
2.	f2—f4	e5×f4
3.	Sg1—f3	g7—g5
4.	h2—h4	g5—g4
5.	Sf3—e5	Sg8—f6

Beachtenswert wäre auch Sc6, z.B. 6. d4 (6. Sg4:, d5 7. ed5, De7† 8. Le2, Lg4: 9. dc6, 0—0—0), Sc5: (Sd4: 7. Dd4:, Lg7 8. Lf4:, d6 9. c3, de5 10. Le5, Dd4) 7. de5:, d6 8. Lf4: (gegen 8. Lc4 spielt Schwarz De7), Lg7 9. Lg5, Dd7 usw.

6. Se5×g4 ....

Gewöhnlich geschieht hier Lc4.

6. ... Sf6×e4

7. d2—d3 ....

Hübsch, aber unzureichend. Auf 7. d4 folgt Le7!

7. .... Se4—g3

8. Lc1×f4 Sg3×h1

Bei der Verteidigung De7† 9. Le2, Db4† behauptet Weiß nach dem Baucherschen Zuge 10. Dd2! trotz Qualitätsverlustes das bessere Spiel. Nach dem Textzuge gewinnt Weiß die Dame, muß aber dafür drei Offiziere geben.

9. Dd1—e2† Dd8—e7

10. Sg4—f6† Ke8—d8

11. Lf4×c7† Kd8×c7

12. Sf6—d5† Kc7—d8

13. Sd5×e7 Lf8×e7

14. De2—g4 ....

Auf 14. Sc3 antwortet Schwarz am besten mit Te8; auf 14. Lh5 dagegen mit Sg3 usw.; gegen 14. Sd2 ist das Läuferschach auf h4 sehr wirksam.

14. .... d7—d6

Noch kräftiger wäre Te8.

15. Dg4—f4 Th8—g8

16. Sb1—c3 ....

Etwas nachhaltiger ist 16. Df7:.

16. .... Lc8—e6

17. Lf1—e2 Sb8—c6

18. 0—0—0 Sh1—g3

19. Le2—f3 Sg3—f5

20. d3—d4 Sf5×h4

21. Kc1—b1 Sh4×f3

22. g2×f3 d6—d5

23. Sc3—b5 ....

Auf 23. Dh6 folgt Kd7.

23. .... Ta8—c8

24. c2—c4 Kd8—d7

25. c4×d5 Le6×d5

26. Sb5—c3 Le7—d6

27. Df4—f5† Ld5—e6

28. Df5—b5 Kd7—c7

29. Kb1—a1 Le6—d7

30. Sc3—d5† Kc7—b8

Der schwarze König ist jetzt in Sicherheit und Weiß kommt nun an die Reihe, sich zu verteidigen.

31. Sd5—f6 Tg8—d8

32. d4—d5 ....

Auch 32. Sd7†, Td7: 33. d5, Se5 34. f4 wäre ein erfolgloser Versuch, da Schwarz sich durch Tdc7 infolge der Matdrohung auf c1 allen Gefahren entzieht.

32. .... Sc6—e5

33. Db5—e2 Ld7—f5

34. Sf6—e4 Lf5×e4

35. f3×e4 Se5—c4

36. Td1—c1 b7—b5

Hier könnte auch Lf4 geschehen, um auf 37. Tc4: durch Tc4: 38. Dc4:, Tc8 die Dame zu erobern.

37. e4—e5 Sc4×e5

38. De2×b5† Kb8—a8

39. Tc1—d1 Tc8—c2

40. Db5—a6 f7—f5

41. Ka1—b1 Tc2—c7

42. Td1—f1 Se5—c4

43. Tf1—f2 Td8—b8

44. b2—b3 Ld6—a3

und gewinnt.

Auf 45. Kc2 folgt Tb6 46. Da4, Sb2† usw.

193

Evansgambit

Paris, November 1858

P. Journoud A. de Rivière	Morphy
1. e2—e4	e7—e5
2. Sg1—f3	Sb8—c6
3. Lf1—c4	Lf8—c5
4. b2—b4	Lc5×b4
5. c2—c3	Lb4—c5
6. 0—0	d7—d6
7. d2—d4	e5×d4
8. c3×d4	Lc5—b6
9. Lc1—b2	....

Dieser Zug führt in den meisten Fällen zu Varianten, welche mit 9. d4—d5 beginnen.

9. . . . Sg8—f6

Sicherer wäre durch 9. .... Sa5 10. Ld3, Se7 usw., die alte erprobte Verteidigung (siehe Partie 196) herbeizuführen.

10. Sb1—d2 ....

Stärker scheint 10. d5, Sa5 11. Ld3, 0—0 12. Sc3, c6 13. Se2, Lg4 14. Dd2 usw.

10. .... 0—0
11. e4—e5 ....

Besser wäre Se8.

11. .... d6×e5
12. d4×e5 Sf6—d5

In Betracht käme: 12. .... Sg4 13. h3, Sh6 nebst Lf5.

13. Sd2—e4 Lc8—e6

Die schwarze Stellung ist schlecht geworden, Morphy findet durch diesen Zug die einzige Möglichkeit, welche noch Remisaussichten bietet. Sf4, was Lange empfiehlt, ist verderblich wegen 14. Dc1, Sg6 (Se6 15. Td1, Sed4 16. Sd4:, Sd4: 17. Ld4:, Ld4: 18. Dd2) 15. Td1, De8 16. Sf6† usw.

14. Sf3—g5	h7—h6
15. Sg5×e6	f7×e6
16. Dd1—g4	Kg8—h8

Auf De7 wäre Sf6† gefolgt.

17. Ta1—d1	Tf8—f4
18. Dg4×e6	Tf4×e4
19. Lc4×d5	Sc6—d4
20. Td1×d4	....

Weiß ist gezwungen, den Springer zu schlagen; auf den scheinbar guten Zug 20. Df7? würde die Überraschung Tf4! sofort entscheiden.

20.	Te4×d4
21. Lb2×d4	Lb6×d4

Die materiellen Kräfte sind jetzt völlig ausgeglichen, außerdem sind ungleiche Läufer am Brette. Die Partie sollte mit Remis enden.

22. Tf1—e1	Dd8—g5
23. Ld5—f3	Ta8—f8
24. De6—c4	c7—c5

Ein entscheidender Fehlzug! Morphy glaubte die Partie noch gewinnen zu können. Die fein berechnete Antwort: e6! kam ihm überraschend. Interessant und lehrreich ist das Übergewicht des weißen Läufers, welches durch die schwache Bauernstellung des Schwarzen herbeigeführt wird. Gut und sicher war Le5:! mit voraussichtlichem Remisschluß.

25. e5—e6! Dg5—e7

Den Läufer zu schlagen führt zu schnellem Verluste, z. B. 25. .... Tf3: 26. e7, Lf2‡ 27. Kh1, Te3 28. e8D† usw.

26. Dc4—a4 De7—h4
27. Da4—c2 Dh4—e7
28. Dc2—g6 Tf8—f6

Notwendig gegen das drohende Lc4.

29. Dg6—e4 Tf6—f8
30. g2—g3 b7—b5
31. Te1—e2 b5—b4
32. Lf3—h5 a7—a5

Schwarz versucht sein Glück auf der Dameseite.

33. Lh5—f7 a5—a4
34. De4—c2 Tf8—a8
35. Dc2—c4 Ta8—b8
36. Dc4—d5 b4—b3
37. a2×b3 a4×b3
38. Lf7—g6 b3—b2
39. Lg6—b1 ....

Weiß hat jetzt die entscheidende Angriffsstellung erreicht.

39. .... Tb8—d8
40. Dd5—f5 g7—g5
41. Df5—g6 Ld4—f6
42. Dg6×h6† Kh8—g8
43. Dh6—g6† Lf6—g7
44. Dg6—h7† Kg8—f8
45. h2—h4 Td8—d1†
46. Kg1—g2 Lg7—f6
47. h4×g5 Lf6—d4
48. Dh7—f5† Kf8—g8
49. Df5—g6† Kg8—h8
50. Te2—e4 De7—b7
51. e6—e7 Aufgegeben.

194

Italienische Partie

Paris, November 1858

P. Ch. F. de St. Amant — Morphy

1. e2—e4 e7—e5
2. Sg1—f3 Sb8—c6
3. Lf1—c4 Lf8—c5
4. c2—c3 Sg8—f6
5. d2—d4 e5×d4
6. c3×d4 Lc5—b4†
7. Lc1—d2 ....

Weiß könnte hier ein sehr scharfes Angriffsspiel durch 7. Sc3 (siehe Partie 55 Anm.) erlangen.

7. .... Lb4×d2†

[7. .... Se4: 8. Lb4:, Sb4: 9. Lf7‡, Kf7: 10. Db3†, d5 11. Se5†, Ke6 12. Db4:, c5 13. Da4 usw. gefällt uns nicht besonders.]

8. Sb1×d2 d7—d5
9. e4×d5 Sf6×d5
10. 0—0 ....

Besser ist hier der theoretische Zug 10. Db3, Sce7 11. 0—0, 0—0 12. Tfe1, c6 13. a4! usw.

10. .... 0—0
11. h2—h3 ....

Durch diesen Zug verhindert Weiß die Fesselung des Springers, schwächt aber seinen Königsflügel und bietet dem Angriff ein Ziel. Besser war Tfe1.

11. .... Sd5—f4
12. Kg1—h2 ....

Ein der Angst entsprungener Zug! Weiß hätte Se4 spielen müssen, damit der d-Bauer nicht umsonst genommen werden konnte.

12. .... Sc6×d4
13. Sf3×d4 Dd8×d4
14. Dd1—c2 Dd4—d6
15. Kh2—h1 ....

Weiß ist in Verzweiflung und zappelt hin und her. — Etwas besser ist 15. Se4.

15. .... Dd6—h6
16. Dc2—c3 Lc8—f5
17. Kh1—h2 Ta8—d8

18. Ta1—d1 ....

Wenn 18. De3, so Tfe8.

18. .... Lf5×h3
19. g2×h3 Td8—d3!
20. Dc3×d3 Sf4×d3
21. Lc4×d3 Dh6—d6†
22. f2—f4 Dd6×d3

und Schwarz gewinnt.

195

Französische Eröffnung

Versailles, November 1858

Morphy	M. Chamouillet und Genossen
1. e2—e4	e7—e6
2. d2—d4	d7—d5
3. e4×d5	e6×d5
4. Sg1—f3	Sg8—f6
5. Lf1—d3	Lf8—d6
6. 0—0	0—0
7. Sb1—c3	c7—c5

Schwarz vereinzelt unnötigerweise den Damebauer; bessere Züge sind hier 7. .... c6, oder 7. .... Lg4, oder auch 7. .... Sc6.

8. d4×c5 Ld6×c5
9. Lc1—g5 Lc8—e6
10. Dd1—d2 Sb8—c6
11. Ta1—d1 Lc5—e7
12. Tf1—e1 ....

Die weiße Stellung ist jetzt sehr stark.

12. .... a7—a6
13. Dd2—f4 Sf6—h5
14. Df4—h4 g7—g6
15. g2—g4 Sh5—f6

Der Springer stünde sicherer auf g7.

16. h2—h3 Ta8—c8
17. a2—a3 Tf8—e8
18. Sc3—e2 h7—h5

Bei anderen Zügen überwiegt der Angriff gleichfalls.

19. Se2—f4 Sf6—h7?
20. Sf4×e6 f7×e6
21. Te1×e6 Le7×g5
22. Te6×g6† Kg8—f8
23. Dh4—h5 Tc8—e7
24. Sf3×g5 Te8—e7

Falls Sg5.. so auch 25 Dh6†

25. Dh5—h6† Kf8—e8
26. Tg6—g8† Aufgegeben.

196

Evansgambit

Paris, Herbst 1858

A. de Rivière — Morphy

1. e2—e4 e7—e5
2. Sg1—f3 Sb8—c6
3. Lf1—c4 Lf8—c5
4. b2—b4 Lc5×b4
5. c2—c3 Lb4—c5
6. 0—0 d7—d6
7. d2—d4 e5×d4
8. c3×d4 Lc5—b6
9. d4—d5 Sc6—a5
10. Lc4—d3 ....

Eine interessante Verwickelung ist möglich bei 10. Lb2, z. B. Sc4: 11. Lg7:, Ld7 12. Lh8:, f6 13. Sfd2, Sd2: 14. Db5†, Kf8 15. Sd2:, De7 usw. mit annähernd gleichem Spiele; oder 10. .... Se7! 11. Lg7:? (11. Ld3!), Tg8 12. Ld4, Sc4: 13. Da4†, Dd7 14. Dc4:, Tg2‡ 15. Kh1! (falls 15. Kg2, so folgt Dg4† 16. Kh1, Df3‡ 17. Kg1, Lh3 nebst Mat), Dh3 16. Sbd2, Sg6! 17. Tg1, Sh4 18. Lb6:, Lg4 usw. und Schwarz gewinnt.

10. ... Sg8—e7
11. Lc1—b2 0—0
12. Sb1—d2 ...

Die Springerentwickelung über c3 gibt einen viel schärferen Angriff. Schwarz hat auch in diesem Falle eine ausreichende Verteidigung; er muß aber sehr vorsichtig spielen, um Nachteil zu vermeiden, z. B. 12. Sc3, Sg6 13. Se2, c5 (Schwarz schneidet den Springer von f4 und d4 ab) 14. Dd2, Lc7 15. Sg3, f6! 16. Tc1, Tb8 17. Kh1, b5 18. Sf5, c4 19. Lb1, b4 20. Ld4, c3 usw.

12. .... Se7—g6
13. Sf3—d4 Dd8—f6

Kein glücklicher Zug. Die Dame steht in der Läuferdiagonale ungünstig. Besser war Sf4, um wenigstens den Ld3 abzutauschen, z. B. 13. .... Sf4 14. Lc2? (14. Sf3, Sd3: 15. Dd3:, c5 usw.), Lh3 15. Df3, Dg5 16. Dg3, Dg3: 17. hg3:, Ld4: 18. Ld4:, Se2† 20. Kh2, Sd4: usw. — Auch Ld7 kommt in Betracht.

14. Sd2—f3 ...

Rivière führt die Partie bis zum 34. Zug mit viel Geschick weiter.

14. .... Lc8—g4
15. Dd1—c2 Lg4×f3
16. Sd4×f3 Sg6—e5
17. Kg1—h1 Df6—e7
18. Sf3×e5 d6×e5
19. f2—f4 f7—f6
20. Dc2—c3 ...

Weiß will sich das Remis durch ungleiche Läufer sichern; am besten wäre es jedoch durch Le2 oder Dd2 nebst Le3 den Angriff festzuhalten, da so der Positionsvorteil bedeutend verstärkt und der geopferte Bauer voll aufgewogen wird.

20.	....	Lb6—d4
21.	De3×a5	Ld4×b2
22.	Ta1—b1	b7—b6
23.	Da5—d2	Lb2—d4
24.	f4—f5	a7—a6

Auch der bessere Zug 24. .... g7—g5 ändert an dem Remischarakter des Endspieles nichts. Weiß hat eine feste Bauernstellung, die im Verein mit seinem Läufer das ganze Gebiet der weißen Felder beherrscht. Dieses Stellungsübergewicht übt einen starken Druck auf die Bewegung der Gegenpartei und der forcierte Durchbruchsversuch Morphys schlägt zu dessen Nachteile aus.

25.	Ld3—c4	De7—d6
26.	a2—a4	Tf8—b8
27.	Tb1—b3	Kg8—f8
28.	Dd2—e2	b6—b5
29.	a4×b5	a6—a5
30.	Tb3—g3	a5—a4
31.	De2—h5	h7—h6
32.	Dh5—g6	Dd6—e7
33.	d5—d6	c7×d6

(S. Diagramm)

34.	Dg6×h6	....

Schön, aber nicht das Beste! 34. Dh7! hätte die Partie sofort entschieden.

34.	....	De7—f7
35.	Dh6—h8†	....

Auch hier unterläßt Weiß den noch immer gewinnbringenden Zug Dh7, z. B. 35. Dh7, Dc4: 36. Dg7†, Ke8 37. Dh8† nebst Tg7† usw.

Stellung nach dem 33. Zuge von Schwarz

35.	....	Kf8—e7
36.	Tg3×g7	....

Durch 36. Dh7, Th8 37. Dh8:, Th8: 38. Lf7:, Kf7 39. Ta3, Ta8 40. b6, Lb6: 41. Tfa1 usw., oder auch durch 36. Db8: gewann Weiß die Qualität.

36.	....	Tb8×h8
37.	Tg7×f7†	Ke7—e8
38.	Tf7×f6	a4—a3
39.	Lc4—a2	Ta8—c8
40.	b5—b6	Ke8—d7
41.	b6—b7	....

Sogar hier noch könnte Weiß den Sieg erreichen durch 41. Le6†, Kc6 42. Lc6:, Tc8: (falls a2, so folgt 43. b7, Kc7 44. Td6:, a1D 45. Ta1:, La1: 46. Tc6†, Kb8 47. Ta6 usw.) 43. Tc1†, Kb7 44. Tf7†, Kb8 45. Tc8†, Kc8: 46. Ta7 usw. Nachdem Weiß diese letzte Gelegenheit vorübergehen läßt, kommt er in Nachteil und verliert die Partie. Die unvermeidliche Folge eines oberflächlichen Spieles!

41.	....	Tc8—c2
42.	La2—e6†	Kd7—c7
43.	Tf1—b1	Kc7—b8

Falls a2, so 44. b8D†, Tb8: 45. Tf7†, Kc6 46. Ld5†, Kc5 47. Tc7‡.

44. Le6—b3 Tc2—b2
45. Tb1×b2 a3×b2
46. Lb3—a2 Kb8×b7
47. Tf6×d6 Th8—a8

Schwarz gewinnt.

197

Evansgambit

Paris, Herbst 1858

	Morphy	A. de Rivière
1.	e2—e4	e7—e5
2.	Sg1—f3	Sb8—c6
3.	Lf1—c4	Lf8—c5
4.	b2—b4	Lc5×b4
5.	c2—c3	Lb4—c5

Um der Besetzung der Mitte durch die weißen Bauern vorzubeugen, hätte Schwarz den Läufer über a5 zurückziehen sollen.

6.	0—0	d7—d6
7.	d2—d4	e5×d4
8.	c3×d4	Lc5—b6
9.	Sb1—c3	Sg8—f6?
10.	e4—e5	d6—d5?

Schwarz hatte im 9. Zuge schon den entscheidenden Eröffnungsfehler begangen (Partie 40); es war also gewiß überflüssig, denselben durch den nächsten noch zu verdoppeln.

11.	e5×f6	d5×c4
12.	f6×g7	....

Energischer wäre 12. Te1†, Le6 Kf8 13. La3†, Kg8 14. d5, Sa5 15. Le7, Dd7 16. Se4 usw.) 13. fg7, Tg8 14. Lg5 nebst Se4 oder d4—d5.

12.	...	Th8—g8
13.	Tf1—e1†	Lc8—e6
14.	d4—d5	....

Warum nicht 14. Lc1—g5!

14.	....	Dd8—f6
15.	Lc1—g5	Df6×c3
16.	d5×e6	Dc3—d3
17.	e6×f7†	Ke8×f7

18.	Te1—e7†	Kf7—g6

Schwach wäre 18. .... Se7 wegen 19. Se5† usw.

19.	Dd1—e1	Dd3—d5
20.	Ta1—d1	Sc6—d4
21.	Td1×d4	Lb6×d4
22.	De1—b1†	

und Weiß erzwingt das Mat in spätestens sechs Zügen. (22. .... Df5! 23. Sh4†, Kg5:! 24. Df5‡, Kh6! 25. g4, Lf2‡ 26. Kg2 nebst 27. Dh5‡.)

198

Evansgambit

Paris, Herbst 1858

A. de Rivière		Morphy
1.	e2—e4	e7—e5
2.	Sg1—f3	Sb8—c6
3.	Lf1—c4	Lf8—c5
4.	b2—b4	Lc5×b4
5.	c2—c3	Lb4—c5

Siehe Anm. zur Partie 197.

6.	0—0	d7—d6
7.	d2—d4	e5×d4
8.	c3×d4	Lc5—b6
9.	Lc1—b2	Sg8—f6

Sicherer wäre 9. .... Sa5.

10.	Sb1—d2	0—0
11.	h2—h3	....

Ein unnötiger Sicherungszug! e5 oder d5 war am Platze.

11.	....	d6—d5
12.	e4×d5	Sf6×d5
13.	Sd2—e4	Lc8—f5
14.	Se4—g3	Lf5—g6
15.	Sf3—e5	Sd5—f6

In Betracht kam Sce7.

16.	Se5×g6	....

Viel besser wäre hier 16. Sc6:, bc6 17. Da4! usw.

16.	....	h7×g6
17.	Lb2—a3	....

Der weiße Damebauer ist ohnehin schwach, der Textzug schwächt ihn noch mehr. Se2 war richtiger.

17.	....	Tf8—e8
18.	Dd1—b3	Dd8—d7
19.	Ta1—d1	Sc6—a5

Einfacher gewann 19. .... Sd4:!

20.	Db3—d3	Ta8—d8
21.	La3—b2	Sa5×c4
22.	Dd3×c4	Dd7—d5

Ganz modern!

23.	Dc4—a4	....

Nach Abtausch wird der Damebauer bald unhaltbar.

23.	....	c7—c6
24.	Td1—d3	c6—c5
25.	Tf1—d1	c5—c4
26.	Td3—e3	Lb6—c7
27.	Sg3—f1	a7—a5
28.	Te3×e8†	Td8×e8
29.	Sf1—e3	Dd5—d6
30.	Da4×c4	....

Auf 30. Sg4 gewinnt Schwarz mit Te2 31. Sf6†, gf6 32. Lc3, Df4! 33. Le1, Dd4: usw., auf 30. g3 aber durch Te3: usw.

30.	....	Dd6—h2†
31.	Kg1—f1	Sf6—e4
32.	Lb2—c1	....

Es drohte Sg3†.

32.	....	Lc7—f4
33.	Dc4—c2	Lf4×e3
34.	Lc1×e3	Dh2—h1†
35.	Kf1—e2	Dh1×g2
36.	Ke2—d3	Dg2—f3
37.	Td1—e1	Df3—f5
38.	Kd3—e2	Df5—h5†
39.	Ke2—d3	Dh5—b5†
40.	Dc2—c4	Se4×f2†
41.	Le3×f2	Db5—f5†
42.	Kd3—d2	Df5×f2†
43.	Te1—e2	Te8×e2†
44.	Dc4×e2	Df2×d4†

und gewinnt.

199

Sizilianische Eröffnung

Paris, Herbst 1858

Morphy	P. Journoud
1. e2—e4	c7—c5
2. d2—d4	c5×d4
3. Sg1—f3	e7—e5
4. Lf1—c4	Lf8—e7

Besser ist Dc7 (Partie 180).

5. c2—c3	d7—d6
6. Dd1—b3	d4×c3
7. Lc4×f7†	Ke8—f8
8. Sb1×c3	Sb8—c6
9. Lf7×g8	Th8×g8
10. 0—0	Dd8—e8
11. Sf3—g5	Le7×g5
12. Lc1×g5	Lc8—e6
13. Sc3—d5	h7—h6
14. f2—f4	....

Entscheidend! Auf hg5 kann jetzt 15. fg5† nebst 16. g6 folgen.

14.	De8—d7
15. f4×e5†	Kf8—e8
16. Sd5—c7†	Dd7×c7
17. Db3×e6†	Aufgegeben.

200

Bauervorgabe

Paris, Herbst 1858

Vorgabe von Bauer und Zug

A. Devinck	Morphy
1. e2—e4	d7—d6
2. d2—d4	Sg8—f6
3. Lf1—d3	....

Der Läufer gehört nach c4. Weiß sollte den Bauer durch den Springer decken.

3.	e7—e5
4. d4×e5	d6×e5
5. Lc1—g5	Lf8—c5
6. Sg1—f3	h7—h6
7. Lg5—h4	Lc8—g4
8. 0—0	Sb8—d7
9. Sb1—d2	g7—g5
10. Lh4—g3	h6—h5
11. Dd1—e1	Dd8—e7
12. h2—h4	Sf6—h7
13. c2—c3	0—0—0
14. b2—b4	Lc5—b6
15. a2—a4	a7—a6
16. De1—b1	Th8—f8
17. a4—a5	....

Es war leicht zu erraten, daß Schwarz die Qualität opfern will. Weiß hätte deshalb nun 17. c4 spielen sollen, um die Linie des feindlichen Königsläufers zu unterbrechen und dadurch die Wirksamkeit jenes Opfers zu schwächen.

17.	Lb6—a7
18. b4—b5	Lg4×f3
19. Sd2×f3	Tf8×f3

(S. Diagramm)

20. g2×f3	g5×h4
21. b5—b6	....

Stellung nach dem 19. Zuge von Schwarz

Besser wäre hier 21. Lh2, oder 21. ba6.

21.	. . . .	c7 × b6
22.	a5 × b6	La7 × b6
23.	Ta1 × a6	. . . .

Ein Verzweiflungszug! Weiß hat aber keine Rettung mehr. Auf 23. Lh2 folgt Sg5. 24. Kh1, Sf3: 25. Da2, Sc5 usw.

23.	. . .	b7 × a6
24.	Ld3 × a6†	Kc8—c7
25.	Db1—b5	h4 × g3

und gewinnt.

201

Bauervorgabe

Paris, Herbst 1858

Vorgabe von Bauer und Zug

	A. Devinck	Morphy
1.	e2—e4	e7—e6
2.	d2—d4	c7—c5
3.	d4—d5	d7—d6
4.	c2—c4	g7—g6
5.	Sb1—c3	Lf8—g7
6.	Lf1—d3	Sb8—a6
7.	a2—a3	Sg8—h6
8.	Sg1—e2	0—0
9.	0—0	e6 × d5
10.	e4 × d5	Sh6—g4
11.	h2—h3	Sg4—e5
12.	f2—f4	. . . .

Besser war Sg3.

12.	. . . .	Se5 × d3
13.	Dd1 × d3	Lc8—f5
14.	Dd3—f3	Dd8—b6
15.	g2—g4	Lf5—c2
16.	Sc3—b5	Ta8—e8
17.	Lc1—e3	Lc2—d3

Der entscheidende Fehlzug, den Schwarz sofort ausbeutet.

18.	b2—b3	Ld3 × e2
19.	Df3 × e2	Lg7—d4
20.	Tf1—f3	Ld4 × a1
21.	De2—d3	Sa6—c7
22.	f4—f5	Sc7 × b5
23.	c4 × b5	Te8 × e3

Aufgegeben, da nun Schwarz 24. Ld4 droht.

202

Unregelmäßige Eröffnung

Paris, Herbst 1858

	Morphy	A. Bottin
1.	e2—e4	e7—e5
2.	c2—c3	. . .

Die einzig bekannte Partie, in welcher Morphy 2. c3 spielte.

2.	. . . .	Sg8—f6

Noch besser ist sofort d5.

3. d2—d4 Sf6×e4

Jetzt war aber d5 nicht nur gut, sondern notwendig.

4. d4×e5 Lf8—c5

Nach diesem Zuge ist die Partie verloren.

5. Dd1—g4! ....

Besser als 5. Dd5 wegen Lf2‡ 6. Ke2, f5 7. ef6, Sf6: 8. De5†, Kf7! usw.

5. .... Se4×f2

Das schwarze Spiel ist bereits aufzugeben; falls 5. .... Lf2‡, so 6. Ke2 nebst Dg7:.

6. Dg4×g7 Th8—f8
7. Lc1—g5 f7—f6
8. e5×f6 ....

Hier geschah ursprünglich 8. .... Tf6: 9. Lf6:, Le7, Dg8†, wonach die Partie aufgegeben wurde.

Hinterher ging Morphy auf eine Analyse ein. Es wurden verschiedene Varianten versucht, die alle zu dem Resultate führten, daß die Partie unter allen Verhältnissen verloren war. Eine bemerkenswerte Variante ist die folgende:

8. .... d7—d5
9. Lf1—e2 Lc8—g4!
10. Le2×g4 Sf2×g4
11. f6—f7† Tf8×f7
12. Dg7×f7† Ke8×f7
13. Lg5×d8 Sg4—f2
14. Ld8—h4 Sf2×h1
15. Sg1—f3 Sb8—c6
16. Sb1—d2 Ta8—g8
17. Ke1—f1 d5—d4
18. c3×d4 ....

Sb3 hätte in einigen Zügen den Sh1 erobert.

18. .... Sc6×d4
19. Sf3×d4 Lc5×d4
20. Sd2—f3 Ld4—b6
21. Ta1—e1 h7—h6
22. Te1—e7† Kf7—f8
23. Sf3—e5 Tg8—g7
24. Se5—d7† Kf8—g8
25. Te7×g7† Kg8×g7
26. Sd7×b6 a7×b6
27. g2—g4 Kg7—g6
28. Kf1—g2 h6—h5
29. h2—h3 und gewinnt.

203

Italienische Partie

Paris, Winter 1858/59

P. Journoud — Morphy

1. e2—e4 e7—e5
2. Sg1—f3 Sb8—c6
3. Lf1—c4 Lf8—c5
4. Sb1—c3 d7—d6
5. h2—h3 ...

Natürlicher wäre die weitere Entwickelung mit: 5. d3, Sf6 6. Lg5, h6 7. Le3 usw.

5. ... Lc8—e6
6. Lc4—b3 Sg8—f6
7. d2—d3 Dd8—d7
8. 0—0 ....

Weiß sollte mit der Rochade warten, und eher Le3 spielen.

8. .. 0—0
9. Kg1—h1 h7—h6
10. Sf3—h2 d6—d5

11. f2—f4 d5×e4
12. f4×e5 Sc6×e5
13. Sc3—a4 ....

Auf 13. Lh6: folgt ed3.

13. .... Lc5—b6

Sehr gut war auch Le7.

14. Sa4×b6 a7×b6
15. d3—d4 Se5—c6

Besser als Sg6.

16. Tf1×f6 ....

Dies Qualitätsopfer ist interessant aber inkorrekt. Weiß hat jedoch nichts besseres.

16. .... g7×f6
17. Lc1×h6 Tf8—d8
18. Dd1—e1 Sc6—e7
19. De1—h4 Se7—g6!

20. Dh4×f6 Dd7×d4

Morphy wehrt den Angriff fein und mit durchschlagender Kraft ab, ohne dem Gegner die geringste Chance zu lassen.

21. Df6—f1 Le6×b3
22. c2×b3 ....

Nicht besser ist 22. ab3, da Schwarz Ta1: 23. Da1:, Dd1† usw. spielt.

22. .... Ta8—a5!
23. Sh2—g4 f7—f5
24. Lh6—e3 Dd4—d3
25. Sg4—h6† Kg8—h7
26. Df1—c1 ....

Auf 26. Sf5: folgt Tf5: 27. Df5:, De3: 28. Df7†, Kh6 usw.

26. .... Td8—d7
27. Le3—g5 Dd3—g3
28. Dc1—e3 ....

Damentausch ist unvermeidlich, und damit ist die Partie erledigt.

28. .... Dg3×e3
29. Lg5×e3 f5—f4
30. Sh6—g4 f4×e3
31. Sg4—f6† Kh7—g7
32. Sf6×d7 Ta5—d5
33. Ta1—e1 Td5×d7
34. Te1×e3 Td7—d4
35. Kh1—h2 Sg6—h4
36. g2—g4 Kg7—f6
37. a2—a4 Kf6—g5
38. Kh2—g3 ....

Weiß bemerkt die Drohung nicht und rennt sozusagen direkt ins Mat; übrigens war die Partie ohnedies nicht zu halten.

38. .... Td4—d2

nebst Mat in zwei Zügen.

Wettkampf mit A. Anderssen

Der Kampf zwischen Morphy und Anderssen, diesen zwei Heroen der Schachgeschichte, gleicht einem Zweikampfe der edelsten Helden der alten Ritterzeit. Mit glühender Kampflust traten sie in die Schranken, um ausschließlich um den Lorbeerkranz zu ringen.

Die namhaftesten, die zwei größten Meister der neuen und alten Welt kreuzten die Waffen, und der zur Eroberung der alten Welt aufgebrochene junge Held trug seinen schönsten, glänzendsten Sieg davon.

Keinen Widerstand gab es jetzt mehr: auch der letzte Wall war gestürzt, und Morphy, der unbezwingbare Held, trat die unbeschränkte Alleinherrschaft im Reiche der edlen Schachkunst an.

Die ununterbrochene Reihe und der Glanz seiner Siege, die Einstimmigkeit seiner Gegner verliehen ihm diese Würde. Sein ritterlicher Sinn, seine Uneigennützigkeit, der Zauber seines Wesens fesselten die Besiegten an seinen Hof; die Schönheit und Tiefe seines Spieles entzückte und bezauberte seine Zeitgenossen. —

Adolf Anderssen

Es ist wahrhaft unmöglich, sich eine harmonischere und innigere Verschmelzung hervorragender Geisteskraft und wirklicher Bescheidenheit vorzustellen. Das erhebt ihn hoch über die jeweiligen Meister und sichert ihm für ewige Zeiten die Bewunderung der Nachwelt.

Anderssen, der gefürchtete Turnierspieler und wirkliche Weltchampion, konnte der mächtigen Kraft des jungen Thronprätendenten nur auf kurze Zeit Widerstand leisten. Der Kampf währte kaum eine Woche. Das Ergebnis waren 2 Remis und 7 gewonnene Spiele zugunsten Morphys, denen nur 2 verlorene Partien gegenüberstanden.

Der Sieg des neuen Weltchampions war ein vollwertiger und entscheidender, wie man ihn glänzender nicht erwarten konnte. Es beweist die vornehme Gesinnung des entthronten großen Meisters Anderssen, daß er den Grund seiner Niederlage nicht in äußeren Umständen suchte, sondern, die Überlegenheit seines Gegners anerkennend, sich dessen gottgegebener Kraft und Befähigung widerspruchslos unterwarf. — Kein einziger Schachmeister hat je in ähnlichen Fällen solch' edle Selbstverleugnung bekundet.

Tempora mutantur et nos mutamur in illis. —

Wettkampf mit Anderssen

204
Evansgambit
Paris, 20. Dezember 1858
Erstes Wettspiel

Morphy	A. Anderssen
1. e2—e4	e7—e5
2. Sg1—f3	Sb8—c6
3. Lf1—c4	Lf8—c5
4. b2—b4	Lc5×b4
5. c2—c3	Lb4—a5
6. d2—d4	e5×d4
7. 0—0	Sg8—f6

Die Antwort des Königspringerzuges auf die Rochade nach bereits erfolgtem Vorrücken des weißen Damebauers stand zu Morphys Zeit in allgemeiner Anerkennung; sie gilt gegenwärtig wegen des (früher an dieser Stelle nicht genügend gewürdigten) Angriffes: 8. La3 für unzureichend. Dagegen scheint für Schwarz die sogenannte „kompromittierte“ Verteidigung: 7. .... dc3, usw. (Partie 105) das Beste zu sein.

8. e4—e5 ....

Viel stärker ist hier 8. La3!, wie es auch Morphy in einer späteren Partie versucht hat (siehe Partie 245).

8. .... d7—d5
9. Lc4—b5 ....

Es gibt nichts Besseres; auf 9. ef6 folgt dc4 10. fg7, Tg8 11. Lg5, Dd5 12. Te1† (bei Sd2, Lf5 13. Da4, b5 14. Da3, Lc3:), Le6 13. Sbd2, Tg7: 14. Se4, Kf8 15. Lh6, dc3 16. Dc1, Dh5, 17. Sf6, Dg6 18. Sg5, Ke7 usw., und Weiß hat keinen befriedigenden Angriff, welcher die geopferten Bauern aufwiegt.

9. .... Sf6—e4
10. c3×d4 ....

Im Falle 10. Sd4: wäre gefolgt: Ld7 11. Lc6:, bc6 12. La3, c5 13. Sb3, La4 usw. oder: 10. La3, Ld7 11. Db3 (Lc6:, Lc6: 12. cd4, Dd7 ist besser für Schwarz), Lc3: 12. Sc3:, Sc3: 13. Lc6:, bc6 14. Sd4:, Se4 usw. Am besten ist noch zu spielen 10. Da4, 0—0 11. Lc6:, Lc3: 12. Sc3:, Sc3: 13. Dc2, bc6 14. Sd4:, c5 usw. und Weiß hat starke Remischancen.

10. .... 0—0

Sicherer war 10. Ld7. — Schwarz opfert den Bauer zurück, um sich des Angriffes zu bemächtigen.

11. Lb5×c6 b7×c6
12. Dd1—a4 ....

Durch dieses Manöver gewinnt Weiß zwar einen Bauer, kommt aber in eine ungünstige Lage, weil die Dame weit abgelenkt ist.

12. .... La5—b6
13. Da4×c6 Lc8—g4
14. Lc1—b2 ....

Weiß hat bereits mit Schwierigkeiten zu kämpfen; der Bauer d4 ist schwach. — Auf 14. Le3 könnte f6 folgen mit starkem Spiele.

14. .... Lg4×f3
15. g2×f3 Se4—g5
16. Sb1—d2 Tf8—e8

Viel energischer war 16. .... Sh3† 17. Kh1 (17. Kg2, Dh4 18. Td1, Tae8 nebst Te6), Dh4 18. Dd5:, Sf2† 19. Kg2, Dg5† mit Gewinn einer Figur.

17. Kg1—h1 Sg5—h3
18. f3—f4! ....

Morphy verteidigt sich bestmöglichst.

18. .... Dd8—h4

19. Dc6×d5 Sh3×f2†
20. Kh1—g1 ....

Auf 20. Kg2 wäre 21. Sd3 noch entscheidender.

20. .... Sf2—d3
21. Lb2—c3 Sd3×f4
22. Dd5—f3 Sf4—h3†
23. Kg1—h1 Sh3—g5
24. Df3—g2 Ta8—d8

In Betracht käme 24. .... h6 25. Sf3, De4 usw.

25. Tf1—g1 ....

Morphy verpaßt hier die Remismöglichkeit, durch 25. Sf3, Sf3: 26. Df3, Td7 27. Tad1 usw., oder 26. .... Ld4 27. Df7† (besser ist 27. Ld4:, Dd4: 28. Df7‡, Kh8 29. Tad1), Kh8 28. Tf4, Df4: 29. Df4:, Lc3: 30. Tb1, Le5: 31. Dc4, Ld4 32. Td1, Lb6 33. Td8: usw. Schwarz steht eher besser.

25. .... h7—h6
26. Ta1—f1 ....

26. .... Sf3 ist unzureichend wegen Dh3 27. Sg5:, Dg2‡ 28. Kg2: (28. Tg2:, hg5 29. Tad1, Te5: usw., oder 29. Td2, f6 30. ef6, gf6 31. Tf1, Tf8 32. d5, Kg7 33. h4, Le3 usw.), hg5 29. Tad1, Td5 usw.

26. .... Dh4—h3
27. Dg2—c6 Dh3—d7
28. Dc6—g2 ....

Nach dem Dametausch würde Schwarz seine materielle Übermacht leichter zur Geltung bringen können.

28. .... Lb6×d4
29. Lc3×d4 Dd7×d4
30. Sd2—f3 Dd4—d5
31. h2—h4 Sg5—e6
32. Dg2—g4 Dd5—c6

Schwarz zieht es wohlweislich vor, den weißen a-Bauer noch nicht zu nehmen, weil er seine Dame und seinen König nicht irgendwelchen Angriffen und Unannehmlichkeiten aussetzen möchte. Z. B. Da2: 33. Ta1, Df2 34. Tg2, De3 35. Te1, Dc5 36. Teg1, a5 37. Df5, oder h5 usw.

33. Tg1—g2 Td8—d3
34. Dg4—f5 Te8—d8

35. Df5—f6 ....

Die interessante Kombination Df7‡ rettet auch nicht wegen 35. .... Kf7: 36. Sd4†, Tf3! 37. Tf3‡, Df3: 38. Sf3:, Td1† 39. Kh2, Sd4 usw.

35. .... Dc6—d5

Es drohte 36. Tg7‡, Sg7: 37. Dc6:.

36. Df6—f5 Td3—d1
37. Tf1×d1 Dd5×d1†
38. Kh1—h2 Td8—d3

Schneller zum Ziel führte hier 38. .... Dd3 39. Dg4 (falls Df6, so folgt Kf8), h5 40. Dg3, Dc3 41. Df2! (Schwarz droht durch Td3 mit allgemeinem Abtausche), Df2: 42. Tf2:, Td3 usw. — Dagegen wäre Sd4? ein sofort zu Remis führender Fehler, z. B.: 39. Tg7‡, Kg7† 40. Df6†, Kh7 41. Df7‡, Kh8 42. Df8†, Kh7 usw.

39. Tg2—f2 Td3—e3
40. Sf3—d2 Te3—e2

Schwarz muß nach Möglichkeit den

Abtausch anstreben, um seine Bauernübermacht verwerten zu können. — Die folgende Abtauschvariante müßte genau ausgerechnet wurden, da die schwarze Stellung entblößt wird.

41. Df5 × f7† Kg8—h8
42. Sd2—e4 Tc2 × f2†

Bequemer könnte sich Schwarz den Gewinn mit 42. .... Te4: 43. De6: (falls 43. De8†, Kh7 44. De6:, Dh5), Dd8! 44. Kg2, Da8 45. Kh2, Th4† 46. Kg3, Th5 usw. sichern.

43. Se4 × f2 Dd1—d5
44. Sf2—g4 Dd5 × a2†
45. Kh2—g3 Da2—b3†
46. Kg3—h2 Db3—c2†
47. Kh2—g3 ....

Auf Kh3 könnte folgen Dg6!

47. .... Dc2—c3†
48. Kg3—h2 Dc3—c6

Notwendig! auf Sd4 folgt 49. De8†, Kh7 50. Sf6†, gf6 51. Df7† und Weiß hält Remis mit ewigem Schach.

49. h4—h5 a7—a5

Einfacher war 49..... Dc2† 50. Kg3, Dc3† 51. Kg2, Dh3† 52. Kh3:, Sg5† 53. Kg3, Sf7: 54. e6, Sd6 usw. — Im praktischen Spiele ist es aber sehr mühsam, alle durch das Vordringen des freien e-Bauers möglicherweise entstehenden Gefahren zu berechnen.

50. Sg4—f6 ....

Diese gefällige Wendung bildet den letzten Versuch, das Remis noch zu retten.

50. .... g7 × f6
51. Df7 × f6† Kh8—g8
52. Df6—g6† Kg8—f8
53. Dg6 × h6† Kf8—e8
54. Dh6—g6† Ke8—d7
55. h5—h6 Dc6—d5
56. h6—h7 ....

Auch andere Züge würden kein günstigeres Ergebnis bringen. Z. B. 56. Dh5, Dd2† 57. Kh1 (falls Kg1, so Dg5† usw.), Dc1† 58. Kh2 (auf Kg2 folgt Dg5†), Df4† 59. Kh1, Sg5 usw.

56. .... Dd5 × e5†
57. Kh2—g1 Se6—g5
58. h7—h8D De5 × h8
59. Dg6 × g5 Dh8—d4†
60. Kg1—f1 a5—a4
61. Dg5—f5† Kd7—c6
62. Df5—c8 Kc6—b5!

Schwarz erlangte in der Eröffnung materielles Übergewicht und hält dieses mit bewunderungswürdiger Zähigkeit bis zum Schlusse der Partie fest. Der Bauer c7 ist nicht zu schlagen wegen 63. .... Dc4† nebst Dametausch.

63. Kf1—e1 c7—c5
64. Dc8—b7† Kb5—c4
65. Db7—f7† Kc4—c3
66. Df7—f3† Dd4—d3
67. Df3—f6† Kc3—b3
68. Df6—b6† Kb3—c2
69. Db6—a7 ....

Auf 69. Dc5: folgt Dametausch.

69.	Dd3—c3†
70. Ke1—e2	a4—a3
71. Da7—a4†	Kc2—b2
72. Da4—b5†	Dc3—b3

Weiß gibt auf.

Diese Partie wurde im Hotel Breteuil gespielt und dauerte 7 Stunden.

205

Spanische Partie

Paris, 21. Dezember 1858

Zweites Wettspiel

A. Anderssen	Morphy
1. e2—e4	e7—e5
2. Sg1—f3	Sb8—c6
3. Lf1—b5	a7—a6
4. Lb5—a4	Sg8—f6
5. d2—d3	....

Diese von Anderssen mit besonderer Vorliebe gepflegte Fortführung der spanischen Partie ist von minder nachhaltiger Wirkung; 5. Sc3 oder 5. 0—0 sind die geeigneten Züge, um die eigentliche Stärke der Eröffnung zum Vorschein zu bringen.

5. ... Lf8—c5

Sehr beliebt ist die Läuferentwickelung nach e7 oder nach g7.

6. c2—c3 ....

An dieser Stelle käme 6. Le3! in Betracht.

6. .... b7—b5

7. La4—c2 ....

Weiß beabsichtigt die Diagonale b1—h7 zur Operationsbasis zu machen; gesünder und korrekter wäre aber 7. Lb3 z. B. 7..... d5 8. ed5, Sd5: 9. 0—0, 0—0 10. Se5:, Se5: 11. d4 usw. oder 9. 0—0, Lg4 10. h3, Lh5 11. Te1! nebst eventuell 12. g4 usw.

7. .... d7—d5

8. e4×d5 ...

In Betracht käme 8. De2 nebst Sd2—f1—g3 usw., um die Abschwächung des Damebauers zu vermeiden.

8.	Sf6×d5
9. h2—h3	0—0
10. 0—0	h7—h6

Dieser Zug ist überflüssig, sogar schädlich. 10. Lb6 sollte geschehen.

11. d3—d4	e5×d4
12. c3×d4	Lc5—b6
13. Sb1—c3	Sd5—b4
14. Lc2—b1	....

Den kostbaren Angriffsläufer darf Weiß nicht tauschen lassen; richtiger wäre aber, zuerst durch 14. Le4!, f5 15. Lb1 usw. die schwarze Königsstellung zu lockern, da diese Fortsetzung auch den Damebauer indirekt deckt, z.B. 14. Le4, f5 15. Lb1, Sd4:? 16. Sd4:, Dd4: (falls Ld4:, so folgt 17. Db3†) 17. Df3 nebst a3 und Td1.

14. .... Lc8—e6

Morphy vermeidet die sehr interessante und große Verwickelung, die sich aus dem Schlagen des Bauers d4 ergibt. Es lag ihm aber weniger an dem Gewinn eines Bauers als an der schnellen Entwickelung seiner Streitkräfte und Sicherung der Königsstellung. Der Läufer dürfte wirklich nicht schlagen, da nach 14. Lb1, Ld4: 15. Se2, Lb6 16. a3 usw. einer der beiden schwarzen Springer verloren ginge, — dagegen könnte Schwarz ohne Gefahr den preisgegebenen Bauer d4 mit dem Springer nehmen, z. B. 14. Lb1, Sd4: 15. Sd4:, Ld4:! (nicht Dd4: wegen 16. Df3, Le6! 17. a3, Sd5 18. Td1) 16. Df3, Le6 17. De4 (falls 17. Td1, so c5; falls aber 17. a3, so Sd5 18. De4, Sf6 usw.) Te8! 18. Td1 (falls 18. a3, so folgt f5 19. Df3, Sd5 20. Lf5:, Lf5: 21. Df5:, Sc3: usw.) c5 19. Dh7†, Kf8 20. Le3, Df6 21. Se4, De5 22. Ld4:, cd4 23. f4, Df4: 24. Dh8†, Ke7 25. Dg7:, Tg8 26. Dd4:, Tg2‡ usw.

15. a2—a3 Sb4—d5

16. Sc3—e2 . . . .

In Partie 207 geschieht an dieser Stelle 16. Le3. In Betracht käme 16. Sb5:, Sf6 17. Sc3 usw.

16. . . . . Sd5—f6

Schwarz begegnet der Drohung 17. Dc2.

17. Lc1—e3 Tf8—e8

Ein feiner gegen den d-Bauer gerichteter Vorbereitungszug.

18. Se2—g3 Le6—c4

19. Sg3—f5 . . . .

Weiß will um jeden Preis den Angriff festhalten. Der richtige Zug ist 19. Ld3! Fehlerhaft wäre dagegen Te1, da nach Ld4: 20. Sd4:, Sd4: 21. Ld4:, Te1‡ 22. De1:, Dd4: ein Bauer glatt verloren ginge.

19. . . . . Lc4×f1

20. Dd1×f1 . . . .

In 20. Kf1 liegt mehr Angriff.

20. . . . . Sc6—e7

Gegen Se4 spielt Weiß am besten Dd1! nebst Dg4 oder Sh6‡ (auf Sd6).

21. Sf3—h4 Se7×f5

22. Sh4×f5 Dd8—d7

23. Le3×h6 . . . .

Die einzige Chance, da gegen 23. Dc1, Se4 24. g4, Sg5! 25. Lg5:, hg5 26. Dg5:, Te1† 27. Kh2, g6 usw. entscheidet.

23. . . . . g7×h6

Hier hätte Ld4: in wenigen Zügen gewonnen, z. B. 23. . . . . Ld4: 24. Lg7? (etwas besser ist Lc1) Lb2: 25. Ta2, Lc3! usw.

24. Df1—c1 Lb6×d4

In Betracht käme 24. . . . . Sh7 25. Dh6:, f6 26. La2†, Kh8 27. Sh4, Tg8 28. Lg8:, Kg8: mit Gewinn.

25. Dc1×h6 . . . .

Minder gut wäre 25. Sh6‡ wegen Kf8 26. Lf5, Dd6 27. Dg5, Te5 usw.

25. . . . . Te8—e1†

26. Kg1—h2 Sf6—e4

27. Lb1×e4 Te1×e4

Schwarz vermeidet es, den Turm zu schlagen, da Weiß mit 28. Se7†, De7: 29. Lh7† usw. sofortiges Remis hätte oder sogar durch 28. Sd4:! einen siegreichen Angriff erlangen könnte.

28. Dh6—g5† Kg8—f8

29. Dg5—h6† Kf8—e8
30. Sf5×d4 Dd7—d6†

Falls Dd4:, so folgt 31. Dc6† nebst 32. Da8:; falls aber Td4:, so 31 Te1†, Kd8 32. Df8† und gewinnt.

31. Dh6×d6 c7×d6
32. Ta1—d1 Ke8—f8

Auf Kc8 folgt 33. Sf5.

33. Td1—d2 ....

Hierdurch stellt Weiß sein Spiel sicher; er hat nun, trotz des Qualitätsverlustes, vermöge seiner Bauernstärke auf dem Königsflügel begründete Aussicht auf Remisabschluß.

33. ... Ta8—e8
34. g2—g4 Te8—e5
35. f2—f3 Te4—e1
36. h3—h4 Te5—d5
37. Kh2—g3 a6—a5
38. h4—h5 Kf8—g8
39. Kg3—f2 Te1—e8
40. Kf2—g3 Te8—e7
41. Kg3—f4 Kg8—h7
42. Kf4—g3 Te7—e3
43. Kg3—f4 Te3—e8
44. Kf4—g3 Te8—e3

Remis.

Diese Partie dauerte 5 Stunden.

206

Spanische Partie

Paris, 22. Dezember 1858

Drittes Wettspiel

Morphy A. Anderssen

1. e2—e4 e7—e5
2. Sg1—f3 Sb8—c6
3. Lf1—b5 ....

Im Anzuge hat Morphy die spanische Partie nur in sicherer Erwartung einer schlechten Verteidigung oder nur deshalb angewendet, weil er — wie es in dieser Partie geschah — eine Neuerung versuchen wollte.

3. ... Sg8—f6
4. d2—d4 Sc6×d4

Besser wäre 4. ... e5×d4. In der Folge ist es lehrreich, zu beobachten, wie der deutsche Meister in eine in Deutschland gefundene analysierte Variante fällt. Um im Schach gewinnen zu können, genügt die starke Spielbegabung allein nicht; vielmehr ist ein fortwährendes Studium unerläßlich, um gegebenen Falles eingehend untersuchten theoretischen Forschungen erfolgreiche Neuerungen entgegenstellen zu können.

5. Sf3×d4 e5×d4
6. e4—e5 c7—c6
7. 0—0 c6×b5

In Betracht käme 7. ... Sd5! 8. Dd4:, Sc7 9. Lc4, d5 usw.

8. Lc1—g5 Lf8—e7

Schlecht wäre 8. ... h6 wegen 9. ef6, hg5 10. Te1†, Le7 11. Te7‡, Kf8 12. fg7† usw.

9. e5×f6 Le7×f6

Auf gf6 kann sich durch 10. Dd4:, Tg8 11. Lf4 usw. der Anziehende ebenfalls günstig stellen.

10. Tf1—e1† Ke8—f8
11. Lg5×f6 Dd8×f6
12. c2—c3 ....

Sehr gut ist hier 12. Sa3!, a6 13. De2, g6 14. Tad1, d5 15. Td3 usw., da dann die Türme schnell zur Tätigkeit gelangen. Morphy bemerkt in seiner Glossierung dieser Partie: „Up to this move the game coincides with one played by Lange in his ‚Schachpartien'; that distinguished master now played 12. Sa3, a6 13. De2, De6 14. Dd2, Db6 15. Db4†, d6 16. Sc4, Dc5 17. Sd6:, Db4: 18. Te8†."

12.	....	d7—d5
13.	c3×d4	Lc8—e6
14.	Sb1—c3	a7—a6
15.	Te1—e5	Ta8—d8
16.	Dd1—b3	Df6—e7
17.	Ta1—e1	g7—g5

Auch bei 17. .... g6 stünde Weiß überlegen.

18. Db3—d1 ....

Falls 18. Sd5:, so folgt Dd6!

18. .... De7—f6

19. Te1—e3 Th8—g8

Ein offenbares Versehen, statt dessen 19. .... Kg7 geschehen müßte.

20. Te5×e6 ....

und Schwarz gibt die Partie auf, da bei fe6 durch 21. Tf3 Damverlust folgt.

Diese Partie dauerte gegen 2 Stunden. Anderssen, durch den Ausgang dieser Partie abgeschreckt, wagt sich nicht mehr an e5, und um aus dem theoretischen Bereiche seines Gegners herauszukommen, wählt er in den folgenden Partien den minder günstigen Anfangszug: 1. .... d5. Zu seinem Unglücke aber saß der amerikanische Meister gerade hier fest im Sattel.

207

Spanische Partie

Paris, 22. Dezember 1858

Viertes Wettspiel

	A. Anderssen	Morphy
1.	e2—e4	e7—e5
2.	Sg1—f3	Sb8—c6
3.	Lf1—b5	a7—a6
4.	Lb5—a4	Sg8—f6
5.	d2—d3	Lf8—c5
6.	c2—c3	b7—b5
7.	La4—c2	d7—d5
8.	e4×d5	Sf6×d5
9.	h2—h3	0—0
10.	0—0	h7—h6
11.	d3—d4	e5×d4
12.	c3×d4	Lc5—b6
13.	Sb1—c3	Sd5—b4
14.	Lc2—b1	Lc8—e6

Siehe Anm. in Partie 205.

15. a2—a3 Sb4—d5

16. Lc1—e3 ....

Bis hierher war die Partie identisch mit dem zweiten Wettspiele. In Betracht kommt 16. Sb5: Sf6 17. Sc3 usw. — Der Läuferzug sichert den vereinzelten Damebauer und droht nun durch 17. Sb5:, ab5 18. Dc2 usw. einen Bauer zu gewinnen. — Schwarz begegnet diesem Plane durch den Springerrückzug.

16.	....	Sd5—f6
17.	Dd1—d2	Tf8—e8
18.	Tf1—d1	....

Das Opfer des Läufers wäre vorzeitig, z. B. 18. Lh6:, gh6 19. Dh6: 20. Sd4:, Sg5 21. Sf5! usw. In Betracht käme 18. Te1.

18. .... Le6—d5

Der scheinbare Tempogewinn 18. .... Lb3 wäre nicht gut wegen 19. Tc1!, Ld5 20. Sd5:, Dd5: 21. La2, Dd6 22. Tc6:, Dc6: 23. Se5! usw. Auf 18. .... Sa5 folgt 19. Lh6: usw.

19. Sf3—e5 Dd8—d6

Ohne die genauen Folgen ausgerechnet zu haben, vermied Morphy mit richtigem Positionsgefühl die Annahme des gebotenen Baueropfers (durch Se5: 20. de5, Te5). Die von ihm nachträglich gegebenen Varianten, in denen er die Ablehnung des Opfers begründen wollte, zeigen deutlich, daß ihm die genaue Ausrechnung in allen Einzelheiten — sogar bei den Analysen — nicht klar vorschweben konnte. — Die Varianten lauten:

a) 21. Lb6:, cb6 22. La2, De8 23. Sd5:, Sd5: 24. Ld5: (hier ließ er den stärkeren Zug 24. f4!, wodurch Weiß den Springer gewinnt, seiner Aufmerksamkeit entgehen) Td8, 25. Lf7†, Kf7: 26. Dd8: Te1† 27. Kh2, Dd8: 28. Td8:, Ta1: 29. Tb8, Ta2 30. Tb6:, Tb2: 31. Ta6:, Tf2: usw.;

b) 21. Lb6:, cb6 22. La2, De7 23. Ld5: Td8 24. Lf7†, Kf7: 25. Dd8:, Te1† 26. Kh2, Dd8: 27. Td8:, Ta1: 28. Td6, Tc1 29. Tb6:, Tc2 30. Ta6:, Tb2 31. Tb6 usw. mit gleichem Spiele. Diese zweite Variante ist gleichfalls zu verstärken, und Weiß könnte im 23. Zug durch 23. Sd5:, Sd5: 24. f4! in die verbesserte Variante a) einlenken, oder auch im 24. Zug anstatt durch Lh7† mit f4 fortfahren, da hierauf Schwarz die Qualität opfern muß. — Die dritte Variante c) 21. Lf4, Th5 22. g4, Sg4: 23. Sd5:, Dh4, in der Morphy für Schwarz ein erfolgreiches Angriffsspiel zu haben glaubte, hatte schon Lange durch 24. Sb6:, cb6! 25. Lg3 widerlegt, da Schwarz wegen der Matdrohung auf d8 den h-Bauer nicht schlagen kann. Lange hielt deshalb diese von ihm verbesserte Fortsetzung für die einfachste Rechtfertigung der unterlassenen Spielweise 19. .... Se5: 20. de5, Te5. Seine Behauptung ist insofern unrichtig, als Schwarz schon im ersten Zuge anders spielen kann und nach 21. Lf4 durch 21. Te8! (statt Th5) ein mindestens gleiches, wenn nicht besseres Spiel erlangen wird, z. B. 21. Lf4, Te8! 22. Sd5:, Sd5: 23. Dd5:, Te1† 24. Te1:!, Dd5: 25. Le4 Dd8 (besser als Dd4, da hierauf der Königsläufer recht unangenehm mitwirkt) 26. Tad1, Df8 27. La8:, Da8: usw.

Es ist mit Sicherheit anzunehmen, daß Morphy dank seiner außerordentlichen Schachbegabung die ermüdende, Geduld und Präzision erfordernde Mosaikarbeit bei der Ausrechnung der Kombinationen nicht nötig hatte, sondern sich vielmehr durch sein wunderbares, sozusagen unfehlbares Gefühl leiten ließ.

20. Dd2—c2 . . . .

Durch 20. Sd5:, Sd5: (falls Dd5:, so 21. La2) 21. Sc6: [schlecht wäre hier 21. Dc2 wegen Se3: 22. fe3, Se5: 23. de5, De5: 24. Dh7, Kf8 25. Lf5 (falls Td7, so De3‡ nebst Df4†) Le3‡ 26. Kh1 g6 usw.] Dc6: 23. Dd3 usw. erreicht Weiß eine gleiche Stellung.

In Betracht käme auch 20. Dd3, worauf Schwarz am besten Se7 entgegnet. Weniger gut wäre für Schwarz Tad8, da Weiß die obige Variante mit entscheidendem Tempogewinn herbeiführen könnte. (Lange empfiehlt nach Tad8 für Weiß 21. f4, welcher Zug jedoch an Lc4 scheitert.) Nach 20. Dd3 darf Schwarz ebensowenig auf d4 wie auf e5 schlagen, z. B. a) 20. Dd3, Sd4: 21. Ld4:, Ld4: 22. Dd4:, Te5: 23. f4, Th5 24. g4, Tg5 (falls Sg4: so 25. Sd5:, Th3: 26. Td3, Td3: 27. Dd3:, Dc5† 28. Kg2, Df2† 29. Kh3, Dh2† 30. Kg4:, f5† 31. Kf3 usw.) 25. Lf5!, c6 26. Df2 und Weiß gewinnt die Qualität.

b) 20. Dd3, Se5: 21. de5, Te5: 22. Lf4, Te1† 23. Te1:, Df4: 24. Sd5:, Df2‡ 25. Kh2, Sg4† (auf De1: folgt 26. Sf6‡, gf6 27. Dh7†, Kf8 28. La2, De5 29. Kh1, Dh5 30. Dh8† nebst 31. Da8:) 26. hg4, Dh4† 27. Dh3, De1: 28. Lh7† usw.

20. . . . . Sc6×d4
21. Le3×d4 Lb6×d4
22. Sc3×d5 . . . .

Anscheinend kräftig wäre der Angriff 22. Sg4, welcher das Feld h7 indirekt bedroht. Schwarz würde sich aber durch 22. . . . . c6 erfolgreich verteidigen können, z. B. 22. Sg4, c6 23. Sf6‡, Df6: 24. Dh7†, Kf8 25. Dh8†, Ke7 26. Sd5‡, cd5 27. Te1†, Kd6 28. Te8:, Df2‡ 29. Kh2, Df4† 30. Kh1, Df1† 31. Kh2, Lg1† 32. Kg3!, Df2† 33. Kg4, Dg2‡ 34. Kf4, g5† 35. Kf5, Df3‡.

22. . . . . Dd6×e5

Schwarz wählt den richtigen Gegenzug; verderblich wäre 22. . . . . Dd5: wegen 23. Sc6, Te4 24. Td4:, Td4: 25. Se7† usw.

23. Sd5×f6† De5×f6
24. Dc2—h7† Kg8—f8
25. Lb1—e4 Ta8—d8
26. Kg1—h1 . . . .

Auch nach 26. Tf1 behauptet Schwarz eine entscheidende Übermacht an Bauern, z. B. 26. Tf1, Lb2: 27. Tae1, g5 (g6 reicht ebenfalls aus) 28. f4, gf4 29. g3, Dg7 30. Df5 (auf 30. Dg7‡ folgt Kg7: nebst 31. La3: oder 31. Td4) Dg3‡ 31. Kh1, Td2 32. Dc5†, Kg8 33. Tg1, Th2‡.

26. . . . . Ld4×b2
27. Ta1—b1 . . . .

Bei 27. Te1 geht ein Offizier für Weiß verloren, z. B. 27. Te1, La1: 28. Dh8†, Ke7 29. Lc6†, Le5 30. Le8:, Te8: 31. Dh7, Kd8 32. De4, Te6 usw.

27. . . . . Td8×d1†
28. Tb1×d1 Df6×f2
29. Dh7—h8† Kf8—e7
30. Dh8—h7 . . . .

(S. Diagramm)

30. . . . . Lb2—e5

Die hiermit eingeleitete Kombination führt zwar zum Dametausche; von Morphy jedoch wäre es zu erwarten gewesen, daß er die Partie durch den energischeren Zug 30. Td8 entscheide, z. B. 30. . . . . Td8 a) 31. Ld5!, Td5: 32. Td5:, De1† 33. Kh2, Le5† 34. Te5:, De5‡ 35. Kh1, Da1†

Stellung nach dem 30. Zuge von Weiß

36. Kh2, Da3: 37. Dg7:, Dd6† 38. Kh1, b4 usw. b) 31. Ld3, Le5 32. De4!, Dg3 33. Kg1 (falls Db4†, so Ke8), Td4 34. De2, Dh2† 35. Kf2, Tf4† 36. Ke3, Dg3† 37. Kd2, Tf2 usw. c) falls Td8:, so Mat in vier, falls 31. Lf3, so Mat in fünf Zügen; falls endlich 31. Tb1, so Dg3 32. Df5, Le5 33. Kg1, Td2 34. Kf1, Ld4 und Schwarz gewinnt.

31. Le4—f3	Df2—g3
32. Kh1—g1	Dg3—g6
33. Dh7×g6	f7×g6
34. Lf3—b7	Te8—b8

Besser als a5, da dann Weiß nach 35. Tb1 starke Remischancen hat.

35. Lb7×a6	c7—c6
36. Kg1—f2	....

Bessere Aussicht auf Remis bot hier 36. Tb1 nebst ev. 37. a4.

36.	Le5—d6
37. Td1—d3	Ke7—d7

Durch La3: hätte Schwarz die ungleichen Läufer beseitigen können, z. B. 37. .... La3: 38. Ta3:, Ta8 39. Te3† (falls 39. Ke2, so Kd6 40. Kd2, Kc7 41. Kc3, Kb6 usw.), Kd7 40. Lb7, Ta7 41. Lc6†, Kc6: 42. Te6†, Kc5 43. Tg6:, Te7 usw. und Schwarz gewinnt.

38. Kf2—e2	....

Besser wäre es, durch 38. a4 die schwarzen Bauern zu trennen; nach dem Textzuge verliert Weiß den a-Bauer, und die zwei verbundenen schwarzen Bauern reichen trotz der ungleichfarbigen Läufer zum Gewinn aus.

38.	Tb8—a8

Sehr richtig gespielt, Kc7 hätte Weiß zu 39. a4 gezwungen.

39. La6—b7	Ta8×a3
40. Td3—d1	....

Bei 40. Ta3: erzielt Schwarz den Gewinn durch La3: 41. Kd3, Kc7 42. La6, Kb6 43. Lc8, c5 44. Le6, c4† 45. Kc2, Kc5 46. Lf7, g5 47. Lg6, b4 48. Kb1, b3 usw.

40.	Kd7—c7
41. Lb7—c8	....

Beim Abtausch der Türme gewinnen die schwarzen Freibauern.

41.	Ta3—a2†
42. Ke2—f3	Ld6—c5
43. Lc8—e6	Ta2—f2†
44. Kf3—g3	Tf2—f6
45. Td1—d7†	Kc7—b6
46. Le6—g4	Lc5—d6†
47. Kg3—h4	c6—c5
48. Lg4—f3	c5—c4
49. Td7×g7	Tf6—f4†
50. Lf3—g4	c4—c3
51. g2—g3	Tf4×g4†

Aufgegeben.

Diese unmittelbar nach der vorigen gespielte Partie dauerte gegen drei Stunden.

208

Unregelmäßige Eröffnung

Paris, 23. Dezember 1858

Fünftes Wettspiel

Morphy	A. Anderssen
1. e2—e4	d7—d5
2. e4×d5	Sg8—f6
3. d2—d4	....

Weiß kann den gewonnenen Bauer behaupten. Nach 3. c4, c6 4. dc6, Sc6:, oder 3. Lb5†, c6 (auch Ld7 4. Lc4, b5 5. Lb3, a5 usw. kommt in Betracht) 4. dc6, bc6 5. La4, e5, würde er aber ein bedrängtes Spiel haben. Steinitz spielte gewöhnlich 3. c4, c6 4. d4, cd5 5. c5 und brachte es meistens fertig, die Majorität der Bauern auf der Dameseite zum Gewinne der Partie auszunützen. — Um die Entwicklung der Streitkräfte schneller herbeizuführen, verzichtet Morphy auf das Behaupten des Bauers.

3.	Sf6×d5
4. c2—c4	Sd5—f6

Auf Sb4 antwortet Weiß am besten durch 5. a3. Fehlerhaft wäre es, mit 5. Da4† auf Figurgewinn zu spielen, z. B.: 5. Da4†, Sc6 6. d5, Lf5 7. Sa3 (falls 7. dc6, so Lc2!), b5 8. cb5 (auf 8. Db5: folgt Tb8 nebst e6 und Sd3†), Dd5: 9. bc6, De4† usw.

5. Sb1—c3	Lc8—f5
6. Sg1—f3	e7—e6
7. Lc1—e3	....

Stark in Betracht käme 7. Db3.

7.	Lf8—b4

Eine sichere und feste Stellung könnte Schwarz durch 7. ... c6 8. Le2, Dc7 9. 0—0, Ld6 usw. erlangen.

8. Dd1—b3	...

Noch stärker ist 8. Da4†, Sc6 9. Se5, Dd6 10. c5, Dd5 11. Lb5, Lc3‡ 12. bc3, Dg2: 13. 0—0—0 und gewinnt; oder 9. Se5, 0—0 10. Sc6:, Lc3‡ 11. bc3, bc6 12. Dc6:, Se4! 13. Tc1, Tb8 14. Da4, De7 15. Le2, Tb2 16. Lf3 usw. und Weiß hat einen Bauer mehr bei gutem Spiele.

8.	Lb4×c3†
9. b2×c3	Lf5—e4
10. Sf3—d2	Le4—c6
11. Lf1—d3	Sb8—d7

Nach Lg2:? 12. Tg1 entwickelt sich für Schwarz eine ungünstige Stellung, da der offenen Linien wegen die kurze wie die lange Rochade immer gefährlich ist.

12. Db3—c2	....

Es drohte Sc5 und Abtausch des wichtigen Angriffsläufers.

12.	h7—h6
13. 0—0	0—0
14. Ta1—e1	b7—b6
15. h2—h3	Dd8—c8

Ein verlorener Zug! Anderssen hatte die folgende Angriffswendung nicht erwartet.

16. Kg1—h2	Kg8—h8
17. Tf1—g1	Tf8—g8
18. g2—g4	g7—g5

Es ist sehr schwer, in dieser Stellung Züge zu finden, die das schwarze Spiel nicht verschlechtern, wie dies durch die Folge auch bewiesen wird.

19. f2—f4	Dc8—f8

20.	Tg1—g3	Ta8—d8

Schwarz versäumt hier die Gelegenheit zur Einleitung eines Gegenangriffes mit 20. .... Dd6! z. B. 21. fg5, h5 22. gf6 (falls 22. h4, so Sg4† 23. Kh3, Sdf6! 24. d5 [gf6 ist schlecht wegen Dg3†], Ld7), h4 23. Lf2, Sf6: 24. Te5, hg3† 25. Lg3:, Df8 26. Se4, Le4: 27. Lc4:, Dh6 28. Kg2!, Tad8 usw.

21.	Sd2—f3	Lc6 × f3
22.	Tg3 × f3	Df8—d6
23.	Kh2—g2	Sf6—h5

Ein inkorrektes Opfer, das nur bei unmittelbarer Annahme Vorteil bringen würde (24. gh5. gf4† usw.). — Richtiger wäre 23. ... c5.

24.	f4 × g5	h6 × g5
25.	g4 × h5	g5—g4
26.	h3 × g4	....

Energischer wäre 26. Tf7:, gh3† 27. Kh1, Tg2 28. Lf4, e5 (auf Dc6 folgt Le4) 29. Td7:, Dd7: 30. Le5†, Kg8 31. Tg1, Tg1† 32. Kg1., Dg4† 33. Kh2 usw.

26.	....	Tg8 × g4†
27.	Kg2—f1	f7—f5
28.	Dc2—f2	Sd7—e5
29.	d4 × e5	..

Besser war es, die Partie durch 29. Lf4 zu vereinfachen, z. B. 29. Lf4, Sd3: (falls Tf4:, so 30. Te5:) 30. Ld6:, Sf2: 31. Le5†, Kh7 32. Kf2: usw.

29.	....	Dd6 × d3†
30.	Df2—e2	Dd3—e4
31.	Le3—f2	De4—c6
32.	Te1—d1	Td8 × d1†
33.	De2 × d1	Dc6 × c4†
34.	Dd1—d3	....

De2 hätte schneller gewonnen, z. B. 34. De2, De2† 35. Ke2:, Ta4 36. Td3, Ta2† 37. Kf3, c5 38. Td7!, Tc2 39. Lh4, Tc3† 40. Kf4, Tc4† 41. Kg5, Tg4† 42. Kh6, Kg8! 43. Lg5 nebst 44. Kg6 usw.

34.	....	Dc4 × a2
35.	Tf3—g3	Da2—c4
36.	Dd3 × c4	Tg4 × c4
37.	Tg3—g6	Tc4—c6

Auch auf andere Züge ist die schwarze Partie verloren, z. B. Tc3: 38. Te6:, Th3 39. Tf6, Th5: 40. e6, Kg7 41. e7, Th8 42. Ld4 und gewinnt.

38.	c3—c4	a7—a5
39.	Kf1—e2	Tc6 × c4

Falls a4, so 40. Kd3 nebst Ld4.

40.	Tg6 × e6	Tc4—c2†
41.	Ke2—f3	a5—a4
42.	Te6—g6	....

Einfacher war 42. Te8†, Kg7 43. e6, Tc4 44. h6†, Kh7 45. Le3, Te4 46. Te7†, Kg8 (falls Kg6, so 47. Tg7†, Kf6 48. Lg5†, Ke6: 49. h7 usw.) 47. Lg5 usw.

42.	....	Tc2—c4
43.	Tg6—g1	a4—a3
44.	e5—e6	a3—a2
45.	Tg1—a1	Tc4—e4
46.	Ta1 × a2	Te4 × e6
47.	Kf3—f4	Te6—d6
48.	Kf4 × f5	Td6—d5†
49.	Kf5—g4	b6—b5
50.	Ta2—a8†	Kh8—h7
51.	Ta8—a7	Td5—d7
52.	Lf2—g3	Td7—g7†
53.	Kg4—h3	Aufgegeben.

Diese Partie dauerte vier bis fünf Stunden.

209

Dameturmbauer-Eröffnung

Paris, 24. Dezember 1858

Sechstes Wettspiel

A. Anderssen — Morphy

1. a2—a3 ....

Ein abwartender Eröffnungszug, der nach der modernen Theorie wenig Bedeutung hat. Wählt Weiß eine geschlossene Eröffnung, so entspricht d4 viel besser diesem Zwecke, um ein Damegambit oder Damebauerspiel einzuleiten.

1. ... e7—e5

Besser wäre 1. .... d5, da dadurch die sizilianische Verteidigung (im Anzuge) vermieden wird.

2. c2—c4 Sg8—f6
3. Sb1—c3 d7—d5
4. c4×d5 Sf6×d5
5. e2—e3 Lc8—e6
6. Sg1—f3 Lf8—d6

Der Läufer stünde besser auf e7.

7. Lf1—e2 ....

Durch 7. e4, Sc3: (falls Sf6, so 8. d4) 8. bc3 usw. könnte Weiß ein gutes offenes Spiel erlangen.

7. .... 0—0
8. d2—d4 Sd5×c3

Richtiger wäre hier ed4 9. ed4, Sc6 usw.

9. b2×c3 e5—e4
10. Sf3—d2 f7—f5
11. f2—f4 ....

Durch diesen Zug wird dem Schwarzen der Weg geebnet, durch g5 einen heftigen Königsflügel-Angriff einzuleiten. — Eine interessante Fortsetzung wäre 11. c4, Sd7 12. Lb2, Sf6 13. Dc2, c6 14. g4! usw.

11. .... g7—g5
12. Le2—c4 ....

Günstiger geht der Springer nach c4..

12. .... Le6×c4
13. Sd2×c4 g5×f4
14. e3×f4 Dd8—e8
15. 0—0 De8—c6
16. Dd1—b3 Dc6—d5
17. Ta1—b1 b7—b6
18. Db3—a2 c7—c6

Besser wäre Sd7; die Drohung 19. Tb5 pariert Schwarz einfach durch De6.

19. Da2—e2 Sb8—d7
20. Sc4—e3 Dd5—e6
21. c3—c4! ...

Man beachte, wie Weiß, langsam und sicher, Schritt um Schritt an Terrain gewinnt.

21. .... Sd7—f6
22. Tb1—b3 Kg8—f7

Der schwarze König beeilt sich dem drohenden Angriffe zu entgehen. Fehlerhaft wäre 22. .... b5 wegen 23. d5, cd5 24. cd5, Sd5: 25. Sd5:, Dd5: 26. Tg3†, Kf7 27. Td1, De6 28. Lb2 nebst 29. Dh5† bzw. 29. Tg7† usw.

23. Lc1—b2 Ta8—c8
24. Kg1—h1 Tf8—g8
25. d4—d5 c6×d5
26. c4×d5 De6—d7

Auf 26. ... . Sd5: folgt 27. Dh5† usw.

27. Se3—c4! Kf7—e7

Verderblich wäre 27. . . Sd5: wegen 28. Td1! (besser als Dh5†) Sf4: (falls Dc6, so 29. Dh5†, Ke6! 30. Dh6†, Tg6 31. Dh7:, Tcg8 32. Sd6:, Kd6: 33. Tc3! usw.) 29. Td6:, Se2: 30. Td7†, Ke8 31. Td2 usw.

Stellung nach dem 27. Zuge von Schwarz

28. Lb2×f6† ....

Bisher spielte Anderssen mit großer Energie und tiefem Positionsblicke, nun aber ermattet er und gibt den Gewinn, der durch Th3! zu erzwingen war, aus der Hand, z. B. 28. Th3, Tg7 (falls Tg6, so 29. Se5) 29. Th6, Tf7 (auf Tf8 gewinnt Weiß eine Figur durch 30. Se5 nebst 31. Sc6†) 30. Se5, Le5: 31. fe5, Sg4 (oder Sd5: 32. e6, Dc6 33. Dh5, Tff8 34. Th7†, Kd8 35. e7†, Se7: 36. Td1†, Sd5 37. Td5† usw.; endlich Sg8 32. Td6, Db7 33. Dh5, h6 34. e6, Kd6: 35. ef7, Se7 36. Dh6† usw.) 32. Dg4:, fg4 33. Tf7†, Kf7 34. e6† usw.

28.	Ke7×f6
29. De2—b2†	Kf6—f7
30. Tb3—h3	....

Auch hier trifft Weiß die richtige Fortsetzung nicht: nach 30. Dd4! könnte sich Schwarz kaum mehr verteidigen, z. B. 30. Dd4, Tc5! (falls Lc5, so 31. Dd1, Ke8 32. Se5, Dg7 33. Dh5†, Ke7 34. Tg3 usw. oder Tg7 31. Se5†, Le5: 32. fe5, Kg8 33. Td1 usw. und die weißen Mittelbauern entscheiden) 31. Th3, Tg7 32. Th6, Lc7 33. d6, Kg8 34. Td1, Ld8 35. Se5, Db5 36. Te6, h6 37. d7, De2 38. Dg1, Tc2 39. Te8†, Kh7 40. Td8:, Tg2: 41. Th8†, Kh8: 42. d8D† nebst Mat in drei Zügen.

30.	Tg8—g7
31. Db2—d4	Kf7—g8!
32. Th3—h6	Ld6—f8
33. d5—d6	Tg7—f7
34. Th6—h3	....

Weiß ist genötigt, den Turm zurückzuziehen, da auf 34. Se5, Db5 folgen kann.

34.	Dd7—a4
35. Tf1—c1	Tc8—c5

Schwarz hindert dadurch das Eindringen der weißen Dame über e5 und e6. Weniger ratsam wäre b5 wegen 36. d7! usw.

36. Th3—g3†	Lf8—g7
37. h2—h3	Kg8—h8

38. Tg3×g7 ....

Statt dieses unnötigen Qualitätsopfers könnte Weiß seine Dame einfach zurückziehen und auf Verwertung seines vorgerückten Freibauers spielen: 38. Dd2 I. De8 39. Se5, Le5: (falls Te5:, so 40. Tg7:, Kg7: 41. fe5, f4 42. Dd4) 40. Te5:, be5 (auf Lf4:

folgt 41. Dd4†) 41. fe5, De5: 42. Dg5, Tf8 43. d7, Dd4 44. De7 usw.

II. De6 39. Kh2, Td7 (falls Tf8, so 40. d7, Lf6 41. Se5, De6! 42. Td1, Td8 43. Dd6 usw.) 40. Se5, Tc1: (auf Le5: folgt 41. fe5, Tc1: 42. Dg5) 41. Se6:, Tc6. 42. Dd5 usw.

III. Tc4: 39. Tc4:, Dc4: 40. d7, Td7: 41. Dd7:, Dg8 42. Df5: usw.

IV. Lh6 39. Se5, Te5: 40. fe5! usw.

V. h6 39. Se5, Le5: 40. fe5, f4 41. e6, Tf6, d7 usw.

VI. e3 39. Te3:, Tc4: 40. Tc4:, Dc4: 41. d7, Df1† 42. Kh2. Td7: (falls Df4‡, so g3) 43. Dd7:, Df4‡ 44. Tg3, Dh6 45. Df5: usw.

In allen Fällen hätte Weiß die überlegene Stellung.

38. . . . Tf7 × g7

39. Tc1—c3 . .

Nach 39. Df6 hätte Weiß nicht verlieren können.

39. . . . e4—e3!

Dieses vermutlich von Anderssen vorher übersehene Bauernopfer gewinnt ein entscheidendes Tempo und rettet die Partie, welche bei jedem anderen Zuge verloren gewesen wäre, z. B. 39. . . . Tc8 40. Tg3, Tg8 41. Df6!, De8 (falls Dc4:, so 42. d7, Df1† 43. Kh2, Df4: 44. Dg7‡) 42. Tg7:! Tg7 43 Se5, Kg8! 44. Df5:, e3 45. d7, Dd8 (falls De7, so 46. Dd3; falls aber Td7:, so 46. Sd7:, e2 47. Sf6†) 46. De6†, Kf8 47. Dd6†, Kg8 (auf Te7 folgt 48. Df6†, Kg8 49. Se6) 48. Kg1, e2 49. Dd5†, Kf8 50. Kf2 und gewinnt — oder 39. . . . . Kg8 40. Tg3, Dd7 (falls Tg3., so d7) 41. Se5, Dd8 (auf Te5: folgt 42. Tg7‡ nebst fe5) 42. Tg7‡, Kg7· 43. d7, Kg8 44. Dd6, Te5: (erzwungen) 45. fe5, e3 46. De6† nebst 47. Df6† usw.

40. Tc3 × e3 . . . .

Eine Verrechnung; durch 40. Df6 oder auch mit 40. De3: war die Partie zu halten, z. B. 40. De3:, Tc4: (falls Tc8, so 41. Dd4, Tg8 42. Tg3, Dc8 43. Se5) 41. Tc4:, Dc4: 42. De8†, Dg8 43. d7, Td7: 44. Dd7: usw.

40. . . Tc5 × c4

41. Dd4—f6? . . .

Der Damezug ist jetzt ein offenbarer Fehler. 41. De5 bot noch einige Remischancen, z. B. 41. De5, Te4 (besser Dd7!) 42. Df6, Te8 43. Te7, Te7: 44 de7, De8 45. Df8†, Tg8 46. Df6† usw

41. . . . . Tc4—c1†

42. Kh1—h2 Da4 × f4†

nebst Mat im nächsten Zuge.

Die Partie dauerte an 8 Stunden.

210

Unregelmäßige Eröffnung

Paris, 25. Dezember 1858

Siebentes Wettspiel

	Morphy	A. Anderssen
1.	e2—e4	d7—d5
2.	e4 × d5	Dd8 × d5
3.	Sb1—c3	Dd5—a5
4.	d2—d4	. . . .

In Betracht käme auch 4. Sf3 nebst Le2 oder Lc4

4. . . . e7—e5

Dieser Zug ist nicht zu billigen, da sich ein offenes Spiel entwickelt, in welchem Weiß im Tempovorteile ist. Beliebter ist 4..... Sf6 5. Lc4!, Lg4 6. f3, Lh5 7. Se2, Sc6 usw.

5. d4×e5 Da5×e5†

6. Lf1—e2 Lf8—b4

7. Sg1—f3! ....

Der amerikanische Meister setzt die Partie energisch und aggressiv fort. Der defensive Zug 7. Ld2 ist weniger gut wegen Lg4.

7. .... Lb4×c3†

8. b2×c3 De5×c3†

9. Lc1—d2 Dc3—c5

10. Ta1—b1 ....

Schwarz hat einen Bauer gewonnen, dagegen entwickelte Weiß seine Figuren und hat die offenen Turmlinien und zwei Läufer — demgemäß einen auch theoretisch genügenden Ersatz.

10. .... Sb8—c6

11. 0—0 Sg8—f6

12. Ld2—f4 ....

Durch den Textzug gewinnt Weiß den Bauer zurück, verliert aber den Angriff. 12. Tb5, Dd6 13. Te1, 0—0 14. Dc1 scheint energischer zu sein.

12. .... 0—0

Schwarz trifft den besten Zug. Der Versuch, den Bauer zu halten, hätte das schwarze Spiel stark gefährdet, z. B. 12..... Sb4 (falls Dc7, so Te1) 13. De1, Sc2: 14. Lb5††, Kf8 15. Dd2, Lf5 16. Tac1, Sd5 17. La4, Sf4: 18. Lc2:, Lc2: 19. Tc2:, Dd6 20. Dd6†, cd6 21. Tb7: usw.

13. Lf4×c7 Sc6—d4!

14. Dd1×d4 Dc5×c7

15. Le2—d3! Lc8—g4

Eine unglückliche Idee. Besser wäre es, den Dameläufer nach b6 über b7 zu entwickeln, da dann Schwarz ein sehr gutes Spiel erhält.

16. Sf3—g5! ....

Nun droht 17. Se4 mit vernichtender Wirkung.

16. .... Tf8—d8

Auf diesen Zug ist die schwarze Partie — die mit Lh5 sehr gut zu halten war — rettungslos verloren. 16..... Lh5 17. Sh7:?, Sh7: 18. Lh7†, Kh7: 19. Dh4, g6 20. g4, Df4, oder 16..... Lh5 17. Se4, Sg4! 18. g3 (Sd6, Td8), Se5, oder 18. Sg3, b6 mit gutem Spiele.

17. Dd4—b4 Lg4—c8

Es drohte nicht nur Db7:, sondern auch Sh7.

18. Tf1—e1 a7—a5

Es ist gleichgültig, was Schwarz an dieser Stelle zieht. Auf h6 folgt 19. Te7, Ld7 (Td7: 20. Te8† und Mat in drei Zügen) 20. Sf7:, Sd5 21. Sh6†, gh6 22. Lc4, Dc6 23. Dc3, Dg6 24. Ld5†, Kf8 25. Da3 und gewinnt.

19. Db4—e7! Dc7×e7

Der Dametausch ist erzwungen, da auf Td7 Mat in zwei Zügen folgt; auf Ld7 aber 20. Df7†, Kh8 21. Se6 die Dame erobert.

20. Te1×e7 Sf6—d5

In dieser Stellung ist dies der schwächste Zug, nach welchem das Spiel in einigen Zügen erledigt wird. Durch 20. . . . . h6 konnte sich Schwarz noch sehr lange halten: 21. Sf7:, Kf8! 22. Tbe1!, Sd5 23. Te7—e5, Kf7: 24. Td5 mit günstigem Spiele.

21.	Ld3×h7†	Kg8—h8
22.	Te7×f7	Sd5—c3
23.	Tb1—e1	Sc3×a2
24.	Tf7—f4	Ta8—a6
25.	Lh7—d3	Aufgegeben.

Diese Partie dauerte etwas über zwei Stunden.

211
Dameturmbauer-Eröffnung

Paris, 25. Dezember 1858

Achtes Wettspiel

	A. Anderssen	Morphy
1.	a2—a3	. . . .

Wenn Weiß in die sizilianische Verteidigung (mit Tempogewinn) einlenken wollte, konnte er einfacher sofort 1. c4 spielen.

1.	. . . .	e7—e5
2.	c2—c4	Sg8—f6
3.	Sb1—c3	d7—d5
4.	c4×d5	Sf6×d5
5.	e2—e3	Lc8—e6
6.	Sg1—f3	Lf8—d6
7.	Lf1—e2	0—0
8.	d2—d4	Sd5×c3?
9.	b2×c3	e5—e4
10.	Sf3—d2	f7—f5
11.	f2—f4	. . . .

Bis hierher ist die Partie identisch mit Partie 209.

11.	. . . .	Dd8—h4†

Morphy scheint mit dem Zuge 11. . . . . g5, den er in dem sechsten Spiele versucht hatte, nicht zufrieden zu sein. — Der Textzug bezweckt nicht nur die Schwächung der Königsbauern, sondern dient auch zur Verhinderung der gegnerischen Rochade.

12.	g2—g3	Dh4—h3
13.	Le2—f1	Dh3—h6
14.	c3—c4	. . . .

Sehr stark ist 14. Sc4. —

14.	. . . .	c7—c6
15.	c4—c5	. . . .

Dieser die Position schwächende Zug ist nicht ratsam. In Betracht käme 15. h4, oder 15. Tb1.

15.	. . . .	Ld6—c7
16.	Lf1—c4	Sb8—d7
17.	0—0	b7—b5
18.	c5×b6	a7×b6
19.	Dd1—b3	Tf8—e8
20.	Lc1—b2	b6—b5

Dieses Vorgehen macht den c-Bauer rückständig und schwach; besser wäre 20. . . . . Dg6 nebst ev. 21. Df7.

21.	Lc4×e6	Dh6×e6
22.	Db3—c2	. . . .

Weiß vermeidet mit Recht den Tausch auf e6; anstatt aber die Dame mit Tempoverlust zurückzuziehen, sollte er den Tausch abwarten und Tfc1! spielen. — Z. B. 22. Tfc1, Db3: (falls Sb8, so 23. d5) 23. Sb3:, Ta6 (auf Sb8 folgt 24. d5, Lb6 25. Ld4, Ld4: 26. Sd4: usw.) 24. Sc5, Sc5: 25. Tc5: g6 26. Tac1 usw.

22.	. . . .	De6—d5
23.	Tf1—c1	. . . .

Richtiger wäre 23. a4; nach dem Textzuge kommt der Gegner zur Verdoppelung der Türme und gleicht das Spiel aus.

23. . . . . Ta8—a6

24. a3—a4 . . . .

Es gibt hier kaum etwas Besseres als diese Auflösung der Stellung.

24. . . . . Te8—a8

25. a4×b5 Dd5×b5

Besser wäre es, zuvor die Türme zu tauschen.

26. Dc2—c4† . . . .

Die Unterlassung des Turmtausches könnte Weiß jetzt durch 26. Ta6:, Ta6: 27. Dc4†, Dc4: 28. Tc4: usw. zur Verstärkung seines Angriffes ausnützen.

26. . . . . Db5×c4
27. Sd2×c4 Ta6×a1
28. Lb2×a1 Sd7—f6
29. La1—c3 Ta8—a2
30. Lc3—d2 Sf6—d5
31. Kg1—f1 Lc7—d8
32. Kf1—e1 Ld8—e7
33. Tc1—b1 h7—h6
34. Sc4—e5

Die scheinbar starke Wendung 34. Tb8†, Kh7 35. Tc8 wird durch Lb4 pariert.

Das folgende Endspiel ist höchst interessant und wird von beiden Seiten meisterhaft geführt.

34. . . . . c6—c5
35 d4×c5 . . . .

Falls 35. Tb5, so folgt Ta1† 36. Ke2, Ta2 (droht Sc3†) 37. Kd1, Ta1† 38. Kc2, Sb4† 39. Lb4:, cb4 40. Sc6, Lf8 41. Sb4:, Lb4: 42. Tb4:, Th1 usw.

35. . . . . Le7×c5
36. Tb1—b5 Sd5×e3!
37. Tb5×c5 Se3—g2†
38. Ke1—e2 . . . .

Bei 38. Kd1 erreicht Schwarz ebenfalls durch Vorrücken seines Königsbauers der Ausgleich.

38. . . . . e4—e3
39. Se5—f3 . . . .

Auch nach 39. Sc4, ed2 40. Tf5:, d1D† 41. Kd1:, Ta4 42. Sb2, Ta1† 43. Ke2, Th1 44. Kf2, Tb2: 45. Kg1, Se3 usw. ist die Partie nur Remis.

39. . . . g7—g6
40. Tc5—d5 Kg8—f7
41. Td5—d6 Kf7—g7
42. h2—h4 . . . .

Auf 42. Se5 folgt g5.

42. . . . . e3×d2
43. Td6×d2 Ta2—a4
44. Ke2—f2

Falls 44. Sd4, so Ta3 usw.

44. . . . . Sg2×f4
45. g3×f4 Ta4×f4
46. Td2—d4 Tf4×d4
47. Sf3×d4 Kg7—f6
48. Kf2—e3 g6—g5
49. h4—h5 Kf6—e5

Auf Bauernzüge käme Schwarz in Verlustgefahr.

50. Sd4—f3† Ke5—f6
51 Sf3—d4 Kf6—e5

Remis.

Diese Partie dauerte vier Stunden.

212

Sizilianische Eröffnung

Paris, 27. Dezember 1858

Neuntes Wettspiel

Morphy	A. Anderssen
1. e2—e4	c7—c5
2. Sg1—f3	Sb8—c6
3. d2—d4	c5×d4
4. Sf3×d4	e7—e6
5. Sd4—b5	d7—d6

Besser wäre hier 5. .... Sf6. Wegen der Eröffnung vgl. Partie 148, 153 und 166.

6 Lc1—f4	e6—e5
7. Lf4—e3	f7—f5

Anderssen, der diese Variante der sizilianischen Eröffnung mit Vorliebe anwendete, glaubte durch diesen neuen Zug die Verteidigung zu verstärken. Unglücklicherweise versuchte er seine Neuerung gegen Morphy, dessen erfinderisches Talent den schwachen Punkt der Verteidigung sofort fand und in kürzester Zeit über den Haufen zu rennen verstand. Die besseren Züge sind 7.... Le6 oder 7. ... a6, aber auch dabei behält Weiß das stärkere Spiel.

8. Sb1—c3 . .

Dieser Springerzug in Verbindung mit der nächsten Opferwendung macht jeden Befreiungsversuch unmöglich.

8. ... f5—f4

Auf 8. .... a6 spielt Weiß 9. Sd5 nebst 10. Lb6 und Sc7†. — Auch 8..... Sf6 hätte keine Wirkung, da hierauf Weiß nach 9. Lg5, a6 (falls Le7, so 10. Lf6:, gf6! 11. Dh5†, Kf8 12. Lc4, De8 13. Dh6‡) 10. Lf6:, gf6 11. Dh5†, Kd7 12. Df5†, Kc8 13. Dh5†, Kd7 14. Sa8 Bauernvorteil mit besserer Stellung erlangt. Als verhältnismäßig beste Entgegnung käme 8. .... Le6 in Betracht, aber auch dann hat Weiß in der Entwicklung einen mächtigen Vorsprung. Der gewählte Zug ist viel schwächer, kostet die Qualität und bietet dem Gegner Gelegenheit, in glänzendem Stile den Angriff weiterzuführen.

9. Sc3—d5	f4×e3
10. Sb5—c7†	Ke8—f7
11. Dd1—f3†	....

Einfacher und zum Gewinne ausreichend wäre 11. Sa8:, da auf ef2† 12. Kf2:, Dh4† 13. g3, De4: 14. Lg2 jedem nachhaltigen Gegenangriffe die Spitze abbricht.

11.	Sg8—f6
12. Lf1—c4	Sc6—d4

Anderssen trifft hier den einzigen Zug, der ihm noch einige Aussichten bietet; bei dem allzuflotten Spiele verfehlte er nach zwei späteren Zügen die richtige Fortsetzung und kam in eine verlorene Stellung. Durch die widerstandskräftige Spielweise des Gegners erschüttert und infolge seines groben Versehens verstimmt, verlor er die Lust an der Fortführung des Spieles und gab die Partie alsbald auf.

13. Sd5×f6† d6—d5

Schwarz will für alle Fälle das Feld d6 öffnen. Andere Züge haben sofortigen Verlust zur Folge, z. B. a) 13. . . Kg6 14. Dh5†, Kf6: 15. fe3! wie in der Partie; b) 13. . . . Le6 14. Le6‡, Se6: 16. fe3 usw. — c) 13 .. Ke7 14. Sfd5†, Kd7 15. Df7†, Le7 (falls Kc6, so 16. Sb4†)

16. fe3, Tf8 (auf Sc2‡ folgt 17. Kd2) 17. ed4, Tf7: 18. Lb5‡.

14. Lc4×d5† ....

14. .... Kf7—g6

Eine Verrechnung! Schwarz glaubte sich nach 15. Dh5†, Kf6: 16. Df7†, Kg5 mit dem König durchschlagen zu können und übersieht dabei, daß Weiß statt 17. Df7† zunächst durch fe3 die f-Linie für das entscheidende Eingreifen seines Königsturmes öffnen kann. Bei etwas genauerer Überlegung wäre Anderssen diese vernichtende Antwort keinesfalls entgangen, und das hätte schon genügt, um die Partie nicht zu verlieren.

In obiger Stellung hat Schwarz außer dem gewählten und dem ebenso schlechten 14. .... Le6? nur noch die Züge 14. .... Ke7 oder 14. .... Dd5: und beide genügen. Sehr interessant und verwickelt gestaltet sich das Spiel nach 14. .... Ke7. Zukertort versuchte es sogar in seiner eingehenden Erörterung der vorliegenden Partie den Gewinn für Schwarz durch sorgfältige Analysen nachzuweisen; es scheint jedoch, daß Weiß mindestens den Ausgleich herbeiführen kann, z. B. 14. .... Ke7 15. Dh5, gf6 16. Df7†, Kd6 17. Sa8:! (gegen 17. Se8† gewinnt Schwarz durch De8: 18. De8:, Sc2‡ 19. Kf1!, e2† 20. Kg1, Sa1: 21. Dd8†, Ld7 22. Df6‡, Kc5 23. h3! e1D† 24. Kh2, Dd2 25. Dh8:, Lh6 usw.) Sc2‡ (richtiger als sofort De7, worauf 18. 0—0—0 folgen könnte) 18. Ke2, De7 19. De7‡, Le7: 20. Tac1, Sd4† 21. Ke3:, Ld7 22. Tc7! (falls 22. Lb7:, so gewinnt Tb8 23. Ld5!, Tb2: 24. Sc7, Ld8 25. Sa6, f5! 26. Kd3, La5 27. Tc5, Td2† 28. Kc4, Tc2† 29. Kd3, Tc5:), Ta8: 23. Tb7:, Lc6 24. Lc6:, Sc6: 25. Tc1, Sd8 26. Td1†, Ke6 27. Tc7, Tb8 usw. Weiß steht eher etwas besser. Noch einfacher könnte Schwarz durch den naheliegenden Zug 14. .... Dd5: allen unmittelbaren Gefahren aus dem Wege gehen, z. B. 14. .... Dd5: 15. Sfd5‡ (falls 15. Dh5†, so g6 16. Sfd5, gh5 17. Sa8:!, Sc2‡ 18. Ke2, Sa1: 19. Ta1: usw.), Sf3‡ 16. gf3, ef2‡ 17. Kf2:, Lc5† 18. Ke2, Tb8 usw. und der Nachziehende steht mit zwei Läufern gegen zwei Springer nicht ungünstig.

15. Df3—h5† Kg6×f6

16. f2×e3 ....

Weiß vermeidet hier mit Recht nicht nur 16. Se8† (wegen De8: 17. De8:, Lb4‡), sondern auch den sofortigen Angriff 16. Df7†.

16. .... Sd4×c2‡

Hoffnungsmüdigkeit! Viel länger wäre die Partie zu halten durch 16. .... Dc7:, worauf Weiß am besten den Springer schlägt, z. B. 16. .... Dc7: 17. ed4, Ke7! (falls 17. .... Lb4†, so 18. c3, Lc3‡ 19. Ke2, Ke7 [auf g6 folgt 20. Dh6, Lg4 21. Kd3 usw.] 20. Tbf1, Kd8 21. Dg5†, De7 22. De7‡, Ke7:

23. Tf7† nebst bc3. — Auf 17. .... g6 folgt 18. Db4†, Kg7 19. 0—0 nebst Tf7† usw.) 18. 0—0—0 mit überwiegendem Angriffsspiele.

17. Ke1—e2 Aufgegeben.

Auf Sa1: entscheidet 18. Tf1†, Ke7 19. De5†, Kd7 20. Le6†, Kc6 21. Tc1†.

Diese Partie nahm kaum eine halbe Stunde in Anspruch.

213

Dameturmbauer-Eröffnung

Paris, 27. Dezember 1858

Zehntes Wettspiel

A. Anderssen	Morphy
1. a2—a3	e7—e5
2. c2—c4	Sg8—f6
3. Sb1—c3	d7—d5
4. c4×d5	Sf6×d5
5. e2—e3	Lc8—e6
6. Sg1—f3	Lf8—d6
7. Lf1—e2	0—0

Bis hierher ist die Partie identisch mit Nr. 209 und 211.

8. 0—0	Sd5×c3
9. b2×c3	f7—f5
10. d2—d4	e5—e4
11. Sf3—d2	Tf8—f6
12. f2—f4	Tf6—h6

Der Turm steht hier nicht gut und kann später nur mit entscheidendem Tempoverlust ins Spiel zurückkehren.

13. g2—g3 ....

Tf2 nebst 14. Sf1 hätte für Verteidigung und Gegenangriff bessere Dienste geleistet.

13.	Sb8—d7
14. Sd2—c4	....?

In Betracht käme auch 14. c4.

14. .... Le6×c4

Sonst nimmt der Springer auf e5 eine feste Stellung ein; durch den geschehenen Zug gelangt aber der Königsläufer auf die wichtigste Linie.

15. Le2×c4†	Kg8—h8
16. Ta1—a2	Dd8—e7
17. a3—a4	Sd7—f6
18. Dd1—b3	b7—b6
19. Lc4—e6	....

Um den Gegner zur Verteidigung des Bauers zu veranlassen, wodurch der Turm h6 abgesperrt wäre und die Diagonale des Dameläufers stark werden könnte.

19.	Ta8—c8
20. Le6—c4	....

Der 19. Zug erweist sich als Tempoverlust, der aber in einer geschlossenen Partie nicht von Bedeutung ist. 20. Lf5: wäre fehlerhaft wegen g6. — Besser als der Textzug wäre 20. d5.

20.	Sf6—g4
21. Ta2—g2	Tc8—b8
22. Lc4—e2	Sg4—f6
23. c3—c4	c7—c6
24. Lc1—b2	De7—f7

Es droht nun b5.

25. Db3—c2	Ld6—e7
26. Lb2—c3	Tb8—g8

Vorbereitung eines erfolglosen Angriffes.

27. Tf1—a1 g7—g5

Mit Rücksicht auf das durch den

Läufer c3 beherrschte Feld ist dies gewiß ein kühner Zug.

28. f4×g5 Tg8×g5
29. a4—a5 Le7—d6
30. a5×b6 a7×b6

31. Ta1—a8† ....

Anderssen, in sicherer Vorausberechnung des besseren Endspieles, vernachlässigt hier die folgende kräftigere Spielweise: 31. c5, bc5 (falls Lc7, so Ta7) 32. dc5, Lb8 [auf Lc5: folgt 33 Ta8†, Lf8! (Tg8? ist schlecht wegen Lc4!) 34. Lc4, Dg7 35. Db2, c5 36. Db8 usw.] 33. Ta8, Kg7 (auf Kg8 folgt 34. Lc5, Sd5 35. Ld6, Td6: 36. cd6, Se3: 37. Dc6: usw.) 34. Lc4, De7 (falls Db7, so 35. Da2) 35. Td2, Dc5: 36. Td7†, Kh8 (falls Kg8, so 37. Lf7†, Kg7 38. Lf6‡ usw.) 37. Lf6‡, Tf6: 38. Dc3, Tgg6 39. Tf7 und gewinnt.

31. .... Tg5—g8
32. Dc2—a4 Tg8×a8
33. Da4×a8† Df7—e8
34. Da8×e8† ....

Anstatt des Dametausches, welcher das Spiel zu sehr vereinfacht, wäre Db7 nachhaltiger.

34. .... Sf6×e8

35. c4—c5 Ld6—c7
36. Le2—c4! ....

In Betracht käme Tf2; die gewählte Fortsetzung ist aber viel feiner.

36. .... Kh8—g7!
37. c5×b6 ....

Dieser Abtausch erleichtert das schwarze Spiel, während d5† den Vorteil besser festgehalten hätte, z. B. 37. d5†, Kg6! (falls Sf6, so 38. d6, Ld8 39. Ta2, Kf8! 40. Ta8, Ke8 41 Lf6:, Tf6: 42. cb6: usw., oder falls Kf8, so 38. d6, Ld8, 39. Tf2, bc5 40. Tf5‡, Sf6 41. g4) 38. d6, Ld8 39. Ta2, bc5 40. d7, Sc7 (auf Sd6 folgt 41. Ta8, Sc4: 42. Td8: K ~ 43. Te8) 41. Ta7, Sb5 42. Ta8, Lg5 43. h4 usw.

37. .... Lc7×b6
38. Tg2—b2 Lb6—c7
39. Tb2—b7 Kg7—f6
40. Lc3—b4 Th6—g6

Der bisher untätige Turm beginnt wieder mitzuspielen.

41. Lb4—f8 h7—h5
42. Kg1—f2 h5—h4

Der einzige Weg, um die Figuren mobil zu machen, andere Züge retten die Partie auch nicht, z. B. Tg4 43. Ta7! (auch 43. Lh6, h4 44. Lf4, Lf4‡ 45. gf4, Tg7 46. Tb6, Tc7 47. d5 ist gut), h4 44. Ta6, hg3† 45. hg3, Lg3‡ (falls Tg3:, so 46. Tc6‡, Kg5 47. Le7†, Kg4 48. Tg6†, Kh3 49. Th6†, Kg4 50. Th4‡) 46. Kf1, Kg6 47. Sf6, Le7 48. Lh4, d5 usw.

43. g3×h4 Tg6—g4
44. h4—h5 Tg4—h4
45. h5—h6 Th4×h2†
46. Kf2—g1 Th2—h3
47. Lc4—f1 ....

Eine indirekte Verteidigung des

Königsbauers, da nach Te3: Weiß durch Vorrücken des Turmbauers gewinnt.

47. . . . . Th3—g3†
48. Kg1—f2 Tg3—g4
49. Lf1—c4 Tg4—h4
50. Lc4—g8 Lc7—d6
51. Lf8 × d6 Sc8 × d6
52. Tb7—d7 Sd6—e8

Falls Sc8, so folgt 53. Tf7†, Kg5 54. h7 usw.

53. h6—h7 Kf6—g5
54. Td7—e7 Se8—d6
55. Te7—e6 . . . .

Auf Tc7 hätte Schwarz Zeit für f4 und Sf5.

55. . . . Sd6—c4
56. Te6 × c6 Sc4—d2
57. Kf2—e2 Th4—h2†
58. Ke2—d1 . . . . .

58. . . . . Sd2—f3

Verlockend sieht hier Sf1 aus. Dadurch entstehen für Weiß jedoch noch größere Schwierigkeiten; z. B. Sf1 59. Tc3, f4 60. ef4†, Kf4: 61. d5, Ke5 (falls e3, so 62. d6, Sg3 63. Te3:, Ke3: 64. d7, Td2† 65. Kc1, Se2† 66. Kb1, Sc3† 67. Ka1) 62. Ke1!, Sd2 (auf Th1 folgt 63. Kf2, e3† 64. Kg2, e2 65. Kh1:, e1D 66. h8D†) 63. Tc6, Sf3† 64. Kd1, Sg5 (falls e3, so 65. Te6†, Kf4 66. d6 usw.) 65. d6, e3 66. Tc5†, Kd6:! 67. Tg5:, Ke7 68. Tg7†, Kf8 69. Ta7, Th3 70. Lc4, Th7 71. Tf7†, Ke8 72. Tg7 usw.

59. Tc6—c7 Kg5—g6
60. d4—d5 f5—f4

Der letzte Versuch!

61. e3 × f4 e4—e3
62. Tc7—e7 e3—e2†

Gewinnt die Qualität, rettet aber die Partie nicht mehr.

63. Te7 × e2 Th2—h1†
64. Kd1—c2 Sf3—d4†
65. Kc2—d2 Sd4 × e2
66. Kd2 × e2 . . . .

Anderssen gewinnt das nun entstehende Endspiel in musterhafter Weise.

66. . . . . Kg6—g7

Auf Kf5 könnte folgen 67. d6, Kf6 68. Ke3, Th3† (falls Kg7, so 69. Ke4) 69. Ke4, Th5 70. f5, Th1 71. Kd5, Kf5: 72. d7 usw.

67. Ke2—e3 Th1—e1†
68. Ke3—d4 Te1—f1
69. Kd4—e5 Tf1—e1†
70. Ke5—f5 Te1—d1
71. Lg8—e6 Td1—d4

Es ist leicht ersichtlich, daß der König den Bauer nicht schlagen darf, da nach 72. Kf6 die Bauern gewinnen.

72. Kf5—e5 Td4—d1
73. f4—f5 Td1—h1
74. f5—f6† Kg7 × h7

Falls Kf8, so folgt 75. d6, Te1† (Th7: 76. d7) 76. Kf5, Tf1† 77. Kg5, Tg1† 78. Lg4 usw.

75. Ke5—d6 Th1—a1
76. Kd6—e7 Ta1—a7†
77. Le6—d7 Aufgegeben.

214

Französische Eröffnung

Paris, 28. Dezember 1858

Elftes Wettspiel

Morphy	A. Anderssen
1. e2—e4	e7—e6

Morphy gegenüber schien die sizilianische Verteidigung nicht mehr ratsam.

2. d2—d4 g7—g6

Bei dem Königsfianchetto bleibt der Königsbauer besser auf e7, um später zwei Felder vorrücken zu können.

3. Lf1—d3 Lf8—g7
4. Lc1—e3 c7—c5
5. c2—c3 c5×d4
6. c3×d4 Sb8—c6
7. Sg1—e2 Sg8—e7
8. 0—0 0—0
9. Sb1—c3 d7—d5

Der Damebauer ginge richtiger nach d6.

10. e4—e5 f7—f6
11. f2—f4 f6×e5

Eine totale Verkennung der Position! Schwarz durfte die Hängestellung in der Mitte nicht auflösen, sondern durch 11. .... a6, 12. .... Ld7 nebst Tc8 usw. sich weiter entwickeln und den Dameturm zur Hilfe heranziehen.

12. f4×e5 a7—a6

Hier war aber der Turmtausch notwendig.

13. Dd1—d2 Sc6—b4
14. Le3—g5 Sb4×d3
15. Dd2×d3 Lc8—d7
16. Dd3—h3 Dd8—e8
17. Se2—g3 Ta8—c8

Schwarz verliert zuviel Zeit. 17.. Sf5 18. Sf5:, Tf5: 19. Tf5:, gf5 20. Tf1, Dg6 usw. war besser.

18. Tf1×f8† De8×f8
19. Ta1—f1 Df8—e8
20. Dh3—h4 Se7—f5

Zu spät! Weiß leitet nun einen kräftigen Angriff ein und führt ihn mit bekannter Meisterschaft durch.

21. Sg3×f5 g6×f5

22. Tf1—f3 Ld7—b5
23. Tf3—g3 Tc8—c7
24. Lg5—f6 f5—f4

Weiß drohte Dh6. Auf Kh8 wäre gefolgt 25. Dh6, Df8 26. Sb5:, ab5 27. Tg7:, Tg7: 28. Kf2, Df7 29. Ke3, Dg6 30. Dg6:, hg6, 31. Kd3, Kg8 32. Lg7:, Kg7: 33. Kc3 und gewinnt. Das Opfer verzögert den Untergang bloß auf für Zeit.

25. Dh4×f4 De8—f8
26. Sc3×b5 ....

Anderssen rechnet auf Dh6 und hofft, daß seine Position noch durch Ld3 zu halten sein könnte. Diese Kombination konnte Weiß getrost akzeptieren, da nach 26. Dh6, Ld3 27. Tg7†, Tg7: 28. Dg7†, Dg7:

29. Lg7:, Kg7: 30. Sa4! usw. ein für ihn gewonnenes Endspiel entsteht.

26.	....	a6×b5
27.	Df4—h6	Kg8—h8
28.	Tg3×g7	Tc7×g7
29.	Kg1—f2	....

Der Königszug gewinnt ein wichtiges Tempo.

29.	....	Kh8—g8
30.	Dh6×g7†	Df8×g7
31.	Lf6×g7	Kg8×g7
32.	g2—g4	b5—b4
33.	h2—h4	b7—b5
34.	Kf2—e3	b4—b3
35.	a2—a3	....

Energischer als ab3, da dann Schwarz nach b4 einige Remischancen hätte; Weiß vernichtete jedoch durch den richtigen Gegenzug die letzte Hoffnung seines Gegners. Anderssen gab jetzt die Partie und damit auch das Match auf.

Da Morphy einer Unpäßlichkeit halber das Hotel Breteuil, in welchem er wohnte, nicht verlassen durfte, wurde die Gelegenheit einer dort stattfindenden photographischen Gruppen-Aufnahme benutzt, die nachfolgenden sechs Partien zu erledigen. Die hierbei angewandte Spielweise muß den Umständen entsprechend als eine leichte bezeichnet werden. Jedenfalls aber wurde damit den anwesenden Kampfzeugen (St. Amant, Lequesne, Mortimer, Grandboulogne, A. de Rivière, Preti, Journoud, Edge usw.) ein Genuß bereitet.

215

Läufergambit

Paris, Ende Dezember 1858

	A. Anderssen	Morphy
1.	e2—e4	e7—e5
2.	f2—f4	e5×f4
3.	Lf1—c4	Sg8—f6

Diese Verteidigung genügt ebenfalls, um eine gleiche Stellung herbeizuführen.

4.	e4—e5	....

Besser wäre 4. Sc3, Lb4 5. Sf3!, 0—0 6. e5 usw.

4.	....	d7—d5
5.	Lc4—b3	Sf6—e4
6.	Sg1—f3	Lc8—g4
7.	0—0	Sb8—c6
8.	Lb3—a4	....

Der Bauer e5 ist anders nicht zu decken; auf 8. d4 antwortet Schwarz mit Sd4:, und falls 8. d3, so folgt Lc5† usw.

8.	....	g7—g5
9.	La4×c6†	b7×c6
10.	d2—d4	c6—c5
11.	c2—c3	Lf8—e7
12.	b2—b4	c5×b4
13.	c3×b4	0—0
14.	Dd1—b3	....

Eine Übereilung! Der richtige Zug war 14. De1, aber auch in diesem Falle ist die schwarze Partie vorzuziehen.

14.	....	Ta8—b8
15.	a2—a3	c7—c5

Morphy nutzt den schwachen 15. Zug energisch aus.

16.	Sb1—c3	Se4×c3
17.	Db3×c3	c5×b4
18.	a3×b4	Le7×b4

Schwarz ist im Mehrbesitze zweier

Bauern, und seine Läufer repräsentieren eine gewichtige Angriffswaffe.

19.	Dc3—d3	a7—a5
20.	h2—h4	h7—h6
21.	h4×g5	h6×g5
22.	g2—g3	....

Einem anderen Spieler gegenüber hätte Anderssen den Springer unbedingt geopfert. Sein Respekt vor Morphy reichte aber so weit, daß er wahrscheinlich der eigenen Kombination nicht traute und auf diese Weise die einzige Rettungschance verpaßte.

22.	....	Tb8—b6
23.	Ta1—a2	Tb6—g6
24.	Ta2—g2	....

Durch diese Verrechnung büßt Weiß noch die Qualität ein; das Spiel war übrigens ohnehin nicht zu retten.

24.	....	Lg4—h3
25.	e5—e6	Lh3×g2
26.	e6×f7†	Kg8—g7
27.	Kg1×g2	Dd8—c8
28.	Sf3—e5	Tg6—h6
29.	g3×f4	Tf8—h8
30.	f4×g5	Th6—h2†
31.	Kg2—g1	Th2—h1†
32.	Kg1—f2	Th8—h2†
33.	Kf2—e3	Th2—h3†
34.	Se5—f3	Th3×f3†

Mit diesem Zuge hatte Weiß nicht gerechnet.

35.	Tf1×f3	Dc8×c1†

Aufgegeben.

216

Springergambit

Paris, Ende Dezember 1858

	Morphy	A. Anderssen
1.	e2—e4	e7—e5
2.	f2—f4	e5×f4
3.	Sg1—f3	g7—g5
4.	h2—h4	g5—g4
5.	Sf3—e5	Sg8—f6
6.	Se5×g4	Sf6×e4
7.	d2—d3	Se4—g3
8.	Lc1×f4	....

Man vergleiche die Anmerkungen zu Partie 192.

8.	....	Sg3×h1
9.	Dd1—e2†	Dd8—e7
10.	Sg4—f6†	Ke8—d8
11.	Lf4×c7†	Kd8×c7
12.	Sf6—d5†	Kc7—d8
13.	Sd5×e7	Lf8×e7
14.	De2—g4	d7—d6
15.	Dg4—f4	Th8—g8
16.	Df4×f7	....

Diese Fortsetzung ist stärker als Sc3, worauf Schwarz mit Le6 antworten kann.

16.	....	Le7×h4†

In Betracht käme Tf8 17. Dh7:, Sg3 nebst Lf5 usw.

17.	Ke1—d2	Tg8—e8
18.	Sb1—a3	Sb8—a6

Der entscheidende Fehlzug, durch den eine Figur glatt verloren geht. Nach Sg3 19. Sb5, Le7 20. Dh7: (20. Sc7? ist schlecht wegen Sf1† nebst Tf8) usw. wäre das Spiel so ziemlich ausgeglichen.

19.	Df7—h5	Lh4—f6
20.	Dh5×h1	Lf6×b2
21.	Dh1—h4†	Kd8—d7

Falls Kc7, so folgt zunächst 22. Sb5† und dann 23. Tb1.

22.	Ta1—b1	Lb2×a3
23.	Dh4—a4†	Aufgegeben.

217

Springergambit

Paris, Ende Dezember 1858

A. Anderssen	Morphy
1. e2—e4	e7—e5
2. f2—f4	e5 × f4
3. Sg1—f3	g7—g5
4. h2—h4	g5—g4
5. Sf3—e5	Sg8—f6
6. Se5 × g4	d7—d5
7. Sg4 × f6†	Dd8 × f6
8. Sb1—c3	. . .

Wegen De2 vgl. Partie 219.

8.	Df6—g6

Empfehlenswerter scheint Dg7 zu sein mit der Folge 9. Df3, Ld6 10. Sd5:, Sc6 11. c3, Se5 usw. Unzureichend wäre dagegen nach 8. Sc3 das Schlagen auf e4, z. B. 9. Se4:, De6 10. De2, Sc6 11. c3, Ld7 (wenn Lg7, so 12. Sg5) 12. Sf6†, Kd8 13. De6:, Le6 14. d4, Lh6 15. Sh5 usw.

9. Dd1—f3	Lf8—d6
10. Lf1 - d3	. . . .

Der Läuferzug ist gekünstelt! Weiß hätte den Bauer einfach schlagen können, z. B. 10. Sd5:, Sc6! (falls Lg4?, so Dg4: nebst Sf6†) 11. Lb5 usw.

10.	Lc8—g4
11. Df3—f2	Sb8—d7
12. e4 × d5	f7—f5
13. Ld3—b5	. . . .

Dieser Zug in Verbindung mit dem nächsten fördert nur die Entwicklung des Gegners; übrigens hätten auch andere Züge das Endresultat kaum geändert.

13.	a7—a6
14. Lb5 × d7†	Ke8 × d7
15. d2—d3	Ta8—e8†
16. Ke1—f1	Th8—g8
17. Th1—h2	. . . .

Falls 17. Lf4:, so Lf4: 18. Df4:, Le2† usw.; falls aber 17. Ld2, so Lc5 18. Dc5:, Le2† 19. Ke1, Dg2: usw.

17.	f4—f3
18. g2—g3	Lg4—h5
19. Lc1—g5	h7—h6
20. Df2—a7	. . . .

Weiß darf den Läufer nicht zurückziehen, da auf Lf4 z. B. Te2 21. Se2:, fe2† 22. Ke1, Dg1† usw. entscheidet.

20.	h6 × g5
21. Sc3—a4	g5 × h4
22. Da7 × b7	h4 × g3
23. Sa4—b6†	Kd7—e7
24. Ta1—e1†	Ke7—f7

Aufgegeben.

218

Springergambit

Paris, Ende Dezember 1858

Morphy	A. Anderssen
1. e2—e4	e7—e5
2. f2—f4	e5 × f4
3. Sg1—f3	g7—g5
4. Lf1—c4	Lf8—g7
5. 0—0	d7—d6

Um sich gegen alle Eventualitäten des Springeropfers zu sichern, wäre hier h6 sehr angebracht.

6. c2—c3	Sb8—c6

7.	Dd1—b3	Dd8—e7
8.	d2—d4	Sg8—f6

Diese interessante Neuerung hat ein sehr lebhaftes Spiel zur Folge, ohne daß es jedoch möglich wäre, ein entscheidendes Ergebnis zu erzielen. Die Theorie empfiehlt h6 an dieser Stelle.

9.	Sf3 × g5	Sf6 × e4
10.	Lc4 × f7†	Ke8—d8
11.	Sg5 × e4	De7 × e4
12.	Lc1 × f4	....

(8. Diagramm)

12.	....	Lc8—h3

Ein sehr hübsches, aber inkorrektes Opfer, welches leicht zu widerlegen ist.

13.	g2 × h3	Sc6 × d4
14.	Sb1—d2	...

14. Lg5†, Kd7 15. Dd5 hätte noch einfacher gewonnen.

14.	...	Sd4—e2†

Stellung nach dem 12. Zuge von Weiß

Bei Sb3: behauptet Weiß seinen Vorteil durch 15. Se4:, Sa1: 16. Ta1:, Tf8 (falls h6, so 17. Lh5, Tf8 18. Lg3) 17. Lg5†, Kd7 18. Lh5 usw.

15.	Kg1—f2	De4 × f4†
16.	Kf2 × e2	Df4—g5
17.	Ta1—e1	Lg7—h6
18.	Db3—d5	Th8—e8†
19.	Ke2—d1	Aufgegeben.

219

Springergambit

Paris, Ende Dezember 1858

	A. Anderssen	Morphy
1.	e2—e4	e7—e5
2.	f2—f4	e5 × f4
3.	Sg1—f3	g7—g5
4.	h2—h4	g5—g4
5.	Sf3—e5	Sg8—f6
6.	Se5 × g4	d7—d5
7.	Sg4 × f6†	Dd8 × f6
8.	Dd1—e2	....

Dieser Zug ist viel nachhaltiger als der von **Anderssen** in der Partie 217 angewandte.

8.	....	Lf8—d6
9.	Sb1—c3	c7—c6
10.	d2—d4!	....

Weiß spielt diese Partie mit jugendlicher Frische, kräftig und elegant. Er scheut ein mehrmaliges Opfer nicht und dringt schließlich nach meisterhaft geführtem Figurenspiele durch.

10.	....	Df6 × d4
11.	Lc1—d2	Th8—g8
12.	e4 × d5†	Ke8—d8
13.	0—0—0	....

Im Interesse des Angriffes opfert Weiß die Qualität.

13.	....	Lc8—g4
14.	De2—e4	Dd4×e4
15.	Sc3×e4	Lg4×d1
16.	Se4×d6	Ld1—h5
17.	Ld2×f4	c6×d5
18.	Sd6×b7†	Kd8—e7
19.	Lf1—b5	Tg8×g2

Morphy unterschätzt die Kraft der feindlichen kleinen Offiziere. Bei genauerer Betrachtung wäre der bessere Verteidigungszug a6 seiner Aufmerksamkeit nicht entgangen. Nach dem Textzuge ist die schwarze Partie rettungslos verloren.

20.	Th1—e1†	Ke7—f6
21.	Te1—e8	Lh5—g6
22.	Sb7—d6	Sb8—c6

Das drohende Mat auf e5 muß gedeckt werden. Im Falle 22. .... Le4 entscheidet 23. Le5†, Kg6 24. Se4: nebst Tg8 nebst Tg2:.

In dieser genial durchgeführten Partie ist die wunderbare Fähigkeit Anderssens, die kleinen Offiziere zu verwerten, klar ersichtlich.

23.	Te8×a8	Tg2×c2†
24.	Kc1—d1	Sc6—d4
25.	Ta8—e8	Lg6—h5†
26.	Kd1—e1	Sd4—f3†
27.	Ke1—f1	Tc2×b2
28.	Lb5—e2	Tb2×a2
29.	Lf4—g5†	Sf3×g5
30.	h4×g5†	Kf6×g5
31.	Te8—e5†	Kg5—f6
32.	Te5×h5	Aufgegeben.

220

Springergambit

Paris, Ende Dezember 1858

	Morphy	A. Anderssen
1.	e2—e4	e7—e5
2.	f2—f4	e5×f4
3.	Sg1—f3	g7—g5
4.	Lf1—c4	Lf8—g7
5.	0—0	d7—d6
6.	c2—c3	Sb8—c6
7.	Dd1—b3	Dd8—e7

Falls Sa5, so folgt 8. Lf7†, Kf8 8. Da4 oder auch Dd5, da nach c6 10. Dg5:, Db6† 11. d4, Kf7:, Df4‡ usw. Weiß ein sehr gutes Spiel hat.

8.	d2—d4	a7—a6

Es sollte 8. .... h6 geschehen.

9.	Sf3×g5	....

Entscheidend! Weiß gewinnt die Figur zurück und behält bei besserer Stellung zwei Bauern mehr.

9.	....	De7×g5

10. Lc4×f7†	Ke8—d8
11. Lc1×f4	Dg5—e7
12. Lf7×g8	Lc8—g4
13. Sb1—d2	Kd8—d7
14. Lg8—d5	Sc6—d8
15. Ld5×b7	Sd8×b7
16. Db3×b7	a6—a5

Schwarz ist verloren; der Textzug gibt seinem Gegner Gelegenheit, eine elegante Wendung herbeizuführen.

17. Lf4×d6	Lg7×d4†
18. c3×d4	De7×d6
19. Tf1—f7†	Kd7—e6
20. Db7—b3†	Aufgegeben.

Freie Partien gegen französische Meister und Amateure

221

Evansgambit

Paris, Frühjahr 1859

Morphy	A. de Rivière
1. e2—e4	e7—e5
2. Sg1—f3	Sb8—c6
3. Lf1—c4	Lf8—c5
4. b2—b4	Lc5×b4
5. c2—c3	Lb4—c5
6. 0—0	d7—d6
7. d2—d4	e5×d4
8. c3×d4	Lc5—b6
9. d4—d5	Sc6—e7
10. e4—e5	Se7—g6
11. e5—e6	f7×e6
12. d5×e6	Sg8—e7

Siehe Partie 163.

13. Sf3—g5	0—0
14. Dd1—h5	h7—h6
15. Sg5—f7	Tf8×f7

Entschieden vorzuziehen wäre hier 15. .... De8. Das Qualitätsopfer ist inkorrekt.

16. e6×f7†	Kg8—h7
17. Lc4—d3	....

Zu leicht gespielt! Morphy rechnete gar nicht darauf, daß er noch Schwierigkeiten begegnen könnte, sonst hätte er richtig 17. Lg5, Df8 18. Sd2, Lf5 19. Tae1, Lc2 20. Sf3, d5 21. Le7:, Se7: 22. Ld5:, Sd5: (auf Lg6 folgt Le4) 23. Dd5:, Td8? 24. Dd8: usw. gewählt.

17.	Lc8—e6
18. Lc1—g5	Le6×f7
19. Tf1—e1	Kh7—g8
20. Lg5×e7	Sg6×e7
21. Dh5—g4	Dd8—f8
22. Sb1—c3	....

Ein grobes Versehen! In dieser Partie ist Morphy gar nicht zu erkennen.

22.	Lb6×f2†
23. Kg1—h1	....

Den Läufer darf Weiß nicht schlagen wegen 23. .... Lh5†

23.	Lf2×e1
24. Ta1×e1	d6—d5
25. Te1—f1	Ta8—d8
26. Sc3—b5	c7—c5
27. Dg4—g3	c5—c4
28. Ld3—c2	Se7—c6
29. Lc2—g6	Td8—d7
30. Lg6—f5	Td7—e7
31. Sb5—d6	Df8—b8
32. Lf5—c8	Sc6—d8

Es drohte 33. Sf7:, Tf7: 34. Le6 usw.

33. Lc8—f5	b7—b5
34. Lf5—g6	....

Ein hübscher Einfall, er rettet jedoch nicht mehr.

34. . . . . Lf7 × g6
35. Sd6—f5 Db8 × g3
36. Sf5 × e7† Kg8—h7
37. h2 × g3 d5—d4
38. Se7 × g6 Kh7 × g6
39. a2—a3 a7—a5
40. Kh1—g1 Sd8—c6
41. Tf1—f8 c4—c3

Die starken Freibauern gewinnen leicht.

42. Tf8—c8 Sc6—e5
43. Kg1—f2 Se5—c4
44. Kf2—e2 c3—c2
und gewinnt.

222

Spanische Partie

Paris, Frühjahr 1859

A. de Rivière — Morphy

1. e2—e4 e7—e5
2. Sg1—f3 Sb8—c6
3. Lf1—b5 a7—a6
4. Lb5—a4 Sg8—f6
5. Sb1—c3 Lf8—c5

In neuerer Zeit spielt man hier Lb4.

6. d2—d3 . . . .

Energischer wäre 6. Se5:, Se5: 7. d4, Ld6 8. f4, Sc6 9. e5, Lb4 . . . usw

6. . . . . h7—h6

Im Sinne der modernen Schule ist dieser Zug ein Tempoverlust.

7. Lc1—e3 Lc5 × e3
8. f2 × e3 d7—d6
9. 0—0 0—0
10. La4 × c6 . . . .

Ein verfehlter Abtausch! 10. De1 war am Platze.

10. . . . . b7 × c6
11. Dd1—e1 Lc8—e6
12. Sf3—h4 g7—g6
13. Ta1—d1 . . . .

Der Turm hat wenig Wirkung auf der Damelinie, da die schwarze Dame ohnehin nach e7 strebt. Natürlicher war es deshalb, durch 13. h3 nebst eventuellem 14. Tf3 und Df2 usw. den Angriff gegen den feindlichen König aufzunehmen.

13. . . . . Dd8—e7
14. d3—d4

Richtiger wäre 14. h3 und auf d5 15. Sf3. In diesem Falle würden die vereinzelten Bauern gute Dienste leisten und wären nicht schwach geworden, da die Königslinie durch den schwarzen Bauer e5 versperrt geblieben wäre.

14. . . . . Ta8—e8
15. h2—h3 Le6—c4
16. Tf1—f3 e5 × d4
17. Td1 × d4 . . . .

Der Bauer durfte nicht schlagen wegen Se4: 18. Te3, Ld5! nebst Kh7 und f5.

17. . . . . Lc4—b5

Konsequenter wäre es, durch Le6 und nachher Lc8 usw. die Bauernstellung kompakt zu erhalten, um alle Figuren gegen den schwachen Bauer e4 zu richten.

18. a2—a4 c6—c5
19. Td4—d2 Lb5—c6
20. Sc3—d5 Lc6 × d5

21. e4×d5 Sf6—e4
22. Td2—e2 Dc7—e5

Nach 22. . . . c4! hätte Schwarz den errungenen Positionsvorteil durch materiellen Gewinn vergrößern können, z. B. 22. . . . . c4! 23. Tf4, De5 24. Da5, Db2: (auch g5 ist stark) 25. Dc7:, Sc3 nebst 26. Sd5: usw.

23. c2—c4 Te8—b8
24. Tf3—f4 Tf8—e8
25. Sh4—f3 De5—g7
26. Sf3—d2 Se4×d2
27. De1×d2 Tb8—b3
28. Dd2—a5 f7—f5
29. Da5×a6 Tb3×b2
30. Te2×b2 Dg7×b2
31. Da6—c6 Te8×e3

Auch jetzt bot mehr Aussicht auf Gewinn 31. . . . Dc1† nebst De3:.

32. Dc6×c7 Te3—e1†
33. Kg1—h2 Db2—e5
34. Dc7—d8† Kg8—f7
35. Dd8—d7† Kf7—f6
36. Dd7—d8† De5—e7
37. Dd8—h8† De7—g7

Falls Kg5, so zunächst 38. Tf3.

38. Dh8—d8† usw.

Remis durch ewiges Schach

223

Evansgambit

Paris, Frühjahr 1859

Morphy — A. de Rivière

1. e2—e4 e7—e5
2. Sg1—f3 Sb8—c6
3. Lf1—c4 Lf8—c5
4. b2—b4 Lc5×b4
5. c2—c3 Lb4—c5
6. 0—0 d7—d6
7. d2—d4 e5×d4
8. c3×d4 Lc5—b6
9. d4—d5 Sc6—e7
10. e4—e5 d6×e5

Der Bauertausch ist unvorteilhaft, 10. . . . . Sh6 scheint noch am ratsamsten zu sein.

11. Sf3×e5 Sg8—f6
12. Lc4—b5† c7—c6
13. d5×c6 0—0

Schwarz behandelt die Eröffnung schlecht und kann materiellen Verlust nicht mehr verhindern.

14. Lc1—a3 Lb6×f2†
15. Kg1—h1 Dd8—b6
16. La3×e7 Db6×b5
17. Se5—f3 Sf6—e4
18. Sb1—d2 Lf2—c5
19. Le7×f8 Se4×d2
20. Dd1×d2 Lc5×f8
21. Dd2—d8

Stellung nach dem 21. Zuge von Weiß

Übereilung! Weiß erschwert sich unnötigerweise den Gewinn. 21. c7 hätte die schwarze Stellung schnell unhaltbar gemacht, z. B. 21. c7, Lf5 (falls h6, so folgt 22. Dd8 nebst 23. Tae1 und Se5) 22. Sd4!, Dd3 23. Dg5, Lc8! (drohte Dd8) 24. Dd5, Dg6 25. Tf2 nebst 26. Taf1 usw.

21. . . . . b7×c6
22. Sf3—g5 . . . .

In Betracht käme Tb1.

22. . . . . Lc8—h3
23. Dd8—d2 . . . .

Selbstverständlich nicht 23. Da8: wegen Lg2† 24. Kg2:, Dg5† nebst Remis durch ewiges Schach. Schwarz hat aber auch jetzt sehr gute Remischancen, und es wäre festzustellen, ob Weiß überhaupt gewinnen kann.

23. . . . . Lh3—f5
24. a2—a4 Db5—d3
25. Dd2—a2 Lf5—g6
26. Sg5×f7 Dd3—d5
27. Sf7—e5 Lg6—e4
28. Tf1—e1 Dd5×a2
29. Ta1×a2 und gewinnt.

224

Bauervorgabe

Paris, Frühjahr 1859

Vorgabe von Bauer und Zug

A. Devinck — Morphy

1. e2—e4 e7—e6
2. d2—d4 d7—d5
3. e4×d5 . . . .

Bei 3. Dh5†, g6 4. De5, Sf6 5. Lg5, Lg7 6. ed5, 0—0 usw. erlangt Schwarz einen Angriff.

3. . . . . e6×d5
4. c2—c4 Sg8—f6
5. Sb1—c3 Lf8—b4
6. Lf1—d3 Sb8—c6
7. a2—a3 Lb4×c3†
8. b2×c3 0—0
9. Sg1—e2 Lc8—e6
10. c4×d5 Le6×d5
11. 0—0 Sc6—a5
12. h2—h3 a7—a6
13. Se2—g3 g7—g6
14. Lc1—g5 Dd8—d7
15. Dd1—c2 b7—b5
16. Ta1—b1 Sa5—c4
17. Ld3×c4 Ld5×c4
18. Tf1—e1 Ta8—e8
19. Te1—e5 Te8×e5
20. d4×e5 Sf6—d5
21. Tb1—e1 Dd7—e6
22. Dc2—d2 Tf8—e8
23. Dd2—d4 Kg8—h8
24. Sg3—e4 Kh8—g8

Falls De5:, so 25. Sc5!

25. Se4—f6† . . . .

Nach diesem Zuge bleiben ungleiche Läufer übrig, wodurch dem Gegner eine Remischance geboten wird. Sehr stark stünde der Springer auf c5.

25.	. . . .	Sd5 × f6
26.	Lg5 × f6	Lc4—d5
27.	Dd4—h4	a6—a5
28.	Dh4—h6	De6—f7
29.	Te1—e3	c7—c5
30.	Te3—g3	Ld5—e4
31.	h3—h4	Te8—b8
32.	h4—h5	b5—b4
33.	c3 × b4	c5 × b4
34.	a3 × b4	a5 × b4
35.	h5 × g6	Le4 × g6
36.	Dh6—d2	b4—b3
37.	Dd2—b2	Df7—c4
38.	Tg3—c3	Dc4 × c3
39.	Db2 × c3	b3—b2
40.	Dc3—c4†	Lg6—f7
41.	Dc4—g4†	Lf7—g6
42.	Dg4—e6†	Lg6—f7

Remis durch ewiges Schach.

225

Evansgambit

Paris, Frühjahr 1859

	Morphy	Laroche
1.	e2—e4	e7—e5
2.	Sg1—f3	Sb8—c6
3.	Lf1—c4	Lf8—c5
4.	b2—b4	Lc5 × b4
5.	c2—c3	Lb4—a5
6.	d2—d4	Sg8—f6?

Ein entscheidender Eröffnungsfehler! — Schwarz mußte sich hier entweder mit ed4 in die sog. kompromittierte Verteidigung einlassen (Partie 105) oder am besten d6 spielen (Partie 12).

7. d4 × e5 Sf6—g4

Auf 7. . . . . Se4: folgt 8. Dd5 mit sofortigem Gewinn.

8.	Lc1—g5	f7—f6
9.	e5 × f6	Sg4 × f6

Etwas besser war 9. . . . . gf6.

10.	e4—e5	h7—h6
11.	e5 × f6	h6 × g5
12.	f6 × g7	Dd8—e7†
13.	Dd1—e2	Aufgegeben.

226

Französische Eröffnung

Paris, Frühjahr 1859

	Laroche	Morphy
1.	e2—e4	e7—e6

Die Schaffenskraft Morphys und sein mächtiges Talent beschränken sich nicht darauf, daß sie immerfort die längst abgedroschenen Spieleröffnungen ins Treffen führen. Seines Übergewichtes sicher sucht er kampffreudig die stärksten Verwicklungen, und abweichend von der heutigen

Spielweise, verschmäht er die Vereinfachung und bekämpft seinen wohlgerüsteten Gegner, ohne ihm die Verteidigungsmittel zu entziehen, ein Grund, weshalb er so häufig auf die durch seine Gegner gewählten Eröffnungen eingeht.

2.	f2—f4	....

Vorzuziehen wäre 2. d4.

2.	....	d7—d5
3.	e4—e5	c7—c5
4.	Sg1—f3	Sb8—c6
5.	c2—c4	....

Da 5. d4 nicht mehr angeht, scheint dies noch am ratsamsten zu sein.

5.	....	d5—d4
6.	d2—d3	Sg8—h6
7.	Lf1—e2	Lf8—e7
8.	Sb1—d2	0—0
9.	Sd2—e4	f7—f5
10.	Se4—g5	Sh6—f7
11.	Sg5×f7	....

In Betracht käme 11. h4, um auf Königsangriff zu spielen.

11.	....	Tf8×f7
12.	0—0	....

Statt zu rochieren, hätte Weiß auf Königsangriff spielen sollen.

12.	....	b7—b6
13.	Lc1—d2	Lc8—b7
14.	h2—h3	....

Schwarz kommt früher mit dem Bauernangriffe; es zeigt sich, daß der weiße König in der Mitte viel besser stünde als auf g1.

14.	....	h7—h6
15.	Sf3—h2	g7—g5
16.	Le2—f3	Tf7—g7
17.	a2—a3	Dd8—c7
18.	Dd1—e2	g5×f4
19.	Ld2×f4	Le7—g5

Nach diesem ausgezeichneten Zuge wird die weiße Stellung auf die Dauer unhaltbar.

20.	Lf4×g5	Tg7×g5
21.	Ta1—e1	Kg8—h7
22.	Kg1—h1	Ta8—g8
23.	Tf1—f2	Sc6—e7
24.	Lf3×b7	Dc7×b7
25.	De2—f3	Db7—c7
26.	g2—g4	Se7—g6
27.	Df3—e2	Sg6—h4
28.	Sh2—f3	Dc7—b7
29.	Kh1—h2	Sh4×f3†
30.	De2×f3	Db7×f3
31.	Tf2×f3	f5×g4
32.	Tf3—f6	Tg5—h5

Das folgende Turmendspiel führt Morphy sehr energisch durch.

33.	Tf6×e6	Th5×h3†
34.	Kh2—g2	Th3×d3
35.	Te1—f1	g4—g3
36.	Tf1—f6	Td3—d2†
37.	Kg2—g1	Td2—h2
38.	Tf6—f7†	....

Mit Rücksicht auf die folgende Fortsetzung wäre hier 38. Te7† usw. angezeigt.

38.	....	Tg8—g7
39.	Tf7×g7†	Kh7×g7
40.	Te6—f6	Th2—e2
41.	Tf6—f3	Te2—e3
42.	Tf3—f1	d4—d3
43.	Kg1—g2	d3—d2
44.	Tf1—d1	Te3—d3
45.	Kg2—f1	Kg7—f7
46.	Kf1—e2	Td3—d4
47.	Ke2—f3	Kf7—e6
48.	Kf3×g3	Ke6×e5
49.	Kg3—f3	Td4—d3†

und Schwarz gewinnt.

227

Französische Eröffnung

Paris, Frühjahr 1859

Vorgabe des Damespringers

	Morphy	A. Delannoy
1.	e2—e4	e7—e6
2.	f2—f4	d7—d5
3.	e4—e5	c7—c5
4.	Sg1—f3	Sb8—c6
5.	c2—c3	Dd8—b6
6.	Lf1—d3	....

Bei Springervorgabe kann die Verstellung des Damebauers anstandlos geschehen, da sich der Damelaufer nach b2 entwickelt.

6.	....	d5—d4
7.	Dd1—e2	Sg8—h6
8.	b2—b3	Lf8—e7
9.	Lc1—b2	Lc8—d7
10.	g2—g4	0—0

Nimmt Schwarz den Bauer g4, so erhält Weiß eine günstige Angriffslinie für den Turm. Die kurze Rochade ist aber direkt verderblich; denn abgesehen von dem Bauernangriffe, hätten schon die bedrohlichen Läuferstellungen Schwarz von derselben abschrecken müssen.

11.	h2—h3	Db6—d8
12.	0—0—0	Kg8—h8
13.	Ld3—c2	Sc6—b8
14.	c3×d4	Ld7—c6
15.	f4—f5	e6×f5
16.	g4×f5	c5×d4
17.	f5—f6	....

Eine bessere Angriffstellung kann man sich nicht wünschen.

17.	....	d4—d3
18.	f6×g7†	Kh8×g7
19.	Th1—g1†	Kg7—h8
20.	Lc2×d3	Lc6×f3
21.	De2×f3	Dd8—c8†
22.	Kc1—b1	Dc8—e6
23.	Df3—e4	Sh6—f5

Schwarz ist verloren, auf f5 könnte folgen 24. ef6, De4: 25. f7† nebst Mat in zwei Zügen.

24	Ld3—c4	....

Der Angriff des Läufers führt schneller zum Ziele, als 24. Df5:.

24.	....	De6—c8
25.	Lc4×f7	Tf8×f7

Falls Dd8, so 26. e6†, Lf6 27. e7, De7: 28. De7: nebst Mat.

26.	e5—e6†	Tf7—f6
27.	De4×f5	Dc8—f8
28.	Td1—f1	Sb8—c6
29	Df5×f6†	Le7×f6
30.	Tf1×f6	Df8—g7

Weiß setzt in drei Zügen Mat.

Wettkampf mit Augustus Mongredien

Mit dem glänzenden Siege über den weltberühmten Meister Anderssen hatte der amerikanische Schachheros den Gipfel des Schachruhms erstiegen. Inmitten der allgemeinen Anerkennung konnte er mit Stolz und Befriedigung auf die Resultate einer aufregenden und mühevollen Periode der Kämpfe zurückblicken und auf der für andere unzugänglichen Höhe dem ruhmgekrönten Genius Ruhe gönnen.

Höher vermochte er nicht mehr zu steigen; ein weiteres Kämpfen wäre daher überflüssig gewesen. — Daß er kleinere Gefahren, mittelmäßigen Widerstand spielend niederzuringen verstand, bewies er sowohl in leichteren Partien als in dem Match, das er als Zugabe zu seinen ernsten Kämpfen mit dem verdienstvollen Präsidenten des Londoner Schachklubs, Augustus Mongredien, der nach Paris herübergekommen war, austrug, in welchem er letzteren nach der ersten Remispartie siebenmal nacheinander besiegte. — Dieses Match bildet zugleich seinen Abschied von ernsteren Kämpfen. In späteren Jahren ließ er seine phänomenale Begabung zumeist nur in Vorgabepartien erglänzen.

228

Läuferspiel

Paris, 26. Februar 1859

Erstes Wettspiel

	A. Mongredien	Morphy
1.	e2—e4	e7—e5
2.	Lf1—c4	Lf8—c5

Natürlicher wäre Sc6! oder auch Sf6.

3.	b2—b4	Lc5 × b4
4.	f2—f4	d7—d5
5.	e4 × d5	e5—e4
6.	Sg1—e2	Sg8—f6
7.	c2—c3	. . . .

Mac Donnel, dessen Namen die Eröffnung trägt, versuchte hier 7. 0—0 und 8. Sbc3, blieb aber schließlich im Nachteile.

7.	. . . .	Lb4—c5
8.	d2—d4	e4 × d3
9.	Dd1 × d3	0—0
10.	Lc1—a3	Lc5 × a3
11.	Sb1 × a3	Lc8—g4
12.	0—0	Lg4 × e2
13.	Dd3 × e2	Sf6 × d5
14.	De2—f3	c7—c6
15.	Ta1—b1	Dd8—e7

Da5! hätte die Partie gewonnen.

16.	Lc4 × d5	c6 × d5
17.	c3—c4	. . . .

Diesen Zug hat Schwarz kaum erwartet.

17.	. . . .	d5 × c4
18.	Tb1 × b7	Sb8—d7

19. Kg1—h1	Tf8—e8	23. Df3—b3	De6×b3
20. Sa3×c4	De7—e6	24. a2×b3	Ta8—b8
21. Sc4—e5	Sd7×e5	25. Tb7×a7	Tb8×b3
22. f4×e5	Te8—f8	Als Remis abgebrochen.	

229

Evansgambit

Paris, Februar 1859

Zweites Wettspiel

Morphy	A. Mongredien
1. e2—e4	e7—e5
2. Sg1—f3	Sb8—c6
3. Lf1—c4	Lf8—c5
4. b2—b4	Lc5×b4
5. c2—c3	Lb4—c5
6. 0—0	d7—d6
7. d2—d4	e5×d4
8. c3×d4	Lc5—b6
9. Lc1—b2	Sg8—f6

Siehe Partie 193 und 198.

10. Sb1—d2	0—0
11. d4—d5	Sc6—e5

Vorzuziehen wäre 11. .... Sa5 nebst c5; der geschehene Zug gibt das Bauerplus auf.

12. Sf3×e5	d6×e5
13. Lb2×e5	Tf8—e8
14. Le5×f6	Dd8×f6
15. Kg1—h1	Lb6—a5

Ein allzu grobes Versehen! Der richtige Zug wäre Ld7 gewesen.

16. Dd1—a4	b7—b5
17. Da4×b5	Lc8—a6

Offizierverlust ist unvermeidlich, Schwarz sollte aufgeben.

18. Db5×a5	La6×c4
19. Sd2×c4	Te8×e4
20. Da5×c7	Ta8—e8
21. Sc4—d6	Df6×a1
22. Dc7×f7†	Kg8—h8
23. Df7×e8†	Te4×e8
24. Tf1×a1 und gewinnt.	

230

Holländische Partie

Paris, Februar 1859

Drittes Wettspiel

A. Mongredien	Morphy
1. d2—d4	e7—e6
2. c2—c4	f7—f5
3. f2—f4	....

Durch diesen Zug wird der e3-Bauer rückständig und der Punkt e4 für feindliche Offiziere leicht zugänglich.

3.	Sg8—f6
4. a2—a3	a7—a5
5. Sb1—c3	b7—b6
6. Sg1—f3	Lc8—b7

7. e2—e3 Lf8—e7
8. Lf1—e2 0—0
9. 0—0 h7—h6
10. b2—b3 d7—d6
11. Lc1—b2 Sb8—d7
12. Ta1—c1 Kg8—h7
13. Le2—d3 . . . .

Tempoverlust! Konsequenter und besser wäre es, durch Sd2 nebst ev. Lf3 das Vorrücken des rückständigen Königsbauers vorzubereiten.

13. . . . . g7—g6
14. h2—h3 Dd8—e8
15. Dd1—e1 Sf6—e4

Um e4 zu verhindern.

16. Ld3 × e4 . . . .

Geschähe 16. d5, so würde Lf6! die geeignete Antwort sein.

16. . . . . f5 × e4
17. Sf3—d2 Sd7—f6
18. Kg1—h2 De8—d7
19. Tf1—g1 d6—d5
20. Tc1—c2 g6—g5
21. Sd2—f1 g5 × f4
22. e3 × f4 Le7—d6
23. g2—g3 c7—c6
24. Sf1—e3 Tf8—g8
25. Tc2—g2 Ta8—f8
26. Se3—e2 Lb7—c8
27. g3—g4 Dd7—c7
28. Tg2—f2 Sf6—e8
29. De1—f1 Tf8—f7
30. Kh2—h1 Tg8—f8
31. Se3—g2 Lc8—a6
32. Df1—c1 Dc7—e7
33. Se2—g3 Se8—g7
34. Tg1—e1 c6—c5
35. Sg3—e2 La6—b7
36. c4 × d5 e6 × d5
37. f4—f5 Sg7—e6
38. Sg2—f4 Se6 × f4
39. Se2 × f4 Tf8—c8

Diese Partie zeigt, dass Morphy seinen Gegner unterschätzte. Die bisherige langwierige Spielführung war ohne Tiefe auf kleinere Fallen berechnet. Hierdurch wurde der Weiße, beinahe ohne etwas dazu getan zu haben, auf dem rechten Flügel übermächtig und drohte die Stellung des feindlichen Königs energisch anzugreifen.

40. Dc1—e3 c5 × d4

Die einzige Chance!

41. Lb2 × d4 Ld6 × a3
42. Ld4 × b6 . . . .

Mit diesem Fehlzuge hatte Morphy gerechnet. Der richtige Zug 42. Se6, Tg8! 43. Tg1 usw. hätte ihn ins Gedränge gebracht.

42. . . . . La3—b4
43. Te1—d1 . . . .

Auf Te1 gewinnt Tc1: 44. Dc1: d4! usw.

43. . . . . Tc8—c3

Schwarz nützt den Fehler des Gegners energisch aus.

44. De3—d4 De7—h4
45. Td1—g1 Tf7—g7
46. Dd4—e5 Tg7—e7
47. De5—d4 Lb4—d6!
48. Dd4×c3 d5—d4
49. Dc3×d4 Ld6×f4
50. Kh1—g2 e4—e3†
und Schwarz gewinnt

231

Zweispringerspiel im Nachzug

Paris, Februar 1859

Viertes Wettspiel

Morphy A. Mongredien

1. e2—e4 e7—e5
2. Sg1—f3 Sb8—c6
3. Lf1—c4 Sg8—f6
4. Sf3—g5 d7—d5
5. e4×d5 Sc6—a5
6. d2–d3 h7—h6

In Betracht käme Ld6! Der auf g5 stehende weiße Springer hat keinen Wirkungskreis, daher ist es unnötig, ihn zu verdrängen.

7. Sg5—f3 Lc8—g4

Dieser Zug ist nicht empfehlenswert. Gewöhnlich geschieht hier e4. (Siehe Partie 83 und 261.)

8. h2—h3 Lg4×f3
9. Dd1×f3 Lf8—d6

Auf e4 folgt 10. De2 mit besserem Spiele.

10. Lc4—b5† c7–c6
11. d5×c6 b7×c6
12. Lb5×c6† Sa5×c6
13. Df3×c6† Ke8—e7
14. Sb1—c3 Ta8—c8
15. Dc6—f3 Th8—e8
16. 0—0 Ke7–f8
17. Lc1—d2 g7—g5
18. h3—h4 ....

Damit ist das Schicksal der Partie entschieden. Der Sieg ist nur noch eine Frage der Zeit.

18. .... Sf6—h7
19. Df3—f5 Kf8—g7
20. h4×g5 h6×g5
21. g2—g3 f7–f6
22. Kg1—g2 Te8—h8
23. Tf1—h1 Tc8—c7
24. Th1—h2 Dd8—c8
25. Df5×c8 Th8×c8
26. Ta1—h1 Sh7—f8
27. Sc3—b5 Tc7—d7
28. Sb5×d6 Td7×d6
29. Ld2—b4 und gewinnt.

232

Läufergambit

Paris, März 1859

Fünftes Wettspiel

A. Mongredien Morphy

1. e2—e4 e7—e5
2. f2—f4 e5×f4
3. Lf1—c4 d7–d5

3. .... f5 ist ebenfalls genügend. Der Textzug stammt von Zuker-

tort her, der die Eröffnung eingehend analysierte.

4.	Lc4 × d5	Sg8—f6
5.	d2—d3	. . . .

Richtiger wäre Df3! oder Sc3.

5.	. . . .	Sf6 × d5
6.	e4 × d5	Dd8 × d5
7.	Dd1—e2†	Lc8—e6
8.	Lc1 × f4	Sb8—c6
9.	Sg1—f3	0—0—0
10.	Sb1—c3	Lf8—b4
11.	0—0	Dd5—h5
12.	a2—a3	. . . .

Hier mußte unbedingt Se5 folgen.

12.	. . . .	Lb4—c5†
13.	Kg1—h1	Le6—g4
14.	De2—d2	Th8—e8
15.	Ta1—e1	. .

Mongredien trachtet, eine Vereinfachung der Stellung herbeizuführen.

15.	. . . .	Lg4 × f3
16.	Tf1 × f3	Te8 × e1†
17.	Dd2 × e1	Sc6—d4
18.	Tf3—f1	Sd4 × c2
19.	De1—c1	Sc2—d4
20.	b2—b4	. . . .

Durch diesen schwachen Zug verschwindet für Weiß die letzte Hoffnung auf Remis. Besser war 20. Lc7:, Kc7: 21. Se4, b6 22. b4, Se2 23. Dc4, Td5 24. bc, bc 26. Da6 usw.

20.	. . . .	Lc5—d6
21.	Lf4 × d6	Td8 × d6
22.	Dc1—e3	Sd4—f5
23.	De3—f3	Dh5 × f3
24.	Tf1 × f3	Td6—c6
25.	Sc3—e2	Sf5—d4

Elegant und rasch entscheidend.

26.	Tf3—e3	Sd4 × e2

Aufgegeben.

233

Unregelmäßiges Springerspiel

Paris, März 1859

Sechstes Wettspiel

	Morphy	A. Mongredien
1.	e2—e4	e7—e5
2.	Sg1—f3	d7—d5
3.	e4 × d5	e5—e4
4.	Dd1—e2	Dd8—e7

(f5 oder Le7 siehe Partie 85 u. 86.)

5.	Sf3—d4	De7—e5

Tempoverlust; besser wäre Sf6.

6.	Sd4—b5	Lf8—d6
7.	d2—d4	De5—e7
8.	c2—c4	Ld6—b4†
9.	Lc1—d2	Lb4 × d2†
10.	Sb1 × d2	a7—a6
11.	Sb5—c3	

Durch d6, wie Lange empfiehlt, würde Weiß seinen Eröffnungsvorteil aus der Hand geben. Z. B. 11. d6, cd6 12. Se4:, ab5 13. Sd6†, Kf8! (Lange erwähnt nur Kd8 und Kd7 und führt aus, daß Weiß im Falle Kd8 durch 14. De7†, Se7: 15. Sf7†, ebenso bei Kd7 durch 14. c5, De2† 15. Le2:, Se7 16. Lb5†, Kc7! 17. Sf7:; vier Bauern gegen den geopferten Springer erlangt.) 14. Sc8:, Dc7 usw. und Schwarz bekommt bald die Oberhand. Bei der gewählten Fortsetzung hat Schwarz gar keine Chancen; sie ist also die natürlichste und stärkste.

11.	....	f7—f5
12.	0—0—0	Sg8—f6
13.	Td1—e1	0—0
14.	f2—f3	b7—b5
15.	f3×e4	f5×e4
16.	Sd2×e4	b5×c4
17.	De2×c4	Kg8—h8
18.	Lf1—d3	Lc8—b7

(S. Diagramm)

19.	Se4×f6	De7×f6
20.	Th1—f1	Df6—d8

Morphy führt den Angriff klassisch. Bemerkenswert ist es, wie vortrefflich er seine schweren Offiziere verwertet.

Stellung nach dem 18. Zuge von Schwarz

21.	Tf1×f8†	Dd8×f8
22.	Dc4—b4 und gewinnt.	

234

Evansgambit

Paris, März 1859

Siebentes Wettspiel

	A. Mongredien	Morphy
1.	e2—e4	e7—e5
2.	Sg1—f3	Sb8—c6
3.	Lf1—c4	Lf8—c5
4.	b2—b4	Lc5×b4
5.	c2—c3	Lb4—a5
6.	0—0	Sg8—f6
7.	d2—d4	0—0
8.	d4—d5	Sc6—e7
9.	Dd1—d3?	d7—d6
10.	h2—h3	Se7—g6
11.	Sf3—h2	Sf6—h5
12.	Lc4—b3	Sh5—f4
13.	Lc1×f4	Sg6×f4
14.	Dd3—f3	f7—f5

Schwarz steht überlegen; das weiße Spiel gewährt jetzt einen kläglichen Anblick.

15.	e4×f5	Lc8×f5
16.	g2—g4	Lf5—d3

Droht Se2†.

17.	Df3—e3	La5—b6
18.	De3—d2	Dd8—h4
		und gewinnt.

235

Philidors Springerspiel

Paris, März 1859

Achtes Wettspiel

	Morphy	A. Mongredien
1.	e2—e4	e7—e5
2.	Sg1—f3	d7—d6
3.	d2—d4	e5×d4
4.	Dd1×d4	a7—a6
5.	Lc1—g5	f7—f6
6.	Lg5—e3	Lc8—e6
7.	Sb1—c3	Sg8—e7

8. Lf1—e2 Se7—c6
9. Dd4—d2 Lf8—e7
10. 0—0 ....

In Betracht käme: 0—0—0

10. .... 0—0
11. Ta1—d1 Sb8—d7
12. Sf3—d4 Sc6×d4
13. Le3×d4 f6—f5

Schwarz entwickelt sich sehr originell und steht nur um ein Minimum schlechter. Anstatt f5 wäre c6 besser, um den feindlichen Springer von d5 fernzuhalten.

14. e4×f5 Le6×f5
15. Le2—c4† Kg8—h8
16. Sc3—d5 Sd7—f6
17. Sd5×e7 Dd8×e7
18. Tf1—e1 De7—d7
19. Dd2—g5 h7—h6
20. Dg5—h4 Ta8—e8
21. c2—c3 Te8—e4

(S. Diagramm)

Besser war Kh7. Nach dem Turmzuge ist die Partie verloren.

22. Te1×e4 Sf6×e4

Stellung nach dem 21. Zuge von Schwarz

Falls Le4:, so 23. Lf6: nebst 24. De4:.

23. Dh4×h6† Lf5—h7
24. Td1—e1 c7—c5
25. Te1×e4 c5×d4
26. Dh6—h5 g7—g6
27. Dh5—h6 Tf8—e8
28. Dh6—f4 Kh8—g7
29. Te4×e8 Dd7×e8
30. Df4×d4† Aufgegeben.

Freie Partien gegen Amateure

236

Läufergambit

Paris, Frühjahr 1859

J. Budzinsky — Morphy

1. e2—e4 e7—e5
2. f2—f4 e5×f4
3. Lf1—c4 d7—d5

Durch 3. .... Dh4† 4. Kf1, f5 5. Sc3, fe4 6. Se4:, c6 7. De2, Kd8 usw. wird eine interessante Verwicklung herbeigeführt.

4. Lc4×d5 Sg8—f6
5. Sb1—c3 Lf8—b4
6. d2—d3 ....

Besser wäre 6. Df3 oder 6. Sf3.

6. .... Sf6×d5
7. e4×d5 0—0
8. Dd1—f3 Tf8—e8†
9. Sg1—e2 Lb4×c3†
10. b2×c3 Dd8—h4†
11. g2—g3 Lc8—g4

und gewinnt.

Weiß kann weder bei 12. gh4, Lf3: 13. 0—0, Le2: 14. Te1, f3, noch bei 12. Df2, De7 den Verlust abwehren.

237

Russisches Springerspiel

Paris, März 1859

Morphy	J. Budzinsky
1. e2—e4	e7—e5
2. Sg1—f3	Sg8—f6
3. Sf3×e5	d7—d6
4. Se5—f3	Sf6×e4
5. d2—d4	d6—d5
6. Lf1—d3	Lf8—e7
7. 0—0	Sb8—c6
8. c2—c4	. . . .

(Mit 8. Te1 siehe Partie 145.)

8. . . . Lc8–e6

Der Läufer dient auf e6 nur als Verteidigungsfigur. Richtiger wäre 8. . . Sb4 9. Sc3, Sd3: 10. Dd3:, Sc3: 11. bc3, Le6 usw. oder auch 8. . . Lg4 9. Le3, 0—0 10. Sc3 Sf6 usw.

9 Dd1—b3 . . . .

Von zweifelhafter Güte!

9 . . . Sc6—a5

Sieht gut aus; in der Wirklichkeit ist es aber fehlerhaft und wäre durch dc4 besser zu ersetzen, z. B. I. 10. Db7:, Ld5 11. Se4:, Le4: 12. Sc3, Tb8 13. Da6, Lf3: 14. gf3, Tb6 usw. II. 10. Lc4:, Lc4: 11. Dc4:, Sd6 usw.

10. Db3—a4†	c7—c6
11. Tf1—e1	f7—f5
12. c4×d5	Le6×d5
13. Lc1—d2	Se4×d2
14. Sb1×d2	b7—b5
15. Da4—c2	g7—g6
16. Te1×e7†	. . . .

(S. Diagramm)

Stellung nach dem 16. Zuge von Weiß

Eine geistreiche Opferkombination! Eine richtigere Zugfolge wäre es aber, erst den Läufer zu opfern (Lf5:), um die Textfortsetzung erzwingen zu können.

16. . . . . Ke8×e7

Falls De7:, so folgt 17. Te1, Le6 18. d5, cd5 19. Sd4 usw.

17. Ta1—e1† Ke7—f7

Etwas besser war Kf6.

18. Ld3×f5 g6×f5

Durch Df6 war die Partie viel länger zu halten, aber auch dann hat Weiß durch Le4! einen höchstwahrscheinlich entscheidenden Angriff.

19. Dc2×f5† Dd8—f6

Bei Kg7 würde Weiß 20. Dg4† nebst 21. Te5 spielen.

20. Sf3—e5†	Kf7—g7
21. Df5—g4†	Kg7—h6
22. Te1—e3	Ld5×g2
23. Kg1×g2	Th8—g8
24. Te3—h3†	nebst Mat im nächsten Zuge.

238

Evansgambit

Paris, März 1859

Morphy	J. Journoud
1. e2—e4	e7—e5
2. Sg1—f3	Sb8—c6
3. Lf1—c4	Lf8—c5
4. b2—b4	d7—d5
5. e4×d5	Sc6×b4
6. c2—c3	Sb4×d5
7. Dd1—b3	c7—c6
8. 0—0	c5—e4
9. Tf1—e1	f7—f5

Schwarz versucht es, den Mehrbauer zu behalten; richtiger war es aber, auf schleunige Entwicklung durch Sf6 nebst 0—0 zu spielen.

10. d2—d3	Sg8—f6
11. Lc1—g5	Dd8—d6
12. Lg5×f6	Sd5×f6
13. Sb1—d2	b7—b5
14. Lc4—f7†	Ke8—f8
15. d3×e4	f5×e4
16. Sd2×e4	Sf6×e4
17. Te1×e4	Lc8—f5

Schwarz konnte den Bauer doch nicht halten und hat seine Stellung entscheidend verschlechtert.

18. Ta1—d1	Dd6—f6

Unzureichend wäre Dd1†wegen 19. Dd1:, Le4: 20. Sg5, Lf5 21. Df3 usw.

19. Sf3—e5	Lc5×f2†

Gegen Ld6 spielt Weiß Tde1 nebst Le6.

20. Kg1—h1	Ta8—d8
21. Se5—d7†	Lf5×d7
22. Td1×d7	Td8—c8
23. Lf7—h5	g7—g6
24. Te4—e7	Df6×e7
25. Td7×e7	Kf8×e7
26. Lh5—g4	Tc8—d8
27. Db3—b4†	

Näher lag 27. De6† nebst Df6†.

27.	c6—c5
28. Db4—e4†	Ke7—d6
29. De4—f4†	Kd6—c6
30. Df4×f2	Th8—f8
31. Lg4—f3†	Kc6—b6
32. h2—h3	Td8—d1†
33. Kh1—h2	Aufgegeben.

239

Bauervorgabe

Paris, 31. März 1859

Vorgabe von Bauer und Doppelzug

A. Ehrmann	Morphy
1. e2—e4	....
2. d2—d4	e7—e6
3. Lf1—d3	c7—c5

Auf 3. . . d5 folgt 4. e5, g6 5. h4 usw.

4. d4×c5	Dd8—a5†
5. c2—c3	....

An dieser Stelle möchte 3. Sc3 Vorzug verdienen.

5.	Da5×c5
6. Sg1—e2	Sb8—c6

7. Lc1—e3	Dc5—h5
8. f2—f4	Sg8—f6
9. Se2—g3	Dh5—h4
10. Dd1—e2	Sf6—g4
11. Le3—f2	Sg4×f2
12. De2×f2	Lf8—d6
13. e4—e5	Ld6—c7
14. Sg3—e4	Dh4—e7
15. Sb1—d2	0—0
16. Df2—g3	d7—d5
17. Se4—g5	h7—h6
18. Sg5—f3	. . .

Hier käme 18. Sh3 in Betracht.

18.	De7—f7
19. 0—0	Lc8—d7

Bei Df4: gewinnt Weiß nach 20. Dg6 die Qualität.

20. Sf3—h4	Sc6—e7
21. Ld3—c2	Se7—f5
22. Sh4×f5	e6×f5
23. Ta1—e1	b7—b5
24. Kg1—h1	Lc7—b6
25. Dg3—d3	a7—a6
26. Lc2—b3	Ld7—e6
27. Sd2—f3	Tf8—b8
28. Sf3—h4	Lb6—d8
29. Sh4—f3	Ld8—b6

30. Lb3—c2	. . .

Der Läufer stand besser auf b3. 30. Td1 mit konsequentem Spiele gegen den schwachen Bauer d5 war geboten.

30.	g7—g6
31. Te1—e2	. . . .

Hier käme 31. g4, fg4 32. Sh4 in Frage.

31. . . .	d5—d4
32. b2—b3	d4×c3
33. Sf3—h4	b5—b4
34. g2—g4	Tb8—d8
35. Dd3—g3	Kg8—h7
36. g4×f5	g6×f5
37. Dg3—h3	Td8—f8
38. Te2—g2	Ta8—d8
39. Sh4—f3	. . .

Weiß führt den Angriff mit viel Geschick.

39.	Tf8—g8
40. Sf3—g5†	Tg8×g5
41. f4×g5	Df7—f8
42. g5×h6	Td8—d2

Der einzige Zug!

43. Tg2×d2	c3×d2
44. Dh3—g2	Df8×h6
45. Dg2—b7†	Dh6—g7
46. Db7×g7†	Kh7×g7
47. Kh1—g2	Lb6—d4
48. Tf1—d1	Le6—d5†
49. Kg2—h3	Ld4—e3
50. Lc2×f5	Ld5—f3
51. Lf5—g4	Lf3×d1
52. Lg4×d1	Le3—f4
53. e5—e6	Kg7—f6
54. Ld1—g4	d2—d1D
55. Lg4×d1	Kf6×e6
56. Kh3—g2	Ke6—e5

Remis.

240
Zweispringerspiel im Nachzug
Paris, März 1859

Morphy	Amateur
1. e2—e4	e7—e5
2. Sg1—f3	Sb8—c6
3. Lf1—c4	Sg8—f6
4. d2—d4	e5×d4
5. 0—0	Sf6×e4

Da es nicht in der Absicht des Schwarzen liegen kann, in die italienische Partie (mit Lc5) oder in die Philidorsche Verteidigung (durch d6) einzulenken, ist dies der folgerichtigste Zug.

6. Tf1—e1 d7—d5

Fehlerhaft wäre Le7 wegen 7. Te4:, d5 8. Te7‡, Se7: 9. Lb3, c5 10. c3, dc3 11. Sc3:, d4, 12. Se4 Dc7 13. La4†, Kf8 14. Lg5, Lg4! 15. Tc1, b6 16. Dd4: usw.

7. Lc4×d5 Dd8×d5

8. Sb1—c3 Dd5—h5

Wahrscheinlich das Beste. Bei Dd8 steht Weiß nach 9. Te4‡, Le7 10. Sd4:, f5 11. Tf4, 0—0 12. Sc6:, Dd1‡ 13. Sd1:, bc6 14. Tc4 usw. eher besser. Ein anderes Ausweichen der Dame, wie z. B. 8. Dc4 oder 8. .... Df5, hätte noch mehr Schwierigkeiten zur Folge.

9. Sc3×e4 Lc8—e6

Vorzuziehen wäre 9. .... Le7 10. Lg5!, Lg4! 11. Le7:, Lf3:! usw.

10. Se4—g5 ....

Sehr gut ist hier Lg5!, um die lange Rochade zu verhindern.

10. .... Lf8—b4

Ein entscheidender Fehler! Durch 0—0—0 konnte sich Schwarz retten.

11. Te1×e6† f7×e6

12. Sg5×e6 Dh5—f7

Näher lag die Verteidigung durch Kd7!, worauf Weiß den Angriff durch Lf4 fortgesetzt hätte.

13. Sf3—g5 Df7—e7

14. Dd1—e2 Lb4—d6

Auf 14. .... Kd7 folgt 15. Dg4, Sc5 16. Dh3 usw.

15. Se6×g7† Ke8—d7

16. De2—g4† Kd7—d8

17. Sg5—f7† ....

Mit diesem Opfer spielt Morphy auf ersticktes Mat, wie es ihm auch wirklich gelang. Sicherer wäre wohl Se6†. Die Partie wird von beiden Parteien im leichten Stile behandelt. (Sie soll nämlich gelegentlich eines reichhaltigen Diners gespielt worden sein.)

17. .... De7×f7

18. Lc1—g5† Ld6—e7?

Falsch gerechnet! 18. .... Se7! 19. Se6†, Ke8 hätte die Partie gewonnen.

19. Sg7—e6† Kd8—c8

Der Gegner scheut in der Tat (wie es Morphy wünschte) das Doppelschach, und vermeidet deshalb den richtigen Zug 19. .... Kd7, was dem Weißen (durch 20. .... Sc5† usw.) höchstens das Remis gestattet hätte.

20. Se6—c5†	Kc8—b8	23. Dg4—c8†	Th8×c8
21. Sc5—d7†	Kb8—c8	24. Sb6—d7‡.	
22. Sd7—b6†	Kc8—b8		

Übersicht der Partien Morphys

gespielt in Paris 1858—59

Gleichaufgespielte Partien

Anderssen . . . . +3 —12 = 2
Baucher . . . . +0 — 2 = 1
Bottin. . . . . . +0 — 1 = 0
Budzinsky . . . +0 — 7 = 0
Harrwitz . +3 — 5 = 1
Journoud. +0 —12 = 0
Laroche. . +0 — 5 = 1
Mongredien +0 — 7 = 1
Rivière . . +1 — 7 = 2

Vorgabepartien

a) Bauer und Zug

Budzinsky +2 —12 = 1
Devinck. . +0 — 2 = 1
Guibert . . +0 — 1 = 0
Laroche. . +0 — 3 = 3

b) Bauer und Doppelzug

Delannoy. +0 — 4 = 0
Ehrman . . +0 — 0 = 1
Lecrivain. +2 — 5 = 0
Lequesne. +0 — 2 = 0
Maude . . . +0 — 2 = 0

c) Springer bzw. Turm

Delannoy +10 —20 = 0
Maude . . . +2 — 2 = 0
Andere Gegner +0 — ? —

Blindlingsspiel

Im Café de la Régence +0 — 6 = 2

Büste Morphys
in Marmor ausgeführt von E. Lequesne. Bei der Abschiedsfeier in Paris am 4. April 1859 ihm gewidmet

Beratungspartien

Partei Herzog Karl v. Braunschweig und Graf Isouard . +0 — 10 = 1
Partei St. Amant und Genossen . . . . +0 — 5 = 2
Partei Chamouillet und Genossen . . . . . . +0 — 1 = 1
Partei Rivière und Journoud . . . . +1 — 0 = 0

7

Heimkehr über England

Die prunkvolle Schönheit der französischen Hauptstadt, der berückende und verhängnisvolle Reiz der unerschöpflichen Zerstreuungen und Genüsse, der angenehme Freundeskreis, die unwandelbare allgemeine Achtung und aufrichtige Ehrung machten unserem Helden das Scheiden vom Schauplatze seiner Siege sehr schwer. Darum beschloß er auch, hier noch den Winter zu verbringen, obwohl seine Angehörigen ihn mit immer dringenderen Bitten zur Heimkehr zu bewegen suchten. Aber seine erschlaffte Energie war nicht mehr fähig, entschieden zu handeln.

Die Zukunft warf ihre Schatten voraus.

Endlich suchte sein Schwager Sybrandt ihn persönlich auf, und mit diesem reiste er nach London, wo sie am 10. April 1859 anlangten.

So zurückhaltend höflich der Empfang Morphys bei der ersten Anwesenheit in England war, mit um so herzlicherer Freude nahm die sich nur für anerkannt Würdige begeisternde öffentliche Meinung Morphy jetzt auf.

Während seines dreiwöchentlichen Aufenthaltes in London lieferte der Meister aufs neue Beweise seiner glänzenden Begabung. — Blindlingsproduktionen, Massenkämpfe und einzelne Partien waren an der Tagesordnung. Daß dies alles seinem Gesundheitszustande nicht zum Vorteil gereichte, ist zweifellos.

Am 28. April verließ Morphy die britische Hauptstadt, und am folgenden Tage schiffte er sich in Liverpool ein, um in die Heimat zurückzukehren.

Blindlingsspiel im London Chess Club

241

Sizilianische Eröffnung

London, 13. April 1859

Erstes Blindlingsspiel

Morphy	A. Mongredien
1. e2—e4	c7—c5
2. d2—d4	Sb8—c6

Schwarz versucht, durch unregelmäßige Züge den Blindlingsspieler zu beirren. Der korrekte Zug ist 2. .... cd4.

3. d4—d5	Sc6—b8

4.	f2—f4	d7—d6
5.	Sg1—f3	e7—e6
6.	c2—c4	Lf8—e7
7.	Sb1—c3	Lc8—d7
8.	Lf1—d3	f7—f5?
9.	d5×e6	Ld7×e6
10.	e4×f5	Le6—d7
11.	Sf3—g5	Sg8—f6
12.	0—0	Sb8—c6
13.	Sg5—e6	Ld7×e6
14.	f5×e6	Sc6—d4
15.	f4—f5	h7—h5
16.	Lc1—e3	Sd4—c6
17.	Sc3—d5	Sc6—e5
18.	Le3—f4	Se5—c6
19.	Ld3—e2	h5—h4
20.	Sd5×f6†	Le7×f6
21.	Dd1×d6	Dd8×d6
22.	Lf4×d6	Lf6×b2
23.	Ta1—b1	Lb2—d4†
24.	Kg1—h1	b7—b6
25.	Le2—f3	Ta8—c8
26.	Tf1—d1	Th8—h6
27.	Ld6—f4	Th6—h8
28.	Td1—d3	Sc6—a5
29.	Tb1—c1	

Als remis abgebrochen. Weiß ist in Vorteil und würde bei sorgfältigem Spiele gewinnen müssen. Zulässig ist es, anzunehmen, daß Morphy im Vollbesitze seiner eminenten Fähigkeiten einige der sechs Remisspiele gewonnen hätte, möglich, daß er zu dieser Zeit durch die Reise einigermaßen erschöpft war, möglich auch, daß ihm die Nebelluft Albions nicht besonders zusagte oder auch, daß irgend ein anderer Grund für eine Indisposition vorlag, durch die dieser geringere Erfolg seine Erklärung finden würde.

242

Philidors Springerspiel

London, 13. April 1859

Zweites Blindlingsspiel

	Morphy	P. Slous
1.	e2—e4	e7—e5
2.	Sg1—f3	d7—d6
3.	d2—d4	e5×d4
4.	Sf3×d4	Lf8—e7
5.	Sb1—c3	Sg8—f6
6.	Lf1—d3	a7—a6
7.	a2—a4	. . . .

Sehr stark war hier f2—f4; der Bauernangriff mit c5 und b5 wäre für Schwarz verhängnisvoll wegen Sf3 nebst e5.

7.	. . . .	c7—c5
8.	Sd4—e2	Sb8—c6
9.	f2—f4	h7—h5

Ein unnatürlicher Angriffszug! Schwarz greift ins Blaue und ist dazu noch unentwickelt. Morphy tut ihm den Gefallen und rochiert kurz. Viel besser wäre aber 10. Sd5!

10.	0—0	Lc8—e6
11.	b2—b3	g7—g6
12.	f4—f5	. . . .

Ein schwacher Zug, den nur der Umstand erklären kann, daß Morphy in acht gleichzeitigen Blindlingspartien zu stark in Anspruch genommen war. Natürlich und konsequent wäre Tb1! und Schwarz käme in Verlegenheit, gute Züge zu finden.

12.	. . . .	g6 × f5
13.	e4 × f5	Le6—d7
14.	Se2—f4	Sc6—e5
15.	Sc3—d5	Sf6 × d5
16.	Sf4 × d5	Ld7—c6
17.	Ld3—e4	Le7—f6
18.	Le1—b2	Lc6 × d5
19.	Le4 × d5	Dd8—c7
20.	Lb2 × e5	. . . .

Das Spiel ist jetzt völlig ausgeglichen. (Ungleiche Läufer.)

20.	. . . .	Lf6 × e5
21.	Ta1—b1	0—0—0
22.	b3—b4	c5 × b4
23.	Tb1—b3	Dc7—c5†
24.	Kg1—h1	Le5—c3
25.	Tf1—f3	Td8—d7
26.	Tf3—f1	Th8—e8
27.	Tb3—b1	Td7—e7
28.	Dd1—d3	Te7—e5
29.	Ld5—f3	Te5—e3
30.	Dd3—d5	Te8—e7

Nach einigen weiteren Zügen wurde die Partie remis gegeben.

243

Französische Eröffnung

London, 13. April 1859

Drittes Blindlingsspiel

	Morphy	G. Walker
1.	e2—e4	e7—e6
2.	d2—d4	d7—d5
3.	e4 × d5	e6 × d5
4.	Sg1—f3	Lf8—d6
5.	Lf1—d3	Sg8—f6
6.	0—0	0—0
7.	Sb1—c3	Lc8—g4

Einfacher ist hier 7. . . . . c6, um 8. Sb5 zu verhindern (Partie 152).

8.	h2—h3	Lg4—e6

Um keine Zeit zu verlieren, kam hier Lf3: 9. Df3:, c6 10. Lg5, Sbd7 nebst Dc7 usw. in Betracht.

9.	Lc1—e3	Sb8—c6
10.	Dd1—d2	Dd8—d7
11.	Le3—f4	. . . .

Es drohte 11. . . . . Lh3:.

11.	. . . .	Tf8—e8
12.	Ta1—e1	Ta8—d8
13.	Sf3—e5	Dd7—c8
14.	Ld3—b5	. . . .

Mehr Aussicht bot 14. Sc6:, bc6 (etwas besser wäre Lf4:) 13. Le5 nebst dem energischen Vorrücken der Königsbauern.

14.	. . . .	Ld6 × e5
15.	Lf4 × e5	Sc6 × e5
16.	d4 × e5	. . . .

16. Le8: durfte nicht geschehen wegen Sc4.

16.	. . . .	Sf6—e4
17.	Sc3 × e4	d5 × e4
18.	Dd2—f4	c7—c6
19.	Lb5—e2	Le6—f5
20.	Le2—c4	Te8—e7
21.	g2—g4	Lf5—g6
22.	h3—h4	h7—h6
23.	h4—h5	Lg6—h7
24.	g4—g5	h6 × g5
25.	Df4 × g5	De8—f5
26.	Dg5 × e7	

Schwarz gibt ewiges Schach.

244

Abgelehntes Königsgambit

London, 13. April 1859

Viertes Blindlingsspiel

Morphy	J. Jansen
1. e2—e4	e7—e5
2. f2—f4	c7—c6

Diese Ablehnung ist zu völligem Ausgleiche nicht genügend. Beliebter ist 2. . . Lc5 oder auch 2. ... d5.

3. Sb1—c3	. . .

Zwingender wäre 3. Sf3!, da nach dem Textzuge Schwarz durch Lb4! gleiches Spiel erlangen könnte.

3.	d7—d6
4. Sg1—f3	Lf8—e7
5. Lf1—c4	. . .

Morphy verschmäht die sichere Eroberung eines Bauers (5. fe5, de5 6. Se5:) und sucht durch rapide Entwicklung den Angriff festzuhalten.

5. . . .	e5 × f4
6. d2—d4	Sg8—f6
7. Lc1 × f4	0—0
8. 0—0	Lc8—g4

Erwägungswert wäre hier 8. . . . Se4: 9. Se4:, d5 10. Ld3, de4 11. Le4:, Db6! usw.

9. Lc4—d3	Sb8—d7
10. Dd1—d2	Lg4—h5
11. Ta1—e1	Lh5—g6
12. e4—e5	. . . .

Zu früh! Die Bauern leisten bessere Dienste im Zentrum. Ein abwartender Zug, z. B.: h3 oder Kh1 wäre geeigneter, um den Schwarzen Schwierigkeiten zu bereiten.

12.	d6 × e5
13. d4 × e5	Sf6—e8
14. Sc3—e4	Sd7—c5
15. Se4 × c5	Le7 × c5†
16. Kg1—h1	Se8—c7
17. Sf3—g5	Dd8—e8

Auch Dc8 war gut.

18. e5—e6	Sc7 × e6
19. Le3 × g6	h7 × g6
20. Dd2—c3	Lc5—e7
21. Sg5 × e6	f7 × e6
22. Dc3—b3	Tf8—f6
23. Te1 × e6	Tf6 × e6
24. Db3 × e6†	De8—f7
25. De6 × f7†	Kg8 × f7
26. g2—g4	Kf7—g8
27. Tf1—e1	Kg8—f7

Nach einigen weiteren Zügen wurde die Partie remis gegeben.

245

Evansgambit

London, 13. April 1859

Fünftes Blindlingsspiel

Morphy	Greenaway
1. e2—e4	e7—e5
2. Sg1—f3	Sb8—c6
3. Lf1—c4	Lf8—c5
4. b2—b4	Lc5 × b4
5. c2—c3	Lb4—a5
6. d2—d4	e5 × d4
7. 0—0	Sg8—f6

8. Lc1—a3 ....

Dieser von Morphy zuerst angewandte Zug wurde später von Suhle und Neumann ausführlich analysiert und als stärkste Fortsetzung des Angriffs (gegen die Verteidigung 7. .... Sf6) empfohlen.

8. .... d7—d6

Schwarz hat kaum etwas Besseres. Falls d5, so 9. ed5, Sd5: 10. Db3, Le6 11. Db7:, Sde7 12. Lb5, Ld7 13. Le7:, Se7: 14. Ld7†, Kd7: 15. Td1 usw., oder auch 13. Lc6:, Lc6: 14. Da6, Lf3: 15. Te1, c5 16. Lc5:, 0—0 17. Le7:, Dd5 18. gf3, Df3: 19. Sd2. Dg4 20. Kh1 usw. Der Zug 8. . . Se4: wird durch Db3 beantwortet. Auf 8. . . . Se7 geschieht e5! oder Sg5.

9. e4—e5 d6—d5

Der Anziehende gewinnt durch die zweizügige Bewegung des schwarzen Damebauers (d7-d6-d5) ein wesentliches Tempo. Wenn Schwarz dieses Tempo nicht verlieren will, so hat er nur die Wahl zwischen mehreren Übeln. 9. .... d6×e5 ist augenscheinlich schlecht wegen 10. Db3 nebst Te1. Falls 9. .... Se4, so könnte folgen 10. ed6! Sd6: (Sc3: 11. Te1†, Le6 12. Le6:, Sd1: 13. d7† usw.) 11. Te1†, Se7 12. Sg5, 0—0 13. Dh5, Lf5 14. Sf7:, Sf7: 15. Te7: und Weiß gewinnt. Am besten könnte sich noch Schwarz durch 9. .... Sg4 verteidigen, obwohl auch dann Weiß durch 10. cd4, oder 10. ed6 ein gutes Spiel erlangen würde.

10. Lc4—b5 Sf6—e4

11. c3×d4 ....

Die Fortsetzung 11. Da4, Lc3 12. Lc6†, bc6 13. Sc3:, Sc3: 14. Dc6†, Ld7 15. Dc5, c6 16. Sd4:, Se4 usw. führt nur zum Remis.

11. .... Lc8—d7

12. Dd1—b3 a7—a6

In Betracht käme 12. Sg5!

13. Lb5—d3 ....

13. Dd5: führt nur gleiches Spiel herbei, z. B. 13. .... ab5 14. De4:, b4 15. Lb2, Le6 16. Sbd2 usw.

13. .... Ld7—c8

14. Tf1—c1 La5—b6

15. Tc1×c6 . . .

Tief durchdacht! Mittels dieses eleganten Qualitätsopfers sichert sich Weiß einen gewinnbringenden Angriff.

15. .... b7×c6

16. Db3—c2 Lc8—b7

17. Sb1—d2 Se4×d2

18. Dc2×d2 h7—h6

19. Ta1—e1 Lb7—c8

Es drohte 20. e6.

20. Dd2—c3 Ta8—b8

21. Dc3×c6† . . .

Ein bedauerlicher Mißgriff, welcher den errungenen Vorteil aus der Hand gibt. 21. e6, Le6: 22. Te6†, fe6 23. Se5 war konsequent, hübsch und sofort entscheidend.

21. .... Dd8—d7

22. Dc6—c2 Dd7—e6
23. Sf3—h4 g7—g6
24. Dc2—c3 Ke8—d8
25. Te1—c1 Th8—e8
26. Sh4—f3 Lc8—b7
27. h2—h3 Tb8—c8
28. Dc3—d2 Te8—h8

Als Remis abgebrochen.

246

Schottisches Gambit

London, 13. April 1859

Sechstes Blindlingsspiel

	Morphy	G. W. Medley
1.	e2—e4	e7—e5
2.	Sg1—f3	Sb8—c6
3.	d2—d4	e5×d4
4.	Lf1—c4	Lf8—c5
5.	0—0	d7—d6
6.	c2—c3	d4—d3

Besser ist Lg4! (Siehe Partie 125).

7. b2—b4 Lc5—b6
8. a2—a4 a7—a5
9. b4—b5 Sc6—e5
10. Sf3×e5 d6×e5
11. Sb1—d2 Sg8—f6

In Betracht käme Lc5.

12. Dd1—b3 Lc8—e6

Weiß droht La3! Schwarz muß in den saueren Apfel beißen, da bessere Züge ihm nicht zu Gebote stehen.

13. Lc4×e6 f7×e6
14. Lc1—a3 Dd8—d7
15. Sd2—f3 0—0—0
16. Sf3×e5 Dd7—e8
17. Db3—c4 d3—d2
18. Ta1—d1 De8—h5
19. Se5—f3 ....

Am besten! Den scheinbar starken Angriffszug 19. Sc6 pariert Schwarz durch Sg4! Auch bei 19. De6† gelangt Schwarz zum Gegenangriffe.

19. .... Db5—g4
20. Sf3×d2 Sf6—h5
21. e4—e5 ...

Zu früh! Zuerst hätte Weiß die feindliche Dame von g4 forttreiben müssen durch 21. h3, Dg6 22. e5, Dc2 23. De6†, Kb8 24. Dg4 usw.

21. .... Sh5—f4
22. g2—g3 Td8×d2

Infolge des unachtsamen 21. Zuges hat Weiß jetzt eine total verlorene Stellung. Zum Glück sieht Schwarz die elegante Variante 22..... Lf2† 23. Kh1, Lg3: 24. Tg1, Dh5! ebensowenig wie den einfachen Gewinn mit 22. g5.

23. Dc4×f4 ....

Falls 23. Td2:, so Sh3† nebst Dc4:.

23.	....	Dg4 × f4
24.	g3 × f4	Lb6 × f2†
25.	Kg1—g2	Td2 × d1
26.	Tf1 × d1	Lf2—h4
27.	Kg2—h3	Lh4—d8

Remis.

247

Springergambit

London, 13. April 1859

Siebentes Blindlingsspiel

	Morphy	J. P. Jones
1.	e2—e4	e7—e5
2.	f2—f4	e5 × f4
3.	Sg1—f3	g7—g5
4.	Lf1—c4	g5—g4
5.	d2—d4	...

Bez. der Eröffnung siehe Partie 292.

5. ... Dd8—e7

Besser ist die sofortige Annahme des Opfers, z. B. gf3 6. Df3:, d5! 7. Ld5:, Sf6! 8. 0—0, c6 9. Lf7†, Kf7: 10. Df4:, Lg7 11. e5, Tf8 12. ef6, Kg8 usw. — Durch Aufgabe eines Offiziers gelingt es dem Schwarzen, den Angriff zu brechen. Der Textzug gestattet dem Gambitspieler eine mächtige Angriffswendung.

6.	0—0	g4 × f3
7.	Sb1—c3	....

Auf Df3: antwortet Schwarz Sc6!

7.	...	c7—c6
8.	Dd1 × f3	Lf8—g7
9.	Lc1 × f4	Lg7 × d4†
10.	Kg1—h1	Ld4—g7

Auch ohne diesen Tempoverlust ist Schwarz verloren.

11. e4—e5 ....

Der Textzug gewinnt am einfachsten. Schwarz ist gar nicht entwickelt, während Weiß mit allen Figuren angreift. Das materielle Übergewicht ist für Schwarz nur ein schwacher Trost.

11.	....	Lg7—h6
12.	Sc3—e4	d7—d5
13.	e5 × d6	De7—f8
14.	Ta1—e1†	Lc8—e6
15.	Lc4 × e6	f7 × e6
16.	Df3—h5†	Ke8—d7
17.	Se4—c5†	Kd7—c8
18.	Lf4 × h6	Sg8—f6
19.	Dh5—e5	Sb8—d7
20.	Sc5 × d7	Df8 × h6
21.	Tf1 × f6	Dh6—h4
22.	Sd7—c5 und gewinnt.	

248

Zweispringerspiel im Nachzug

London, 13. April 1859

Achtes Blindlingsspiel

Morphy	P. Maude
1. e2—e4	e7—e5
2. Sg1—f3	Sb8—c6
3. Lf1—c4	Sg8 - f6
4. Sf3—g5	d7—d5
5. e4×d5	Sc6—a5
6. d2—d3	e5—e4

Man vgl. bez. des Anfanges die Bemerkungen zu Partie 83.

7. Dd1—e2	Dd8—e7

Schwarz fällt seiner eigenen Kombination zum Opfer, indem er den 10. Zug seines Partners außer Acht läßt.

8. Sg5×e4	Sf6×e4
9. d3×e4	De7—b4†

Maude rechnete auf Figurengewinn und war recht unangenehm überrascht, als der Blindlingsspieler mit Sd2 antwortete.

10. Sb1—d2	Sa5×c4
11. De2×c4	Db4—b6
12. 0—0	. . .

Weiß ist besser entwickelt und hat außerdem zwei Bauern mehr.

12.	Lc8—d7
13. a2—a4	c7—c6

Der Gewinn ist nun Sache der Technik. Der weitere Verlauf bietet jedoch manche interessante und für die elegante und sichere Spielführung des Blindspielers charakteristische Wendung.

14. Sd2—f3	Lf8—d6
15. Lc1—e3	Db6—c7
16. Dc4—d4	f7—f6
17. c2—c4	c6—c5
18. Dd4—d3	Ld7—g4
19. Sf3—d2	. . . .

Der Turmbauer ist bedeutungslos; durch die Ablenkung des Läufers werden die Mittelbauern entscheidend.

19.	Ld6×h2†
20. Kg1—h1	Lh2—f4
21. g2—g3	Lf4×e3

Auch Lg3: ist wegen 22. fg3, Dg3: 23. Tf2 usw. unzureichend.

22. Dd3×e3	Ke8—d7
23. f2—f4	b7—b6

Besser wäre Tae8!

24. e4—e5	f6—f5
25. Sd2—f3	Lg4×f3
26. De3×f3	h7—h5

Gegen die unterstützten Freibauern kämpft Schwarz vergebens.

27. Ta1—d1	Dc7—d8
28. d5—d6	Ta8—b8
29. Tf1—e1	Th8—h6
30. e5—e6†	Th6×e6

Der durch das Baueropfer eingeleitete Schluß beweist, daß Morphy auch im Blindspiele die Stellung in ihrer ganzen Ausdehnung vor Augen hatte.

31. Te1×e6	Kd7×e6
32. Df3—d5†	Ke6—f6
33. Td1—e1	g7—g6
34. Te1—e7 und gewinnt.	

Blindlingsspiel im St. George's Club

249

Abgelehntes Königsgambit

London, 20. April 1859

Erstes Blindlingsspiel

Morphy	Lord Cremorne
1. e2—e4	e7—e5
2. f2—f4	Lf8—c5
3. Sg1—f3	Sb8—c6

Gewöhnlich geschieht hier 3. .... d6; die Textfortsetzung gibt ebenfalls gleiches Spiel.

4. b2—b4	....

Sehr gut ist 4. fe5, Se5: 5. Se5:, Dh4† 6. g3, De4† 7. De2, Dh1: 8. Sf3† (oder 8. Sg6†, Se7 9. Sh8:, d6 usw.), Kd8! 9. d4, Sf6 10. dc5, Te8 11. Lg5 mit etwas besserem Spiele.

4.	Lc5×b4
5. c2—c3	Lb4—a5
6. Lf1—c4	La5—b6
7. d2—d4	e5×d4
8. c3×d4	d7—d6
9. Lc1—b2	f7—f6
10. f4—f5	Dd8—e7
11. 0—0	Lc8—d7
12. Sb1—c3	0—0—0
13. Tf1—e1	De7—e8
14. Sc3—d5	g7—g6
15. Sd5×b6†	a7×b6
16. Dd1—a4	Sc6—a5

Der natürliche Zug ist Kb8, um die Bauernstellung möglichst intakt zu halten.

17. Da4—a3	c7—c6
18. Lc4—d3	De8—f8
19. Lb2—c3	Kc8—c7

Die schwarze Stellung ist recht schlecht geworden. Morphy nützt die offenen Linien energisch aus.

20. Lc3×a5	Ta8—a8
21. La5×b6†	Kc7×b6
22. Ta1—b1†	Kb6—c7
23. Da3—b3	Ta8—b8
24. Db3—b6†	Kc7—c8
25. Ld3—a6	Sg8—e7
26. e4—e5	d6×e5
27. La6×b7†	Tb8×b7
28. Db6×b7†	Kc8—d8
29. d4×e5 und gewinnt.	

250

Evansgambit

London, 20. April 1859

Zweites Blindlingsspiel

Morphy	Capt. H. A. Kennedy
1. e2—e4	e7—e5
2. Sg1—f3	Sb8—c6
3. Lf1—c4	Lf8—c5
4. b2—b4	Lc5×b4
5. c2—c3	Lb4—c5
6. 0—0	d7—d6
7. d2—d4	e5×d4
8. c3×d4	Lc5—b6
9. d4—d5	Sc6—e7
10. e4—e5	Se7—g6

11. e5—e6 f7×e6
12. d5×e6 Sg8—e7
13. Sb1—c3 c7—c6
13. .... h6 war am Platze. Die folgenden feinen Wendungen sind sehr beachtenswert.
14. Sf3—g5 Sg6—e5
15. Lc1—f4 g7—g6

Auf Sc4: folgt 16. Sf7, Dc7 17. Ld6:, Sd6: 18. Sd6† usw.

16. Sg5—f7 0—0
17. Lf4×e5 Tf8×f7
18. e6×f7† Kg8—f8
19. Le5×d6 Lc8—g4
20. Dd1—d2 g6—g5
21. Ta1—e1 und gewinnt.

251

Spanische Partie

London, 20. April 1859

Drittes Blindlingsspiel

	Morphy	T. Catley
1.	e2—e4	e7—e5
2.	Sg1—f3	Sb8—c6
3.	Lf1—b5	a7—a6
4.	Lb5—a4	Sg8—f6
5.	0—0	Lf8—e7
6.	Sb1—c3	d7—d6
7.	d2—d4	b7—b5
8.	La4—b3	....

Richtiger ist 8. de5!

8. .... Lc8—g4

Schwarz könnte hier durch 8. .... Sd4: 9. Sd4:, ed4 einen Bauer gewinnen, da auf 10. Dd4:, c5 11. Dd3!, c4 usw. eine Figur verloren ginge.

9. d4—d5 Sc6—d4
10. Lc1—e3 Sd4×b3

Den unnützen Läufer zu tauschen und dadurch die Turmlinie zu öffnen, zeigt ein geringes Positionsverständnis. Das einfachere Spiel 10. .... Sf3† 11. gf3, Lh3 12. Te1, g5! usw. hätte dem Weißen viel mehr Schwierigkeiten bereitet.

11. a2×b3 0—0
12. h2—h3 Lg4—h5
13. b3—b4 Dd8—d7
14. Kg1—h2 c7—c6
15. d5×c6 Dd7×c6
16. Le3—g5 Tf8—e8
17. Lg5×f6 Le7×f6
18. g2—g4 Lh5—g6
19. Dd1—d3 Lf6—e7
20. Tf1—d1 ....

Es ist beachtenswert, wie zielbewußt Morphy die verwickelte Stellung behandelt, und erstaunlich, mit welcher Sicherheit er die günstige Abwicklung durchführt.

20. .... Te8—c8
21. Ta1—a3 Dc6—c4
22. Td1—a1 d6—d5
23. Sc3×d5 Le7×b4
24. Dd3×c4 Tc8×c4
25. Ta3×a6 Ta8×a6
26. Ta1×a6 h7—h6
27. c2—c3 Lb4—c5
28. Sf3×e5 Tc4×e4
29. Se5—d7 Te4—a4
30. Sd7×c5 Ta4×a6
31. Sc5×a6 und gewinnt.

252

Abgelehntes Königsgambit

London, 20. April 1859

Viertes Blindlingsspiel

	Morphy	Lord A. Hay
1.	e2—e4	e7—e5
2.	f2—f4	d7—d5

Dieses Falkbeersche Gegengambit gibt zwar ein lebhaftes Angriffspiel, scheint jedoch nicht vollkommen korrekt zu sein.

3.	e4 × d5	....

Mit 3. Sf3 erlangt Weiß nur gleiches Spiel.

3.	....	e5—e4

Schwarz sucht seine Chance — gegen den mächtigen Gegner — sehr richtig im Gambit.

4.	Sb1—c3	....

Sehr stark wäre der von Charousek zuerst angewendete Zug 4. d3, z. B. 4. d3, Dd5: (falls Sf6: so 5. de4, Se4: 6. Sf3, Lc5 7. De2, Lf2†? 8. Kd1, Dd5† 9. Sfd2! usw.) 5. De2, Sf6 6. Sd2!, Lf5 7. de4, Le4: 8. g4 nebst 9. Se4: und Lg2.

4.	....	f7—f5

Schwarz sollte den Bauer durch 4. .... Sf6 decken.

5.	Lf1—c4	Sg8—f6
6.	Sg1—e2	Lf8—d6
7.	d2—d4	0—0
8.	Lc1—e3	Kg8—h8
9.	0—0	c7—c6
10.	d5 × c6	Sb8 × c6
11.	a2—a3	a7—a6
12.	Dd1—d2	Sc6—e7
13.	Lc4—a2	b7—b5
14.	Sc3—d1	....

Dieser und der vorhergehende Zug leiten das Bauerspiel auf dem Dameflügel ein; in Betracht käme d5, um das Feld d4 den weißen Figuren zugänglich zu machen.

14.	....	Se7—g6
15.	b2—b3	a6—a5
16.	c2—c4	b5 × c4
17.	b3 × c4	Ld6 × a3
18.	d4—d5	Dd8—d6
19.	Se2—d4	La3—c5
20.	Sd4—b5	Dd6—b6
21.	Le3 × c5	Db6 × c5†
22.	Dd2—d4	....

Sehr richtig gespielt. Ohne Dametausch kann Weiß die Mittelbauern nicht vorwärts bringen.

22.	....	Dc5 × d4†
23.	Sb5 × d4	Tf8—d8
24.	Sd1—e3	Sg6—e7
25.	Tf1—d1	Ta8—a6
26.	Ta1—b1	g7—g6
27.	c4—c5	....

Stärker wäre 27. Sb5.

27.	....	Sf6 × d5
28.	Se3 × d5	Se7 × d5
29.	Sd4—b5	Ta6—c6
30.	Td1 × d5	Td8 × d5
31.	La2 × d5	Tc6 × c5
32.	Ld5—a2	....

Um ein langwieriges Endspiel zu vermeiden, nahm Morphy das von seinem Partner vorgeschlagene Remis an.

253

Unregelmäßige italienische Partie

London, 20. April 1859

Fünftes Blindlingsspiel

Morphy	T. S. Worall
1. e2—e4	e7—e5
2. Sg1—f3	Sb8—c6
3. Lf1—c4	f7—f5
4. d2—d4	....

Eine durch die Theorie vorgeschlagene sehr energische Fortsetzung; aber der durch Morphy in der Partie 7 gespielte Zug 4. d3 scheint mindestens gleichwertig zu sein.

4.	d7—d6
5. d4×e5	....

Stärker für Weiß wäre 5. Sg5!, Sh6 6. d5, Se7 7. Sc3, c6 8. f4 usw.

5.	d6×e5

Falls 5. fe4:, so 6. Dd5, De7 7. Lg5 mit starkem Angriffe.

6. Dd1×d8†	Ke8×d8

Besser 6. .... Sd8:. Siehe Partien 109 u. 123.

7. Lc1—g5†	Sg8—f6
8. Sb1—c3	Lf8—b4

Tempoverlust. Besser war sofort Ld6 oder auch Ld7.

9. 0—0—0†	Lb4—d6
10. Th1—e1	h7—h6

In Betracht kam 10. .... f4.

11. Lg5×f6†	g7×f6
12. Sc3—b5	Kd8—e7
13. Sf3—h4!	Th8—d8
14. e4×f5	Ke7—e8
15. Te1—e3	Td8—d7

Se7 rettet auch nicht.

16. Te3—g3	Sc6—e7
17. Lc4—e6	e5—e4
18. Le6×d7†	Lc8×d7
19. Td1×d6	Ld7×b5
20. Td6×f6 und gewinnt.	

254

Läuferspiel

London, 20. April 1859

Sechstes Blindlingsspiel

Morphy	J. G. Cunningham
1. e2—e4	e7—e5
2. Lf1—c4	Lf8—c5

Eine interessante Verwicklung führt Sf6 herbei mit der Fortsetzung 3. d3, c6 4. De2, d5 5. ed5, cd5 6. Lb5†, Sc6 7. De5‡, Kd7 8. Sc3 Ld6 9. Dg5, h6 usw. Schwarz erlangt für den geopferten Bauer einen heftigen Angriff.

3. c2—c3	Sb8—c6
4. Sg1—f3	Sg8—f6
5. d2—d4	e5×d4
6. e4—e5	Dd8—e7

Ein grober Eröffnungsfehler! Der korrekte Zug wäre d5.

7. 0—0	Sf6—g8
8. c3×d4	Lc5—b6
9. d4—d5	De7—c5
10. Sb1—a3	Sc6—d4

11. Lc1—e3 Sd4×f3†
12. Dd1×f3 Dc5—f8

In dieser traurigen Lage besteht für Schwarz der einzige Trost darin, daß der Gegner durch einige energische Züge das Ende der Partie herbeiführt.

13. Le3×b6 a7×b6
14. Sa3—b5 Ke8—d8
15. Ta1—c1 d7—d6
16. e5×d6 c7×d6
17. Df3—e3 Ta8—a6
18. Sb5—c7 ....

(S. Diagramm)

18. .... Df8—e7
19. Sc7—e6† f7×e6
20. Lc4×a6 Lc8—d7
21. La6—b5 Kd8—e8

Stellung nach dem 18. Zuge von Weiß

Falls Lb5: oder Sf6, so Db6‡ nebst 23. Tc8† usw.

22. d5×e6 Sg8—f6
23. Tc1—c8† Aufgegeben.

255

Abgelehntes Königsgambit

London, 20. April 1859

Siebentes Blindlingsspiel

Morphy — Thrupp

1. e2—e4 e7—e5
2. f2—f4 c7—c5

Eine ungewöhnliche und keinesfalls empfehlenswerte Verteidigung.

3. Sg1—f3 d7—d6
4. Lf1—c4 ....

Besser wäre es, die Läuferentwicklung aufzuschieben und erst 4. Sc3 zu spielen.

4. .... Dd8—f6
5. Sb1—c3 Lc8—e6
6. Lc4—b5† ....

Tempoverlust! 6. Ld5 oder 6. fe5 wären geeigneter, den schwachen zweiten Zug zu widerlegen.

6. .... Sb8—c6
7. f4—f5 Le6—d7
8. 0—0 Df6—d8
9. d2—d3 Lf8—e7
10. g2—g4 h7—h6
11. Lc1—e3 Sc6—d4
12. Lb5×d7† Dd8×d7
13. Sc3—d5 Sg8—f6
14. Sd5×f6† Le7×f6
15. c2—c3 Sd4—c6
16. c3—c4 ....

Bei 16. d4, cd4 17. cd4, ed4 18. Sd4:, Sd4: 19. Ld4:, Ld4‡ 20. Dd4:, 0—0 21. Tad1, Dc6 usw. erreicht Weiß kaum mehr.

16. .... g7—g5
17. Sf3—d2 b7—b6

18. Sd2—b1 Sc6—e7
19. Sb1—c3 a7—a6
20. Ta1—b1 Dd7—c6
21. b2—b4 Ke8—d7
22. Sc3—d5 Se7×d5
23. c4×d5 Dc6—c7
24. b4×c5 b6×c5
25. Dd1—a4† Kd7—e7
26. Tb1—b3 Th8—b8
27. Tf1—b1 Tb8×b3
28. Da4×b3 Ke7—f8
29. Db3—b7 Dc7×b7
30. Tb1×b7 Lf6—e7

Als Remis abgebrochen.

256

Russisches Springerspiel

London, 20. April 1859

Achtes Blindlingsspiel

Morphy — Th. P. W. Barnes

1. e2—e4 e7—e5
2. Sg1—f3 Sg8—f6
3. Sf3×e5 d7—d6
4. Se5—f3 Sf6×e4
5. d2—d4 d6—d5
6. Lf1—d3 Lf8—d6

Vorzuziehen wäre hier Le7.

7. 0—0 0—0
8. c2—c4 Se4—f6
9. Lc1—g5 Lc8—e6
10. Dd1—b3 d5×c4
11. Ld3×c4 . . . .

Falls 11. Db7:, so Ld5 12. Lf6:, gf6 13. Db5, cd3 usw. und Schwarz gewinnt, da 14. Dd5: wegen Lh2† nicht angeht.

11. . . . . Le6×c4
12. Db3×c4 Sb8—c6
13. Sb1—c3 h7—h6
14. Lg5—h4 g7—g5
15. Lh4—g3 Dd8—d7
16. Sf3—e5 Dd7—e6
17. Dc4×e6 f7×e6

Nach dem Damentausch erlangt Weiß die bessere Bauernstellung, ein Gewinn ist jedoch kaum zu finden.

18. Se5×c6 b7×c6
19. Tf1—e1 Tf8—e8
20 Ta1—c1 Ta8—b8
21. b2—b3 Te8—e7
22. Sc3—a4! Tb8—b4
23. Lg3—e5 Ld6×e5
24. d4×e5 Sf6—d5
25. Tc1×c6 Tb4—d4
26. Tc6—c2 . . . .

Bessere Aussichten bot 26. Sc5, Sf4 (26. . . . . Kf7! 27. Sa6) 27. g3, Sd3 28. Te6: usw.

26. . . . . Sd5—b4
27. Tc2—e2 . . . .

Auch 27. Tc4 würde zu keinem anderen Resultate führen; z.B. 27.Tc4, Tc4: 28. bc4, Sa2: 29. Tb1, Td7 30. g3, Td4 usw.

27. . . . . Se5—d3
28. Te2—d2 . . . .

Falls 28. Td1, so Sf4 29. Ted2! Te4 30. g3, Sg6 usw. mit gleichem Spiele.

28. . . . . Td4×a4!

Man muß nur Courage haben!

29. Td2×d3 . . . .

Morphy scheint die Stellung als Remis taxiert zu haben und sucht den Gewinn nicht.

29.	....	Ta4 × a2
30.	Te1—c1	Te7—f7

Remis.

Freie Partien gegen J. Löwenthal

257

Evansgambit

London, 16. April 1859

	Morphy	J. Löwenthal
1.	e2—e4	e7—e5
2.	Sg1—f3	Sb8—c6
3.	Lf1—c4	Lf8—c5
4.	b2—b4	Lc5 × b4
5.	c2—c3	Lb4—c5
6.	0—0	d7—d6
7.	d2—d4	e5 × d4
8.	c3 × d4	Lc5—b6
9.	d4—d5	Sc6—e7
10.	e4—e5	Se7—g6
11.	e5—e6	....

Durch diesen Zug erlangt Weiß eine starke Stellung: der Freibauer e6 wirkt erdrückend.

11.	....	f7 × e6
12.	d5 × e6	Sg8—e7

Die Springerentwicklung ist frühzeitig. Empfehlenswerter ist hier c6! z. B. 12. .... c6 13. Sg5, d5 14. Sf7, Df6 15. Sh8: (auf Sd6† folgt Kf8) dc4 16. Sf7! Da1: 17. Sd6†, Kf8 usw.

13.	Sf3—g5	0—0
14.	Dd1—h5	....

Viel besser wäre 14. Sc3, da hierauf Schwarz keine vernünftige Entgegnung hat.

14.	....	h7—h6
15.	Sg5—f7	....

Die in Betracht kommende interessante Fortsetzung 15. Dg6: ist wegen Sg6: 16. e7†, d5 17. ed8D, Td8: 18. Td1, c6! usw. ungenügend.

15.	....	Dd8—e8
16.	Lc1—b2	....

Das Opfer des Läufers auf h6 ist inkorrekt; z. B. 16. Lh6:, gh6 17. Dh6: (auf Sh6† folgt Kg7), Ld4! 18. Sd2 (falls 18. Sg5, so Tf5), Lg7 19. Dh5, Sf4! 20. Dg4, Le6: 21. Le6:, Se6: 22. Sh6†, Kh7 23. De6:, Sg6! und gewinnt.

16.	....	d6—d5

Schwarz begegnet hierdurch der Drohung 17. Sh6†, gh6 18. Dh6:, da nun d4 den Angriff abwehrt.

17.	Lb2 × g7	....

Die einzige Möglichkeit, den Angriff festzuhalten. Schlecht wäre 17. Ld5: wegen Db5 usw.

17.	....	Tf8 × f7

17. .... Le6:! gewann leicht, z. B. 18. Lf8:, Df8: 19. Sh6†, Kg7 mit der Drohung Df4 usw.

18.	e6 × f7†	De8 × f7
19.	Lg7—b2	d5 × c4
20.	Sb1—d2	Lc8—f5
21.	Ta1—c1	Ta8—d8
22.	Sd2—f3	Lf5—d3
23.	Dh5 × h6	Df7—h7

Hierdurch kommt Schwarz der Drohung 24. Sg5 zuvor. Nach Lf1: wäre die folgende überraschende Wendung möglich: 23. .... Lf1: 24. Te7:, De7: 25. Dg6†, Kf8 26. Sg5!, Lf2†! 27. Kh1, Td1 28. Lg7†!, Dg7:!

29. Se6†, Ke7 30. Dg7‡, Kd6 (auf Ke6: folgt 31. Dg4†) 31. Df8†, Ke6: 32. De8†, Kf6 nebst Remis durch ewiges Schach.

Stellung nach dem 23. Zuge von Schwarz

24. Dh6—g5 Td8—d5
25. Te1×e7 Td5×g5
26. Te7×h7 Tg5×g2†
27. Kg1×g2 Ld3×f1†
28. Kg2×f1 Kg8×h7
29. Sf3—d2 Lb6—c5
30. Sd2×c4 b7—b5

An Steinen sind die Spiele gleich, aber Schwarz steht im Endspiele um eine Nuance besser.

31. Sc4—e5 Sg6×e5
32. Lb2×e5 Lc5—d6
33. Le5—d4 ....

Der Abtausch führt ebenfalls zu Remis, z. B. 33. Ld6:, cd6 34. Ke2, Kg6 35. Kd3, Kf5 36. f3!, Kg5 37. Kd4, a5 38. a3, a4 39. Kc3, d5 40. Kc2!, Kh4 41. Kc3, Kh5 42. Kc2, Kg5, 43. Kc3, Kf4 44. h4, Ke3 45. h5, d4† 46. Kb4, d3 47. h6, d2 48. h7, d1D 49. h8D usw. Morphy wählt den einfacheren Weg.

33. .... c7—c5
34. Ld4—e3 a7—a5
35. Kf1—e2 a5—a4
36. Ke2—d3 a4—a3

36. .... Kg6 wird durch 37. Ke4 aufgewogen.

37. Le3—c1 Kh7—g6
38. Kd3—e4 c5—c4
39. f2—f4 b5—b4
40. Lc1×a3 ....

Weiß sichert sich das Remis, da auch b3 wegen 41. ab3, cb3 42. Lb2 zu keinem anderen Ergebnisse führen würde.

40. .... b4×a3
41. Ke4—d4 Ld6×f4
42. Kd4×c4 Lf4×h2
43. Kc4—b3 Lh2—d6
44. Kb3—c2 Remis.

258

Spanische Partie

London, April 1859

J. Löwenthal — Morphy

1. e2—e4 e7—e5
2. Sg1—f3 Sb8—c6
3. Lf1—b5 a7—a6
4. Lb5—a4 Sg8—f6
5. 0—0 b7—b5

Bei einer anderen Gelegenheit spielte Morphy den theoretisch besseren Zug 5. .... Le7.

6. La4—b3 Lf8—c5
7. c2—c3 ....

In Betracht käme 7. Se5.

7. . . . d7—d6
8. d2—d4 e5 × d4
9. c3 × d4 Lc5—b6
10. Lc1—g5 Lc8—b7
11. Sb1—c3 Sc6—e7

Schwarz steht sehr beengt, der folgende gewaltsame Befreiungsversuch wird von **Löwenthal** mit viel Geschick widerlegt, was dafür spricht, daß **Löwenthal** zeitweise auch sehr stark zu spielen verstand.

12. Tf1—e1 h7—h6
13. Lg5—h4 g7—g5
14. Lh4—g3 Ke8—f8
15. Dd1—d3 c7—c5

Morphy behandelt die Partie sehr originell, kann aber die Schwierigkeiten der Eröffnung trotz seines genialen Spieles nicht überwinden.

16. e4—e5 d6 × e5

Erzwungen, da auf c4 17 ef6 folgen kann.

17. Lg3 × e5 Kf8—g7

Falls c4, so folgt 18. De2 mit vorteilhaftem Angriffe. Der Königszug ist ebenfalls ungenügend.

18. Sc3—e4 . . .

(S. Diagramm)

Sofort entscheidend war hier 18. Lf6‡, Kf6: 19. De3, Dd6 (falls cd4, so folgt 20. De5†, Kg6 21. Se4, Sc8! 22. Lf7‡, Kf7: 23. Df5†, Kg7 24 Se5, De8 25. Sf6 usw.), 20. Se5, cd4 21. Sg4†, Kg7 22. De7:, De7: 23. Te7:, dc3 24. Tf7‡, Kg6 25. Se5†, Kh5 26. Ld1†, g4 27. Lg4‡, Kg5 28. Tf5†, Kh4 29. g3‡.

18. . . . . Lb7 × e4
19. Dd3 × e4 Se7—g6
20. De4—b7 . . .

Stellung nach dem 18. Zuge von Weiß

Besser war 20. dc5 nebst 21. Tad1 und 22. Df5.

20. . . . . Ta8—a7
21. Db7—c6 c5—c4
22. Lb3—c2 Lb6—c7

Etwas länger wäre die Partie durch 22. .... Se5: 23. de5, Sg4 24. Te2, Sf2: usw. zu halten.

23 Ta1—d1 Dd8—e7
24. Lc2 × g6 Kg7 × g6
25. d4—d5 Lc7 × e5
26. Sf3 × e5† Kg6—g7
27. Se5—g6 De7—d8
28. Sg6 × h8 Kg7 × h8
29. d5—d6 Kh8—g7
30. a2—a4 Ta7—d7
31. a4 × b5 a6 × b5
32 Dc6 × b5 Td7 × d6
33. Td1 × d6 Dd8 × d6
34. Db5 × c4 h6—h5
35. h2—h3 Sf6—d7
36. Te1—e3 Sd7—e5
37. Te3 × e5 . . . .

Kurz und bündig!

37. . . . . Dd6 × e5
38. Dc4—c3 und gewinnt.

259

Evansgambit

London, April 1859

Morphy	J. Löwenthal
1. e2—e4	e7—e5
2 Sg1—f3	Sb8—c6
3. Lf1—c4	Lf8—c5
4. b2—b4	Lc5×b4
5. c2—c3	Lb4—c5
6. 0—0	d7—d6
7. d2—d4	e5×d4
8. c3×d4	Lc5—b6
9. d4-d5	Sc6—e5

Dieser Zug ist unvorteilhaft, denn nach dem Abtausch wird der Bauerangriff f4 entscheidend, da der Läufer von a3 den Punkt f8 bedrohen kann.

10. Sf3×e5 d6×e5
11. Lc1—b2 . . . .

Noch stärker ist hier 11. La3, z. B. 11. . . . . Ld4 12. Sd2, La1: 13. Da1:, f6 14. f4 usw.

11. . . . . Dd8—e7

In Betracht kommt f7—f6.

12. Lc4—b5† Lc8—d7

Dieser Zug führt zu materiellem Verlust: besser war daher Kd8.

13. Lb5×d7† Ke8×d7

Ein entscheidender Fehler! Die Dame mußte schlagen, z. B. 13. . . . . Dd7: 14. Le5:, f6 15. Ld4, Sh6. Weiß steht aber auch in diesem Falle besser.

14. Dd1—g4† f7—f5

Weicht der König dem Schach aus, so würde Weiß durch Dg7: sich noch günstiger stellen.

15. Dg4×f5† Kd7—e8
16. Lb2×e5 Sg8—h6
17. Df5—f4 Ke8—d7
18. Sb1—d2 Ta8—e8
19 Sd2—c4 Lb6—c5
20. Ta1—d1 Lc5—d6
21. Le5×d6 c7×d6
22. Td1—b1 b7—b6
23. Tf1—c1 De7—f6

Es drohte 24. Tb6:, ab6: 25. Sb6‡, Kd8 26. Tc8‡.

24. Df4—e3 Sh6—g4

Dies war die erste diagrammatisch dargestellte Endspielstellung, die im amerikanischen Blatte „New York Ledger" (Nummer vom 6. August 1859) erschien; dabei ist zu bemerken, daß die Schachspalte des erwähnten Blattes angeblich von Morphy geleitet wurde. — Weiß beendet die Partie durch fein durchdachtes Opferspiel.

25. Sc4×b6† a7×b6

Falls Ke7, so 26. Tc7†, Kf8 27. Sd7† nebst Sf6‡ usw.

26. Tc1—c7† Kd7—d8

Nimmt der König den Turm, so folgt 27. Db6‡, Kc8! 28. Tc1†, Dc3 29. Tc3‡, Kd7 30. Dc7‡.

27. Dc3 × b6 Df6 × f2†
28. Db6 × f2 Sg4 × f2
29. Tc7—a7 Sf2—h3†
30. g2 × h3 Kd8—c8
31. Kg1—f2 und gewinnt.

260

Unregelmäßige Eröffnung

London, April 1859

Vorgabe des Damespringers

Morphy Pindar

1. e2—e4 d7—d5

Die Wahl dieses Eröffnungszuges, welche seitens des Nachziehenden mit Rücksicht auf den fehlenden Damespringer des Gegners erfolgte, zeugt von zielbewußter Behandlung des Spieles. Sie steht mit dem Umstande im Einklange, daß die Möglichkeit erfolgreicher Vorgabe des Springers an einen so spielkundigen Gegner wie Pindar, der den rechtzeitigen Abtausch nicht scheut und an passender Stelle den Gegenangriff aufzunehmen versteht, sich als trügerisch erweisen mußte.

2. e4 × d5 Dd8 × d5
3. c2—c4 Dd5—d8
4. d2—d4 e7—e5
5. Lf1—d3 . . . .

Bei Annahme des Baueropfers könnte Schwarz durch 5. Lb4†, Ld2 6. Dd2‡, Dd2: 7. Ld2‡ usw. zuviel Figuren abtauschen.

5. . . . Lf8—b4†
6. Lc1—d2 Lb4 × d2†
7. Dd1 × d2 Sb8—c6
8. Sg1—e2 . . .

Morphy bemüht sich vergebens, zum Angriff zu gelangen. Pindar vermeidet wohlweislich die Komplikation und führt konsequent die Verfachung herbei.

8. . . . Sg8—f6
9. d4—d5 Sc6—d4
10. Se2—g3 0—0
11. 0—0 Tf8—e8
12. Ta1—e1 Dd8—d6
13. f2—f4 c7—c5
14. f4 × e5 Te8 × e5
15. Te1 × e5 Dd6 × e5
16. Tf1—e1 De5—d6
17. Dd2—g5 Lc8—d7
18. Te1—f1 Ta8—e8
19. b2—b4 b7—b6
20. Dg5—h4 h7—h6!
21. b4 × c5 b6 × c5
22. h2—h3 Te8—e3

Schwarz geht nun zum Gegenangriffe über, an dessen nachhaltiger Kraft der letzte Versuch von Weiß, auf dem Angriffswege einen Vorteil zu erlangen, scheitert.

23. Sg3—e4 Sf6 × e4
24. Dh4—d8† Dd6—f8
25. Dd8 × d7 Te3 × d3
26. Tf1—e1 Se4—f6
27. Dd7—c7 Sd4—f5

und die Übermacht der beiden schwarzen Springer führt schnell zur Entscheidung.

Simultanspiel im St. James' Club

261

Zweispringerspiel im Nachzug

London, 26. April 1859

Erstes Simultanspiel

A. de Rivière	Morphy
1. e2—e4	e7—e5
2. Sg1—f3	Sb8—c6
3. Lf1—c4	Sg8—f6
4. Sf3—g5	d7—d5
5. e4×d5	Sc6—a5
6. d2—d3	h7—h6
7. Sg5—f3	e5—e4
8. Dd1—e2	Sa5×c4
9. d3×c4	Lf8—c5
10. h2—h3	0—0
11. Sf3—h2	Sf6—h7
12. Sb1—c3	. . .

Einfacher wäre 12. Le3. Bezüglich der Eröffnung siehe Partie 83.

12. . . .	f7—f5
13. Lc1—e3	Lc5—b4
14. De2—d2	Lc8—d7
15. g2—g3	Dd8—e7
16. a2—a3	

Die Rochade nach der Dameseite war keinesfalls gefährlicher, als mit dem Könige in der Mitte zu bleiben. Der Textzug schwächt den Dameflügel erheblich und treibt den Läufer auf bessere Felder.

16. . .	Lb4—d6
17. Sc3—e2	b7—b5
18. c4×b5	Ld7×b5
19. Se2—d4	Lb5—c4
20. Sd4—e6	Tf8—e8
21. Dd2—d4	Lc4—a6

Falls Ld5:, so 22. Sg7:, Dg7: 23. Dd5† usw.

22. c2—c4	c7—c5
23. Dd4—c3	La6—c8
24. Se6—f4	Ta8—b8
25. Ta1—b1	g7—g5
26. Sf4—e2	Sh7-f8
27. h3—h4	Sf8—g6
28. h4×g5	h6×g5

29. Dc3—c1 . . . .

Der Verlustzug! Durch 29. Dd2! hätte Weiß ein wichtiges Tempo gewonnen. Bei einer so verwickelten Stellung ist ein Tempo oft entscheidend.

29. . . . . Sg6—e5

Es entspinnt sich nun eine bis zum Schluß andauernde, sehr interessante und an Verwicklungen reiche Serie von Angriffen und Gegenangriffen, aus welchen schließlich der weiter und genauer rechnende Spieler als Sieger hervorgeht.

30. Le3×g5	Se5—d3†
31. Ke1—f1	De7—g7!
32. Dc1—d2	. . . .

Die Folge des schwachen 29. Zuges wird jetzt ersichtlich.

32. .... Sd3×b2
33. Dd2—c2 Lc8—a6
34. Lg5—c1 Sb2×c4
35. Dc2—a4 Sc4—d2†
36. Kf1—g2 Sd2×b1
37. Da4×a6 Tb8—b6
38. Da6—a4 Te8—b8
39. Sh2—f1 Ld6—e5
40. Sf1—e3 f5—f4
41. Se2×f4 Le5×f4
42. Se3—f5 Dg7—f7
43. Lc1×f4 Df7×f5
44. Lf4×b8 Tb6×b8
45. Da4×a7 Tb8—f8
46. Da7×c5 Df5—f3†
47. Kg2—g1 Sb1—c3

Das Eingreifen des Springers entscheidet schnell.

48. Th1—h4 Sc3—e2†
49. Kg1—h2 Df3—f2‡
50. Dc5×f2 Tf8—f2‡
51. Kh2—h3 Se2—g1†
52. Kh3—g4 e4—e3
53. Kg4—h5 e3—e2
54. Th4—e4 Tf2—f1

und gewinnt.

262

Schottisches Gambit

London, 26. April 1859

Zweites Simultanspiel

Morphy — S. Boden

1. e2—e4 e7—e5
2. Sg1—f3 Sb8—c6
3. d2—d4 e5×d4
4. Lf1—c4 Lf8—c5
5. 0—0 d7—d6
6. c2—c3 Sg8—f6
7. c3×d4 Lc5—b6
8. Sb1—c3 Lc8—g4
9. Lc1—e3 0—0
10. Dd1—d3 ....

Ausgiebige Analysen der Eröffnung bei Partie 96.

10. .... Dd8—d7

Schwarz versäumt die Gelegenheit, durch Sb4 11. Dd2, d5! usw. das weiße Zentrum zu sprengen. Ungünstig wäre dagegen Lf3:, weil dadurch das weiße Zentrum verstärkt und den Türmen eine Angriffslinie eröffnet würde.

11. Sf3—d2 Sc6—e7

Sb4! könnte noch immer geschehen.

12. Lc4—b3 d6—d5
13. e4—e5 Sf6—e8

In Betracht käme Lf5 14. De2, Se4 15. f3, Sd2: 16. Dd2:, c6 nebst f6 usw.

14. h2—h3 Lg4—h5
15. f2—f4 f7—f5
16. Kg1—h2 c7—c6
17. Tf1—g1 Kg8—h8
18. Lb3—c2 Lh5—g6
19. Sd2—f3 ....

Weiß kann keinen rechten Plan ersinnen, wie die feste Position seines Gegners aufzurollen wäre. Es zeigt sich deutlich, wie die durch die gleichzeitigen Partien geteilte Aufmerksamkeit Morphys seine Ruhe und Übersicht beeinträchtigt.

19. .... Se8—c7
20. b2—b4 Sc7—e6
21. Sf3—d2 Se7—g8
22. Sd2—b3 Sg8—h6
23. Sc3—a4 Dd7—e7

24. Sa4—c5 Se6×c5

Falls Lc5:, so folgt 25. bc5, Sg4†? 26. Kg3! usw.

25. b4×c5 Sh6—g4†
26. Kh2—h1 ....

Auf Kg3 antwortet Schwarz mit Ld8!

26. .... De7—h4
27. Tg1—f1 ....

Bei cb6? könnte Dg3 28. hg4, Dh4‡ folgen.

27. .... Sg4×e3
28. Dd3×e3 Lb6—c7
29. Sb3—d2 Dh4—e7
30. Sd2—f3 Ta8—b8
31. Ta1—b1 b7—b6
32. Lc2—a4 b6—b5
33. La4—c2 a7—a5
34. Tf1—g1 ....

In Betracht kommt Tf2!

34. .... Lc7—d8
35. g2—g4 De7—e6
36. g4—g5 Kh8—g8
37. h3—h4 h7—h5

Ein Fehler! Lh5 war am Platze.

38. g5×h6 Tf8—f7

39. Tg1—g2 ....

Morphy nutzt den Fehler nicht aus; durch 39. Sg5!, Lg5: 40. Tg5:, Lh7! 41. hg7, Tg7: 42. Tbg1, Tbb7 43. Dh3 usw. ergab sich ein sicherer Vorteil.

39. .... Lg6—h5
40. Tb1—g1 De6×h6
41. Sf3—g5 Ld8×g5

Schwarz rennt direkt ins Verderben. Tf8 war geboten.

42. h4×g5 Dh6—h8

Anders ist der Läufer nicht zu retten.

43. Tg2—h2 ....

Es drohte Lf3† und Mat.

43. .... g7—g6
44. Tg1—g3 Tf7—h7
45. Tg3—h3 ....

Die starke Besetzung der h-Reihe sollte greifbaren Vorteil bringen.

45. .... Tb8—b7
46. Kh1—g1 Lh5—g4
47. Th3—h6 Th7×h6
48. Th2×h6 Tb7—h7

Besser wäre Dg7.

49. Th6×g6† ....

Der zum Siege führende naheliegende Weg war 49. e6, Th6: (falls Kf8, so Th7:, Dh7: 51. De4) 50. gh6: Kf8 (bei Dh6: gewinnt e7) 51. De5! usw.

49. .... Kg8—f7
50. Tg6—h6 ....

Auch jetzt hätte Weiß 50. Tf6†, Ke7 51. Dg3 versuchen können, da dann Th1† wegen 52. Kg2, Tc1 53. Th6, Tc2‡ 54. Kf1, Dg8 55. Dh4! für Schwarz nachteilig gewesen wäre.

50. .... Th7×h6
51. g5×h6 Dh8×h6

Remis.

263

Russisches Springerspiel

London, 26. April 1859

Drittes Simultanspiel

Morphy	Th. P. W. Barnes
1. e2—e4	e7—e5
2. Sg1—f3	Sg8—f6
3. Lf1—c4	Sf6×e4
4. Sb1—c3	Se4×c3
5. d2×c3	f7—f6
6. 0—0	....

Unrichtig wäre 6. Se5: wegen De7.

6. .... Dd8—e7

Allein richtig; auf d6 erlangt Weiß durch 7. Sh4, De7! 8. Dh5†, Kd8 9. f4, Se6 10. Le3 usw. einen nachhaltigen Angriff.

7. Sf3—h4 ....

7. Te1 genügt ebenfalls nicht, führt aber viele interessante Opferwendungen herbei. Die richtigeren Varianten sind: 7. Te1, c6! 8. Te5: (falls 8. Lg5, so d6! 9. Lh4, Sd7 10. Sd4, d5 11. Sf5, Df7 12. Ld3, Sc5 usw.) fe5, 9. Lg5, De5! 10. De2, d5! 11. Se5, Le7 usw.

7. .... d7—d6

Vorzuziehen wäre die von Steinitz vorgeschlagene Verteidigung durch c6; z. B. 8. Dh5†, Kd8 9. Le3, d5 10. Tad1, Le6 usw.

8. Dd1—h5†	Ke8—d8
9. f2—f4	Lc8—e6
10. Lc4×e6	De7×e6
11. f4×e5	d6×e5
12. Sh4—g6	Lf8—c5†

Falls De8, so 13. Dd1† nebst 14. Sh8:.

13. Kg1—h1	Th8—e8
14. Dh5×h7	De6—g8
15. Dh7—h5	Sb8—d7
16. b2—b4	Lc5—d6
17. Lc1—d2	....

Besser wäre, wie sich später herausstellt, 17. Le3.

17.	Dg8—f7
18. Dh5—g4	Df7—e6
19. Dg4—e4	Sd7—b6
20. De4×b7	....

Sieht wie Verrechnung aus, ist aber die einzige Möglichkeit, den Angriff festzuhalten.

20.	De6—g4
21. a2—a4	....

Bei genauerer Betrachtung der Stellung würde Morphy wahrscheinlich den naheliegenden stärkeren Zug Le3 gewählt haben, durch den der spätere Angriff wesentlich verstärkt würde.

21.	Ta8—c8
22. Ta1—d1	Dg4×g6
23. Ld2—e3	Sb6—c4
24. Db7—c6	Dg6—f7

Falls Se3:, so folgt 25. Td6†, Ke7! 26. Td7†, Kf8 27. Dc5†, Kg8 28. De3: usw.

25. Le3×a7	e5—e4
26. Td1—d4	Df7—h5
27. Tf1—f4	e4—e3
28. g2—g4	e3—e2
29. g4×h5	e2—e1D†
30. Kh1—g2	Te8—e2†
31. Kg2—h3	f6—f5

(S. Diagramm)

Barnes führt den Gegenangriff konsequent durch und bringt eine problemartige Matstellung zustande.

32. Dc6×c4	De1—f1†
33. Kh3—h4!	Te2×h2†

Stellung nach dem 31. Zuge von Schwarz

34. Kh4—g5	Df1—g2†
35. Tf4—g4	f5×g4
36. Dc4—f7	Dg2—c6
37. b4—b5	....

Etwas mehr Aussicht bot 37. Df8† und auf De8 38. Td6‡, cd6 39. Dd6‡, Dd7 40. Lb6†, Ke8 41. Dh2:, De7† 42. Kg4:, De6† 43. Kg5, Db6: 44. De5†, Kd8 45. a5 usw.

37.	Dc6—d7
38. Td4×d6	Dd7×d6

Aufgegeben.

Noch im letzten Augenblick bestand die Möglichkeit des Verlustes, falls Schwarz fehlerhafterweise den Turm mit dem c-Bauer geschlagen hätte, und zwar cd6? 39. Lb6†, Tc7 40. Df8†, De8 41. Dd6‡, Dd7 42. Lc7‡, Kc8 43. Dd7‡, Kd7: 44. Lh2: usw.

264

Springergambit

London, 26. April 1859

Viertes Simultanspiel

Morphy	H. E. Bird
1. e2—e4	e7—e5
2. f2—f4	e5×f4
3. Sg1—f3	Lf8—e7
4. Lf1—c4	Le7—h4†
5. g2—g3	....

Einfacher wäre 5. Kf1, da dann Weiß den Gambitbauer bei günstigem Spiele zurückgewinnt. Das Opfer zweier Bauern hat zwar einen scharfen Angriff zur Folge, ist aber nach den neuesten Untersuchungen nicht ganz stichhältig.

5.	f4×g3
6. 0—0	g3×h2†
7. Kg1—h1	d7—d5

Dieses Gegengambit bietet die richtigste Verteidigung; jede andere Entgegnung wäre unbedingt schwächer, z. B. 7. .... Lf6 8. Se5, Le5: 9. Dh5, De7 10. Tf7:, Dc5 11. Tf8††, Ke7 12. d4, Dd4: 13. Lg5†, Kd6! 14. Sd2 usw., oder 7. .... d6 8. Lf7‡, Kf7: 9. Se5††, Ke7 10. Dh5, de5 11. De5‡, Kd7 12. Dd5†, Ke7 13. Df7†, Kd6 14. Dd5† usw.

8. Lc4×d5	Sg8—f6
9. Ld5×f7†	Ke8×f7
10. Sf3×h4	Th8—e8

Der gewinnbringende Zug ist hier Tf8, z. B. 11. e5 (falls d4 oder d3, so folgt Kg8), Dd5† 12. Sf3, Sh5 13. Sc3, Dc6 14. Kh2:, Kg8 usw.

11. d2—d3	Lc8—h3
12. Dd1—h5†	Kf7—g8
13. Tf1×f6	....

Diese höchst elegante Fortsetzung wäre nicht möglich, wenn Schwarz im 10. Zuge Tf8 gezogen hätte.

13.	....	g7×f6

Die Dame darf nicht schlagen, da der Turm ungedeckt bleibt.

14.	Sb1—c3	Te8—e5
15.	Dh5—f3	Dd8—d7
16.	Lc1—f4	....

Bei Sd5 opfert Schwarz die Qualität.

16.	....	Sb8—c6
17.	Kh1×h2	Lh3—g4

Die Spieler, zunächst auf die Entwicklung ihrer Steine bedacht, lassen den auf e5 stehenden angegriffenen Turm gänzlich außer Acht.

18.	Ta1—g1	h7—h5
19.	Lf4×e5	....

Weiß hat die geopferte Qualität zurückgewonnen und Positionsvorteil erlangt, da der schwache Turmbauer von Schwarz bald zum Opfer fallen wird.

19.	....	f6×e5
20.	Sc3—d5	Sc6—d4
21.	Sd5—f6†	Kg8—h8
22.	Df3—e3	Dd7—g7
23.	Sf6×h5	Dg7—h7
24.	Tg1×g4	Dh7×h5
25.	De3—h3!	Kh8—h7
26.	c2—c3	Sd4—e6
27.	Tg4—g6	....

(S. Diagramm)

27. Sg6 hätte schnell entschieden, der Textzug erschwert den Gewinn.

27.	....	Ta8—e8

Schwarz könnte nun das Gegenspiel De2† 28. Kh1 (falls 28. Sg2†, so Kg6: 29. De6‡, Kh7 usw.), Dd1† 29. Tg1, Dh5 usw. versuchen, wodurch sich Remischancen ergeben hätten.

Stellung nach dem 27. Zuge von Weiß

28.	Tg6×e6	Te8×e6
29.	Dh3×e6	Dh5×h4†
30.	De6—h3	Dh4×h3†
31.	Kh2×h3	....

Es erfordert nunmehr Technik, das Endspiel zu gewinnen.

31.	....	c7—c5
32.	Kh3—g4	Kh7—g6
33.	Kg4—f3	....

Auch 33. a4 führt zum Ziele, z. B. a4, a5 34. b3, b6 35. c4, Kf6 36. Kh5, Kf7 37. Kg5, Ke6 38. Kg6, Ke7 39. Kf5, Kd6 40. Kf6 usw.

33.	....	Kg6—f6
34.	Kf3—e3	Kf6—e6
35.	d3—d4	e5×d4†
36.	c3×d4	c5×d4†
37.	Ke3×d4	Ke6—d6
38.	e4—e5†	Kd6—e6
39.	Kd4—e4	Ke6—e7
40.	Ke4—d5	Ke7—d7
41.	e5—e6†	Kd7—e7
42.	Kd5—e5	a7—a6
43.	a2—a3	Ke7—e8
44.	Ke5—d6	Ke8—d8
45.	e6—e7†	Kd8—e8
46.	Kd6—c7	Aufgegeben

265
Spanische Partie
London, 26. April 1859
Fünftes Simultanspiel

J. Löwenthal	Morphy
1. e2—e4	e7—e5
2. Sg1—f3	Sb8—c6
3. Lf1—b5	a7—a6
4. Lb5—a4	Sg8—f6
5. 0—0	Lf8—e7
6. d2—d4	....

An dieser Stelle wird in neuester Zeit 6. Te1! gespielt, wodurch Weiß jedem Abtausche aus dem Wege geht und eine volle Stellung mit etwas besseren Chancen erhält, z. B. 6. Te1, b5! 7. Lb3, d6 8. c3, Sa5 9. Lc2, c5 10. d4!, Dc7 11. Sd2, 0—0, 12. Sf1 nebst Sg3 usw.

6.	e5×d4
7. e4—e5	Sf6—e4
8. La4×c6	d7×c6
9. Dd1×d4	....

Löwenthal sucht, seinem Spieltypus entsprechend, die Stellungen zu vereinfachen. Gegen Morphy ist dies ein sehr gesundes Prinzip, da dieser bei großer Komplikation unbesiegbar schien.

9.	Lc8—f5
10. Sb1—c3	Le7—c5
11. Dd4×d8†	Ta8×d8
12. Sf3—h4	Se4×c3
13. Sh4×f5	Sc3—e2†
14. Kg1—h1	g7—g6
15. Sf5—g3	....

Nach 15. Le3 würde Schwarz durch gf5, 16. Lc5:, Td2 ein gutes Spiel erlangen.

15.	Se2×g3†
16. h2×g3	h7—h6

Wehrt die Drohung Lc1—g5—f6 ab und sichert zugleich dem Könige das rasche Eintreten in das Spiel.

17. Ta1—b1	....

Das einzige Mittel, den Dameturm zu entwickeln.

17.	Ke8—e7
18. b2—b4	Lc5—d4
19. f2—f4	Ke7—e6
20. Tb1—b3	h6—h5
21. Tb3—d3	Ld4—b6
22. Tf1—d1	Td8×d3
23. Td1×d3	Ke6—f5
24. Lc1—b2	Th8—h7

Bei h4 wäre die Partie nach 25. e6, Te8 26. ef7, Te1† 27. Kh2, Kg4 28. gh4 usw. klar Remis.

25. Lb2—d4	h5—h4
26. Ld4×b6	h4×g3†
27. Kh1—g1	c7×b6
28. Td3—d7	Kf5—e6

Falls Kf4:, so folgt 29. e6! usw. Das folgende Turmendspiel ist zwar einfach und leicht zum Remis zu führen; trotzdem bereitet es dem Simultanspieler eine große Schwierigkeit, da die genaue Berechnung längere Zeit in Anspruch nehmen würde.

29. Td7×b7	Th7—h4
30. Tb7×b6	Th4×f4
31. Tb6×c6†	Ke6×e5
32. Tc6—c5†	Ke5—d6

Nach Ke4 tauscht Weiß die Türme und hat das Remis ebenfalls in Händen, z. B. 33. Tc4†, Kf5 34. Tf4†, Kf4: 35. a4, Ke5 36. Kf1, f5 37. Ke2, g5 38. Kf3, f4 39. b5 usw.

33. Tc5—g5!	Tf4×b4
34. Tg5×g3	Tb4—a4

35. a2—a3	Ta4—c4	43. Tb5—b3	f7—f5
36. Tg3—d3†	Kd6—e6	Falls g3, so folgt 44. Tf3† nebst Tf7: usw.	
37. Td3—b3	Tc4 × c2	44. g2—g3†	Kf4—e4
38. Tb3—b6†	Ke6—f5	45. Kg1—f1	Ke4—e5
39. Tb6 × a6	g6—g5	46. Kf1—g1	f5—f4
40. Ta6—b6	Tc2—a2	47. Tb3—b4	
41. Tb6—b3	g5—g4	Remis.	
42. Tb3—b5†	Kf5—f4		

Als Morphy sich anschickte, aus der Alten in die Neue Welt zurückzukehren, widmeten die englischen Zeitungen dem scheidenden Meister die anerkennendsten Worte. So viel man auch in den Schachannalen blättern mag, man finde keinen Zweiten, der ihm als ebenbürtig an die Seite gestellt werden kann! Es wurde nicht nur die Lauterkeit seines Charakters gerühmt, sondern auch wie gentlemanlike er sich stets verhalten habe. Seine Siege über die Altmeister Anderssen, Harrwitz und Löwenthal beweisen, daß sein großer Ruf nicht auf Zufälligkeiten beruht, sondern auf angeborenem Genie.

Übersicht der Partien Morphys

gespielt in England 1859

Simultanspiel		Blindlingsspiel	
Th. P. W. Barnes .	+1 —0 =0	Im London Club . .	+0 —2 =6
H. E. Bird	+0 —1 =0	Im St. George's Club	+0 —5 =3
S. Boden	+0 —1 =0	Springer-Vorgabepartien	
J. J. Löwenthal .	+0 —0 =1	Pindar	+1 —0 =0
Arnous de Rivière	+0 —1 =0	Andere Gegner . . .	+0 —?

8
Heimkunft

Am 10. Mai 1859 betrat der junge Held wieder den heimischen Boden. Glänzend und imposant gestaltete sich sein Empfang. — Mit Stolz anerkannte Amerika den Siegeshelden als sein eigen und überhäufte ihn mit den verschiedensten Zeichen seiner Liebe und Achtung.

Im Hotel St. Nicholas empfing Morphy die schier endlose Menge seiner Verehrer und beglückte die einzelnen mit je einem Worte, einem Autogramm, einer Photographie u. a. Mit Einladungen wurde er nicht nur seitens der vornehmsten und einflußreichsten Bürger, sondern auch von den Schachvereinen andrer Städte derart überhäuft, daß es ihm ganz unmöglich war, ihnen allen Folge zu leisten. Aber auch inmitten der unausgesetzten Ovationen änderte sich sein gleichmäßig liebenswürdiges Benehmen nicht. Mit seiner verbindlichen Freundlichkeit und selbstbewußten Bescheidenheit eroberte er die Herzen aller, die mit ihm in Verkehr traten.

Die größte Auszeichnung, die sich zu einer volkstümlichen Feier gestaltete, ward Morphy am 25. Mai 1859 zuteil. An diesem Tage wurde ihm in der Aula des Universitätsgebäudes das nationale Ehrengeschenk überreicht, eine Ehrung, die durch ein im Herbst 1858 zusammengetretenes Komitee vorbereitet war. In Anwesenheit der hervorragendsten Vertreter von Wissenschaft und Kunst, im Beisein der angesehensten Bürger der Weltstadt verlief diese Feier, mit Ausnahme eines kleinen, durch die Ansprache des Obersten Charles D. Mead hervorgerufenen Zwischenfalles, in erhebender Weise. John van Buren überreichte mit schwungvollen Worten ein künstlerisch modelliertes, wertvolles Schachspiel mit goldenen und silbernen Figuren. Der mächtige Beifallssturm, welcher nach den warmen Dankesworten des Gefeierten losbrach, hatte sich kaum gelegt, als ihm seine New Yorker Freunde auch mit einem sinnigen Geschenke nahten. A. Fuller überreichte dem Meister eine eigens für ihn gearbeitete goldene Uhr, auf deren Zifferblatt die Stundenzeiger durch Schachfiguren dargestellt waren.

Eine weitere Ehrung ward dem amerikanischen Meister am nächstfolgenden Tage durch die deutschen Schachfreunde in New York zuteil, welche ihn gelegentlich eines Festmahles in Buhlers Hotel am Broadway mit einem kunstvollen silbernen Lorbeerkranze krönten. Aber nicht nur in New York, sondern in sämtlichen Städten, wo Morphy erschien, überall wurde der große Meister mit Begeisterung empfangen und gefeiert.

Allein der Held suchte nach seiner Heimkehr nicht mehr ernste Kämpfe, sondern spielte — abgesehen von einigen Blindlings- und Konsultationspartien — nur mehr mit Vorgabe von Springer oder Turm und siegte, wie er wollte.

Philadelphia Oktober 1859

Im Herbst des Jahres 1859 hielt sich Morphy noch immer in New York auf. Er unternahm von hier Ausflüge in einige nördlich gelegene Städte, um sich nach einem ihm zusagenden ständigen Wohnsitz umzusehen. Erst Ende Oktober folgte er dem Rufe seiner Mutter und kehrte über Philadelphia nach seiner Vaterstadt zurück, wo er sich neuerdings mit juristischen Studien befaßte. — Zu Hause hielt er sich nicht ganz ein Jahr auf; im Herbst 1860 kam er abermals nach New York, um ihm lieb gewordene Menschen und Stätten aufzusuchen. Der halbjährige Aufenthalt daselbst trug schon mehr oder weniger das Gepräge des Abschiedes von der Schachspielkunst, er spielte nur noch hie und da eine Partie.

Bald zog er sich vom Kampfplatze mit dem unverwelklichen Lorbeer auf seinem Haupte völlig zurück, vor allem da er den mehr und mehr um sich greifenden professionsmäßigen Betrieb nicht in Einklang zu bringen vermochte mit seiner reinen idealen Gesinnung. Als Ch. D. Mead bei seiner Begrüßungsrede in der Aula von dem Schach als einer Profession sprach und Morphy als den Ersten ihrer Vertreter bezeichnete, hatte der sonst so verbindliche Meister schon Veranlassung genommen, sich energisch dagegen zu verwahren.

266

Philidors Springerspiel

New York, Mai 1859

Vorgabe des Damespringers

Morphy	Denis Julien
1. e2—e4	e7—e5
2. Sg1—f3	d7—d6

Die Philidorsche Verteidigung ergibt eine langsame, aber solide Entwicklung und ist bei Vorgabepartien behufs Vermeidung der Gefahren des Evans- oder Schottischen Gambits sehr gut anwendbar.

3. d2—d4	e5×d4

Schwarz spielt nicht konsequent genug; im Gambitspiele ist der stärkere Spieler immer gefährlich und beim Angriffe kommt es in entsprechender Stellung auf ein oder zwei Offiziere nicht an. Besser war Sc6 nebst Le7 und Sf6 in Verbindung mit 0—0.

4. Lf1—c4	Sb8—c6
5. c2—c3	Sc6—e5
6. Sf3×e5	d6×e5
7. Dd1—b3	Dd8—e7

Die ungünstigen Folgen der verfehlten Eröffnung werden immer deutlicher.

8. f2—f4	d4×c3
9. 0—0	c7—c6
10. f4×e5	Lc8—e6
11. Lc4×e6	f7×e6

Stellung nach dem 11. Zuge von Schwarz

Die Dame mußte schlagen; nach 11..... De6: 12. Db7:, Lc5† 13. Kh1, Td8! 14. Lg5, Se7 usw. hätte Schwarz ein gewonnenes Spiel. Auf den Textzug folgt ein geniales entscheidendes Opfer.

12. Lc1—g5!	De7×g5
13. Db3×b7	Lf8—c5†
14. Kg1—h1	Dg5×e5

Des drohenden Mats wegen kann der Turm nicht gerettet werden.

15. Db7×a8†	Ke8—d7
16. Da8—b7†	De5—c7
17. Ta1—d1†	Lc5—d6
18. Td1×d6†	Kd7×d6
19. Tf1—d1†	Aufgegeben.

267

Schottisches Gambit

New York, 11. Mai 1859

Vorgabe des Damespringers

Morphy	Fr. Perrin
1. e2—e4	e7—e5
2. Sg1—f3	Sb8—c6
3. d2—d4	e5×d4
4. Lf1—c4	Lf8—c5
5. 0—0	d7—d6
6. b2—b4	Lc5—b6
7. b4—b5	Sc6—e5

Das Angebot des Abtausches ist nicht ratsam, weil es die Öffnung der Turmlinie ermöglicht und Weiß einen vehementen Angriff erlangt. Besser war daher Sa5, da dann der weiße Königsläufer entweder mit Zugverlust zurückweichen oder geopfert werden mußte.

8. Sf3×e5	d6×e5
9. f2—f4	d4—d3†
10. Kg1—h1	Dd8—d4

(S. Diagramm)

11. Lc4×f7†	Ke8×f7
12. f4×e5†	Kf7—e8
13. Dd1—f3	Sg8—e7
14. Df3—f7†	Ke8—d8

Stellung nach dem 10. Zuge von Schwarz

15. Lc1—g5	....

Weiß hat einen überwältigenden Angriff; die Entscheidung tritt durch eine höchst elegante und lehrreiche Wendung ein.

15.	Dd4×e5
16. Ta1—d1	De5×g5
17. Td1×d3†	Lc8—d7
18. Df7—f8†	Th8×f8
19. Tf1×f8‡	

268

Schottisches Gambit

New York, Mai 1859

Vorgabe des Damespringers

Morphy	Fr. Perrin
1. e2—e4	e7—e5
2. Sg1—f3	Sb8—c6
3 d2—d4	e5×d4

Sicherer wäre es, die Bauern im Zentrum nicht zu tauschen und mit 3. .... d6 nebst 4. .... Le7 usw. fortzufahren.

4. Lf1—c4	d7—d6
5. c2—c3	d4—d3
6. Dd1—b3	Dd8—f6

Perrin verteidigt sich ungenügend. Das Aufreißen des Königsflügels erweist sich sehr bald als nachteilig: die Stellung verschlechtert sich von Zug zu Zug, ja Schwarz kommt in der ganzen Partie überhaupt nicht mehr zu Worte.

7.	0—0	h7—h6
8.	Lc1—e3	g7—g5
9.	Sf3—d4	Th8—h7
10.	f2—f4	g5—g4
11.	e4—e5	Df6—e7
12.	e5—e6	f7×e6
13.	Sd4×e6	Sg8—f6
14.	Ta1—e1	Lc8×e6
15.	Lc4×e6	Ta8—b8
16.	Le6—f5	Ke8—d8
17.	Le3×a7	Sc6×a7
18.	Te1×e7	Th7×e7
19.	Lf5×d3	Sa7—c6
20.	Ld3—f5	d6—d5
21.	Lf5×g4	Sf6×g4
22.	Db3×d5†	Kd8—e8

Auf Kc8 oder Td7 folgt 23. Df5.

23.	Dd5—h5†	Te7—f7
24.	Tf1—e1†	Lf8—e7
25.	Dh5×g4	Tb8—d8
26.	Dg4—g8†	Tf7—f8
27.	Dg8—g6†	Ke8—d7
28.	Dg6—e6†	Kd7—e8
29.	De6×h6	Td8—d6
30.	Dh6—h5†	Ke8—d8
31.	g2—g3	Kd8—c8
32.	b2—b4	Le7—f6
33.	Te1—e8†	Tf8×e8
34.	Dh5×e8†	Sc6—d8

Der Turm darf Figurenverlustes wegen nicht vorgestellt werden, und die weißen Freibauern gewinnen nun leicht.

35.	De8—e8	Td6—c6
36.	Kg1—g2	Tc6×c3
37.	De3—e4	Tc3—c6
38	g3—g4	Tc6—e6
39.	De4—f5	Kc8—b8
40.	g4—g5	Lf6—d4
41.	Df5—f8	Te6—d6

42. f4—f5 und gewann nach einigen Zügen.

269

Schottisches Gambit

New York, 1859

Vorgabe des Damespringers

	Morphy	Fr. Perrin
1.	e2—e4	e7—e5
2.	Sg1—f3	Sb8—c6
3.	d2—d4	Sc6×d4

Perrin versucht alle schlechten Varianten.

4.	Sf3×e5	Sd4—c6

Se6 genügt ebenfalls.

5.	Se5×f7	Ke8×f7
6.	Lf1—c4†	d7—d5

Dieses Bauernopfer ist überflüssig. 6. . . . . Ke8 wäre dem Weißen sehr unangenehm gewesen, und bloß Perrins schwaches Spiel trägt die Schuld daran, daß die Nachwelt nicht erfährt, wie sich Morphy in diesem Falle benommen hätte.

7.	Lc4×d5†	Lc8—e6
8.	Dd1—h5†	g7—g6
9.	Dh5—f3†	Sg8—f6
10.	Ld5×e6†	Kf7×e6
11.	Df3—b3†	Ke6—d7
12.	Lc1—g5	Lf8—e7

Besser wäre sogleich Ld6.

13.	0—0—0†	Le7—d6
14.	Db3×b7	Dd8—e7

Falls Tb8, so 15. Td6‡, Kd6: 16. Td1† nebst Td8: usw.

15.	f2—f4	. . . .

Stellung nach dem 15. Zuge von Weiß

15.	h7—h6?

Führt zu sofortigem Ruin. 15. .... Tbb8 16. Da6, Tb6 17. Df1!, Kc8 18. e5, Se5: usw. war die richtige Fortsetzung.

16. e4—e5	h6 × g5
17. Th1—e1	....

Auffallend ist es, daß Morphy den einfachen Gewinnzug 17. Td6: übersieht. Nach dem Textzuge steht seine Partie auf Verlust.

17.	Tb8—b8
18. Db7—a6	....

Auf 18. ed6 folgt Tb7: 19. de7†, Ke8 20. fg5, Sg8 usw.

18.	Tb8—b6
19. Da6—c4	Tb6—b4
20. Dc4—a6	Tb4—d4
21. e5 × d6	De7 × d6
22. Da6—b5	Dd6 × f4†
23. Kc1—b1	Ta8—e8

Durch Tb8! gewann Schwarz leicht.

24. Te1—f1	Sf6—d5
25. a2—a3	Sd5—c3†

Einleitung einer fehlerhaften Kombination. Der kräftigste Gewinnzug war in dieser Stellung Se3!

26. b2 × c3	Te8—b8
27. Td1 × d4†	Df4 × d4
28. Db5 × b8	Dd4 × c3
29. Tf1—d1†	Sc6—d4
30. Db8—b2 und gewann.	

270

Evansgambit

New York, 14. Mai 1859

Vorgabe des Damespringers

Morphy	Dr. J. W. Stone
1. e2—e4	e7—e5
2. Sg1—f3	Sb8—c6
3. Lf1—c4	Lf8—c5
4. b2—b4	Lc5 × b4
5. c2—c3	Lb4—a5
6. 0—0	Dd8—f6

Besser wäre 6. .... d6 oder auch 6. Sf6.

7. Dd1—b3	Sg8—e7
8. d2—d4	e5 × d4
9. c3 × d4	0—0
10. e4—e5	Df6—g6
11. d4—d5	Sc6—b4

Schwarz bezweckt durch den Abtausch zweier Figuren gegen den Turm eine rasche Abwicklung und hofft, daß nach dem Dametausch die Übermacht der Qualität genügen werde.

12. Lc1—d2	Dg6—c2
13. Db3 × c2	Sb4 × c2
14. Ld2 × a5	Sc2 × a1
15. Tf1 × a1	b7—b6
16. La5—b4	Tf8—e8
17. Lb4 × e7	Te8 × e7

(S. Diagramm)

18. d5—d6	c7 × d6

Dies ist der eigentliche Verlustzug.

Stellung nach dem 17. Zuge von Schwarz

Schwarz übersieht, daß der weiße Turm durch die geöffnete Königslinie mit vernichtender Kraft eindringt. Nach 18..... Te8 19. Sg5, Tf8 20. dc7, Lb7 21. Td1, Lc6 22. La6, h6 usw. hätte er noch etwas bessere Chancen gehabt.

19.	e5×d6	Te7—e8
20.	Sf3—g5	Te8—f8
21.	Ta1—e1	Lc8—b7
22.	Sg5×f7	Tf8×f7
23.	Te1—e7	Ta8—f8
24.	Te7×d7	Lb7—c8
25.	Td7—c7	Lc8—f5

Falls La6, so 26. La6:, Tf2: 27. d7, Td2 28. Lc1† nebst 29. h3 usw.

26.	d6—d7	Aufgegeben.

271
Evansgambit

New York, 14. Mai 1859

Vorgabe des Damespringers

	Morphy	Dr. J. W. Stone
1.	e2—e4	e7—e5
2.	Sg1—f3	Sb8—c6
3.	Lf1—c4	Lf8—c5
4.	b2—b4	Lc5×b4
5.	c2—c3	Lb4—c5
6.	0—0	Lc5—b6
7.	d2—d4	e5×d4
8.	c3×d4	Dd8—f6

Dieser Damezug ist hier noch weniger angebracht, als in der vorigen Partie. Der theoretische Zug 8..... d6 wäre natürlich besser.

9.	e4—e5	Df6—g6
10.	d4—d5	Sc6—a5
11.	Lc4—d3	Dg6—h5

Die vorzeitige Entwicklung der Dame bringt Schwarz in eine ungünstige Lage. Der folgende Teil der Partie wird durch Morphy außerordentlich fein und tief gespielt, und der Stellungsaufbau behufs Eroberung der feindlichen Dame ist klassisch zu nennen.

12.	Lc1—a3	Sg8—e7
13.	d5—d6	Se7—g6
14.	d6×c7	Sa5—c6
15.	La3—d6	Sg6—e7
16.	Tf1—e1	0—0
17.	Te1—e4	....

17. .... Se7—g6
18. h2—h4 Tf8—e8

Die vollkommene Unbeweglichkeit des Dameflügels hat zur Folge, daß Schwarz vom 8. Zuge an bis ans Ende auf Springer- und Damezüge beschränkt bleibt.

19. g2—g4 Dh5—h6
20. g4—g5 Dh6—h5
21. Ld3—e2 Sg6—e7
22. Te4—f4 Dh5—g6

Es drohte Sd4, Dg6 23. Lh5 usw.

23. Le2—c4 ....

Stärker als Ld3, da darauf Schwarz Dh5 spielen kann.

23. .... Se7—f5

Zöge Schwarz Tf8, so würde 24. h5, Dh5: 25. Th4, Dg6 26. Ld3, Sf5 27. Tf4 usw. folgen.

24. Lc4—d3 Sc6 × e5
25. Ld3 × f5 Se5 × f3†
26. Tf4 × f3 Dg6—h5
27. Dd1—d5 Dh5 × h4
28. Lf5 × h7† Kg8 × h7
29. Dd5—f5† Kh7—h8
30. Tf3—h3 Aufgegeben.

272
Evansgambit

New York, 17. Mai 1859

Vorgabe des Damespringers

Morphy — Dr. H. Richardson

1. e2—e4 e7—e5
2. Sg1—f3 Sb8—c6
3. Lf1—c4 Lf8—c5
4. b2—b4 Lc5 × b4
5. c2—c3 Lb4—a5
6. 0—0 d7—d6
7. d2—d4 e5 × d4

Anstatt den Mittelbauer zu tauschen und dem Gegner ein starkes Zentrum und freies Angriffspiel zu schaffen, könnte Schwarz durch Ld7 sich viel einfacher verteidigen. Auch 7. .... Lc3: 8. Db3, La1: 9. Lf7†, Kf8 10. Lg5, Sd4:! gewährt ein sicheres Spiel.

8. c3 × d4 Sg8—f6
9. Dd1—b3 0—0
10. e4—e5 d6 × e5

Besser wäre d5.

11. d4 × e5 Sf6—h5
12. Lc1—a3 Sc6—e7
13. Ta1—d1 Dd8—e8
14. Sf3—g5 ....

Stellung nach dem 14. Zuge von Weiß

14. .... Lc8—f5

Spielt Schwarz h6, so kann 15. Lf7†, Tf7: 16. Td8, Dd8: 17. Df7† nebst 18. Le7: usw. folgen.

15. e5—e6 f7 × e6

Falls f6, so 16. Td7 usw.

16. Lc4 × e6† Lf5 × e6
17. Db3 × e6† Kg8—h8
18. La3 × e7 Tf8—f6

19.	Le7×f6	De8×e6
20.	Sg5×e6	Sh5×f6
21.	Td1—d8†	Ta8×d8
22.	Se6×d8	b7—b5
23.	Tf1—b1	a7—a6
24.	a2—a4	La5—b6

Auf ba4 folgt 25. Tb8.

25.	a4×b5	a6×b5
26.	Tb1×b5	h7—h6
27.	g2—g3	Sf6—e4
28.	Kg1—g2	Kh8—g8

Bei Lf2: gewinnt Weiß durch 29. Kf3, Sd6 30. Tb8, Lg1 31. Se6† nebst 32. Sc7: usw.; bei Sf2: aber durch 29. Tb6: nebst 30. Kf2: usw.

29.	f2—f3	Se4—f6
30.	Sd8—c6	Kg8—f7
31.	Tb5—e5	Sf6—g8
32.	f3—f4	g7—g6
33.	Kg2—f3	Kf7—f6
34.	g3—g4	Lb6—g1
35.	h2—h4	Lg1—b6
36.	g4—g5†	h6×g5
37.	h4×g5†	Kf6—f7
38.	f4—f5	g6×f5
39.	Te5×f5†	Kf7—g6
40.	Kf3—g4	Lb6—e3
41.	Sc6—e5†	Kg6—g7
42.	Tf5—f7†	Kg7—h8
43.	Se5—g6‡.	

273

Sizilianische Eröffnung

New York, 1859

Vorgabe des Damespringers

Morphy		Dr. H. Richardson
1.	e2—e4	c7—c5
2.	f2—f4	d7—d6

Besser wäre 2. .... e6.

3.	Sg1—f3	Sb8—c6
4.	c2—c3	e7—e6
5.	d2—d4	c5×d4
6.	c3×d4	Lf8—e7
7.	Lf1—d3	Sg8—f6
8.	0—0	0—0
9.	e4—e5	d6×e5

In Betracht käme 9. .... Se8 oder 9. .... Sd5. Der Bauernabtausch öffnet die Angriffslinien des Turmes und des Läufers.

10.	f4×e5	Sf6—d5
11.	Lc1—d2	f7—f6

Dieser Zug schwächt die Bauernstellung erheblich; 11. .... Db6! oder 11. .... Ld7 lag näher.

12.	Dd1—e2	f6×e5
13.	Sf3×e5	Sc6×e5

Auf Sd4: erzwingt Weiß durch 14. Lh7‡, Kh7: 15. Dh5†, Kg8 16. Sf7!, Tf7:! 17. Df7‡ usw. Remis; nach dem Abtausch des Springers ist Schwarz hilflos verloren.

14.	d4×e5	Dd8—b6†
15.	Kg1—h1	Tf8×f1†
16.	Ta1×f1	g7—g6
17.	Ld3×g6	h7×g6
18.	De2—g4	Kg8—g7
19.	Dg4—h3	g6—g5
20.	Dh3—h5	Sd5—f4
21.	Ld2×f4	g5×f4
22.	Tf1×f4	Db6—d8
23.	Tf4—f7†	Kg7—g8
24.	Dh5—h7‡	

274

Evansgambit

New York, 1859

Vorgabe des Damespringers

	Morphy	G. N. Cheney
1.	e2—e4	e7—e5
2.	Sg1—f3	Sb8—c6
3.	Lf1—c4	Lf8—c5
4.	b2—b4	d7—d5

Dieses Gegengambit ist bei Vorgabepartien recht gut anwendbar.

5.	e4×d5	Sc6×b4
6.	0—0	Sg8—f6
7.	d2—d4	....

Die einzige Möglichkeit, um eine Angriffstellung zu erreichen.

7.	....	e5×d4
8.	Tf1—e1†	Lc5—e7
9.	d5—d6	c7×d6
10.	Lc1—a3	Sb4—c6
11.	Sf3×d4	0—0
12.	Sd4×c6	b7×c6
13.	Dd1—e2	Dd8—a5

Die Führung der schwarzen Steine verrät ein ungewöhnliches Talent, und es nimmt bei der großen Vorgabe nicht wunder, daß Morphy dem berühmten Problemkomponisten gegenüber seine Überlegenheit nicht zur Geltung bringen konnte.

14.	La3—b2	Ta8—b8
15.	Ta1—b1	Le7—d8

Auch Ld7 konnte geschehen.

16.	Lb2—c3	Da5×c3
17.	Tb1×b8	Ld8—a5
18.	Te1—b1	La5—b6
19.	a2—a4	Tf8—e8
20.	De2—d3	....

Der Vorgebende mußte sich schweren Herzens zum Dametausch entschließen.

20.	....	Dc3×d3
21.	Lc4×d3	Lc8—d7
22.	Tb8×e8†	Ld7×e8
23.	Tb1—a1	g7—g6
24.	a4—a5	Lb6—c5
25.	h2—h3	Sf6—d5
26.	Ta1—b1	Sd5—b4

Schwarz manövriert sehr geschickt. Der Macht der übrigbleibenden Läufer gegenüber kämpft der weiße Turm vergebens.

27.	Ld3—e4	f7—f5
28.	c2—c3	f5×e4
29.	c3×b4	Lc5—d4
30.	Tb1—d1	Ld4—e5
31.	Td1—e1	d6—d5
32.	f2—f3	Le5—d4†

Der Königsbauer konnte sogleich vorrücken, da er der drohenden Turmfesselung wegen nicht geschlagen werden darf.

33.	Kg1—f1	e4—e3
34	Te1—c1	a7—a6
35.	Kf1—e2	Kg8—f7
36.	f3—f4	Kf7—e6
37.	Ke2—d3	Ld4—a7
38.	g2—g4	d5—d4
39.	Kd3—e4	Ke6—d6
40.	f4—f5	g6×f5†
41.	g4×f5	c6—c5
42.	b4×c5†	La7×c5
43.	f5—f6	Le8—g6†
44.	Ke4—f4	d4—d3
45.	Tc1×c5	Kd6×c5
46.	Kf4×e3	Kc5—c4

Aufgegeben.

Vorgabe-Wettspiel auf fünf Gewinnpartien und freie Partien gegen James Thompson

275

Sizilianische Eröffnung

New York, Frühjahr 1859

Erstes Wettspiel — Vorgabe des Damespringers

Morphy	J. Thompson
1. e2—e4	c7—c5

Am besten würde Schwarz hier 1. d5! antworten; bei Springervorgabe ist die sizilianische Verteidigung ebenfalls empfehlenswert.

2. f2—f4	e7—e6
3. Sg1—f3	Sb8—c6
4. c2—c3	....

Der Mangel des vorgegebenen Damespringers macht sich für Weiß bemerklich.

4.	d7—d5
5. e4—e5	Dd8—c7
6. Lf1—d3	Lf8—e7
7. Ld3—c2	d5—d4
8. Dd1—e2	h7—h6
9. 0—0	Lc8—d7
10. b2—b3	Dc7—b6
11. Kg1—h1	g7—g5

Schwarz geht zum Angriff über und führt die Partie in konsequenter Weise zum Siege.

12. f4×g5	h6×g5
13. d2—d3	g5—g4
14. Sf3—g5	f7—f5
15. e5×f6	Sg8×f6
16. Sg5×e6	Ld7×e6
17. De2×e6	Sc6—d8
18. De6—f5	Db6—e6
19. Df5—g6†	Sd8—f7
20. c3×d4	De6—e2
21. Lc1—a3	Th8—h6

Stellung nach dem 21. Zuge von Schwarz

22. Dg6—g7	De2×c2
23. Tf1—e1	0—0—0
24. Ta1—c1	Dc2—f2
25. La3×c5	Le7×c5
26. Te1—f1	....

Falls 26. Tc5‡, so Kb8, 27. Tec1, g3! 28. Tc8†, Tc8: 29. Tc8‡, Kc8: 30. Df8†, Sd8 31. Dc5†, Sc6 32. Df8†, Kc7 33. Df7†, Sd7 usw.

26.	Df2×d4
27. Tf1—f5	b7—b6
28. Dg7×f7	Th8×h2†

Thompson führt die Partie in eleganter Weise zu Ende.

29. Kh1×h2	g4—g3†
30. Kh2×g3	Dd4—g4†
31. Kg3—h2	Dg4—h4 ‡

276

Sizilianische Eröffnung

New York, Frühjahr 1859

Zweites Wettspiel — Vorgabe des Damespringers

	Morphy	J. Thompson
1.	e2—e4	c7—c5
2.	f2—f4	e7—e6
3.	Sg1—f3	Sb8—c6
4.	c2—c3	d7—d5
5.	e4—e5	d5—d4
6.	Lf1—b5	. . . .

Der Läufer muß sich zwei Züge später mit Tempoverlust zurückziehen; besser wäre deshalb sofort 6. Ld3.

6.	. . . .	Lc8—d7
7.	Dd1—e2	Dd8—b6
8.	Lb5—d3	f7—f6
9.	b2—b3	Lf8—e7
10.	f4—f5	Sc6×e5
11.	Sf3×e5	f6×e5
12.	De2—h5†	Ke8—d8
13.	c3×d4	Sg8—f6
14	Dh5—e2	e5×d4
15.	0—0	e6—e5

Ein guter Zug! Thompson führt das Spiel kräftig und elegant bis zum Schluß durch.

16.	De2×e5	Le7—d6
17.	De5—e1	Th8—e8
18.	De1—h4	Ld7—b5
19.	Dh4—h3	Lb5×d3
20.	Dh3×d3	Kd8—d7
21.	b3—b4	c5—c4
22.	Dd3×c4	d4—d3†
23.	Kg1—h1	Sf6—e4
24.	g2—g3	Ta8—c8
25.	Dc4—d5	Db6—c6
26.	Dd5×c6†	Tc8×c6
27.	Lc1—b2	Ld6—e5
28.	Lb2×e5	Te8×e5
29.	Ta1—e1	. . . .

29.	. . . .	Se4—f2†

Schneller und hübscher war hier der Sieg durch 29. .... Sd2 zu erzwingen.

30.	Kh1—g2	Te5×e1
31.	Tf1×e1	Sf2—g4
32.	h2—h3	Sg4—f6
33.	Te1—e3	Tc6—d6
34.	Kg2—f3	Sf6—d5!
35.	Te3—e4	Sd5—c3
36.	Te4—h4	Sc3—b1
37.	Kf3—e3	Sb1—a3
38.	Th4×h7	Sa3—c4†
39.	Ke3—f2	Sc4×d2
40.	Th7×g7†	Kd7—c6
41.	Tg7—g6	Sd2—e4†
42.	Kf2—e3	Se4—f6
43.	Ke3—d2	Kc6—b5
44.	g3—g4	Kb5—c4
45.	g4—g5	Sf6—e4†
46.	Kd2—e3	Td6—d7

und gewinnt.

277

Evansgambit

New York, Frühjahr 1859

Drittes Wettspiel — Vorgabe des Damespringers

Morphy J. Thompson

1. e2—e4 e7—e5
2. Sg1—f3 Sb8—c6
3. Lf1—c4 Lf8—c5
4. b2—b4 Lc5×b4

Thompson hat durch den in den beiden ersten Partien erzielten Erfolg offensichtlich Selbstvertrauen gewonnen und geht auf das offene Spiel und auf die Verteidigung des Evansgambits ein.

5. c2—c3 Lb4—a5
6. Dd1—b3 Dd8—f6
7. d2—d4 La5—b6

Der bessere Zug wäre 7. .... Sd4:. Der Textzug kostet die Rochade und einen Bauer; glücklicherweise besitzt Schwarz genug, um etwas Material davon abgeben zu können.

8. d4×e5 Sc6×e5
9. Sf3×e5 Df6×e5
10. Lc4×f7† Ke8—f8
11. 0—0 ....

Der Springer wird in der Folge zu stark; 11. Lg8: in Verbindung mit 12. 0—0 und Le3 bot die einzige Chance.

11. .... Sg8—f6
12. Lc1—a3† d7—d6
13. Ta1—e1 Sf6—g4
14. g2—g3 De5—f6
15. Lf7—c4 Sg4—e5
16. Lc4—e2 Se5—f3†

(S. Diagramm)

17. Kg1—h1 ....

Die Preisgabe der Qualität ist unbegründet. Wahrscheinlich hat Morphy übersehen, daß er hier nach 17. Lf3:, Df3: durch 18. Te3! noch einen famosen Angriff erlangt, z. B. 11. Te3, Df7 (falls Dh5, so e5) 19. c4, Kg8 20. Tf3 usw.

Stellung nach dem 16. Zuge von Schwarz

17. .... Lc8—h3
18. Te1—d1 Lh3×f1
19. Le2×f1 Df6—h6

Schwarz führt nun die Abwicklung konsequent herbei und zwingt den berühmten Gegner sich vor seinem mächtigen materiellen Übergewicht zu beugen.

20. h2—h3 Sf3—d2
21. Db3—b5 Sd2×f1
22. Db5×f1 Kf8—e7
23. e4—e5 Ke7—d7
24. La3×d6 Ta8—e8
25. Kh1—g2 Kd7—c8
26. c3—c4 c7×d6
27. e5×d6 Te8—f8
28. c4—c5 Lb6×c5
29. Df1—c4 Dh6—g5

Aufgegeben.

278

Königsläuferbauer-Eröffnung

New York, Frühjahr 1859

Viertes Wettspiel — Vorgabe des Damespringers

Morphy J. Thompson

1. f2—f4 . . . .

Infolge des Mißerfolgs bei den ersten drei Partien gibt Morphy das offene Spiel in der Mitte des Brettes auf und schlägt eine andere Behandlungsweise erfolgreich ein.

1. . . . . d7—d5
2. e2—e3 Sg8—f6
3. Sg1—f3 Lc8—g4
4. h2—h3 Lg4×f3
5. Dd1×f3 c7—c5

Sehr gut ist hier 5. . . . . Sbd7 nebst 6. e5 usw.

6. b2—b3 e7—e6
7. Lc1—b2 Sf6—e4

Dieses Springermanöver ist kraftlos; die Entwicklung der Offiziere wäre richtiger.

8. 0—0—0 Sb8—c6
9. d2—d3 Se4—d6
10. g2—g4 d5—d4
11. Lf1—g2 Dd8—c7

Besser wäre 11. . . . . Sb5 nebst Da5 usw.

12. Th1—e1 Ta8—c8
13. c2—c4 . . . .

Weiß will b5 zurückhalten oder seinen Partner zu vorzeitigem Angriffe verleiten, worauf Schwarz auch eingeht.

13. . . . . b7—b5
14. Kc1—b1 a7—a5

Wertloser Angriffszug! 14. . . . . Le7 nebst 15. 0—0 war die natürliche Entwicklung.

15. e3×d4 c5×d4

Der Springer mußte schlagen; jetzt wird die Fesselung durch 17. Tc1 sehr lästig.

16. c4×b5 Sd6×b5

17. Td1—c1 Sb5—a7

Die Folgen des vorzeitigen Angriffes werden deutlich fühlbar.

18. Tc1—c4 Dc7—d6

In Betracht käme 18. . . . . Lb4, 19. Tec1, Lc3, 20. Lc3: (falls 20. La3, so Dd7 nebst Sb5), dc3, 21. T4c3:, 0—0 22. Tc6:, Sc6: 22. Tc6:, Dc6: 23. Dc6:, Tc6: 24. Lc6:, Td8 usw.

19. Te1—c1 Ke8—d7

Falls Se7, so 20. Db7.

20. Lb2×d4 Dd6—b8

Auf Sd4: droht 21. Db7†.

21. Tc4×c6 Sa7×c6
22. Tc1×c6 Lf8—a3
23. f4—f5 Th8—e8
24. f5×e6† f7×e6

25. Ld4×g7 Db8—h2
26. Df3—f2 ....

Weiß deckt das Mat und droht Dameverlust.

26. .... Dh2—b8
27. Df2—d4† La3—d6

Etwas längeren Widerstand bot Ke7.

28. Tc6—b6 Db8—c7
29. Tb6—b7 Dc7×b7
30. Lg2×b7 Tc8—c7
31. Lg7—e5 und gewinnt.

279

Königsläuferbauer-Eröffnung

New York, Frühjahr 1859

Fünftes Wettspiel — Vorgabe des Damespringers

Morphy — J. Thompson

1. f2—f4 d7—d5
2. e2—e3 Sg8—f6
3. Sg1—f3 Lc8—g4
4. Lf1—e2 c7—c5
5. 0—0 Sb8—c6
6. b2—b3 e7—e6
7. Lc1—b2 Lf8—e7
8. h2—h3 Lg4×f3
9. Le2×f3 d5—d4
10. Dd1—e1 Dd8—b6
11. Ta1—b1! Sc6—b4
12. De1—e2 Ta8—d8

Auf Sc2: folgt a3.

13. a2—a3 Sb4—d5

Falls d3, so 14. cd3, Sd3: 15. Lc3 mit gutem Spiele für Weiß.

14. Kg1—h1 d4×e3

Die Rochade wäre schon höchst notwendig.

15. d2×e3 h7—h5
16. c2—c4 Sd5—c7
17. b3—b4 c5×b4
18. a3×b4 Le7×b4
19. Lb2—d4 Td8×d4

Schwarz steht nicht mehr gut, die Preisgabe der Qualität ist beinahe erzwungen.

20. e3×d4 a7—a5
21. c4—c5 Db6—a7
22. De2—e5 Sc7—d5
23. Lf3×d5 Sf6×d5
24. De5×g7 Th8—f8
25. f4—f5 Da7—a6
26. Dg7—e5 f7—f6
27. De5—g3 Da6—c6
28. f5×e6 Sd5—e7
29. Dg3—b8† Dc6—c8
30. Db8—d6 Dc8—c6

Weiß beendet energisch und glänzend die Partie.

31. Tb1×b4 a5×b4
32. Tf1—a1 Aufgegeben.

280

Königsläuferbauer-Eröffnung

New York, Frühjahr 1859

Sechstes Wettspiel — Vorgabe des Damespringers

	Morphy	J. Thompson
1.	f2—f4	f7—f5
2.	Sg1—f3	Sg8—f6
3.	e2—e3	e7—e6
4.	Lf1—e2	Lf8—e7
5.	0—0	b7—b6
6.	b2—b3	d7—d5
7.	Lc1—b2	Lc8—a6

Der Läufer gehört nach b7.

8.	c2—c4	0—0
9.	Ta1—c1	c7—c5
10.	Dd1—e1	Sb8—c6
11.	Sf3—g5	Dd8—d7

Dieser Fehlzug kostet Schwarz eine Figur. Lc8 mußte geschehen.

12.	c4×d5	La6×e2
13.	d5×c6	Dd7×c6
14.	De1×e2	Ta8—d8
15.	Tf1—d1	h7—h6
16.	Sg5—f3	Td8—d5
17.	Sf3—e5	Dc6—e8
18.	d2—d3	Le7—d6
19.	e3—e4	f5×e4
20.	d3×e4	Td5×d1†
21.	Tc1×d1	Ld6—c7
22.	g2—g3	b6—b5
23.	Kg1—g2	De8—a8

(S. Diagramm)

Stellung nach dem 23. Zuge von Schwarz

24.	Se5—d7	....

Fein und tief durchdacht! Der Zug erzwingt den Abtausch der schwarzen Offiziere und gewinnt einen Bauer. Der folgende Teil der Partie ist ein lehrreiches Endspiel, welches von Morphy meisterhaft zum Siege geführt wird.

24.	....	Sf6×e4
25.	Sd7×f8	Se4—c3†
26.	De2—f3	Da8×f3†
27.	Kg2×f3	Sc3×d1
28.	Sf8×e6	Lc7—b6
29.	Lb2×g7	c5—c4
30.	b3×c4	b5×c4
31.	Lg7—d4	Kg8—f7
32.	Ld4×b6	a7×b6
33.	Se6—d4	Sd1—c3
34.	a2—a3	Sc3—b1
35.	Sd4—c2	b6—b5
36.	Kf3—e3	Kf7—f6
37.	g3—g4	Sb1—c3
38.	h2—h4	Sc3—d5†
39.	Ke3—e4	Sd5—c3†
40.	Ke4—f3	Sc3—b1
41.	g4—g5†	h6×g5
42.	f4×g5†	Kf6—g6
43.	Kf3—g4	c4—c3
44.	h4—h5†	Kg6—g7

45. Kg4—f5 Sb1 × a3
46. h5—h6† Kg7—h8
47. Sc2 × a3 b5—b4
48. g5—g6 b4 × a3
49. Kf5—f6 Kh8—g8
Auf a2 folgt Mat in 4 Zügen.
50. h6—h7† Kg8—h8
51. Kf6—f7 und gewinnt.

281

Unregelmäßige italienische Partie

New York, 1859

Vorgabe des Damespringers

Morphy J. Thompson

1. e2—e4 e7—e5
2. Sg1—f3 Sb8—c6
3. Lf1—c4 d7—d6

Schwarz scheint vor dem Evansgambit Angst zu haben und vermeidet es von Anbeginn an. Statt 3. .... d6 wäre aber 3. .... Le7 viel einfacher und sicherer.

4. c2—c3 Sg8—f6
5. Dd1—b3 Dd8—e7
6. 0—0 a7—a6
7. d2—d4 b7—b6
8. Lc4—d3 h7—h6
9. d4—d5 Sc6—d8
10. Lc1—d2 Sd8—b7
11. Db3—a3 Sb7—c5
12. Ld3—c2 Sf6 × e4

Grobes Versehen! Schwarz verliert eine Figur.

13. Lc2 × e4 Sc5 × e4
14. Da3—a4† b6—b5
15. Da4 × e4 f7—f5
16. De4—c2 g7—g5
17. Tf1—e1 De7—f7
18. c3—c4 Lf8—e7
19. c4 × b5 Df7 × d5
20. Ta1—d1 Dd5 × b5

(S. Diagramm)

21. a2—a4 Db5—b7

Stellung nach dem 20. Zuge von Schwarz

22. Sf3 × e5 d6 × e5
23. Te1 × e5 Th8—h7
24. Dc2—c4 Ke8—f8
25. Te5 × e7 Th7 × e7
26. Ld2—b4 Lc8—e6
27. Dc4—c3 c7—c5

Durch 27. .... Kf7 war die Partie noch zu retten, da Weiß nach 28. Le7:, Ke7: 29. Dg7†, Ke8 30. Dg6† (30. Te1? ist schlecht wegen Dd5), Ke7 31. Dg7† usw. sich mit Remis begnügen muß.

28. Dc3—f6† Le6—f7
29. Df6 × h6† Kf8—g8
30. Dh6 × g5† Kg8—h7

31.	Td1—d3	Lf7—g6
32.	Td3—h3†	Kh7—g7
33.	Lb4—c3†	Kg7—f7
34.	Dg5—f6†	Kf7—e8
35.	Df6×g6†	Te7—f7
36.	Dg6—e6†	Db7—e7
37.	Th3—h8†	Tf7—f8
38.	De6—c6†	Aufgegeben.

282

Evansgambit

New York, 1859

Vorgabe des Damespringers

	Morphy	J. Thompson
1.	e2—e4	e7—e5
2.	Sg1—f3	Sb8—c6
3.	Lf1—c4	Lf8—c5
4.	b2—b4	Lc5×b4
5.	c2—c3	Lb4—a5
6.	0—0	Sg8—f6

Vorsichtiger wäre 6. .... d6.

7.	Sf3—g5	0—0
8.	f2—f4	h7—h6

Das energischere 8. .... d5! hätte dem Schwarzen ein kräftiges Gegenspiel ermöglicht. Auch 8. ... . ef4 ist spielbar (siehe Partie 283).

9.	Sg5×f7	Tf8×f7
10.	Lc4×f7†	Kg8×f7
11.	f4×e5	La5—b6†
12.	d2—d4	Sc6×e5
13.	Dd1—h5†	Se5—g6

Dieser Zug verliert. Kg8! 14. De5:, d5 war gut und sicher.

14.	e4—e5	c7—c5
15.	e5×f6	g7×f6
16.	Lc1×h6	d7—d5
17	Lh6—g5 und gewinnt.	

283

Evansgambit

New York, 1859

Vorgabe des Damespringers

	Morphy	J. Thompson
1.	e2—e4	e7—e5
2.	Sg1—f3	Sb8—c6
3.	Lf1—c4	Lf8—c5
4.	b2—b4	Lc5×b4
5.	c2—c3	Lb4—a5
6.	0—0	Sg8—f6
7.	Sf3—g5	0—0
8.	f2—f4	e5×f4

Ein als richtig zu bezeichnender Zug, durch welchen es Thompson wirklich gelingt, seinen materiellen Vorteil aufrecht zu erhalten.

9.	d2—d4	....

Erzwungen, da auf 9. Db3 Se5 folgt.

9.	....	La5×c3
10.	Sg5×f7	Tf8×f7
11.	Lc4×f7†	Kg8—f8

Sicherer wäre 11. .... Kh8.

12.	Lf7—b3	Lc3×d4†

13. Kg1—h1	Ld4 × a1
14. Lc1 × f4	La1—e5
15. Lf4 × e5	Sc6 × e5
16. Dd1—d5	c7—c6

Verlust der Figur ist unvermeidlich! Eine bessere Abwicklung war aber durch Ke8! zu erreichen Nach dem Textzuge ist die Erkämpfung des Sieges noch immer schwierig.

17. Dd5—g8†	Kf8—e7
18. Dg8 × g7†	Ke7—d6
19. Tf1 × f6†	Kd6—c5

Fehlerhaft wäre Kc7 wegen Tf8 nebst De5‡. Nun folgt ein interessanter Schluß.

(S. Diagramm)

20. Tf6—f8	Dd8—c7
21. Tf8—f5	Kc5—d4
22. Dg7—g3	Dc7—d6!
23. Dg3—f2†	Kd4—c3
24. Df2—e1†	Dd6—d2
25. De1 × d2†	. . . .

Nach dem Abtausch der Damen ist die Partie für Weiß verloren; etwas besser wäre deshalb 25. Da1†, Kb4! 26. Te5: usw. Schwarz hat

Stellung nach dem 19. Zuge von Schwarz

aber auch in diesem Falle das chancenreichere Spiel.

25.	Kc3 × d2
26. Tf5 × e5	b7—b5
27. g2—g4	d7—d6
28. Te5—e8	Lc8—b7
29. Te8—e7	Ta8—b8
30. Te7—d7	c6—c5
31. Td7 × d6†	Kd2—e3
32. Lb3—d5	c5—c4

und gewinnt.

284

Philidors Springerspiel

New York, 1859.

Vorgabe des Damespringers

Morphy	J. Thompson
1. e2—e4	e7—e5
2. Sg1—f3	d7—d6
3. d2—d4	Sb8—c6
4. c2—c3	Sg8—f6
5. Lf1—d3	Lc8—g4
6. 0—0	e5 × d4
7. c3 × d4	Lg4 × f3
8. g2 × f3	Sc6 × d4
9. Dd1—a4†	Sd4—c6
10. Ld3—b5	Dd8—d7

Vorteilhafter war es, den Springer nicht zu verteidigen und durch Sd7 den gewonnenen Bauer zurückzugeben, z. B. 10. .... Sd7 11. Lc6:, bc6 12. Dc6:, Le7 13. e5, 0—0 usw.

Hierbei sei bemerkt, daß es eine Eigentümlichkeit schwächerer

Spieler ist, einen errungenen kleinen Vorteil krampfhaft festhalten zu wollen, obwohl sie dadurch, wie auch in diesem Falle, meistens zu Schaden kommen.

11. Tf1—d1 a7—a6

Ein nichtssagender Zug! 11..... Le7 und auf 12. e5, Sh5 hätte die Partie gerettet.

12. e4—e5 Sf6—h5

13. Lc1—g5 ....

Dieser ausgezeichnete Zug hindert die feindliche Rochade und die weitere Entwicklung der gegnerischen Streitkräfte.

13. .... h7—h6

Konsequenter wäre Tc8. Der Textzug ermöglicht eine überraschende Wendung.

14. Ta1—c1 Ta8—c8

(S. Diagramm)

15 Da4—e4! ....

Kräftig, weit berechnet und elegant.

15. .... f7—f5

Der kürzeste Weg zum Verlust. Weiß hat jedenfalls einen sehr starken Angriff; z. B. 15..... ab5 16. ed6†, Le7 (falls De6 so d7‡) 17. de7, De6 18. Dc6‡ nebst Td8† usw.; oder

Stellung nach dem 14. Zuge von Schwarz

15..... d5 16. Td5:, De6 17. Tc6:, bc6 18. Lc6‡, Dc6: 19 Td8†, Td8: 20. Dc6‡, Td7 21. Da8† usw.; endlich 15. .... hg5 16. ed6†, Le7 17. de7, De6 (falls De7:, so Lc6‡, bc6 19. Dg4, 0—0! 20. Dh5:) 18. Lc6‡, bc6 14. Dd3 usw.

16. e5×f6† Ke8—f7

Falls Kd8, so 17. fg7† nebst 18. gh8D†; falls aber Le7, so 17. Lc6:, bc6 18. Dg6†, Kf8 19. fe7†, Kg8 20. Tc1, Te8 21. Ld2, Sf6 22. Lc3 usw.

17. Lb5—c4† d6—d5

18. Td1×d5 Dd7—e6

19. Td5—d7† Aufgegeben.

285

Evansgambit

New York, 1859

Vorgabe des Damespringers

Morphy	J. Thompson
1. e2—e4	e7—e5
2. Sg1—f3	Sb8—c6
3. Lf1—c4	Lf8—c5
4. b2—b4	Lc5—b6

Die Ablehnung des Gambits ist jedenfalls vorsichtiger, da durch die Annahme dem Anziehenden der Angriff überlassen bleibt.

5. a2—a4	a7—a6
6. d2—d4	e5×d4
7. c2—c3	d7—d6

8.	Dd1—b3	Dd8—e7
9.	0—0	Lc8—e6
10.	a4—a5	Lb6—a7
11.	b4—b5	Le6×c4
12.	Db3×c4	Sc6—e5

Schwarz spielt zu hastig auf Abtausch und schwächt dadurch seine Stellung. Der natürliche Zug ab5 13. Db5:, Dd7 usw. hätte gewonnen.

13.	Sf3×e5	d6×e5
14.	b5×a6	c7—c6
15.	Ta1—b1	Ta8—b8
16.	a6×b7	Tb8×b7
17.	Dc4×c6†	Tb7—d7
18.	Tb1—b7	Ke8—d8
19.	Lc1—a3	De7—e6
20.	Tb7×d7†	De6×d7
21.	Dc6—a8†	Dd7—c8
22.	Da8×a7	Dc8—c7

Der weitere Kampf ist aussichtslos, Schwarz könnte ruhig aufgeben.

23.	Da7—a8†	Kd8—d7
24.	Tf1—b1	Aufgegeben.

286

Evansgambit

New York, Sommer 1859

Vorgabe des Damespringers

	Morphy	J. Thompson
1.	e2—e4	e7—e5
2.	Sg1—f3	Sb8—c6
3.	Lf1—c4	Lf8—c5
4.	b2—b4	Lc5×b4
5.	c2—c3	Lb4—a5
6.	Dd1—c2	Sg8—f6
7.	0—0	d7—d6
8.	d2—d4	La5—b6

Schwarz hütet sich wohlweislich, durch ed4 dem gefürchteten Gegner neue Angriffslinien zu öffnen.

9.	d4×e5	Sc6×e5
10.	Sf3×e5	d6×e5
11.	Lc1—a3	c7—c5
12.	f2—f4	0—0
13.	f4—f5	. . . .

Auf 13. fe5 gewinnt Schwarz nach Sg4 den Bauer zurück.

13.	. . . .	Dd8—c7
14.	h2—h4	Lc8—d7
15.	Ta1—e1	Ld7—c6
16.	g2—g4	Ta8—d8
17.	g4—g5	Sf6—h5
18.	g5—g6	Sh5—f4
19.	g6×f7†	Kg8—h8
20.	La3—c1	. . . .

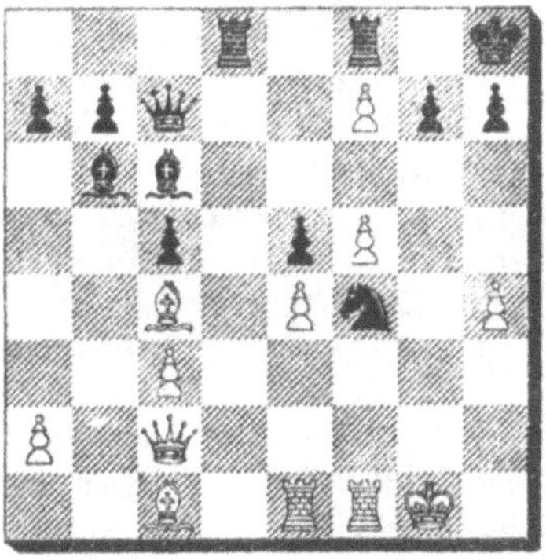

20.	. . . .	Sf4—d3

Thompson begegnet dem feindlichen Angriff in feiner Weise! Falls 21. Ld3:, so folgt c4† nebst Td3:.

21.	Lc1—g5	Sd3×e1

22. Tf1×e1 — Td8—d6
23. Dc2—e2 — Tf8×f7
24. De2—h5 — Tf7—f6
25. Te1—f1 — Dc7—d7
26. Tf1—e1 — Lb6—d8
27. Lg5×f6 — Ld8×f6
28. Lc4—f7 — Td6—d3
29. Lf7—c4 — Td3—g3†
30. Kg1—h2 — Dd7—d2†

Aufgegeben. Die weiße Stellung ist unrettbar: auf 31. Te2 gewinnt Schwarz durch Df4.

287

Evansgambit

New York, Sommer 1859

Vorgabe des Damespringers

Morphy	J. Thompson
1. e2—e4	e7—e5
2. Sg1—f3	Sb8—c6
3. Lf1—c4	Lf8—c5
4. b2—b4	Lc5×b4
5. c2—c3	Lb4—a5
6. 0—0	Sg8—f6

Eine bessere Verteidigung bot 6. .... d6.

7. d2—d4 — d7—d6
8. d4×e5 — Sc6×e5

Vorzuziehen wäre hier de5 nebst 9. 0—0.

9. Sf3×e5 — d6×e5
10. Dd1—b3 — La5—b6

Schwarz steht nicht besonders, und sein Spiel verschlechtert sich immer mehr.

11. Lc4×f7† — Ke8—e7
12. Lc1—a3† — c7—c5
13. Ta1—d1 — Dd8—c7
14. f2—f4 — Th8—f8?

Die feindlichen Offiziere üben einen unheimlichen Druck aus. Schwarz verliert die Ruhe und spielt nur von Zug zu Zug, ohne sich in die Position vertiefen zu können. Besser war 14. .... Td8 und auf ev. 15. Tde1, Td6! nebst Le6.

15. Lf7—c4 — Tf8—d8
16. Td1—e1 — Lc8—d7
17. La3—c1 — Td8—f8
18. f4×e5 — Dc7×e5
19. Lc1—f4 — De5—h5
20. Te1—d1 — Ke7—d8

Auf Se8 würde 21. Td5 nebst Lg5† den Sieg erzwingen.

21. e4—e5 — ....

Dieses Vorrücken des Königsbauers entscheidet am kürzesten.

21. .... — Sf6—e8
22. Db3—a4 — Dh5—g4
23. e5—e6 — Se8—f6

Weiß kündigt Mat in 3 Zügen an. (24. Td7‡, Kc8! 25. Dc6†, bc6 26. La6‡.)

288

Zweispringerspiel im Nachzug

Boston, 1859

Vorgabe des Damespringers

Morphy		W. R. Broughton
1.	e2—e4	e7—e5
2.	Sg1—f3	Sb8—c6
3.	Lf1—c4	Sg8—f6
4.	Dd1—e2	Lf8—c5
5.	c2—c3	d7—d6
6.	b2—b4	Lc5—b6
7.	d2—d3	h7—h6
8.	a2—a4	a7—a5
9.	b4—b5	Sc6—e7
10.	d3—d4	Lc8—g4
11.	d4 × e5	Lg4 × f3

Falls de5, so 12. Lf7† usw.

12.	De2 × f3	d6 × e5
13.	Lc1—a3	Se7—g6
14.	Ta1—d1	Dd8—c8

Schwarz sollte darauf bedacht sein, die vernichtende Läuferdiagonale a3—f8 zu sperren. Db8 nebst Da7 und Lc5 ist zwar etwas umständlich, ermöglicht aber eine ausreichende Verteidigung.

15.	h2—h3	c7—c5
16.	b5 × c6	b7 × c6
17.	Td1—d6	Lb6—d8

Schwach gespielt! 17. .... 0—0 18. Tf6:, gf6 19. Df6, Kh7 20. Lf7:, Tg8! usw. hätte die Partie gerettet.

18.	Td6 × c6	Dc8 × c6
19.	Lc4—b5	Dc6 × b5
20.	a4 × b5	Ta8—c8

Schwarz verliert noch einige Tempi, mit Le7 21. Le7:, Ke7: usw. konnte längerer Widerstand geleistet werden.

21.	0—0	Tc8—c4
22.	Df3—d3	Tc4—c7
23.	b5—b6	Tc7—b7
24.	Tf1—d1	Tb7—d7
25.	Dd3—b5	Ld8 × b6
26.	Td1 × d7	Sf6 × d7
27.	c3—c4	....

Der Freibauer gewinnt leicht.

27.	....	Lb6—c7
28.	c4—c5	Ke8—d8
29.	c5—c6	Sd7—b8
30.	Db5—b7	Th8—e8
31.	La3—c5	Te8—e6
32.	Lc5—b6	Lc7 × b6
33.	Db7 × b8†	Kd8—e7
34.	Db8 × b6	Ke7—d6
35.	c6—c7†	Kd6—d7
36.	Db6—b8	Sg6—e7
37.	Db8—d8†	Aufgegeben.

289

Abgelehntes Königsgambit

Boston, 28. Mai 1859

Vorgabe des Damespringers

Morphy		W. R. Broughton
1.	e2—e4	e7—e5
2.	f2—f4	d7—d5
3.	e4 × d5	e5—e4
4.	Lf1—c4	Lf8—d6
5.	d2—d4	Sg8—f6

6.	Sg1—e2	Lc8—g4
7.	h2—h3	Lg4 × e2
8.	Dd1 × e2	c7—c6

Schwarz spielt energisch auf Angriff.

9.	d5 × c6	Sb8 × c6
10.	c2—c3	0—0
11.	Lc1—e3	Sc6—a5
12.	Lc4—b5	a7—a6
13.	Lb5—a4	Dd8—c7
14.	g2—g3	Dc7—c4
15.	De2—d1	Sf6—d5
16.	Ke1—f2	Sd5 × e3
17.	Kf2 × e3	b7—b5
18.	La4—c2	Ta8—d8
19.	Lc2—b3	....

Es ist sehr schwer, in dieser Stellung ein Erfolg versprechendes Spiel, für den Fall des Läuferabtausches, einzuleiten. Morphy rechnet mit der Schwäche des Turmbauers.

19.	....	Dc4—c7
20.	Ta1—c1	Sa5—c6
21.	Dd1—f1	Sc6—e7
22.	Df1—g2	Se7—f5†
23.	Ke3—e2	....

23.	....	Sf5 × g3†

Ebenso elegant als kräftig. Schwarz führt die Partie bis auf einen gewissen Punkt energisch durch, ermattet aber in der Fortsetzung des Angriffes und verliert durch schwaches Endspiel.

24.	Dg2 × g3	Ld6 × f4
25.	Dg3—g2	Lf4 × c1
26.	Th1 × c1	Kg8—h8

Falls Td4:, so folgt Tg1!

27.	h3—h4	f7—f5
28.	Tc1—h1	f5—f4
29.	Dg2—h2	f4—f3†

Zu früh! Als Vorbereitung wäre Dd6 richtiger. Die Freibauern müßten eigentlich die Partie entscheiden.

30.	Ke2—e3	Dc7 × h2
31.	Th1 × h2	Tf8—f6
32.	c3—c4	b5 × c4
33.	Lb3 × c4	Tf6—h6
34.	Th2—c2	Th6 × h4
35.	Lc4—f7	f3—f2

Eine Verrechnung! g5 gewann leicht.

36.	Tc2 × f2	Th4—h3†

In Betracht käme Tf8 und auf 37. Tc2, g5 usw.

37.	Ke3—e2	Td8—c8
38.	Lf7—c4	Th3—f3
39.	b2—b3	Tf3 × f2†
40.	Ke2 × f2	g7—g5
41.	Kf2—e3	Tc8—e8
42.	Lc4—e2	Kh8—g7

Hier läßt Schwarz sich seine letzte Chance entgehen, a5 war gut und auch notwendig.

43.	b3—b4	Kg7—f6
44.	a2—a4	Kf6—f5
45.	Le2 × a6	g5—g4
46.	a4—a5	g4—g3
47.	La6—f1	Kf5—g4
48.	a5—a6	Te8—f8
49.	Lf1—g2	Tf8—f2

50.	Lg2×e4	Tf2—a2	54.	Lc8—h3	g3—g2
51.	b4—b5	h7—h5	55.	Lh3×g2	Ta2×g2
52.	Le4—b7	h5—h4	56.	a6—a7	Tg2—a2
53.	Lb7—c8†	Kg4—g5	57.	b5—b6	Aufgegeben.

290

Spanische Partie

Boston, 2. Juni 1859

	Morphy	G. Hammond und vier Genossen
1.	e2—e4	e7—e5
2.	Sg1—f3	Sb8—c6
3.	Lf1—b5	a7—a6
4.	Lb5—a4	b7—b5

Dieses allzu rasche Vorrücken des Flügelbauers ist nicht zu empfehlen.

5. La4—b3 Lf8—c5

Hier geht das Spiel in das Giuoco piano über mit dem Vorteile für Weiß, daß die Läuferstellung die Bildung eines Zentrums erleichtert, während die schwach gewordenen feindlichen Flügelbauern leicht angegriffen werden können.

6. c2—c3 d7—d6

Der in der Italienischen Partie übliche Zug Sf6 kann an dieser Stelle nicht erfolgen, da der nach 7. d4, ed4 8. e5 erforderliche Zug d5 nicht mehr geschehen kann.

7. d2—d4 Lc5—b6

Dieser Zug kostet einen Bauer, auch bei ed4 8. cd4, Lb6 oder Lb4† usw. hat Weiß wegen guter Konzentrierung das weit bessere Spiel.

Von zwei Übeln hätten die Konsultierenden doch das kleinere wählen sollen.

8. d4×e5 Dd8—e7

de5 oder Se5: kostet ebenfalls einen Bauer.

9. Lb3—d5 ....

Nach diesem Zuge wird die Schwäche des schwarzen Dameflügels ersichtlich.

9.	....	Lc8—b7
10.	Lc1—g5	f7—f6
11.	e5×f6	Sg8×f6
12.	0—0	De7—d7
13.	Lg5×f6	g7×f6
14.	Sf3—d4	Lb6×d4
15.	Dd1—h5†	Ke8—d8
16.	c3×d4	Kd8—c8

17. Tf1—c1! ....

Fein und weit berechnet.

17.	....	Sc6×d4
18.	Ld5×b7†	Kc8×b7
19.	Dh5—d5†	Sd4—c6
20.	a2—a4	....

Entscheidend! Morphy führt den Angriff klassisch durch.

20. .... Kb7—b6

Andere Züge helfen auch nicht, z. B. 20. .... ba4 21. Ta4:, Kb6 22. Tc6: oder 20. .... b4 21. Sd2, Tg8 (Kb6 22. Tc6†, Dc6 23. Sc4† und 24. Sa5 usw.) 22. Sb3, Kb6 [auf Tg2† folgt 23. Kg2:, Dg4† 24. Kf1, DL3† 25. Ke1] 23. Tc6†, Dc6: 24. Dd4† nebst 25. Sa5† usw.

21. a4—a5† Kb6—b7

Falls Sa5:, so folgt 22. Ta5:, Ka5: 23. Tc6, Kb4 24. Da2! Dc6: 25. Da3†, Kc4 26. Dc3‡.

22. Ta1—a3 Aufgegeben.

Weiß gewinnt den Springer c6, der auch durch b4 wegen Tb3 nicht zu retten ist.

291

Schottisches Gambit

New York, 1859

Vorgabe des Damespringers

Morphy	Napoleon Marache
1. e2—e4	e7—e5
2. Sg1—f3	Sb8—c6
3. d2—d4	e5×d4
4. Lf1—c4	Sg8—f6
5. 0—0	Lf8—c5
6. e4—e5	d7—d5
7. e5×f6	d5×c4
8. Tf1—e1†	Lc8—e6
9. Sf3—g5	Dd8×f6

Schwarz scheint mit der Theorie nicht gut befreundet zu sein. Der Textzug verliert einen Offizier, der theoretische Zug Dd5 hätte dem Angriff sofort Einhalt geboten.

10. Sg5×e6	f7×e6
11. Dd1—h5†	g7—g6
12. Dh5×c5	Th8—f8
13. Lc1—g5	....

Kräftiger als Lh6, da darauf Df2† 14. Kh1, Tf5 15. Dc4:, 0—0—0! folgen könnte.

13.	Df6×f2†
14. Kg1—h1	Tf8—f5

Schwarz spielt dem Gegner in die Hände: Df5 hätte alles verteidigt.

15. Dc5×c4	Tf5×g5
16. Dc4×e6†	Ke8—f8
17. Te1—f1	Tg5×g2
18. De6—h3!	....

Der Schluß ist interessant genug

18.	Tg2—g1†
19. Tf1×g1	Kf8—g7
20. Ta1—e1	Ta8—f8
21. Tg1—f1	Df2×c2
22. Dh3—d7†	Kg7—g8
23. Tf1×f8†	Kg8×f8
24. Te1×e8‡.	

292

Springergambit

New York, 1859

Vorgabe des Dameturmes

Morphy	Hubert Knott
1. e2—e4	e7—e5
2. f2—f4	e5×f4
3. Sg1—f3	g7—g5
4. Lf1—c4	g5—g4
5. d2—d4	g4×f3

6. 0—0 d7—d5
7. Lc4×d5 Lc8—g4
8. Dd1—d3 f3×g2

Bis zu diesem Zuge hält sich Schwarz an die Theorie. Hier wäre aber c6 erforderlich, um dem Angriffe widerstehen zu können, z. B. 8. .... c6 9. Lf7‡, Kf7: 10. Lf4:, Lh6 11. De3, Dh4 usw.

9. Tf1—f2 ....

Schlägt der Turm sofort den Bauer f4, so antwortet Schwarz zunächst mit Le6 und Lh6 droht.

9. .... c7—c6

Gegen f3 wäre Sd2 am Platze.

10. Ld5×f7† Ke8×f7
11. Lc1×f4 Sg8—f6

Durch das Ausweichen des Königs würde sich Schwarz dem Angriff schwerer entziehen können.

12. e4—e5 Sb8—d7
13. Sb1—c3 Lf8—g7
14. Sc3—e4 h7—h6

In seiner Angst übersieht Schwarz den naheliegenden Zug Se4:, nach welchem der an Steinen geschwächte Vorgeber nicht mehr in der Lage ist, den Angriff erfolgreich durchzuführen; z. B. 14. .... Se4: 15. De4: (falls 15. Lg5†, so folgt Sf2: 16. Db8†, Le6 17. Df3†, Sf6 usw.), Kg8 17. Lh6† (auf Tg2: folgt h5), Dh4 18. Lg7:, Kg7: 19. e6 (falls Tg2:, so h5), Df2‡ 20. Kf2:, Tf8† 21. Kg1, Tf1† 22 Kg2:, Lf3† usw.

15. e5×f6 Sd7×f6
16. Lf4—e5 Th8—f8
17. Se4×f6 Lg7×f6
18. Le5×f6 ....

Besser als 18. Tf6‡, da Schwarz nach Df6: 19. Dh7†, Ke6! (auf Ke8? folgt 20. Lf6:, Tf6: 21. Dg8† nebst 22. Dg4:) 20. Lf6:, Kf6: 21. Dh6‡, Kf5 usw. außer den beiden Türmen auch noch den Läufer behält, während wenn nach dem Textzuge die Dame geopfert wird, der Läufer verloren geht, z. B. 18. Lf6:, Df6 19. Dh7†, Ke8 20. De4† usw.

18. .... Dd8—d7
19. Dd3—h7† Kf7—e8

Bei Ke6 folgt 20. De4†, Kf7 21. Le5†. Weiß gewinnt bei a) Ke6 durch 22. Lg3‡ bei b) Ke7 durch 22. Ld6††, Kd6: (Kd8 23. Tf8‡) 23. De5‡, bei c) Ke8 endlich durch 22. Lg7†, De6! (falls Le6, so 23. Tf8‡, Ke7 24. Dh4†, Kd6 25. Le5†, Kd5 26. Dg3! usw.) 23 Tf8†, Kd7 24. De6‡, Ke6: 25. Ta8: usw.

20. Dh7—g6† Tf8—f7

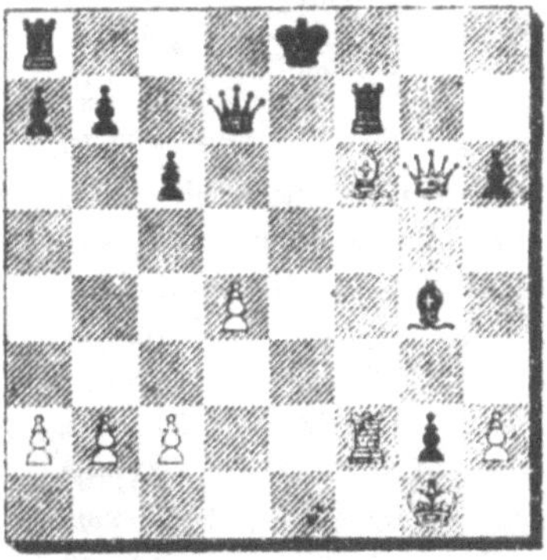

21. Lf6—g5! Lg4—f3

Schwarz hat eine verlorene Stellung und kann sich trotz materiellen Übergewichtes nicht retten. Auf andere Züge, z. B. a) 21. Kf8, gewinnt 22. Lh6‡; auf b) hg5 22. Dg8†, Ke7 23. Tf7‡, Ke6 24. Dg6†, Kd5 25. Dg5‡, Kd4: 26. Tf4†, Ke3 27. Tf5† nebst 28. Dg4‡; — ferner auf c) .... Lf5 folgt 22. Dg8†, Tf8 23. Te2†, De6 24. Te6‡, Kd7 25. Tef†, Kd6

26. Dg7 usw., endlich d) auf De6 22. Dg8†, Kd7! 23. Df7‡, Df7:! 24. Tf7‡, Ke6 25. Te7†, Kd5 26. Te5†, Kd4: 27. Lf6, Tf8 28. Lg7, Tg8 29. Tg5† usw. hätte gewonnen.

22. Tf2 × f3	Dd7 × d4†

Schwarz hat nichts Besseres.

23. Tf3—e3†	Ke8—f8
24. Lg5 × h6†	Tf7—g7
25. Lh6 × g7†	Dd4 × g7
26. Dg6—d6†	Kf8—g8

Auch bei Kf7 erobert Weiß durch Te7† die Dame.

27. Te3—g3	Aufgegeben.

293

Evansgambit

New York, Juli 1859

Vorgabe des Damespringers

Morphy	Th. Lichtenhein
1. e2—e4	e7—e5
2. Sg1—f3	Sb8—c6
3. Lf1—c4	Lf8—c5
4. b2—b4	Lc5 × b4
5. c2—c3	Lb4—c5

Der Läufer zieht sich über a5 besser zurück, um das Vorrücken des Damebauers zu verhindern.

6. 0—0	Sg8—f6
7. d2—d4	e5 × d4
8. c3 × d4	Lc5—b6
9. Lc1—a3	d7—d6
10. e4—e5	d6 × e5
11. Dd1—b3	Lc8—e6

Falls Dd7, so folgt 12. Se5:, Se5: 13. de5, Se4 14. Tad1, Df5 15. Lf7‡, Df7: 16. Td8†, Kd8: 17. Df7: usw.

12. Lc4 × e6	f7 × e6
13. Db3 × e6†	Sc6—e7
14. Sf3 × e5	Th8—f8
15. Tf1—e1	Sf6—d5
16. De6—g4	g7—g6
17. Dg4—h4	a7—a5
18. Dh4 × h7	Lb6 × d4
19. Se5 × g6	c7—c5
20. Sg6 × f8	Ke8 × f8
21. Ta1—d1	Kf8—e8

Schwarz merkt die Absicht des Gegners nicht. Sb4! hätte dem Qualitätsopfer vorgebeugt.

22. La3 × c5	Ld4 × c5
23. Dh7—g8†	Ke8—d7
24. Td1 × d5†	Se7 × d5
25. Dg8 × d5†	Lc5—d6
26. Dd5 × b7†	Dd8—c7

27. Db7 × a8 und gewinnt.

Bei dieser und der nächsten Partie ist es zweifelhaft, ob sie als wirklich gespielt gelten können, da der

Vorgabenehmer behauptet, daß es nur Analysen waren, um festzustellen, ob die Möglichkeit der raschen Turmentwicklung die Vorgabe nicht ausgleicht. — Übrigens, selbst wenn dem so wäre, bleiben diese Spiele immer sehr interessant, da sie den Beweis liefern, daß Morphy selbst bei raschem Spiele ungemein scharf kombinierte.

294

Evansgambit

New York, 21. Juli 1859

Vorgabe des Damespringers

Morphy	Th. Lichtenhein
1. e2—e4	e7—e5
2. Sg1—f3	Sb8—c6
3. Lf1—c4	Lf8—c5
4. b2—b4	Lc5×b4
5. c2—c3	Lb4—c5
6. 0—0	Lc5—b6
7. d2—d4	d7—d6
8. d4×e5	d6×e5
9. Dd1—b3	Dd8—f6

In Betracht käme De7, um den gegnerischen Läufer nach a3 zu locken und dann erst würde die Postierung der Dame auf f6 erfolgen.

10. Lc1—g5	Df6—g6
11. Lc4—b5	Lc8—e6?

Dieser Zug verliert ein wichtiges Tempo. f6 lag auf der Hand. Es ist sehr lehrreich zu beobachten, wie nach diesem Tempoverlust die Partie verloren geht.

12. Db3—a4	Le6—d7
13. Ta1—d1	f7—f6

(S. Diagramm)

Stellung nach dem 13. Zuge von Schwarz

14. Td1×d7	....

Morphy läßt sich keine Chance entgehen, und durch dieses elegante Opfer wird die Partie zu seinen Gunsten entschieden.

14.	Ke8×d7

Auf fg5 folgt Se5: usw.

15. Lb5×c6†	b7×c6
16. Tf1—d1†	Kd7—e7
17. Sf3×e5	Dg6×g5
18. Td1—d7†	Ke7—e8
19. Da4×c6	Dg5×e5

Falls Dc1†, so folgt 20. Td1†, Kc7 21. Dd7† nebst 22. Tc1: usw.

20. Td7×c7†	Ke8—f8
21. Dc6×a8†	De5—e8
22. Tc7—c8	De8×c8
23. Da8×c8†	Kf8—f7
24. c3—c4	g7—g5
25. c4—c5	Lb6—a5
26. c5—c6 und gewinnt.	

295

Evansgambit

New York, Juli 1859

Vorgabe des Damespringers

	Morphy	Th. Lichtenhein
1.	e2—e4	e7—e5
2.	Sg1—f3	Sb8—c6
3.	Lf1—c4	Lf8—c5
4.	b2—b4	Lc5×b4
5.	c2—c3	Lb4—a5

Endlich wählt Lichtenhein den theoretisch besseren Rückzug des Läufers nach a5.

6.	0—0	Sg8—f6
7.	d2—d4	0—0
8.	Dd1—c2	e5×d4
9.	c3×d4	h7—h6
10.	d4—d5	Sc6—e7
11.	Lc1—b2	d7—d6
12.	h2—h3	Se7—g6
13.	Sf3—d4	....

Der Springer verliert vier Züge, um den lästigen Läufer von a5 zu vertreiben. Der weiße Angriff ist ins Stocken geraten, und die Übermacht kommt zur Geltung.

13.	....	Dd8—e7
14.	Sd4—b3	La5—b6
15.	Ta1—e1	Kg8—h8
16.	Sb3—d2	Sf6—h5
17.	Sd2—f3	Sg6—h4

Lichtenhein spielt energisch auf Gewinn und vermeidet die Komplikation, die sich nach Sg3 ergeben hätte; z.B. Sg3 18. Dc3, Df6 19. Db3, Df4 20. Lc1, Df6 21. Lb2, De7 22. Dc3, f6 23. Sh4, Sh4: 24. Dg3: usw.

18.	Sf3×h4	De7×h4
19.	Kg1—h2	Sh5—f4
20.	Dc2—c3	Tf8—g8

Noch einfacher wäre f6.

21.	Dc3—g3	Dh4—g5
22.	Dg3×g5	....

Weiß hat nichts Besseres; auf 22. Lc1 erfolgt der Dametausch, nach welchem der f-Bauer wegen Se5 nicht genommen werden darf.

22.	....	h6×g5
23.	g2—g3	Sf4—g6
24.	f2—f4	g5×f4
25.	g3×f4	f7—f6
26.	Kh2—g3	Lc8—d7
27.	h3—h4	Ta8—e8
28.	h4—h5	Sg6—f8
29.	Tf1—h1	Sf8—h7
30.	Kg3—f3	Te8—e7
31.	Te1—e2	Tg8—e8
32.	Lc4—d3	c7—c6
33.	h5—h6	....

Auch dieser letzte Versuch scheitert an der umsichtigen Verteidigung des Gegners.

33.	....	g7—g5
34.	f4×g5	Sh7×g5†
35.	Kf3—f4	Sg5—h7
36.	Te2—g2	Te8—g8
37.	Tg2—g7	Tg8×g7
38.	h6×g7†	Kh8×g7
39.	Th1×h7†	Kg7×h7
40.	e4—e5†	f6—f5
41.	e5—e6	Ld7×e6!
42.	d5×e6	Te7×e6
43.	Ld3×f5†	Te6—g6

und Schwarz gewinnt schließlich.

Der Verlauf dieses Spieles zeigt, daß einem Spieler von der Stärke Lichtenheins ein Springer auf die Dauer nicht vorgegeben werden kann.

296

Springergambit

New York, Juli 1859

Vorgabe des Damespringers

	Morphy	Th. Lichtenhein
1.	e2—e4	e7—e5
2.	f2—f4	....

Da Morphy mit dem Evansgambit nicht mehr durchdringen konnte, versuchte er es mit dem Königsgambit.

2.	....	e5 × f4
3.	Sg1—f3	d7—d5
4.	e4 × d5	Lf8—d6
5.	Lf1—c4	h7—h6
6.	d2—d4	c7—c6
7.	d5 × c6	Sb8 × c6
8.	Lc4—d3	Sg8—e7
9.	c2—c4?	....

Ratsamer wäre 9. 0—0.

9.	....	Ld6—b4†
10.	Ke1—f1	Lb4—d6
11.	d4—d5	Sc6—b8
12.	b2—b4	b7—b6
13.	Dd1—b3	a7—a5

Die energische Spielweise des Vorgabenehmers verdient volle Anerkennung.

14.	c4—c5	b6 × c5
15.	b4 × c5	Ld6 × c5
16.	Lc1 × f4	Dd8 × d5
17.	Ld3—b5†	Sb8—d7
18.	Db3—c2	Lc8—a6
19.	Lb5 × a6	Ta8 × a6
20.	Ta1—d1	Dd5—f5
21.	Dc2—c4	Ta6—a7
22.	h2—h3	0—0
23.	g2—g4	Sd7—b6
24.	Dc4—c1	Df5—e4

Schwarz muß gewinnen, da er auf 25. Kf1—g2 ein Mat in zwei Zügen geben würde.

297

Italienische Partie

New York, Juli 1859

Vorgabe des Damespringers

	Morphy	Th. Lichtenhein
1.	e2—e4	e7—e5
2.	Sg1—f3	Sb8—c6
3.	Lf1—c4	Lf8—c5
4.	c2—c3	Sg8—f6
5.	d2—d4	e5 × d4
6.	0—0	Sf6 × e4
7.	Lc4 × f7†	Ke8 × f7
8.	c3 × d4	d7—d5

Schwarz gibt einen Offizier auf, bleibt um eine Figur stärker und erreicht ein freies Spiel, ein Verfahren, daß nur geübten Spielern eigen ist.

9.	d4 × c5	Lc8—g4

Hier wäre Tf8 nebst Kg8 vorsichtiger.

10.	Sf3—g5†	....

Morphy benützt die sich darbietende Gelegenheit, um den Angriff in energischer Weise fernzuhalten.

10.	....	Dd8 × g5
11.	f2—f3	Dg5—g6
12.	f3 × g4†	Kf7—e6

13. Lc1—f4 Dg6—f6
14. Lf4—e3 . . . .

Weiß mußte den auf d4 drohenden Dametausch hindern.

14. . . . . Df6—d8
15. Dd1—f3 Th8—f8
16. Df3—h3 Se4—g5
17. Dh3—h5 h7—h6
18. h2—h4 . . . .

Für den vorgegebenen Springer erhält Weiß ein Äquivalent an Bauern.

18. . . . . Sg5—e4
19. Dh5—g6† Tf8—f6
20. Dg6×g7 Dd8—e7
21. Tf1×f6† De7×f6
22. Dg7×c7 Df6—f7
23. Dc7×f7† . . . .

Der Dametausch ist nicht mehr zu fürchten, da das materielle Gleichgewicht hergestellt ist.

23. . . . . Ke6×f7
24. Le3×h6 Kf7—g6

Besser wäre Th8.

25. Lh6—f4 d5—d4
26. h4—h5† Kg6—h7
27. g4—g5 d4—d3
28. Ta1—f1 . . . .

Letzter Versuch Morphys, das Remis zu vermeiden.

28. . . . . d3—d2
29. Lf4×d2 Se4×d2
30. Tf1—f7† Kh7—g8
31. Tf7×b7 Sd2—e4
32. h5—h6 Ta8—c8
33. b2—b4 Sc6×b4
34. Tb7×b4 Se4×g5
35. Tb4—b7 Tc8×c5
36. Tb7×a7 Kg8—h8
37. a2—a4 Tc5—c6
38. a4—a5 Tc6×h6
39. a5—a6 Sg5—e4
40. Ta7—a8† Kh8—g7
41. a6—a7 Th6—a6
42. Ta8—e8 Ta6×a7
43. Te8×e4 Remis.

298

Evansgambit

New York, 1859

Vorgabe des Dameturmes

Morphy	O. E. Michaelis
1. e2—e4	e7—e5
2. Sg1—f3	Sb8—c6
3. Lf1—c4	Lf8—c5
4. b2—b4	Lc5×b4
5. c2—c3	Lb4—a5
6. d2—d4	e5×d4
7. 0—0	La5—b6
8. c3×d4	d7—d6
9. Sb1—c3	Sg8—f6

Der erste schwache Zug! Besser wäre Sa5 oder Lg4!

10. e4—e5 Sf6—g4

Die Antwort auf de5 wäre La3.

11. h2—h3 Sg4—h6
12. Lc1—g5 Dd8—d7
13. Tf1—e1 Ke8—f8

Auf die Rochade könnte 14. e6, auf de5 aber 14. d5 folgen.

14. e5—e6 Dd7—e8

Besser wäre fe6.

15. e6—e7† . . . .

Der einfachere Gewinnzug war ef7, auf den Schwarz die Dame opfern müßte. — Die Morphysche Variante ist viel komplizierter und erfordert eine weitgehende Rechnungsarbeit.

15.	....	Kf8—g8
16.	Lg5×h6	g7×h6
17.	Sf3—g5	h6×g5
18.	Dd1—h5	Sc6×e7
19.	Sc3—d5	Lb6×d4
20.	Sd5×e7†	Kg8—f8
21.	Dh5—h6†	Ld4—g7
22.	Se7—g6†	h7×g6
23.	Te1×e8†	Kf8×e8
24.	Dh6×g7	Th8—f8
25.	g2—g4	Lc8—d7
26.	Dg7—f6	Ld7—c6
27.	Kg1—h2	Ke8—d7

Schwarz gibt die Bauern des Königsfügels unnötigerweise auf. Besser wäre Td8 nebst 28. Td7 und 29. Te7 usw

28.	Kh2—g3	Ta8—e8
29.	Lc4×f7	Te8—e7
30.	Lf7—e6†	Kd7—e8
31.	Df6×g6†	Ke8—d8
32.	Le6—f5	Lc6—d7
33.	Lf5×d7	Kd8×d7
34.	Dg6×g5	Te7—f7
35.	Dg5—b5†	Kd7—c8

Das Endspiel ist lehrreich: die Dame in Verbindung mit den Bauern erweist sich als stärker.

36.	Db5—e2	Tf7×f2
37.	De2—e6†	Kc8—d8
38.	g4—g5	Tf2—f3†
39.	Kg3—g4	Tf3—f4†
40.	Kg4—h5	Tf4—f7
41.	h3—h4	Tf7—h7†
42.	Kh5—g4	Th7—f7
43.	g5—g6	Tf7—f4†
44.	Kg4—g5	Tf4—f5†
45.	De6×f5	Tf8×f5†
46.	Kg5×f5	Kd8—e7
47.	h4—h5	c7—c5
48.	h5—h6	Ke7—f8
49.	Kf5—f6	Kf8—g8
50.	g6—g7	Kg8—h7
51.	Kf6—f7 und gewinnt.	

299

Philidors Springerspiel

New York, 1859

Vorgabe des Dameturmes

	Morphy	O. E. Michaelis
1.	e2—e4	e7—e5
2.	Sg1—f3	d7—d6

Mit Recht läßt sich Schwarz in eine wilde gambitartige Eröffnung nicht ein.

3.	d2—d4	e5×d4
4.	Sf3×d4	Sb8—c6
5.	Sb1—c3	Sc6×d4
6.	Dd1×d4	c7—c6
7.	Lc1—e3	Sg8—f6
8.	Lf1—e2	Lc8—e6

Der Läufer bliebe besser auf seinem Standplatze. Die Entwicklung des Königsflügels nebst 0—0 lag näher.

9.	0—0	Lf8—e7
10.	f2—f4	0—0
11.	f4—f5	Le6—d7
12.	g2—g4	c6—c5
13.	Dd4—d2	Ld7—c6
14.	Le2—f3	Sf6—d7!
15.	g4—g5	Sd7—e5

16. Lf3—e2 f7—f6

Um dem gefährlichen Aufreißen des Königsflügels durch 17. f6 vorzubeugen.

17. h2—h4 a7—a6
18. Tf1—f2 b7—b5
19. Tf2—g2 f6×g5

Bei diesem Abtausch der Bauers rechnet der 15jährige Gegner Morphys sehr weit.

20. h4×g5 Se5—c4
21. Le2×c4† b5×c4
22. Dd2—e2 d6—d5
23. De2—h5 ....

23. .... Tf8×f5

Durch diese hübsche und überraschende Wendung rettet sich Schwarz.

24. e4×f5 d5—d4
25. g5—g6 ....

25. Th2 genügt auch nicht, z. B. 25. Th2, de3! 26. Dh7†, Kf8 27. Dh8†, Kf7 28. g6†, Kf6 29. Dh4†, Kf5: 30. Dh3†, Kf6 31. De3: (falls 31. Df1†, so Kg6:; und falls 31. Dh4†, so Ke6 usw.), Dd4 32. Tf2†, Kg6: 33. De7: (auf Dg3† folgt Lg5), Dg4† 54. Kf1, Dh3† 35. Ke1, Te8 usw.

25. .... h7—h6
26. Le3×h6 d4×c3
27. Lh6×g7 Kg8×g7
28. Dh5—h7† Kg7—f6
29. Dh7—f7† Kf6—e5
30. Df7—e6† Ke5—f4
31. Tg2—f2† Lc6—f3
32. De6—e2 Dd8—d5
33. De2×e7 Ta8—h8
34. De7—c7† Kf4—g4
35. Dc7—h7 Dd5—d1†
36. Tf2—f1 Dd1×f1†

Energischer wäre Dd4† 37. Tf2, De3! nebst Mat in zwei Zügen.

37. Kg1×f1 Th8×h7
38. g6×h7 c3×b2
39. h7—h8D b2—b1D†

und gewinnt.

300

Abgelehntes Königsgambit

New York, 1859

Vorgabe des Dameturmes

	Morphy	Artur Napoleon
1.	e2—e4	e7—e5
2.	f2—f4	Lf8—c5
3.	Sg1—f3	Sb8—c6
4.	b2—b4	Lc5—b6
5.	b4—b5	Sc6—d4
6.	Sf3×d4	Lb6×d4
7.	c2—c3	Ld4—b6
8.	Lf1—c4	Dd8—e7
9.	d2—d4	d7—d6

10.	0—0	Lc8—e6
11.	Lc4 × e6	De7 × e6
12.	f4—f5	De6—d7
13.	Dd1—d3	c7—c6
14.	Kg1—h1	Sg8—f6
15.	Lc1—g5	Lb6—d8
16.	Sb1—d2	h7—h6
17.	Lg5—h4	Sf6—h7
18.	Lh4—g3	Ld8—f6
19.	b5 × c6	b7 × c6
20.	Sd2—c4	Dd7—c7
21.	h2—h3	Sh7—f8

Ein grober Fehler! 21. .... 0—0 war gut und sicher.

22.	d4 × e5	Lf6 × e5
23.	Lg3 × e5	d6 × e5
24.	f5—f6	....

Durch 24. Sd6†, Ke7! 25. f6†, gf6 26. Sf5† nebst 27. Sg7† hätte Weiß Remis erzwingen können.

24.	....	Ta8—d8

Auf den vorigen schwachen Zug folgt nun ein zweiter; nach den Zügen Se6 25. fg7, Sg7: 26. Sd6†, Kf8 27. Tf7‡, Df7: 28. Sf7:, Kf7: usw. hätte Schwarz noch Chancen.

25.	f6 × g7	Th8—g8
26.	g7 × f8D†	Tg8 × f8
27.	Dd3—e3	Tf8—h8
28.	De3—c5	Th8—f8
29.	Tf1—f6	Dc7—e7
30.	Dc5 × c6†	De7—d7
31.	Sc4—d6†	Ke8—e7
32.	Sd6—f5†	Ke7—e8
33.	Dc6—c5	Dd7—d1†
34.	Kh1—h2	Td8—d7

Weiß gibt Mat in drei Zügen.

301

Evansgambit

New York, 1859

Vorgabe des Dameturmes

	Morphy	Amateur
1.	e2—e4	e7—e5
2.	Sg1—f3	Sb8—c6
3.	Lf1—c4	Lf8—c5
4.	b2—b4	Lc5 × b4
5.	c2—c3	Lb4—a5
6.	0—0	d7—d6
7.	d2—d4	e5 × d4
8.	c3 × d4	La5—b6
9.	Sb1—c3	Lc8—g4
10.	Lc4—b5	Lg4—d7

Der theoretisch bessere Zug wäre Kf8 oder a6!

11.	Sc3—d5	f7—f6
12.	Sd5—f4	Dd8—e7
13.	d4—d5	Sc6—e5
14.	Lb5 × d7†	De7 × d7
15.	Sf4—e6	h7—h5
16.	Sf3—h4	Dd7—f7
17.	Dd1—a4†	Df7—d7
18.	Da4—b3	Sg8—h6
19.	Lc1 × h6	Th8 × h6
20.	Sh4—f5	....

Das kräftige Zusammenwirken beider Springer wird dem Gegner bald verhängnisvoll.

20.	....	Th6—g6
21.	Db3—h3	Dd7—f7
22.	a2—a4	....

Bei Db5: wäre die Entwicklung

für Schwarz leichter; falsch wäre aber 22. Dh5:, Tg2‡? wegen 23. Kg2:, Dh5: 24. Sg7‡ nebst 25. Sh5: usw.

22.	....	a7—a5
23.	Tf1—b1	Ta8—a7

Schwarz hat von dem sich nähernden Verderben keine Ahnung, sonst hätte er Ta6 gespielt.

24.	Tb1 × b6	c7 × d6
25.	Sf5 × d6†	Aufgegeben.

302

Springergambit

New York, 1859

Vorgabe des Dameturmes

	Morphy	Amateur
1.	e2—e4	e7—e5
2.	f2—f4	e5 × f4
3.	Sg1—f3	g7—g5
4.	Lf1—c4	g5—g4
5.	d2—d4	g4 × f3
6.	Dd1 × f3	Dd8—h4†
7.	g2—g3	Dh4—e7
8.	Sb1—c3	Lf8—h6
9.	Sc3—d5	De7—d6
10.	e4—e5	Dd6—c6
11.	Lc4—b5	Dc6 × c2
12.	0—0	a7—a6
13.	Lb5—d3	Dc2—c6
14.	Ld3—e4	Dc6—c4

Die allzufrüh in das Spiel gebrachte Dame findet kein richtiges Feld; die weißen Figuren entwickeln sich fortwährend mit Tempogewinn, so daß der Angriff bald übermächtig wird und Schwarz am Ende trotz seiner riesigen Übermacht in eine klägliche Matstellung gerät. Eine für Anfänger wirklich lehrreiche Partie!

15.	Lc1 × f4	Dc4 × d4†
16.	Kg1—h1	Lh6 × f4
17.	Df3 × f4	Sg8—h6
18.	Df4—h4	0—0
19.	Sd5—e7†	Kg8—g7
20.	Dh4—f6 ‡.	

303

Springergambit

New York, 1859

Vorgabe des Damespringers

	Morphy	Ch. D. Mead
1.	e2—e4	e7—e5
2.	f2—f4	e5 × f4
3.	Sg1—f3	g7—g5
4.	Lf1—c4	Lf8—g7
5.	c2—c3	d7—d6
6.	d2—d4	Lc8—g4
7.	Dd1—b3	Lg4 × f3
8.	Lc4 × f7†	Ke8—f8
9.	g2 × f3	b7—b6

Vorzuziehen wäre 9. .... Sd7.

10.	h2—h4	Dd8—e7
11.	Lf7 × g8	Th8 × g8
12.	Db3—d5	....

Weiß erobert, dank dem Entgegenkommen des Gegners, einen Bauer nach dem anderen.

12.	....	c7—c6
13.	Dd5—f5†	De7—f7
14.	Df5×g5	Sb8—d7
15.	Lc1×f4	Lg7×d4
16.	Dg5—h6†	Ld4—g7
17.	Dh6×d6†	Kf8—e8
18.	0—0—0	Lg7—f8

(S. Diagramm)

Die schwarze Stellung ist schlecht geworden! Der Textzug kostet noch die Qualität.

19.	Dd6×c6!	Df7×f4†
20.	Kc1—b1	Ta8—d8
21.	Dc6—e6†	Lf8—e7
22.	De6×g8†	Sd7—f8
23.	Td1×d8†	Ke8×d8
24.	Th1—d1†	Kd8—e8

Stellung nach dem 18. Zuge von Schwarz

25.	Dg8—d5	Df4×f3
26.	Dd5—b5†	Sf8—d7

Falls Kf7, so folgt Dameverlust durch Tf1.

27.	Db5×d7†	Aufgegeben.

304

Springergambit

New York, 1859

Vorgabe des Damespringers

	Morphy	Ch. D. Mead
1.	e2—e4	e7—e5
2.	f2—f4	e5×f4
3.	Sg1—f3	g7—g5
4.	Lf1—c4	Lf8—g7
5.	0—0	d7—d6
6.	c2—c3	Sb8—c6
7.	d2—d4	a7—a6

Durch h6 hätte Schwarz vielen Unannehmlichkeiten vorgebeugt.

8.	Dd1—b3	Sc6—a5
9.	Lc4×f7†	Ke8—f8
10.	Db3—d5	c7—c6
11.	Dd5×g5	Dd8×g5
12.	Sf3×g5	h7—h6
13.	Lc1×f4	Kf8—e7
14.	Lf7×g8	Th8×g8
15.	Sg5—f3	....

Bei besserer Stellung hat Weiß zwei Bauern erobert und das wiegt die Vorgabe auf.

15.	....	Sa5—c4
16.	b2—b3	Sc4—b6
17.	a2—a4	Lc8—g4
18.	Sf3—d2	Ta8—d8
19.	a4—a5	Sb6—d7
20.	Sd2—c4	Sd7—f8
21.	Lf4—g3!	d6—d5
22.	Lg3—h4†	Ke7—d7
23.	Sc4—b6†	Kd7—e8

Stellung nach dem 23. Zuge von Schwarz

24. Ta1—e1 . . . .

In der Verwertung des schweren Geschützes und in der Ausnützung der offenen Linien ist Morphy groß.

24.	. . . .	Sf8—e6
25.	e4 × d5	Td8 × d5
26.	Sb6 × d5	c6 × d5
27.	h2—h3	Lg4 × h3
28.	g2 × h3	Lg7—f6†
29.	Kg1—h1	Lf6 × h4
30.	Te1 × e6†	Ke8—d7
31.	Te6 × h6	Aufgegeben.

305

Springergambit

New York, 1859

Vorgabe des Damespringers

	Morphy	G. P. Ware
1.	e2—e4	e7—e5
2.	f2—f4	e5 × f4
3.	Sg1—f3	g7—g5
4.	Lf1—c4	Lf8—g7
5.	h2—h4	h7—h6
6.	d2—d4	d7—d6
7.	c2—c3	Dd8—e7
8.	0—0	Lc8—g4
9.	Dd1—b3	c7—c6
10.	Lc1—d2	Lg4 × f3
11.	Tf1 × f3	Sg8—f6
12.	Ta1—e1	Sf6—g4

Schwarz verteidigt sich sehr gut und ohne den Fehler im 17. Zuge würde er die Partie wohl nicht verloren haben.

13.	Te1—f1	0—0
14.	h4 × g5	h6 × g5
15.	Lc4—d3	Sg4—h6
16.	Tf3—h3	Sb8—a6
17.	Db3—d1	f7—f5

Die Entblößung des Königs rächt sich bald. Besser wäre Sc7 nebst d5.

18.	Dd1—b3†	Tf8—f7
19.	Tf1—e1	De7—d7
20.	e4 × f5	Ta8—e8

Schwach gespielt! Schwarz sollte statt dessen den Bauer f5 schlagen.

21.	Te1 × e8†	Dd7 × e8
22.	f5—f6	d6—d5

Der Qualitätsverlust wäre das kleinere Übel.

23.	f6 × g7	Kg8 × g7
24.	Db3—d1	g5—g4
25.	Th3 × h6	Kg7 × h6
26.	Dd1 × g4	Tf7—f6
27.	Ld2 × f4†	Tf6 × f4
28.	Dg4 × f4†	Aufgegeben.

Weiß führt den Abtausch herbei und gewinnt dann durch seinen Mehrbauer.

306

Springergambit

New York, 1859

Vorgabe des Damespringers

Morphy	G. P. Ware
1. e2—e4	e7—e5
2. f2—f4	e5×f4
3. Sg1—f3	g7—g5
4. Lf1—c4	Lf8—g7
5. h2—h4	h7—h6
6. d2—d4	Sb8—c6
7. c2—c3	Sc6—a5
8. Lc4—d3	d7—d5
9. Dd1—a4†	c7—c6
10. e4×d5	Dd8×d5
11. c3—c4	Dd5—d8
12. Lc1—d2	Lg7×d4

Die ganze Verteidigung ist verfehlt. Das Springeropfer ist kraftlos, aber b6 sieht auch nicht sehr einladend aus.

13. Ld2×a5	Dd8—e7†
14. Ke1—d2	De8—e3†
15. Kd2—c2	De3—f2†
16. La5—d2	Lc8—e6
17. Th1—f1	....

Schwarz verliert gezwungenerweise noch einen Offizier, und damit ist die Partie erledigt.

17.	Df2×g2
18. Sf3×d4	Sg8—f6
19. Ta1—e1	0—0
20. h4×g5	b7—b5
21. g5×f6	b5×a4
22. Tf1—g1	Dg2×g1
23. Te1×g1†	Kg8—h8
24. Sd4×e6	f7×e6
25. f6—f7	e6—e5
26. Ld2—c3	Aufgegeben.

307

Springergambit

New York, Sommer 1859

Vorgabe des Dameturmes

Morphy	M. D. Conway
1. e2—e4	e7—e5
2. f2—f4	e5×f4
3. Sg1—f3	g7—g5
4. Lf1—c4	g5—g4
5. d2—d4	g4×f3
6. Dd1×f3	Lf8—h6

Die Theorie empfiehlt hier d5; d6 nebst Le6 scheint aber einfacher und sicherer zu sein; der schwache Textzug wird von Morphy drastisch widerlegt.

7. 0—0	Sg8—e7
8. Lc1×f4	Lh6×f4
9. Lc4×f7†	Ke8×f7
10. Df3×f4†	Kf7—g7

Andere Züge retten die Partie auch nicht. Auf Kg6 erzwingt Weiß das Mat in vier Zügen durch 11. Df6† nebst 12. g4† und 13 Tf4† usw.

11. Df4—f6†	Kg7—g8
12. Df6—f7‡.	

308

Abgelehntes Königsgambit

New York, Sommer 1859

Vorgabe des Dameturmes

Morphy	Amateur
1. e2—e4	e7—e6
2. f2—f4	d7—d5
3. e4—e5	Sg8—e7

Der Zug c5 verschafft ein freies Spiel.

4. d2—d4	Se7—g6
5. Lc1—e3	Lf8—b4†

Eine schwache Eröffnung läßt sich wohl analysieren, bleibt aber unter allen Verhältnissen schwach und ist daher nicht zu empfehlen. Der Textzug stellt den eigenen Läufer kalt. Um das gegnerische Zentrum durch c5 angreifen zu können, wäre Sd7 die geeignete Fortsetzung.

6. c2—c3	Lb4—a5
7. Sg1—f3	0—0
8. Lf1—d3	La5—b6
9. Sb1—d2	Sb8—d7

Behufs Vorbereitung des Gegenangriffes durch c5, der im dritten Zuge versäumt wurde.

10. h2—h4	c7—c5
11. Sf3—g5	c5×d4
12. c3×d4	Lb6—a5

Schwarz rennt direkt ins Verderben. Eine befriedigende Verteidigung ist allerdings schwer zu finden. Am besten wäre noch h6 mit der Folge 13. Lg6:, fg6 (falls hg5, so 14. Lh7†) 14. Se6:, De7 15. Sf8:, Sf8: usw.

13. Sg5×h7	La5×d2†
14. Le3×d2	f7—f5

Schlägt der König den Springer, so führt das Vorrücken des Turmbauers die Entscheidung herbei.

15. Dd1—h5	Sd7—f6

Schwarz leistet keinen Widerstand; eine längere Verteidigung bot De8, z. B. 16. Sg5, Sf6! 17. ef6, Tf6: 18. Dh7†, Kf8 19. h5, Se7 usw.

16. e5×f6	Tf8×f6
17. g2—g4	Sg6×h4

Dieses Verzweiflungsopfer beschleunigt nur den Untergang. Besser wäre Sf8.

18. Sh7×f6†	Dd8×f6
19. Th1×h4	Lc8—d7
20. Ld2—c3	....

Obwohl an Stellung und Kraft dem Gegner überlegen, setzt Weiß das Spiel doch mit Vorsicht und Ruhe ohne jedwede Übereilung fort.

20.	Ld7—e8
21. Dh5—h7†	Kg8—f7
22. g4—g5	Df6—g6
23. Dh7×g6†	Kf7×g6
24. Th4—h8	a7—a6
25. Ld3—e2	Kg6—f7
26. g5—g6†	Kf7—f6

Der Bauer war natürlich nicht zu schlagen.

27. Le2—h5	a6—a5

Es drohte Lb4 nebst Tf8‡.

28. Lc3×a5	Ta8×a5
29. Th8×e8	Ta5×a2
30. Te8—f8†	Kf6—e7
31. Tf8—f7†	Ke7—e8
32. Tf7×g7	Ta2×b2
33. Tg7×b7!	Aufgegeben

309

Philidors Springerspiel

New York, 1859

Vorgabe des Damespringers

	Morphy	H.P.Montgomery
1.	e2—e4	e7—e5
2.	Sg1—f3	d7—d6
3.	d2—d4	e5×d4
4.	Lf1—c4	Lf8—e7
5.	c2—c3	d4—d3
6.	Dd1—b3	Lc8—e6
7.	Lc4×e6	f7×e6
8.	Sf3—d4	....

Dieser Zug ist stärker als Db7: (siehe Partie 115).

8.	....	Le7—f6
9.	Sd4×e6	....

Auf Db7: opfert Schwarz die Qualität durch Ld4: nebst 10. Lb6.

9.	....	Dd8—c8
10.	f2—f4	Sb8—c6
11.	e4—e5	....

Durch das fein ersonnene Bauernopfer erreicht Weiß offene Angriffslinien, bedroht die feindliche Königsstellung und hindert die Verdrängung des Springers (etwa durch Sd8).

11.	....	d6×e5
12.	f4×e5	Lf6×e5
13.	0—0	Sg8—f6

Falls Sge7, so folgt 14. Lg5 mit sehr starkem Angriffe.

14.	Se6×g7†	Ke8—d8
15.	Lc1—g5	Dc8—d7
16.	Sg7—e6†	Kd8—e7

Auf Kc8 entscheidet Sc5 ebenfalls.

17.	Se6—c5	Sc6—d4
18.	c3×d4!	....

Weit stärker als 18. Sd7:.

18.	....	Dd7×d4†
19.	Kg1—h1	Dd4×c5
20.	Tf1×f6	Le5×f6
21.	Ta1—e1†	Ke7—f8

In obiger Stellung kündigte Morphy ein Mat im spätestens 7. Zuge an.

[22. Lh6†, Lg7 23. De6, Lh6! (falls Df2, so 24. De7† nebst 25. Dg7‡) 24. Tf1†, Df2 25. Tf2‡, Lf4 26. Tf4‡, Kg7 27. Df6†, Kg8 28. Df7‡].

310

Evansgambit

New York, Herbst 1859

Vorgabe des Damespringers

	Morphy	T. J. Bryan
1.	e2—e4	e7—e5
2.	Sg1—f3	Sb8—c6
3.	Lf1—c4	Lf8—c5
4.	b2—b4	Lc5×b4
5.	c2—c3	Lb4—c5

6. 0—0 d7—d6
7. d2—d4 Lc5—b6

Dies ist das richtigste und heutzutage beliebteste Verfahren, um dem gegnerischen Angriff wirksam zu begegnen. Im Falle 8. de5, de5 9. Dd8†, Sd8: 10. Se5:, Le6 hätte Schwarz auch bei gleichen Kräften für das Endspiel die etwas bessere Stellung.

8. d4×e5 d6×e5
9. Dd1—b3 Dd8—f6

Richtiger ist De7 (siehe Partie 294).

10. Lc4—b5 Lc8—e6

Durch diesen nur scheinbar kräftigen Zug kommt Schwarz in Bedrängnis. Ld7 gewährte ausreichende Verteidigung, z. B. 10. Ld7 11. Lg5, Dg6 12. Lc6: (falls 12. Tad1, so f6), bc6 13. Se5:, De6 14. De6:, Le6: 15. Se5:, f6 und Schwarz hätte das überlegene Spiel.

11. Db3—a4 Sg8—e7
12. Lc1—g5 Df6—g6
13. Lg5×e7 Ke8×e7
14. Lb5×c6 b7×c6
15. Sf3×e5 Dg6—f6
16. Se5×c6† Ke7—f8
17. e4—e5 . . .

Die Dame wird von e7 abgelenkt, um das erstickte Mat zu ermöglichen.

17. . . . . Df6—g5
18. h2—h4 Dg5—g4
19. Da4—a3† Kf8—g8
20. Sc6—e7† Kg8—f8
21. Se7—g6†† Kf8—g8
22. Da3—f8† Ta8×f8
23. Sg6—e7‡

311

Abgelehntes Königsgambit

New York, 21. Oktober 1859

Vorgabe des Dameturmes

	Morphy	Alph. Perrin
1.	e2—e4	e7—e5
2.	f2—f4	Lf8—c5
3.	Sg1—f3	d7—d6
4.	Lf1—c4	Sg8—h6
5.	f4—f5	Sb8—c6
6.	b2—b4	Sc6×b4
7.	c2—c3	b7—b5

Die bisherigen Züge verraten den Spieler, dem man einen Turm vorgeben kann: nach drei Zügen ist er mit der Theorie fertig und auf seine eigene schwache Kraft angewiesen.

8. Lc4×b5† c7—c6
9. c3×b4 Lc5—f2†
10. Ke1×f2 Dd8—b6†
11. d2—d4 c6×b5
12. Lc1×h6 g7×h6
13. Sb1—c3 Lc8—b7
14. Dd1—d3 a7—a6
15. Th1—d1 0—0
16. Kf2—f1 f7—f6
17. Dd3—d2 Kg8—g7
18. d4—d5 Ta8—c8
19. Sc3—e2 Tc8—c4
20. Se2—g3 Tf8—c8

Der Turm durfte f8 nicht verlassen.

21. Sg3—h5† Kg7—h8
22. Dd2×h6 Db6—c7
23. Dh6×f6† Kh8—g8
24. Sf3—g5 Lb7×d5
25. e4×d5 Tc4—f4†

26. Sh5 × f4 e5 × f4
27. Df6—e6† Kg8—f8
28. Sg5 × h7† Kf8—g7
29. De6—g6† Kg7—h8
30. Sh7—f6 Dc7—c4†
31. Kf1—g1 Dc4—c7

Weiß setzt nun in zwei Zügen Mat. — Es ist nicht festgestellt, ob diese Partie im Jahre 1857 oder 1859 gespielt wurde.

312

Abgelehntes Königsgambit

Philadelphia, November 1859

Vorgabe des Damespringers

Morphy — W. G. Thomas

1. e2—e4 e7—e5

Mittels der geschlossenen Verteidigung gewann Thomas bei Springervorgabe die zwei ersten, nicht aufgezeichneten Partien. Die zwei nächsten, in welchen er Bauer und zwei Züge vorbekam, gingen für ihn verloren. Es wurde darauf der Springer wieder vorgegeben unter der Bedingung, daß offene Partien gespielt werden sollten.

2. f2—f4 d5—d5
3. e4 × d5 Dd8 × d5
4. Sg1—f3 e5—e4
5. Sf3—e5 Lc8—e6
6. Lf1—c4 Dd5—d6
7. Dd1—e2 Sb8—c6
8. Lc4—b5 Sg8—f6
9. b2—b3 Le6—d7
10. Lc1—b2 Lf8—e7
11. 0—0—0 a7—a6
12. Lb5—c4 Ld7—e6
13. d2—d4 e4 × d3
14. Td1 × d3 Le6 × c4
15. b3 × c4 Db6—e6
16. f4—f5 De6 × f5
17. Se5 × c6 b7 × c6
18. Td3—e3 Df5—g5
19. h2—h4 Dg5—h5
20. Kc1—b1 0—0

Schwarz wählt den richtigsten Ausweg, die Figur war unrettbar verloren.

21. Te3 × e7 Ta8—b8
22. Kb1—a1 Dh6—f4
23. Th1—f1 Df4—d6
24. Te7—e3 Tf8—d8
25. Lb2—e5 Dd6—d7
26. Le5 × f6 g7 × f6
27. Te3—g3† Kg8—h8
28. Tg3—d3 Dd7—e8
29. Td3 × d8 De8 × d8
30. De2—f3 Kh8—g7
31. Df3—g4† Kg7—h8
32. Dg4—f4 Kh8—g7
33. h4—h5 f6—f6

In Betracht käme h6 nebst 34. e5 und 35. Tb6.

34. h5—h6† Kg7—h8
35. c2—c3 Dd8—f6
36. Df4—d4 Df6 × d4
37. c3 × d4 Tb4—b4

Nun beginnt das Endspiel, in dem der weit vorausschauende Blick des Meisters sich offenbart.

38. Tf2 × f5 Tb4 × c4
39. Tf5 × f7 Kh8—g8
40. Tf7—g7† Kg8—f8
41. Tg7 × h7 Tc4 × d4
42. Th7 × c7 Td4—d1

43. Ka1—b2 Td1—d2†
44. Kb3—b3 Td2×g2
45. a2—a4 ....

Zwingender wäre h7; nach dem Textzuge erlangt Schwarz Remisaussichten.

45. .... a6—a5

Schwach. Kg8! bot wegen der Patmöglichkeit gute Remischancen.

46. h6—h7 Tg2—h2
47. Kb3—c4 Th2—h5
48. Tc7—a7 Th5—h4†

Das Schach ermöglicht das Vordringen des feindlichen Königs, aber beinahe unter Zugzwang stehend konnte Schwarz nichts anderes ziehen.

49. Kc4—c5 Th4—h5†
50. Kc5×c6 Th5—h6†
51. Kc6—b5 Th6—h5†
52. Kb5—b6 Th5—h6†
53. Kb6×a5 und gewinnt.

313

Philidors Springerspiel

Philadelphia, November 1859

Vorgabe des Damespringers

Morphy	W. G. Thomas
1. e2—e4	e7—e5
2. Sg1—f3	d7—d6
3. d2—d4	f7—f5
4. Lf1—c4	f5×e4

Der korrekte Zug ist Se6.

5. Sf3×e5	d6×e5
6. Dd1—h5†	g7—g6
7. Dh5×e5†	Dd8—e7
8. Lc4—b5†	....

Dieses Läuferschach ist notwendig. Schlägt Weiß den Turm sofort, so konnte Schwarz durch Db4† den Läufer erobern und gleichzeitig seinen Königsspringer decken.

8.	Lc8—d7
9. De5×h8	....

Weiß vermeidet den Abtausch auf d7, weil nach Sd7: 10. Dh8:, Sf6 seine Dame gefährdet wäre.

9.	Ld7×b5
10. Dh8×g8	De7—b4†
11. Lc1—d2	Db4—c4

Schwarz erzwingt nun den Dameabtausch, jedoch ohne Aussicht auf Gewinn, weil er bereits die Qualität und einen Bauer eingebüßt hat.

12. Dg8×c4	Lb5×c4
13. b2—b3	Lc4—a6
14. c2—c4	Sb8—c6
15. d4—d5	Sc6—d4
16. 0—0—0	Lf8—a3†
17. Kc1—b1	c7—c6

Dieser Fehlzug kostet einen Bauer.

18. Ld2—c1!	La3×c1

Bei Lc5 gewinnt Weiß durch b4 einen Offizier.

19. Td1×d4	Lc1—g5
20. Td4×e4†	Ke8—d7
21. d5×c6†	b7×c6
22. Th1—d1†	Kd7—c7
23. f2—f4	Lg5—f6
24. Te4—e6	Ta8—d8
25. Kb1—c2	Td8×d1

Das nunmehr folgende, recht interessante Endspiel wird von dem Vorgabenehmenden sehr gut geführt.

26. Kc2×d1	Lf6—d8
27. Te6—e8	La6—c8

28. Te8—h8 h7—h5
29. Th8—h7 Kc7—b6
30. Kd1—d2 Lc8—f5
31. b3—b4 a7—a5
32. a2—a3 a5×b4
33. a3×b4 Ld8—f6
34. h2—h3 Lf6—b2
35. Kd2—c3 Lb2—c3
36. c4—c5 Kb6—b5
37. Th7—b7† Kb5—c4
38. Tb7—b6 Lc3×b4
39. Tb6×c6 Lb4×c5†
40. Kc3—f3 Kc4—d4
41. Tc6—a6 Lf5—e4†
42. Kf3—g3 Kd4—e3
43. Ta6—e6 Lc5—b4
44. Kg3—h4 Ke3×f4
45. g2—g3† Kf4—f5
46. Te6×e4 Kf5×e4
47. Kh4—g5 Ke4—f3
48. Kg5×g6 ....

Natürlich nicht g4?, worauf h4 die Partie entscheiden würde, z. B. 49. Kh4: (falls 49. Kg6:, so Kf4 nebst Kg3 usw.), Kf4 50. g5, Le1 ‡.

48. .... Kf3×g3
49. Kg6×h5 Kg3×h3

Remis.

314

Unregelmäßige italienische Partie

Am 11. November 1859 in der Musikakademie zu Philadelphia zum Besten des Mount-Vernon-Fonds gleichzeitig gespielte vier Blindlingspartien

Erstes Blindlingsspiel

Morphy W. G. Thomas

1. e2—e4 e7—e5
2. Sg1—f3 Sb8—c6
3. Lf1—c4 d7—d6

Wenn Schwarz sich auf die Gefahren eines Gambitspieles nicht einlassen wollte, hätte er hier besser getan, die Partie durch Le7 in die ungarische Verteidigung einzulenken. — Die Textfortsetzung ist schwach und hat zur Folge, daß der schwarze Königsspringer sich nach dem Rand entwickeln muß, wo bekanntlich der Springer immer schlecht steht.

4. c2—c3 Lf8—e7
5. Dd1—b3 Sg8—h6
6. d2—d4 Sc6—a5
7. Db3—a4† c7—c6
8. Lc1×h6 ....

Vorzuziehen wäre 8. Le2 und auf b5, die Dame nach d1 zurückziehen. Es ist für den schlecht postierten Springer gewiß nicht vorteilhaft, den wichtigen Königsläufer preiszugeben.

8. .... b7—b5
9. Da4—c2 Sa5×c4
10. Lh6—c1 ....

Auf 10. Lg7: gewinnt Tg8 den Bauer zurück.

10. .... e5×d4

Schlecht! Dc7 war am Platze.

11. c3×d4 Dd8—c7
12. b2—b3 Sc4—b6
13. 0—0 h7—h6
14. Sc1—c3 a7—a6
15. Lc1—f4 g7—g5
16. Lf4—e3 g5—g4
17. Sf3—d2 h6—h5

Schwarz schießt ins Blaue.

18.	Sc3—d5	Sb6×d5
19.	e4×d5	c6—c5
20.	d4×c5	h5—h4

Es wäre interessant, zu wissen, was sich Schwarz bei dem Bauernmarsche gedacht hat.

21.	Tf1—e1	Ke8—f8
22.	Le3—d4	Th8—h5
23.	Dc2—e4	g4—g3

Hier kommt in Betracht 23. .... Lf5.

24.	f2×g3	h4×g3
25.	h2—h3	f7—f5
26.	De4—f3	Th5—h4
27.	Sd2—e4	d6×c5
28.	d5—d6!	....

Entscheidender Zug! Weiß gewinnt im Handgalopp.

28.	....	Le7×d6
29.	Se4×d6	Dc7×d6
30.	Ld4—e5	Dd6—d7
31.	Df3×g3	Th3—e4
32.	Te1×e4	f5×e4
33.	Ta1—f1† und gewinnt.	

315

Springergambit

Philadelphia, 11. November 1859

Zweites Blindlingsspiel

	Morphy	B. C. Tilghman
1.	e2—e4	e7—e5
2.	f2—f4	e5×f4
3.	Sg1—f3	g7—g5
4.	Lf1—c4	d7—d6

Hier wären g4 oder Lg7 die theoretisch besseren Züge.

5.	h2—h4	g5—g4
6.	Sf3—g5	Sg8—h6
7.	d2—d4	f7—f6
8.	Lc1×f4	Sb8—c6

Auf fg5 könnte 9. Lg5:, Le7 10. Dd2 usw. folgen. (Siehe P. 14.)

9.	0—0	Dd8—e7
10.	Sb1—c3	De7—g7
11.	Sg5—e6	Lc8×e6
12.	Lc4×e6	Ke8—e7

(S. Diagramm)

Stellung nach dem 12. Zuge von Schwarz

13.	Sc3—d5†	....

Eine tief angelegte, feine Kombination.

13.	....	Ke7×e6
14.	Lf4×h6	Dg7×h6
15.	Dd1×g4†	Ke6—f7
16.	Tf1×f6†	Dh6×f6
17.	Sd5×f6	Kf7×f6
18.	Ta1—f1†	Kf6—e7
19.	Dg4—g5†	Ke7—d7
20.	Dg5—f5†	Kd7—e8
21.	Df5—f7†	Ke8—d8
22.	Df7—f6†	Sc6—e7
23.	Df6×h8	Se7—g6
24.	Tf1×f8†	Aufgegeben.

316

Französische Eröffnung

Philadelphia, 11. November 1859

Drittes Blindlingsspiel

	Morphy	Sam. Smyth
1.	e2—e4	e7—e6
2.	d2—d4	d7—d5
3.	e4×d5	e6×d5
4.	Sg1—f3	Lc8—e6
5.	Lf1—d3	Sg8—f6
6.	0—0	h7—h6

Die schnelle Entwicklung des Königsflügels mittels Ld6 ist vorzuziehen.

7.	Sf3—e5	Lf8—d6
8.	f2—f4	Sb8—c6

Durch c5! konnte Schwarz im Zentrum etwas Gegenspiel erlangen.

9.	c2—c3	Dd8—e7
10.	Tf1—e1	Ld6×e5
11.	f4×e5	Sf6—d7
12.	b2—b4	0—0

Schwarz ist bezüglich der Absicht des Gegners nicht im Klaren; der Textzug hat Qualitätverlust zur Folge.

13.	b4—b5	Sc6—a5
14.	Lc1—a3	De7—g5
15.	La3×f8	Ta8×f8
16.	Sb1—d2	Le6—g4
17.	Sd2—f3	Dg5—e7
18.	h2—h3	Lg4—e6
19.	Dd1—a4	b7—b6
20.	Ta1—d1	g7—g5
21.	Ld3—b1	Kg8—g7
22.	Da4—c2	Tf8—h8
23.	Sf3—d2	....

Die energische und weitberechnete Angriffsführung des Blindspielers ist sehr beachtenswert.

23.	....	h6—h5
24.	Sd2—f1	h5—h4
25.	Sf1—e3	Th8—h6
26.	Se3—f5†	Le6×f5
27.	Dc2×f5	Sd7—f8
28.	Te1—f1	Sa5—c4
29.	Tf1—f3	Sf8—e6
30.	Df5—g4	De7—e8
31.	Td1—f1	De8×b5
32.	Tf3×f7†	Kg7—h8
33.	Dg4×e6	Th8—e8

Weiß kündigt Mat in drei Zügen an.

317

Unregelmäßige Eröffnung

Philadelphia, 11. November 1859

Viertes Blindlingsspiel

	Morphy	Dr. Sam. Lewis
1.	e2—e4	b7—b6
2.	d2—d4	Lc8—b7
3.	Lf1—d3	e7—e6
4.	Sg1—h3	d7—d5

Besser wäre c5 oder Sf6; der Textzug verstellt nur die Diagonale des entwickelten Dameläufers.

5.	e4—e5	Sg8—e7
6.	0—0	Se7—g6
7.	f2—f4	Lf8—e7
8.	f4—f5	e6×f5

9.	Ld3 × f5	Lb7—c8
10.	Lf5 × c8	Dd8 × c8
11.	Sb1—c3	c7—c6
12.	Lc1—g5	0—0

Das schwarze Spiel ist nicht genügend entwickelt und durch Tempoverlust so rückständig geworden, daß für dasselbe kaum eine günstige Fortsetzung zu finden sein dürfte.

13.	Lg5 × e7	Sg6 × e7
14.	Dd1—h5	h7—h6

Auf g6 könnte 15. Dh6, Sf5 16. Tf5: nebst 17. Sg5 folgen.

15.	Tf1—f3	Se7—g6
16.	Ta1—f1	Dc8—e6
17.	Sc3—e2	Sb8—d7
18.	Se2—f4	Sg6 × f4
19.	Sh3 × f4	De6—e7
20.	Tf3—g3	Kg8—h7
21.	Tf1—f3	Tf8—g8

Um der Drohung 22. Tg7†, Kg7: 23. Tg3†, Kh7 24. Th3 usw. zu begegnen.

22.	Sf4—h3	g7—g6
23.	Sh3—g5†	De7 × g5
24.	Tf3 × f7†	Kh7—h8

Bei Tg7 würde 25. Tg7†, Kg7: (falls Kh8, so 26. Tg5:, gh5 27. T5g6, Td8 28. e6) 26. Ta5:, Lg5 27. Dg4 usw. die Entscheidung herbeiführen können.

25.	Dh5 × g5	Aufgegeben.

318

Springergambit

Baltimore, 17. November 1859

Vorgabe des Damespringers

	Morphy	Amateur
1.	e2—e4	e7—e5
2.	f2—f4	e5 × f4
3.	Sg1—f3	g7—g5
4.	Lf1—c4	Lf8—g7
5.	h2—h4	h7—h6
6.	d2—d4	d7—d6
7.	c2—c3	Lc8—e6

Verfrüht, besser wäre Sc6 oder Sf6.

8.	Lc4 × e6	f7 × e6
9.	Dd1—b3	Ke8—f7
10.	Lc1—d2	Sb8—d7
11.	0—0—0	. . . .

Allmählich kommt Weiß in Vorteil.

11.	. . . .	b7—b6
12.	Th1—f1	Sg8—f6
13.	h4 × g5	Sf6 × e4
14.	Ld2 × f4	d6—d5
15.	g5 × h6	Lg7—f6
16.	g2—g4	Kf7—e8
17.	Td1—e1	Dd8—e7
18.	Db3—c2	c7—c5
19.	g4—g5	Lf6 × g5
20.	Sf3 × g5	a7—a5

Wenn der Springer auf g5 schlägt, so antwortet Weiß am besten durch 21. Dg6, Sf7 22. Te6: usw.

21.	Te1 × e4	d5 × e4
22.	Dc2 × e4	Ta8—c8
23.	De4—g6†	Ke8—d8
24.	Sg5 × e6†	De7 × e6
25.	Lf4—g5†	. . . .

Morphy wählt den eleganteren Schluß.

25.	. . . .	Sd7—f6
26.	Tf1 × f6	De6 × a2

Weiß setzt in drei Zügen Mat.

319

Französische Eröffnung

Baltimore, 18. November 1859

Vorgabe des Damespringers

Morphy	W. E. Arnold
1. e2—e4	e7—e6
2. f2—f4	Lf8—c5

Die Verteidigung entspricht nicht dem Wesen der französischen Partie, denn nach einigen vorgeschriebenen Bauernzügen gehört der Läufer auf e7.

3. d2—d4	Lc5—b6
4. Sg1—f3	d7—d5
5. e4—e5	f7—f6
6. Lf1—d3	Sb8—c6

Ein zweiter sehr schwacher, gegen alle Schachprinzipien verstoßender Zug, statt dessen c5 geschehen mußte.

7. c2—c3	Lc8—d7
8. 0—0	Dd8—e7
9. Lc1—e3	Sg8—h6
10. h2—h3	0—0
11. g2—g4	f6×e5
12. f4×e5	Sh6—f7
13. Dd1—e2	De7—e8
14. Tf1—f2	Sc6—e7
15. Ta1—f1	Se7—g6
16. Ld3×g6	h7×g6
17. Sf3—g5	....

Einfach und entscheidend.

17.	De8—e7
18. Tf2×f7	Tf8×f7
19. Tf1×f7	De7—e8
20. De2—f2	c7—c6
21. Df2—h4 und gewinnt.	

320

Springergambit

Baltimore, 18. November 1859

Vorgabe des Damespringers

Morphy	C. Nicholson
1. e2—e4	e7—e5
2. f2—f4	e5×f4
3. Sg1—f3	g7—g5

Durch d5 hätte Schwarz dem gegnerischen Angriffe besser entgegnen können.

4. Lf1—c4	Lf8—g7
5. 0—0	h7—h6
6. c2—c3	d7—d6
7. Dd1—b3	Dd8—f6

Gewöhnlich geschieht hier De7.

8. d2—d4	Sg8—e7
9. Lc1—d2	0—0
10. Lc4—d3	Sb8—c6
11. Ta1—e1	Lc8—g4
12. h2—h4	Lg4×f3
13. Tf1×f3	b7—b6
14. h4×g5	h6×g5
15. Tf3—h3	Sc6—a5

Ein verlorenes Tempo, das die feindliche Dame nur auf günstigere Felder treibt.

16. Db3—d1	Se7—g6
17. g2—g3	....

Falls Dh5, so Sh4.

17.	f4×g3
18. Th3×g3	Lg7—h6
19. e4—e5	d6×e5
20. Ld2×g5	Lh6×g5

21. Dd1—h5 Sg6—e7?

Schwarz zeigt sein glänzendes Talent, indem er den schwächsten Zug findet; durch ed4 22. Tg5, Kg7 23. Tf1, De6 24. Tf7‡, Tf7:! 25. Tg6‡, Dg6: 26. Dg6‡ (falls 26. Lg6:, so folgt Th8 27. Dg5, Tg8! usw.), Kf8 27. Dh6†, Tg7† usw. war die Partie noch lange zu halten.

22. Dh5—h7 ‡.

321

Evansgambit

New York, 1860

Vorgabe des Damespringers

Morphy	James Thompson
1. e2—e4	e7—e5
2. Sg1—f3	Sb8—c6
3. Lf1—c4	Lf8—c5
4. b2—b4	Lc5 × b4
5. c2—c3	Lb4—a5
6. 0—0	Sg8—f6
7. d2—d4	e5 × d4

Thompson weicht, zum eigenen Nachteile, von der Theorie ab. 7. .... 0—0 ist gut und sicher.

8. Lc1—a3 La5 × c3

Schwarz hat jetzt schon mit Schwierigkeiten zu kämpfen.

9. Dd1—b3	d7—d5
10. e4 × d5	Sc6—e7
11. Ta1—e1	Lc3 × e1
12. Tf1 × e1	Sf6—g8
13. d5—d6	....

Stärker wäre wohl 13. Sg5; der Textzug öffnet zwar die Diagonale des Königsläufers, hat aber den Nachteil, daß er gleichzeitig die wichtigere Linie des Damläufers sperrt.

13.	c7 × d6
14. Lc4 × f7†	Ke8—f8
15. Sf3—g5	Sg8—h6
16. Lf7—e6	Dd8—b6
17. Db3—f3†	Se7—f5
18. Le6 × f5	Lc8 × f5
19. Sg5—e6†	....

19. .... Kf8—g8

Der Verlustzug! Thompson wagt es nicht, sich dem Abzugsschach auszusetzen, obwohl dasselbe nicht besonders gefährlich ist, und gerät hierdurch in eine verlorene Stellung. Nach Ke7 20. Sg7‡, Kd7 21. Sf5:, Taf8 wäre das Spiel zu seinen Gunsten entschieden gewesen.

20. Df3—d5 Db6—c6

Le6: ist nicht besser; Schwarz verliert die Dame oder wird matgesetzt; am längsten wäre die Partie mit Sf7 zu halten gewesen.

21. Se6—d8† Dc6 × d5

22. Te1—e8 ‡.

322

Abgelehntes Königsgambit

New York, September 1860

Vorgabe des Damespringers

Morphy	James Thompson
1. e2—e4	e7—e5
2. f2—f4	d7—d5
3. e4×d5	Dd8×d5
4. Sg1—f3	Lc8—g4
5. Lf1—e2	Lg4×f3
6. Le2×f3	e5—e4
7. Dd1—e2	f7—f5
8. d2—d3	Sg8—f6
9. d3×e4	Sf6×e4
10. Lc1—e3	Sb8—c6
11. Ta1—d1	Dd5—e6
12. 0—0	Lf8—e7

Durch den besseren Zug 12. .... Ld6 hätte Schwarz ein wichtiges Tempo gewonnen.

13. g2—g4	g7—g6
14. De2—g2	h7—h5!

Dieser sehr starke Zug pariert den Angriff am einfachsten.

15. g4×f5	g6×f5
16. Dg2—h3	Le7—d6
17. Tf1—e1	0—0—0
18. Kg1—h1	Td8—e8

Sofort entscheidend war 18. .... Lf4:. Der Dameturm verliert wohl einige Tempi, was aber bei der vereinfachten Stellung nicht ausschlaggebend ist.

19. Dh3—f1	De6—f6
20. Df1—b5	a7—a6
21. Db5—d5	Df6—e6
22. Dd5—d3	Ld6×f4
23. Le3—g1	Te8—d8
24. Dd3—f1	Td8×d1
25. Te1×d1	Se4—d2

Schwarz ist im Begriffe, auf Grund des im Anfange gewählten guten Eröffnungsspieles, sein Übergewicht im Endspiele zu verwerten.

26. Td1—e1	....

Falls 26. Dh3, so Sf3: 27. Df3:, De4 usw.

26.	Sd2×f1
27. Te1×e6	Kc8—d7
28. Te6—f6	Sf1—e3
29. Lg1×e3	Lf4×e3
30. Tf6×f5	Sc6—d4
31. Tf5—f7†	Kd7—c8

Weniger gut wäre 31. .... Kc6, worauf Weiß den c-Bauer schlagen könnte, z. B. 31. .... Ke6 32. Tc7:, Sf3: 33. Tc3 usw.

32. Lf3—d1	Th8—g8
33. Tf7—f1	h5—h4
34. c2—c3	Sd4—c6
35. Tf1—e1	Le3—b6
36. h2—h3	Lb6—f2
37. Te1—f1	Lf2—g3
38. b2—b4	Sc6—e5
39. Ld1—e2	Tg8—d8
40. Le2—d1	Td8—d2
41. Ld1—b3	Td2—f2
42. Lb3—e6†	Kc8—b8
43. Tf1×f2	....

Ein notwendiger Abtausch, da auf 43. Td1 das Mat nach 43. .... Sf3 unabwendbar wäre. Morphy schleppt seine verlorene Partie mit unerschütterlicher Ruhe weiter, bei jedem Zuge hoffend, daß der Gegner einen Fehler begehen könnte.

43.	Lg3×f2
44. c3—c4	c7—c6
45. a2—a4	Kb8—c7
46. Kh1—g2	Lf2—e1

47.	b4—b5	a6 × b5
48.	c4 × b5	c6 × b5
49.	a4 × b5	Kc7—d6
50.	Le6—c8	b7—b6
51.	Kg2—f1	Le1—g3
52.	Kf1—e2	Kd6—c5
53.	Lc8—a6	Se5—c4
54.	Ke2—d3	Sc4—d6
55.	Kd3—e3	Sd6 × b5
56.	La6—c8	Sb5—d6
57.	Lc8—e6	b6—b5
58.	Ke3—d3	Sd6—c4
59.	Kd3—c3	Lg3—e5†
60.	Kc3—b3	Sc4—a5†
61.	Kb3—c2	Kc5—b4
62.	Le6—g8	Kb4—a3
63.	Lg8—f7	b5—b4
64.	Lf7—d5	b4—b3†
65.	Kc2—b1	Ka3—b4
66.	Ld5—g8	Sa5—c4
67.	Lg8—h7	Kb4—c3
68.	Kb1—c1	Le5—f4†
69.	Kc1—d1	....

Bei Kb1 folgt Mat in drei Zügen durch Sa3†, nebst 70. .... Le5† usw.

69.	....	Sc4—e3†
70.	Kd1—c1	Se3—g4†
71.	Kc1—b1	Sg4—f2
72.	Lh7—f5	Sf1—d3
73.	Lf5—h7	Sd3—e5
74.	Lh7—f5	Se5—c4
75.	Kb1—a1	Lf4—c1
76.	Ka1—b1	Lc1—b2
77.	Lf5—h7	Sc4—d2‡.

323

Evansgambit

New York, September 1860

Vorgabe des Damespringers

Morphy		James Thompson
1.	e2—e4	e7—e5
2.	Sg1—f3	Sb8—c6
3.	Lf1—c4	Lf8—c5
4.	b2—b4	Lc5—b6
5.	a2—a4	a7—a6
6.	d2—d4	....

Weiß sucht offene Linien für den Angriff zu gewinnen.

6.	....	e5 × d4

In Betracht käme auch Ld4: 7. Sd4:, Sd4: 8. f4, d6 usw.

7.	c2—c3	d4—d3
8.	0—0	d7—d6
9.	Dd1—b3	Dd8—e7
10.	a4—a5	Lb6—a7
11.	b4—b5	a6 × b5
12.	Db3 × b5	Sg8—f6

Sicherer wäre Dd7 nebst Sge7.

13.	e4—e5	d6 × e5
14.	Lc1—a3	De7—d7
15.	Ta1—d1	....

Bei 15. Se5:, Se5: 16. De5‡, Kd8! 17. Tad1, Te8 18. Dg3, Dg4 19. Td3‡, Ld7 usw. gerät der Angriff ins Stocken.

15.	....	e5—e4
16.	Lc4 × d3	Dd7—f5

(S. Diagramm)

Auch ed3 konnte geschehen, da Schwarz nach 17. Te1†, Kd8 18. Td3‡, Dd3: 19. Dd3‡, Ld7 20. Sg5, Te8 21. Sf7‡, Kc8 usw. ausreichenden Ersatz für die verlorene Dame erhalten würde.

17.	a5—a6	....

Stellung nach dem 16. Zuge von Schwarz

Weiß hat kaum etwas Besseres, als auf den Dametausch einzugehen.

17. .... Df5 × b5
18. Ld3 × b5 Sf6—d7

Die Verteidigung Thompsons scheint die ratsamste zu sein.

19. Tf1—e1 f7—f5
20. Td1—d5 Sc6—e7

Der entscheidende Fehler! Nach Sf6! könnte Weiß den Verlust des Spieles kaum vermeiden, z. B. 21. ab7, Lb7: 22. Te5† (falls 22. Tf5, so folgt 0—0—0) Kf7 usw.; auch bei 21. Td1 käme Schwarz durch Kf7 usw. in Vorteil.

21. a6 × b7 Lc8 × b7
22. Td1 × d7 La4 × f2†

Falls Sc6, so Tc7:.

23. Kg1 × f2 Ta8 × a3
24. Td7 × c7† Ke8—f7
25. Tc7 × b7 Aufgegeben.

324

Philidors Springerspiel

New York, September 1860

Vorgabe des Damespringers

Morphy James Thompson

1. e2—e4 e7—e5
2. Sg1—f3 d7—d6
3. d2—d4 e5 × d4
4. Lf1—c4 Sb8—c6
5. c2—c3 Sc6—e5
6. Sf3 × e5 ....

Bei 6. cd4, Sc4: 7. Da4†, c6 8. Dc4:, d5 hätte Schwarz ein freies und sicheres Spiel.

6. .... d6 × e5
7. Dd1—b3 Dd8—e7
8. 0—0 c7—c6
9. f2—f4 b7—b5
10. Lc4—d3 Lc8—e6
11. Db3—c2 d4 × c3
12. f4 × e5 De7—c5†
13. Kg1—h1 c3 × b2
14. Dc2 × b2 Ta8—d8
15. Tf1—d1 Le6—c4
16. Db2—e2 Dc5—d4

In der irrigen Meinung, einen Offizier erobern zu können, läßt Schwarz den einfacheren Abtausch auf d3 außer Acht. Durch 16. .... Td3: 17. Td3:, Ld3: 18. Dd3:, De5: 19. Tb1, Sf6 20. Lb2, De4: 21. Df1, Le7 22. Te1, Db4 23. Dc2, 0—0 usw. hätte er die Komplikation vermieden und sein Übergewicht an Steinen vergrößert.

17. Lc1—g5 Lc4 × d3
18. Lg5 × d8 Ld3 × e2
19. Td1 × d4 Lf8—c5
20. Td4—d2 Le2—g4

Infolge des im 16. Zuge gemachten

Fehlers verliert Schwarz die Qualität und muß sich gegen einen heftigen Angriff verteidigen.

21.	Ld8—a5	Lc5—b6
22.	La5×b6	a7×b6
23.	h2—h3	Lg4—e6
24.	Ta1—d1	Ke8—e7
25.	Td2—d8	f7—f6
26.	e5×f6†	Ke7×f6
27.	Td8—a8	g7—g5

Viel einfacher war Ke5 und auf Tdd8 den Turm nach h5 zu entwickeln.

28.	Td1—d6	Kf6—f7
29.	Td6—d8	....

Hier wäre 29. Tc6:!, Se7 30. Th8:, Sc6: 31. Th7† nebst 32. Tb7 zu erwägen.

29.	....	h7—h5
30.	Td8—b8	Kf7—g7
31.	Ta8—a7†	Kg7—f6

In Betracht käme Lf7 32. e5, Sh6! usw.

32.	Tb8×b6	Sg8—e7
33.	e4—e5†	....

Nach einigen ebenso feinen wie kräftigen Zügen wird das schwarze Spiel unhaltbar.

33.	....	Kf6—f7
34.	Tb6×c6	Th8—c8
35.	Tc6—b6	Le6—c4
36.	Tb6—f6†	Kf7—e8
37.	Tf6—h6	g5—g4
38.	e5—e6	Se7—g8
39.	Th6—g6	Aufgegeben.

325

Abgelehntes Königsgambit

New York, Oktober 1860

Vorgabe des Damespringers

	Morphy	Fr. Perrin
1.	e2—e4	e7—e5
2.	f2—f4	d7—d5
3.	e4×d5	e5×f4

Eine sehr einfache und gute Verteidigung, durch welche die Verwickelungen des Falkbeer-Gambits (welches mit Rücksicht auf die gemachte Vorgabe ebenfalls für Schwarz vorteilhaft ist) vermieden werden.

4.	Sg1—f3	Dd8×d5

Bequemer gestaltet sich das Spiel nach Ld6 nebst schneller Entwickelung auf dem Königsflügel. Der Textzug ist aber kaum zu tadeln.

5.	Lf1—e2	Sg8—f6

Um den gegnerischen Damebauer zurückzuhalten, scheint hier c5 die geeignetste Fortsetzung zu sein.

6.	0—0	Lf8—d6
7.	d2—d4	c7—c5

Sicherer wäre die Rochade.

8.	c2—c4	Dd5—c6
9.	Sf3—e5	Ld6×e5
10.	d4×e5	Sf6—d7
11.	Le2—f3	Dc6—b6

Falls De6, so 12. Ld5.

12.	e5—e6	....

Ein Baueropfer, das der Spielweise des Meisters entspricht, und durch welches einige Angriffslinien geöffnet werden.

12.	....	f7×e6
13.	Lf3—h5†	g7—g6
14.	Lc1×f4	....

(S. Diagramm)

14.	....	Sb8—c6

Durch diesen Zug gedenkt Schwarz

Stellung nach dem 14. Zuge von Weiß

Sf6 vorzubereiten; auf den Gegenzug Morphys kann diese Absicht nicht mehr ausgeführt werden. Besser als der Textzug wäre jedoch 14..... 0—0 mit der Folge 15. Lg4 (falls 15. Lh6, so folgt Tf1† 16. Df1:, gh5 17. Df3, e5 18. Dd5†, Kh8 19. Le3, Dc6 20. Df7, Dg6 usw.), Sf6 16. Lh6, Tf7 17. Lg5 (falls Dc2, so Sc6!), Db2: 18. Tb1, Dd4† 19. Dd4:, cd4 20. Lf6, Sc6 nebst 21..... e5 usw.

15.	Dd1—g4	Sc6—e7

Auf Se5 würde 16. Le5:, Se5: 17. Df4, Dc7 18. Tae1 folgen usw.

16.	Lf4—g5	g6 × h5
17.	Dg4—f3	....

Stärker als Dh5†.

17.	....	Sd7—e5

Tf8 würde wegen 18. Dh5†, Sg6 19. Dh7: usw. nicht entsprechen.

18.	Df3—f6	Se7—g6
19.	Ta1—d1	Lc8—d7
20.	Df6—g7	Db6—c7
21.	Td1—e1	Dc7—d6
22.	Te1—d1	Se5—f3†

Verzweiflungsopfer! Schwarz sollte die Dame zurückziehen und die Wiederholung des Angriffs abwarten.

23.	g2 × f3	....

Schwarz rechnet wahrscheinlich darauf, daß Weiß den Springer nicht schlagen darf; das Bäuerlein auf g2 merkt er gar nicht.

23.	....	Dd6—c6
24.	f3—f4	Th8—f8
25.	Dg7 × h7	e6—e5
26.	Td1 × d7	Dc6 × d7
27.	Dh7 × g6†	Dd7—f7
28.	Dg6—d6	Tf8—g8
29.	Tf1—e1	Aufgegeben.

326

Zweispringerspiel im Nachzuge

New York, Oktober 1860

Vorgabe des Damespringers

	Morphy	Fr. Perrin
1.	e2—e4	e7—e5
2.	Sg1—f3	Sb8—c6
3.	Lf1—c4	Sg8—f6
4.	d2—d4	e5 × d4
5.	0—0	Sf6 × e4
6.	Lc4—d5	....

Eine andere Führung des Angriffes ist nicht denkbar. Der theoretische Zug 6. Te1 ist hier wirkungslos, da nach d5 der Angriff des Weißen völlig zum Stillstande gebracht wäre und Schwarz mit einem Schlage nicht nur sein materielles Plus vergrößert, sondern auch die entschieden überlegene Stellung erlangt hätte. — Weiß mußte daher andere Wege einschlagen; die folgende scheinbare Verzweiflungsopferwendung bietet die einzige Möglichkeit auf Erfolg. — Es ist sehr lehrreich, zu beobachten, wie Morphy, allerdings durch einige schwächere Gegenzüge unterstützt, den verblüfften Partner überrumpelt.

6. . . . . Se4—f6
7. Sf3—g5 . . . .

Morphy weiß gegebenen Falles den Angriff um jeden Preis festzuhalten, wodurch die freie Entwicklung des Gegners verhindert wird.

7. . . . . Sf6×d5

Ratsamer wäre die Rochade; der geschehene Zug erschwert die Verteidigung.

8. Tf1—e1† Lf8—e7
9. Dd1—h5 Th8—f8

Auf g6 folgt Dh6.

10. Sg5×h7 Sd5—f6
11. Sh7×f6† g7×f6
12. Dh5—h7 Sc6—e5

Vorzuziehen wäre, die Entwicklung des Dameflügels zu beschleunigen und d6 nebst Le6 und Kd7 zu versuchen.

13. Lc1—h6 Se5—g6
14. h2—h4 d7—d5
15. h4—h5 Tf8—h8

Schwarz hat keinen anderen Zug! Es ist ein merkwürdiger Glücksfall, daß nach der genialen Antwort des Gegners Schwarz, trotz des starken materiellen Verlustes, immer noch die bessere Stellung besitzt.

16. h5×g6! . . . .

Morphy führt den Angriff mit bewunderungswürdigem Elan und erobert die vorgegebenen oder geopferten Figuren alle zurück.

16. . . . . Th8×h7
17. g6×h7 Ke8—d7
18. Lh6—g7 Kd7—d6
19. h7—h8D Dd8×h8
20. Lg7×h8 Lc8—f5
21. Lh8—g7 Ta8—g8

Es war überflüssig, den Läufer von g7 zu verdrängen; Lc2 und schnelles Vorrücken der Bauern hätte Weiß arge Verlegenheiten bereitet.

22. Lg7—h6 Lf5×c2
23. Lh6—f4† Kd6—d7
24. Lf4×c7 Lc2—e4

Auch Kc7: war zu erwägen.

25. Lc7—g3 Le7—d6
26. Lg3×d6 Kd7×d6
27. f2—f3 Le4×f3
28. Kg1—f2 Lf3—e4
29. Te1—g1 d4—d3

Erst sollte der f-Bauer bis f4 vorgehen.

30. Kf2—e3 Kd6—e5
31. Ta1—c1 f6—f5
32. Tc1—c7 f5—f4†
33. Ke3—d2 f4—f3
34. g2—g4 f7—f5
35. g4—g5 Ke5—f4
36. g5—g6 Tg8×g6

Ein übereiltes und ungesundes Opfer. f2 lag näher und hätte keinesfalls den Verlust des Spieles zur Folge gehabt.

37. Tg1×g6 f3—f2
38. Tc7—c1 Kf4—f3
39. Tc1—h1 Kf3—f4
40. Th1—f1 Kf4—f3
41. Tg6—g7 d5—d4
42. a2—a4 a7—a6
43. b2—b4 b7—b5
44. a4—a5 Le4—d5
45. Tg7—g6 Kf3—f4
46. Tf1—c1 Ld5—e4
47. Tg6×a6 Le4—g2

48. Kd2×d3	f2—f1D†	52. Kd4—e5	Lc4—d3
49. Tc1×f1	Lg2×f1†	53. a5—a6	Ld3—e4
50. Kd3×d4	Lf1—c4	54. a6—a7	Kg5—g4
51. Ta6—f6	Kf4—g5	55. Tf6×f5	Aufgegeben.

Die von Paul Morphy im Jahre 1859 und im Herbste 1860 in den Vereinigten Staaten erzielten Spielerfolge ergeben sich aus folgender Zusammenstellung:

Übersicht der Partien Morphys
(1859—1860)

a) 1859

1. Vorgabe von Bauer und Doppelzug

W. G. Thomas . .	+0 —2 =0

2. Vorgabe des Damespringers

H. Benecke. . . .	+0 —2 =0
W. R. Broughton	+0 —2 =0
J. Bryan	+3 —6 =0
G. N. Cheney . . .	+1 —1 =0
M. D. Conway . .	+0 —6 =0
M. Isidor	+0 —2 =0
H. Knott	+0 —2 =0
Sam. Lewis. . . .	+0 —1 =0
Th. Lichtenhein	+4 —6 =1
N. Marache	+0 —1 =0
Ch. D. Mead . . .	+0 —3 =0
A. B. Meek	+0 —2 =0
H. P. Montgomery	+2 — 2 =1
C. Nicholson . .	+0 — 1 =0
E. C. Palmer . .	+0 — 3 =0
Fr. Perrin	+2 — 8 =2
H. Richardson .	+0 — 2 =0
J. W. Stone . . .	+1 — 5 =0
W. G. Thomas .	+2 — 2 =1
J. Thompson . .	+9 —16 =1
B. C. Tilghman.	+1 — 1 =0
G. P. Ware . . .	+0 — 4 =0

3. Vorgabe des Dameturmes

T. Anderson . .	+1 — 1 =1
M. D. Conway. .	+0 — 2 =1
W. J. A. Fuller.	+0 — 4 =0
O. Michaelis . .	+1 — 1 =0
A. Napoleon . .	+0 — 2 =0

b) 1860

1. Vorgabe des Damespringers

S. Loyd	+0 —2 =0
Fr. Perrin	+0 —3 =0
J. Thompson. . .	+1 —3 =0

2. Vorgabe des Dameturmes

M. Leonard. . .	+0 —0 =1
O. Michaelis . . .	+0 —1 =0

Den schachlichen Aufschwung, welchen Morphys Triumphe in Europa und seine Heimkehr als in der ganzen Welt gefeierter Meister in den Vereinigten Staaten hervorgerufen hatten, schildert Gust. Reichhelm, der Herausgeber der amerikanischen Monatsschrift „Brentano's Chess Monthly“, in deren erstem, 1882 erschienenen Bande in folgender Weise:

„Die durch den Siegeslauf Morphys erweckte Begeisterung für das Schach drang tief in alle Schichten. Ich kann mich noch der Zeit erinnern, als Morphy seinen ersten kühnen Feldzug nach Europa unternahm. Ich besuchte damals noch die Schule. Wohl liebten wir Schach und verbrachten manche müßige Stunde am Schachbrett, spielten es manchmal wohl auch in der Familie, aber wir kannten in unserm ganzen Freundeskreise keinen einzigen Berufsschachspieler und hatten auch noch keine Ahnung von der Existenz eines Schachklubs; nur von dem Beifall, den Morphy nach seinem Kampfe mit Louis Paulsen im Turniere von 1857 einheimste, hatten wir gehört. Da reiste Morphy nach Europa. Der Augenblick ist mir unvergeßlich, als in mir zum ersten Male die Vorstellung erwachte, daß es etwas ganz Bedeutendes darum sein müsse, ein Schachspieler wie Morphy zu sein. In großen Buchstaben las man seinen Namen in der ersten Spalte jeder Zeitung; jeder europäische Dampfer brachte neue Nachrichten von großen Triumphen; man hörte seinen Namen im Omnibus, auf dem Broadway, in den Theaterfoyers, in Hotels, in Restaurants. Bei der wachsenden Begeisterung machten wir plötzlich die Entdeckung, daß ungefähr jeder, den wir kannten, entweder Schachspieler war, oder es doch werden wollte Spieler eines Spieles zu sein, in dem unser Landsmann alle Welt schlug, galt auf einmal als etwas ganz Besonderes. Wer am besten die Einzelheiten der ausführlichen Berichte über Morphys Wettkämpfe, die im Herald und anderen Zeitschriften erschienen, erklären konnte, stand im Mittelpunkte des Interesses. Alle, die in letzter Zeit das öffentliche Interesse und die Begeisterung beobachtet haben, die die jüngsten Erfolge amerikanischer Pferde auf englischen und französischen Rennplätzen hervorriefen, werden erstaunt sein zu hören, daß zu der Zeit, von der wir sprechen, das öffentliche Interesse für Schachereignisse, die sich im Auslande zutrugen, noch viel intensiver und andauernder war. Denn während die Siege von Iroquois und Foxhall vielleicht eine Woche lang das Publikum beschäftigten, waren die Siege von Paul Morphy Monate hindurch Tagesgespräch, und die Kunde von jedem neuen Erfolge erhöhte die ständig wachsende Begeisterung. Damals, als so viele das Spiel erlernten, und viele, die aus der Übung gekommen waren, sich wieder mit ihm vertraut zu machen suchten, wurde natürlich nach Gelegenheit zum Spiele gesucht, sie wurde bald eine Forderung, ja eine dringende Notwendigkeit. So bildeten sich zahlreiche Sammelpunkte für Schachfreunde, aus denen Klubs mit dem Namen des Meisters hervorgingen.“

9
Morphys letzte Lebensjahre

Als Morphy den festen Entschluß, sich vom Schachleben zurückzuziehen, gefaßt hatte, war er bemüht, sich als Jurist eine Stellung im öffentlichen Leben zu begründen. Er mußte jedoch erbitterten Herzens die Erfahrung machen, daß die Laune des Schicksals, die ihm vor vier Jahren das Diplom zuerkannte, seines jugendlichen Alters halber aber ihm die Ausübung seines Berufes nicht gestattet hatte, neuerdings ein unüberwindliches Hindernis ihm in den Weg stellte. — Dem bescheidenen und zurückhaltenden Jüngling wollte es nicht gelingen, zur Geltung zu kommen in einer Zeit, wo der unter der Asche glimmende Bürgerkrieg alle Gemüter bedrückte, wo leidenschaftliche, gewaltsame Charaktere die Öffentlichkeit beherrschten.

Um den Schrecknissen des Bürgerkrieges auszuweichen, schiffte sich Morphy im Oktober 1862 auf einem spanischen Kriegsschiff nach Habana ein, wo er einen mehrwöchentlichen Aufenthalt nahm und in mehreren genialen Partien seine glänzende Begabung nochmals erglänzen ließ. U. a. spielte er auch mit dem schwarzen Sklaven Felix, der zur Zeit der Anwesenheit Morphys Champion von Cuba war und nach seinem Herrn Sicre genannt wurde. Von hier begab er sich über Spanien nach Frankreich.

In Paris spielte Morphy nur höchst selten, meistens nur zu dem Zwecke, einzelne theoretische Varianten — hauptsächlich im Evansgambit — mit seinem Freunde Arnous de Rivière zu analysieren. Vom ernsten Spiele selbst hielt er sich seinem Vorsatze getreu fern. Im Februar 1864 kehrte er über Habana nach New Orleans zurück.

Seine günstige Vermögenslage setzte ihn in den Stand, unabhängig leben zu können. Es war zwar seine Absicht gewesen, sich als Rechtsanwalt in seiner Vaterstadt zu betätigen, aber seine Mitbürger, die glaubten, daß ein so gefeierter Meister des Schachspiels auf anderen Gebieten Hervorragendes zu leisten nicht imstande sei, unterstützten ihn dabei nicht. Er gab es daher bald auf, die juristische Laufbahn weiter zu verfolgen, nicht ohne sich in seiner Zurückgezogenheit mit Selbstvorwürfen zu martern, sein Leben nicht ausschließlich einer nützlichen, ernsten Arbeit gewidmet zu haben.

Von dieser Zeit ab hat Morphy außer einer Vorgabepartie mit Mac Connel nur noch mit seinem Jugendfreunde Ch. A. Maurian

Vorgabepartien gespielt, doch interessierte er sich auch weiterhin lebhaft für alle Schachereignisse. Nach 1869 hat Morphy keine einzige Partie mehr gespielt.

Tiefe Melancholie schlug ihn immer mehr in ihre Banden und entwickelte sich allmählich zum Verfolgungswahne.

Noch einmal, im Jahre 1867, hatte Morphy, dem Wunsche seiner Mutter, die sich davon eine günstige Wirkung versprach, nachkommend, Europa aufgesucht; die Anregungen und Zerstreuungen waren aber nicht imstande, sein verdüstertes Gemüt aufzuheitern. Von anderthalbjährigem Aufenthalte in Paris zurückgekehrt, wurden seine Angstzustände, sein Tiefsinn immer stärker, dermaßen, daß er, außer von seiner Mutter oder Schwester, von niemandem mehr etwas annahm, nicht einmal die Nahrung, weil er vergiftet zu werden fürchtete.

Vereinsamt, abgeschlossen von der Außenwelt, verbrachte Morphy im Kreise seiner Familie den Rest seines Lebens bis zu seinem am 10. Juli 1884 im 48. Lebensjahre erfolgten Tode — er, der geniale Held, der mit seinen glänzenden Schachtaten einst die ganze Welt in fieberhafte Aufregung versetzt hatte.

327

Unregelmäßige Eröffnung

New Orleans, 11. September 1861

Vorgabe des Damespringers

	Morphy	Ch. A. Maurian
1.	b2—b3	e7—e5
2.	Lc1—b2	Sb8—c6
3.	e2—e3	d7—d5
4.	g2—g3	f7—f5
5.	Lf1—g2	Sg8—f6
6.	Sg1—e2	Lf8—e7
7.	0—0	0—0
8.	Ta1—c1	e5—e4
9.	Se2—f4	g7—g5
10.	Sf4—e2	Sf6—e8
11.	d2—d3	Dd8—d6
12.	c2—c4	Sc6—e5
13.	c4—c5	Dd6—e6
14.	Se2—d4	De6—g6
15.	d3×e4	d5×e4
16.	Sd4—b5	Se5—d3
17.	Lb2—d4	....

Weiß hat nichts Besseres, auf andere Züge geht der c-Bauer verloren.

17.	....	Sd3×c1
18.	Dd1×c1	Le7—f6

Schwarz spielt konsequent; der Läufer könnte gefährlich werden.

19.	f2—f3	e4×f3
20.	Lg2×f3	c7—c6
21.	Sb5—c3	Lf6×d4
22.	e3×d4	Lc8—e6
23.	d4×d5	c6×d5
24.	Sc3×d5	Dg6—g7
25.	c5—c6	....

Es ist interessant zu beobachten, wie Morphy in verlorener Stellung das Spiel zu retten versucht.

25. .... Dg7—d4†
26. Sd5—e3 b7×c6
27. Tf1—d1 Dd4—b6
28. Kg1—h1 Ta8—d8
29. Td1—e1 Se8—g7
30. Se3—d1 Le6—d5
31. Lf3×d5† Td8×d5
32. Dc1×g5 f5—f4
33. Dg5—g4 f4—f3
34. Te1—f1 f3—f2
35. Dg4—e2 Db6—d4
36. Sd1×f2 Dd4—d2

37. Sf2—g4 ....

Eine geschickte Falle!

37. .... Tf8×f1†

Auf 37. .... De2:? würde 38. Sh6† nebst 39. Tf8:‡ folgen.

38. De2×f1 Td5—f5
39. Df1—c4† Dd2—d5†
40. Dc4×d5† c6×d5

Der Gewinn wäre viel leichter durch Td5: zu erzielen, da der schwarze König mit Tempogewinn vordringen könnte.

41. Sg4—h6† Kg8—f8
42. Sh6×f5 ....

Alles umsonst! Die schöne Kombination scheitert an dem ungenügenden Materiale.

42. .... Sg7×f5
43. Kh1—g2 Kf8—f7
44. Kg2—f3 Kf7—f6

Einfacher war 44. .... Ke6.

45. Kf3—f4 Kf6—e6

Bei seinem 44. Zuge hatte Schwarz noch keinen Spielplan gefaßt, der König kommt daher mit Tempoverlust auf e6. Näher lag 45. .... Sd6, um durch Springermanöver die Dameseitebauern zur Bewegung zu zwingen.

46. g3—g4 Sf5—d6
47. h2—h4 Sd6—e4
48. a2—a3 h7—h6
49. b3—b4 Se4—f2
50. Kf4—f3 Sf2—d3
51. Kf3—e3 Sd3—e5
52. Ke3—f4 Se5—g6†
53. Kf4—g3 Ke6—d6
54. h4—h5 Sg6—e5
55. Kg3—f4 d5—d4
56. g4—g5 d4—d3
57. Kf4—e3 d3—d2
58. Ke3—e2 h6×g5
59. h5—h6 Se5—f7
60. h6—h7 Kd6—e6
61. b4—b5 Ke6—f6
62. a3—a4 Kf6—g7
63. a4—a5 Sf7—e5
64. b5—b6 Se5—c6
65. Ke2×d2 a7×b6
66. a5×b6 Kg7×h7
67. Kd2—d3 Kh7—g6
68. Kd3—e4 Kg6—f6
69. Ke4—d5 Sc6—a5
70. Kd5—c5 Kf6—e6
71. Kc5—b5 Sa5—b7
72. Kb5—c6 Sb7—d6
73. Kc6—c5 g5—g4
74. Kc5—d4 g4—g3
75. Kd4—e3 Ke6—d7
76. b6—b7 Kd7—c7
77. Ke3—f3 Sd6—f5

Aufgegeben.

328

Spanische Partie

Habana, 18. Oktober 1862

	Felix Sicre	Morphy
1.	e2—e4	e7—e5
2.	Sg1—f3	Sb8—c6
3.	Lf1—b5	a7—a6
4.	Lb5—a4	Sg8—f6
5.	d2—d3	....

Beliebter ist hier 5. 0—0.

5.	....	Lf8—c5
6.	0—0	b7—b5
7.	La4—b3	d7—d6
8.	c2—c3	h7—h6
9.	Lc1—e3	Lc5×e3
10.	f2×e3	0—0
11.	Sb1—d2	d6—d5
12.	e4×d5	....

Sehr gut wäre hier 12. Dc2 oder 12. De2 gewesen.

12.	....	Sf6×d5
13.	Dd1—e2	Lc8—e6
14.	Lb3×d5	Dd8×d5
15.	Sd2—e4	....

Der Springerzug ist recht schwach, d4 wäre besser.

15.	....	f7—f5
16.	Se4—f2	Dd5—d8
17.	b2—b3	g7—g5
18.	Kg1—h1	g5—g4
19.	Sf3—g1	Dd8—g5
20.	Ta1—d1	Sc6—e7
21.	De2—d2	Ta8—d8
22.	d3—d4	c7—c5
23.	e3—e4	....

Das weiße Spiel ist lückenhaft und der Textzug leitet eine fehlerhafte Kombination ein.

23.	....	Dg5×d2
24.	Td1×d2	c5×d4
25.	Tf1—d1	f5×e4
26.	Sf2×e4	Le6—d5!
27.	c3×d4	....

Offizier- oder Bauernverlust ist unvermeidlich.

27.	....	Ld5×e4
28.	d4×e5	Td8×d2
29.	Td1×d2	Tf8—f1
30.	e5—e6	Kg8—g7
31.	Td2—d4	Tf1—e1
32.	Td4—d2	Se7—d5
33.	e6—e7	Kg7—f7
34.	Td2—f2†	Kf7×e7

Weiß gibt auf.

329

Französische Eröffnung

Habana, 22. Oktober 1862

Aus einer Blindlingsvorstellung

	Morphy	José Maria [Sicre]
1.	e2—e4	e7—e6
2.	d2—d4	d7—d5
3.	e4×d5	e6×d5
4.	Sg1—f3	Lf8—d6
5.	Lf1—d3	Sg8—f6
6.	0—0	0—0
7.	Sb1—c3	c7—c6
8.	Lc1—g5	Lc8—g4
9.	h2—h3	Lg4×f3
10.	Dd1×f3	Sb8—d7

11.	Tf1—e1	Dd8—c7
12.	g2—g4	Tf8—e8
13.	Lg5—e3	Kg8—h8

Dieser Zug kostet einen Bauer. Sf8 hätte geschehen müssen.

14.	g4—g5.	Sf6—g8
15.	Df3×f7	Te8—e7
16.	Df7—h5	Sd7—f8
17.	Dh5—g4	Sf8—e6?

Ein zweiter sehr schwacher Zug! Schwarz ist verloren.

18.	Ld3×h7	Sg8—f6
19.	g5×f6	g7×f6
20.	Lh7—g6	Te7—g7
21.	Dg4—h5†	Kh8—g8
22.	Kg1—h1	Se6—f8
23.	Lg6—f5	Ld6—f4
24.	Te1—g1	Lf4×e3
25.	f2×e3	Tg7—g5
26.	h3—h4	Sf8—h7
27.	h4×g5	Sh7×g5
28.	Tg1×g5†	f6×g5
29.	Ta1—g1 und gewinnt.	

330

Läufergambit

Paris, 16. Januar 1863

	A. Mongredien	Morphy
1.	e2—e4	e7—e5
2.	f2—f4	e5×f4
3.	Lf1—c4	d7—d5
4.	e4×d5	Sg8—f6
5.	Sg1—f3	....

Besser wäre, durch Sc3 den Bauer zu decken.

5.	....	Sf6×d5
6.	0—0	Lc8—e6
7.	Lc4×d5	Le6×d5
8.	d2—d4	Sb8—c6
9.	Lc1×f4	Lf8—e7

Auf Lf3: erhält Weiß nach 10. Df3:, Dd4‡ (Sd4: 11. Te1† nebst 12. Db7:) 11. Kh1, 0—0—0 12. Sc3 usw. ein ganz gutes Angriffsspiel, gibt aber einen Bauer preis.

10.	Sb1—d2	0—0
11.	c2—c4	Ld5×f3
12.	Sd2×f3	Le7—f6
13.	d4—d5	Sc6—e7
14.	Lf4—e5	Se7—f5
15.	Dd1—d3	g7—g6
16.	Le5×f6	....

Weiß bemüht sich, durch Abtausch das Spiel zu vereinfachen; durch Dc3 wäre aber die günstigere Abwicklung zu erreichen gewesen.

16.	....	Dd8×f6
17.	Dd3—b3	Tf8—e8
18.	Ta1—e1	Sf5—d4
19.	Sf3×d4	Df6×d4†
20.	Kg1—h1	Te8×e1
21.	Tf1×e1	Dd4—d2
22.	Te1—f1	....

Da Weiß bloß Remis anstrebt, war Tg1 am Platze, wodurch der Turm gedeckt bleibt und Matmöglichkeiten hintangehalten werden.

22.	....	Ta8—e8
23.	Db3—f3	f7—f5
24.	Df3—d1	Te8—e2

Weiß verliert schließlich, da er den entscheidenden Bauernverlust auf die Dauer nicht abwehren kann; z. B.: 25. Dd2:, Td2: 26. Tb1, Tc2 27. b3, Ta2: usw.

331

Springergambit

Paris, 1863

Vorgabe des Damespringers

	Morphy	Chev. St. Leon
1.	e2—e4	e7—e5
2.	f2—f4	e5×f4
3.	Sg1—f3	g7—g5
4.	Lf1—c4	g5—g4
5.	d2—d4	g4×f3
6.	Dd1×f3	Lf8—h6

Schwarz mußte hier durch d5 einen Bauer preisgeben, um seine Figuren zum Schutze des Königs heranziehen zu können.

7.	0—0	Dd8—f6
8.	e4—e5	Df6—g7
9.	Lc1×f4	Lh6×f4
10.	Df3×f4	Sg8—h6
11.	Tf1—f3	Th8—g8
12.	Tf3—g3	Dg7—f8
13.	Tg3×g8	Sh6×g8
14.	Ta1—f1	Sg8—h6
15.	g2—g4	d7—d6

Immerhin könnte durch d5 der Angriff abgewehrt werden; z. B. d5 16. Ld5:, c6 17. Lb3, Dg7! usw.

16.	e5—e6	f7—f6
17.	g4—g5	Df8—g7
18.	Df4×f6	Dg7×f6
19.	Tf1×f6	Sh6—g8
20.	Tf6—f7	c7—c6
21.	Tf7—g7	Sg8—e7
22.	Tg7×h7	Ke8—d8
23.	Th7—h8†	Kd8—c7
24.	Th8—e8	d6—d5

Falls Sf5, so 25. g6, falls aber Sd5, so könnte folgen 25. Ld5:, cd5 26. h4, Le6: 27. Te6:, Sd7 28. h5 usw.

25.	Te8×e7†	Kd7—d6
26.	Te7—e8	d5×c4
27.	Te8×c8	Kd6×e6
28.	h2—h4	Ke6—f5

Im Falle Kf7 hätte der weiße König Zeit, sich zu nähern.

29. Tc8—g8 und gewinnt.

332

Italienische Eröffnung

Paris, 1863

	A. de Rivière	Morphy
1.	e2—e4	e7—e5
2.	Sg1—f3	Sb8—c6
3.	Lf1—c4	Lf8—c5
4.	c2—c3	Sg8—f6
5.	d2—d3	d7—d6
6.	h2—h3	h7—h6
7.	b2—b4	Lc5—b6
8.	a2—a4	a7—a6
9.	Sb1—a3	....

Vorzuziehen war 9. a4—a5, Lb6—a7 10. Lc1—e3! usw.

9.	....	0—0
10.	Sa3—c2	Lc8—e6
11.	Dd1—e2	d6—d5

Morphy geht im Zentrum energisch vor und erlangt bald den Angriff.

12.	e4×d5	....

Weiß sollte einen Bauer im Zentrum halten; besser war daher Lc4—a2 usw.

12. .... Le6×d5
13. 0—0 e5—e4
14. Lc4×d5 Dd8×d5
15. d3×e4 Sf6×e4
16. c3—c4 ....

Weiß hat keinen Ausweg, um die drohende Gefahr abzuwenden. Schwarz steht bereits überlegen.

16. .... Se4—g3
17. c4×d5 Sg3×e2†
18. Kg1—h2 Sc6—e7
19. Tf1—e1 Se2×c1
20. Te1×e7 Sc1—d3
21. a4—a5 ....

Weiß steht auf Verlust; bei dem geschehenen Zug übersieht er, daß der Bauer c7 wegen der Fesselung des Turmes (durch Lb8) nicht zu nehmen ist.

21. .... Lb6—a7
22. g2—g3 Tf8—e8
23. Te7×c7 Te8—e2
24. Sc2—d4 Te2×f2†

Aufgegeben. — Gegen Se5 gibt es absolut keine Parade.

333

Italienische Eröffnung

Paris, Anfang Januar 1863

Morphy	A. de Rivière
1. e2—e4	e7—e5
2. Sg1—f3	Sb8—c6
3. Lf1—c4	Lf8—c5
4. c2—c3	Dd8—e7

Diese älteste Verteidigung kommt in neuerer Zeit öfters vor, um die auf Sf6 mögliche wilde Variante (5.d4, ed4 6. cd4, Lb4† 7. Sc3!, Se4: 8. 0—0, Lc3: 9.d5! usw.) zu vermeiden (P. 55). Schwarz steht etwas beengt, wird sich aber ausreichend verteidigen können.

5. d2—d4 Lc5—b6

Das Schlagen (ed4) liegt nicht im Geiste der Eröffnung.

6. 0—0 d7—d6
7. h2—h3 ....

Verhindert die Fesselung. Zwingender scheint 7. a4, a5 8. Sa3, Lg4 9. Sc2, Sf6 10. Te1, 0—0, 11. Se3! usw. zu sein.

7. .... Sg8—f6
8. Tf1—e1 h7—h6
9. a2—a4 a7—a5
10. Sb1—a3 Sc6—d8

In Betracht kam 0—0.

11. Sa3—c2 Lc8—e6
12. Sc2—e3 Le6×c4
13. Se3×c4 Sf6—d7
14. Sc4—e3 ....

Morphy hat die Eröffnung ausgezeichnet behandelt und bringt seinen Damespringer am wirksamsten ins Spiel.

14. .... g7—g6

Zieht Schwarz z. B. c6, so könnte zunächst 15. Sf5, Df6 16. de5, de5 17. Sd6† usw. folgen.

15. Se3—d5 De7—e6

Außer diesem Zuge wäre nur noch 16. .... Df8 zu berücksichtigen, doch würde Weiß dann 17. Sb6: spielen und einen erdrückenden Positionsvorteil haben.

Stellung nach dem 15. Zuge von Schwarz

16. Lc1×h6 f7—f6

Der Läufer ist nicht zu nehmen wegen Sg5!

17. Lh6—g7 ....

Ein überraschender Zug, welcher indessen stärker aussieht als er ist. Le3 gewann schnell.

17. .... Th8—h5

Zieht der Turm anderswohin, so folgt 18. Lf6:, Sf6: 19. Sg5 usw.

18. g2—g4 ....

Es drohte Offiziersverlust durch Df7.

18. .... Th5×h3
19. Sd5×f6† Sd7×f6
20. Sf3—g5 De6—d7

20. .... Dg4‡ 21. Dg4:, Sg4: 22. Sh3:, Kf7 23. f3, Kg7: 24. fg4, ed4 25. Kg2, Se6 könnte in Betracht kommen, wobei Schwarz trotz der verlorenen Qualität gute Remisaussichten hätte.

21. Lg7×f6 Th3—h4
22. f2—f3 e5×d4
23. c3×d4 Th4—h6
24. Kg1—g2 Sd8—f7
25. Te1—h1 Sf7×g5

Bei Th1: erlangt Weiß durch 26. Dh1: usw. einen erfolgreichen Angriff.

26. Th1×h6 Sg5—h7
27. Dd1—h1 Sh7×f6
28. Th6—h8† Ke8—e7
29. Th8×a8 Lb6×d4
30. Dh1—h6! Dd7—c6
31. Ta1—c1 Dc6—b6

Hier war der richtige Moment, die Partie aufzugeben.

32. Tc1×c7† Ke7—e6
33. Ta8—e8† Sf6×e8
34. Dh6×g6† Ke6—e5
35. Dg6—f5‡.

334

Italienische Eröffnung

Paris, 1863

A. de Rivière — Morphy

1. e2—e4 e7—e5
2. Sg1—f3 Sb8—c6
3. Lf1—c4 Lf8—c5
4. d2—d3 Sg8—f6
5. 0—0 h7—h6

Ehemals spielte man mit Vorliebe die Randbauern; auf ein oder zwei Tempi kam es hierbei nicht an. Besser 5. .... d6.

6. c2—c3 d7—d6
7. b2—b4 Lc5—b6
8. a2—a4 a7—a5

Schwarz vermeidet damit den nach 8. .... a6 möglichen Angriff: 9. a5, La7 10. b5, ab5 11. Lb5: usw.

9. b4—b5 Sc6—e7
10. Lc4—b3 0—0
11. Sb1—d2 Se7—g6
12. Sd2—c4 Lc8—g4

Hier verdient 12. . . . . La7 Beachtung.

13. Sc4×b6 c7×b6
14. Dd1—e2 Sg6—h4
15. Kg1—h1 Dd8—c8
16. Lc1—d2 Lg4×f3
17. g2×f3 Dc8—h3
18. Tf1—g1 Sh4×f3

Einfach und sicher war Df3‡ 19. Df3:, Sf3: 20. Tgd1, Tac8 21. Tac1, Sd7 usw.

19. Tg1—g2 Sf6—g4
20. Ta1—g1 g7—g5

Schwarz hat eine starke Position erlangt, entblößt jedoch durch diesen Zug seine Königsstellung, und diese Schwächung wird vom Gegner vortrefflich ausgenützt. — Entschieden besser war Sgh2:, A) 21. Tg3, Dh5 22. Ld1, Sf1† 23. Kg2, S1d2: 24. Th1, Sh4† usw. mit Gewinn der Qualität, und B) 21. Tg7‡, Kh8 22. T1g3, Dh5 23. Ld1! (drohte Dameverlust), Sf1† 24. Kg2, S1d2: 25. Th3!, Tg8! 26. Th5:, Tg7‡ 27. Kh3, Sg1† 28. Kh4, Se2: usw. mit überwiegendem Vorteile. — Dagegen ist Sg1: nicht ganz ausreichend wegen 21. Kg1:, Sf6 22. Tg3, Dh5 (oder h4) 24. Df1, g5 25. f4 usw. und Weiß steht gut.

21. Lb3—d1 Sg4×h2
22. Tg2—g3 Dh3—h4

Hierin scheint der entscheidende Fehler zu liegen. Dh5 war natürlicher und stärker, z. B. 23. Kg2, g4 24. Th1, f5 25. ef5, Tf5: 26. Le3, Taf8 27. Lb6, Sd4 usw.

23. Kh1—g2 g5—g4
24. Tg1—h1 f7—f5
25. e4×f5 Tf8×f5
26. De2—e4! . . . .

Dieser Zug wäre nicht möglich, wenn Schwarz 22. Dh5 gespielt hätte.

26. . . . . Ta8—f8

Schwarz hat scheinbar einen vernichtenden Angriff, Weiß wehrt aber die Gefahr sehr geschickt ab, indem er die Figuren abtauscht. Er bekommt sogar dank seiner Königsstellung — trotz Bauernminus — ein gewonnenes Endspiel. Hier bewährt sich der Steinitzsche Ausspruch: „Der König ist eine starke Figur.“

27. Ld1×f3 Tf5×f3
28. De4—g6† Kg8—h8
29. Dg6×h6† Dh4×h6
30. Ld2×h6 Tf3×f2†
31. Kg2—g1 Tf2—f1†
32. Kg1×h2 Tf8—f2†
33. Tg3—g2 g4—g3†
34. Kh2×g3 Tf2—f3†

Falls Th1:, so folgt 35. Tf2:, Th6: 36. Tf7, Tg6† 37. Kf3, d5 38. Tb7:, usw. Schlecht wäre 35. Kf2:?, Th6: 36. c4, Kh7 37. Ke3, Th4! usw.

35. Kg3—g4 . . . .

Einfacher und besser als 35. Kh2, worauf nach Th1‡ 36. Kh1:, Td3: usw. Weiß noch Schwierigkeiten hätte.

35. . . . . Tf1×h1
36. Kg4×f3 Th1×h6

37. c3—c4 Kh8—h7
38. Kf3—e4 Th6—h4†
39. Ke4—f5 ....

Weiß spielt das Endspiel meisterhaft.

39. .... Th4—f4†
40. Kf5—e6 Tf4—d4
41. Tg2—g3 e5—e4
42. Tg3—g4 Td4×d3
43. Tg4×e4 Kh7—g6
44. Te4—g4† Kg6—h7
45. Ke6—d7 Td3—a3
46. Kd7×d6 Ta3×a4
47. Kd6—c7 Ta4—b4

Auch Ta1 würde nicht mehr helfen können. Es würde 48. Kb6:, a4 49. c5, a3 50. Ta4, a2 51. Kb7:, Tb1 52. b6 usw. folgen.

48. Kc7×b6 a5—a4
49. Kb6—a5 Tb4—b1
50. c4—c5 a4—a3
51. Tg4—a4 Tb1—b3
52. Ka5—b6 Kh7—g6
53. Ta4—a5 Tb3—c3
54. Ta5—a7 Kg6—f5
55. Ta7×b7 und gewinnt.

335

Evansgambit

Paris, 1863

Morphy — A. de Rivière

1. e2—e4 e7—e5
2. Sg1—f3 Sb8—c6
3. Lf1—c4 Lf8—c5
4. b2—b4 Lc5×b4
5 c2—c3 Lb4—c5
6. 0—0 d7—d6
7. d2—d4 e5×d4
8. c3×d4 Lc5—b6
9. Sb1—c3 Dd8—f6

Eine Extravaganz! In 23 Zügen 10 Damezüge! Wahrhaftig eine ewige Warnung für die Nachwelt. Die Partie spielt sich für Weiß von selbst.

10. Sc3—d5 Df6—g6
11. Sd5—f4 Dg6—f6
12. e4—e5 d6×e5
13. d4×e5 Df6—f5
14. c5—e6 f7—f6

Nach 14. .... fe6 usw. bekommt der weiße Springer eine dominierende Stellung auf e6.

15. Sf3—h4 Df5—c5
16. Lc1—e3 Dc5—g5

Die Dame darf die fünfte Reihe nicht verlassen wegen 7. Dd1—h5† usw.

17. Sh4—f3 Dg5—a5
18. Le3×b6 Da5×b6
19. Sf4—d5 Db6—a5
20. Sf3—d2! Sc6—d4

Es drohte 21. Sb3, Da3 22. Sc7† usw.

21. Sd2—b3 Sd4×b3
22. a2×b3 Da5—c5
23. Dd1—h5† Ke8—d8
24. Ta1—d1 Aufgegeben.

336

Evansgambit

Paris, 1863

A. de Rivière	Morphy
1. e2—e4	e7—e5
2. Sg1—f3	Sb8—c6
3. Lf1—c4	Lf8—c5
4. b2—b4	Lc5×b4
5. c2—c3	Lb4—c5
6. 0—0	d7—d6
7. d2—d4	e5×d4
8. c3×d4	Lc5—b6
9. Sb1—c3	Lc8—g4
10. Lc4—b5	Lg4—d7
11. Lc1—g5	....

Stark in Betracht käme hier 11. e5, de5, 12. Te1, Sge7 13. d5, Sd4 (falls Sb8, so 14. Lc4, 0—0 15. Se5:, Lf5 16. Lg5, Lc5 17. Sf7: usw.) 14. Ld7:, Dd7: 15. Se5:, Df5 16. Sd3 usw.

11.	Sc6—e7

Besser als 11. Sge7, worauf folgen könnte 12. Sd5, f6 13. Lf6:, gf6 14. Sf6†, Kf8 15. Sd7†, Dd7: 16. d5, Dg4 17 dc6, bc6, 18. Lc4, Sg6 19. Sd4 usw.

12. Lb5—c4	Ld7—e6
13. Dd1—a4†	....

Stärker scheint 13. Le6:, fe6 14. Sh4 usw. zu sein.

13.	Dd8—d7
14. Lc4—b5	c7—c6
15. Lb5—d3	f7—f6
16. Lg5—h4	....

Der Läufer gehört nach e3.

16.	Se7—g6
17. Lh4—g3	....

Weiß spielt mechanisch und kraftlos. Besser war 17. d5, Lf7 18. dc6, bc6, nebst 19. Sd5 usw.

17.	Sg8—e7
18. d4—d5	Le6—f7
19. Sc3—b5	....

Nachhaltiger war 19. Tad1.

19.	Lb6—c5
20. Ta1—c1	0—0
21. Sb5—d4	Kg8—h8
22. Ld3—c4	Sg6—e5
23. Sf3×e5	f6×e5
24. d5×c6	b7×c6
25. Sd4—b3	Lc5—b6
26. Tf1—d1	....

Ein kleinliches Angriffspiel, das von Morphy kräftig widerlegt wird. — Besser war 26. Lf7:, Tf7: 27. Tcd1, De6 28. Sd2 usw.

26.	Lf7—h5
27. Td1—d2	a7—a5!

Beweist Morphys großangelegtes Spiel; f2 ist der wunde Punkt des Weißen.

28. Da4—a3	....

Auf 28. Le5: folgt Tf2:.

28.	Ta8—d8
29. Lg3×e5	....

Weiß merkt die Absicht seines

Gegners nicht. — Durch den Textzug geht ein Offizier verloren, womit das Schicksal der Partie besiegelt ist.

29.	Tf8×f2
30. Kg1—h1	....

Andere Züge helfen auch nicht. Z. B. 30. Ld4, Ld4: 31. Td4: (falls 31. Tf2:, so folgt Lf2‡ nebst Da7†), Tg2‡ 32. Kg2:, Dg4† 33. Kf1, Df3† 34. Ke1, De3† 35. Kf1, Tf8† usw.

30.	Tf2×d2
31. Le5×g7†	Kh8×g7
32. Sb3×d2	Dd7—a7
33. Da3—g3†	Lh5—g6
34. Te1—f1	Lb6—d4
35. Sd2—f3	Da7—c5
36. Lc4—b3	Td8—f8
37. h2—h4	Ld4—e5
38. Dg3—g4	Dc5—e3

und gewinnt.

337

Evansgambit

Paris, 1863

Morphy	A. de Rivière
1. e2—e4	e7—e5
2. Sg1—f3	Sb8—c6
3. Lf1—c4	Lf8—c5
4. b2—b4	Lc5×b4
5. c2—c3	Lb4—c5
6. 0—0	d7—d6
7. d2—d4	e5×d4
8. c3×d4	Lc5—b6
9. Sb1—c3	Lc8—g4
10. Lc4—b5	Ke8—f8

Dieser Zug gilt auch nach der heutigen Theorie als die beste Entgegnung. Schwarz verliert zwar die Rochade, erlangt aber eine Stellung, der schwer beizukommen ist. — Die Theorie empfiehlt gegen diese Verteidigung 11. Lc6:, bc6 12. a4! usw. — Uns scheint aber, daß Schwarz durch 10. .... a6! 11. La4, Kf8! 12. Lc6:, bc6 usw. mit Tempogewinn eine ähnliche Position erreichen kann, bei welcher dann a4 an Kraft verliert — Sofern diese Behauptung richtig ist, dürfte diese Verteidigung noch immer besser sein als das heute gebräuchliche Sa5.

11. Lc1—e3	....

Besser ist 11. Lc6:, bc6 12. a4 usw.

11.	Sc6—e7
12. h2—h3	Lg4—h5
13. Lb5—d3	f7—f6
14. a2—a4	c7—c6
15. Dd1—b3	Lh5—f7
16. Db3—a3	Lb6—a5
17. Sc3—e2	Se7—c8

Schwarz steht sehr eingeengt, und sein Gegner hat ein freies bequemes Spiel. Der Textzug ist unnatürlich und wäre besser durch Lc7 zu ersetzen.

18. Ta1—b1	b7—b6
19. Ld3—a6!	Sg8—e7
20. e4—e5	Lf7—d5
21. Se2—f4	....

Sehr richtig gespielt! Man beachte, wie Weiß in den letzten Zügen mehr und mehr Grund gefaßt hat.

21.	f6×e5
22. d4×e5	d6×e5
23. Sf4×d5	c6×d5
24. Sf3×e5	Dd8—d6
25. Da3—b2	Se7—f5
26. Le3—f4	Dd6—e7

27. Se5—c6 De7—e4

Die Qualität ist unrettbar verloren, denn auf 27. .... Df7 folgt 28. Sa5:, ba5 29. Lb7 usw.

28. La6—b7 De4×f4
29. Lb7×a8 Df4×a4
30. Tb1—d1 Da4—e4
31. Db2—a3† Kf8—f7
32. Sc6×a5 b6×a5
33. Tf1—e1 ....

Einfacher war 33. Ld5† nebst Damegewinn.

33. .... De4—b4
34. La8×d5† Kf7—g6
35. Te1—e6† Kg6—g5
36. Da3—c1† Db4—f4
37. h3—h4† Sf5×h4
38. Te6—e5† Sh4—f5
39. Te5×f5† Kg5×f5
40. Ld5—e6† Aufgegeben.

338

Zweispringerspiel im Nachzug

Paris, 1863

A. de Rivière — Morphy

1. e2—e4 e7—e5
2. Sg1—f3 Sb8—c6
3. Lf1—c4 Sg8—f6
4. Sf3—g5 d7—d5
5. e4×d5 Sc6—a5
6. d2—d3 h7—h6

Sehr gut wäre hier 6. .... Sc4: 7. dc4, Ld6 nebst 0—0; der weiße Springer steht auf g5 nicht vorteilhaft, und wird früher oder später von selbst zurückgehen.

7. Sg5—f3 e5—e4
8. Dd1—e2 Sa5×c4
9. d3×c4 ....

Erwägungswert ist hier auch 9. de4. Weiß hat sehr starke Bauern.

9. .... Lf8—c5

In Betracht käme 9. .... Le7 oder Ld6. —

10. h2—h3 0—0
11. Sf3—h2 Sf6—h7
12. Sb1—d2 ....

Dieses Springermanöver ist zu umständlich; Le3 bot eine ausreichende Verteidigung. Siehe Partie 83 und 261.

12. .... f7—f5
13. Sd2—b3 Lc5—d6
14. 0—0 Ld6×h2†
15. Kg1×h2 f5—f4!

Höchst energisch und kräftig gespielt.

16. De2×e4 Sh7—g5
17. De4—d4 ....

Etwas besser, wenn auch nicht ausreichend wäre 17. Dd3 und erst auf Lf5 18. Dd4 usw.

17. .... Sg5—f3†
18. g2×f3 Dd8—h4
19. Tf1—h1 Lc8×h3
20. Lc1—d2 Tf8—f6
und gewinnt.

339

Zweispringerspiel im Nachzug

Paris, 1863

Morphy	A. de Rivière
1. e2—e4	e7—e5
2. Sg1—f3	Sb8—c6
3. Lf1—c4	Sg8—f6
4. d2—d4	e5 × d4
5. 0—0	Lf8—e7

Schwarz vermeidet die Komplikation und versucht eine der Philidor-Verteidigung ähnliche Variante herbeizuführen. — Die theoretisch besseren Züge sind 5. .... Lc5 oder Se4:. — Vgl. Partie 240.

6. Sf3 × d4 0—0

Geschähe jetzt Se4:, so erlangt Weiß durch 7. Sf5 einen Positionsvorteil, z. B. 7. Sf5, d5 8. Sg7‡, Kf8 9. Lh6, Kg8 10. Ld5: usw., oder 7. Sf5, 0—0 (falls Kf8, so 8. Dd5) 8. Dg4, g6 (falls Sg5, so folgt 9. Se4‡, De7: 10. Dg5:) 9. Sh6†, Kg7 10. De4: usw.

7. Sb1—c3 Sc6—e5

Übereilter Angriffszug! Richtiger war d6.

8. Lc4—e2 ....

Sehr gut war 8. Lb3. Der Läufer steht aber auch hier ausgezeichnet und hat den psychologischen Wert, daß Schwarz zu dem schwächeren Zuge 8. .... d5 verleitet wird.

8. .... d7—d5

Der Textzug gibt dem Gegner Gelegenheit zu einem Rochadeangriff. Sicherer wäre 8. .... d6 gewesen.

9. f2—f4	Se5—c6
10. Sd4 × c6	b7 × c6
11. e4—e5	Le7—c5†
12. Kg1—h1	Sf6—d7

In Betracht käme 12. .... Se8 nebst 13. .... g6 und 14. .... Sg7.

13. Le2—d3	Tf8—e8
14. Lc1—d2	Sd7—f8
15. Dd1—h5	g7—g6
16. Dh5—h6	Sf8—e6

Schlecht! Der Springer stand besser auf f8. Jetzt wird das Vorrücken der Königsseitebauern zu stark.

17. f4—f5	Lc5—f8
18. Dh6—h3	Se6—c5

Falls Sg7, so könnte folgen 19. e6, fe6 20. f6, Sf5 21. f7†, Kf7: 22. g4, e5 23. gf5, e4 24. Dh7‡, Lg7 25. fg6† usw.

19. e5—e6 f7 × e6

Auch Sd3: führt zu gleichem Resultate, z. B. 19. .... Sd3: 20. ef7†, Kf7: 21. fg6†, Kg6: 22. Dg3†, Kh5 23. Dd3: usw.

20. f5—f6	e6—e5
21. f6—f7†	Kg8—h8
22. f7 × e8	Dd8 × e8
23. Ld3 × g6	Lc8 × h3
24. Lg6 × e8	Lh3 × g2†
25. Kh1 × g2	Ta8 × e8
26. Ta1—e1	Aufgegeben.

340

Zweispringerspiel im Nachzug

Paris, 1863

A. de Rivière — Morphy

1. e2—e4 e7—e5
2. Sg1—f3 Sb8—c6
3. Lf1—c4 Sg8—f6
4. Sb1—c3 ....

Sicherer ist hier d3.

4. .... Lf8—c5

Dieser Läuferzug macht die Stellungen symmetrisch. Für besser erachtet man 4. .... Se4·! 5. Se4: [falls Lf7†, so folgt Kf7: 6. Se4:, d5 7. Sg3 (7. Sfg5†, Kg8 8. Df3, Dd7! 9. Sc3, Sb4) e4 8. Sg1 usw.], d5 6. Ld5:, Dd5: 7. d3, f5 usw.

5. d2—d3 h7—h6

Den Randbauer zu ziehen lag kein Grund vor, und Schwarz hätte besser getan, durch d6 die Symmetrie aufrecht zu halten.

6. Dd1—e2 0—0

Die Rochade ist bei geschwächter Königstellung gefährlich, da Weiß noch nicht rochiert hat, und durch h3 nebst g4 einen heftigen Ansturm der Bauern einleiten kann.

7. Sc3—a4 ....

Nutzloser Angriff! Besser h3 oder Le3!

7. .... Lc5—e7
8. a2—a3 ....

Es ist unerklärlich, was Weiß mit diesem Zuge beabsichtigt hat. Er hätte den Springer schleunigst zurückziehen müssen.

8. .... d7—d5
9. e4 × d5 Sf6 × d5
10. 0—0 ....

Falls 10. Se5:, so folgt Sd4, 11. Dd1, Lf6 usw.

10. .... Lc8—g4

Weiß hätte diese unbequeme Fesselung durch 10. h3 verhindern sollen.

11. Lc1—e3 Kg8—h8
12. Sa4—c3 Sd5 × c3
13. b2 × c3 f7—f5
14. Le3—c1 Le7—d6
15. Ta1—b1 e5—e4
16. d3 × e4 Sc6—e5
17. Sf3 × e5 ....

Ein Verzweiflungszug! Weiß will seine bedrängte Lage um jeden Preis erleichtern. Falls 17. Ld3, so De8! 18. Dd1, Sd3: 19. cd3:, fe4: 20. de4:, Lf3: 21. gf3:, Dh5 22. f4 Dg6† 23. Kh1, De4‡ usw., falls etwa 17. h3 so Lf3: 18. gf3:, fe4: 19. f4!, Sf3† 20. Kg2, De8 21. Ld5, Dg6† 22. Kh1, Df5 23. Kg2, Dd5: usw.

17. .... Lg4 × e2
18. Se5—g6† Kh8—h7
19. Sg6 × f8† Dd8 × f8
20. Lc4 × e2 f5 × e4
21. Tb1 × b7 Ld6 × a3
22. Lc1—e3 a7—a5
23. Tb7 × c7 La3—d6
24. Tc7—d7 Ld6—e5

Um Ld4 zu begegnen, worauf jetzt Df5! 26. Td5, Lh2: usw. folgen kann.

25. f2—f3 Df8—c8
26. Td7—e7 Dc8 × c3
27. Le3—f2 a5—a4
28. f3—f4 Le5—d4
29. Te7 × e4 Ld4 × f2†
30. Tf1 × f2 a4—a3
31. Le2—d3 g7—g6
32. f4—f5 a3—a2
33. f5 × g6† Kh7—h8

Aufgegeben.

341

Springergambit

Paris, 1863

	Morphy	A. de Rivière
1.	e2—e4	e7—e5
2.	f2—f4	e5×f4
3.	Sg1—f3	g7—g5
4.	Lf1—c4	Lf8—g7
5.	0—0	h7—h6
6	c2—c3	d7—d6
7.	d2—d4	....

Morphy spielte in anderen Partien gewöhnlich 7. Db3.

7.	....	Sg8—e7
8.	h2—h4	Se7—g6
9.	h4—h5	Sg6—e7
10.	g2—g3	Lc8—g4

Noch energischer wäre Lh3 nebst fg3.

11.	g3×f4	Lg4×h5
12.	f4×g5	Dd8—d7

Dc8 hätte das weiße Spiel kräftiger bedroht.

13.	Sf3—e5	Dd7—h3
14.	Dd1—d3	....

Auf 14. Dh5: antwortet Schwarz am besten durch Dg3† 15. Kh1, hg5 usw.

14.	....	Dh3×d3
15.	Se5×d3	h6×g5
16.	Sb1—a3	c7—c6
17.	Lc1×g5	Lg7×d4†
18.	c3×d4	Th8—g8
19.	Tf1—f6	Tg8×g5†
20.	Kg1—f2	Sb8—d7!

Indirekte Deckung des Damebauers.

21.	Tf6×d6	0—0—0

Durch Lg6, 22. Th1 (es drohte Qualitätsverlust), 0—0—0 (auch Sc8 23. Th8†, Ke7 24. e5, Tb8 konnte geschehen) hätte Rivière die Partie schneller entscheiden können.

22.	Ta1—g1	Tg5×g1
23.	Kf2×g1	Kc8—c7
24.	Td6—h6	Lh5—g6
25.	Se3—f4	Lg6×e4
26.	Lc4×f7	Le4—f5
27.	Lf7—e6	Sd7—f8
28.	d4—d5	Sf8×e6
29.	Sf4×e6†	Lf5×e6
30.	d5×e6	Td8—d5

Durch das sehr fein eingeleitete Endspiel bringt Schwarz seinen Positionsvorteil sehr geschickt zur Geltung. Schwach wäre 30. .... Td1† 31. Kf2, Td2† 32. Kf3, Tb2: wegen 33. Th7 Ta2:! 34. Sc4, Kd8 35. Th8†, Kc7 36.Th7 usw.

31.	Kg1—f2	b7—b5
32.	Kf2—f3	Td5—d2

Nachdem nun dem feindlichen Springer das Feld c4 abgeschnitten ist, kann der schwarze Turm den Bauer gefahrlos schlagen.

33.	Sa3—b1	Td2×b2
34.	Sb1—c3	Kc7—d6
35.	Kf3—f4	Se7—d5†
36.	Sc3×d5	c6×d5
37.	e6—e7†	Kd6×e7
38.	Th6—a6	Tb2—e2!

Der wichtigste Zug!

39.	a2—a3	Ke7—d7
40.	Ta6×a7†	Kd7—c6
41.	Kf4—f3	Te2—e4
42.	Ta7—a8	Te4—a4
43.	Ta8—c8†	Kc6—d6
44.	Tc8—c3	d5—d4

Rivière behandelt das Endspiel sehr fein; dasselbe wird sogar als Musterspiel betrachtet. Es scheint aber, daß bei korrektem Gegenspiele

Stellung nach dem 44. Zuge von Schwarz

die Partie nicht zu gewinnen gewesen wäre.

45. Tc3—b3	Kd6—c5
46. Kf3—e4	Ta4—a8
47. Ke4—d3	Ta8—h8
48. Kd3—d2	Th8—h2†
49. Kd2—c1	....

Kd1 ist nicht besser, z. B. 49. Kd1, Kc4 50. Tg3 (falls 50. Tb4†, so Kc3, 51. Tb5:, Th1† 52. Kc2, d3† 53. Ke3, Te1† 54. Kf2, d2 usw.), Tb2 nebst 51. Tb3 usw.

49.	Kc5—c4
50. Tb3—g3	....

Auf Tb4† folgt Kc3 mit Matdrohung.

50.	d4—d3
51. Tg3—g8	Th2—a2
52. Tg8—c8†	Kc4—b3
53. Tc8—b8	Ta2—c2†
54. Kc1—d1	Tc2—c5
55. Kd1—d2?	....

Durch Ta8 hätte Weiß Remis erreicht. Z. B. 55. Ta8!, Kb2 56. Kd2! Tc2† 57. Kd3:, Tc3† 58. Kd4! [Kd2 verliert, da nach Ta3: 59. Tb8!, Tb3 60. Tb7, b4 61. Tb8, Ka2 62. Ta8† (falls 62. Kc2, so Tc3† 63. Kd2, Kb3 64. Tb7, Tc8 65. Ka5 und b3 usw. Auf 62. Tb7 folgt Tb2† 63. Kc1, Tb1† 64. Kc2, b3† usw.), Ta3 63. Tb8, b3 64. Kc1 (c3), Ta7 65. Tb6, Tc7† 66. K—d2, b2 67. Ta6†, Kb1 68. Ta8, Tc5 69. Ta7, Td5† 70. Ke2 (auf Kc3 könnte Kc1 folgen), Kc2 71. Tc7†, Kb3 72. Tb7†, Kc3 73. Tc7†, Kb4 74. Tb7†, Tb5 usw. der Bauer nicht mehr aufgehalten werden kann. Ta3: 59. Tb8, Tb3 60. Kc5, Tc3† 61. Kb4 usw.

55.	Kb3×a3
56. Kd2×d3	b5—b4
	und gewinnt.

342

Läufergambit

Paris, 1863

A. de Rivière	Morphy
1. e2—e4	e7—e5
2. f2—f4	e5×f4
3. Lf1—c4	Sg8—f6

Beliebter ist heutzutage d5! 4. ed5, Dh4† 5. Kf1, g5 6. Sc3, Se7 7. d4, Lg7 usw., aber auch 3. ...., f5 hat viele Liebhaber.

4. Sb1—c3	Lf8—b4
5. Sg1—f3	0—0
6. Sc3—d5	Sf6×d5

Dieser Abtausch ist nicht förderlich, besser wäre La5.

7. e4×d5	Tf8—e8†
8. Ke1—f2	d7—d6

Der schwarze Königsläufer ist gefährdet und außer Spiel.

9. d2—d4	Dd8—f6

Schwarz übersieht in schlechter Stellung den Verlust der Figur.

10.	c2—c3	Lb4—a5
11.	Dd1—a4	Lc8—d7

Die Figur war nicht zu retten! Schwarz versucht durch den folgenden sinnreichen Verzweiflungsangriff die gegnerische Position in Unordnung zu bringen.

12.	Da4×a5	b7—b6
13.	Da5—a3	g7—g5
14.	h2—h3	h7—h5
15.	Lc1—d2	g5—g4
16.	h3×g4	h5×g4
17.	Sf3—g1	....

Weiß will die Figur durchaus behalten, setzt sich aber infolgedessen einem starken Angriffe aus. Besser wäre deshalb gewesen, durch 17. b3 der Dame das Feld c1 zugänglich zu machen. Schwarz darf den weißen Springer nicht schlagen, da die weißen Türme entscheidend eingreifen würden.

17.	....	b6—b5
18.	Lc4—d3	Ld7—f5
19.	Ld3×b5	....

Der Tausch ist nicht viel besser, dagegen käme Le2 stark in Betracht.

19.	....	Sb8—d7
20.	Da3—a4	Ta8—b8
21.	Lb5×d7	g4—g3†

Schwarz hat nun seine Angriffskräfte nach Wunsch geordnet, und es glückt ihm, eine klare Remisposition zu erreichen. Durch das bisherige Spiel ermutigt, will er noch mehr erzielen, verrechnet sich abermals und kann den Verlust nicht mehr abwenden.

22.	Kf2—f3	....

Falls 22. Kf1, so würde Ld3† 23. Se2, Le2‡ 24. Ke1 (auf 24. Kg1 folgt f3), Lb5†. 25. Le8:, Te8‡ nebst La4: usw. folgen.

22.	....	Lf5—e4†
23.	Kf3—g4	....

Bei 23. Ke2 geschieht f3† 24. Kd1!, fg2 usw.

23.	....	Le4×d5
24.	Ld7×e8	Df6—g6†
25.	Kg4×f4	Dg6—e4†
26.	Kf4—g5	....

Schwarz konnte in dieser Stellung durch Dg6† 27. Kf4!, De4† 28. Kg5 (28. Kg3:, Dg2‡ 29. Kf4, De4†), Dg6† usw. ewiges Schach erzielen. Auf ähnliche Weise hätte sich ewiges Schach auch bei 27. Kh4, De4† 28. Kh3, Dg2‡ 29. Kg4, De4† 30. Lf4, Dg6† 31. Kh3 (h4) (falls Lg5, so f5!), Dh7† 32. Kg3:, Dg6† 33. Kh4 (33. Kf2 würde verlieren wegen Tb2‡ 34. Ke1, Dg2 35. Lb5, Df2† nebst Df4: bzw. 35. Le3, Dg3† nebst De3: usw.), Dh7† 34. Kg3, Dg6† usw. erzielen lassen.

26.	....	Kg8—g7?
27.	Th1—h6	Ld5—e6.
28.	Th6×e6	De4×e6
29.	Da4—d7	Tb8×b2
30.	Sg1—f3	Aufgegeben.

Partien in Habana

343

Springergambit

Habana, 1864

Vorgabe des Damespringers

	Morphy	Celso Golmayo
1.	e2—e4	e7—e5
2.	f2—f4	e5×f4
3.	Sg1—f3	g7—g5
4.	Lf1—c4	Lf8—g7
5.	0—0	d7—d6
6.	c2—c3	h7—h6
7.	Dd1—b3	Dd8—d7

Dieser Zug ist tadellos! Schwarz erreicht durch denselben, daß nach Sc6 entweder die feindliche Dame oder der Läufer weichen muß.

8.	d2—d4	Sb8—c6
9.	Db3—c2	Sg8—e7
10.	h2—h4	g5—g4
11.	Sf3—h2	....

Auf Se1 antwortet Schwarz durch f3 12. gf3, g3 usw.

11.	....	g4—g3
12.	Sh2—f3	Dd7—g4
13.	h4—h5	Dg4×h5
14.	Lc1×f4	Sc6×d4

Golmayos Spielführung beweist, daß er für die Vorgabe zu stark ist; dies hat auch Morphy nach Beendigung der Partie zugegeben.

15.	Dc2—d1	Sd4×f3†
16.	Tf1×f3	Dh5—h2†
17.	Kg1—f1	Dh2—h1†
18.	Kf1—e2	Dh1×g2†
19.	Ke2—e1	Lc8—g4

Aufgegeben.

344

Französische Eröffnung

Habana, 1864

Vorgabe des Damespringers

	Morphy	Aurel. Medina
1.	e2—e4	e7—e6
2.	f2—f4	d7—d5
3.	e4—e5	Lf8—c5

Siehe Bemerkung zur Partie 319.

4.	d2—d4	Lc5—b6
5.	Lc1—e3	Sg8—e7
6.	Sg1—f3	Se7—f5
7.	Le3—f2	Dd8—e7
8.	c2—c3	c7—c5
9.	g2—g4	Sf5—h6
10.	Lf2—h4	De7—c7
11.	h2—h3	Sb8—c6
12.	Lf1—e2	c5×d4
13.	c3×d4	Lb6—a5†
14.	Ke1—f2	Lc8—d7
15.	a2—a3	Dc7—c8

In Betracht käme Db8.

16.	b2—b4	La5—d8
17.	Lh4—g3	Ld8—b6

Dieser schwache Zug ist die Ursache der späteren Unannehmlichkeiten. Der Läufer stünde auf c7 am besten; Schwarz hätte aber die schlechte Königsstellung des Gegners durch 0—0 nebst ev. f6 energisch ausnützen können.

18.	Ta1—c1	Dc8—d8

19. Kf2—g2 f7—f6
20. Lg3—h4 Dd8—e7

Näher lag Sf7.

21. Th1—f1 De7—f7
22. Kg2—h2 Sh6—g8

Schwarz führt ein hypermodernes Spiel, indem er sich nach rückwärts entwickelt. Die kurze Rochade wäre noch immer richtiger.

23. Dd1—d2 Sg8—e7
24. g4—g5 f6—f5
25. g5—g6 ....

Sehr wichtig; auf andere Züge würde Schwarz seine Königsstellung durch g6 auf lange Zeit sichern.

25. .... Se7×g6

Besser wäre, mit dem Bauer zu schlagen.

26. Sf3—g5 Df7—g8
27. Le2—h5 Ke8—f8

Die schwarzen Figuren können sich nicht recht bewegen; Morphy leitet nun eine weitberechnete feine Opferkombination ein, und beendet das Spiel in wirklich meisterhafter Weise.

Stellung nach dem 27. Zuge von Schwarz

28. Tc1×c6 ....

Nun folgt ein höchst eleganter Schluß.

28. .... b7×c6
29. b4—b5 c6—c5
30. d4×c5 Lb6×c5
31. Tf1—c1 Lc5—e7
32. Tc1—c7 Ld7—e8
33. Lh5×g6 h7×g6
34. Tc7×e7 Th8×h4
35. Dd2—b4 Th4×h3
36. Sg5×h3 Aufgegeben.

345

Zweispringerspiel im Nachzug

Habana, 16. Februar 1864

Erstes Blindlingsspiel

Morphy — Plac. Dominguez

1. e2—e4 e7—e5
2. Sg1—f3 Sb8—c6
3. Lf1—c4 Sg8—f6
4. d2—d4 e5×d4
5. 0—0 Lf8—c5
6. e4—e5 Sf6—e4

Allein richtig ist hier 6..... d5!, worauf sich sehr verwickelte und interessante Varianten ergeben, z. B. 6..... d5 7. ef6, dc4 8. Te1†, Le6 (falls Kf8, so folgt 9. Lg5, gf6 10. Lh6†) 9. Sg5, Dd5 10. Sc3, Df5 11. Se4, Lb6 (Ld6 oder Lf8 sind nicht besser) 12. Sg3 [oder fg7, Tg8 13. g4, Dg6 14. Se6:, fe6 15. Lg5! Tg7: 16. Df3 usw.), Dg6! 13. Se6:, fe6 14. Te6†, Kd7 15. Sh5 usw. Die Schwäche des geschehenen Zuges wird von Morphy in der ihm eigenen kräftigen Weise durch schleunige Öffnung freier Angriffslinien für das entscheidende Einwirken der rapid entwickelten Figuren ausgebeutet.

7.	Lc4—d5	f7—f5
8.	e5×f6	Se4×f6
9.	Lc1—g5!	....

Energischer als sogleich Te1†.

9.	....	Lc5—e7
10.	Lg5×f6	Le7×f6

Falls gf6, so folgt 11. Sg5! Se5 12. Dh5†, Sg6 13. Lf7†; Kf8 14. Dh6‡

11.	Tf1—e1†	Sc6—e7
12.	Sf3—e5	Lf6×e5
13.	Dd1—h5†	g7—g6
14.	Dh5×e5	Th8—f8
15.	Sb1—d2	c7—c6

Dieser fehlerhafte Zug gestattet dem Meister einen eleganten Schlußangriff. Längere Verteidigung war

Stellung nach dem 15. Zuge von Schwarz

durch d6 zu erreichen, z. B. 15. .... d6 16. Dd4:, c6 17. Le6, Le6: 18. Te6:, d5 19. Tae1, Tf7 20. Sf3 usw.

16.	Sd2—c4	d7—d6
17.	Sc4×d6†	Ke8—d7
18.	Ld5—e6†	Kd7—c7
19.	Sd6×c8†	Dd8—d6
20.	De5—d6‡.	

346

Evansgambit

Habana, 16. Februar 1864

Zweites Blindlingsspiel

	Morphy	Celso Golmayo
1.	e2—e4	e7—e5
2.	Sg1—f3	Sb8—c6
3.	Lf1—c4	Lf8—c5
4.	b2—b4	Lc5×b4
5.	c2—c3	Lb4—c5
6.	0—0	d7—d6
7.	d2—d4	e5×d4
8.	c3×d4	Lc5—b6
9.	Sb1—c3	Sg8—f6?
10.	e4—e5	d6×e5
11.	Lc1—a3	Lb6×d4
12.	Dd1—b3	Lc8—e6
13.	Lc4×e6	f7×e6
14.	Db3×e6†	Sc6—e7
15.	Sf3×d4	e5×d4
16.	Tf1—e1	Dd8—d7

Auch 16. .... Sg8 rettet die Figur nicht.

17.	De6×e7†	Dd7×e7
18.	Te1×e7†	Ke8—d8
19.	Ta1—d1	b7—b6
20.	Td1×d4†	Kd8—c8
21.	Sc3—b5!	Kc8—b8

Falls 21. .... c5, so 22. Tc7†, Kb8 23. Td6, Tc8 24. Te7!, Te8 25. Te8‡, Se8: 26. Td8†, Kb7 27. Te8: usw.

22. Te7×c7 Th8—e8
23. g2—g3 a7—a6
24. La3—d6 Sf6—e4

Auf 24. .... ab5 folgt 25. Tg7‡, Kc8 26. Tc7†, Kb8 27. Th7‡, Kc8 28. Tc7†, Kb8 29. Tf7† usw.

25. Td4×e4 Te8×e4
26. Tc7—e7† Kb8—c8
27. Te7×e4 a6×b5
28. Te4—e8† Kc8—b7
29. Te8×a8 Aufgegeben.

347

Philidors Springerspiel

Habana, 16. Februar 1864

Drittes Blindlingsspiel

Morphy	Felix Sicre
1. e2—e4	e7—e5
2. Sg1—f3	d7—d6
3. d2—d4	e5×d4
4. Lf1—c4	h7—h6

Ein schwerer Tempoverlust, welchen Weiß energisch ausbeutet.

5. c2—c3 c7—c6
6. 0—0 d4×c3
7. Dd1—b3 Dd8—c7
8. Sb1×c3 g7—g5
9. Lc1—e3 Lf8—g7
10. Ta1—c1! Lg7×c3

Schwarz hat sich in einer Art und Weise entwickelt, welche kaum Schule machen wird. Ein wahrhaft angenehmer Gegner, der nur bis auf den nächsten Zug kombiniert! Durch den Abtausch des Springers will Schwarz 11. Sb5, cb5 12. Lf7‡, Df7: 13. Tc8‡ parieren, den Läufer sollte er aber nicht hergeben, weil dadurch sein Königsflügel die Stütze verliert. Durch 10. .... Kf8 wird noch einiger Widerstand geleistet.

11. Db3×c3 Th8—h7
12. e4—e5 Sb8—d7
13. Lc4—d3 Sd7—f8
14. e5×d6 Dc7—d8

Auf Dd6: folgt 15. Lc5 nebst 16. Lf8: und 17. Lh7:. Schwarz steht kläglich.

15. Tf1—e1 Lc8—e6
16. Sf3—e5 Sg8—f6
17. Ld3×h7 Sf8×h7
18. Le3—c5 Sf6—d7
19. Se5-g4 b7—b6
20. Dc3—g7 Sh7—f8
21. Lc5—d4 Aufgegeben

Schwarz ist außer Stand, dem drohenden Schlußangriffe 22. Lf6, Sf6: 23. Sf6‡ oder 22. Lf6, Dc8 23. Te6‡ nebst 24. De7‡ wirksam zu begegnen.

Partien, New Orleans 1866—1869

Die letzten Partien Morphys gegen Charles Amédée Maurian

Von seiner zweiten europäischen Reise zurückgekehrt, spielte Morphy nur noch Vorgabepartien mit seinem Jugendfreunde Ch. A Maurian, doch ist auch eine Vorgabepartie mit einem andren Freunde, Mac Connel, überliefert. Infolge seiner dritten Europafahrt sind aus dem Jahre 1868 keine Partien vorhanden. Die im Jahre 1869 zwischen Morphy und Maurian gespielten Partien mit Springervorgabe lassen sich in vier Gruppen einteilen, die nachstehend zusammengestellt sind. Die Qualität der mit Maurian gespielten Partien zeigt, mit welcher Macht die Schachbegabung Morphys gegen die ihn zu umklammern suchende Geistesumnachtung ankämpft. — Wiederholt gab er glänzende Zeichen seiner Genialität, und auch da, wo er aus den verschiedenen Lagen des Vorgabekampfes mit dem unter Leitung der besten Meisterhand riesenhaft emporwachsenden Maurian auch nicht als Sieger hervorgeht, ist aus den Partien doch immer Morphy der unbesiegbare Meister zu erkennen.

Gruppe	Morphy	Maurian
I	+6	+3
II	+3	+3
III	+7	+10
IV	+0	+4

Das Wachstum von Maurians Spielstärke beweisen auch seine gegen den 1882 in New Orleans weilenden hervorragenden Meister Zukertort ohne Vorgabe gespielten Partien, von denen mehrere mit dem Siege Maurians endeten.

348

Evansgambit

Vorgabe des Damespringers

	Morphy	Mac Connel
1.	e2—e4	e7—e5
2.	Sg1—f3	Sb8—c6
3.	Lf1—c4	Lf8—c5
4.	b2—b4	Lc5×b4
5.	c2—c3	Lb4—c5
6.	0—0	d7—d6
7.	d2—d4	e5×d4
8.	c3×d4	Lc5—b6
9.	d4—d5	Sc6—e5

Besser wäre Sa5.

10.	Sf3×e5	d6×e5
11.	Lc1—b2	Dd8—e7
12.	Dd1—b3	....

In Kb1 lag viel mehr Drohung.

12.	....	Sg8—f6
13.	Kg1—h1	Sf6—g4
14.	Db3—g3	De7—c5
15.	Lc4—b3	Sg4×f2†

Durch Df2: hätte Schwarz die Partie sofort entscheiden können, z. B. Df2:! 16. Tf2:, Sf2‡ 17. Df2: (falls Kg1, so Se4‡ nebst Sg3‡ usw.) Lf2: 18. Le5:, f6 usw. Auf dem Textzug verliert Schwarz.

16.	Tf1×f2	Dc5×f2
17.	Dg3×e5†	Ke8—d8
18.	De5×g7	Th8—e8
19.	Lb2—f6†	Kd8—d7
20.	Dg7×f7†	Kd7—d6
21.	e4—e5†	Te8×e5
22.	Df7—f8†	nebst Mat im nächsten Zuge.

349

Abgelehntes Königsgambit

New Orleans, 1866

Vorgabe des Damespringers

	Morphy	Ch. A. Maurian
1.	e2—e4	e7—e5
2.	f2—f4	d7—d5
3.	e4×d5	Dd8×d5
4.	Sg1—f3	Lc8—g4
5.	Lf1—e2	Lg4×f3
6.	Le2×f3	e5—e4
7.	Dd1—e2	Sg8—f6

Sehr gut wäre hier f5. (Siehe P. 322.)

8.	d2—d3	Dd5—b5
9.	c2—c4	Db5—b4†
10.	Lc1—d2	Db4×b2
11.	0—0	Sb8—c6
12.	Lf3×e4	Sf6×e4
13.	De2×e4†	Lf8—e7
14.	Ld2—e3	Db2—f6
15.	d3—d4	0—0
16.	d4—d5	Tf8—e8

Morphys Jugendfreund spielt gut und kombinierend. Es fehlt ihm nur die feinere Nüancierung. Tae8 wäre richtig.

17.	d5×c6	Le7—c5
18.	c6×b7!	....

Dieser Ausweg stand dem Weißen nicht zu Gebote, wenn im 16. Zuge Tae8 geschehen wäre.

18.	....	Ta8—d8
19.	De4×e8†	Td8×e8
20.	Le3×c5	Df6—c6

Schwarz hätte den Turmbauer durch Da6 decken können, z. B. Da6 21. Tab1, Tb8 22. Tfd1, h6! usw.

21.	Lc5×a7	Dc6×b7
22.	La7—f2	f7—f5
23.	a2—a4	Te8—e2
24.	a4—a5	Te2—e6
25.	Ta1—b1	Db7—c8
26.	Tb1—b5	g7—g6
27.	Tb5—e5	Te6—a6
28.	Tf1—e1	Ta6—a8
29.	Lf2—d4	Dc8—a6
30.	Te5—e7	Da6×c4
31.	Te7—d7	Kg8—f8

Besser wäre c5.

32.	h2—h3.	Aufgegeben.

Schwarz gibt ohne Grund das Spiel auf; nach Dc6 ist nicht abzusehen, auf welche Weise er verlieren kann.

350

Unregelmäßige Eröffnung

New Orleans, 1866

Vorgabe des Damespringers

	Morphy	Ch. A. Maurian
1.	b2—b3	....

Morphy versucht auch die unregelmäßige Eröffnung. Der fianchettierte Läufer ist gewöhnlich gegen schwächere Gegner eine verhängnisvolle Waffe.

1.	....	e7—e5
2.	Lc1—b2	Sb8—c6
3.	e2—e3	d7—d5

4. g2—g3 f7—f5
5. Sg1—h3 Sg8—f6
6. Lf1—b5 . . . .

Überraschend! Zu erwarten war, daß der Läufer sich nach g2 entwickelt.

6. . . . . Lf8—d6
7. f2—f4 Dd8—e7
8. 0—0 0—0
9. c2—c4 a7—a6

Dieser Zug kostet einen Offizier, Schwarz hoffte aber sich an Bauern schadlos zu halten.

10. Lb5×c6 b7×c6
11. f4×e5 Ld6×e5
12. d2—d4 Le5—d6
13. c4—c5 De7×e3†
14. Kg1—g2 Ld6—e7
15. Tf1—e1 Sf6—g4
16. Lb2—c1 De3—c3
17. Lc1—d2 Dc3×d4
18. Te1×e7 Dd4×c5
19. Dd1—e2 d5—d4
20. b3—b4 Dc5—d5†
21. Kg2—g1 d4—d3

(S. Diagramm)

Besser wäre a5.

22. Ld2—c3! Tf8—f7

Die Dame war wegen 23. Tg7†, Kh8 24. Tg4‡ (nebst Mat in zwei Zügen) nicht zu schlagen.

23. Te7—e8† Tf7—f8

Stellung nach dem 21. Zuge von Schwarz

24. De2—e7 Dd5—f7
25. Sh3—g5! Df7×e7
26. Te8×e7 Sg4—f6
27. Ta1—e1 a6—a5
28. Te7×c7 Tf8—e8
29. Te1—d1 a5×b4
30. Lc3×f6 g7×f6
31. Sg5×h7 Te8—e6
32. Td1×d3 Lc8—a6
33. Td3—d7 La6—c4
34. a2—a4! . . . .

Problemartiger Vorbereitungszug! Bei sofortigen 34. Tg7† nebst 35. Sf8 rettet sich Schwarz durch Te1† 36. Kf2! Te2† 37. Kg1 usw.

34. . . . . b4×a3
35. Td7—g7† Kg8—h8
36. Sh7—f8 und gewinnt.

351

Evansgambit

New Orleans, 9. Mai 1866

Vorgabe des Damespringers

Morphy	Ch. A. Maurian
1. e2—e4	e7—e5
2. Sg1—f3	Sb8—c6
3. Lf1—c4	Lf8—c5
4. b2—b4	Lc5×b4
5. c2—c3	Lb4—c5

6.	0—0	d7—d6
7.	d2—d4	e5×d4
8.	e3×d4	Lc5—b6
9.	Lc1—b2	Lc8—g4
10.	Lc4—b5	Ke8—f8

Durch a6! könnte Schwarz ein wichtiges Tempo gewinnen.

11.	Lb5×c6	b7×c6
12.	h2—h3	h7—h5!
13.	Dd1—d3	....

Bei 13. hg4, hg4 14. Sh2, Dh4 usw. erhält Schwarz einen unwiderstehlichen Angriff.

13.	....	Lg4×f3
14.	Dd3×f3	Th8—h6
15.	a2—a4	a7—a5
16.	Ta1—e1	Sg8—e7
17.	Df3—e3	f7—f5
18.	De3—g5	f5×e4
19.	Tf1—e1	Se7—d5

Auf d5 folgt 20. La3!

20.	Dg5—f5†	Sd5—f6
21.	Te1×e4	Dd8—d7
22.	Te4—e6	Dd7—f7

Es drohte 23. Tf6:.

23.	d4—d5	Sf6×d5

Hierauf verliert Schwarz die Qualität, cd5 mit der Drohung Se4 oder Te8 wäre richtiger gewesen.

24.	Lb2×g7†	Kf8×g7
25.	Df5×f7†	Kg7×f7
26.	Te6×h6	Sd5—f6
27.	g2—g4	h5×g4
28.	h3×g4	Sf6×g4

Das Heranziehen des Turmes auf g8 war viel einfacher.

29.	Th6—h7†	Kf7—g6
30.	Th7—h3	Lb6×f2†
31.	Kg1—g2	Lf2—c5
32.	Th3—g3	Kg6—f5
33.	Tc1—f1†	Kf5—g5

Schwarz beginnt zu ermatten, nach Sf2 oder Lf2 stand er noch immer auf Gewinn.

34.	Tf1—f7	Ta8—g8
35.	Kg2—f3	Kg5—g6
36.	Tf7—f4	Kg6—h5
37.	Tg3—h3†	Kh5—g6
38.	Tf4×g4†	Kg6—f7
39.	Th3—h7†	Kf7—f8
40.	Tg4—f4†	Kf8—e8
41.	Th7×c7	....

Auf 41. Te4†, Kd8 42. Tec7 deckt sich Schwarz durch Lb6.

41.	....	Ke8—d8

Die Partie wurde schließlich Remis; in Anbetracht der Vorgabe müßte eigentlich Weiß gewinnen, da er sich nun auch materiell im Vorteile befindet.

352

Französische Eröffnung

New Orleans, 1866

Vorgabe des Damespringers

	Morphy	Ch. A. Maurian
1.	e2—e4	e7—e6
2.	d2—d4	d7—d5
3.	Sg1—h3	....

Morphy versteht es auch hier, eine gambitartige Variante zu erfinden.

3.	....	d5×e4
4.	Lf1—c4	Sg8—f6
5.	0—0	b7—b6
6.	f2—f3	e4—e3

Schwarz hütet sich wohlweislich, dem Gegner Angriffslinien zu öffnen.

Bei gleich starken Spielern wäre gewiß Lb7 oder ef3 7. Df3:, Dd4† 8. Le3, De4 usw. gezogen worden.

7.	Lc1 × e3	Lf8—e7
8.	Dd1—e2	0—0
9.	Ta1—d1	Sf6—d5
10.	Le3—c1	Sb8—c6
11.	c2—c3	Le7—d6

Vorzuziehen wäre Lf6.

12.	Lc4—d3	f7—f5

Dieser Zug schwächt die Bauernstellung.

13.	Ld3—b5	Sc6—e7
14.	c3—c4	Sd5—b4

Gekünstelt; Sf6 war besser.

15.	a2—a3	c7—c6

Falls a6, so folgt 16. ab4, ab5 17. c5 usw.

16.	Lb5—a4	b6—b5
17.	c4—c5	Ld6—c7

In Betracht käme Lb8, um den Damenturm über a7 ins Spiel zu bringen.

18.	La4—b3	Sb4—d5
19.	Lc1—g5	Dd8—e8
20.	Lg5 × e7	De8 × e7
21.	Lb3 × d5	c6 × d5
22.	De2 × b5	e6—e5?

Schwach. Tb8! 23. De2, a5 usw. müßte geschehen.

23.	Db5—c6	Lc8—e6
24.	d4 × e5	Ta8—c8

Auf Lc5: folgt 25. Tfe1, Lf7 26. Td5:, Ld4† 27. Kf1, Ld5: 28. Dd5† nebst 29. Dd4: usw.

25.	Sh3—g5	De7 × g5
26.	Dc6 × e6†	Kg8—h8
27.	f3—f4	Dg5—g4
28.	Tf1—f3	Lc7—b6!

Dieser Versuch, den Läufer zu opfern, bringt auch keine Rettung.

29.	b2—b4	....

29. cb6 durfte nicht gespielt werden, da die Antwort Tc2 den Verlust der Partie bedeutet.

29.	....	Lb6 × c5†
30.	b4 × c5	Tc8 × c5
31.	De6—d6	Tf8—c8
32.	Td1 × d5	Tc5—c1†
33.	Td5—d1	h7—h6
34.	h2—h3	Dg4—h4
35.	Td1 × c1	Tc8 × c1†
36.	Kg1—h2	Dh4—e1
37.	Dd6—f8†	Kh8—h7
38.	Df8 × f5†	Kh7—g8
39.	Tf3—d3	De1—g1†
40.	Kh2—g3	Dg1—e1†
41.	Kg3—g4	De1—e2†
42.	Kg4—h4	De2—f2†
43.	g2—g3	Df2—b6
44.	Td4—d6	Db6—c7
45.	Td6—d7	Aufgegeben.

353

Evansgambit

New Orleans, 1866

Vorgabe des Damespringers

	Morphy	Ch. A. Maurian
1.	e2—e4	e7—e5
2.	Sg1—f3	Sb8—c6
3.	Lf1—c4	Lf8—c5
4.	b2—b4	Lc5 × b4
5.	c2—c3	Lb4—c5

Dieser Rückzug des Läufers ist zwar vollkommen sicher, empfehlenswerter wäre es jedoch, den Läufer über a5 zurückzuziehen, um die gegnerischen

Mittelbauern nicht mit Tempogewinn vorrücken zu lassen.

6. 0—0 d7—d6
7. d2—d4 e5 × d4
8. c3 × d4 Lc5—b6
9. d4—d5 Sc6—a5
10. e4—e5 . . . .

Bei regelrechter Fortsetzung hätte Weiß weniger Aussicht gehabt, daß ein schwacher Zug geschieht.

10. . . . . Sa5 × c4
11. Da1 × a4† Dd8—d7

Das Verstellen des Läufers ist unnatürlich; besser wäre Ld7 gefolgt, z. B. 11. . . . . Ld7 12. Dc4:, Se7 13. e6, fe6 14. de6, Lc6 15. Lg5, Lf3: 16. gf3, d5 usw. und Schwarz hat das überlegene Spiel.

12. Da4 × c4 Sg8—e7
13. Tf1—e1 d6 × e5

Sehr gewagt! Die Rochade sichert gegen alle Überraschungen.

14. Sf3 × e5 Dd7 × d5
15. Dc4—a4† . . . .

Maurian berechnet nur die Folgen des Dameabtausches, wonach er ein bequemes und ruhiges Spiel hätte und auch materiell im Vorteil bliebe, z. B. 15. Dd5:, Sd5: 16. Sg6†, Le6 17. Sh8:, Kf8 usw. — Der Textzug ist viel nachhaltiger.

15. . . . . Lc8—d7
16. Se5 × d7 Dd5 × d7
17. Te1 × e7† . . . .

Die energischeste Fortsetzung des Angriffes! Auf 17. Dh4 könnte Schwarz durch 0—0 18. De7:, Tae8! antworten.

17. . . . . Ke8 × e7
18. Lc1—a3† Ke7—e8

Eine ausreichende Verteidigung bot hier 18. . . . . c5 19. Te1†, Kd8 20. Td1, Dd1‡ 21. Dd1‡, Kc7 nebst Tad8.

19. Ta1—e1† Lb6—e3
20. Da4—b3! Ke8—d8

Falls c6, so 21. Te3‡ nebst 22. Td3.

21. Db3 × b7 Ta8—c8

Bei Dc8 folgt Mat in vier Zügen durch 22. Td1†; falls aber Dd2, so 22. Lb4, Df2‡ 23. Kh1, Tc8 24. Dd5† Kc8 25. De4†, Kd7 26. Td1† usw. Auch bei Lf2‡ ist Schwarz verloren, z. B.: 22. Kf2:, Dd2† 23. Te2, Dd4† (falls Df4†, so 24. Ke1) 24. Te3, Df4† (Dd2† ist nicht besser) 25. Ke2, Dg4† 26. Ke1 usw.

22. f2 × e3 Dd7—d3

Vorzuziehen wäre c6 und auf 23. Db3, De6 usw.

23. La3—b4 f7—f5

Schwarz will der Drohung 24. Df3 nebst 25. Td1 begegnen, Weiß aber wendet die überraschende Fortsetzung 24. Te2! an.

24. Te1—e2 Th8—e8

Auf De2: folgt Mat in drei Zügen.

25. Te2—d2 Te8 × e3
26. Td2 × d3† Te3 × d3
27. Lb4—e7† Kd8—d7
28. Db7—b5† Aufgegeben.

354

Zweispringerspiel im Nachzug

New Orleans, 1866

Vorgabe des Damespringers

	Morphy	Ch. A. Maurian
1.	e2—e4	e7—e5
2.	Sg1—f3	Sb8—c6
3.	Lf1—c4	Sg8—f6
4.	d2—d4	e5 × d4
5.	0—0	Sf6 × e4
6.	Lc4—d5	Se4—c5

Über Sf6 siehe P. 326.

7.	Sf3—g5	Sc5—e6
8.	Tf1—e1	Lf8—e7
9.	Dd1—h5	Se6 × g5

Der Läufer hätte schlagen müssen, z. B. Lg5: 10. Lg5:, Se7 11. Dh4, f6 usw.

10.	Lc1 × g5	0—0
11.	Te1 × e7	Sc6 × e7
12.	Ta1—e1	g7—g6

Nicht kräftig genug. Richtiger wäre c6!, z. B. 13. Le7: (auf 13. Lb3 folgt d5 14. Le7:, Te8 15. Lb4, Te1† 16. Le1:, De7 usw.), Da5 14. Te5, cd5 15. Lf8:, d6! 16. Ld6: (falls Te8, so Le6), Le6 usw.

13.	Dh5—f3	c7—c6
14.	Lg5 × e7	Dd8—a5
15.	Te1—e5	Da5—d2

Die vorhergehende Variante ist nicht mehr spielbar, da nach 15. . . . ., cd 16. Lf8: d6 (oder auch gegen Kf8:) der Damezug auf f6 sofort entscheidet.

16.	h2—h3	d7—d6
17.	Le7—g5	d6 × e5

Falls Db4, so 18. Df6 nebst 19. Lh6 usw.

18.	Lg5 × d2	c6 × d5
19.	Df2—f6 und gewinnt.	

355

Evansgambit

New Orleans, 1866

Vorgabe des Damespringers

	Morphy	Ch. A. Maurian
1.	e2—e4	e7—e5
2.	Sg1—f3	Sb8—c6
3.	Lf1—c4	Lf8—c5
4.	b2—b4	Lc5 × b4
5.	c2—c3	Lb4—a5
6.	0—0	Sg8—f6
7.	Sf3—g5	0—0
8.	Dd1—b3	Dd8—e7
9.	Lc1—a3	d7—d6
10.	d2—d4	La5—b6

Besser wäre h6.

11.	f2—f4	Sc6—a5
12.	Db3—a4	Sa5 × c4
13.	Da4 × c4	h7—h6
14.	Sg5—f3	Sf6—g4
15.	f4 × e5	Sg4 × e5
16.	Dc4—e2	Lc8—g4
17.	Kg1—h1	Se5 × f3
18.	g2 × f3	Lg4—d7

In Betracht käme Lh5.

19.	Tf1—g1	Tf8—e8

20. Tg1—g3	De7—h4
21. Ta1—g1	g7—g5
22. La3—c1	f7—f6
23. De2—d3	Te8—e7

Hier unterläßt Schwarz den besseren Zug Kh8.

24. c3—c4	Kg8—h8
25. Dd3—c3	Te7×e4
26. c4—c5	....

Morphy hatte das Opfer erwartet und sich die Antwort zurecht gelegt.

26.	d6×c5
27. d4×c5	Ta8—f8
28. f3×e4	Dh4×e4†
29. Tg1—g2	Ld7—c6
30. c5×b6	De4—f5
31. h2—h3	Df5—f1†
32. Kh1—h2	Lc6×g2
33. Tg3×g2	c7×b6

Nach der Abwicklung bemerkt Schwarz zu seinem Schrecken, daß er einen Offizier weniger auf dem Brette hat.

34. Dc3—e2	Kh8—g7
35. Tg2—f2	Df1—b5
36. Lc1—b2	Db5—c6
37. De2—d3	Dc6—c5
38. Dd3—d7†	Kg7—g6

Falls Tf7, so 39. Lf6‡, Kg6 40. Dd3† usw.

39. Lb2—d4	Dc5—c6
40. Dd7—f5†	Kg6—g7
41. Ld4—e5	....

Der Zug sichert den König gegen jeden Angriff.

41.	b6—b5
42. h3—h4	Tf8—f7
43. h4—h5	Kg7—f8
44. Le5×f6	Dc6—c7†
45. Kh2—h3	Dc7—c4
46. Tf2—c2	Dc4—h4†
47. Kh3—g2	Aufgegeben.

356

Springergambit

New Orleans, 1866

Vorgabe des Damespringers

Morphy	Ch. A. Maurian
1. e2—e4	e7—e5
2. f2—f4	e4×f4
3. Sg1—f3	g7—g5
4. Lf1—c4	g5—g4
5. d2—d4	g4×f3
6. Dd1×f3	Sb8—c6

Maurian versucht die verschiedensten Verteidigungszüge. Es kann nicht ausbleiben, daß er, nachdem er alle schlechten versucht hat, endlich auch die guten herausfindet. — Die theoretisch richtige Verteidigung war das Opfer des Damebauers. Der Textzug verliert.

7. Lc4×f7†	Ke8×f7
8. Df3—h5†	Kf7—e7
9. Lc1×f4	Sg8—f6
10. Lf4—g5	Lf8—g7
11. e4—e5	Dd8—e8
12. Dh5—h4	De8—g6
13. 0—0	d7—d5
14. e5×f6†	Ke7—f7
15. f6×g7†	Kf7×g7
16. Tf1—f6	Lc8—f5
17. Tf6×g6†	h7×g6
18. Lg5—f6†	Aufgegeben.

357

Evansgambit

New Orleans, 7. November 1866

Vorgabe des Damespringers

	Morphy	Ch. A. Maurian
1.	e2—e4	e7—e5
2.	Sg1—f3	Sb8—c6
3.	Lf1—c4	Lf8—c5
4.	b2—b4	Lc5×b4
5.	c2—c3	Lb4—c5
6.	0—0	d7—d6
7.	d2—d4	e5×d4
8.	c3×d4	Lc5—b6
9.	Lc1—b2	Sc6—a5
10.	Lc4—d3	Sg8—e7
11.	Sf3—g5	0—0
12.	f2—f4	f7—f6
13.	Sg5—f3	c7—c5

Schwarz spielt die Eröffnung sehr gut und leitet nun einen energischen Angriff ein.

14.	Kg1—h1	c5×d4
15.	f4—f5	d6—d5!
16.	Sf3—h4	Sa5—c4
17.	Ld3×c4	d5×c4
18.	Tf1—f3	Dd8—d6

Die schwarzen Freibauern rücken mit vernichtender Macht vor.

19.	Tf3—g3	Lc8—d7
20.	Lb2—c1	d4—d3
21.	Lc1—h6	Tf8—f7
22.	Dd1—h5	Lb6—f2
23.	Tg3—g4	d3—d2
24.	Ta1—d1	c4—c3
25.	Tg4—f4	c3—c2
26.	Tf4×f2	c2×d1D+
27.	Dh5×d1	. . . .

27.	. . . .	Ld7—a4!
28.	Dd1×d2	Dd6×d2
29.	Lh6×d2	Ta8—d8
30.	Sh4—f3	Se7—c6
31.	h2—h4	Tf7—d7
32.	Ld2—f4	Sc6—d4
33.	Sf3×d4	Td7×d4
34.	Tf2—e2	La4—c6

Schwarz gewinnt nach einigen Zügen.

358

Evansgambit

New Orleans, November 1866

Vorgabe des Damespringers

	Morphy	Ch. A. Maurian
1.	e2—e4	e7—e5
2.	Sg1—f3	Sb8—c6
3.	Lf1—c4	Lf8—c5
4.	b2—b4	Lc5×b4
5.	c2—c3	Lb4—c5

6. 0—0 d7—d6
7. d2—d4 e5×d4
8. c3×d4 Lc5—b6
9. d4—d5 Sc6—a5
10. e4—e5 Sa5×c4
11. Dd1—a4† Lc8—d7
12. Da4×c4 Sg8—e7
13. Tf1—e1 0—0
14. Lc1—g5 Tf8—e8
15. e5—e6 Ld7—c8

Viel besser wäre es, die Bauern zu tauschen und den Läufer auf c6 zu postieren.

16. e6×f7† ....

Weiß nutzt die Fesselung vollständig aus.

16. .... Kg8×f7
17. Dc4—f4† Kf7—g8
18. Df4—h4 Kg8—f8
19. Dh4×h7 Dd8—d7
20. Lg5×e7† Te8×e7
21. Sf3×g5 Lb6×f2†
22. Kg1—h1 Te7×e1†
23. Ta1×e1 Lf2×e1
24. Dh7—h8† Kf8—e7
25. Dh8×g7† Ke7—d8

Falls Ke8, so 26. Dg8†, Ke7 27. Df7†, Kd8 28. Se6† usw.

26. Sg5—e6† Dd7×e6
27. d5×e6 Lc8×e6

Bei c6 beendet Weiß die Partie 28. Df8†, Kc7 29. e7 usw.

28. Dg7—f8† Kd8—d7
29. Df8×a8 Aufgegeben.

359

Evansgambit

New Orleans, November 1866

Vorgabe des Damespringers

Morphy	Ch. A. Maurian
1. e2—e4	e7—e5
2. Sg1—f3	Sb8—c6
3. Lf1—c4	Lf8—c5
4. b2—b4	Lc5×b4
5. c2—c3	Lb4—c5
6. 0—0	d7—d6
7. d2—d4	e5×d4
8. c3×d4	Lc5—b6
9. d4—d5	Sc6—a5
10. e4—e5	Sa5×c4
11. Dd1—a4†	Lc8—d7
12. Da4×c4	Sg8—e7
13. e5—e6	f7×e6
14. d5×e6	Ld7—c6
15. Lc1—g5	h7—h6

Der Läufer ist nur scheinbar angegriffen. 15. .... 0—0 nebst Te8 und die möglichst schnelle Entfesselung der Dame war das Richtige.

16. Dc4—h4 Lc6×f3
17. g2×f3 d6—d5
18. f3—f4 Lb6—d4
19. Ta1—d1 c7—c5

20. f4—f5 Dd8—d6

Bei Sf5: folgt Mat in drei Zügen.

21. Tf1—e1 g7—g6

22. Td1×d4 c5×d4
23. f5—f6 Se7—f5
24. Dh4—h3 Ta8—c8
25. f6—f7† Ke8—f8
26. Lg5—f6 Dd6—f4

Falls Sg7, so 27. Dg4, g5 28. Dd4:, Sf5 29. Dd3, Sg7 30. Dg6 usw.

27. Lf6×h8 Tc8—c3
28. Dh3×f5 Df4×f5

Weiß kündigt Mat in zwei Zügen an.

360

Italienische Eröffnung

New Orleans, 9. Dezember 1866

Vorgabe des Damespringers

Morphy	Ch. A. Maurian
1. e2—e4	e7—e5
2. Sg1—f3	Sb8—c6
3. Lf1—c4	Lf8—c5
4. d2—d4	Lc5×d4

Beliebter ist, mit dem Bauer zu schlagen.

5. c2—c3 Ld4—b6
6. Sf3-g5 ....

Der Angriff ist ungenügender Streitkräfte wegen nur kurzlebig.

6. .... Sg8—h6
7. Dd1—h5 Dd8—f6
8. 0—0 0—0
9. Kg1—h1 Df6—g6
10. Dh5—e2 d7—d6
11. h2—h3 Kg8—h8
12. g2—g4 f7—f6
13. Sg5—f3 Sh6×g4

Dieses Opfer entscheidet.

14. h3×g4 Lc8×g4
15. De2—d3 Lg4×f3†
16. Dd3×f3 f6—f5
17. Tf1—g1 f5×e4
18. Df3×f8† Ta8×f8
19. Tg1×g6 h7×g6
20. Lc1—g5 Tf8×f2
21. Ta1—g1 Tf2—f3

Viel einfacher wäre es, den Gewinn durch Sa5! zu forcieren; der weiße Läufer ist gezwungen, die Diagonale a2—g8 zu verlassen, und der schwarze König wird frei, z. B. Sa5 22. Le6, Tf6! usw.

22. Tg1—g4 Tf3—h3†
23. Kh1—g2 Th3—h5

und gewann.

Trotz der starken Bauernübermacht hatte Weiß noch immer Remischancen, da die Stellung des gegnerischen Königs sehr ungünstig ist, z. B. 24. Lf7!, e3 (oder Kh7 25 Lh4, Th4 26. Lg5 usw.) 25. Lg6:, e2 26. Lh4, Th6 27. Ld3 usw.

361

Evansgambit

New Orleans, Ende 1866

Vorgabe des Damespringers

Morphy	Ch. A. Maurian
1. e2—e4	e7—e5
2. Sg1—f3	Sb8—c6
3. Lf1—c4	Lf8—c5
4. b2—b4	Lc5×b4
5. c2—c3	Lb4—a5

6.	0—0	Sg8—f6
7.	d2—d4	0—0

Maurian findet endlich die richtigste Verteidigung.

8.	Dd1—c2	e5×d4

Viel bequemer gestaltet sich das Spiel durch d6!

9.	c3×d4	d7—d5
10.	e4×d5	Sc6—e7
11.	Lc1—a3	Lc8—f5
12.	Dc2—a4	La5—b6
13.	Tf1—e1	Sf6—e4
14.	La3×e7	Dd8×e7
15.	Lc4—d3	Ta8—e8
16.	Da4—c2	De7—b4?

Ein grober Fehler! Schwarz verliert schlankweg eine Figur; durch Lg6! nebst event. f5 konnte dieselbe gerettet werden.

17.	Ld3×e4	Lf5×e4
18.	Te1×e4	f7—f5
19.	a2—a3	Db4—a5
20.	Te4×e8	Tf8×e8
21.	Dc2×f5	Lb6×d4
22.	Ta1—b1	Te8—e2
23.	Df5—c8†	Kg8—f7
24.	Dc8—g4	Te2—b2
25.	Dg4—e6†	Kf7—f8
26.	Tb1×b2	Ld4×b2
27.	Sf3—g5	Aufgegeben.

362

Italienische Eröffnung

New Orleans, 30. Dezember 1866

Vorgabe des Damespringers

	Morphy	Ch. A. Maurian
1.	e2—e4	e7—e5
2.	Sg1—f3	Sb8—c6
3	Lf1—c4	Lf8—c5
4.	0—0	....

Morphy beabsichtigt, die Evansgambitstellung auf Umwegen zu erreichen, um den Gegner zu einer schlechten Verteidigungsvariante zu verlocken.

4.	....	Sg8—f6
5	b2—b4	Lc5×b4
6.	c2—c3	Lb4—e7!

Schwarz trifft die bequemste Verteidigung; La5 wäre ebenfalls genügend.

7.	Sf3—g5	0—0
8.	d2—d4	d7—d5
9.	e4×d5	Sf6×d5
10.	Dd1—h5	Le7×g5
11.	Lc1×g5	Sd5—f4
12.	Dh5—h4	Dd8—d7
13.	d4×e5	Sf4—g6
14.	e5—e6	Dd7—d6

Sehr richtig gespielt! — Der Bauer auf f7 ist ungefährlich, und Weiß kann den Dametausch nicht vermeiden.

15.	e6×f7†	Kg8—h8
16.	Dh4—g3	Dd6×g3
17.	f2×g3	Sc6—a5
18.	Lc4—d5	c7—c6
19.	c3—c4	....

Verläßt der Läufer seine Stellung, so geht der Bauer verloren.

19.	....	c6×d5
20.	c4×d5	Sa5—c4
21.	Ta1—e1	Sc4—d6
22.	Lg5—e7	Sg6×e7
23.	Te1×e7	Lc8—f5
24.	h2—h3	Ta8—d8

und gewinnt.

363

Königsläuferbauer-Eröffnung

New Orleans, 1867

Vorgabe des Damespringers

Morphy	Ch. A. Maurian
1. f2—f4	e7—e6
2. Sg1—f3	g7—g6

Das Fianchetto auf dem Königsflügel ist hier die geeigneteste Fortsetzung. Der weiße Damenläufer hat nun mit Entwicklungsschwierigkeiten zu kämpfen. In der Richtung h6 sind ihm die eigenen Bauern im Wege. b3 ist untunlich, da der Turm in die Schlaglinie des Läufers fällt.

3. e2—e3	Lf8—g7
4. Lf1—e2	Sg8—h6
5. 0—0	f7—f5
6. d2—d3	0—0
7. h2—h3	b7—b6
8. Kg1—h2	Lc8—b7
9. Tf1—g1	c7—c5
10. Dd1—e1	Sb8—a6

Das natürliche Feld des Damespringers ist c6.

11. c3—c3	Dd8—c7
12. g2—g4	Sh6—f7
13. g4×f5	e6×f5
14. Lc1—d2	Ta8—e8
15. h3—h4	Te8—e6
16. De1—f2	Tf8—e8
17. Tg1—g2	....

Es drohte Df4†.

17.	Lg7—h6

Schwarz führt den Gegenangriff in kräftiger und geistreicher Weise.

18. Ta1—e1	....

(S. Diagramm)

18.	Te6×e3!
19. Ld2×e3	Te8×e3
20. Sf3—g5	Lh6×g5

Stellung nach dem 18. Zuge von Weiß

21. h4×g5	Dc7—c6
22. Tg2—g1	Dc6—e6
23. Le2—d1	Te3×e1
24. Tg1×e1	De6—d6
25. Ld1—b3	Sa6—c7
26. Te1—e3	Sc7—e6
27. Kh2—g1	....

Falls Kg3, so Sfg5: usw.

27.	Dd6×f4
28. Df2×f4	Se6×f4
29. Te3—e8†	Kg8—g7
30. Te8—e7	Sf4—h3†

Ld5 wäre ebenfalls ausreichend.

31. Kg1—h2	Sh3×g5
32. Te7×d7	Lb7—c6
33. Td7×a7	f5—f4
34. Lb3×f7	Sg5×f7
35. Ta7—a6	Lc6—b5
36. Ta6×b6	Lb5×d3
37. a2—a4	Kg7—h6
38. a4—a5	Sf7—e5
39. Tb6—e6	Se5—f3†
40. Kh2—g2	Sf3—g5

41. Te6—e5	f4—f3†
42. Kg2—g3	Ld3—a6
43. b2—b4	La6—b7!
44. Te5—e7	Lb7—d5
45. b4×c5	....

Zu versuchen wäre Te5! gewesen, da die Möglichkeit des Fehlers von seiten des Partners nahe lag. — Schwarz würde aber auch in diesem Falle durch Se4† 46. Kf3: (falls 46. Te4:, so Le4: 47. b5, Ld3 48. b6, La6 usw.) Sc3† 47. Kg3, cb4 48. a6, b3 49. a7, b2 50. Td5:, a1D 51. a8D, Dg1† usw. gewinnen.

45.	Sg5—h3!
46. Te7—e1	f3—f2
47. Te1—c1	Ld5—c4
48. Kg3—g2	Sh3—f4†
49. Kg2—f3	f2—f1D†
50. Tc1×f1	Lc4×f1
51. Kf3×f3	g6—g5†
52. Kf4—f3	Kh6—h5
53. c5—c6	Lf1—a6

und gewinnt.

364

Springergambit

New Orleans, 1867

Vorgabe des Damespringers

Morphy	Ch. A. Maurian
1. e2—e4	e7—e5
2. f2—f4	e5×f4
3. Sg1—f3	g7—g5

Sehr gut wäre hier 3. .... d5 und auf 4. ed5, dann Ld6 usw.

4. Lf1—c4	Lf8—g7
5. d2—d4	d7—d6
6. h2—h4	h7—h6
7. c2—c3	g5—g4

Sicher ist es, daß Maurian die Gambittheorie gründlich kennt.

8. Lc1×f4	g4×f3
9. Dd1×f3	Dd8—e7
10. 0—0	Sg8—f6
11. e4—e5	d6×e5
12. Lf4×e5	0—0
13. Ta1—e1	Lc8-e6

Zwingender wäre Sc6.

14. Le5×f6	Lg7×f6
15. Lc4—d3	Lf6—g7
16. Df3—e4	f7—f5

Um den Dametausch herbeizuführen, läßt Schwarz die angegriffene Figur außer Acht.

17. De4×b7	Sb8—d7
18. Db7—c6	Sd7—e5
19. d4×e5	....

Weiß ist jetzt gezwungen, die Figur zu schlagen, hat aber inzwischen zwei Bauern erobert, und dadurch ist das Spiel ziemlich ausgeglichen.

19.	Ta8—e8
20. b2—b4	De7—d7
21. Dc6—f3	Le6—d5
22. Ld3×f5	Ld5×f3
23. Lf5×d7	Te8—e7
24. g2×f3	Te7×d7
25. f3—f4	Td7—d3
26. f4—f5	Td3×c3
27. f5—f6	Lg7×f6
28. e5×f6	Tc3—c4
29. a2—a3	Tc4×h4
30. Te1—e7	Tf8—f7
31. Te7×f7	Kg8×f7
32. Tf1—c1	Kf7×f6
33. Tc1×c7	Th4—g4†
34. Kg1—f2	Tg4—g7

Remis.

365

Evansgambit

New Orleans, 1867

Vorgabe des Damespringers

	Morphy	Ch. A. Maurian
1.	e2—e4	e7—e5
2.	Sg1—f3	Sb8—c6
3.	Lf1—c4	Lf8—c5
4.	b2—b4	Lc5×b4
5.	c2—c3	Lb4—a5
6.	0—0	Sg8—f6
7.	d2—d4	0—0
8.	Sf3×e5	Sf6×e4
9.	Se5×f7	Tf8×f7
10.	Lc4×f7†	Kg8×f7
11.	d4—d5	Sc6—e5
12.	Dd1—h5†	Se5—g6
13.	d5—d6	c7—c6!

Schwarz verteidigt sich ausgezeichnet und bringt seinen materiellen Vorteil zielbewußt zur Geltung.

14.	Dh5—f5†	Se4—f6
15.	Df5—c2	....

Besser war Lb2.

15.	....	Dd8—e8
16.	Lc1—b2	De8—e4
17.	Dc2—b3†	De4—e6
18.	Db3—a4	b7—b6
19.	Tf1—e1	De6—g4
20.	Da4—b3†	Kf7—f8
21.	h2—h3	Dg4—g5
22.	Lb2—c1	Dg5—b5
23.	Db3—c2	Lc8—a6
24.	Te1—e3	Ta8—e8
25.	Te3—f3	Db5—f1†
26.	Kg1—h2	....

26.	....	Sg6—h4
27.	Tf3×f6†	Kf8—g8

Drohenden Dameverlustes wegen darf Schwarz den Turm nicht schlagen.

28.	Kh2—g3	Df1×g2†
29.	Kg3×h4	g7×f6
30.	Dc2—b3†	Kg8—h8
31.	Lc1—f4	Te8—e4

Weiß gibt auf.

366

Unregelmäßige Eröffnung

New Orleans, 1867

Vorgabe des Damespringers

	Morphy	Ch. A. Maurian
1.	g2—g3	d7—d5
2.	e2—e3	e7—e5
3.	Lf1—g2	c7—c6
4.	Sg1—e2	Lf8—d6
5.	b2—b3	Sg8—e7

6.	Lc1—b2	0—0
7.	d2—d3	Sb8—a6
8.	0—0	f7—f6
9.	Dd1—d2	Lc8—e6
10.	h2—h3	Dd8—d7
11.	Kg1—h2	Ta8—e8
12.	Tf1—g1	Sa6—c7

Beide Teile sind auf die Zurechtstellung der Steine bedacht.

13.	c2—c4	d5×c4
14.	d3×c4	Ld6—c5
15.	Dd2—c3	Te8—d8
16.	Ta1—d1	Dd7—c8
17.	b3—b4	Lc5—b6
18.	c4—c5	Td8×d1
19.	Tg1×d1	Sc7—d5
20.	Dc3—a3	....

Weiß vermeidet zu starken Abtausches wegen die Wendung 20. Ld5:, Sd5: 21. Td5:, cd5 22. cb6, Dc3: usw.

20.	....	Lb6—d8
21.	e3—e4	Sd5—c7
22.	f2—f4	Sc7—b5
23.	Da3—e3	e5×f4
24.	g3×f4	Le6×a2
25.	Se2—g3	La2—f7
26.	Td1—g1	Ld8—c7
27.	Lg2—f3	Dc8—b8
28.	e4—e5	f6×e5
29.	f4—f5	Se7—d5
30.	Lf3×d5	Lf7×d5
31.	Sg3—h5	Tf8—f7
32.	Tg1—g4?	Sb5—d4

In Betracht käme auch Lf3!

33.	f5—f6	g7—g6
34.	Kh2—g1	Sd4—f5
35.	De3—g5	Ld5—e6
36.	Tg4—g2	Db8—d8
37.	Tg2—d2	Sf5—d4
38.	Kg1—f2	Dd8—d5
39.	Sh5—g3	Dd5—f3†
40.	Kf2—e1	Df3×f6
41.	Dg5×f6	Tf7×f6
42.	Lb2×d4	c5×d4
43.	Sg3—e4	Tf6—f4
44.	Td2—e2	Le6—c4

und gewinnt.

367

Springergambit

New Orleans, 1867

Vorgabe des Damespringers

	Morphy	Ch. A. Maurian
1.	e2—e4	e7—e5
2.	f2—f4	e5×f4
3.	Sg1—f3	g7—g5
4.	Lf1—c4	Lf8—g7
5.	h2—h4	h7—h6
6.	d2—d4	d7—d6
7.	c2—c3	g5—g4
8.	Lc1×f4	....

Weiß hat kaum etwas Besseres.

8.	....	g4×f3
9.	Dd1×f3	Lc8—e6!
10.	d4—d5	....

Auch der Abtausch wäre nicht ausreichend.

10.	....	Le6—d7
11.	0—0—0	b7—b5
12.	Lc4—b3	Dd8—f6
13.	Td1—e1	h6—h5
14.	e4—e5	Df6×f4†

Schwarz führt die Vereinfachung der Stellung sehr geschickt herbei.

15.	Df3×f4	Lg7—h6
16.	e5×d6†	Ke8—f8
17.	Df4×h6†	Th8×h6
18.	d6×c7	Sb8—a6
19.	d5—d6	Th6×d6
20.	Te1—d1	Td6×d1†
21.	Th1×d1	Kf8—e7
22.	Lb3×f7	Sg8—f6
23.	Lf7—d5	Ta8—f8!
24.	Td1—e1†	Ke7—d6
25.	Ld5—f3	Sa6×c7
26.	Te1—d1†	Kd6—e7
27.	Td1—e1†	Ke7—f7
28.	Te1—e5	Ld7—g4!
29.	Te5—c5	Tf8—c8
30.	Lf3—b7	Sf6—d7!
31.	Te5×h5	Lg4×h5
32.	Lb7×c8	Kf7—e6
33.	Kc1—d2	Sc7—d5
34.	b2—b3	Ke6—d6
35.	c3—c4	b5×c4
36.	b3×c4	Sd7—b6
37.	Lc8—a6	Sd5—c7
		und gewinnt.

368

Evansgambit

New Orleans, 1867

Vorgabe des Damespringers

	Morphy	Ch. A. Maurian
1.	e2—e4	e7—e5
2.	Sg1—f3	Sb8—c6
3.	Lf1—c4	Lf8—c5
4.	b2—b4	Lc5×b4
5.	c2—c3	Lb4—c5
6.	0—0	d7—d6
7.	d2—d4	e5×d4
8.	c3×d4	Lc5—b6
9.	d4—d5	Sc6—a5
10.	e4—e5	Sa5×c4
11.	Dd1—a4†	Dd8—d7
12.	Da4×c4	Sg8—e7
13.	Tf1—e1	Dd7—g4
14.	Te1—e4	Dg4—g6
15.	e5×d6	c7×d6
16.	Dc4—e2	Lb6—d8
17.	Sf3—h4	Dg6—f6
18.	Lc1—b2	Df6—g5
19.	De2—b5†	Ke8—f8
20.	Ta1—e1	a7—a6
21.	Db5—e2	Lc8—d7
22.	Sh4—f3	Dg5×d5

Die Figur war ohnehin nicht mehr zu halten.

23.	Te4×e7	Ld7—e6
24.	Lb2×g7†	Kf8×e7

Falls Kg7:, so 25. Db2†, Kf8 26. Te6: usw.

25.	Te1—d1	Dd5×a2
26.	De2—c4	Ld8—c7!
27.	Dc4—h4†	Ke7—d7
28.	Sf3—e5†	Kd7—e8
29.	Se5—g4	Lc7—d8
30.	Sg4—f6†	Ld8×f6
31.	Lg7×f6	Th8—g8
32.	Dh4—b4	Da2—c2
33.	Db4×d6	Tg8×g2†
34.	Kg1×g2	Dc2—c6†

Falls Dg6†, so 25. Dg3, Df6. 36. Dg8† nebst 37. Da8:.

35.	Dd6×c6	b7×c6
36.	Kg2—g3	Le6—d5

Es folgt nun ein feines Turmendspiel mit ungleichen Läufern.

37.	Kg3—f4	Ke8—d7
38.	Td1—g1	Ta8—e8
39.	Tg1—g7	Te8—e2
40.	Tg7×h7	Te2×f2†
41.	Kf4—e5	a6—a5
42.	Th7—h8	a5—a4
43.	Th8—a8	Ld5—b3
44.	h2—h4	Tf2—e2†
45.	Ke5—f4	Te2—g2
46.	Kf4—e5	Tg2—e2†
47.	Ke5—f4	Lb3—d1
48.	Ta8—d8†	Kd7—e6
49.	Td8×d1	Ke6×f6
50.	Td1—d6†	Kf6—g7
51.	Td6×c6	a4—a3
52.	Tc6—a6	Te2—a2
53.	Kf4—g5	Ta2—a1
54.	Ta6—a7	a3—a2
55.	Kg5—h5	Kg7—f6
56.	Kh5—h6	Ta1—h1
57.	Ta7—a6†	Kf6—e5
58.	Ta6×a2	Th1×h4†
59.	Kh6—g5	Th4—e4
60.	Ta2—f2	Remis.

369

Evansgambit

New Orleans, 1867

Vorgabe des Damespringers

	Morphy	Ch. A. Maurian
1.	e2—e4	e7—e5
2.	Sg1—f3	Sb8—c6
3.	Lf1—c4	Lf8—c5
4.	b2—b4	Lc5×b4
5.	c2—c3	Lb4—c5

Einfacher wäre 5. .... La5.

6.	0—0	d7—d6
7.	d2—d4	e5×d4
8.	c3×d4	Lc5—b6
9.	d4—d5	Sc6—a5
10.	e4—e5	Sa5×c4
11.	Dd1—a4†	Lc8—d7
12.	Da4×c4	Sg8—e7
13.	e5—e6	f7×e6
14.	d5×e6	Ld7—c6
15.	Lc1—g5	h7—h6

Bessere Verteidigung bot hier 15 ..... Lf3: 16. gf3, d5 usw.

16.	Dc4—h4	Lc6×f3
17.	g2×f3	Th8—g8
18.	f3—f4	h6×g5
19.	Dh4—h5†	g7—g6
20.	Dh5—h7	Tg8—f8
21.	f4×g5	Se7—f5
22.	Dh7×g6†	Ke8—e7
23.	Ta1—e1	Dd8—e8
24.	Dg6—h7†	Ke7—d8
25.	Kg1—g2	De8—e7
26.	Dh7—h5	Lb6—d4
27.	Dh5—g4	c7—c6
28.	h2—h4	Kd8—c7
29	h4—h5	Tf8—g8
30.	f2—f4	Sf5—e3†
31.	Te1×e3	Ld4×e3
32.	g5—g6	Ta8—f8
33.	f4—f5	De7—g5
34.	Kg2—g3	d6—d5
35.	Dg4×g5	Le3×g5
36.	Kg3—g4	Lg5—f6
37.	h5—h6	d5—d4
38.	h6—h7	Tg8—g7
39.	Kg4—h5	c6—c5
40.	Tf1—e1	Kc7—d6
41.	Kh5—h6	d4—d3
42	e6—e7	Tg7×e7
43.	Te1×e7	Kd6×e7
44.	g6—g7	Lf6×g7†
45.	Kh6×g7	Tf8—f7†
46.	Kg7—g6	Tf7×h7
47.	Kg6×h7	Ke7—f6
		und gewinnt.

370
Evansgambit

New Orleans, 1869

Vorgabe des Damespringers

	Morphy	Ch. A. Maurian
1.	e2—e4	e7—e5
2.	Sg1—f3	Sb8—c6
3.	Lf1—c4	Lf8—c5
4.	b2—b4	Lc5×b4
5.	c2—c3	Lb4—a5
6.	0—0	Sg8—f6
7.	Dd1—c2	0—0
8.	Lc1—a3	d7—d6
9.	d2—d4	Dd8—e7
10.	Ta1—e1	La5—b6

10. ... ed4 wäre schlecht wegen 11. e5! usw.

11.	h2—h3	Sf6—h5
12.	La3—c1	e5×d4
13.	Lc1—g5	De7—e8
14	c3×d4	Sc6×d4
15.	Dc2—d1	Sd4×f3†
16.	Dd1×f3	....

(S. Diagramm)

Stellung nach dem 16. Zuge von Weiß

16.	....	De8—e5

Ein ausgezeichneter Zug, der dem gegnerischen Angriffe die Spitze abbricht.

17.	Df3×h5	h7—h6
18.	h3—h4	h6×g5
19.	h4×g5	Lc8—e6
20.	Lc4—e2	Le6×a2
21.	g2—g3	La2—e6
22.	Kg1—g2	g7—g6
23.	Dh5—h4	De5—h8
24.	f2—f4	Dh8×h4
25.	g3×h4	f7—f5
26.	h4—h5	f5×e4
27.	h5×g6	Kg8—g7
28.	Le2—h5	Le6—f5
29.	Kg2—g3	Tf8—h8
30.	Lh5—g4	Kg7×g6
31.	Tf1—h1	Ta8—f8
32.	Te1—d1	Lb6—c5
33.	Td1—b1	b7—b6

Aufgegeben.

371
Springergambit

New Orleans, 1869

Vorgabe des Damespringers

	Morphy	Ch. A. Maurian
1.	e2—e4	e7—e5
2.	f2—f4	e5×f4
3.	Sg1—f3	g7—g5
4.	Lf1—c4	Lf8—g7
5.	0—0	h7—h6
6.	c2—c3	d7—d6
7.	Dd1—b3	Dd8—d7
8.	d2—d4	Sb8—c6
9.	Lc4—d3	Sg8—e7

10. Lc1—d2 0—0
11. Ta1—e1 Dd7—d8
12. h2—h4 g5—g4
13. Sf3—h2 f4—f3
14. g2×f3 g4—g3
15. Sh2—g4 Lc8×g4
16. f3×g4 Se7—g6
17. h4—h5 . . . .

Ein höchst gefährlicher Zug, da nun die eigene Königsstellung stark bedroht wird.

17. . . . . Dd8—h4
18. Kg1—g2 Dh4—h2†
19. Kg2—f3 Dh2×d2
20. h5×g6 Dd2×d3†
21. Kf3—g2 Kg8—h8
22. g6×f7 Sc6×d4

Der einfachste Weg zum Gewinne.

23. c3×d4 Dd3×b3
24. a2×b3 Lg7×d4
25. Tf1—f5 Kh8—g7
26. g4—g5 h6×g5
27. Te1—f1 Ld4—f2

Durch diesen Zug gibt Schwarz den errungenen Vorteil beinahe ganz aus der Hand; Le3 gewann leicht.

28. Tf5×g5† Kg7—h6

Durch Kf7: 29. Tg3:, Ke6 30. Tf2:, Tf2† 31. Kf2:, Th8 usw. würde Schwarz bei gleicher Spielstärke noch immer gewinnen. Nach dem Textzug erzwingt Weiß das Remis.

29. Tg5—g4 Kh6—h5
30. Tg4—g7 Kh5—h6
31. Tg7—g4 Kh6—h5

Remis.

372

Abgelehntes Evansgambit

New Orleans, 1869

Vorgabe des Damespringers

Morphy — Ch. A. Maurian

1. e2—e4 e7—e5
2. Sg1—f3 Sb8—c6
3. Lf1—c4 Lf8—c5
4. b2—b4 Lc5—b6
5. a2—a4 a7—a6
6. d2—d4 . . . .

Weiß muß etwas unternehmen; bei solider Spielweise hat er gar keine Aussicht auf Erfolg.

6. . . . . Lb6×d4
7. Sf3×4d Sc6×d4
8. 0—0 d7—d6
9. Ta1—a3 Sg8—e7
10. f2—f4 Lc8—e6
11. Lc4×e6 Sd4×e6
12. f4—f5 Se6—d4
13. Ta3—g3 Ke8—d7

Schwarz zeigt richtiges Positionsgefühl, indem er in schwieriger Lage den rettenden Zug findet.

14. c2—c3 Sd4—c6

15. Tg3×g7 f7—f6
16. Dd1—b3 Dd8—f8
17. Tg7—f7 Df8—g8
18. Db3—e6† Kd7—e8
19. Tf7×f6 ....

19. .... Sc6—d8

Abermals fein gespielt; Schwarz sucht den blinden Abtausch nicht, sondern kombiniert mit durchschlagender Kraft.

20. De6×g8† Se7×g8
21. Lc1—g5 Sg8×f6
22. Lg5×f6 Th8—g8

Schwarz hat nun glatt einen Turm mehr, und das wird schon genügen.

23. h2—h3 Ke8—f7
24. Lf6—h4 h7—h5
25. Kg1—f2 Sd8—c6
26. Tf1—g1 Tg8—g7

Die Verdoppelung der Türme auf der g-Linie ist von geringer Bedeutung. Einfacher wäre, das im 28. Zuge begonnene Springermanöver sofort auszuführen.

27. Kf2—f3 Ta8—g8
28. g2—g3 Sc6—b8
29. Tg1—d1 Sb8—d7
30. c3—c4 Sd7—f6
31. c4—c5 Tg8—d8
32. b4—b5 a6×b5
33. a4×b5 d6—d5
34. Kf3—e2 Td8—d7
35. e4×d5 Sf6×d5
36. Td1—c1 Sd5—f6
37. Ke2—e3 Tg7—g8
38. c5—c6 b7×c6
39. Tc1×c6 Sf6—e8
40. Tc6—h6 Td7—d5
41. Th6—h7† Tg8—g7
42. Th7×h5 Td5×b5
43. Th5—h8 Se8—f6
44. Lh4×f6 Kf7×f6
45. g3—g4 Tb5—b4
46. Th8—h6† Kf6—f7
47. Th6—h5 Tb4—f4
48. Th5—h6 Tf4—b4
49. Th6—h5 c7—c5
50. g4—g5 Tb4—f4
51. f5—f6 Tg7—g8
52. h3—h4 c5—c4
53. Th5—h7† Kf7—f8
54. Ke3—d2 Tf4—f3
55. Th7—c7 Tf3—d3†
56. Kd2—c2 Td3—d4
57. Tc7—h7 Td4—g4
58. Kc2—c3 Tg8—g6
59. Th7—h8† Kf8—f7
60. Kc3—b4 Tg6—g8
61. Th8—h7† Kf7—e6
62. Th7—e7† Ke6—f5
63. Te7—g7 ....

Trotz genialen Spieles kann Weiß den starken Gegner nicht niederringen.

63. .... Tg8—b8†
64. Kb4—c5 Tg4×h4
65. f6—f7 Tb8—f8
66. Kc5—d6 c4—c3
67. Kd6—e7 Th4—h8
68. g5—g6 c3—c2
69. Tg7—h7 Kf5×g6

Aufgegeben.

373

Unregelmäßige Eröffnung

New Orleans, 1869

Vorgabe des Damespringers

	Morphy	Ch. A. Maurian
1.	b2—b3	e7—e5
2.	Lc1—b2	Sb8—c6
3.	e2—e3	d7—d5
4.	g2—g3	Sg8—f6
5.	Lf1—g2	Lf8—e7
6.	Sg1—e2	Lc8—e6
7.	0—0	0—0
8	f2—f4	e5 × f4
9.	Se2 × f4	Sf6—e4
10.	d2—d3	Le7—f6

Überkünstelt; die Nachteile dieses Zuges werden bald ersichtlich.

11.	d3 × e4	Lf6 × b2
12.	Ta1—b1	d5 × e4

Zieht sich der Läufer zurück, so geht durch ed5 ein Offizier verloren.

13.	Sf4 × e6	....

Stärker als 13. Tb2:.

13.	....	Dd8—e7

Vorzuziehen wäre 13. .... fe6.

14.	Se6 × f8	Ta8—d8
15.	Dd1—h5	De7—e5
16.	Dh5 × f7†	Kg8—h8
17.	Sf8—d7	Schwarz gibt auf.

374

Evansgambit

New Orleans, 21. März 1869

Vorgabe des Damespringers

	Morphy	Ch. A. Maurian
1.	e2—e4	e7—e5
2.	Sg1—f3	Sb8—c6
3.	Lf1—c4	Lf8—c5
4.	b2—b4	Lc5 × b4
5.	c2—c3	Lb4—c5
6.	0—0	d7—d6
7.	d2—d4	e5 × d4
8	c3 × d4	Lc5—b6
9.	d4—d5	Sc6—e5

Der theoretische Zug ist Sa5.

10.	Sf3 × e5	d6 × e5
11.	Lc1—b2	Dd8—f6
12.	Lc4—b5†	Ke8—f8
13.	Kg1—h1	Sg8—h6
14	Lb5—e2	....

Weiß sichert sich gegen das Eindringen des feindlichen Springers.

14.	....	Df6—f4
15.	f2—f3	f7—f6
16.	Ta1—c1	Sh6—f7
17.	Tc1—c3	Df4—h6
18.	Lb2—a3†	Kf8—e8
19.	Dd1—c2	Lc8—d7
20.	Tf1—b1	Dh6—g6

(S. Diagramm)

21.	Le2—b5	f6—f5

Auf Lb5: könnte 22. Tb5:! und auf Sd6 dann 23. Ld6:, cd6 24. Tb6:, ab6 25. Tc8†, Tc8: 26. Dc8†, Kf7 27. Dh8:, Dh6 28. Dc8, Dd2 29. h3 usw. folgen.

22.	Lb5 × d7†	Ke8 × d7
23.	Dc2—a4†	c7—c6

Falls Kd8, so 24. d6, Sd6: 25. Tb6:,

Stellung nach dem 20. Zuge von Schwarz

cb6 26. Td3, Tc8 27. ef5, Df6 28. Dd1 usw.

24. d5 × c6† b7 × c6
25. e4 × f5 Dg6—f6
26. Tb1—d1† Lb6—d4
27. f3—f4 Kd7—c7
28. f4 × e5 Sf7 × e5

Falls Le5:, so 29. Da5†, Kc8 30. Da6†, Kc7 31. Ld6†, Ld6: 32. Tc6†, Kd8 33. Db7 usw.

29. Td1 × d4 Th8—d8
30. Da4—a5† Kc7—c8
31. Da5—a6† Kc8—c7
32. Tc3—b3 Td8—b8

Auf Td4: folgt Mat in drei Zügen.

33. Da6—a5† Kc7—c8
34. La3—d6 Aufgegeben.

375

Schottisches Gambit

New Orleans, 4. April 1869

Vorgabe des Damespringers

Morphy Ch. A. Maurian

1. e2—e4 e7—e5
2. Sg1—f3 Sb8—c6
3. d2—d4 e5 × d4
4. Lf1—c4 Sg8—f6
5. 0—0 Lf8—e7

Noch einfacher wäre Se4:.

6. e4—e5 Sf6—e4
7. Lc4—d5 Se4—c5
8. Sf3 × d4 Sc6 × d4
9. Dd1 × d4 c7—c6
10. b2—b4! Sc5—e6
11. Lc4 × e6 d7 × e6
12. Dd4—g4 g7—g6
13. Lc1—h6 f7—f5
14. Dg4—h3 Ke8—f7!

Schwarz verteidigt sich sehr umsichtig.

15. f2—f4

Gegen die Drohung Lg5.

15. .... b7—b6
16. Ta1—d1 Dd8—c7
17. g2—g4 c6—c5
18. Dh3—c3 Lc8—b7
19. Td1—d6 Ta8—d8

Falls Ld6:, so 20. ed6 nebst 21. Dg7† usw. Bei Ld5 antwortet Weiß durch 20. Td1, Thg8! 21. g5, Ld6: 22. ed6, Dd6: 23. Df6†, Ke8 24. c4, Df4: 25. cd5 usw., wonach Schwarz kaum etwas Besseres als Remis durch ewiges Schach erzielen kann.

20. Kg1—f2 ....

Der König zieht, um ungestört die g-Linie öffnen zu können.

20. .... Dc7—c8
21. g4 × f5 g6 × f5
22. Dc3—h3 Le7 × d6

23. Dh3—h5† Kf7—e7
24. b4—b5 ....

Weiß hält den Angriff fest; der Textzug schneidet dem feindlichen Könige das Feld e6 ab.

24. .... Td8—f8!

Auf Lb8 könnte 25. Lg5† folgen.

25. Th1—d1 Ke7—d7!

Der König flüchtet auf weniger gefährdete Felder.

26. Td1×d6† Kd7—c7
27. Lh6×f8 Dc8×f8
28. Td6×e6 Df8—g7!
29. Dh5—g5! Dg7×g5
30. f4×g5 Kc7—d7
31. Te6—d6† Kd7—e7
32. Kf2—e3 ....

(S. Diagramm)

32. .... f5—f4†!

Durch diesen vortrefflichen Zug erlangt Schwarz das überlegene Spiel.

33. Ke3×f4 Th8—f8†
34. Td6—f6 ....

Falls 34. Kg4, so Tf2 usw. auf 34. Kg3 folgt Tf5; — endlich auf 34. Ke3, Tf3† nebst 35. Th3.

34. .... Tf8×f6†

Stellung nach dem 32. Zuge von Weiß

35. e5×f6† Ke7—e6!
36. h2—h4 Lb7—c8
37. h4—h5 Lc8—d7
38. f6—f7 Ke6×f7
39. Kf4—e5 Ld7—g4
40. g5—g6† h7×g6
41. h5×g6† Kf7×g6
42. Ke5—d6 Lg4—d1
43. c2—c3 Kg6—f5
44. Kd6—c7 Kf5—e4
45. Kc7—b7 Ke4—d3
46. Kb7×a7 Kd3×c3
47. Ka7×b6 Kc3—d4

Weiß gibt auf.

376

Evansgambit

New Orleans, 1869

Vorgabe des Damespringers

Morphy	Ch. A. Maurian
1. e2—e4	e7—e5
2. Sg1—f3	Sb8—c6
3. Lf1—c4	Lf8—c5
4. b2—b4	Lc5×b4
5. c2—c3	Lb4—a5
6. 0—0	Sg8—f6
7. d2—d4	e5×d4

In den folgenden Partien wählt Maurian den besseren Zug und rochiert an dieser Stelle.

8. c3×d4 ...

Auf 8. e4—e5 würde Schwarz durch d7—d5 antworten können.

8.	d7—d6
9. Dd1—c2	0—0
10. Lc1—g5	h7—h6

Vorzuziehen wäre 10. .... Lg4

11. Lg5—h4	Lc8—g4
12. d4—d5	Sc6—b8

Eine unnötige Zurückentwicklung! 12. .... Lf3: 13. dc6, Le4: usw. lag näher.

13. Sf3—d2	g7—g5
14. Lh4—g3	Sf6—h5
15. h2—h3	La5—b6

Bei einer Komplikation hat selbstredend der stärkere Spieler die besseren Chancen; Schwarz hätte die Stellung möglichst vereinfachen und mit 15. Ld2: 16. Dd2:, Lc8 fortsetzen müssen.

16. h3×g4	Sh5×g3
17. Tf1—b1	....

Der Springer hat jetzt keinen Rückzug.

17.	Lb6×f2†

Besser wäre hier 17. .... Sd7, und auf 18. Tb6: durch ab6 usw. den materiellen Vorteil festzuhalten; der Textzug gibt unnötigerweise zwei Offiziere auf.

18. Kg1×f2	Dd8—f6†
19. Kf2×g3	Df6—f4†
20. Kg3—h3	h6—h5
21. g2—g3	h5×g4†
22. Kh3—g2	Df4—e3
23. Th1—e1	De3—c5
24. Dc2—d1	f7—f5
25. e4×f5	Tf8×f5
26. Sd2—e4!	....

Beendet das Spiel am kräftigsten.

26.	Dc5×c4
27. Dd1×g4 und gewinnt;	

z. B. 27. .... Dd5:! 28. Tad1, De6 29. Tf1, Te5 30. Sf6†, Kg7 31. Dh5, Te2† 32. Kh1 usw.

377

Evansgambit

New Orleans, 1869

Vorgabe des Damespringers

Morphy	Ch. A. Maurian
1. e2—e4	e7—e5
2. Sg1—f3	Sb8—c6
3. Lf1—c4	Lf8—c5
4. b2—b4	Lc5×b4
5. c2—c3	Lb4—a5
6. 0—0	Sg8—f6
7. d2—d4	0—0
8. Dd1—c2	e5×d4
9. c3×d4	d7—d5
10. e4×d5	Sc6—e7
11. Lc1—a3	Lc8—f5
12. Dc2—b3	Sf6—e8
13. Sf3—e5	Se8—d6
14. g2—g4	....

Bei dieser Partie hat der Glossator wenig zu bemerken; der Verzweiflungsangriff der Weißen wird kräftig und fein pariert.

14.	Lf5—g6
15. f2—f4	Lg6—e4
16. f4—f5	f7—f6
17. Se5—d3	Sd6×c4
18. Db3×c4	Le4×d3
19. Dc4×d3	Tf8—e8
20. Dd3—b3	Kg8—h8

21.	d5—d6	c7 × d6
22.	g4—g5	Dd8—b6
23.	Db3—d3	Se7—c6
24.	Ta1—d1	Db6 × d4†
25.	Dd3 × d4	Sc6 × d4
26.	g5 × f6	....

Natürlich nicht Td4: wegen Lb6. Schwarz führt das Spiel in besonders anerkennenswerter Weise.

26.	....	g7 × f6
27.	La3—b2	La5—c3
28.	Lb2 × c3	Sd4—e2†
29.	Kg1—h1	Se2 × c3
30.	Td1 × d6	Ta8—d8
31.	Td6 × f6	Te8—g8
32.	Tf6—e6	Td8—e8
33.	Tf1—e1	Te8 × e6
34.	Te1 × e6	Tg8—f8
35.	Te6—e7	Tf8 × f5
36.	Kh1—g2	Sc3 × a2
37.	Te7 × b7	a7—a5

und gewinnt.

378

Schottisches Gambit

New Orleans, 1869

Vorgabe des Damespringers

	Morphy	Ch. A. Maurian
1.	e2—e4	e7—e5
2.	Sg1—f3	Sb8—c6
3.	d2—d4	Sc6 × d4
4.	Sf3 × e5	Sd4—c6
5.	Se5 × f7	....

Ein hübscher Gedanke, wenn auch ein wenig gefährlich. Einem starken Spieler gegenüber, der mit den regulären Eröffnungszügen vertraut ist, läßt sich jedoch bei der üblichen Entwicklung kaum auf Erfolg rechnen.

5.	....	Ke8 × f7
6.	Lf1—c4†	d7—d5

Durch Ke8 war der Angriff viel einfacher zu widerlegen.

7.	Lc4 × d5†	Kf7—e8

Besser war 7. .... Le6.

8.	Dd1—h5†	g7—g6
9.	Ld5 × c6†	b7 × c6
10.	Dh5—e5†	Dd8—e7
11.	De5 × h8	De7—g7
12.	Dh8 × g7	Lf8 × g7

Die materiellen Kräfte sind wohl ziemlich ausgeglichen, aber das überlegene Spiel Morphys bringt ihm den Sieg.

13.	c2—c3	Lc8—a6
14.	Lc1—f4	Ta8—b8
15.	0—0—0	Lg7—h6
16.	Lf4 × h6	Sg8 × h6
17.	h2—h3	Tb8—b5
18.	f2—f4	Tb5—a5
19.	Kc1—b1	Sh6—f7
20.	Td1—d2	Ta5—a4
21.	Th1—e1	Sf7—d6
22.	e4—e5	Ta4—e4
23.	Te1—d1	Sd6—b7
24.	Td2—d7	Te4 × f4
25.	e5—e6	Sb7—c5
26.	Td7 × c7	La6—d3†
27.	Kb1—a1	Ld3—c2
28.	Td1—g1	a7—a5
29.	Tc7 × h7	Tf4—f6
30.	b2—b3	a5—a4
31.	b3 × a4	Lc2 × a4
32.	Tg1—b1 und gewinnt.	

379

Italienische Eröffnung

New Orleans, 1869

Vorgabe des Damespringers

	Morphy	Ch. A. Maurian
1.	e2—e4	e7—e5
2.	Sg1—f3	Sb8—c6
3.	Lf1—c4	Lf8—c5
4.	d2—d4	Lc5×d4
5.	0—0	Sg8—f6
6.	c2—c3	Ld4—b6
7.	Sf3—g5	0—0
8.	Kg1—h1	h7—h6
9.	f2—f4	d7—d6
10.	f4—f5	Sc6—a5

Der schwarze Springer steht zwar am Rande nicht sehr vorteilhaft, erreicht aber das wichtige Abdrängen des feindlichen Königsläufers.

11. Sg5×f7 ....

Die einzige Möglichkeit, den Angriff festzuhalten.

11.	....	Tf8×f7
12.	Lc4×f7†	Kg8×f7
13.	g2—g4	Lc8—d7
14.	g4—g5	Ld7—c6
15.	h2—h4	h6×g5
16.	Lc1×g5	....

16. .... Sf6×e4

Sehr gut gespielt; nach diesem Zuge sieht Weiß seine letzte Hoffnung schwinden.

17. Dd1—h5† ....

Auf Ld8: folgt Sf2†.

17.	....	Kf7—g8
18.	Kh1—h2	Dd8—e8
19.	Dh5—e2	Se4×g5
20.	h4×g5	e5—e4
21.	g5—g6	De8—c5†
22.	Kh2—h3	Kg8—f8
23.	De2—h5	e4—e3

Schwarz führt die Entscheidung kräftig herbei.

24.	Dh5—h8†	Kf8—e7
25.	Dh8×a8	e3—e2
26.	Da8—g8	e2×f1D†
27.	Ta1×f1	Lb6—c5
28.	Dg8—h7	De5—e3†
29.	Kh3—h4	De3—e4†
30.	Kh4—h5	De4—e2†
31.	Kh5—h4	De2—h2†
32.	Kh4—g4	Dh2—g2†
33.	Kg4—h4	Lc5—f2†
34.	Tf1×f2	Dg2×f2†
35.	Kh4—g4	Df2—f3†
36.	Kg4—h4	Df3—f4†
37.	Kh4—h3	Df4×f5†
38.	Kh3—h4	Df5—f4†
39.	Kh4—h3	Df4—h6†
40.	Kh3—g3	Sa5—c4
41.	b2—b3	Sc4—e5

und gewinnt.

Ein ausgezeichnetes Beispiel für jedermann, welches dartut, daß es für den Vorgabenehmer viel ratsamer ist, langsam aber sicher die Liquidation herbeizuführen, als Bauern- oder Figurengewinn anzustreben.

380

Unregelmäßiges Springerspiel

New Orleans, 1869

Vorgabe des Damespringers

Morphy	Ch. A. Maurian
1. e2—e4	e7—e5
2. Sg1—f3	d7—d5

Die richtigste und energischeste Antwort bei Springervorgabepartien.

3. e4×d5	e5—e4
4. Dd1—e2	Lf8—e7

Vorzuziehen wäre 4. ...., Sf6.

5. De2×e4	Sg8—f6
6. De4—a4†	Lc8—d7
7. Da4—b3	Ld7—g4

In Betracht käme 7. .... Dc8 nebst 8. .... c6.

8. Sf3—e5	0—0
9. Lf1—c4	Lg4—h5
10. d2—d4	Tf8—e8
11. 0—0	Sf6—e4
12. Db3×b7	Sb8—d7
13. Se5—c6	Dd8—c8
14. Db7×c8	Ta8×c8

(S. Diagramm)

15. Lc4—a6	....

Viel besser als Sa7:. Morphy trifft mit bekannter Meisterschaft den wunden Punkt der gegnerischen Position.

15.	Tc8—b8

Stellung nach dem 14. Zuge von Schwarz

16. Sc6×b8	Sd7×b8
17. La6—b5	Te8—d8
18. Tf1—e1	f7—f5
19. f2—f3	Le7—b4
20. c2—c3	Se4×c3
21. b2×c3	Lb4×c3
22. Lc1—f4	Lc3×d4†
23. Kg1—h1	Ld4×a1
24. Te1×a1	Lh5—f7
25. Lf4×c7	Td8×d5
26. Lb5—c4	....

Ein unerwarteter Entscheidungszug! Schwarz gibt die Partie auf.

381

Russisches Springerspiel

New Orleans, 1869

Vorgabe des Damespringers

Morphy	Ch. A. Maurian
1. e2—e4	e7—e5
2. Sg1—f3	Sg8—f6
3. Sf3×e5	d7—d6
4. Se5×f7	Ke8×f7
5. Lf1—c4†	Lc8—e6

Der natürlichere Zug ist hier 5. .... Ke8.

6. Lc4×e6†	Kf7×e6
7. d2-d4	Lf8—e7
8. Dd1—d3	d6—d5

Einfacher wäre 8. .... Te8.

9. e4—e5	Sf6—e4
10. 0—0	Ke6—f7
11. f2—f3	....

Der Bauer beginnt mit Tempogewinn vorzurücken.

11.	Se4—g5
12. f3—f4	Sg5—e4
13. Dd3—h3	Sb8—c6
14. c2—c3	Dd8—c8
15. f4—f5	Sc6×e5
16. d4×e5	Le7—c5†
17. Lc1—e3	Lc5×e3†
18. Dh3×e3	Th8—f8
19. c3—c4	c7—c6
20. Ta1—d1	Dc8—d8
21. Tf1—f4	Dd8—a5
22. c4×d5	c6×d5
23. Tf4—g4	Kf7—g8
24. Tg4—f4	Da5×a2
25. De3—d4	Ta8—c8
26. f5—f6	Da2—b3
27. Dd4×d5†	Db3×d5
28. Td1×d5	....

Der weitere Verlauf der Partie ist nicht aufbewahrt. 28. .... Tc1† 29. Tf1, Tf1‡ 30. Kf1:, gf6 usw. müßte Maurian gewonnenes Spiel geben, doch da die Partie mit Remis endet, ist mit Sicherheit anzunehmen, daß derselbe sich ein grobes Versehen zuschulden kommen ließ.

382

Springergambit

New Orleans, 1869

Vorgabe des Damespringers

Morphy	Ch. A. Maurian
1. e2—e4	e7—e5
2. f2—f4	e5×f4
3. Sg1—f3	g7—g5
4. Lf1—c4	Lf8—g7
5. 0—0	d7—d6
6. c2—c3	Sg8—e7

Ein schlechter Verteidigungszug.

7. Dd1—b3	....

Energischer wäre 7. Sg5:.

7.	0—0
8. d2—d4	Sb8—c6
9. Lc4—d3	d6—d5
10. e4—e5	Lc8—f5
11. Ld3×f5	Se7×f5
12. Db3×b7	Dd8—d7
13. Db7—a6	Ta8—e8
14. b2—b4	Te8—e6
15. Da6—d3	Te6—g6
16. a2—a4	h7—h5
17. a4—a5	h5—h4
18. b4—b5	Sc6—e7
19. Lc1—d2	h4—h3
20. g2×h3	g5—g4
21. h3×g4	Tg6×g4†
22. Kg1—h1	Se7—g6
23. Tf1—g1	Sf5—h4
24. Ta1—f1	Dd7—f5
25. Dd3×f5	Tg4×g1†
26. Sf3×g1	Sh4×f5
27. Ld2×f4	Sg6×f4

28. Tf1×f4 Sf5—e3
29. Tf4—f3 Lg7—h6

Durch 29. .... Sc4 hätte Schwarz das Spiel zu seinen Gunsten wenden können.

30. Tf8—f6 Kg8—h7
31. Tf6—c6 Tf8—g8
32. Tc6×c7 Tg8—g7
33. Tc7×a7 Se3—d1
34. Sg1—h3 und Weiß gewinnt.

383

Evansgambit

New Orleans, 1869

Vorgabe des Damespringers

Morphy	Ch. A. Maurian
1. e2—e4	e7—e5
2. Sg1—f3	Sb8—c6
3. Lf1—c4	Lf8—c5
4. b2—b4	Lc5×b4
5. c2—c3	Lb4—a5
6. 0—0	Sg8—f6
7. Sf3—g5	....

Dieser Zug gibt keinen dauernden Angriff.

7.	0—0
8. Lc1—a3	d7—d6
9. d2—d4	h7—h6

Auf Lc3: folgt ebenfalls Sf7:.

10. Sg5×f7	Tf8×f7
11. Lc4×f7†	Kg8×f7
12. f2—f4	e5×d4
13. e4—e5	Sf6—g4
14. e5—e6†	Lc8×e6
15. f4—f5	Le6—d5
16. f5—f6	....

Wegen des kräftigen 16. .... Dg5 würde es sehr schlecht gespielt sein, den Springer zu schlagen.

16.	Sg4×f6
17. Dd1—h5†	Kf7—g8
18. Tf1×f6	Dd8×f6
19. Dh5×d5†	....

Dies alles rettet nicht mehr. Schwarz hat zuviel Holz.

19.	Df6—f7
20. Dd5—b5	Ta8—f8
21. c3×d4	Df6—f2†
22 Kg1—h1	Sc6×d4
23. Db5—b3	La5—e1

und gewinnt.

384

Springergambit

New Orleans, 1869.

Vorgabe des Damespringers

Morphy	Ch. A. Maurian
1. e2—e4	e7—e5
2. f2—f4	e5×f4
3. Sg1—f3	g7—g5
4. Lf1—c4	Lf8—g7
5. c2—c3	h7—h6
6. Dd1—b3	Dd8—e7
7. d2—d4	d7—d6

De4† wäre nicht gut, da Weiß mit 8. Kf2 antworten kann, worauf die schwarze Dame in Verlustgefahr gerät.

8.	0—0	c7—c6
9.	Lc1—d2	Lc8—e6

Stärker ist Lg4.

10.	d4—d5	Le6—g4
11.	e4—e5	c6 × d5
12.	Lc4 × d5	Sb8—c6
13.	e5 × d6	De7—d7
14.	Ta1—e1†	Ke8—f8
15.	Sf3—d4	Sc6 × d4
16.	c3 × d4	Lg7 × d4†
17.	Kg1—h1	Ld4—c5

Der richtige Zug war Kg7.

18.	Db3—c3	Dd7 × d6
19.	Dc3 × h8	Dd6 × d5
20.	Ld2—c3	Lc5—e3
21.	Te1 × e3	f4 × e3
22.	Lc3—b4†	Kf8—e8
23.	Dh8 × g8†	Ke8—d7
24.	Tf1 × f7†	Kd7—c6
25.	Tf7—e7†	Aufgegeben.

385

Philidors Springerspiel

New Orleans, 1869

Vorgabe des Damespringers

	Morphy	Ch. A. Maurian
1.	e2—e4	e7—e5
2.	Sg1—f3	d7—d6
3.	d2—d4	Lc8—g4
4.	Lf1—c4	Sb8—d7
5.	c2—c3	Lg4 × f3
6.	g2 × f3	. . .

Gewöhnlich geschieht 6. Df3:. Der Textzug befestigt das Zentrum und öffnet dem Turm eine Angriffslinie.

6.	. . . .	Sd7—b6
7.	Lc4—d3	f7—f5
8.	Dd1—b3	f5—f4
9.	d4 × e5	d6 × e5
10.	Db3—b5†	Sb6—d7
11.	Lc1 × f4	. . . .

Sonst käme der Angriff ins Stocken; Morphy hofft, daß der freigewordene Königsbauer durch Vorrücken energisch mitwirken werde.

11.	. . . .	c7—c6
12.	Db5 × b7	e5 × f4
13.	Db7 × c6	Sg8—e7
14.	Dc6—a4	Se7—c8
15.	Ld3—b5	Sc8—b6
16.	Da4—d4	Ke8—f7
17.	Lb5—c4†	Sb6 × c4
18.	Dd4 × c4†	Kf7—e8
19.	0—0—0	Ta8—c8
20.	Dc4—a4	Dd8—c7
21.	e4—e5	Dc7—c6
22.	Da4 × f4	Lf8—a3
23.	Df4—d2	. . . .

Erzwungen. Auf 23. ba3 entscheidet Dc3†, und auf 23. Kb1 folgt Lb2:.

23.	. . . .	Dc6 × c3†
24.	Dd2 × c3	Tc8 × c3†
25.	Kc1—b1	Tc3 × f3
26.	b2 × a3	Tf3 × f2
27.	Td1—d6	Ke8—e7
28.	Td6—a6	Th8—b8†
29.	Kb1—a1	Tb8—b2
30.	Ta6 × a7	Tb2 × a2†
31.	Ka1—b1	Tf2 × h2

32.	Th1 × b2	Ta2 × h2
33.	a3—a4	Th2—e2
34.	a4—a5	Te2 × e5
35.	Kb1—b2	Ke7—d6
36.	Kb2—b3	Te5—b5†
37.	Kb3—a4	Tb5—b1
38.	a5—a6	h7—h5

und gewinnt.

386

Abgelehntes Königsgambit

New Orleans, 1869

Vorgabe des Damespringers

	Morphy	Ch. A. Maurian
1.	e2—e4	e7—e5
2.	f2—f4	Lf8—c5
3.	Sg1—f3	d7—d6
4.	Lf1—c4	Sb8—c6
5.	b2—b4	. . . .

Bezweckt das Spiel lebhaft zu gestalten; Schwarz vermeidet aber mit Recht die Komplikation.

5.	. . . .	Lc5—b6
6.	a2—a4	a7—a6
7.	c2—c3	Lc8—g4
8.	h2—h3	Lg4 × f3
9.	Dd1 × f3	e5 × f4
10.	d2—d4	Dd8—h4†
11.	Ke1—d1	Dh4—g3
12.	Df3—h5	g7—g6
13.	Dh5—d5	Sc6—d8
14.	e4—e5	Sg8—e7
15.	Dd5—e4	Dg3 × c3
16.	e5 × d6	c7 × d6
17.	Th1—e1	Dc3 × d4†
18.	Kd1—c2	Dd4 × e4†
19.	Te1 × e4	Ke8—d7
20.	Lc1—b2	Th8—e8
21.	Ta1—e1	Lb6—e3
22.	Lb2—c1	f7—f5
23.	Te1 × f4	. . . .

Verzweiflungsopfer! Weiß hat keine Rettung mehr.

23.	. . . .	Le3 × f4
24.	Lc1 × f4	d6—d5
25.	Lf4—d3	Se7—c6
26.	Te1—b1	Sd8—e6
27.	Lf4—d2	Sc6—e5
28.	Ld3—f1	Ta8—c8†
29.	Kc2—d1	Se5—c4
30.	b4—b5	Sc4 × d2
31.	Kd1 × d2	a6—a5
32.	b5—b6	Se6—d4
33.	Lf1—b5†	Sd4 × b5
34.	Tb1 × b5	Kd7—c6
35.	Tb5 × a5	Tc8—a8

Weiß gibt auf.

387

Königsgambit

New Orleans, 1869

Vorgabe des Damespringers

	Morphy	Ch. A. Maurian
1.	e2—e4	e7—e5
2.	f2—f4	e5 × f4
3.	Sg1—f3	g7—g5
4.	Lf1—c4	g5—g4
5.	d2—d4	g4 × f3

6.	Dd1×f3	d7—d6
7.	0—0	Lc8—e6
8.	d4—d5	Le6—c8
9.	Lc1×f4	Dd8—d7
10.	e4—e5	Dd7—g4
11.	Df3—e3	Lf8—e7
12.	e5×d6	c7×d6
13.	Ta1—e1	h7—h5

Entschieden besser war 13. .... Kd8.

14.	Lf4×d6	Dg4—d7
15.	Ld6×e7	Sg8×e7

(S. Diagramm)

16.	Lc4—b5!	....

Prachtvoller Schluß! Auf Sc6 folgt 17. dc6, Dc7 18. cb7† usw.

Stellung nach dem 15. Zuge von Schwarz

Schwarz gibt auf.

388

Unregelmäßige Eröffnung

New Orleans, 1869

Vorgabe des Damespringers

	Morphy	Ch. A. Maurian
1.	e2—e4	d7—d5

Bei Springervorgabe ist dies eine ausgezeichnete Entgegnung.

2.	e4—e5	....

Weiß hat kaum etwas Besseres; das Fehlen des Damenspringers macht sich fühlbar.

2.	....	c7—c5
3.	f2—f4	Sb8—c6
4.	d2—d3	Sg8—h6
5.	Lf1—e2	Sc6—d4
6.	c2—c3	Sd4×e2
7.	Dd1×e2	Lc8—g4
8.	Sg1—f3	e7—e6
9.	0—0	Sh6—f5
10.	h2—h3	h7—h5

Züge wie diese zeigen, daß Maurian längst das Lampenfieber überwunden hat. Der Textzug ist energisch und mit Rücksicht auf die Vorgabe auch korrekt.

11.	h3×g4	h5×g4
12.	Sf3—g5	Sf5—g3
13.	De2×g4	Th8—h1†
14.	Kg1—f2	Sg3×f1
15.	f4—f5	Dd8—e7
16.	f5×e6	f7×e6
17.	Lc1—f4	....

(S. Diagramm)

17.	....	Sf1—e3

Sehr geschickt gespielt.

18.	Kf2×e3	Th1×a1
19.	Sg5×e6	Ta1—f1
20.	Dg4—g6†	Ke8—d7
21.	Se6—g5	Ta8—e8
22.	Dg6—f5†	Kd7—c6

Stellung nach dem 17. Zuge von Weiß

23.	Df5—g6†	Kc6—b5
24.	d3—d4	c5—c4
25.	b2—b3	Kb5—a5
26.	Sg5—f3	Tf1—c1
27.	Ke3—e2	Tc1—a1
28.	Sf3—d2	Ta1×a2
29.	b3×c4	d5×c4
30.	Dg6—b1	Ta2—a4
31.	Sd2×c4†	Ta4×c4
32.	Db1—a2†	Tc4—a4
33.	Da2—d5†	Ka5—a6
34.	Lf4—d2	De7—e3

Aufgegeben.

389

Springergambit

New Orleans, 1869

Vorgabe des Damespringers

	Morphy	Ch. A. Maurian
1.	e2—e4	e7—e5
2.	f2—f4	e5×f4
3.	Sg1—f3	Sg8—e7

Eine ungewöhnliche Verteidigung.

4.	Lf1—c4	Se7—g6
5.	d2—d4	Lf8—e7
6.	0—0	d7—d6
7.	Sf3—e1	0—0
8.	Dd1—h5	c7—c6
9.	Lc1×f4	Sg6×f4
10.	Tf1×f4	g7—g6
11.	Dh5—f3	Lc8—e6
12.	Lc4×e6	f7×e6
13.	Se1—d3	Le7—g5
14.	Tf4×f8†	Dd8×f8
15.	Df3—h3	Df8—e7
16.	e4—e5	Sb8—d7
17.	e5×d6	De7×d6
18.	Ta1—e1	....

Weiß rechnet darauf, daß Schwarz bei Dd4† Zeit verlieren werde.

18.	....	Ta8—f8
19.	c2—c3	Tf8—f5
20.	Dh3—g4	c6—c5
21.	Dg4—c4	Dd6—d5
22.	g2—g4	Dd5×e4
23.	Te1×e4	Tf5—d5
24.	Te4×e6	Kg8—f7
25.	Te6—e1	c5×d4
26.	c3—c4	Td5—d6
27.	b2—b4	Td6—e6
28.	Te1—b1	Te6—e3
29.	Tb1—d1	Te3—e2
30.	Td1—b1	Te2—d2
31.	Tb1—b3	Kf7—e6
32.	a2—a4	b7—b6
33.	a4—a5	Sd7—e5
34.	Sd3×e5	Ke6×e5
35.	a5×b6	a7×b6
36.	Tb3—a3	Td2—b2
37.	c4—c5	Tb2×b4
38.	c5×b6	Tb4×b6
39.	Ta3—a5†	Ke5—f6

und Schwarz gewinnt.

390

Zweispringerspiel im Nachzug

New Orleans, 1869

Vorgabe des Damespringers

	Morphy	Ch. A. Maurian
1.	e2—e4	e7—e5
2.	Sg1—f3	Sb8—c6
3.	Lf1—c4	Sg8—f6
4.	d2—d4	e5 × d4
5.	e4—e5	....

Mehr Angriff erlangt Weiß durch die Rochade.

5.	....	d7—d5
6.	e5 × f6	d5 × c4
7	0—0	Dd8 × f6

Korrekter wäre hier Le6.

8.	Lc1—g5	Df6—g6
9.	Tf1—e1†	Lc8—e6
10.	Dd1—d2	Lf8—d6
11.	Sf3—h4	Dg6—h5
12.	f2—f4	h7—h6
13.	Sh4—f5	Ke8—f8
14.	Sh5—g3	Dh5—g4
15.	Te1—e4	Le6—d5
16.	Ta1—e1	h6 × g5
17.	f4 × g5	Ld5 × e4
18.	Te1 × e4	Dg4—d7

Aufgegeben.

391

Königsläuferbauer-Eröffnung

New Orleans, 1869

Vorgabe des Damespringers

	Morphy	Ch. A. Maurian
1.	f2—f4	....

Die Vorgabe erweist sich allmählich als zu groß. Morphy versucht daher sein Glück in unregelmäßigen Eröffnungen.

1.	....	e7—e6
2.	Sg1—f3	f7—f5
3.	c2—e3	Sg8—f6
4.	Lf1—e2	Lf8—e7
5.	0—0	b7—b6
6.	b2—b3	0—0
7.	Lc1—b2	Lc8—b7
8.	h2—h3	h7—h6
9.	Kg1—h2	c7—c5
10.	Tf1—g1	Sb8—c6
11.	g2—g4	f5 × g4
12.	h3 × g4	Dd8—c7

Schwarz sollte Se4 und womöglich Lf6 ziehen.

13.	g4—g5	h6 × g5
14.	Sf3 × g5	Sc6—d4

Um auf 15. ed4 durch Df4‡ usw. die Entscheidung herbeizuführen.

15.	Le2—d3	Sd4—f5
16.	Dd1—f1	g7—g6
17.	Df1—h3	Tf8—f7
18.	Sg5 × f7	Kg8 × f7
19.	Ld3 × f5	e6 × f5
20.	Lb2 × f6	Le7 × f6
21.	Dh3 × h7†	Kf7—e6
22.	Tg1 × g6	Dc7—d8

Besser wäre Tf8 nebst Dd8.

23.	Ta1—g1	Ke6—d6
24.	Tg6 × f6†	Kd6—c7
25.	Tf6—f7	Lb7—c6
26.	Tg1—g7	Dd8—e8
27.	Dh7 × f5	D8—h8†
28.	Tg7—h7	gibt auf.

392

Unregelmäßige Eröffnung

New Orleans, 1869

Vorgabe des Damespringers

	Morphy	Ch. A. Maurian
1.	b2—b3	....

Diese Eröffnung ist weniger empfehlenswert.

1.	....	e7—e5
2.	Lc1—b2	Sb8—c6
3.	e2—e3	d7—d5
4.	g2—g3	f7—f5
5.	Sg1—h3	Sg8—f6
6.	Lf1—g2	Lf8—e7
7.	0—0	0—0
8.	Ta1—c1	e5—e4
9.	f2—f3	Sf6—e8
10.	d2—d4	Le7—f6
11.	c2—c4	Sc6—e7
12.	c4×d5	Se7×d5
13.	Dd1—e2	Se8—d6
14.	Lb2—a3	Tf8—e8
15.	f3×e4	Sd6×e4
16.	Kg1—h1	Kg8—h8
17.	Sh3—f4	Sd5×f4
18.	g3×f4	Lc8—e6
19.	Lg2×e4	f5×e4
20.	Tf1—g1	Le6—d5
21.	De2—g4	c7—c6
22.	Tg1—g3	g7—g6
23.	f4—f5	Dd8—d7

Sehr gut gespielt. Schwarz erlangt nun bald die Oberhand.

24.	Ta1—f1	g6×f5.
25.	Dg4—h5	Te8—g8
26.	Tf1×f5	Ld5—f7
27.	Dh5—h3	Lf7—e6
28.	Dh3—h6	Lf6—g7
29.	Tg3×g7	Dd7×g7
30.	Dh6×g7	Tg8×g7
31.	Tf5—f2	Ta8—g8
32.	h2—h4	Tg7—g4
33.	La3—e7	Kh8—g7
34.	Le7—f6†	Kg7—g6
35.	Lf6—g5	Le6—f5
36.	b3—b4	h7—h6
37.	Lg5—e7	Tg4—g3
38.	h4—h5†	Kg6—h7
39.	Le7—d6	Tg3—f3
40.	Tf2—e2	Tf3—h3†
41.	Ld6—h2	Lf5—g4

Aufgegeben.

393

Königsläuferbauer-Eröffnung

New Orleans, 1869

Vorgabe des Damespringers

	Morphy	Ch. A. Maurian
1.	f2—f4	e7—e6
2.	Sg1—f3	g7—g6
3.	e2—e3	Lf8—g7
4.	Lf1—e2	Sg8—e7
5.	0—0	f7—f5
6.	Dd1—e1	b7—b6
7.	d2—d3	Lc8—b7
8.	c2—c3	Sb8—c6
9.	e3—e4	f5×e4
10.	d3×e4	0—0
11.	Dc1—g3	Dd8—e8
12.	Lc1—e3	e6—e5

Den Vorzug verdient hier Tad8.

13.	f4×e5	Sc6—d8
14.	Le2—c4†	Kg8—h8

15. Sf3—g5 Lg7—h6
16. Dg3—h4 Kh8—g7
17. Sg5—e6† ....
Eine hübsche Wendung.
17. .... Sd8×e6
18. Le3×h6† Kg7—h8
19. Lc4×e6 und gewinnt; die Fortsetzung könnte sein 19. .... Tf1‡ 20. Tf1:, Sg8 12. Tf7, De6: (auf Sh6: folgt Df6†) 22. Lg7‡.

394

Italienische Eröffnung

New Orleans, 1869

Vorgabe des Damespringers

	Morphy	Ch. A. Maurian
1.	e2—e4	e7—e5
2.	Sg1—f3	Sb8—c6
3.	Lf1—c4	Lf8—c5
4.	d2—d4	Lc5×d4
5.	c2—c3	Ld4—b6
6.	Sf3—g5	Sg8—h6
7.	0—0	0—0
8.	Kg1—h1	Kg8—h8
9.	f2—f4	e5×f4
10.	Lc1×f4	d7—d6
11.	h2—h3	Sc6—e5
12.	Lc4—b3	f7—f6
13.	Sg5—f3	Se5×f3
14.	Tf1×f3	Sh6—f7
15.	Dd1—d2	Dd8—e7
16.	Ta1—f1	Lc8—e6
17.	Lb3—c2	Sf7—e5
18.	Tf3—g3	g7—g5
19.	Lf4×e5	d6×e5
20.	Tg3—f3	Ta—d8
21.	Dd2—e2	De7—g7
22.	g2—g4	Td8—d6
23.	b2—b4	c7—c5
24.	b4—b5	Tf8—d8
25.	Lc2—b3	Le6×g4

Bis hierher wurde die Partie von beiden Seiten einfach und gut gespielt; überraschenderweise bringt Maurian an dieser Stelle das sofort entscheidende, fein berechnete Läuferopfer und beendet die Partie in wenigen Zügen.

26.	h3×g4	Td6—d2
27.	De2×d2	....

Erzwungen, da Dh6† droht.

27.	....	Td8×d2
28.	Tf3×f6	Td2—d8
29.	Lb3—d5	Dg7—d7
30.	Tf1—f5	Dd7×b5
31.	Tf6—f7	Db5—d3
32.	Tf5—f3	Dd3—d1†
33.	Kh1—h2	c5—c4

und gewinnt.

395

Springergambit

New Orleans, 1869

Vorgabe des Damespringers

	Morphy	Ch. A. Maurian
1.	e2—e4	e7—e5
2.	f2—f4	e5×f4
3.	Sg1—f3	g7—g5
4.	Lf1—c4	Lf8—g7
5.	h2—h4	h7—h6

6. d2—d4 d7—d6
7. c2—c3 ....

Nachhaltiger wäre hier 7. hg5, hg5 8. Th8:, Lh8: 9. Dd3! usw.

7. .... g5—g4
8. Lc1×f4 g4×f3
9. Dd1×f3 Lc8—e6
10. d4—d5 ....

10. Le6: nebst 11. Dh5† ist nicht besser.

10. .... Le6—d7
11. 0—0 Dd8—f6
12. Df3—e3 Df6×h4
13. c4—e5 d6×e5
14. Lf4×e5 Dh4—e7
15. Ta1—e1 Lg7×e5
16. De3×e5 De7×e5
17. Te1×e5† Sg8—e7
18. Tf1—e1 Ke8—d8
19. Te5×e7 Ld7—e8
20. b2—b4 Sb8—d7
21. Kg1—f2 f7—f6

und Schwarz gewinnt; wahrscheinlich wurde die Partie viel weiter geführt, bevor Morphy sich ergab.

396

Evansgambit

New Orleans, 1869

Vorgabe des Damespringers

Morphy	Ch. A. Maurian
1. e2—e4	e7—e5
2. Sg1—f3	Sb8—c6
3. Lf1—c4	Lf8—c5
4. b2—b4	Lc5×b4
5. c2—c3	Lb4—a5
6. 0—0	Sg8—f6
7. d2—d4	0—0
8. Sf3×e5	Sf6×e4
9. Se5×f7	Tf8×f7
10. Lc4×f7†	Kg8×f7
11. d4—d5	....

Dies führt eine sehr interessante Verwicklung herbei, Schwarz kann sich aber ausreichend verteidigen.

11.	Sc6—e5
12. d5—d6	Se4—f6
13. Dd1—b3†	Kf7—e8
14. Lc1—a3	c7×d6
15. La3×d6	La5—c7
16. Ld6×e5	Lc7×e5
17. Ta1—e1	d7—d6
18. Kg1—h1	....

Um dem Abtausch der Dame (nach f4) aus dem Wege zu gehen.

18.	Sf6—g4
19. f2—f4	Dd8—h4
20. Db3—g8†	Ke8—e7
21. Dg8×g7†	Ke7—d8
22. Dg7—g8†	Kd8—c7
23. h2—h3	Le5—f6
24. Te1—e8	Sg4—f2†
25. Kh1—g1	Sf2—d3
26. Dg8—f7†	Kc7—c6
27. Df7—c4†	Sd3—c5
28. Tf1—b1	Dh4—h5
29. Te8—f8	Dh5—g6
30. Dc4—f1	Lc8—f5
31. Df1—b5†	Kc6—c7
32. Tf8×a8	Lf5×b1
33. Db5—a5†	Kc7—d7
34. Da5—b5†	Kd7—e7
35. Ta8—c8	Lb1—d3
36. Db5—a5	Ke7—e6
37. Da5—c7	Lf6×c3

und gewinnt.

Zweifelhafte Partien

397

Evansgambit

Angeblich in London 22. Juni 1858 gespielt

Morphy — F. H. Lewis

1. e4, e5 2. Sf3, Sc6 3. Lc4, Lc5 4. b4, Lb6 5. 0—0, De7 6 a4, Sb4:, 7. a5, Lc5 8. c3, Sc6 9. d4, ed4 10. cd4, Lb4 11. Se5!, Se5: 12. de5, De5: 13. Db3, De7 14. Lb2, Sf6 15. Sc3, Lc3: 16. Dc3:, 0—0 17. Tae1, Se8 18. f4, Dc5† 19. Kh1, d6 20. f5, Sf6 21. Tf3, De5 22. Dd2, De7 23. Tg3, Sh5 24. f6, Sg3‡ 25. hg3, gf6 26. Dh6, Dd7 27. Df6:, Dg4 28. Dh8 ‡.

398

Springergambit

Angeblich in London 18. April 1859 gespielt

Fred. Deacon — Morphy

1. e4, e5 2. f4, ef4 3. Sf3, g5 4. Lc4, Lg7 5. d4, d6 6. 0—0, h6 7. g3, g4 8. Se1, f3 9. c3, f5 10. Db3, Se7 11. Lf7†, Kf8 12. Lh5, d5 13. ef5, Lf5: 14. Sf3:, gf3 15. Tf3:, Kg8 16. Db7:, Lb1: 17. Tb1:, Sc6 18. Lf4, Tc8 19. Lf7†, Kh7 20. Le6, Tb8 21 Da6, Tf8 22. Dd3†, Kh8 23. Tbf1, Tb6 24. Lb6:, Lh6: 25. Tf8‡, Lf8: 26. Tf7, Lg7 27. Df3, Se5 28. Dh5†, Kg8 29. Te7‡, Te6: 30. Te6:, Sf7 31. h4, Dd7 32. Dg6, Sd6 33. h5, Kh8 34. h6, Lf8 35. Tf6, De7 36. b3, Dc3† 37. Kg2, De2† 38. Kh3, De7 39. c4, c6 40. c5, Se4 41. Tf5, Dd7 42. Kg2, Dd8 43. Tf7, Sg5 44. Tg7, Le7 45. Th7†, Sh7: 46. Dg7 ‡.

399

Evansgambit

Angeblich in London 18. April 1859 gespielt

Morphy — Fr. Deacon

1. e4, e5 2. Sf3, Sc6 3. Lc4, Lc5 4. b4, Lb4: 5. c3, La5 6. d4, ed4 7. 0—0, Sf6 8. La3, d6 9. e5, Sg4 10. ed6, cd6 11. Te1†, Se7 12. Dd4:, Lb6 13. Dg7:, Lf2‡ 14. Kf1, Tf8 15. Sd2, Le1: 16. Te1:, Db6 17. Se4, Lf5 18. Sf6†, Sf6: 19. Df6:, Le6 20. Le6:, fe6 21. De6:, Db5† 22. Kg1, Dd7 23. Dd6:, Dd6: 24. Ld6:, Tf7 25. Sg5, Tg7 26. Se6, Kd7 27. Sg7:, Kd6: 28. Te6†, Kd7 29. Th6, Tc8 30. Th7:, Tc3: 31. Sf5, Ke6 32. Se7:, Tc7 33. Sg6. Aufgegeben.

400
Evansgambit
Angeblich in London 1858 oder 1859 gespielt

G. W. Medley — Morphy

1. e4, e5 2. Sf3, Sc6 3. Lc4, Lc5 4. b4, Lb4: 5. c3, Lc5 6. 0—0, d6 7. d4, ed4 8. cd4, Lb6 9. Lb2, Sf6 10. Sd2, 0—0 11. e5, de5 12. de5, Sg4 13. h3, Sh6 14. Da4, Lf5 15. Tad1, De7 16. Sb3, Db4 17. Db4:, Sb4: 18. Sd4, Ld4: 19. Sd4:, c6? 20. g4, Le4 21. f4, Kh8 22. f5, Ld5 23. Ld5:, Sd5: 24. g5, Sg8 25. Tf3, Te8 26. e6, fe6 27. Se6:, Te6: 28. fe6, Sge7 29. Tf7, Tg8 30. Tf1 und Weiß muß gewinnen.

401
Spanische Partie
Angeblich in London 1858 oder 1859 gespielt

Thomas W. Barnes — Morphy

1. e4, e5 2. Sf3, Sc6 3. Lb5, a6 4. La4, Sf6 5. Sc3, Lb4 6. Sd5, b5 7. Lb3, d6 8. 0—0, Lg4 9. c3, La5 10. d4, ed4 11. Sf6†, Df6: 12. Ld5, Se5 13. La8: (13. Lg5!), Sf3† 14. gf3, Lf3: 15. Dd2, dc3 16. Dg5, cb2 17. Lc6†, Ke7 18. Df6†, gf6 19. Lf4, Tg8† 20. Lg3, ba1D 21. Ta1:, f5 22. a4, Lb6 23. ab5, f4 24. ba6, fg3 25. hg3, Tg3† 26. Kh2, Tg6 27. Tf1, Ld4 28. Kh3, Le5 29. Kh4, Lf4 30. a7, Th6†

Schlußstellungen von nicht aufbewahrten Partien

402
Endspiel aus einer Partie mit Vorgabe von Turm und Springer

Weiß: Morphy. Kg6, Dc7, B. f5 und h2 (4).

Schwarz: (Amateur). Ke8, Dd8, Th3, Bd5, e7 und f6 (6).

Nach 1 Dc6†, Dd7! 2. Da8†, Dd8 3. Dc6†, Kf8 erreichte Weiß durch 4. Df6†, Ke8! (falls ef6, so Pat) 5. Dc6†, Kf8 6. Df6† Remis durch ewiges Schach.

403
Aus einer Partie mit Vorgabe von Bauer und Doppelzug

Weiß: A. Delannoy. Kg1, Dc1, Ta1 und f2, Lf4, Sa4, Ba2, b4, c5, d3, g2 und h2 (12).

Schwarz: Morphy Kg8, Dd5, Te2 und f8; Lc7 und g6; Ba7, b7, d4, f5 und g7 (11).

Nach 1. .... Tfe8, 2. Lc7: errang Morphy durch Tf2: 3. Kf2: (falls 3. Dg5, so Tee2 4. Dd8†, Dd8: 5. Ld8:, Tg2† usw.), Te2† 4. Ke2:, Dg2† 5. Ke1!, Dg1† 6. Ke2, Lh5† 7. Kd2, Df2 den Sieg.

Aus diesem Schlusse der Partie, deren vorhergehende Züge nicht überliefert sind, hat im Jahre 1884 der amerikanische Schachfreund Alexander G. Sellman in Baltimore folgende Partie aufgebaut: 1. e4, ... 2. f4, e6 3. Sf3, c5 4. c4, Ld6 5. e5, Lc7 6. Sc3, Sc6 7. d3, d6 8. ed6, Dd6: 9. Le2, Sd4 10. Sd4:, cd4 11. Sa4, Sf6 12. c5, Dd8 13. 0—0, 0—0 14. Ld2, Ld7 15. b3, Le8 16. Dc1, Sh5 17. Lh5:, Lh5: 18. Db1, Dd5 19. b4, Lg6 20. f5, ef5 21. Dc1, Tae8 22. Lf4, Te2 23. Tf2, Tfe8 usw.

404

Aus einer Blindlingspartie

Stellung nach dem 19. Zuge in einer Partie, welche Morphy im Februar 1859 zu Paris, bei einer Soirée im Palais des Herzogs von Decazes, neben einer zweiten Blindlingspartie führte:

Weiß: Morphy. Kg1, Db3, Ta1 und e1, Ld5 und e3, Sc3 und e5. Ba2, b2, d4, f2, g2 und h2 (14).

Schwarz: A. Bousscrolles. Ke8, Df6, Ta8 und h8, Ld7 und f8, Sd8 und e7, Ba6, b5, c6, g7 und h6 (13).

Morphy erzielt den Gewinn durch 20. Se4, Db4 21. g3, Dh5 22. Sd6†, Kc7 23. Lf3, Dh3 24. Tac1, Kd6: 25. Lf4, Le6 26. Sd3†, Kd7 27. Te6:, Se6: 28. Lg4, Dg4: 29. Se5†, Ke8 30. Sg4:, Sd4: 31. De3 usw.

405

Endspiel in einem Wettspiel mit Springervorgabe gegen James Thompson

Weiß: Morphy. Kg7, Tg6, Bh6.

Schwarz: J. Thompson. Ke8, Lb3, Se7, Ba7, b7. Morphy errang den Sieg durch 1. Te6, Le6: 2. h7, Sf5† 3. Kf6 nebst 4. h8D, oder 2. .... Sg6 3. Kg6:, Lf7† 4. Kf6 usw. Würde Morphy statt des Turmopfers zur Ablenkung des feindlichen Läufers sofort 1. h7 gespielt haben, so hätte Schwarz durch Sg6: 2. Kg6:, Lc2† nebst Lh7: gewonnen. Schwarz konnte indessen auf 1. Te6 durch Lc2 2. Kf6, Kf8 3. Te7:, Kg8 4. Tb7:, a5 5. Tc7, Ld3 6. h7†, Kh8 usw. auf Remis spielen.

406

Aus einer Partie mit Vorgabe von Bauer und Doppelzug

Im nachfolgenden Endspiel:

Weiß: Amateur. Kg1, De1, Ta2, f1, Lc1, e4, Ba3, b2, c2, f2, g2, h2.

Schwarz: Morphy. Ka8, Dh7, Tc8, e8, Sd4, f5, Ba6, b7, g7.

Morphy erzwang nach dem Zuge 1. c3 auf ähnliche Weise wie in Partie 54 den Sieg durch Te4: 2. De4:, Sg3! 3. Dd4: (falls Dh7:, so Sde2‡), Se2† 4. Kh1, Dh2‡ 5. Kh2:, Th8‡. Bei 2. Le3 konnte Schwarz das Spiel durch Sf3† 3. gf, Th8 4. Lf4, Tf4: 5. De8†, Te8: 6. Td1, Dh3 7. Td8†, Td8: 8. Ta1, Sh4 nebst Dg2‡ zu Ende führen.

407

Aus einer Partie mit Vorgabe des Dameturmes

In der Endstellung:

Weiß: Morphy. Kf1, Dg3, Tg4, Lc4, f4, Sb1, Ba2, b2, c3, h2, h6.

Schwarz: W. J. A. Fuller. Kf8, Df6, Ta8, c7, La5, Sc6, Ba7, b7, c7, g7, h7, einer Partie mit Vorgabe des Dameturmes gewann Morphy durch 1. Tg6, Dg6: (falls hg, so 2. h7, Te1† 3. Ke1:, Te8† 4. Kd1, Ke7 5. Lg5 oder 4. Dd8† 5. Kc2, Ke7 6. Lg5†) 2. Dg6:, hg 3. h7, Te1† 4. Ke1:, Ke7 5. Lg8, Kf6 6. h8D, Se7 7. Dh4† usw.

Übersicht sämtlicher aufgezeichneten Spiele Morphys

(+ gew. − verl. = remis)

Morphys Partien	als Weißer	als Schwarzer	zusammen	Summe der Partien
1. Wettspielpartien . .	+ 18 − 3 = 0	+ 10 − 4 = 2	+ 28 − 7 = 2	37
2. Turnierspiele	+ 6 − 0 = 1	+ 8 − 1 = 2	+ 14 − 1 = 3	18
Ernste Kämpfe	**+ 24 − 3 = 1**	**+ 18 − 5 = 4**	**+ 42 − 8 = 5**	**55**
3. Beratungsspiele . . .	+ 2 − 0 = 1	+ 1 − 1 = 1	+ 3 − 1 = 2	6
4. Simultanspiele gegen fünf Meister	+ 1 − 1 = 1	+ 1 − 0 = 1	+ 2 − 1 = 2	5
5. Leichte Partien . . .	+ 51 − 7 = 4	+ 49 − 9 = 7	+ 100 − 16 = 11	127
6. Blindlingsspiele . . .	+ 36 − 1 = 12	+ 2 − 0 = 0	+ 38 − 1 = 12	51
Gelegenheitspartien . .	**+ 90 − 9 = 18**	**+ 53 − 10 = 9**	**+ 143 − 19 = 27**	**189**
7. Vorgabe von B. u. Z.		+ 6 − 0 = 2	+ 6 − 0 = 2	8
8. Vorgabe von B. u. Z.Z.		+ 2 − 0 = 0	+ 2 − 0 = 0	2
9. Vorgabe von Springer	+ 76 − 37 = 8		+ 76 − 37 = 8	121
10. Vorgabe von Springer und Zug		+ 1 − 0 = 0	+ 1 − 0 = 0	1
11. Vorgabe von Turm .	+ 15 − 4 = 0		+ 15 − 4 = 0	19
12. Vorgabe von Turm und Springer	+ 1 − 0 = 0		+ 1 − 0 = 0	1
Vorgabespiele	**+ 92 − 41 = 8**	**+ 9 − 0 = 2**	**+ 101 − 41 = 10**	**152**
13. Zweifelhafte Partien	+ 2 − 0 = 0	+ 2 − 1 = 0	+ 4 − 1 = 0	5
14. Partieendstellungen .	+ 3 − 0 = 1	+ 2 − 0 = 0	+ 5 − 0 = 1	6
Unvollkommene Spiele	**+ 5 − 0 = 1**	**+ 4 − 1 = 0**	**+ 9 − 1 = 1**	**11**
Summe der Partien . .	**+ 211 − 53 = 28**	**+ 84 − 16 − 15**	**+ 295 − 69 = 43**	**407**

Morphys Spielgegner

Die gewöhnlichen Ziffern bezeichnen die Zahl der gewechselten Spiele. Die Verlustpartien Morphys sind hinter dem +, seine Gewinnpartien hinter dem −, die Remispartien hinter dem = bemerkt.

Bl. = Blindlingsspiel; Br. = Beratungspartie; Bz. = Vorgabe von Bauer und Zug; Bzz. = Bauer und Doppelzug; Sp. = Springervorgabe; Tm. = Turmvorgabe. Die **fettgedruckten** Zahlen verweisen auf die Partienummern.

Kolibri 360 GmbH
Ferdinand-Jühlke-Straße 7
99095 Erfurt, Deutschland
produktsicherheit@kolibri360.de